電子構裝散熱理論與量測實驗之設計

林唯耕　編著

國立清華大學出版社
National Tsing Hua University Press

序

電子構裝散熱成為顯學是從1982年Intel 386有散熱的問題而開始，其實所專注的是在電腦散熱的問題，因此當我們在講電子構裝散熱的時候，跟一般的節能系統的冷凍空調目標是相同的，但是其技巧卻有很大的不同。一般節能冷凍空調用了許多主動元件（幫浦、壓縮機）、熱交換器等等，都是屬於比較大型的物件。在電子構裝散熱由於體積之限制，體積是越小越好，除了散熱以外還要達到均溫的效果，當然最重要的是價格。因此電子構裝散熱的問題不比一般的散熱系統好解決，由於體積之限制，使其反而還要更加困難。本書是作者根據30年之教書經驗，以及親身經歷CPU之散熱演化史以及IT產業所應用到的各項散熱工具及原理，作一有系統之介紹，主要目的是讓有心想要進入此一領域之非工程背景的學生或專業人士也能有一個全盤之理解，另外對於專業製造廠商研究員則能透過此書，對於一些測試原理或現象有較清楚之概念，免於做了許多白工而浪費了無謂的時間與錯誤的實驗。本書第二版增加了如何測量熱管、均溫板或石墨片的有效K_{eff}值。2020年開始是5G世代元年，因此石墨片（烯）、超薄熱管、超薄均溫板將大量被使用，尤其在超薄熱管與均溫板之3大性能指標：熱擴散率（有效熱擴散傳導係數）、平整度以及最大熱傳量之量測最為大家想知道。熱管及均溫板之有效熱傳導係數由於沒有像銅鋁等純物質之固定標準值可參考，因此第10章特別提供了量測這些材料的方法做為讀者之參考。

感謝過去20年與我一起做研究之畢業或現在正在研究所的同學，由於他們的努力，經驗的累積才能傳承，我也要謝謝楊于萱，謝令傑，莊宇軒、王崧任、黃信輔同學幫我整理資料，當然清華大學對於老師在教科書的支持，也是重要助力的因素，希望這本書能讓在對電子散熱需求的研究人員真正做到有形的幫助。感謝我的太太、小孩，他們都是鞭策我寫這本書的最大動力。

林唯耕
清華大學工科系

目錄

第 1 章
電子構裝 CPU 散熱歷史演化

1.1 PC 散熱技術之演化

由於日新月異的電腦科技，使得人們對於電腦的依賴日與俱增，因而要求電腦運轉的穩定度也就更為嚴苛，在功能運用上更為多元化，在處理速度上要求更快更穩更精確。因此，中央處理器（CPU）的製造廠商為了符合電腦科技的進步，持續研發高內頻運轉速度的CPU晶片。由於提高內頻震盪，提升電壓與電流都會使得CPU的功率上升，亦使得CPU表面的溫度大幅上升。如此會使得CPU內部的晶體線路，由於高溫的影響，在晶片與導線接合處，會因為過高的熱密度而造成破壞以至於斷裂，這對於電子元件構裝之功能、效率、使用壽命與可靠度，均會產生不良的影響。

在過去的50年裡，電子元件的熱控制已成為先進熱傳技術應用的主要方向。由於設計中改進了熱分析與熱設計，對於提高可靠性，增加功率容量和結構上微化學層面上，皆有進一步的貢獻。所以不論CPU晶片處於何種環境，或是變動的溫度條件，都能使CPU處於正常操作溫度範圍內，以確保CPU不會因為過熱而產生效率降低及運作不穩定而破壞。

自從20世紀50年代的二次世界大戰以來，軍事與民間對於電子設備的開發與需求量大幅增加，使得工程師與科學家意識到電子元件的熱封裝與熱設計的需要性與重要性，導致眾多的熱傳研究學者進行熱控制技術的發展，因而增添了許多新的領域，包括了加強表面對流換熱方面與大功率管內冷卻液通道方面的研究。

在20世紀60年代到70年代間，電子設備冷卻技術在其應用範圍上，進一步地擴大至浸液冷卻技術、加強流體沸騰、熱管與電熱致冷器等的技術應用，但受限於其技術上的成熟性，而一直停留於實驗階段上，並未真正應用於工業應用，此現象一直持續到80年代，由於微電子技術的突破與超大型積體電路（VLSI）技術被成功地開發，才又進一步推進冷卻控制技術的研究發展。

到了20世紀90年代，由於半導體大型積體電路的技術再度進展，由八英吋晶圓進展至十六吋晶圓，亦表示在同一長晶過程上，可以克服熱變形及加工應力的因素，而擁有更多的晶片數，成本也因此降低。而且由於微米技術的突破，使得每一晶片中的電子邏輯元件，可從數十個增至數百萬個。而工作時脈即所謂的工作內頻，亦可從百萬赫茲增至數億赫茲。因此，在這種高密度晶體結合下配合高頻高功率的速度，固然增加構裝上的時效，降低生產成本，卻引發了電子構裝上的嚴重設計問題，也就是在電子構裝上的單位體積與單位面積之發熱率會增加，而導致電子元件的接合溫度與構裝溫度過高而降低壽命。因此冷卻技術成為重要的一探討層面，並運用冷卻技術來確保CPU或電子元件具有穩定的效率與工作溫度來維持其使用壽命。半導體技術的發展，總是迴避不了「摩爾定律」——當價格不變，積體電路上可容納的電晶體數目，約每隔18～24個月會增加一倍，效能也將提升一倍。雖然摩爾定律不一定是一成不變的數據，但是製程之趨勢是必然的，功率密度也是無法躲避的，圖1-1為半導體製程技術之趨勢。

1.2 PC 產業趨勢

隨著電子元件的構裝密度與功率密度的不斷增加，使得電子元件單位面積所產生的熱量越來越高。這些熱不會自然消失，只會越來越嚴重，甚至與時間成指數關係，因此散熱問題已是電子相關產品一個揮之不去的夢魘。根據許多國外機構預測，未來2～3年單晶片發熱量將由目前的50～60W增加至150W以上，當這些電子元件或裝置因系統功能提升與體積小型化之後所造成的熱負荷越來越高時，其累積的能量將使元件之工作溫度增加，相對地會嚴重影響產

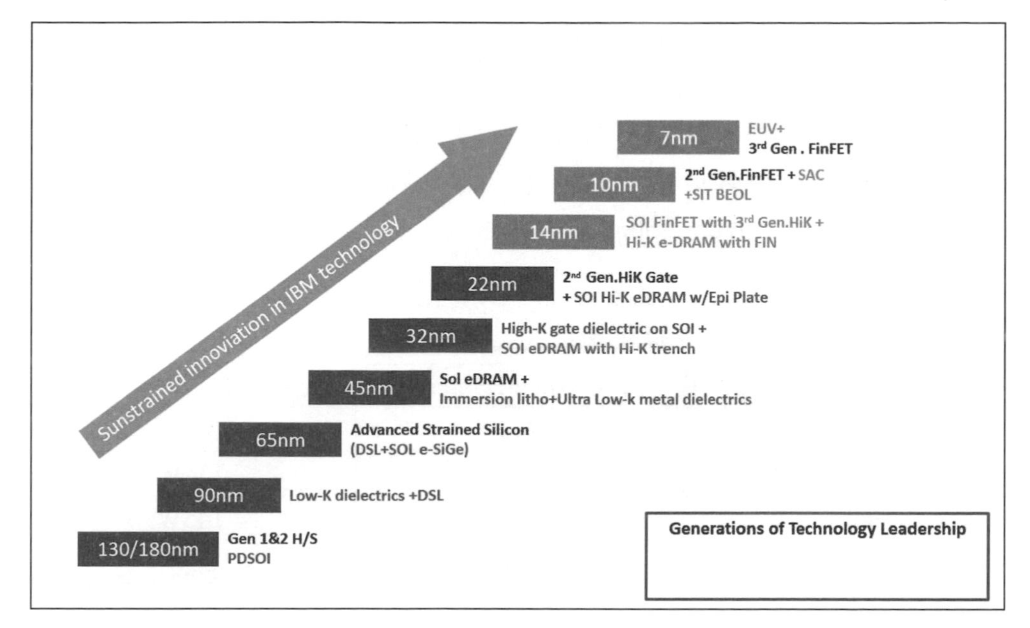

圖1-1　半導體製程技術趨勢圖

品的使用壽命與可靠度，因此如何解決電子元件、印刷電路板和系統的散熱問題，已是電子產業發展一個極為關鍵的課題。

由於整個3C產業對『熱管理』的迫切需要，造就了龐大的散熱市場需求，使得熱管理這行業充滿了無限商機，但也因散熱問題越來越嚴峻，需要不斷地創新與突破，而使得這產業充滿了無數挑戰。因此世界各地許多從事相關研究的機構與公司，莫不積極投入人力與物力在設計與開發新的『熱』解決方案，以突破現有的技術能力，期能捷足先登滿足新一代的散熱需求，贏得市場先機。

1.3　Intel CPU 最大功率操作表

INTEL CPU-Broadwell-EP 採14nm製程，相較於14nm的Intel CPU- Skylake，電子移動速度更快，不過電晶體數量卻倍增，Skylake的電晶體數量約1.25億顆，然而在更小的空間下（133mm^2），Broadwell-EP卻要擠進19億顆的電晶體，電子元件體積縮小表面積亦較小，使得散熱更形困難。表1-1為Intel之CPU最大功率操作表，其顯示在14nm Skylake製程中，其功率已達到80W。表1-2為AMD之CPU最大功率操作表，其功率也大都在80、90W左右。因此，不管是Intel或是AMD CPU，其產生之功率如果不能好好地做熱管理處理，其嚴重影響到系統之可靠度是可預見得到的。

表1-1　Intel之CPU最大功率操作表

半導體製程	Processor Frequency	Thermal Design Power
14nm, Broadwell-EP	2.2Ghz	145W
14nm, Broadwell-EP	2.2Ghz	135W
14nm, Broadwell-EP	2.6Ghz	145W
14nm, Skylake	3.6Ghz	80W
14nm, Skylake	3.7Ghz	80W
14nm, Skylake	3.7Ghz	80W

Source：http://www.coolpc.com.tw/AMD.htm

表1-2　AMD之CPU 最大功率操作表

Processor　Frequency	Thermal Power
3.90GHz	95W
3.70GHz	95W
3.50GHz	95W
3.1GHz	95W

Source：http://www.coolpc.com.tw/AMD.htm

1.4 CPU 散熱裝置元件之演化歷史簡介

1.4.1　傳統散熱風扇與鰭片：

以Intel CPU元件發展為例，在1980年左右，IBM發展出個人使用電腦Personal computer [1，2，3，4，5，6，7]簡稱PC如圖1-2，開始就有使用電動風扇來散熱，此一冷卻風扇主要是為了加速供電器部分的電路散熱，而非機內運算電路板。其時只有電源供應器使用63.5W功率需要風扇8公分，當時在CPU上面的功率很小，根本不需要使用到散熱器（Cooler）。IBM PC之後，即便是PC XT（1981）與1982年的AT，由於功率不大，因此都只在電源供應器上使用風扇而已。其餘的運算電路部分皆完全倚賴自然對流散熱，1985年 Intel 80386 CPU，其熱功率約在10W以內，此時已經有熱的問題需要解決了，當時也只是用簡單的鋁擠型散熱鰭片（heat sink）如圖1-3放在CPU作一般的自然對流散熱而已，簡單的來說，那時還不算是一個有技術性的專門學問。1989年Intel 80486 CPU的功率已達到20W，此時靠自然對流散熱的鰭片已經不敷使用，因此爾後的 80486DX-33就幾乎都要搭配散熱鰭片，甚至要風扇（Fan）來散熱，台灣的建準公司適時推出4公分的小風扇可直接架在散熱鰭片上面如圖1-4成為強制對流的元件，這樣的一個設計能力至少又大上自然對流元件的散熱能力10倍以上。1993年，Intel Pentium系列的CPU 其功率遠遠超過20W，有些甚至已經達到65W以上，此時作散熱器的廠商已經不是一般傳統的加工廠可以應付，在鰭片上面慢慢由基本簡單型的鋁擠型鰭片演變到其他例如折疊型鰭片（fold fin），切削型鰭片（skiving fin），stacked fin（zipper fin、扣fin）等工藝更複雜的技術。Pentium系列以後之晶片（處理器）封裝上先連接散熱片，之後再運用電動風扇加以散熱，是今日普遍的機內高熱晶片散熱法。

1.4.2　電子致冷晶片（Thermoelectric Chip, TEC）：

電子致冷晶片（Thermoelectric Chip, TEC）技術如圖1-5也就是主動式元件（Active element）於1996年、1997年開始有人使用，但其主要缺點為昂貴、需

圖1-2　IBM PC 風扇

Source：http://www.chinabaike.com/t/38860/2013/0730/1350434.html

圖1-3　Intel 80386（1985）

Source: http://www.wisegeek.com/what-is-a-heatsink-thermal-pad.htm#heatsink

要額外電源、效率不高、溫度低於露點時會產生水滴、同時須再加上散熱鰭片與風扇才能達到散熱降溫之效果，如果致冷晶片之陶瓷熱端與冷端之金屬橋樑接腳斷裂（圖1-6），則中間之空氣層剛好是一個隔熱層（圖1-6之air gap），此造成CPU溫度之熱量更不易散失，會造成CPU更嚴重之後果，這會造成此散

圖1-4　Intel 80486（1989）

source：http://www.chinabaike.com/t/38860/2013/0730/1350434.html

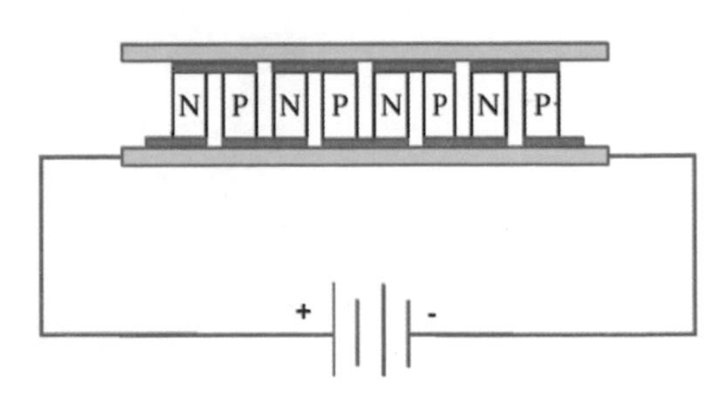

圖1-5　致冷晶片結構示意圖

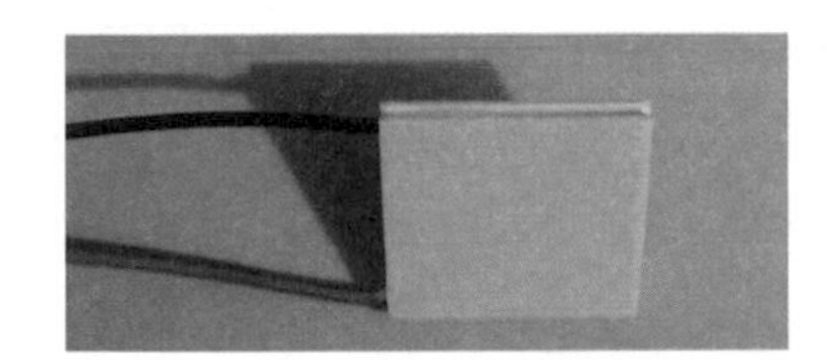

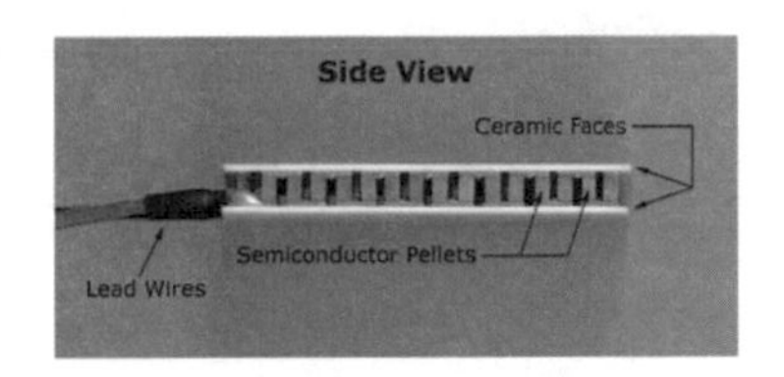

圖1-6　（左）整體樣貌及其（右）致冷晶片內部

source: http://www.bpress.cn/im/tag/Analog-Technologies-Inc/

熱器之低可靠度、高維修率，再加上電子致冷晶片之低效率（高耗電量），因此其在CPU散熱史上到目前為止一直還沒廣泛為人所接受。Pentium世代之後是 Pentium II世代，由於Pentium II 處理器捨棄過往傳統的接座式連接，而改採卡匣型態的插槽式連接，如此使處理器的體積大增，被動式散熱器（Passive Cooler），不過由於 Pentium II 處理器實在太熱，即便可裝置比過往處理器更厚大的散熱片，依舊無法完全因應，所以後續（266MHz 以後）的 Pentium II 仍然回歸到風扇散熱的作法。圖1-7為2000年 Apple Computer公司推出的個人電腦：PowerMac G4 Cube，就以全機完全無風扇為其特點，完全只用散熱片進行散熱。但是這些技術終究還是需要比一般風扇強制空冷的散熱機制強才有辦法解決更高之功率問題，於此，利用相變化強制對流散熱技術之元件例如熱管等才被引進散熱領域。熱管本來是在太空中作為導熱工具之被動元件，適時被引進

圖1-7　PowerMac G4 Cube

source：https://zh.wikipedia.org/wiki/Power_Mac_G4_Cube

到地面上作為目前CPU電子散熱中，尤其是將來功率更密集之系統例如iPad，1U Cloud Server，甚至手機都可能需要更短、薄之熱管作為均溫或導熱之工具。從2010年開始，是ipad、icloud和LED系統開啟散熱需求的里程碑，2016年起更有太陽能面板（300W）、太陽能儲熱以及電動車鋰電池（1500W）迫切散熱之需要，因此創新的散熱元件在未來很需要被發展。在2015年全世界有13億支手機，熱量約3W～20W，而這都需要更高端散熱技術之支援，才能使這些產品有更高之可靠度與信賴度。整個CPU散熱元件歷史演變如表1-3。

表1-3　CPU散熱演進

年分	名稱	瓦特數	散熱器圖樣
1980	IBM PC	電源供應器63.5W 散熱器：無	Source:http://www.chinabaike.com/t/38860/2013/0730/1350434.html

年分	名稱	瓦特數	散熱器圖樣
1981	XT Intel	電源供應器 散熱器：無	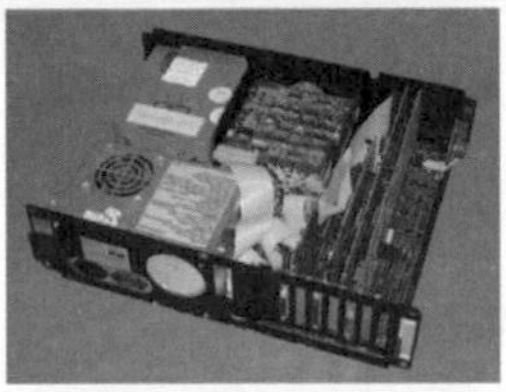 Source: http://computers.popcorn.cx/ibm/pc-xt/
1982	AT Intel 80286	電源供應器 散熱器：無	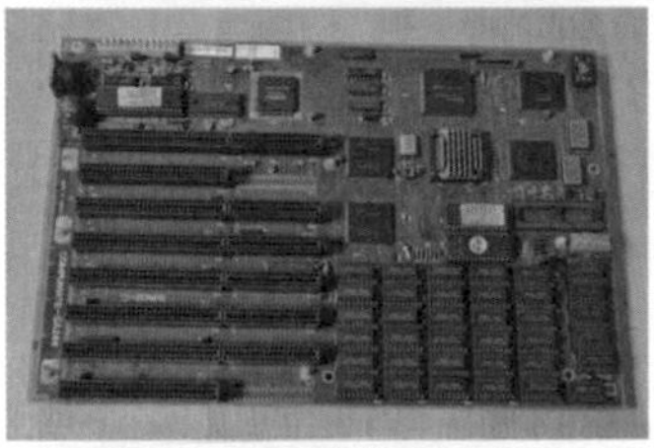 Source: http://www.ebay.com/itm/COMPUMATE-SA286-SUNO2-C-80286-CPU-640KB-MEMORY-SUNTAC-JAPAN-with-8-ISA-slots-/171418529673
1985	Intel 80386	<10W 自然對流散熱 散熱器：鋁擠型鰭片	 Source: http://blk000.no.comunidades.net/coolers-e-dissipadores-de-calor
1989	Intel 80486	～20W 強制對流散熱 散熱器：風扇+鰭片	 Source:http://www.chinabaike.com/t/38860/2013/0730/1350434.html

年分	名稱	瓦特數	散熱器圖樣
1993	Pentium series	>20W相變化強制對流散熱散熱器：風扇+鰭片+熱管	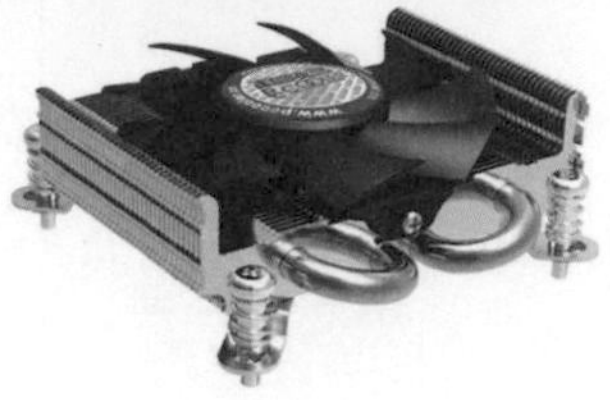 Source: http://iguang.tw/taobao/product/41518803586.html
2000	1U server, PC cloud	>135W（風扇、鰭片、熱介面材料）+（熱管、均溫板、液體冷卻）	 Source: http://www.nvidia.com. tw / docs/IO/74054/ Tesla_ M1060_1u_Super_Micro_Front_ Elevated_no_cover_ large.jpg
2010	Ipad、mobile phone	超薄熱管、石墨片	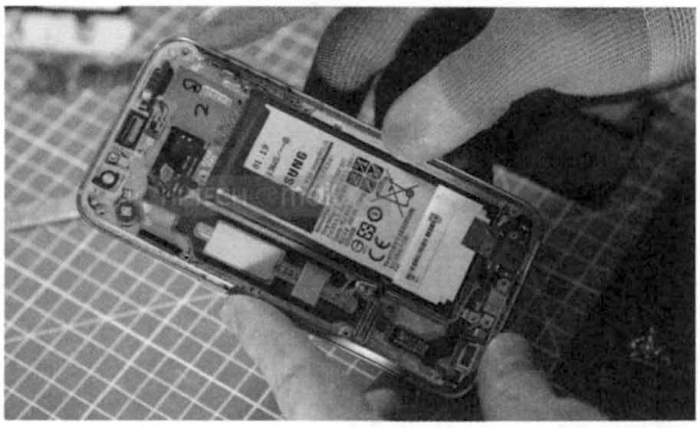 Source: http://www.hksilicon.com/articles/1019330

1.4.3　熱管（heat pipe）：

熱管（heat pipe）此概念起源於1942年美國俄亥俄州G.M公司R.S.Gaugler [8]所申請的專利。然而真正出現熱管方面大量研究是從1960年代開始，1963年Grover在美國新墨西哥州Los Alamos研究所展開一系列的熱管研究，研究內容包括使用鋰、鈉、銀等工作流體，毛細結構使用金屬絲製成的網狀結構。1970年代，熱管開始廣泛的應用在太空元件上，當時所設計的熱管都以金屬當作工作流體，工作溫度約在1000^0C以上，適合應用在外太空元件等無重力環境之下。直到Deverall和Kemme等發現了以水當工作流體的低溫熱管後，熱管的應用才更進一步的擴大到民生用途，如太陽能熱水器、汽車引擎冷卻、乃至於現今最普遍的電子元件冷卻。

熱管乃是利用工作流體相變化之雙相流移熱之機械元件。熱管可分為蒸發部、絕熱部及冷凝部如圖1-8。當附著於蒸發部管壁之次冷液體吸收外界熱量時，會將液體加熱汽化並且產生一較高壓力稱為蒸氣壓，此蒸氣壓力是造成蒸氣流往冷凝端（壓力較低）流動之原動力，當蒸氣流到冷凝部時會釋放出潛熱且凝結成液體，此液體最後利用熱管之毛細結構所提供之毛細力回到蒸發部而形成一個循環。值得注意的是，此循環無需額外的流體驅動元件，且利用潛熱可以快速傳輸大量的熱量等都是熱管的優點。熱管各部之熱功能機制說明如圖1-9。熱管之大量應用是在筆記型電腦，由於空間之限制，CPU不能直接做散熱，因此必須靠熱管元件將熱從CPU一端先導到另一端，一般就是筆電機殼之側面，再利用機殼旁邊之小風扇將熱以對流方式做散熱，導熱的工具當然可以用銅管（熱傳導係數400W/m.K），鋁管（200 W/m.k），但是熱傳導係數太低，傳熱速度不夠快，熱管則可高達14,000到20,000W/m.K左右，因此以熱管作為導熱之工具相當有效率，是現在電子散熱不可缺少之導熱元件之一。以熱管作為導熱元件之熱模組（thermal module）如圖1-10與圖1-11。

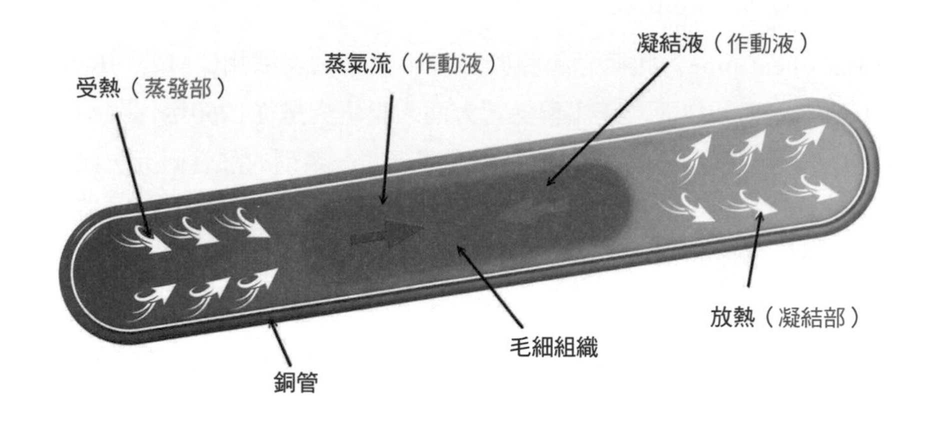

圖1-8　**熱管工作原理示意圖**

（Source：http://www.jc-heatpipe.com/news/news07.html）

絕熱部：
蒸氣從蒸發部經絕熱部到冷凝部。當壓降變低，就會有微小的溫差出現在這區域。

冷凝部：
熱管的熱量從這裡離開。在冷疑部時，蒸氣工作流體會凝結並且釋放潛熱。凝結的工作流體會因毛細力流回到蒸發部。

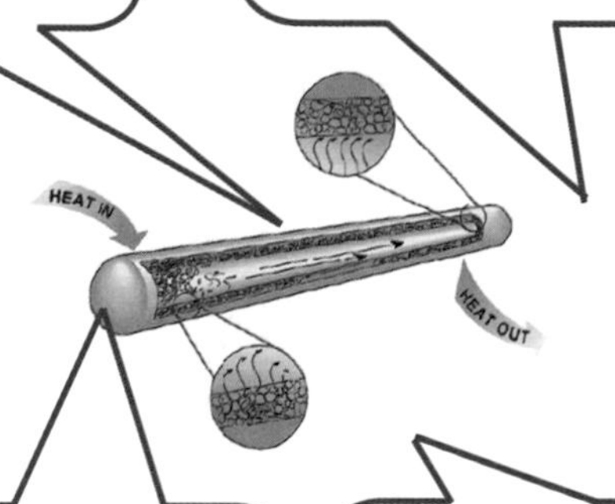

蒸發部：
熱從這裡入熱管內，讓工作流體蒸發。被蒸發的流體產生壓力梯度讓流體往冷凝部移動。

管芯（毛細結構）：
作用同馬達，用毛細壓力讓工作流體從冷卻部回到蒸發部。

圖1-9　**熱管技術示意圖**

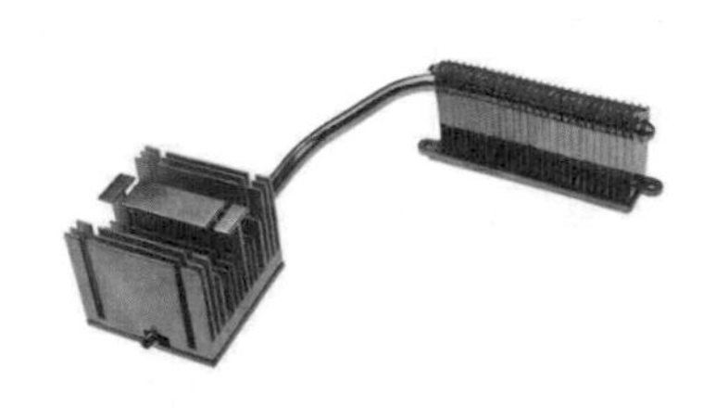

圖1-10　熱管配置鰭片之移熱模組
(Source: https://big5.made-in-china.com/gongying/deepcool-oem-JewnAiVbqPrx.html)

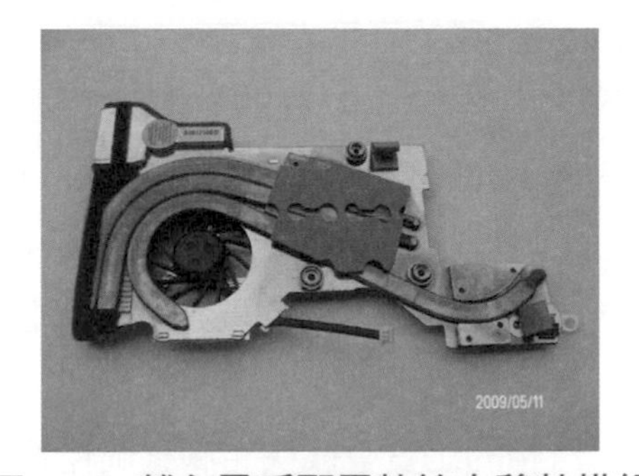

圖1-11　離心風扇配置熱管之移熱模組
(Source: http://www.dianliwenmi.com/postimg_8533783.html)

1.4.4　動態調控PWM技術：

由於用戶對電腦運作寧靜度的意識也逐漸抬頭，然而風扇依然是「必要之惡」，因此有了折衷的作法，即是調適性的控制風扇轉速，由於風扇轉速愈快也也意味著噪音的提升，所以除非處理器溫度上升，否則不對應提升風扇轉速，讓風扇轉速與處理器溫度呈隨時動態性的正比對應調整，以此來減少風扇噪音量。PWM原理其實與現在的變頻冷氣機原理是一樣的，只不過一個是應用在壓縮機，一個是應用在風扇而已。

1.4.5　均溫板（或均熱板）（Vapor chamber）：

由於隨著微處理器效能的不斷發展，不但其現有體積越來越小，然而單位面積的發熱量卻節節攀升如今雙核心CPU已成為普遍個人電腦（Personal Computer, PC）的邏輯處理運作模式，因此必須要有好散熱元件的幫助，同時勢必要有更良好的傳熱原件，傳統的方法是使用各種製程的散熱鰭片，搭配上各種形式且低成本的熱管，但受到熱管中毛細結構的影響，與其空間幾何限制，熱管已逐漸不敷使用，轉而使用其他兩相傳熱裝置，例如均溫板（Vapor chamber）的利用。

熱管之後的下一世代產品為均溫板，均溫板其實就是熱管之一種，一般講的熱管是1維的直管或彎管，尺寸大約在10mm直徑或小於10mm以內的直、彎、扁管。均溫板則是2維的熱傳動機制元件，圖1-12為均溫板構造示意圖，均熱板因為是2維散熱，所以尺寸較大，樣式也較多，比較多的是在90mm×90mm左右。均溫板之熱傳導示意圖如圖1-13所示，其是一個內壁具微結構的真空腔體，當熱由熱源傳導至蒸發區時，腔體裡面的工作流體會在低真空度的環境中，便會開始產生液相氣化的現象，此時工作流體吸收熱能並且體積迅速膨脹，汽相的工質會很快充滿整個腔體，當汽相工作流體接觸到一個比較冷的區域時便會產生凝結的現象，藉由凝結的現象釋放出在蒸發時累積的熱，凝結後的液相工作流體會藉由微結構的毛細現象再回到蒸發熱源處，此運作將在腔體內週而復始進行，這就是均溫板的運作方式。又由於工作流體在蒸發時微結構可以產生毛細力，所以均溫板的運作可不受重力的影響，均溫板的理論與熱管一樣，只不過從熱管的一維導熱變成均溫板的二維導熱，所以理論上均溫板的導熱能力遠大於熱管，但實際上由於製作工藝的問題，成本的考量，量產技術之良率等都是現在業界在此對均溫板的應用有疑慮的地方。

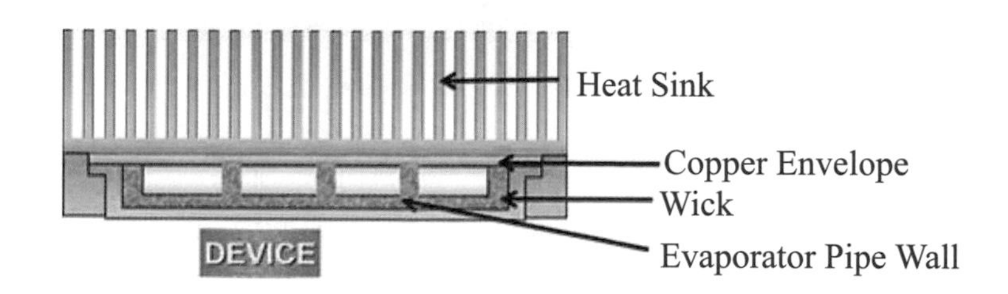

圖1-12　均溫板構造示意圖

一般而言，中央處理器在運算時為了簡化理論模式，因此大都假設為均溫的，但實際上運算時卻是一個完全不均勻的分布如圖1-14，此時均溫板的作用不但在讓CPU表面均溫，而且讓散熱面積能擴散的最大，例如圖1-15（左）為傳統鰭片置於一般固體板之上的溫度梯度，圖1-15（右）為傳統鰭片置於均溫板之上的溫度梯度。均溫板系統於筆記型電腦之應用時，能被設計成各種樣式和大小如圖（1-16、1-17），均溫板之熱阻比HP/RHE的$R_{th,ca}$熱阻值小但其價格

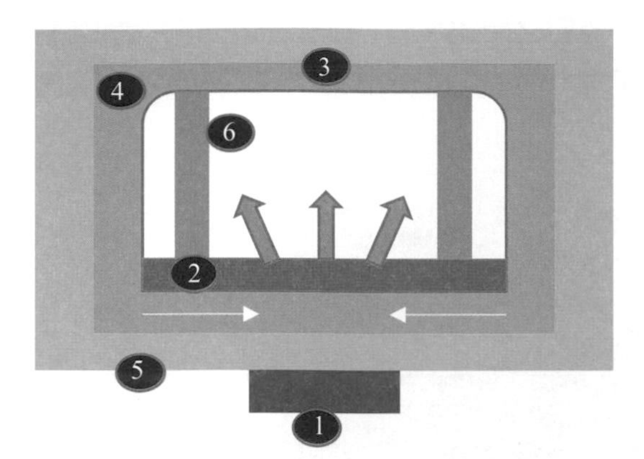

(1)加熱熱源
(2)蒸發區
(3)冷凝區
(4)內部微結構
(5)冷卻工作流體回流
(6)支柱

圖1-13　均溫板之熱傳導示意圖

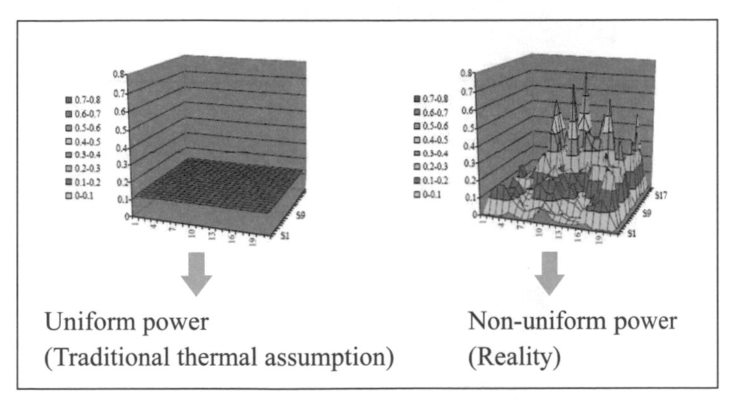

圖1-14　以電腦模擬CPU 溫度分布情形

source：Mehl, D., Dussinger, P., Use of Vapor Chambers for Thermal Management, ThermaCore Inc. http://www.qats.com/cms/2010/11/

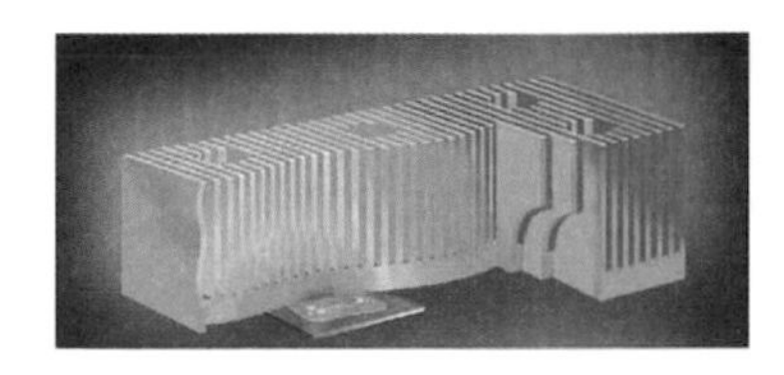
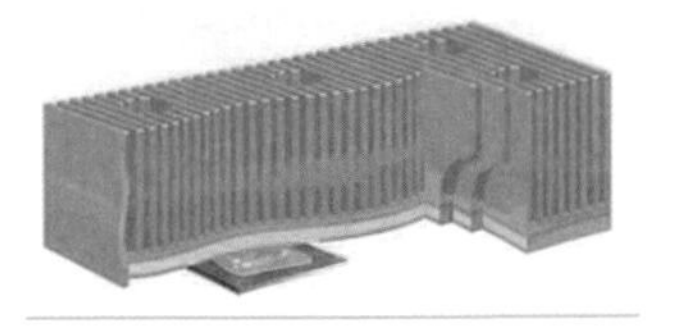

圖1-15　（左）傳統鰭片置於一般固體板之上的溫度梯度
（右）傳統鰭片置於均溫板之上的溫度梯度

source：Mehl, D., Dussinger, P., Use of Vapor Chambers for Thermal Management, ThermaCore Inc. http://www.qats.com/cms/2010/11/

比HP/RHE更貴，這是目前還要克服之問題。圖1-18 為筆電散熱設計各種散熱模組（thermal module）之演進，圖1-19 為桌上型電腦各種散熱器（Cooler）之散熱演進。

圖1-16　附帶風扇與鰭片之均溫板

（source：http://www.teknolojiherseyim.com/sapphire-hd-3870-atomic-edition-inceleme/）

圖1-17　均溫板於扣fin下

（source: https://www.ebay.com/itm/High-Performance-1U-Server-Cooler-with-Vapor-Chamber-High-Density-Aluminum-Fins-/171849209540）

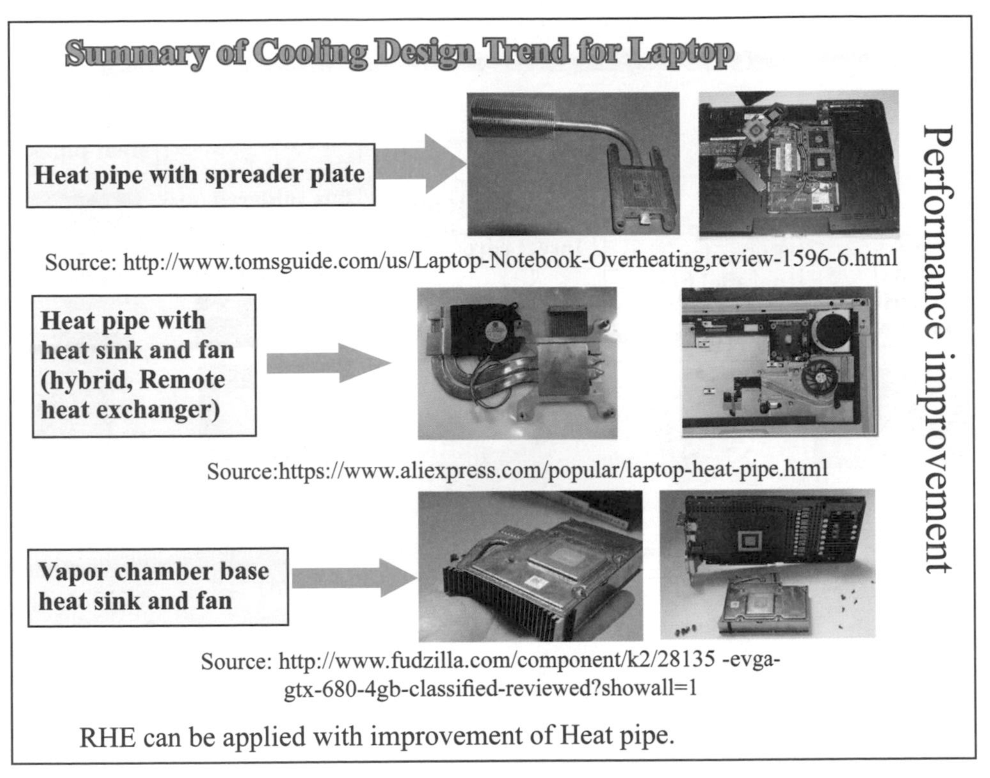

圖1-18　筆電散熱設計之演進

（Source: http://www.fudzilla.com/component/k2/28135 -evga-gtx-680-4gb-classified-reviewed?showall=1）

Summary of Cooling Design Trend for Desktop PCs

TYPE1
Normal Extrusion parallel fins

Source: http://www.company7.com/sbig/products/heat_sink.htm

TYPE2
High aspect Extrusion parallel fins With Cu Embedded base

Source: http://www.aluminiumdiecastingparts.com/supplier-41078-copper-pipe-heat-sink

TYPE3
High aspect Extrusion Radial fins With Cu Insert core

Source: http://www.ixbt.com/cpu/foxconn-avc-gigabyte-coolers-mar2k6.shtml

TYPE4
Fine pitch Stack fins soldered heat sink

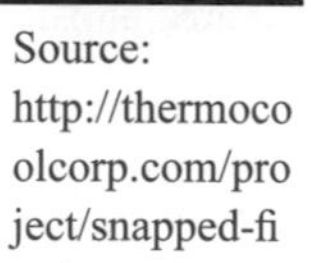

Source: http://thermocoolcorp.com/project/snapped-fins/

TYPE5
Heat pipes

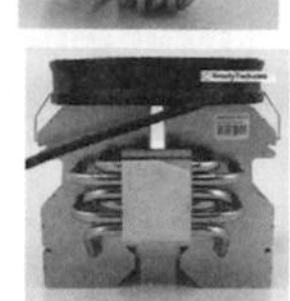

Source: http://www.frostytech.com/articleview.cfm?articleid=2777&page=2

R_{th}=0.5 ℃ /W (Low Performance) → **R_{th}=0.2 ℃ /W (High Performance)**

圖1-19　桌上型電腦之散熱演進

參考資料

1. Norton, Peter (1986). Inside the IBM PC. Revised and enlarged. New York. Brady. ISBN 0-89303-583-1.
2. August 12, 1981 press release announcing the IBM PC (PDF format).
3. Mueller, Scott (1992). Upgrading and Repairing PCs, Second Edition, Que Books, ISBN 0-88022-856-3
4. Chposky, James; Ted Leonsis (1988). Blue Magic - The People, Power and Politics Behind the IBM Personal Computer. Facts On File. ISBN 0-8160-1391-8.
5. IBM (1983). Personal Computer Hardware Reference Library: Guide to Operations, Personal Computer XT. IBM Part Number 6936831.
6. IBM (1984). Personal Computer Hardware Reference Library: Guide to Operations, Portable Personal Computer. IBM Part Numbers 6936571 and 1502332.
7. IBM (1986). Personal Computer Hardware Reference Library: Guide to Operations, Personal Computer XT Model 286. IBM Part Number 68X2523.
8. Gaugler, R. S. , "Heat Transfer Device," U. S. Patent 2350348, June 6, 1944
9. Mahajan, R. ; Chia-Pin Chiu, Chia-Pin Chiu ; Chrysler, G.," Cooling a Microprocessor Chip", Proceedings of the IEEE, Aug. 2006, Vol.94(8), pp.1476-1486

第 2 章
基礎熱傳及熱傳經驗公式應用在電子構裝散熱之介紹

2.1 熱傳基本介紹 - 熱傳導、熱對流以及熱輻射

電子構裝散熱主要是針對熱源之處理的一種工藝，如果熱源之熱不做移除，則晶片之接端溫度必定一直增加直至損壞晶片為止。既是要對熱做處理，那麼對於熱的一些基本熱力、熱傳觀念要有認識，本章節只針對基礎熱傳應用在電子構裝散熱的一些公式及材料性能比較表闡述。

熱力學第一定律：$\Delta U=Q-W$，當所吸收的淨熱 Q 減掉系統對外所做的功 W 就是存在系統上的內能變化量ΔU，如果內能一直增加，則系統（晶片）的溫度自然一直增加。因此了解熱的行為才能知道要如何設計一個熱移的裝置。基本上從微觀來看，分子的運動有3種，一種是分子的移動，就是在某一段時間經過一段距離，也就是速度，速度越快，移動越快，能量自然由一個地方傳遞至另一地方，分子之移動例如水，空氣等介質必須是可以流動的流體。另兩種是分子的轉動與振動，在固體或靜止之流體內分子排列很整齊，當熱開始傳送時，介質之溫度升高，意味分子之轉動與振動增加，能量就靠這兩種方式而傳遞，與之前傳遞方式不同的是分子是不移動的，因此一定要在固體或靜止之流體中才發生的。熱既然是能量的一種，因此熱的能量基本上也是靠分子之移動，轉動與振動而完成的。如果從巨觀來看，熱的傳送有三種，熱傳導，熱對流及熱輻射，而這三種傳輸方式都與分子的運動方式有關係，亦即與分子的移

動、振動及轉動有關係。玆將熱的能量傳遞分別敘述於下：

熱傳導（Thermal conduction）[1]，如圖2-1所示，是熱能從高溫向低溫部分轉移的過程，是一個分子向另一個分子傳遞振動能與轉動能的結果。各種材料的熱傳導性能不同，傳導性能好的，如金屬，還包括了自由電子的移動，所以傳熱速度快，熱傳導基本上是以傅立葉定律（Fourier's cooling law）來表示（Eq.2-1），該物體之熱阻$R_{th,C}$也可以定義為（Eq.2-2）：

$$Q = -K_M A_C \frac{(T_c - T_h)}{L} \cdots\cdots \text{（Eq.2-1）}$$

$$R_{th,c} = \frac{\Delta T}{Q} = \frac{T_h - T_C}{Q} = \frac{L}{K_M A_C} \cdots\cdots \text{（Eq.2-2）}$$

其中，T_h為高溫端溫度（K）；T_c 為低溫端溫度（K），K_M為物體熱傳導係數(W/m.k)，A_C為熱傳輸方向之截面面積（m^2），L熱傳輸經過物體之長度（或厚度）（m）。

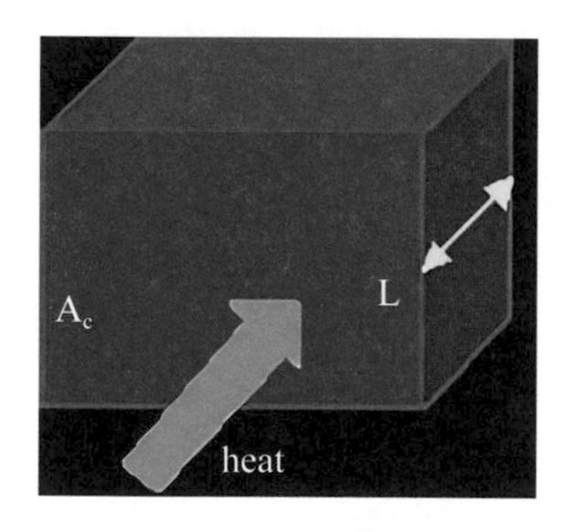

圖2-1　**熱傳導示意圖**

熱對流（Thermal convection）[2]，如圖2-2所示，對流通常發生在流體內或流體和環境之間有溫度差時，因為溫度的差異會使得流體之間密度不同，當液體或氣體物質一部分受熱時，體積膨脹，密度減少，逐漸上升，其位置由周圍溫度較低、密度較大的物質補充之，此物質再受熱上升，周圍物質又來補充，如此循環不已，遂將熱量由流動之流體傳播到各處，此稱為自然對流，另外一種是強制對流是指當有外力推動（如通過泵或者風扇）流體導致流體運動的對流現象。例如：電風扇加熱器，當風吹過加熱元件時，空氣就被加熱，同時物體被冷卻。所以不管自然對流或是強制對流都是利用分子之移動而完成能量之傳遞的。熱對流基本上是以牛頓冷卻定律（Newton's cooling law）來表示（Eq.2-3），該物體之熱阻$R_{th,h}$也可以定義為（Eq.2-4）：

$$Q = hA_S(T_s - T_f) \quad \cdots\cdots \text{(Eq.2-3)}$$

$$R_{th,h} = \frac{\Delta T}{Q} = \frac{(T_S - T_f)}{Q} = \frac{1}{hA_s} \quad \cdots\cdots \text{(Eq.2-4)}$$

其中：T_s 為物體表面溫度；T_f 為散熱介質之平均溫度，h為物體熱對流係數（$W/m^2.K$），A_S為物體之表面面積（m^2）。

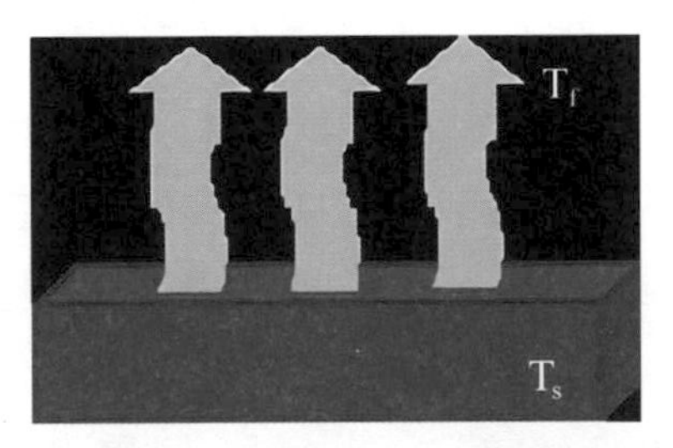

圖2-2 熱對流示意圖

熱輻射（Thermal Radiation）[3]：熱的傳導和對流作用，都必須靠物質作為媒介，才能傳播熱能。另一種熱的傳播方式完全不需憑藉介質，而能直接傳播熱能，稱為熱輻射。太陽所發出的熱，經過太空傳遞到地球，就是熱輻射的最明顯例子。其實熱輻射是電磁波的一種，當這些電磁波被物體吸收後，物體便因此獲得熱能。換句話說，熱的輻射是以電磁波的方式來傳播能量，因此不需依靠任何介質。任何物體的表面都會連續不斷地輻射出熱能，也同時吸收周遭環境中物體所傳來的熱輻射能量。如果物體表面輻射出的熱能較吸收的多，則物體的溫度降低；反之，則升高。熱輻射基本上是以史蒂芬波次曼定律

（Stefan-Boltzmann law）來表示（Eq.2-5），該物體之熱阻$R_{th,r}$也可以定義為（Eq.2-6）：

$$Q = \varepsilon\sigma f_{12} A_s (T_h^4 - T_c^4) \cdots\cdots \text{（Eq.2-5）}$$

$$R_{th,r} = \frac{(T_h - T_c)}{R_{th,r}} = \frac{1}{\varepsilon\sigma f_{12} A_s (T_h^2 - T_c^2)(T_h - T_c)} \cdots\cdots \text{（Eq.2-6）}$$

其中，T_h 為高溫端溫度（K）；T_c 為低溫端溫度（K），σ 為史蒂芬波次曼（Stefan-Boltzman）常數，$\sigma = 5.6697 \times 10^{-8}\ W/m^2 \cdot k^4$；ε（emissivity）為物體放射率其值在0～1中間，是與物體種類、顏色，甚至粗造度等都有關係，黑體由於是完全吸收，所以其值為1，在做實驗時，需要計算輻射熱時可將物體塗黑以減少其誤差，但須注意，塗黑時的材質不能太厚，厚度增加也增加該物體之熱阻值。f_{12}（view factor）為幾何修正係數，是一頗為複雜的修正係數，不但與A，B兩個面之間的幾何因素有關，且與兩個面的表面性質如放射係數和吸收係數等有關，通常在式中簡化為1。A_S為物體之表面面積（m^2）。在有流體介質下之輻射熱與熱對流通常一併發生，但由於史蒂芬波次曼常數很小，因此輻射熱相對能解決之熱量較小，在一般散熱行為並不太探討它。可是輻射熱在自然對流與高溫系統（通常溫度超過1000℃以上）這兩種狀況下卻顯得很重要，而且不能忽略。

假設一高溫晶片表面溫度 T_h=80℃，環境溫度T_c=25℃，晶片尺寸80mm×80mm，為求最大之輻射熱，假設晶片放射率ε以及幾何修正係數f_{12}都假設為1，所以經過輻射最大散熱量為$Q = \varepsilon\sigma f_{12} A (T_h^4 - T_c^4) = 1 \times 5.7 \times 10^{-8} \times (0.08 \times 0.08) \times (353^4 - 298^4) = 5.7 \times 10^{-8} \times 64 \times 10^{-4} \times (1.55 \times 10^{10} - 0.78 \times 10^{10})$ =3（W）。3W在一般IT散熱只要用自然對流就可以解決了，在大部分晶片強制對流散熱中因此都不計入考量，因為其值比起動則60W之CPU或135W的雲端伺服器散熱實在微不足道。可是3W在LED就是一個大問題，手機晶片3W的自然對流散熱上也是大問題。因此輻射熱雖然其值不大，可是在LED、手機的散熱上，其比重卻占很大，此時就不能不注重，可見輻射熱在自然對流下佔有一定之份量。一般而言，在10W以下之廢熱，用自然對流之方式就可以處理掉。另外一個情況必須注重輻射熱的就是在高溫狀態下，尤其是煉鋼爐、燃煤廠等重工業，由於高溫下，輻射熱是與溫度4次方成正比，例如1000℃（1273K）的爐心溫度，其與環溫25℃（298K）產生的最大輻射熱值在相同的晶片尺寸 80mm×80mm下就有$Q = \varepsilon\sigma f_{12} A(T_h^4 - T_c^4) = 1\times5.7\times10^{-8}\times(0.08\times0.08)\times(1273^4 - 298^4)\approx9.55\times10^4 W$。因此其輻射熱相對非常大，在高溫系統中也顯得重要了。

如圖2-3晶片熱源與受熱（Q_{in}）、散熱（Q_{out}）及積熱Q_{acc}之示意圖，其關係可表示為Eq. 2-7：

$$Q_{in} + Q_{gen} = Q_{out} + Q_{acc} \cdots\cdots (Eq.2\text{-}7)$$

其中Q_{in}為外來之其他熱源，例如鄰近晶片或太陽能等，Q_{gen}為該晶片熱源產生之熱量，Q_{out} 為熱移量，Q_{acc}則是反應在該晶片上之積熱。晶片之溫度從受鄰近熱源之影響到散熱處理後，其積熱之能量反應在晶片溫度上，當然積熱越多晶片溫度越高。

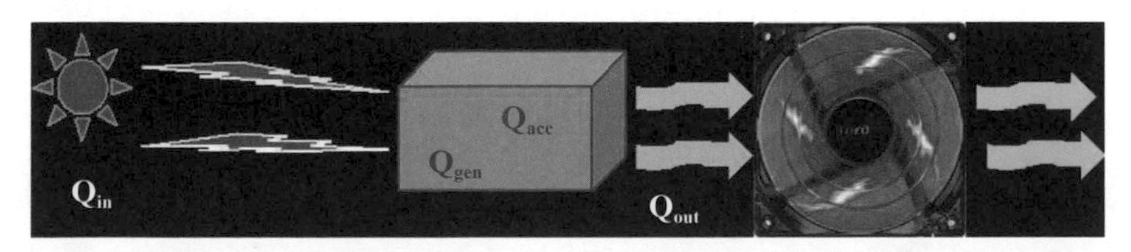

圖2-3　晶片熱源（Q_{gen}）與受熱（Q_{in}）、散熱（Q_{out}）及積熱Q_{acc}示意圖

在Eq.2-7中，假定忽略Q_{in}，則：

$$Q_{gen} = Q_{out} + Q_{acc} = Q_{out} + \rho C \mathbf{V}\frac{\delta T}{\delta t} = Q_{out} + mC\frac{\delta T}{\delta t} \cdots\cdots (Eq.2\text{-}8)$$

其中ρ為晶片密度，C為晶片熱容，如圖2-4（a），以銅的例子來看，銅密度ρ_{cu}= 8933 Kg/m^3，鋁密度ρ_{Al} = 2702 Kg/m^{3}為銅之1/3，但銅熱容為C_{cu} = 383 J/Kg,K 只有鋁熱容C_{Al} = 896 J/Kg,k的1/3。因此對同體積之鋁或銅而言，銅單位體積的吸熱量$\rho_{cu}C_{cu}$ = 3,421,339 J/m^3.k為單位體積鋁吸熱量$\rho_{Al}C_{Al}$ = 2,420,992 J/m^3.K的1.4倍，因此對同體積而言，銅之吸熱能力確實好過鋁，$\rho_{cu}C_{cu} >> \rho_{Al}C_{Al}$。如圖

2-4（b），但對同質量而言，鋁之吸熱能力卻又大過銅，C_{Al} >> C_{cu}，此代表鋁在吸飽熱之前溫度較銅為低，銅的單位質量吸熱能力雖然較小，但只要在有散熱元件下，銅材質達到穩態之時間$t_{steady, cu}$ 較鋁材質達到穩態之時間$t_{steady,Al}$為快。在相同質量下(m = ρV)，散熱材料的比熱越高(C)，C_{Al} >> C_{cu}，圖2-4（b）下斜線之面積自然越多，鋁溫度越低，但在物質吸飽熱後，都必須靠自然對流或強制對流才能使溫度趨近穩定。

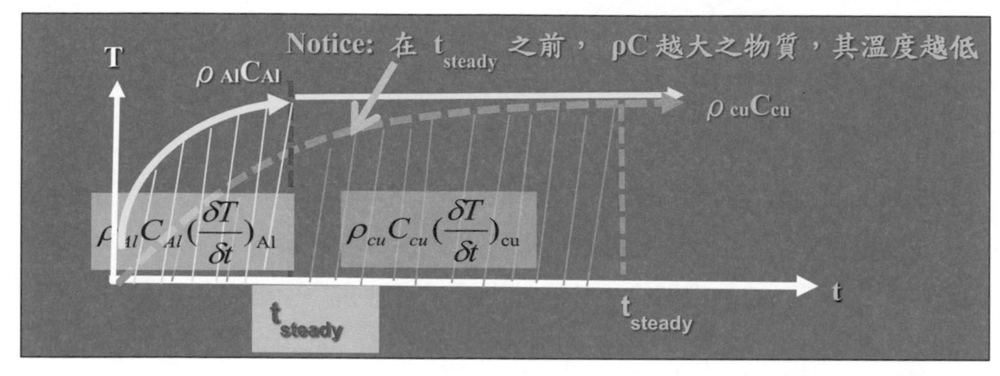

圖2-4（a） 晶片受熱時之溫度與時間示意圖（同體積散熱材料）

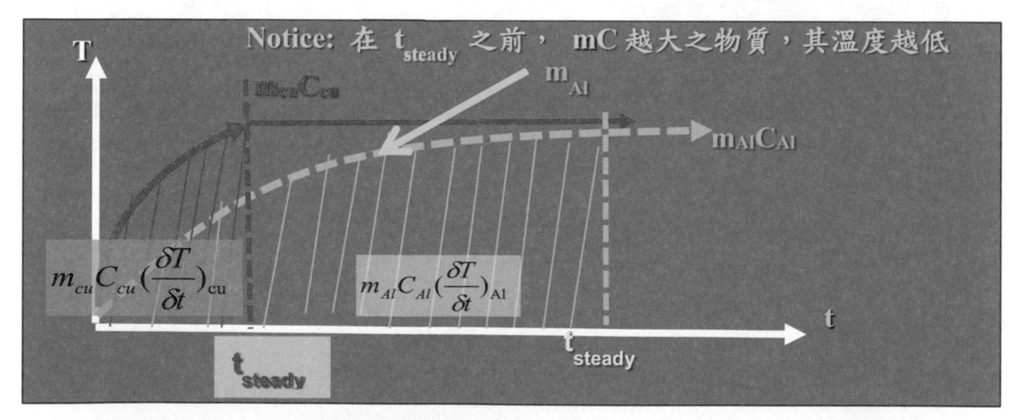

圖2-4（b） 晶片受熱時之溫度與時間示意圖（同重量散熱材料）

如圖2-5當晶片從開始被加熱後開始蓄熱，於是溫度開始上升直到完全吸飽熱量為止，此時晶片產生之熱量必須靠散熱系統移熱，如果移熱量Q_{out}小於熱源之產生熱Q_{gen}，（Q_{gen}> Q_{out}）此時溫度必定繼續上升至較高的穩態溫度為止。如果是在穩態流中，則 $\rho C\mathbf{V}\frac{\delta T}{\delta t}=0$，因此時間在超過$t_{steady}$ 時$Q_{gen}=Q_{out}$，而溫度對時間之斜率為零，晶片溫度保持穩定。如果移熱量Q_{out}大於熱源之產生熱Q_{gen}（$Q_{gen}<Q_{out}$），此時溫度必定繼續下降至較低的穩態溫度為止。

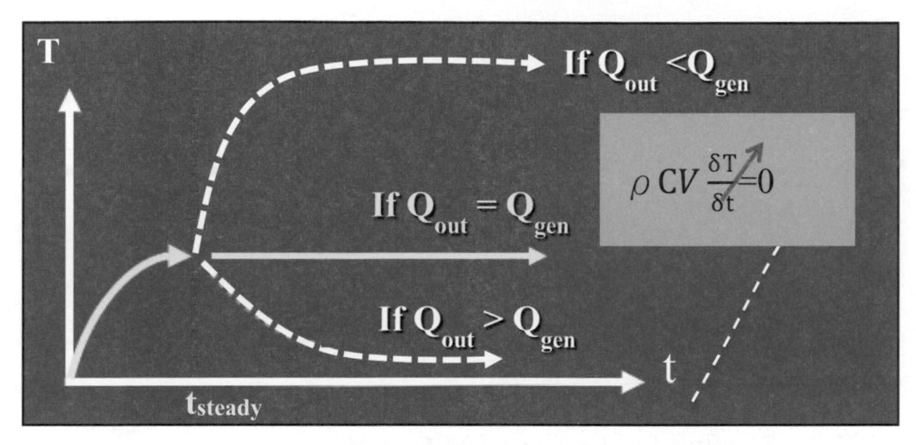

圖2-5　Q_{out}與Q_{gen}對晶片溫度之影響示意圖

2.2　串聯熱阻與並聯熱阻之計算

在電子構裝散熱計算中，因為機構排列之問題，熱阻會出現並聯與串聯的現象，此時必須充分應用此種並、串聯之關係以計算總熱阻值。所謂串聯熱阻是指熱在經過該複合材料的每個物質時是有先、後秩序的單點接觸如圖2-6之排列，所以熱（Q）經過材料（A）時的熱阻$R_{th,1}$表示如Eq.2-9，其中T_0及T_1代表材質（A）之兩端溫度。同樣的熱（Q）經過材料（B）時的熱阻$R_{th,2}$表示如Eq.2-10，其中T_1及T_2代表材質（B）之兩端溫度。複合材料在相同熱量（Q）下之熱阻$R_{th,comp}$表示如Eq.2-11：

$$Q=\frac{(T_1-T_0)}{R_{th,1}} \quad \cdots\cdots \text{(Eq.2-9)}$$

$$Q=\frac{(T_2-T_1)}{R_{th,2}} \quad \cdots\cdots \text{(Eq.2-10)}$$

$$Q=\frac{(T_2-T_0)}{R_{th,com}} \quad \cdots\cdots \text{(Eq.2-11)}$$

因此改寫Eq.2-9，Eq.2-10，Eq.2-11成為熱阻與溫度之關係如Eq.2-12，Eq.2-13，Eq.2-14：

$$R_{th,1}=\frac{(T_1-T_0)}{Q} \quad \cdots\cdots \text{(Eq.2-12)}$$

$$R_{th,2}=\frac{(T_2-T_1)}{Q} \quad \cdots\cdots \text{(Eq.2-13)}$$

$$R_{th,com}=\frac{(T_2-T_0)}{Q} \quad \cdots\cdots \text{(Eq.2-14)}$$

將複合材料熱阻之公式Eq.2-14改寫成Eq.2-15：

$$R_{th,com}=\frac{(T_2-T_0)}{Q}=\frac{(T_1-T_0)+(T_2-T_1)}{Q}=\frac{(T_1-T_0)}{Q}+\frac{(T_2-T_1)}{Q}=R_{th,1}+R_{th,2} \quad \cdots\cdots \text{(Eq.2-15)}$$

由Eq.2-15得知串聯型態之複合材料熱阻為各單位材料熱阻之相加如Eq.2-16：

$$R_{th,com}=\Sigma R_{th,i}=R_{th,1}+R_{th,2} \quad \cdots\cdots \text{(Eq.2-16)}$$

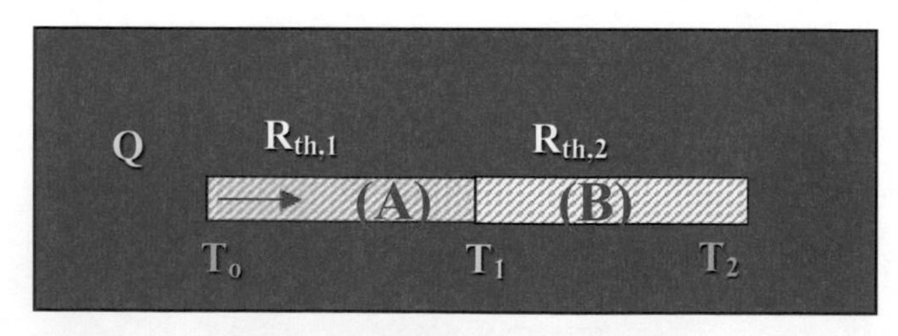

圖2-6　串聯熱阻結構示意圖

所謂並聯熱阻是指熱在經過該複合材料的每個物質時是同時多點接觸如圖2-7之排列，所以熱（Q）經過材料（A）時的熱阻$R_{th,1}$表示如Eq.2-17，其中T_0及

T_2代表材質（A）之兩端溫度。同樣的熱（Q）經過材料（B）時的熱阻$R_{th,2}$表示如Eq.2-18，其中T_0及T_2代表材質（B）之兩端溫度。熱（Q）經過材料（C）時的熱阻$R_{th,3}$表示如Eq.2-19，其中T_0及T_2代表材質（C）之兩端溫度。複合材料在相同熱量（Q）下之熱阻$R_{th,comp}$表示如Eq.2-20：

$$Q_1 = \frac{(T_2 - T_0)}{R_{th,1}} \quad \cdots\cdots \text{（Eq.2-17）}$$

$$Q_2 = \frac{(T_2 - T_0)}{R_{th,2}} \quad \cdots\cdots \text{（Eq.2-18）}$$

$$Q_3 = \frac{(T_2 - T_0)}{R_{th,3}} \quad \cdots\cdots \text{（Eq.2-19）}$$

$$Q = \frac{(T_2 - T_0)}{R_{th,com}} \quad \cdots\cdots \text{（Eq.2-20）}$$

既然通過複合材料的熱是同時發生的，將複合材料熱阻之公式Eq.2-20改寫成Eq.2-21：

$$Q = \frac{(T_2 - T_0)}{R_{th,com}} = Q_1 + Q_2 + Q_3 = \frac{(T_2 - T_0)}{R_{th,1}} + \frac{(T_2 - T_0)}{R_{th,2}} + \frac{(T_2 - T_0)}{R_{th,3}} \quad \cdots\cdots \text{（Eq.2-21）}$$

由Eq.2-21得知並聯型態之複合材料熱阻為各單位材料熱阻倒數相加如Eq.2-22：

$$\frac{1}{R_{th,com}} = \frac{1}{\Sigma R_{th,i}} = \frac{1}{R_{th,1}} + \frac{1}{R_{th,2}} + \frac{1}{R_{th,3}} \quad \cdots\cdots \text{（Eq.2-22）}$$

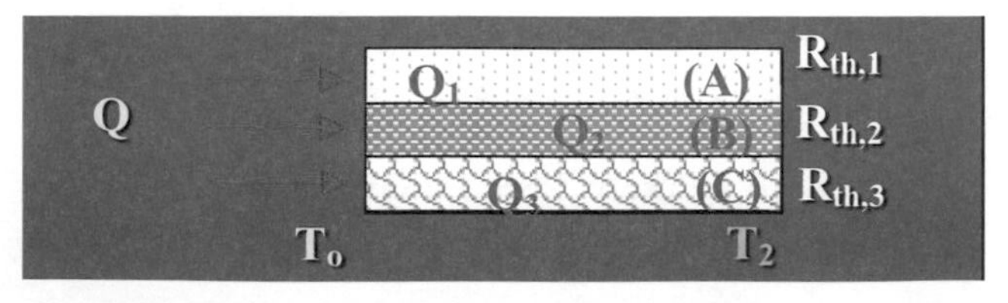

圖2-7　並聯熱阻結構示意圖

2.3 主要散熱熱對流模式之建立

熱的傳輸靠熱傳導、熱對流及熱輻射，基本上熱傳導只是將熱從一端移到另一端，如果在另一端沒有經過有效的移熱，則在此導熱元件吸飽熱後系統（晶片）之溫度終究還是要上升，因此散熱行為主要還是靠熱對流以及熱輻射。除了手機、LED的散熱多數是在自然對流下進行外，大部分IT產業的散熱行為是在強制對流下進行，而且這些產業之接端溫度需控制在70℃以內，由於CPU溫度比起1000度之溫度低很多，因此輻射熱通常忽略，熱對流將是散熱最主要之模式。如圖2-8，假定系統中之表面熱源之溫度為T_s，流體溫度為T_0，流體以平均速度U_0經過熱源表面積A_s，假設熱對流係數為h，其熱對流之牛頓冷卻公式如下：

$$Q = h\ A_s\ (\ T_s - T_0\ ) \cdots\cdots \text{（Eq.2-23）}$$

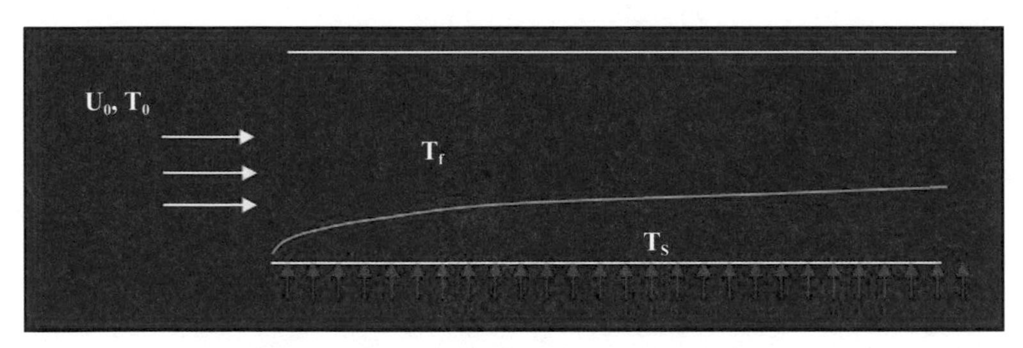

圖2-8　流體經過熱源表面之熱對流示意圖

熱對流有3種模式：

（A）純自然對流模式（Purely natural convection）[4]：這是完全由於流體密度差引起的運動，流體之運動不是藉由外部一些主動式的機械裝置例如風扇等之元件引起的。其存在的條件是：$Gr/\ Re^2 >> 1$

（B）純強制對流模式（Purely forced convection）[5]：流體之運動是藉由外部一些主動式的機械裝置例如風扇等之元件引起的。其存在的條件是：$Gr/\ Re^2 << 1$

（C）混和對流（Mixed convection）[6,7,8]：自然對流和強制對流並存例如在風速很慢之加熱物體的表面其周圍的空氣。其存在的條件是：$Gr/Re^2 \sim 1$

在IT產業散熱設計中，熱傳導只是將熱藉由固體或靜止流體從一端導至另一端，在另一端如果沒有好的移熱工具，則該導熱介質（固體或靜止流體）溫度必定升高，因此主要散熱要領還是在熱對流的牛頓冷卻定律（Eq.2-23）。一般來講，在不是很高溫或不是在自然對流的條件下，輻射熱是可以忽略不計。移熱能力設計最終還是要靠對流的觀念。在Eq.2-23中，基本上溫差幾乎固定，例如T_S（或T_J）是已被規範在一定額度內，而環溫一般也是在25℃～35℃範圍內，所以在移熱設計上，只能考慮散熱面積（A_S）及熱對流係數（h）兩個變數而已。以物理意義而言，散熱面積越大，A_S越大，散熱能力Q就越大，這是無庸置疑的，但是散熱面積有機構上的考量；另外一個變數就是熱對流係數，h。熱對流係數是與空氣流通之速度（強制對流）或溫差ΔT之驅動力（自然對流）有關係。在熱對流模式中，最難預測的就是熱對流係數h。h是一個係數而不是流體或對流表面的熱屬性。它的大小是完全決定於流體速度以及是何種流體而定。為了有效的計算熱對流係數h值，必須先要有一個參考溫度T_f。以圖2-8為例，通常以流體之溫度T_0與熱源表面溫度T_s之平均溫度為參考溫度，$T_f = T_{ave} = (T_s + T_0) / 2$。選擇參考溫度是很有學問的一門課，必須是在實驗上有重複性的，亦即有最小的平均誤差。選擇好參考溫度以後，所有流體之熱特性包括黏滯性，比熱容等等都可以以此參考溫度為依據。一般而言獲得熱對流係數之方法有3種：

2.3.1　經驗公式：很多文獻已記載有各種實驗情形下之各種h計算模式，它的問題是在別的實驗室測試邊界條件下並不一定適合在本身的測試狀況，通常是在涉及設計階段做參考用

2.3.2　實驗公式：通過實驗實際量測計算h值，它的問題是不能在設計階段時做參考，不過其實驗得到之h值是最真實可靠的。

2.3.3　解析公式：直接從統御方程式（Governing Equation）開始解析，它的問題是許多的h值無法直接求出其解（closed form solution），很多必須要用數值分析（Numerical analysis）的方法，此牽涉太多數值方法的技巧，對一般人而言增加許多困難。

因此對於大多數人而言，A模式是在設計初期最被普遍應用的，C模式在目前只能以套裝軟體例如ANSYS，Flowtherm，Icepack等去模擬。B模式是在A與C完成時必須再以實驗驗證之必要步驟。本章節將注重於說明第一種經驗公式之選擇。

2.3.1　經驗公式：如圖2-9所示，強制對流下之經驗公式所獲得之h從努塞爾數（Nu）計算出如式（1），而努塞爾數（Nu）必須是為雷諾數（Re）與普朗特數（Pr）之函數：Nu = f（Re , Pr）如圖2-9之式（4）。這意味著，想要獲得h值，首先要參考溫度T_f計算流體性質，然後計算雷諾數（Re）如式（3）與普朗特數（Pr）如式（2），再代入其經驗公式如式（4）中，以求得努塞爾數（Nu）。其中μ為流體之黏滯係數，ρ為流體之密度，k為流體之熱傳導係數，C_p為流體之熱容，ν（kinematic viscosity）為流體之動力黏滯係數，α（thermal diffusivity）為流體之熱擴散率，L為特徵長度，一般可視為流體經過發熱體之長度或管長之一半長度或直徑。需要注意的重要一點是該經驗公式必須滿足各測試條件，例如，如果測試條件是給定的相關訊息為Re <2300和Pr>0.72，則該經驗公式必須滿足這些限制，否則不同的經驗公式必定得到不同的h值。

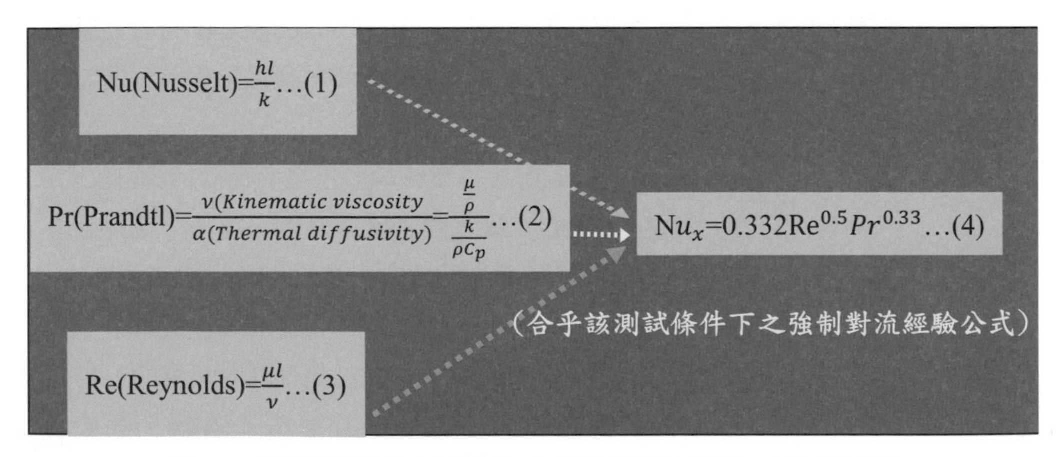

圖2-9　強制對流下之經驗公式求得熱對流係數h之路徑圖譜

如果是在自然對流下之經驗公式所獲得之h一樣從努塞爾數（Nu）計算出如圖2-10之式（1），在電子構裝散熱溫度10℃～100℃範圍內，普朗特數（Pr）幾乎都為一固定之常數，Pr～0.7。因此簡化式子後，努塞爾數（Nu）必須是仍為 格拉斯霍夫數（Gr）之函數：Nu = f（Gr）如式（6）。所以h值之獲得必須先計算格拉斯霍夫數（Gr）如式（5），再代入其經驗公式如式（6）中，以求得努塞爾數（Nu），其中n_1為純數字。同樣的。同樣的，該經驗公式必須滿足各測試條件。表2-1提供了一些相關的文獻中各熱對流努塞爾數（Nu）的一些經驗公式。

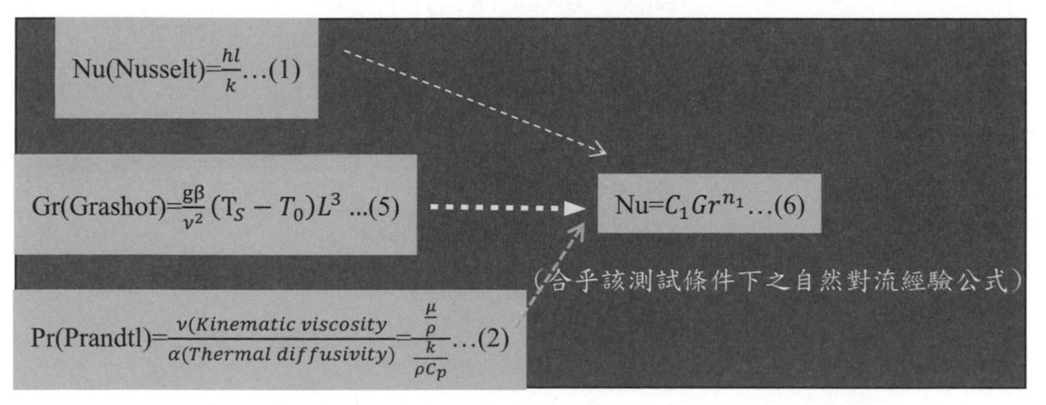

圖2-10　自然對流下之經驗公式求得熱對流係數h之路徑圖譜

表2-1　各熱對流努塞爾數（Nu）之經驗公式（*Ozisik M.N. Heat Transfer: A Basic Approach, 1985*）

Condition	Correlation	Constraint
NATURAL CONVECTION		
Horizontal Heated Facing Down	$Nu = hL/K = 0.06Gr^{1/3}$	$1.1\times 10^3 < Gr < 3\times 10^8$
Heated Facing Up	$Nu_1 = 0.297\ (Gr_1 Pr)^{1/4}$	$3\times 10^6 < Gr\ Pr < 4\times 10^7$
Average	$Nu = 0.633\ (GrPr)^{1/4}$	
	$Nu_1 = 0.146\ (Gr_x Pr)^{1/3}$	$6\times 10^3 < Gr_x\ Pr < 5\times 10^6$ (Turbulent)

Condition	Correlation	Constraint
Average	$Nu = 0.162\ (GrPr)^{1/2}$	
Horizontal Configuration Resembling Electronic Channel	$Nu=1740\times\{[(4.61V_B-\ln(DT/V_B)^{VB})\ /\ (4.61V_P-\ln(T_B/V_B)^{VP})]\ (\ln(GrPr))^{-1}\}$	Expected accuracy is 25-30% under prediction
Vertical Narrow & Tall Channels	$Nu=0.144\ (Ra'')^{0.5}$	$0 < Ra < 50$
Wide and Short Channels	$Nu=0.524\ (Ra'')^{0.2}$	$Ra''>700$
	$Nu = \{0.144\ (Ra'')^{0.5}\}\ /\ [1+0.0156\ (Ra'')^{0.9}]^{0.33}$	$3 < Ra'' < 10^6$
	$Nu=\{[48/Ra'']+[25/(Ra'')^{0.4}]\}^{0.5}$	$1 < Ra'' < 10^6$
	$Nu=0.2\ (Ra'')^{0.31}$	$300 < Ra'' < 10^6$
FORCED CONVECTION		
Circuit board fitted into card guide	$h = 5.3\ (b/d) +\{6.2\ (rv)^{0.8}/(N/d)^{0.36}\}[(d/b)-1]^{0.13}$	Velocity Range 0 – 8 m/sec
For high velocity range	$Nu = 0.19\ Re^{0.7}[(d/b)-1]^{0.13}\ Pr^{(1/3)}$	
Without the card guide	$h = 5.3(b/d) + 7.6(rv)^{0.8}\ (Nd)^{-0.2}\ [(d/b)-1]^{0.13}$	
Sparrow	$Nu_b = (hb)/K = 0.0935\ Re^{0.72}$	Re = 2000, 3700 and 7000 = V (P-B) /n
For component with missing neighbor upstream	$Nu_b = 0.131\ Re^{0.72}$	
For components with missing Neighbor downstream	$Nu = 0.105\ Re^{0.72}$	
For components with flow turbulators	$Nu_b= 0.187\ Re^{0.72}$ to $Nu= 0.129\ Re^{0.72}$	

Condition	Correlation	Constraint
Writz – Dykshoorn	$hb/K=Nu=0.348Re^{0.6}$	For the second row on
Flat pack 1 V_b 10 m/sec	$hb/K=Nu=0.418Re^{0.6}$	For the first row
Lehmann and Wirtz,Flat pack uniform	$Nu = hb/K = 0.27\ Re_b{}^{0.6}$	$1300< Re_b=Vb/n<12000$
Ato-High velocity flows, fully turbulent	$Nu = hB/K =0.5\ Re_B{}^{0.665}\ Pr^{(1/3)}$	8×10^3 £ Re_B £ 2×10^6

2.3.2　實驗公式：假定沒有任何經驗公式可計算h值，那麼必須建立一個實驗平台，並利用牛頓冷卻公式Eq.2-23計算獲得h值。實驗之技巧必須精算所輸入之熱通量（Q/A_s）以及熱源表面與流體之溫差$\Delta T=$（$T_s - T_0$）。以下闡述如何利用實驗數據獲得強制對流下之經驗公式$Nu = C_1 Re^{n1} Pr^{n2}$及自然對流下之經驗公式$Nu = C_1 Gr^{n1}$方法：

案例A-強制對流

1. 在相同的流體溫度T_0下，取至少不同5組下之熱功率Q_i之不同流體速度v_i 以及熱源表面溫度$T_{s,i}$，其中下標i 的意思是不同組別之代號。並令各熱功率Q_i為各速度v_i、各熱源表面溫度$T_{s,i}$及流體溫度T_f之函數：Q_i（$v_i, T_{s,i}, T_f$）
2. 先計算5組之不同雷諾數 $Re_i(\textbf{Reynolds}) = \frac{\mu L}{v_i}$，L為其特徵長度，是管長之一半長度或直徑，要注意的是一旦決定特徵長度後，以後之計算都必須用同一標準計算之。
3. 從已知之A_s、T_f及不同功率Q_i下之$T_{s,i}$，利用實驗，將數據代入牛頓冷卻公式 $Q_i = h_i A_S$（$T_{s,i}-T_f$）並計算得到每組之h_i。
4. 從式 $\textbf{Nu}_i\textbf{(Nusselt)}= \frac{h_i L}{k}$ 得到至少5組以上之努塞爾數（Nu_i）。
5. 計算流體之普朗特數（Pr_i），假設流體為空氣，則普朗特數幾乎為一定值，$Pr_i = 0.7$。
6. 計算每一組努塞爾數（Nu_i）相對應之雷諾數（Reynold，$R_{e,i}$）
   $Nu_i = C_1 Re_i^{n_1} Pr_i^{n_2} = C_1 Re_i^{n_1} (0.7)^{n_2} = C_2 Re_i^{n_1}$

7. 運用電腦excel 軟體將5組Nu_i 及 Re_i計算得到Nu 對 Re之趨勢，例如Nu= $2.023+1.089\times Re^{(0.332)}$，即為該實驗在此測試條件下求得之努塞爾數（Nu）經驗公式。當然實驗做的組別數越多，其數據越精準。

案例B-自然對流

1. 在相同的流體溫度T_0下，取至少不同5組下之熱功率Q_i之不同熱源表面溫度$T_{s,i}$。並令各熱功率Q_i為各熱源表面溫度$T_{s,i}$及流體溫度T_f之函數：Q_i（$T_{s,i}$, T_f）
2. 計算5組之不同格拉斯霍夫數 $Gr_i(Grashof)=\frac{g\beta}{\nu^2}(T_{s,i}-T_f)L^3$ ，L為其特徵長度是管長之一半長度或直徑，要注意的是一旦決定特徵長度後，以後之計算都必須用同一標準計算之。
3. 從已知之A_s、T_f及不同功率Q_i下之$T_{s,i}$，利用實驗，將數據代入牛頓冷卻公式$Q_i = h_i A_S$（$T_{s,i}$–T_f）並計算得到每組之h_i。
4. 從式 $Nu_i(Nusselt)=\frac{h_i L}{k}$ 得到至紹5組以上之努塞爾數（Nu_i）
5. 計算流體之普朗特數（Pr_i），假設流體為空氣，則普朗特數幾乎為一定值，$Pr_i = 0.7$。
6. 計算每一組努塞爾數（Nu_i）相對應之格拉斯霍夫數（Gr_i）
7. 運用電腦excel 軟體將5組Nu_i 及 Gr_i計算得到Nu 對 Gr之趨勢，例如 Nu= $1.5.089+1.25\times Gr^{(0.33)}$，即為該實驗在此測試條件下求得之努塞爾數（Nu）經驗公式。

2.3.3 解析公式：直接從控制方程式（Governing Equation）求解是可遇不可求，大部分還是需要用數值分析的方法求得，以下為一特殊案例：

案例C-解析公式

如圖2-11，將一個加熱球體懸浮在一個很大而靜止不動的液體中急速冷卻，球體半徑為R，液體起初之溫度為T_0，在半徑R時之球體表面溫度為T_R，求該球體冷卻之Nu？

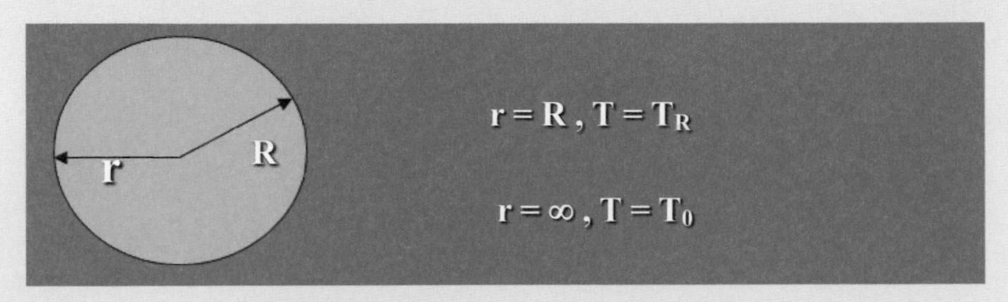

圖2-11　自然對流下之經驗公式求得熱對流係數h之路徑圖譜

【解】：

在球座標上解Navier Stokes Equation

$$\rho C_P(\frac{\partial T}{\partial t}) = K[\frac{1}{r^2}\frac{\partial}{\partial r}(r^2\frac{\partial T}{\partial r})] = 0 \quad \cdots\cdots \text{(Eq.2-24)}$$

當在穩態流之情況下，$(\frac{\partial T}{\partial t}) = 0$，簡化 Eq.2-24成為

$$\frac{\partial}{\partial \mathbf{r}}\left(\mathbf{r}^2\frac{\partial \mathbf{T}}{\partial \mathbf{r}}\right) = \mathbf{0} \quad \cdots\cdots \text{(Eq.2-25)}$$

解Eq.2-25成為

$$\mathbf{T} = -\frac{\mathbf{C_1}}{\mathbf{r}} + \mathbf{C_2} \quad \cdots\cdots \text{(Eq.2-26)}$$

將邊界條件1：r = R, T = T_R 及邊界條件2：r = ∞, T = T_∞代入 Eq.2-26，可得溫度之分布：$T - T_\infty = (R/r)(T_R - T_\infty)$，通過此球之熱功率在半徑等於R時如Eq.3-27所示：

$$Q = q_{r|r=R}A = -k_s A(\frac{dT}{dr})|_{r=R} = (-k_s A)(-\frac{R}{R^2})(T_R - T_\infty) = (\frac{k_s A}{R})(T_R - T_\infty)$$

……（Eq.2-27）

在球體邊界之熱功率必定由牛頓冷卻將熱帶走，因此可寫成Eq.2-28：

$$Q = q_{r|r=R}A = hA(T_R - T_\infty) = (\frac{k_s A}{R})(T_R - T_\infty) \quad \text{……（Eq.2-28）}$$

所以重排Eq.2-28，得到

$$h = \frac{K_s}{R} = \frac{2K_s}{D} \quad \text{……（Eq.2-29）}$$

所以 $Nu = \frac{hD}{K_s} = 2$。直接在解析公式上求解幾乎是少之又少，當然如果能直接求得是最好的。表2-1說明在各種情況下之熱對流係數之情形：

表2-2　各種情況下之熱對流係數之情形（*Ozisik M.N. Heat Transfer: A Basic Approach, 1985*）

流場情況	h（$W/m^2.℃$）
Free convection,DT = 25°C	
0.25-m vertical plate in:	
Atmospheric air	5
Engine oil	37
Water	440
0.02-m-OD* horizontal cylinder in:	
Atmospheric air	8
Engine oil	62

流場情況	h（W/m^2.℃）
Water	741
0.02-m-diameter sphere in:	
Atmospheric air	9
Engine oil	60
Water	606
Forced convection	
Atmospheric air at 25℃with U = 10 m/s over a flat plate:L = 0.1 m	
Flow at 5 m/s across 1-cm-OD cylinder of:	
Atmospheric air	85
Engine oil	1,800
Water at 1 kg/s inside 2.5-cm-ID* tube	10,500
Boiling of water at 1 atm	
Pool boiling in a container	3,000
Pool boiling at peak heat flux	35,000
Film boiling	3,000
Condensation of steam at 1 atm.	
Film condensation on horizontal tube···	9,000-25,000
Film condensation on vertical surfaces	4,000-11,000
Dropwise condensation	60,000-120,000

圖2-12 為各種散熱途徑效率比較圖，由圖知假設液體自然對流為1時，強制空冷之能力與其相當，空氣自然對流的能力為其0.1，強制液冷為其10倍，強制液冷大部分是用在熱交換器。但如果在相變化（例如水1CC吸熱2400J/g）時的能力又大上液體自然對流之50倍。所以相變化之移熱能力是最強的，假設1秒鐘內有1c.c水蒸發，則相變化熱移能力有2400 w/c.c.。但是如何將汽化後之蒸氣冷凝回液體就是一個大問題，目前相變化大部分是在冷氣機或熱管之設計中。

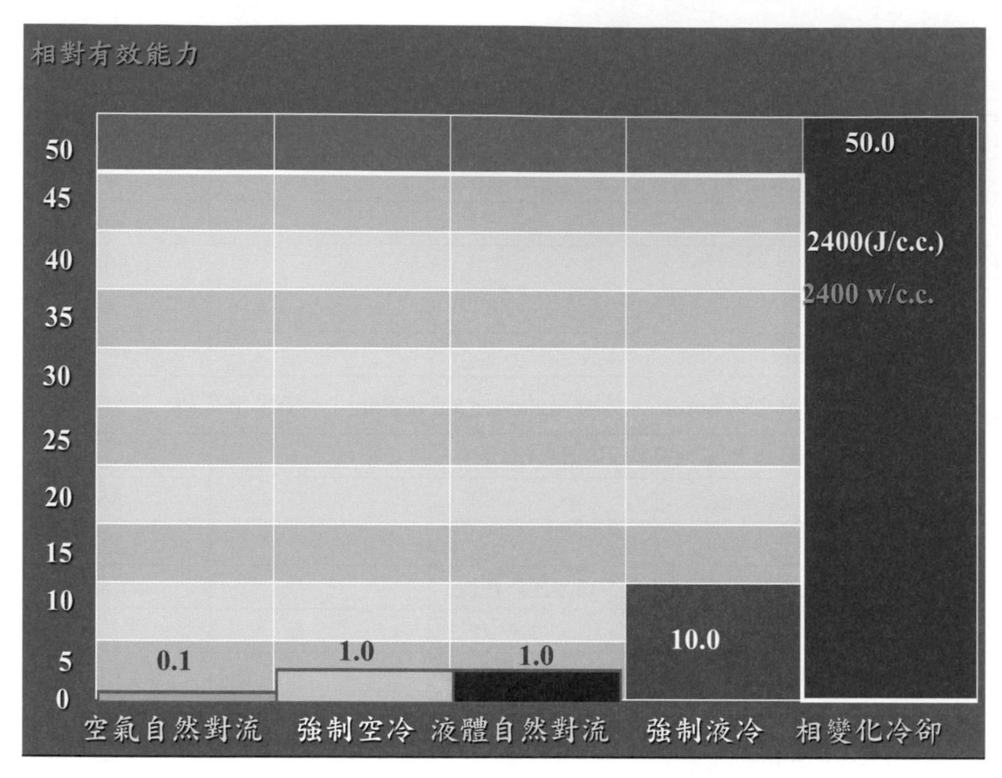

圖2-12　各種散熱途徑效率比較圖

2.4 評估熱源表面溫度在熱對流下之步驟

本節熱傳分析的目的是根據熱對流熱傳輸大小以及流體的溫度計算物體表面溫度。其步驟如下：

1. 假設物體表面溫度T_s以及流體溫度T_0是已知的，計算參考溫度 $T_f = (T_s + T_0)/2$。如果物體表面溫度是未知之狀態，則需要猜測一個表面溫度“$T_{s,guess}$”。
2. 以T_f為參考溫度，決定流體之熱特性例如k, ν,ρ, C_p 等
3. 計算 Gr/Re^2，決定熱對流模式，是強制對流或自然對流
4. 強制對流下計算雷諾數Re與普朗特數Pr，自然對流下計算格拉斯霍夫數Gr

5. （a）強制對流下計算Nu之經驗公式，Nu=f（Re, Pr）

　（b）自然對流下計算Nu之經驗公式，Nu=f（Gr, Pr）

6. （a）從Nu計算強制對流下之熱對流係數h。

　（b）從Nu計算自然對流下之熱對流係數h。

7. 計算熱移量$Q_{out} = hA(T_s - T_f)$（假設T_s是已知的）。如果物體表面溫度是用猜的$T_{s,guess}$，那麼熱移量$Q_{out,guess} = hA(T_{s,guess} - T_f)$。比較一下已知之輸入熱功率$Q_{in}$與熱移量$Q_{out,guess}$之誤差，假設5%誤差量是允許的，那麼熱對流係數 h 是答案，否則取 $h' = \frac{(\frac{Q_{in}+Q_{out,guess}}{2})}{A(T_{s,guess}-T_f)}$，從步驟1開始再疊代計算。

案例D

強制對流空氣在 T_0 = 25℃ 速度 v = 10 m/s 下嘗試冷卻電子電路板如圖2-13。其中的關鍵晶片尺寸為4×4 mm²，從進風口到晶片之長度$L_{leading}$（entrance length）有120 mm.熱對流熱傳經驗公式如下：

$$Nu = 0.335\ Re^{0.574}\ Pr^{0.33}$$

計算當晶片之功率為30 mW時之晶片表面溫度。[*Incopera*（*1990*）]

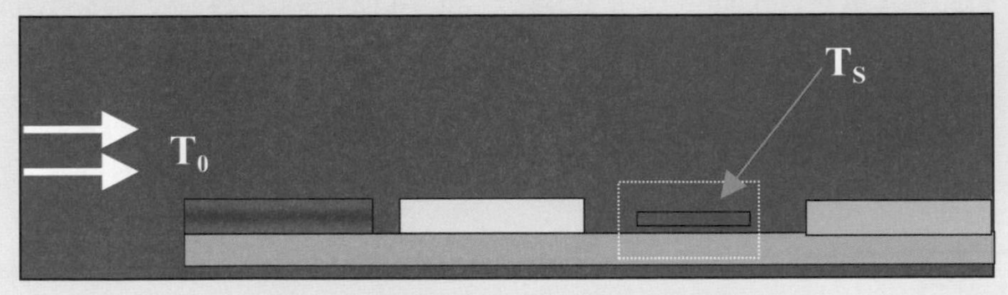

圖2-13　強制對流空氣冷卻電路板

【解】：

假設為穩態流（SSSF），Q_{acc}=0。沒有外來熱源影響Q_{in}=0。只有熱對流，晶片溫度為均溫（isothermal），熱對流是均勻的，所以沒有局部效應，熱對流係數在晶片表面上為均勻分布，能量守恆定律Eq.2-7：

$$Q_{in} + Q_{gen} = Q_{out} + Q_{acc} \cdots\cdots \text{（Eq.2-7）}.$$

所以$Q_{gen} = Q_{out}$，晶片產生之熱完全被熱對流帶走，代入牛頓冷卻公式：

$$Q_{gen} = h\, A_{chip}\, (T_s - T_0) \cdots\cdots \text{（Eq.2-30）}$$

解出物體表面溫度 T_s如Eq.2-31：

$$T_s = T_0 + Q_{gen} / h\, A_{chip} \cdots\cdots \text{（Eq.2-31）}$$

但在解Eq.2-30中有一個問題，那就是要先解決h值，要求得h值，必須要要有參考溫度T_f，因此在此必須先猜測此晶片之表面溫度$T_{s,guess}$。假設 $T_{s,guess}$= 55 ℃，則參考溫度為T_f =（55 + 25）/ 2 = 40℃；由表 2-3查出空氣之Pr = 0.703，將空氣速度$\nu=16.69\times10^{-6}$ m²/s以及空氣之熱傳導係數k = 0.02624W/m.k代入Eq.2-32得Nu_x：

$$Nu_x = 0.335\, (vL_C\, \rho / \mu)^{0.574}\, Pr^{\,0.33} \cdots\cdots \text{（Eq.2-32）}$$

取特徵長度L_C為進風口長度$L_C=L_{leading}$=120mm；Nu_x =0.335 [（10×0.12×1.77）/（1.8462×10^{-5}）]$^{0.59}$（0.703）$^{0.33}$=0.335×967.8×0.89 =288.5

將此努塞爾數代入Nu_x =hL/K，288.5=（h×0.12）/0.02624 得 h =63.1W/m².k，因此計算出晶片表面溫度為：$T_S = T_0 + Q_{gen}/hA_{chip}$= 25℃+（30×$10^{-3}$W）/ [63.1W/m². K ×（4 ×$10^{-3}$）^{2}]m² = 54.7℃

此溫度與所猜的$T_{s,guess}$= 55 ℃相差無幾，所以所猜之值視為正確。

表2-3　空氣熱力特性表（The values of μ, k, c_p, and Pr are not strongly pressure-dependent and may be used over a fairly wide range of pressure）

T (K)	ρ (kg/m³)	c_p (kJ/kg,℃)	μ×10⁵ kg/m,s	ν×10⁶ (m²/s)	K (W/m.℃)	α×10⁴ (m²/s)	Pr
100	3.601	1.026	0.6924	1.923	0.00924	0.02501	0.770

T (K)	ρ (kg/m^3)	c_p (kJ/kg,℃)	μ×10^5 kg/m,s	ν×10^6 (m^2/s)	K (W/m.℃)	α×10^4 (m^2/s)	Pr
150	2.367	1.009	1.0283	4.343	0.01373	0.05745	0.753
200	1.768	1.006	1.3289	7.490	0.01809	0.10165	0.739
250	1.412	1.005	1.5990	11.31	0.02227	0.15675	0.722
300	1.77	1.005	1.8462	15.69	0.02624	0.22160	0.708
350	0.998	1.009	2.075	20.76	0.03003	0.2983	0.697
400	0.882	1.014	2.286	25.90	0.03365	0.3760	0.689
450	0.7833	1.0207	2.484	31.71	0.03707	0.4222	0.683
500	0.7048	1.0295	2.671	37.90	0.04038	0.5564	0.680
550	0.6423	1.0392	2.848	44.34	0.04360	0.6532	0.680
600	0.5879	1.0551	3.018	51.34	0.04659	0.7512	0.680
650	0.5430	1.0635	3.177	58.51	0.04953	0.8578	0.682
700	0.5030	1.0752	3.332	66.25	0.05230	0.9672	0.684
750	0.4709	1.0856	3.481	73.91	0.05509	1.0774	0.686
800	0.4405	1.0978	3.625	82.29	0.05779	1.1951	0.689
850	0.4149	1.1095	3.765	90.75	0.06028	1.3097	0.692
900	0.3925	1.1212	3.899	99.3	0.06279	1.4271	0.696
950	0.3716	1.1321	4.023	108.2	0.06525	1.5510	0.699
1000	0.3524	1.1417	4.152	117.8	0.06752	1.6779	0.702

2.5 各熱傳無因次化之符號與物理意義

因次的概念在分析物理量的關係和檢驗理論式推導過程中，非常有用，因為具有相同因次的物理量才可以進行相加或相減的代數運算，在等式兩邊的物理量必須具有相同的因次，等式才有意義。熱傳無因次化之符號與物理意義列表於2-4中，以便讓讀者做參考如下：

表2-4 各熱傳無因次化之符號與物理意義（Dimensionless Numbers for Heat Transfer）

項目	符號及方程式	物理意義
Biot	$B_i=\frac{hs}{k}$	Convection/Conduction
Fourier	$F_o=\alpha\frac{\tau}{s^2}=k\frac{\tau}{\rho}cs$	Temperature wave travel
Grashof	$Gr=\frac{g\beta(T_w-T_\infty)x^3}{\nu^2}$	Buoyant/Viscous
Nusselt	$Nu=\frac{hx}{k}$	Convection/Conduction
Prandtl	$\mathrm{Pr}=\frac{c_p\mu}{k}=\frac{\nu}{\alpha}$	Viscous/Thermal diffusion
Rayleigh	$\mathrm{R_a=G_rP_r}$	Buoyant/Thermal diffusion
Mod. Rayleigh	$Ra''=Ra(\frac{b}{l})$	Buoyant/Thermal diffusion
Reynolds	$\mathrm{Re}=\frac{\rho ux}{\mu}=\frac{ux}{\nu}$	Inertial/Viscous
Graetz	$Gz=\mathrm{Re\,Pr}\frac{d}{L}$	Inertial/Thermal diffusion（pipes）
Peclet	$\mathrm{Pe=RePr}$	Inertial/Thermal diffusion
Schmidt	$Sh=\frac{h_d}{D}$	Viscous/Mass diffusion
Lewis	$Le=\frac{\alpha}{d}$	Thermal diffusion/Mass diffusion
Sherwood	$Sh=\frac{h_dx}{D}$	Mass transfer/Mass Diffusion

2.6 各材料熱傳導性質表

材料的熱傳導係數K之性質在散熱領域是一個很重要的參數。散熱要快，流體移熱（熱對流）就要快，固體的導熱也就要快，就是材料之熱傳導係數K值要夠大。茲將各材料熱傳導性質表列於表2-5以為讀者之參考如下：

表2-5　各材料熱傳導性質表

Material	Conductivity	Density	C_p
	W/m℃	kg/m³	J/kg.℃
Air	0.027	1.05	1004.8
Alumina (99.5%)	35.43	3875	
Alumina (99.5%)	25.98	3875	
Alumina (99.5%)	12.2	3875	
Alumina (96% thick film)	19.68～23.62	3875	
Alumina (90%)	14.56	3875	
Aluminum 6061	157.48～181.1	2768	900
Aluminum 220 (Cast)	87.8		
Alum Nitride (substrate)	169.3～259.8	3792	740
Alloy 42 (lead frame)	14.68	8.15	500
Alloy 45 (lead frame)			
Barium Titinate (BaTiO)	6	6060	527
Beryllia (0.99)	250	2989	
Beo	149.6～2992	2906	1020
Carbon-Carbon Coposite Isotropic (Goodrich)	200.78	1910	
Carbon-Carbon Coposite Isotropic (20%Al)		2021	

Material	Conductivity	Density	C_p
	W/m°C	kg/m³	J/kg.°C
Carbon-Carbon Coposite Isotropic (40%Al)		2104	
CDA 195 (paddle)	259.0	8858	
CDA 194 (lead frame)	259.8	8858	
CDA 510 (PhosBronze)	68.89	8858	
CDA 172 (BeCu)	117.71		
C7025 (lead frame)	145.67～188.9	8858	
Copper (pure)	381.8～401.5	8858	390
CMSH-W10 (90W-10Cu composite)	208.6	16608	
CMSH-W20 (80W-20Cu composite)	224.4	15501	
CMSH-CM15 (85Mo-15Cu composite)	185		
Epoxy-Ablefilm P1-8971 Low Stress, Silver Fill			
Cu-Mo-Cu (In-plane)	204.7		
Cu-Mo-Cu (Out-Plane)	200.7		
Cu-Invar-Cu (In Plane)	165.3		
Cu-Invar-Cu (Out-Plane)	22.4		
Diamond	1999.9	3488	547
Epoxy-Ablestick 550K (published)	0.79		
Epoxy-Ablestick 550K[2] (measured)	0.189		
Epoxy-Ablestick 5025 E[4]	3.46		
Epoxy-Ablestick 5025 E[4]	0.346		
Epoxy-Ablestick 568K	0.79		
Epoxy-Ablestick 561K (published)	0.866		
Epoxy-Ablestick 561K[2] (measured)	0.657		

Material	Conductivity	Density	C_p
	W/m°C	kg/m^3	J/kg.°C
Epoxy-Ablestick 561 K (Suhir data)			
Epoxy-Ablestick 561 K (Suhir data)			
Epoxy-Ablestick 84-1LMI (silver filled)	1.88		
Epoxy-Ablestick 84-1LMINB (silver filled)	2.75		
Epoxy-Ablestick 84-1 LMIT (silver filled)	4.33		
Epoxy-Cermabond#571	31.4		
Epoxy-Amicon C850-6 (HIC Chip Attach Silver Fill)			
Epoxy-ThermalGrip#480	0.236		
Epoxy-ThermalBond	1.37		
Epxoy-Thermal Grease (WakefieldKS21343)	0.70		
FILMS-3M Thermal Cond Tape 9982, 9985, 9890	0.35 ～0.47	1993	
FILMS-Q_PAD (Berquist)	4.83		
FILMS-SILPAD 1000 (Berquist) (.009")	1.18		1
FILMS-SILPAD 2000 (Berquist) (.010")	3.53		
FILMS-ECPI (.015" thick)	2.2		
FILMS-T-PLI 220 foam (.02" Thick Comp to .015")[8]	4.92		
FILMS-T-Gon101 Epoxy (Tc=150C)	9.99		

Material	Conductivity	Density	C_p
	W/m℃	kg/m^3	J/kg.℃
FILMS-T-dux TC silicon Sheet (.004”)	0.99		
GaAs	43.3～51.1	5287	350
Gold	292.1～314.9	19376	130
Indium	77.9	7310	240
Invar	11.57	8055	460
Iron	80	7900	450
Kevlar		1440	
Kovar	13.97	8387	460
Quartz	14.56	2630	710
Quartz	10.23		
Quartz	33.8		
Quartz	32.28		
Quartz	15.7		
Lead	29.92	11072	130
MoldComp-Novalac B	1.035	1965	
MoldComp-Novalac D	2.2	1965	
MoldComp-Ryton	0.289	1965	
MoldComp-Sumito6300HD	0.67	1965	
MoldComp-TZ02101-M Tg=196C			
MO-Molybedenum	129.9	9965	250
Nickel	84.6		440
Polyimide	0.197～ 0.39		
PWB MATERIALS:			
Aramid (DuPont)Tg=180			
BT/Epoxy Laminate-XY plane Tg=170-215C	0.511	1273	
BT/Epoxy Laminate-Z Axis	0.511	1273	
FR4- (out-of-plane)Tg=125C	0.314	1855	

Material	Conductivity	Density	C_p
	W/m℃	kg/m^3	J/kg.℃
FR4- (in-plane Bare)	0.78	1855	
FR4- (in-plane 2side2oz10%)	1.96	1855	
FR4- (in-plane 2side2oz20%)	3.15	1855	
FR4- (in-plane 2side2oz40%)	5.51	1855	
Polyimide Glass-Z Axis Tg=210-250C		1938	
Polyimide Glass-XY plane	0.511	1938	
Polimide (flex)	0.078	1384	
RTV (silicon)	0.37	1938	
SiO_2 (silicon)	1.00	2196	745
Silicon	98.4～122	2325	700
Silicon Carbide	118.1～271	3100	750
SiC/Al Metal matrix	173.2	3045	
Silicon Nitride	29.92	2989	710.6
Silgard	0.314	1345	
Silver	36	11000	234
Solder (60tin/40lead)–Tm=183C	33.8	9134	
Solder (50tin/50lead)- Tm=183-216C	45.6		
Solder (5 tin/95 lead)			
Ta205 (Tantalium Oxide)	12.9	8775	
Titanium	11.5	4512	540
Tungsten-W	159.8	18988	130
Silicon Foam, Rigid, Various	0.084	300	1339
Silicon Rubber, High K	0.753	1300	1255
Silicon Rubber, Low K	0.138	1300	1255
Silicon Rubber, Medium K	0.335	1300	1255
Silicon Rubber, Rtv 521 and 093-009	0.272	1400	1255
Silicon, Molded, Various Filler	0.167	1800	1046
Silicon	125.520	2330	703
Silicon Boride (Sib 4)	9.832	2460	1046

Material	Conductivity	Density	C_p
	W/m℃	kg/m³	J/kg.℃
Silicon Carbide (Sic) (Brick Al2o3 1.7)	11.715	2510	678
Silicon Carbide (Sic) (Carbofrax Brick)	21.757	2700	678
Silicon Carbide (Sic) (Foam, In Vacuum)	0.105	460	678
Silicon Carbide (Sic) (Frit Bnd Brick)	46.024	2700	678
Silicon Carbide (Sic) (Kt Grade)	179.910	3100	678
Silicon Carbide (Sic) (Nitride Bonded)	41.840	2660	678
Silicon Carbide (Sic) (Powder, In Air)	0.251	1585	678

2.7 電子構裝組件之配置對於熱對流係數之影響

當在解決電子冷卻問題時，首先會碰到組件配置的問題如圖2-14所示，熱對流係數絕對是流場通道及晶片配置之函數。其中H（Height）是流場之高度，B是晶片高度，L（Length）是晶片長度（與流動方向平行），S（Spacing）是晶片與晶片之距離，P（Pitch）是前一個晶片之起始端到後一個晶片之起始端之節距。在電子構裝上定義當 $S/L \leq 0.25$是所謂的密集排列（Densely packed）；當$S/L \geq 1$是所謂的稀疏排列（Sparsely packed）。流體動力既是受限於各組件（晶片）在電路板佈局的情形，因此造成熱傳也受限於流場在通道內分佈的情形。Kaveh Azar [9] 對於在晶片在電路板上之熱傳現象有幾個定性及定量之結論：

強制對流之實驗結果：

- 對於扁平且均勻的幾何形狀的電路板結構中，增加10倍的速度會增加60%的熱對流係數h，因而減少37.5%的熱阻值R_{th}。
- H/B的比例增加3倍會增加10%的h值。

在各項定性觀察上，則有以下幾點結論：

- 晶片與晶片之距離S越大，會增加流場紊流（Turbulent）的程度，因此h值也會隨之增加。
- 當流場邊界越接近時，$H/B \leq 1.25$，則晶片熱傳效果會被管壁所影響。
- 由於流體的剪力、管壁溫度以及速度分佈都是週期性的流動，因此造成流場之分離與再附著不斷的重複。
- 流體結構和傳輸機制，一般是（P/B）和H或（H–B）的函數，或者可以用無因次化長度L= P/（H–B）表示之。
- 晶片與晶片的節距P越大，會增加局部流場紊流的程度，因此局部的h值也會隨之增加。
- 節距越小可能導致流動加速，但並不一定會增加紊流強度。
- 在$5000 \leq Re_B \leq 10{,}000$, $0.25 \leq B/H \leq 0.5$時存在一個最佳的熱對流係數h質和P/B比值。
- 在扁平的幾何封裝的強制對流情況下，表面安裝的組件常會造成流場之週期性，而使得h值在經過第二或第三排之組件後逐漸成為常數。
- 熱對流係數並在經過第一或第二排之組件後並會增加15 to 20%。因此在模擬時，下游之h值必須比在入口處之 h 值增加。
- 熱對流係數可以通過組件的分佈增強，而且增強的強度是B/P比值的函數。
- 在強制對流下，除了在B/H=1的情況下，流場通道高度變化對熱對流傳送似乎不是一個很重要的腳色。

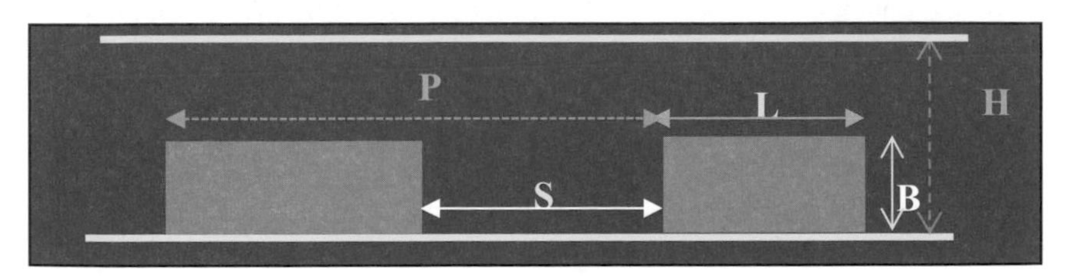

圖2-14　電路板及晶片組態之符號定義

參考資料

1. https://en.wikipedia.org/wiki/Thermal_conduction
2. https://en.wikipedia.org/wiki/Convection
3. https://en.wikipedia.org/wiki/Thermal_radiation
4. S. Tieszen, A. Ooi, P. Durbin AND M. Behnia," Modeling of natural convection heat transfer", Center for Turbulence Research Proceedings of the Summer Program 1998, pp.287～pp.302
5. S.Mostafa Ghiaasiaan, "Convective Heat and Mass Transfer", Georgia Institute Technology, Cambridge University Press,2011
6. B. Gebhart and L. Pera. Mixed convection for long horizontal cylinders, J. Fluid Mech., 45, 49-64, 1970.
7. K. Kitamura, M. Honma and S. Kashiwagi. Heat transfer of combined forced and natural convection from a horizontal cylinder (Heat transfer of aiding flow), Trans JSME Ser B, 57, 670–675, 1991
8. K. Kitamura and H. Umeda. Heat transfer of combined forced and natural convection from a horizontal cylinder (Heat transfer of cross flow), Trans JSME Ser B, 60, 587–593, 1994
9. Kaveh Azar, "Cooling Electronics Theory and Application", a short course in thermal management if electronics system, Dec. 3～4, 1998, Taipei, Taiwan.

第 3 章

基礎流力應用在電子構裝組件壓降計算之介紹

本章主要說明流體的特性、流體力學方程式，如何應用在電子構裝組件壓降計算之介紹。流體力學是探討流體如何運動的科學。流體力學的應用非常廣泛，在工程上及科學上的應用非都十分普遍。在機械工程上可應用於航空，船舶，車輛，流體機械，燃燒機具。在土木工程上可應用於橋樑，河流，渠道，大樓。在化工工程上可應用於反應槽，管路輸送。在環工工程上可應用於大氣擴散，在室內空氣品質可應用於海洋污染。在醫學工程上可應用於血液循環，呼吸。在仿生工程上可應用於魚類游泳，鳥類飛翔。在海洋工程上可應用於海流，潮汐，港灣。在大氣物理上可應用於氣流，季節風，颱風。在地球物理上可應用於岩漿，地涵運動。在近20年來，IT產業之積體電路越做越小，而功率越來越大，散熱需求越來越強烈，一般散熱不外乎用空氣為介質，需要移熱量更大時，水冷式熱交換器或潛熱變化之熱管幾乎成為必備之工具之一，而這些技巧都需要用到流體的特性例如黏滯力、比熱、密度再配合流力方程式，主要目的在計算壓力之損失，從而知道外加壓力需求的大小，以及建立適當之理論模式演算流體移熱能力之計算。

3.1 基礎流力名詞介紹

在電子構裝散熱上，能用自然對流就盡量不用風扇強制對流，能用風扇做強制對流就盡量不用雙相變化的裝置例如熱管等，能不用熱交換器就盡量不用熱交換器，如果需要用冷氣壓縮機做熱移，那已經是不計成本的散熱設計了。從自然對流到雙相流熱管到壓縮機，一切只是成本考量，所以大部分IT產業用的移熱方式還是希望在自然對流或強制對流下進行，而這兩種方式都是跟氣體流動的行為有很大之關係，電子構裝上之流力方程式大部分是用來計算壓降，知道壓降之多少，才能知道要用多少功率之風扇或其他主動式熱移裝置之動力功率，所以首先必須對流力的一些基礎名詞有些認識。

- 層流（Laminar）——層流是流體的一種流動狀態。當流速很小時，流體分層流動，互不混合，稱為層流；逐漸增加流速，當流速增加到很大時，流線不再是清楚可辨，流場中有許多小漩渦，稱為湍流，又稱為亂流、擾流或紊流。層流速度場之分佈如圖3-1，當規則的流體流動時，各質點間互相平行，不相干擾者[1]，流體在管路軸心部分速度分佈較層流扁平，而在靠近管壁處之速度梯度（velocity gradient）遠大於層流。故紊流之牆壁剪應力（摩擦力）遠大於層流之牆壁剪應力，速度分佈為拋物線（parabola），最大速度為平均速度之兩倍。

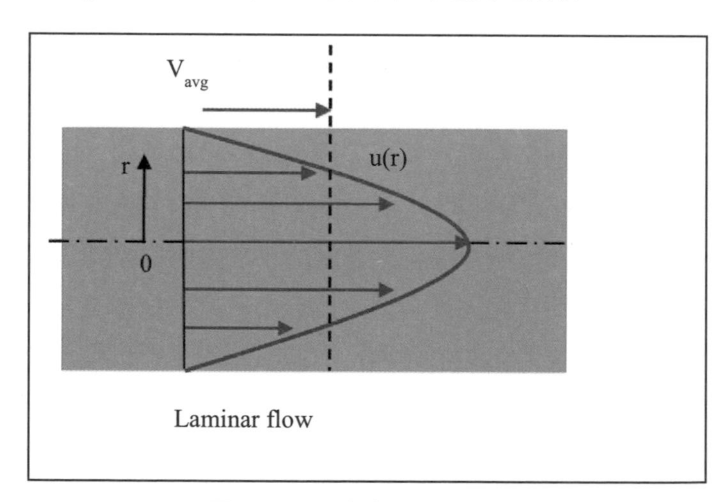

圖3-1　層流速度場之分佈

- 紊流（Turbulent）——圖3-2，流體在管路軸心部分速度分佈較層流扁平，而在靠近管壁處之速度梯度（velocity gradient）遠大於層流。故紊流之牆壁剪應力（摩擦力）遠大於層流之牆壁剪應力。與層流不同的是，紊流之速度分佈無法完全以解析之方法求出，必須佐與實驗求得。層流之速度分佈為拋物線，紊流速度分佈較扁平，而在接近管壁處速度變化非常大。不規則的流體運動除了向前流動外，並碎成許多漩渦，而與側邊的流體混合者[1]，紊流內存在快速無規則之擾動（fluctuations），此擾動進而使流體「顆粒」產生迴旋之區域稱為「渦流」（eddies），此渦流特質並無解析解，必須依靠實驗數據。這些擾動或渦流對動量與能量的傳遞提供了額外的機制，因此與層流比較，紊流常伴隨著較大的摩擦力、熱傳、與質量傳輸。

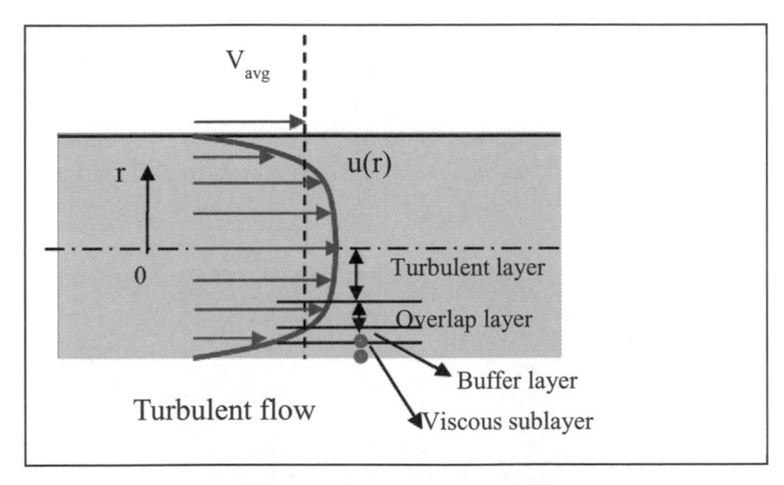

圖3-2　紊流速度場之分佈

- 可壓縮流（Compressible fluid）——流體的密度受壓力影響，密度非固定例如：氣體，空氣25℃，1 atm，密度為1.184 kg/m^3，25℃，10 atm，密度為0.1184 kg/m^3[2]。
- 不可壓縮流（Incompressible fluid）——流體的密度不受壓力影響是一個固定值，大部分只液體或固體。例如水25℃，1 atm，密度為997.1 kg/m^3，25℃，10 atm，密度為 997.5 kg/m^3[2]。
- 穩態流（Steady state）——流體的特性（例如速度、壓力、溫度等）不隨時間而改變。例如風扇啟動後之數秒鐘後之速度達穩態而不變[2]。
- 非穩態流——流體的特性（例如速度、壓力、溫度等）隨時間而改變。

例如風扇啟動後開始的數秒鐘前速度從零到穩定速率[2]。

- 黏性流（Viscous）——流體具有黏性，流體與壁面之間有摩擦力，所有的流體都具有黏性，例如機油 [2]。
- 非黏性流（Inviscid）——流體不具有黏性。理想的流體，流體與壁面之間沒有摩擦力。遠離壁面影響的區域，可假設非黏性流，例如大氣[2]。
- 牛頓流體（Newtonian）——當流體受剪應力，流體的應力與應變速率成正比，$\tau=-\mu\dfrac{\partial \upsilon}{\partial y}$，即黏滯係數為常數，此類流體稱為牛頓流體；如圖3-3 [2]。
- 非牛頓流體（Non-Newtonian）——流體的應力與應變速率之關係非線性時，此類流體稱為非牛頓流體，這部分大都發生於高分子流體，非牛頓流體又有許多數學模式，例如BingHam Model，Ostwald de Waele Model 等 [2]。

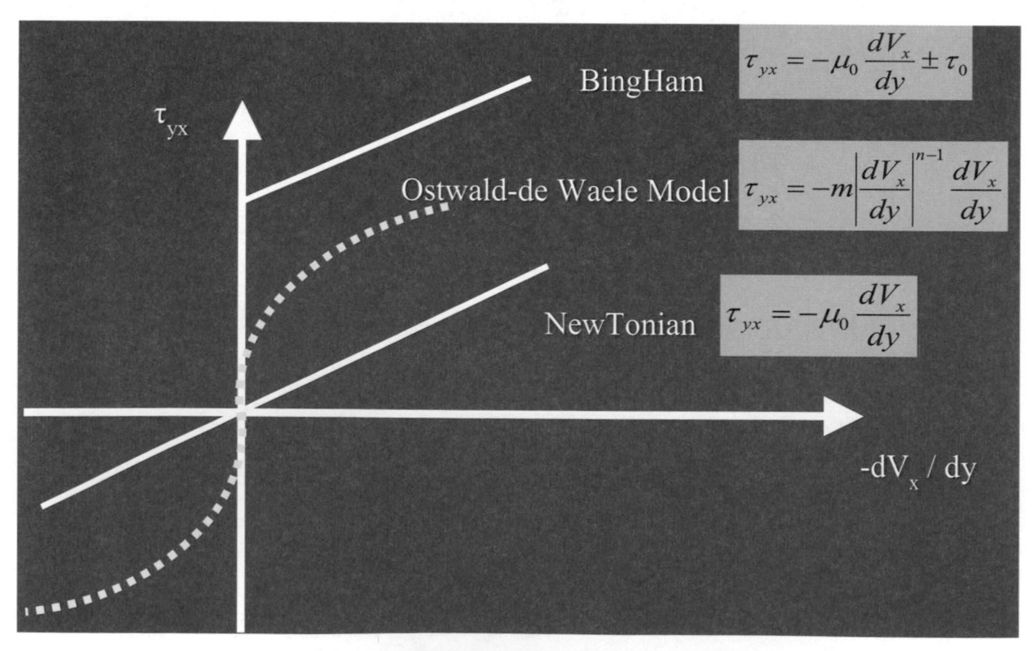

圖3-3　**牛頓流體與非牛頓流體之區分**

- 多相流（Multi-phase）——包括單相以上之同一物質之流體，例如含蒸汽、水之流體，水與蒸汽是同一物質[3]。
- 多成分流（Multi-specie）——超過一種以上之不同物質之流體，例如含沙塵之空氣流
- 等速流（Uniform）——流體每一點之速度都是相等[4]。
- 水力直徑（hydraulic diameter）——當管路非圓管時，流體之雷諾數中之管路直徑改以水力直徑代替，其定義為$D_h = 4A_C/P$，其中A_c為管路之截面積（cross-sectional area），p 為與流體接觸之周邊（wetted perimeter）。
- 水力進口長度（Hydrodynamic entry length）——如圖3-4為流體水力進口長度發展之過程，在流體剛流進管路時，速度分佈尚未有變化（flat velocity profile），流場亦為非旋轉流場（irrotational flow），流進管路後因流體與管路間之黏滯力造成邊界層（boundary layer）產生與增厚，邊界層增厚至管路半徑後不再增加，由管路進口到此處之距離稱為「進口區」，自此以後流體之速度分佈不再改變，此區稱為「完全成形區」（Developed flow）[5]。

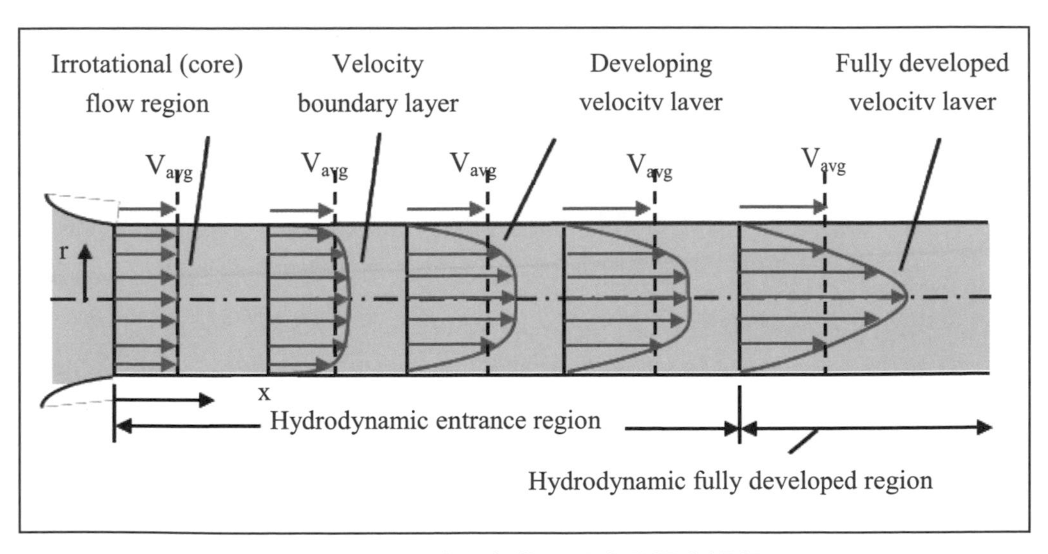

圖3-4　流體水力進口長度發展之過程

- 完全成形區（Developed flow）——速度場的分佈不再隨流場的位置不同而改變。
- 邊界層（boundary layer）——在邊界層外，流體在不受黏滯力影響，因此流體的速度接近定值稱為自由速度u_0，其不隨位置而變化。在邊界層內，在固定表面上流速為0，距固定表面越遠，速度會趨近一定值。
- 速度邊界層厚度（Velocity boundary layer thickness）——速度從固定表面上流速為0的位置發展到達99%自由速度u_0的位置的厚度。邊界層厚度越小，邊界層內速度的變化率越大，可以視為速度的擴散率越大[6]。
- 熱傳邊界層厚度（Thermal boundary layer thickness）——熱邊界層厚度定義和邊界層厚度類似，是從邊界到溫度為99%原始流體溫度位置的距離。熱的邊界層厚度越小，表示熱傳的效果越好。熱傳的邊界層厚度及速度邊界層厚度的關係由普蘭特爾數Pr控制。若 $Pr = 1$，兩者厚度相同；若$Pr > 1$，熱傳邊界層厚度較薄，熱傳的效果較好；若 $Pr < 1$，熱傳邊界層厚度較厚（例如空氣），熱傳的效果較差[7]。
- 停滯區（Stagnation region）——停滯（stagnant）指的是流體的速度為零，一動也不動，而穩定（steady）則是指流體的性質不隨時間而改變。「停滯」等於「速度為零」，而「速度穩定」的意思是「速度不隨時間而改變」，因此可以說停滯是穩定的一種特例，而穩定不一定非得要停滯不可。
- 一維流場（1-D flow）——流體的熱力特性（包括溫度、密度、壓力等）以及速度只與流場運動之軸向方向（z-direction）有關係，與其他x及y 軸沒有關係。一維流場的限制必須是管道面積變化量為最小（或固定），流場運動方向之彎曲度（curvature）不會太超過，速度場的分佈是固定的。此3種限制的觀念很重要，因為在散熱實驗中，一維之分析較為容易，因此實驗之架設必須吻合這幾種條件的要求。

3.2 黏度（Viscosity）

黏度是流體流動性的指標，黏度越小，流體越容易流動。黏度的單位為kg/m-s，物理意義就是要在1秒內拖動1公斤質量走1公尺遠的計量單位。或者以壓力來表示就是帕斯卡·秒，$P_a.S$，十個泊（poise）等於一個帕斯卡·秒，$1P_a.S = 10P = 1000\ m\ P_a.S = 1000cP$（centipoise）。另外一種量稱為運動黏度（用符號v表示），它是流體的黏度與密度的比值：

$$v = \frac{\mu}{\rho} \quad \text{(Kinematic viscosity)} \cdots\cdots \text{（Eq.3-1）}$$

運動黏度（Kinematic Viscosity）的單位是$N.s/m^2$，或1 centi Stoke (cSt) = 1 mm^2/s。運動黏度是在重力影響下，衡量抵制液體流動的量。黏滯力是粘性液體內部的一種流動阻力，並可能被認為是流體自身的摩擦。黏度較高的物質，比較不容易流動；而黏度較低的物質，比較容易流動。例如油的黏度較高，因此不容易流動；而水黏度較低，不但容易流動，倒水時還會出現水花，倒油時就不會出現類似的現象。黏度μ的定義為流體承受剪應力時，剪應力與剪應變梯度（剪應變隨位置的變化率）的比值，數學表述為：

$$\tau = -\mu \frac{\partial v}{\partial y} \cdots\cdots \text{（Eq.3-2）}$$

式中：τ為切應力，v為速度場在x方向的分量，y為與x垂直的方向座標。黏滯力主要來自分子間相互的吸引力。因此是溫度的函數，如果是液體，溫度上升則黏度將低，如果是氣體，溫度上升則黏度增加。

3.3 壓力降（pressure drop）及壓力頭損失（head loss）

管路內流體與管壁間之摩擦力造成流體之能量損失，故壓力下降，此下降壓力之多寡稱為壓力降或壓力損失，為維持流體在管路內之流動，管路或整體迴路之源頭必須使用幫浦（pump）或壓縮機（compressor）或風扇供給推動力，以克服此壓力損失。流體的壓力分成兩種，一種是流體靜止時的壓力稱為靜壓力（static pressure，P_s），亦即流體本身因為重力場而造成的：

$$dp/dz = -\gamma = -\rho g \cdots\cdots (Eq.3\text{-}3)$$

或寫成

$$P_s = \rho g z \cdots\cdots (Eq.3\text{-}4)$$

其中z是深度獲高度，g則是重力加速度，ρ是流體的密度，另外一種是因為施加在流體表面上而造成流體運動的動壓力（Dynamic pressure，P_D）：

$$P_T = P_D + P_S \cdots\cdots (Eq.3\text{-}5)$$

其中v為流體之速度，P_D是流體的動能也就是動壓力，流體的總壓力（P_T）其實是由靜壓力與動壓力所構成的如Eq.3-5，動壓力也就是該物體以速度v運動時之動能如Eq.3-6：

$$P_D = \frac{1}{2}\rho v^2 \cdots\cdots (Eq.3\text{-}6)$$

如圖3-5，流體的總壓力及靜壓力可以從U型測量管（U manometer）測量得到，而動壓力可以由總壓力扣除靜壓力得到，或直接由皮托管測量（見第7章風洞篇）。所謂U型管構造很簡單，就是1根矽膠管（Tygon tubing）彎成U型，管中預先填入一定量之紅墨水，然後在一端裝置於管流中心，當另外一端開放至大氣時稱之全壓管表壓力管如圖3-5(a)，其量到之壓力為全壓管表壓力$P_{T,(gage)}$，是系統壓力P_{sys}與大氣壓力P_b相抗衡後之壓力差，$P_{T,(gage)} = P_{sys} - P_b$。全壓管表壓力可以由管中紅墨水位之高度差h求得，$P_{T,(gage)} = \rho gh$，因此系統之全壓力為全壓管表壓力與大氣壓力之總合為：$P_{sys} = P_{T,(gage)} + P_b$；如果另外一端為封口時，$P_b = 0$，此時的量測壓力管稱之為全壓絕對壓力管如圖3-5(b)，其量到之壓力為系統之絕對壓力也就是全壓管量到之壓力，因為全壓絕對壓力$P_{T,(gage)} = P_{T,absolute} = P_{sys}$，同樣，全壓絕對壓力可以由管中紅墨水位之高度差h求得：$P_{T,(gage)} = P_{T,absolute} = P_{sys} = \rho gh$，；當U型管裝置於流道之管壁時，由於在管壁流體之速度v為“0”，亦即$P_D = 0$，所以量到之全壓就是靜壓$P_{S,(gage)}$，如圖3-5(c)，由於另外一端是開放至大氣的，所以量到的靜壓是表壓力，是系統壓力P_{sys}與大氣壓力P_b相抗衡後之壓力差：$P_{S,(gage)}= P_{sys}-P_b$，而其裝置稱之靜壓表壓力管。靜壓表壓力$P_{S,(gage)}$可以由管中紅墨水位之高度差h求得$P_{S,(gage)} = \rho gh$，所以$P_{sys} = P_{S,(gage)}+ P_b$。

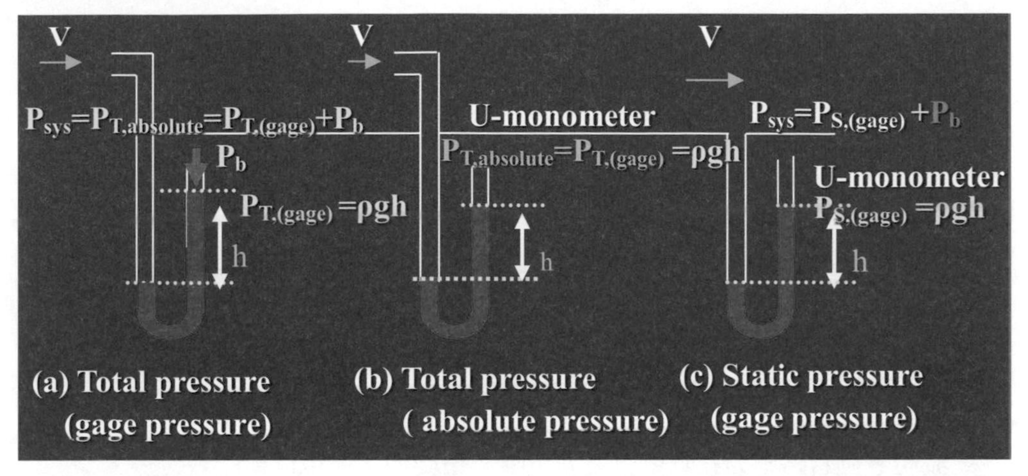

圖3-5　全壓管（表壓力）、全壓管（絕對壓力）與靜壓管（表壓力）之裝置

了解流體壓力的性質後，進一步分析流體的壓力降（Pressure drop）或壓力損失（Pressure Loss）的計算，當一個流體在系統中運動時包含兩種壓力降，一種是摩擦力損耗（Friction losses），是由於流體之黏度與管壁引起之壓力損失，另一種是動態損耗（Dynamic losses），是由於管路因為形狀改變而造成之壓力損失。茲將此兩種損失之計算再詳述於下：

3.3.1　摩擦力損耗（Fanning Frictional Losses）之計算：

假設在一圓管內之流體施力於管壁上之力量F_K為管周圍面積A_s與流體動能（K.E.）與一無因次化芬林摩擦因子C_f之乘積：

$$F_K = \mathbf{A}_s(K.E.)C_f = (2\pi RL)(\frac{1}{2}\rho < v >^2)C_f \cdots\cdots \text{（Eq.3-7）}$$

其中R為管流之半徑，L為管長，ρ為流體密度，<v>為流體平均速度，根據白努力定律（Bernoulli equation）：

$$P_1+ \boldsymbol{\rho_1} gz_1+\frac{\boldsymbol{\rho_1} < v_1 >^2}{2}=P_0+ \boldsymbol{\rho_0} gz_0+\frac{\boldsymbol{\rho_0} < v_0 >^2}{2} \cdots\cdots \text{（Eq.3-8）}$$

下標1，0表示為流體在位置1及0時之各項狀態，在不可壓縮流中，$\rho_0 = \rho_1 = \rho$，假設追溯到停滯點（$v_0 = 0$）時，則可簡化Eq.3-8成為Eq.3-9：

$$P_1 + \rho g z_1 + \frac{\rho < v_1^2 >}{2} = P_0 + \rho g z_0 \quad \cdots\cdots \text{（Eq.3-9）}$$

因此流體之動能可以用兩端之壓力差與位能來表示：

$$\frac{1}{2}\rho < v >^2 = (p_0 - p_1) + \rho g(Z_0 - Z_1) = (\mathbf{P_0} - \mathbf{P}_1) \quad \cdots\cdots \text{（Eq.3-10）}$$

其中$\mathbf{P}_0 = p_0 - \rho g Z_0$，$\mathbf{P}_1 = p_1 + \rho g Z_1$。壓力的定義是施一正旋力在截面面積$A_C$上如

$$\mathbf{P} = \frac{\mathbf{F}_n}{A_C} = \frac{\mathbf{F}_n}{\pi R^2} \quad \cdots\cdots \text{（Eq.3-11）}$$

流體經過管路施力在管壁上之力量唯一正旋力，所以$F_n = F_k$：

$$F_k = F_n = [(p_0 - p_1) + \rho g(Z_0 - Z_1)]\pi R^2 = (\mathbf{P_0} - \mathbf{P}_1)\pi R^2 \quad \cdots\cdots \text{（Eq.3-12）}$$

合併Eq.3-7 與Eq.3-12：

$$F_k = (2\pi RL)(\frac{1}{2}\rho < v >^2)C_f = (\mathbf{P_0} - \mathbf{P}_1)\pi R^2$$

所以此一無因次化芬林摩擦因子C_f（Fanning friction factor）在管路中之計算可以以壓差及動能及管徑，管長之函數表示：

$$C_f = \frac{(\mathbf{P_0} - \mathbf{P}_1)D}{\left(\frac{1}{2}\rho < v >^2\right)4L} = \frac{1}{4}(\frac{D}{L})\frac{(\mathbf{P_0} - \mathbf{P}_1)}{(\frac{1}{2}\rho < v >^2)} \quad \cdots\cdots \text{（Eq.3-13）}$$

從另外一個角度看，只要知道管子的芬林摩擦因子C_f，及流體之平均速度，管徑D及管長L，則摩擦力壓降可以從Eq.3-14計算出：

$$\triangle P = 4C_f\left(\frac{L}{D}\right)\frac{\rho < V >^2}{2} \quad \cdots\cdots \text{（Eq.3-14）}$$

另外一方面，以壓力頭損失（friction head loss）來看，改寫Eq.3-14成Eq.3-15：

$$h_L = \frac{\Delta P}{\rho g} = \frac{4C_f L}{D}\frac{<v>^2}{2g} = f\frac{L}{D}\frac{<v>^2}{2g} \quad \cdots\cdots \text{(Eq.3-15)}$$

其中係數 f 稱為「達西摩擦因子」（Darcy friction factor），此方程式可適用於任何完全成形區之流場（層流或紊流、圓管或非圓管、平滑或粗糙管壁、水平或傾斜管路等）。壓力頭損失單位為公尺，相當於高度，也類似於白努力方程式中位能項“z”。由Eq.3-15知達西摩擦因子 f 為 4 倍的芬林摩擦因子 C_f。

3.3.1-1　穆地圖表（Moody chart）

類似於層流，完全成形區之管路紊流亦可定義出摩擦因子。不同於層流的是，管壁之粗糙度對紊流摩擦力影響很大。一般而言，粗糙表面之高度低於黏滯次層之厚度時，可將管壁假設為平滑；反之則須考慮粗糙度。由已知之粗糙度及雷諾數，測量管路壓力降可求出「達西摩擦因子」f，如圖 3.6 為「穆地圖表」（Moody chart），圖中之雷諾數 R_{ed} 是完全以水力直徑為計算之基礎，表3-1則為商業用管路之平均粗糙度。

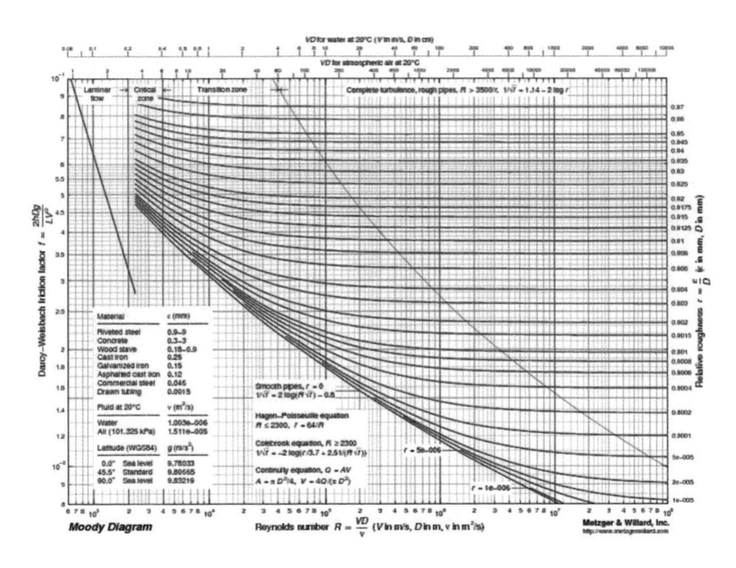

圖3-6　平滑管與粗糙管之穆地圖表（Moody chart）

Source：https://www.mathworks.com/matlabcentral/mlc-downloads/downloads/submissions/7747/versions/1/screenshot.png

穆地圖表有下列特性：

1. 層流部分摩擦因子與雷諾數成反比 $f = 64/Re$，與粗糙度無關。
2. 平滑管之摩擦因子最小。
3. 管路之過度區雷諾數介於 2300 與 4000 之間。
4. 雷諾數甚大時，摩擦因子曲線趨於水平，與雷諾數無關。
5. 穆地圖表亦可適用於非圓管，只要計算雷諾數時使用水力直徑（hydraulic diameter）。

管路問題之設計與分析，可分為三類：

1. 在已知管長、管徑、定流率下，計算出壓力降（幫浦功率）。
2. 在已知管長、管徑、定壓力降下，計算出流率。
3. 在已知管長、流率、定壓力降下，計算出管徑。

第一類問題可以使用 Moody chart 直接求解；第二、三類則需以「嘗試-失誤」（trial-and-error）方法，重複使用 Moody chart 求解，或使用下式：

$$h_L = 1.07\frac{\dot{V}^2 L}{gD^5}\left\{\ln\left[\frac{\varepsilon}{3.7D} + 4.62\left(\frac{\nu D}{\dot{V}}\right)^{0.9}\right]\right\}^{-2} \quad 10^{-6} < \varepsilon/D < 10^{-2} \text{ and } 3000 < Re < 3\times 10^{8}$$

……（Eq.3-16）

$$\dot{V} = -0.965\left(\frac{gD^5 h_L}{L}\right)^{0.5} \ln\left[\frac{\varepsilon}{3.7D} + \left(\frac{3.17\nu^2 L}{gD^3 h_L}\right)^{0.5}\right] \qquad Re > 2000$$

……（Eq.3-17）

$$D = 0.66\left[\varepsilon^{1.25}\left(\frac{L\dot{V}^2}{gh_L}\right)^{4.75} + \nu\dot{V}^{9.4}\left(\frac{L}{gh_L}\right)^{5.2}\right]^{0.04} \quad 10^{-6} < \varepsilon / D < 10^{-2} \text{ and } 3000 < Re < 3\times 10^{8}$$

……（Eq.3-18）

以上之公式與實驗比較，精確度在15%左右。在計算摩擦因子時，如果以穆地圖表來查，必須以人工目視的方法，很容易造成誤差，因此可採用預測摩擦因子之著名經驗方程式（empirical equation）Colebrool [8]：

$$\frac{1}{f^{\frac{1}{2}}} = -2.0\log\left[\frac{\varepsilon / d}{3.7} + \frac{2.51}{R_{ed} f^{\frac{1}{2}}}\right] \quad \text{……（Eq.3-19）}$$

此方程式為隱函數（因等式右邊亦含f），故下列顯函數Haaland [9]亦可適用：

$$\frac{1}{f^{\frac{1}{2}}} = -1.8\log\left[\frac{6.9}{R_{ed}} + \left(\frac{\varepsilon / d}{3.7}\right)^{1.11}\right] \cdots\cdots \text{(Eq.3-20)}$$

表3-1　商業用管路之平均粗糙度ε

Material（new）	ε	
	ft	mm
Riveted steel	0.003-0.03	0.9-9.0
Concrete	0.001-0.01	0.3-3.0
Wood stave	0.0006-0.003	0.18-0.9
Cast iron	0.00085	0.26
Galvanized iron	0.0005	0.15
Asphalted cast iron	0.0007	0.12
Commercial steel or wrought iron	0.00015	0.046
Drawn tubing	0.000005	0.0015
Glass	“Smooth”	“Smooth”

案例A

計算水以平均速度6 ft/s在瀝青鑄鐵管（Asphalted cast iron）之管長200 ft，管徑6-in的壓力頭損失

【解】

先計算V(ft/s)×d(in)=36，從穆地圖表找出雷諾數Re（water）～2.7×10^5。

從表3-1找到Asphalted cast iron之粗糙度ε為ε = 0.0007 ft，計算 ε/d：

$$\frac{\varepsilon}{d}=\frac{0.0007}{\frac{6}{12}}=0.0014$$

找到 ε/d = 0.0014 與雷諾數Re = 2.7×10^5 交叉之摩擦因子f = 0.02或由Eq.3-20 Haaland 方程式

$$\text{Haaland}\quad \frac{1}{f^{\frac{1}{2}}}=-1.8\log\left[\frac{6.9}{R_{ed}}+\left(\frac{/d}{3.7}\right)^{1.11}\right]$$

計算得知f = 0.022，因此壓力頭損失為：

$$h_f=f\frac{L}{d}\frac{V^2}{2g}=(0.02)\frac{200}{0.5}\frac{(6\,ft/s)^2}{2(32.2\,ft/s^2)}=4.5\,ft$$

此水平管路之壓降（pressure drop）為：

$$\Delta p = \rho g h_f = (62.4\ lbf/ft^3)\ (4.5\ ft) = 280\ lbf/ft^2$$

3.3.1-2　規則流道形狀之摩擦因子 f 之解析公式

在簡單規則流道形狀上，一些簡單求摩擦因子 f 的解析公式[10]如下：

（A）層流：**f = C_1/ReD**（雷諾數R_{ed}是以水力直徑D_h為計算之基礎），表3-2為不同形狀管路之C_1值。

表3-2　不同形狀管路之C_1值

DUCT	C_1
Equilateral Triangle	13.33
Square	14.23
Circle	16
Hexagon	15.05
Rectangle (H/W = 1/2)	18.2
Rectangle (H/W = 1/8)	20.6

（B）紊流：在紊流的情況，Blasius [11]使用冪次定理（Prandtl power law），導出平滑管摩擦係數與在不同雷諾數狀況下的關係式：$f = 0.079\ Re_D^{-0.25}$ 在$5000 < Re_D < 30000$ 和 $f = 0.046\ Re_D^{-0.2}$ 在$30000 < Re_D < 10^6$，對長方形（rectangular），三角形管（triangular ducts）與同心環空（concentric annuli）其Re_D指數都是–0.25。

3.3.2　動態損耗（Dynamic losses）之計算

流體在動態損耗上通常是因為速度之變化引起的，而此速度之改變通常是伴隨著流體碰到接頭（fitting）、閥門（valve）、彎曲接頭（bend, elbow）、丁字接頭（tee）、進口（entrance）、出口（exit）、彎管（bends）、突縮管（contractions）、突擴管（expansions）、過濾器（filter）、擾流管（tabulators）或其他改變流道截面面積之裝置而使得平順之流動產生阻礙，此皆會產生流體動能之損失，以及衍生之壓力降之增加。在電子構裝機構中，動態損耗常形成很大的壓力損失，此項損失在壓降上是個重要之議題。以簡單的漸擴管為例子如圖3-7，流體速度在截面“1”時之速度為v_1，其截面積為$A_{C,1}$，在截面“2”時之速度為v_2，其截面積為$A_{C,2}$，假設兩端溫度是均溫的，則根據體積流量守恆之觀念，$Q_{v,1} = Q_{v,2}$，其中$Q_{v,1}$ 為截面“1”時的體積流量，$Q_{v,2}$為截面“2”時的體積流量。因此$v_1 A_{C,1} = v_2 A_{C,2}$，所以截面積比值與速度比值成反比如 Eq.3-21。

$$\frac{A_{C,1}}{A_{C,2}} = \frac{v_2}{v_1} \quad \cdots\cdots \text{（Eq.3-21）}$$

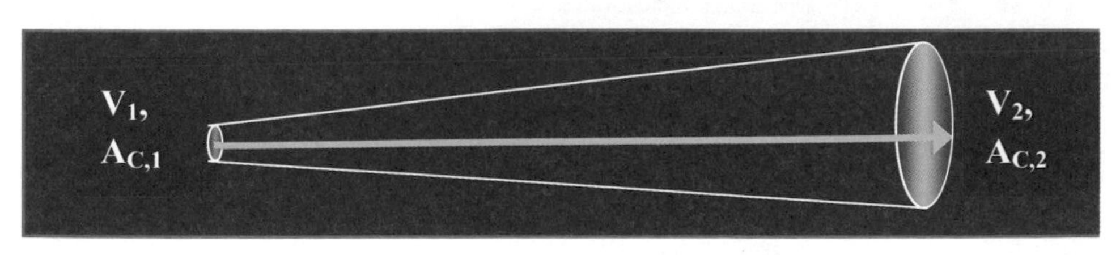

圖3-7　流體流經漸擴管示意圖

而由於截面積之改變引起動能之變化為：

$$\Delta P=\frac{\rho v_1^2}{2}-\frac{\rho v_2^2}{2}=\frac{\rho v_1^2}{2}[1-(\frac{v_2}{v_1})^2]=\frac{\rho v_1^2}{2}[1-(\frac{A_{C,1}}{A_{C,2}})^2]=\frac{k_L\rho v_1^2}{2} \quad \cdots\cdots(\text{Eq.3-22})$$

其中K_L為壓力損失係數（loss coefficient），$K_L=[1-(\frac{A_{C,1}}{A_{C,2}})^2]$。

因此除了漸縮、漸擴管外，對於其他例如閥門等元件，動態損耗也通常以Eq.3-23表示之：

$$\triangle P=K_L\frac{\rho V^2}{2} \quad \cdots\cdots(\text{Eq.3-23})$$

DP 代表管路中加入一元件（例如閥門）所產生之總壓力降，減去一假想無閥門之平滑管路之壓力降，所得之差，如圖 3.8 所示，故流體流過一元件時壓力損失為（1/2）ρV^2，則其損失係數即為1。

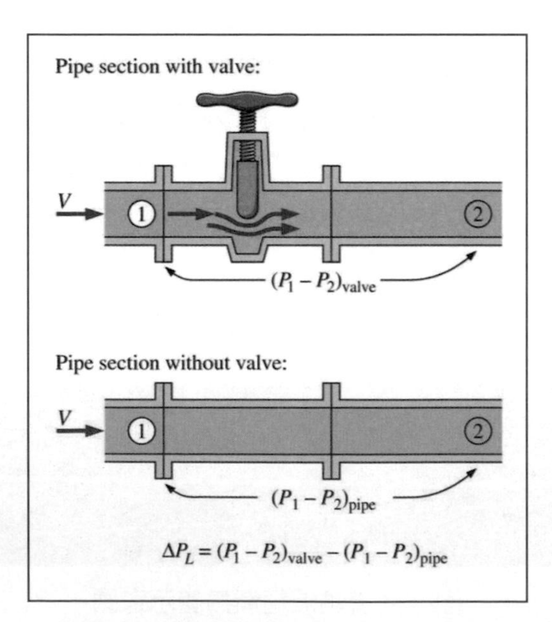

圖3-8　流體在經過閥門與沒有閥門之壓力降示意圖

Source：http://web.iku.edu.tr/～asenturk/Pipe%20%20II.pdf

K_L值之運算在很多機械參考書都有，茲截錄一些可以運用在電子構裝散熱於本章節，RAJARAM [12] 如圖3-9提出以下幾個 K_L 之運算。

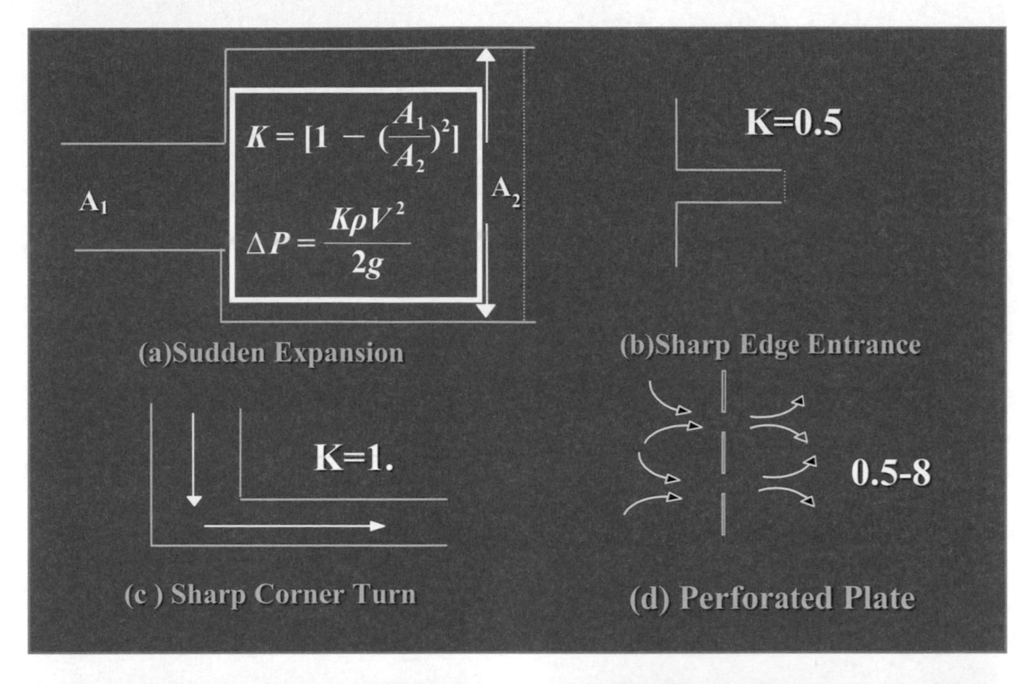

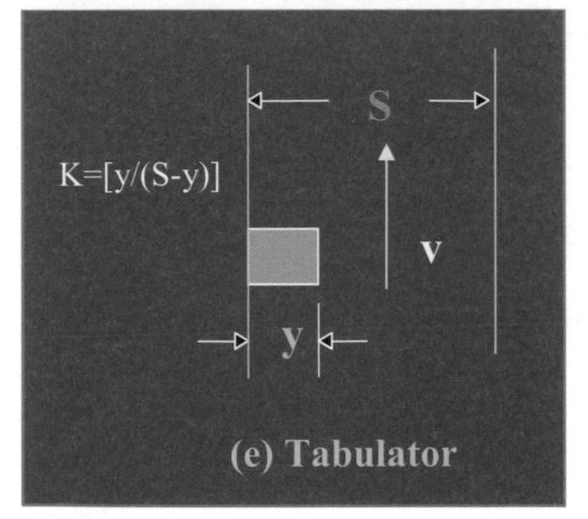

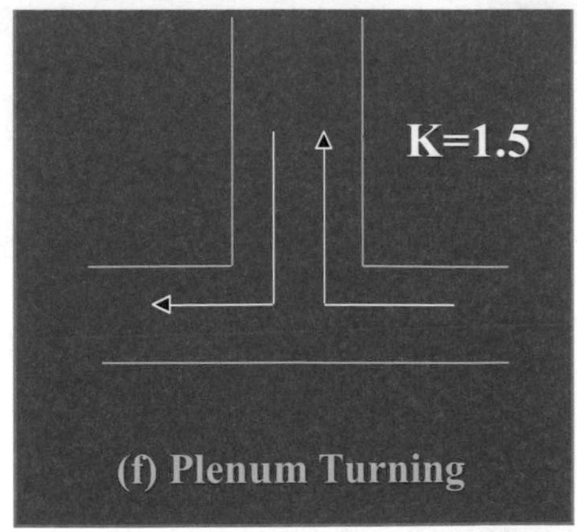

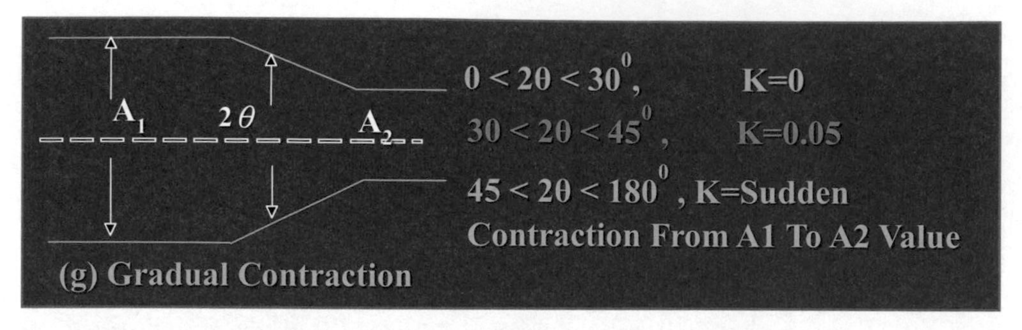

圖3-9　RAJARAM建議之K_L運算示意圖

3.3.3　系統總壓降損失（Total pressure losses）之計算：

在整體管路或迴路中，摩擦力損耗與動態損耗構成了電子構裝機構之整體壓降損失頭，因此總壓降損失頭為這兩壓降之和如Eq.3-24：

$$h_{L,total} = h_{L,friction} + h_{L,dynamic} = \sum_i f_i \frac{L_i}{D_i}\frac{V_i^2}{2g} + \sum_j K_{L,j}\frac{V_j^2}{2g}$$

……（Eq.3-24）

3.4　空氣流經電路板之壓降計算

3.4.1　Steinberg 一次式估計模式（First order approximation）

Steinberg [13]以速度頭來表示如Eq.3-25：

$$V=\sqrt{2gH_L}$$ ……（Eq.3-25）

其中：

g　= 重力加速度（acceleration of gravity, m/s^2）

H_L = 速度頭（velocity head, m）

V　= 速度（fluid velocity, m/s）

假設以英制單位來看，定義H_L 速度頭為英吋水柱高（inch Aq.），速度為ft/min，則速度頭與速度之間可簡化為Eq.3-26：

$$H_L=\left(\frac{V}{4005}\right)^2 \cdots\cdots (Eq.3-26)$$

如果速度頭之單位為釐米水柱高，速度為cm/s，則速度頭與速度之間可簡化為Eq.3-27：

$$H_L=\left(\frac{V}{1277}\right)^2 \cdots\cdots (Eq.3-27)$$

一般來講，速度頭以$H_L = RQ_v^2$來表示，其中R 為流阻。

3.4.2　Ellison二次式估計模式（Second Order Approximation）

Ellison [14] 定義系統壓降，當以質量流率為基礎時之總壓力降以Eq.3-28表示，當以體積流率為基礎時之總壓力降以Eq.3-29表示，表3-3 是Ellison在不同幾何結構下簡化後之空氣流阻公式，表3-4 則是Ellison對於空氣流經各電路板後之流阻公式。

$$\frac{\Delta P}{\dot{m}^2}=\frac{H_L\rho g}{\dot{m}^2}=R' \cdots\cdots (Eq.3-28)$$

$$\frac{H_L}{Q_V^2}=R \cdots\cdots (Eq.3-29)$$

其中：

ΔP = 總壓力降（NT/m^2，Total dynamic pressure loss）

A_C = 流道截面面積（m^2）

$\dot{m}$ = 質量流率（Kg/s）

Q_V = 體積流率（ft^3/min）

R’ = 以質量流率為基礎之流阻（（NT/m^2）/（Kg/s）^{2}）

R = 以體積流率為基礎之流阻（（in）/（ft^3/min）^{2}）

表3-3　不同幾何結構下之空氣流阻公式（ELLISON, 1984）

(a)	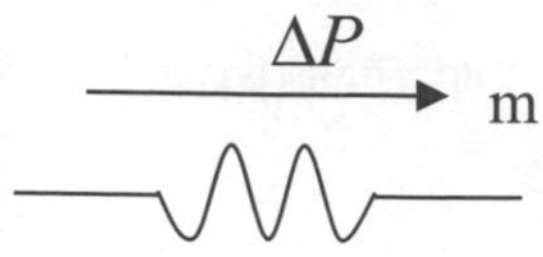 ΔP → m	Basic element	$A_C = (m^2)$ $m = (Kg/s)$ $R'(NT/m^2)/(Kg/s)^2$	$A_C = (in^2)$ $Q_V = (ft^3/min)$ $R(in)/(ft^3/min)^2$
(b)	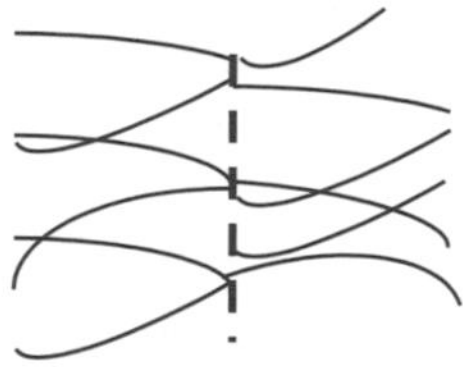	Perforated Or Slotted Plate	$0.828/A_C^2(m^2)$	$2.4\times10^{-3}/A_C^2$
(C)	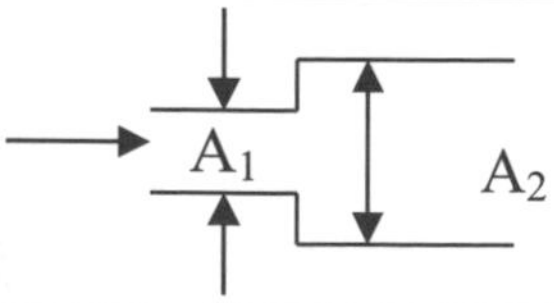 A_1 A_2	Sudden expansion	$0.445[\frac{1}{A_1}(1-\frac{A_1}{A_2})]^2$	$1.29\times10^{-3}[\frac{1}{A_1}(1-\frac{A_1}{A_2})]^2$
(d)	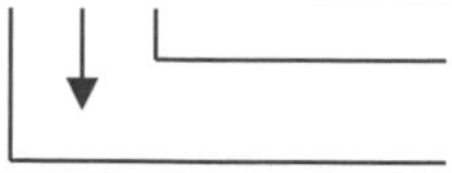	Sharp Corner	$0.624/A_C^2$	$1.81\times10^{-3}/A_C^2$
(e)	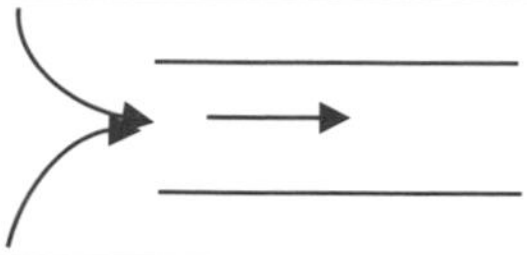	Contraction	$0.414/A_C^2$	$1.2\times10^{-3}/A_C^2$
(f)	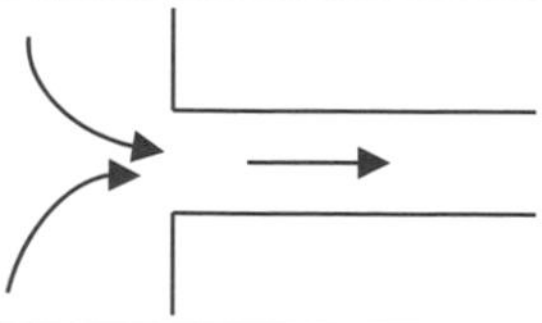	Contraction	$0.182/A_C^2$	$0.53\times10^{-3}/A_C^2$
(g)	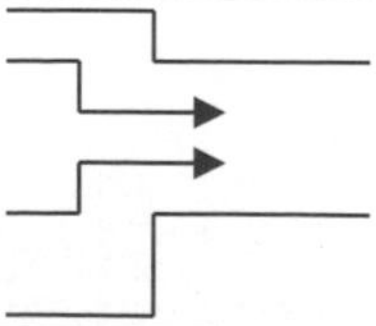	Contraction	$0.182/A_C^2$	$0.53\times10^{-3}/A_C^2$

表3-4　空氣流經各電路板後之流阻公式（ELLISON, 1984）（By Donald Hay, McLean Engineering division of Zero Corporation, Princeton Junction, N.J. 08550）——Ellison, 1984

Card Geometry	Free Passage	Card Spacing		R_L $\frac{(\frac{NT}{m^2})}{(\frac{Kg}{s})^2}$	R_L'(in)/(ft^3/min)^2
		(in)	(cm)		
Childless	62%	0.5	1.27	$0.465nL(\frac{1}{A})^{(2.0-0.03n)}$	$1.35nL10^{-3}(\frac{1}{A})^{(2.0-0.03n)}$
Childless	87%	1	2.54	$0.106nL(\frac{1}{A})^{(2.0-0.01n)}$	$3.08nL10^{-4}(\frac{1}{A})^{(2.0-0.01n)}$
Childless	70%	0.5	1.27	$0.665nL(\frac{1}{A})^{(2.0-0.03n)}$	$1.93nL10^{-3}(\frac{1}{A})^{(2.0-0.03n)}$
Parallel daughter	74%	0.8	2.03	$0.672nL(\frac{1}{A})^2$	$1.95nL10^{-3}(\frac{1}{A})2$
Parallel daughter	87%	1.6	4.0	$0.49nL(\frac{1}{A})^2$	$1.43nL10^{-3}(\frac{1}{A})^2$
Vertical daughter	58%	0.8	2.03	$0.178nL(\frac{1}{A})^2$	$5.18nL10^{-4}(\frac{1}{A})^2$
Vertical daughter	79%	1.6	4.0	$0.112nL(\frac{1}{A})^2$	$3.24nL10^{-4}(\frac{1}{A})^2$

n = number of card rows through which air flows.

L = card dimension parallel to flow,

"m" for SI unit and "in" for the British unit

A = total cross-sectional area(m^2)at entrance including card edges

"m^2" for SI unit and "in^2" for the British unit

R = Flow Resistance, $\frac{(\frac{NT}{m^2})}{(\frac{Kg}{s})^2}$ for SI unit and(in)/(ft^3/min)^2 for the British unit

必須注意的事是流阻的結構問題，亦即流體以串聯形式行進，則總壓力降為分項加總之合如Eq.3-30：

$$\Delta P = \Delta P_1 + \Delta P_2 + \Delta P_3 + \ldots \quad \cdots\cdots \text{(Eq.3-30)}$$

將質量壓力頭的形式Eq.3-28代入Eq.3-30：

$$\mathrm{R}' m^2 = \mathrm{R}_1' m_1^2 + \mathrm{R}_2' m_2^2 + \mathrm{R}_3' m_3^2 + \ldots\ldots. \quad \cdots\cdots \text{(Eq.3-31)}$$

將質量守恆定律：$\mathrm{m} = \mathrm{m}_1 = \mathrm{m}_2 = \mathrm{m}_3 =$ ……代入Eq.3-30，所以壓力降也可以用Eq.3-32 表示：

$$\mathrm{H_L} \rho g = \sum (R_i' m_i^2) = (\sum R_i') m^2 = R' m^2 \quad \cdots\cdots \text{(Eq.3-32)}$$

其中 $R' = \sum R_i'$

如果以體積流率來表示，則以Eq.3-33表示：

$$\mathrm{H_L} \rho g = \sum (\mathrm{R}_i Q_{v,i}^2) = (\sum R_i) Q_{v,i}^2 = R Q_{v,i}^2 \quad \cdots\cdots \text{(Eq.3-33)}$$

其中 $\mathrm{R} = \sum \mathrm{R}_i$

如果流體以並聯形式行進並且以質量流率來表示，則總壓力降與每一分項之壓力降是相等的：

$$\Delta P = \Delta P_1 = \Delta P_2 = \Delta P_3 = \ldots \quad \cdots\cdots \text{(Eq.3-34)}$$

$$\mathrm{H_L} \rho g = R' m^2 = R_1' m_1^2 = R_2' m_2^2 = R_3' m_3^2 = \ldots\ldots \quad \cdots\cdots \text{(Eq.3-35)}$$

利用質量守恆，$\mathrm{m} = m_1 + m_2 + m_3 + \ldots. = \sum \mathrm{m}_i$ ，將Eq.3-35代入：

$$m = \sqrt{\frac{R'}{R_1'}} m + \sqrt{\frac{R'}{R_2'}} m + \sqrt{\frac{R'}{R_3'}} m + \ldots\ldots \quad \cdots\cdots \text{(Eq.3-36)}$$

將Eq.3-36重排，簡化為Eq.3-37

$$\frac{1}{\sqrt{R'}} = \frac{1}{\sqrt{R_1'}} + \frac{1}{\sqrt{R_2'}} + \ldots\ldots \quad \cdots\cdots \text{(Eq.3-37)}$$

如果以體積流率來表示：

$$\frac{1}{\sqrt{R}}=\frac{1}{\sqrt{R_1}}+\frac{1}{\sqrt{R_2}}+\ldots\ldots \quad \ldots\ldots（Eq.3\text{-}38）$$

3.4.3　Wills電路板壓降實驗之經驗公式

如圖3-10，Wills [15]以實驗方法直接將空氣以自然對流或強制對流經過電路板冷卻，得出之經驗公式如Eq.3-39

$$\triangle P=\rho\ V^2\left(\frac{0.033L}{S^{1.3}V^{0.3}}+1.9\sum K_i\right) \quad \ldots\ldots（Eq.3\text{-}39）$$

其中空氣速度 $0.2 < V < 8$ m/sec 或$40 < V < 1575$ ft/min，其中：

ρ = 空氣密度（density, kg/m^3）

V = 空氣速度（air velocity, m/sec）

L = 電路板長度（board length in flow direction, m）

ΔP = 壓力降（pressure drop, N/m^2）

ΣK_j = 跨過電路板之每項導槽（circuit board guides）或管流（tabulator Obstructions）的總損失係數 = $\left(\frac{y}{s-y}\right)^2$

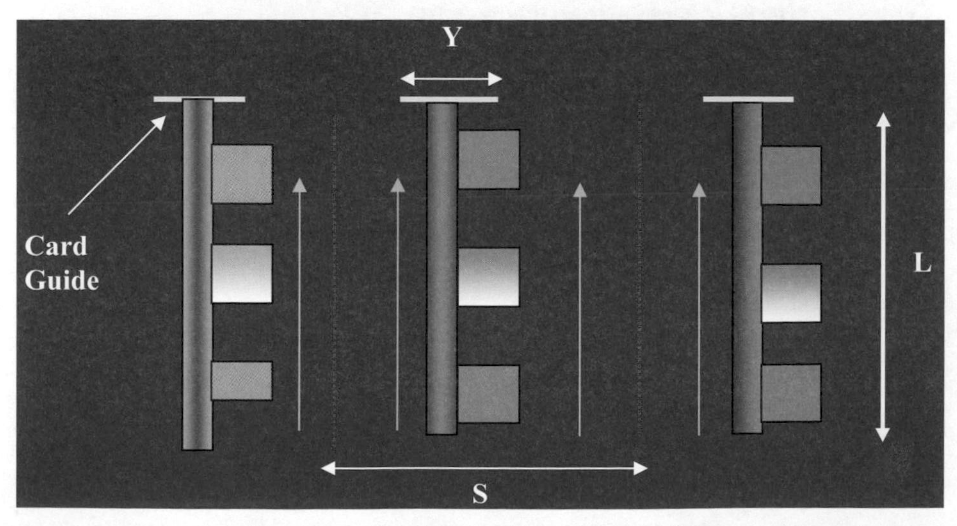

圖3-10　Wills建議之電路板幾何示意圖

3.4.4 K. Azar電路板壓降實驗之經驗公式

K. Azar [16] 以含有各不同電子元件之電路板在風洞做各種實驗如圖3-11，量其壓力降並定義壓力損失係數$K = C_p$，其式子如下：

$$K = C_p = \frac{\triangle P}{\frac{1}{2}\rho v^2} \quad \cdots\cdots (\text{Eq.3-40})$$

其中：

ΔP = 通過電路板之壓降

v = 通過電路板之空氣流速

ρ = 空氣在室溫23℃之密度

Azar 另外定義一個電路板集成密度（volume coefficient 或 circuit board density）為：

$$C_v = \frac{V_{comp}}{V_{channel}} \quad \cdots\cdots (\text{Eq.3-41})$$

其中：

V_{comp} = 電子元件所佔有之體積

$V_{channel}$ = 電路板在氣體通道中佔有之體積

例如：有100個電子元件在電路板上，其每個元件之體積為$(1\times1\times1)cm^3$，在氣體流通道上之體積為$2\times20\times20\ cm^3$。因此氣體通道之體積為$V_{Channel} = 2\times20\times20 = 800\ cm^3$，電子元件占有之總體機為$V_{comp} = (1\times1\times1)\times100 = 100\ cm^3$，所以電路板集成密度 $C_v = \frac{100}{800} = 0.125$。根據Azar 之實驗步驟：

1. 改變不同之電路板集成密度C_v.
2. 改變不同之空氣流速，v
3. 對每一個空氣流速量測其電路板之壓力降
4. 經由Eq.3-40算出C_p
5. 劃出C_p Vs. 速度 v 在不同 C_v 之曲線如圖3-12

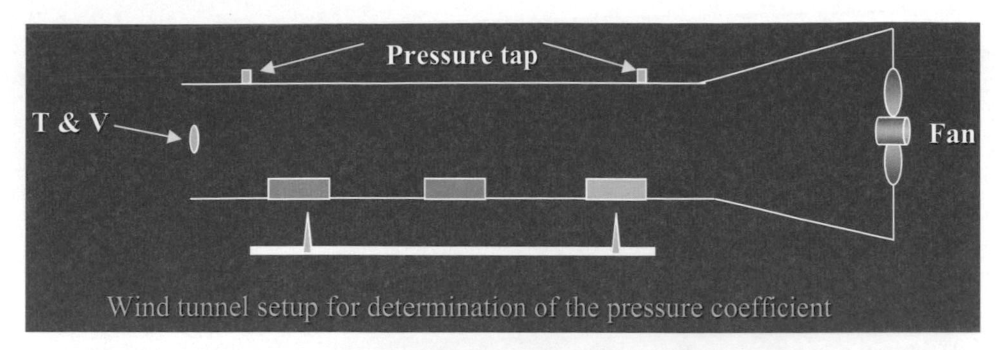

圖3-11　Azar 以電路板在風洞測試之幾何示意圖

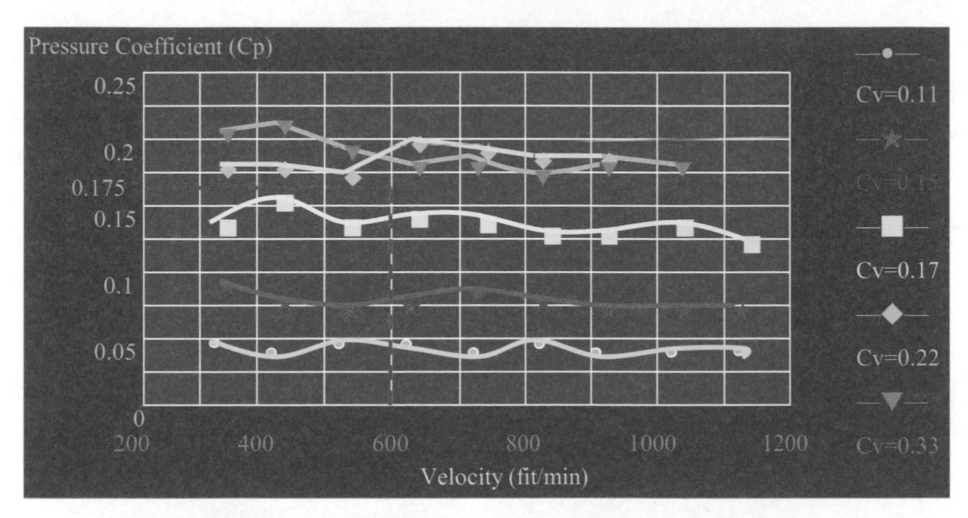

圖3-12　電路板壓力損失係數與不同空氣流速在不同電路板集成密度 C_v示意圖，（Azar, 1994）

案例B

有一PCB 電路板其尺寸為（20×15cm），其上裝有100 PLCCs 電子零組件其尺寸為2×2×0.35 cm，電路板架設在主機殼之卡槽，卡槽與卡槽之間距為2.5 cm. 如果空氣速度為3 m/s（600 ft/min），室溫為26℃，則電路板在此空氣速度下之壓力降為多少？

【解】

1. 先計算C_v 與 C_p

   $V_{comp} = 100\times(2\times2\times0.35)= 140cm^3$

   $V_{channel} = 20\times15\times2.5 = 750cm^3$

   所以 $C_v = 140/750 = 0.19$

   從圖3-12查到 $C_p = 0.175$

2. 計算壓力降將C_p代入Eq.3-40

   $$\triangle P=\frac{1}{2}\rho v^2 C_p$$

   在 26℃時，$\rho = 1.2kg/m^3$，$C_P = 0.175$ and $V = 3$ m/s，所以：

   $\Delta P = 0.5\times1.2\times(3)^2\times0.175 = 0.945\ N/m^2$ (0.0038 in of H_2O)

參考資料

1. http://www.cv.ncu.edu.tw/data/FM/FM/FM7.pdf
2. www.isu.edu.tw/upload/81201/15/news/postfile_14150.doc
3. https://en.wikipedia.org/wiki/Multiphase_flow
4. http://www.merriam-webster.com/dictionary/uniform%20flow
5. A.D. Polyanin, A.M. Kutepov, A.V. Vyazmin, and D.A. Kazenin, Hydrodynamics, Mass and Heat Transfer in Chemical Engineering, Taylor & Francis, London, 2002. ISBN 0-415-27237-8
6. Herrmann Schlichting, Klaus Gersten, E. Krause, H. Jr. Oertel, C. Mayes "Boundary-Layer Theory" 8th edition Springer 2004, ISBN 3-540-66270-7
7. John D. Anderson, Jr, "Ludwig Prandtl's Boundary Layer", *Physics Today*, December 2005
8. Colebrook, C. F. and White, C. M. (1937). "Experiments with Fluid Friction in Roughened Pipes". Proceedings of the Royal Society of London. Series A, Mathematical and Physical Sciences **161** (906): 367–381.
9. Haaland, S.E., 1983, "Simple and Explicit Formulas for the Friction Factor in Turbllent Pipe Flow," Journal of Fluids Engineering, ASME, Vol. 105, pp.89-90.
10. Akhilesh P. Rallabandi, Huitao Yang and Je-Chin Han, "Heat Transfer and Pressure Drop Correlations for Square Channels With 45 Deg Ribs at High Reynolds Numbers", *J. Heat Transfer* 131(7), 071703 (May 14, 2009)
11. Blasius, H., 1913, "Das Ahnlichkeitsgesetz bei Reibungsvorgangen in Flussigkeiten," Forschungsarbeiten des Ver. Deutsch. Ing., No. 131. quoted in: Webb, R. L., 1987, Handbook of SinglePhase Heat Transfer, Chapter 4, S. Kakac, R. K. Shah, and W. Aung, Eds., John Wiley & Sons, New York
12. Rajaram, S. short sources notes, 1993.

13. Steinberg, D.S., “Cooling Techniques for Electronic Equipment,”, John Wiley and sons, 1980.
14. Ellison, G.N., “Fan Cooled Enclosure Analysis Using First Order Method,” Electronics Cooling Magazine, Vol. 1, No.2. Oct. 1995.
15. Willis, M., “Thermal Analysis of Air Cooled PCBs,” Electronic Production, Parts, 1-4, May, Aug.1983.
16. Azar, K., McLeod, R.E.., “Narrow Channel Heat Sink for Cooling of High Powered Electronic Components,” PIEEE SEMITHERM Symposium, 1992, Austin, TX, 1996.

第 4 章

封裝晶片接端溫度（Junction temperature T_J）之理論推導

從1960年的小型積體電路，發展至今日的超大型及超高速積體電路，其組合密度由每一晶片只有數十個電子元件增加至百萬個電子元件。由於高密度的組合而直接引發了一個嚴重的設計問題，亦即增加了電子構裝單位體積或面積的發熱量，如果冷卻方式設計不恰當，這過高的熱密度將導致過高的電子元件接合溫度及構裝溫度。如此一來，對此電子元件及構裝之功能、可靠度以及使用壽命均會產生及不良的影響。一般而言，一個高速的積體電路設計單元乃為全組件中最昂貴之元件，因此，如果一但遭受高溫高熱之影響，使其速度降低或損毀，則其對於整個電子元件之影響不可謂之不大。封裝也可以說是指安裝半導體積體電路晶片用的外殼，它不僅擔任放置、固定、密封、保護晶片和增強導熱性能的作用，而且還是溝通晶片內部世界與外部電路的橋梁——晶片上的接點用導線連接到封裝外殼的導線上，這些導線又透過印刷電路板上的導線與其他零件建立連接。因此，對於很多積體電路產品而言，封裝技術都是非常關鍵的一環。對於記憶體這樣以晶片為主的產品來說，封裝技術不僅保証晶片與外界隔離，防止空氣中的雜質對晶片電路的腐蝕而造成性能下降；而且封裝技術的好壞還直接關係到與晶片連接的印刷電路板（PCB）的設計和製造，從而對晶片自身性能的表現和發揮產生深刻的影響。但是若封裝的熱阻抗太高，接端溫度也會提升到很高。有資料顯示，接端溫度每上升約攝氏10度，元件壽命就會減少約二分之一[1]。若以平均壽命3到5萬小時計算，就足足減少了1萬5千到2萬5千小時的使用時間，經濟效益大幅下降。本章節主要在由理論上導出系統廠商最關心的接端溫度T_J，約在80年代，PC還在386，486時還允許CPU的溫度高達90℃，值至21世紀，所有半導體之晶片接端溫度（包括LED）已要求不超過70℃，有些甚至不超過50℃，因此如何用理論很簡單的導出封裝晶片的接端溫度T_J，避免使用大型之模擬程式（Code），是本章最主要之目的。

一般來講，在IC產品系統尚包含許多的零件，其中有：

IC零件（Parts）——例如電晶體（Electronic transistors），二極管（diodes），電容（capacitors）等等

晶片（Chip or Die）——將電子各零件以矽陶瓷或其他方式連接封裝而成

印刷電路板（Printed Wiring Board, PWB）（Circuit Board, CB）（Printed Circuit Board, PCB）（Circuit Pack ,CP）——將環氧樹脂通過製程與金屬導線使其成印刷電路板在遇到散熱問題時，通常會以下列邏輯思考解決問題：

4.1 解決散熱問題之步驟：

如表4-1為解決散熱問題之幾個步驟：

表4-1　尋求解決散熱問題之幾個步驟

A. 在此問題的熱傳模式為何？

熱傳導[2]?　熱對流[3]?　熱輻射[4]?

↓

B. 工作流體？

液體?　氣體?

↓

C. 流體可壓縮還是不可壓縮[5]？

通常假設為不可壓縮

↓

D. 流體性質是溫度相關？

E. 在處理的是何種流體狀況？			
層流[6]	週期性層流 [7]	紊流[8]	暫態

F.用於計算Re的特性長度為何？			
管直徑	平板長度	障礙物高度	其他

G. 黏滯性在此問題的效果？			
黏滯力[9]	邊界層的構成[10]	機械能損失	其他

到了這步驟，讀者應該已經有了對於所求問題的良好物理解釋。從A到G步驟可以洞見與逼近答案。

4.2 量化與消除不重要之參數

此步驟目的是思考對於問題（或觀念）的每一項的大小獲得更深的了解。例如：$Q=hA(T_s-T_f)$，在此階段，須注意使用正確的單位（通常為SI 單位），注意別比較蘋果與橘子，在此階段並須做出假設。

舉例1：在一個熱傳問題中，當所有的熱傳模式都出現，該怎麼量化每一個模式？當發現$Q^*=Q_{radiation}/Q_{conduction} << 1$ 時幾乎可忽略 $Q_{radiation}$

舉例2：比較黏滯效果V_S靜壓力或動壓力

$$\tau= -\mu\frac{dv}{dy}=\mu\left[\frac{v}{L}\right] \text{ 與 } P_s=\rho gh \text{ 或 } P_D=\frac{1}{2}\rho v^2$$

其中L=特性長度；P_s為靜壓力，P_D為動壓力；v為空氣速度；ρ為流體密度；μ為動態黏滯係數；τ為剪應力；當 $F^*=\frac{\tau}{P_D}\ll 1$ 時可忽略τ。因此當要使任何一項變成可忽略的時候，必須提供工程上的證實。不能只因為知道其值小就直接忽略該項。以溫度為例，在尋求溫度在問題之答案時，必須先問是要求溫度的整體輪廓分布（temperature distribution）？還是被要求有溫度點之解（end points）？精準度需要到多少？有任何可以用的簡單化假設嗎？例如C_p=4.2 J/K,g（或 $C_p=aT+bT^2$）。

4.3 統御方程式的建立

定義：統御方程式是用其他變數來定義未知項。如表 4-2。

表4-2　統御方程式之建立

	分佈資料（Profiles or Distribution）	終結點（End points）
方法	微分逼近	積分逼近
典型方程式	N-S方程式 Euler's方程式 能量方程式之微分形式	Modified Bernoulli方程式 Bernoulli方程式 Newton或Fourier冷卻定律

如果只考慮單一封裝晶片在電路板之熱傳送機制，以單一封裝晶片在電路板為例，圖4-1及圖4-2，從封裝晶片上半部到環境之熱傳機制有熱對流及熱輻射，下半部到印刷電路板之熱傳機制為熱傳導。此時會發現熱的傳送途徑有幾個特性：A. 多重熱途徑問題，高層次的互相連結（熱源與鰭片）B. 高度三維問題 C. 大規模的熱擴散效應。如果考慮各電路板間之熱傳送機制如圖4-3，則必需又考慮來自PCB的熱傳導電耦合問題，其中熱對流之間的耦合包含A. 板上的物質B.相鄰板的熱輻射和熱對流傳遞 C. 藉由主板之熱傳導。輻射之間的耦合包含A. 板上的物質 B. 相鄰板；要注意的是當有外界輸入熱源與本身住機熱源作耦合時，其關鍵零主件所受到之熱影響不亞於熱源晶片本身，例如圖4-4為主機板上熱源與外界輸入之熱源影響其關鍵晶片之示意圖，因此解決熱的問題，不單應注意熱源本身之溫度，還需要知道因為機構本身造成熱積沉之位置及其影響其他晶片等之問題。

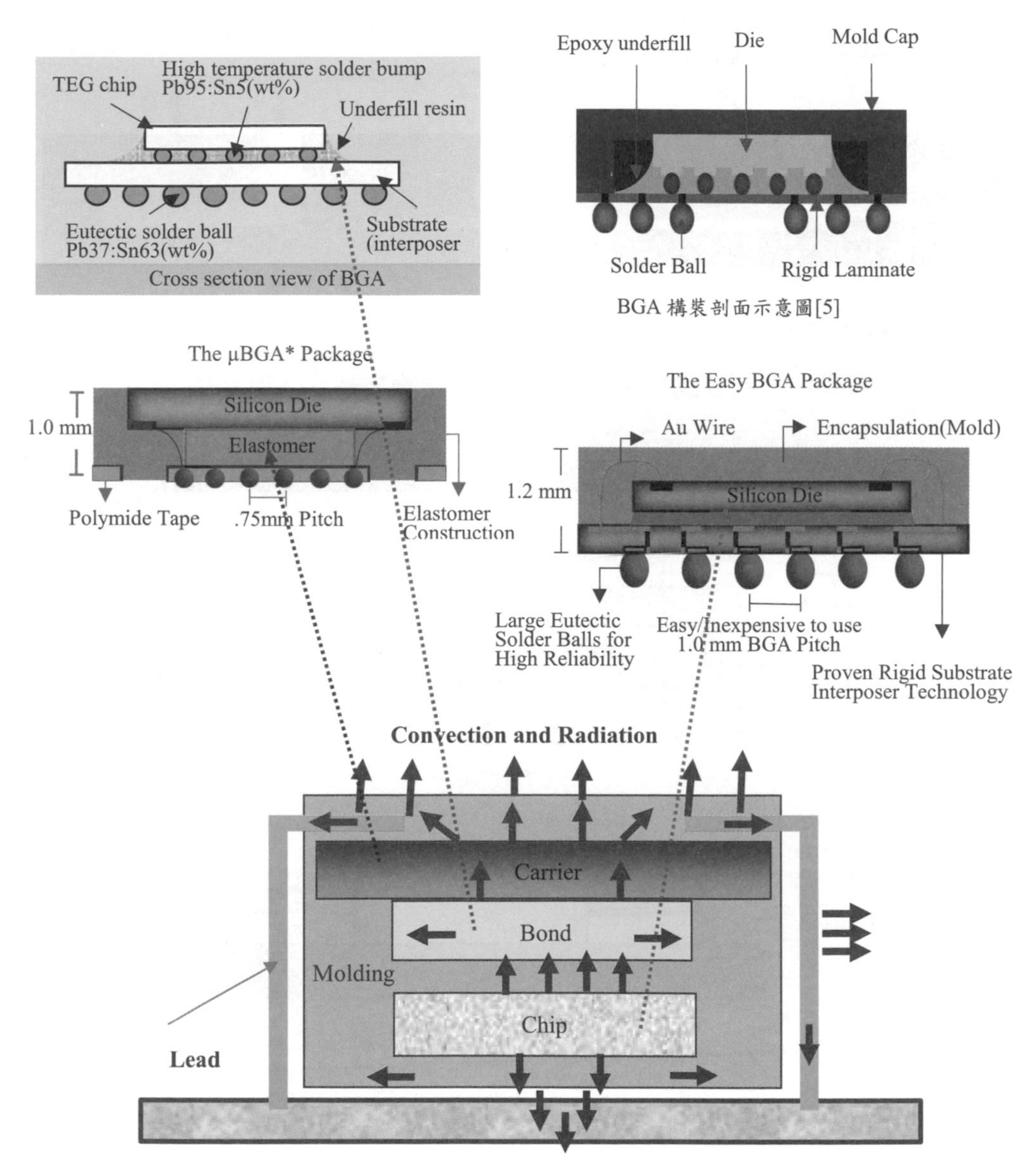

圖4-1　封裝晶片在上半部之熱傳機制過程

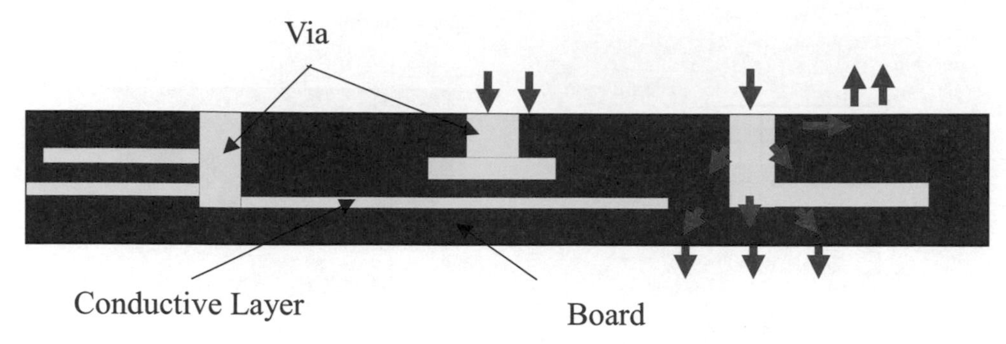

圖4-2　封裝晶片在下半部印刷電路板之熱傳機制過程

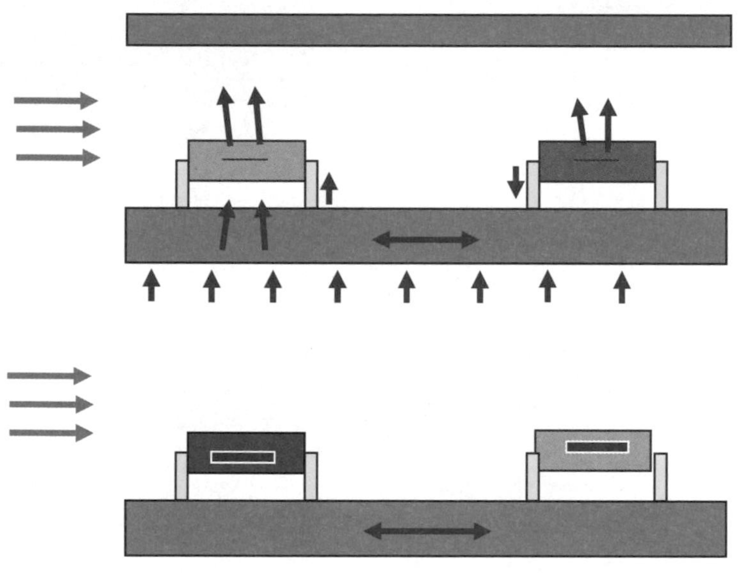

圖4-3　電路板間熱流狀況圖

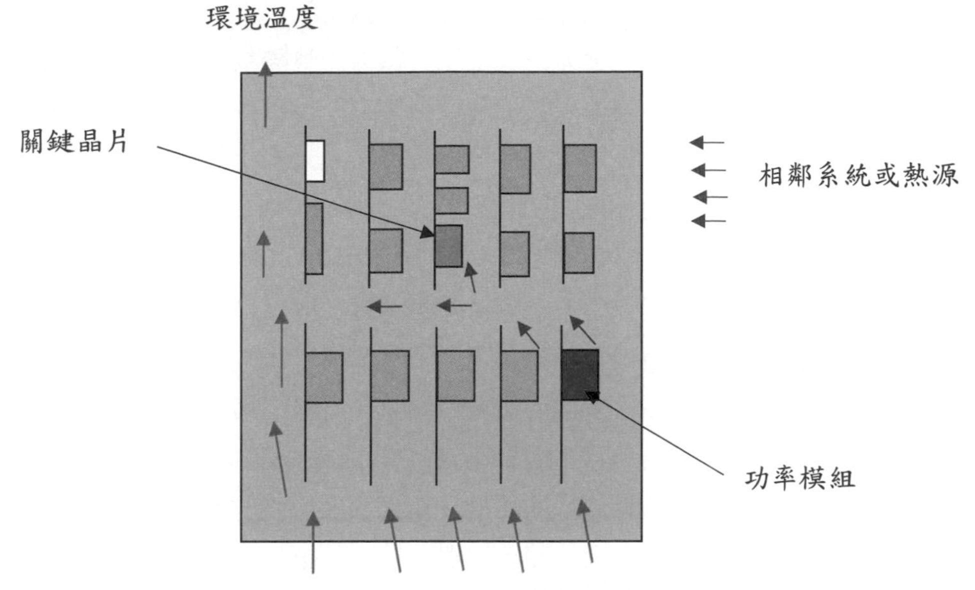

圖4-4　主機板上熱源與外界輸入之熱源影響其關鍵晶片之示意圖

4.4 如何分析熱耦合的影響

熱耦合（thermal coupling）使得分析變的困難，如果沒有將熱耦合的因素計算進來的話會產生不準確的結果。因為熱耦合的自然性質，在做分析的時候需要考慮環境、櫃、插件盒、電路板、組件（模組）、晶片、零件（二極體、晶體管等）。建立一個可以說明熱傳效果的解答步驟，一般來講，不管是解決關鍵晶片或熱源晶片的接點溫度問題有三種方式如圖4-5，其一為用積分法亦即 closed form solution，但此方法不一定能適用所有的能量守恆公式，第二種方法便是微分法亦即所謂的數值方法，數值方法需要特殊的數學解析技巧，需要修過數值方法解析之人員才有可能自己撰寫程式其中包括網格的定義、模組的建立、數值分析理論模式，收斂問題、邊界條件的定義等等，都需要人才之培養，一般公司都不願意投資在此。不過另一方面，一般市面上也都有套裝軟體，例如Ice pack, Fluent, ANSYS, Flotherm……等等，不過這些軟體動則3、4萬美金以上，不是一般個人可以買得起的，甚至一般企業也不一定能夠購置，這是企業界所碰到的困難。第三種方法就是以實驗方法實際量得，實驗方法又分成兩種，一種是實際測得，亦即以實機將樣品裝置好後直接測量所需要之數據例如溫度等，此種方法雖然是最可靠，但是花費之人力、時間、成本等亦是最高，一般散熱器製造商不太可能採取此種方式，例如 INTEL 發表下一代CPU，但是電源供應器、主機板、南橋、北橋、硬碟機、DRAM 等之裝置及供應就有問題，散熱器產業界只需解決CPU之散熱問題，實在無能力再等這些其他周邊裝置之完成才測試，這樣時效性就沒有了，因此此種方法只是在系統廠商例如 HP、DELL、ASUS、ACER、聯想等需要做測試。實驗之第二種方法亦即是熱阻測試實驗（Thermal Resistance Measurement Experiment）或稱為模擬加熱器（Dummy heater），是一般業界最常用的，例如需要得到散熱器之熱阻值，只需要在同尺寸之加熱銅塊面積上，將散熱器置於加熱銅塊上，量測加熱銅塊面積，將銅塊之溫度與環溫之差，除以加熱功率，便可以得到散熱器之熱阻值，實驗上並沒有特別複雜的問題、唯一要注意的是所有感應器之校正、量測位置和邊界條件的定義。

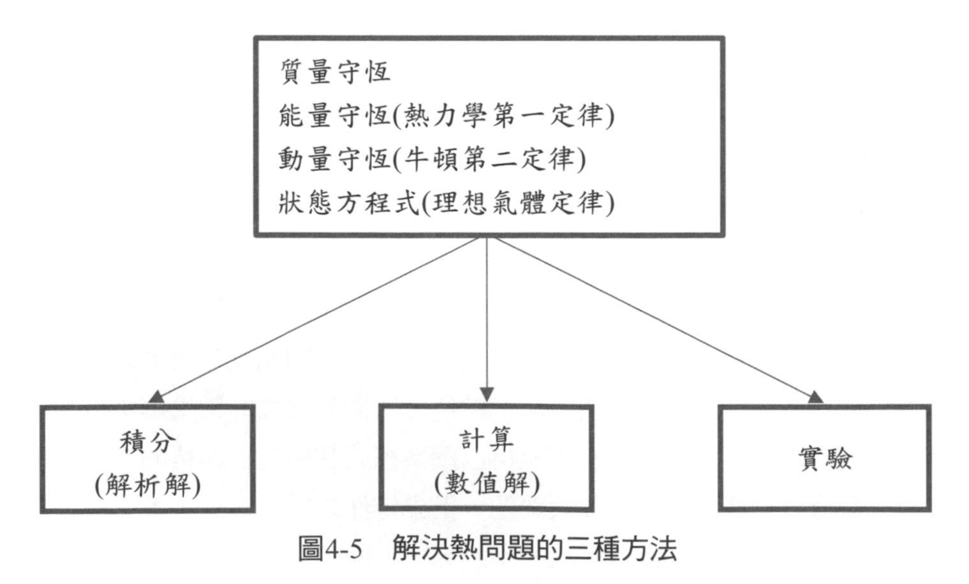

圖4-5 解決熱問題的三種方法

4.5 接點溫度（Junction temperature T_J）之理論推導

4.5.1　取晶片（含導線）為控制體積

取控制體積於晶片和導線的外部，如圖4-6。應用能量守恆方程式於元件的部位，裝置的功率總耗損為P_{tot}：

$$\begin{aligned} P_{tot} &= Q_{C,R} + Q_{C,h} + Q_{L,h} + Q_{C,C} \\ &= Q_{C,R} + Q_{C,h} + Q_{L,h} + Q_{L,C} + Q_{A,C} \end{aligned} \quad \cdots\cdots \text{（Eq.4-1）}$$

$Q_{C,R}$：來自晶片的輻射功率（W）

$Q_{C,h}$：來自晶片的熱對流功率（W）

$Q_{L,h}$：來自導線的熱對流功率（W）

$Q_{C.C.} = Q_{L,C} + Q_{A,C}$：來自晶片的熱傳導功率（W）

$Q_{L,C}$：來自導線的熱傳導功率（W）

$Q_{A,C}$：來自晶片底部經過空氣隙縫功率的熱傳導功率（W）

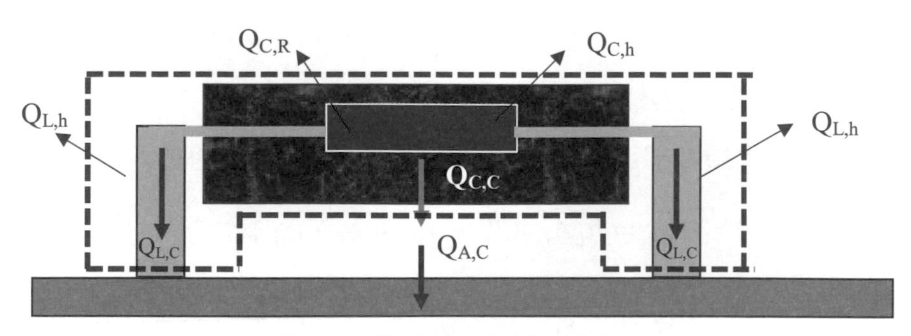

圖4-6　晶片元件熱傳示意圖

將Eq. 4-1的每個單項分別轉換成溫度函數：

4.5.1-1　利用普朗克定律把晶片的熱輻射轉換為溫度函數：

$$\begin{aligned} Q_{C,R} &= \sigma\epsilon_C f_{C,ref} A_{C,C}(T_C^4 - T_{ref}^4) = \left(\frac{1}{R_{th,CR}}\right)(T_C^4 - T_{ref}^4) \\ &= \sigma\epsilon_C f_{C,ref} A_{C,C}(T_C^4 - T_a^4) \end{aligned} \quad \cdots\cdots \text{（Eq.4-2）}$$

$$= \left(\frac{1}{R_{th,CR}}\right)(T_C^4 - T_a^4) \cdots\cdots \text{（Eq.4-3）}$$

其中：

σ：史蒂芬波茲曼常數=5.669 X10^{-8} W/m^2,K^4

ε：物體放射率

$f_{c,ref}$：晶片的形狀參數

$A_{C,C}$：晶片上層的表面積=底部表面積（m^2）

T_C：晶片上層的表面溫度（K）

h_C：和晶片相關的熱對流係數（W/m^2.K）

$A_{C,C}$：晶片上層表面積=底部表面積（m^2）

T_{ref}：晶片輻射方向的參考溫度，通常可以假設為其環境溫度T_a（K）

$R_{th,\ CR}$：晶片的熱輻射熱阻（K/W）

4.5.1-2　利用牛頓冷卻定律把晶片的熱對流轉換為溫度函數：

$$Q_{C,h} = h_C A_{C,C}(T_C - T_a) \cdots\cdots \text{（Eq.4-4）}$$

$$R_{th,Ch} = \frac{1}{h_C A_{C,C}} = \frac{T_C - T_a}{Q_{C,h}} \cdots\cdots \text{（Eq.4-5）}$$

$R_{th,ch}$：晶片熱對流熱阻（K/W）

4.5.1-3　利用牛頓冷卻定律把導線的熱對流轉換為溫度函數：

$$Q_{L,h} = h_L A_{L,S}(T_L - T_a) \cdots\cdots \text{（Eq.4-6）}$$

$$R_{th,Lh} = \frac{1}{h_L A_{L,S}} = \frac{T_L - T_a}{Q_{L,h}} \cdots\cdots \text{（Eq.4-7）}$$

其中：h_L：和導線相關的熱對流係數（W/m^2.K）

$A_{L,S}$：導線的表面積（m^2）

$R_{th,Lh}$：導線流熱對流熱阻（K/W）

4.5.1-4　利用傅立葉定律把導線的熱傳導轉換為溫度函數：

$$Q_{L,C} = \frac{K_L A_{L,C}}{L_L}(T_L - T_b) \cdots\cdots \text{（Eq.4-8）}$$

$$R_{th,LC} = \frac{1}{K_L A_{L,S}} = \frac{T_L - T_b}{Q_{L,C}} \cdots\cdots \text{(Eq.4-9)}$$

其中：$A_{L,C}$：導線的截面積（m^2）

K_L：導線的熱傳導係數（W/m.K）

L_L：露於晶片之外的導線的長度（m）

T_L：導線的平均溫度（K）

$R_{th,LC}$：導線的熱傳導熱阻（K/W）

4.5.1-5　利用傅立葉定律把晶片通過基板空隙的熱傳導轉換為溫度函數：

$$Q_{A,C} = \frac{K_A A_{C,C}}{t_A}(T_C - T_b) \cdots\cdots \text{(Eq.4-10)}$$

$$R_{th,CA} = \frac{1}{K_A A_{C,C}} = \frac{T_C - T_b}{Q_{A,C}} \cdots\cdots \text{(Eq.4-11)}$$

其中：K_A：空氣的熱傳導係數（W/m.K）

t_A：元件下方空氣層的厚度（m）

T_b：基板的溫度（K）

$A_{C,C}$：晶片上層表面積等同空氣縫隙的截面積（m^2）

$R_{th,CA}$：晶片通過基板空隙的熱傳導熱阻（K/W）

將Eq.4-2，Eq.4-4，Eq.4-6，Eq.4-8，Eq.4-10代入方程式（Eq.4-1）：

$$P_{tot} = Q_{C,R} + Q_{C,h} + Q_{L,h} + Q_{L,C} + Q_{A,C}$$

$$= \sigma \epsilon_C f_{C,ref} A_{C,C}(T_C^4 - T_a^4) + h_C A_{C,C}(T_C - T_a) + h_L A_{L,S}(T_L - T_a)$$

$$+ \frac{K_L A_{L,C}}{L_L}(T_L - T_b) + \frac{K_A A_{C,C}}{t_A}(T_C - T_b) \cdots\cdots \text{(Eq.4-12)}$$

在方程式（Eq.4-12）的未知數為T_L、T_b、T_c，但是依舊不知道接端溫度T_J，因此必須藉由尋求其他控制體積才能求得T_J。

4.5.2 取晶片內部一半（含導線接點）為控制體積：

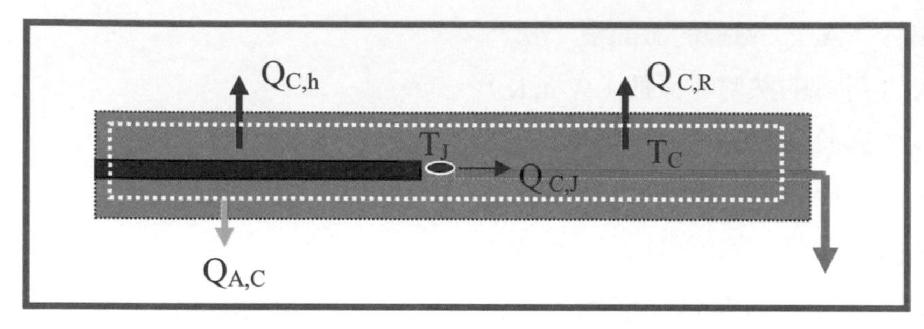

圖4-7　內部晶片溫度與熱傳示意圖

假設晶片內部如圖4-7，依據能量守恆方程式：

$$P_{tot} = Q_{C,R} + Q_{C,h} + Q_{C,J} + Q_{A,C} \cdots\cdots \text{（Eq.4-13）}$$

4.5.2-1 利用傅立葉定律把晶片的內部熱傳導轉換為溫度函數：

$$Q_{C,J} = (-\frac{K_L A_{L,C}}{L_L})_{eff}(T_C - T_J) = (\frac{K_L A_{L,C}}{L_L})_{eff}(T_J - T_C) \cdots\cdots \text{（Eq.4-14）}$$

其中：$Q_{C,J}$：在晶片內部的熱傳導係數（W）

$A_{L,C}$：晶片內部的導線之有效截面積（m^2）

$L_{L,eff}$：晶片內部的導線之有效長度（m）

$K_{L,eff}$：導線的有效熱傳導係數（W/m.K）

4.5.2-2 利用傅立葉定律與牛頓冷卻定律把晶片與導線的熱傳導、熱對流轉換為溫度函數：

將方程式（Eq.4-1）與方程式（Eq.4-13）相比：

$$P_{tot} = Q_{C,R} + Q_{C,h} + Q_{L,h} + Q_{L,C} + Q_{A,C} \cdots\cdots \text{（Eq.4-1）}$$

$$P_{tot} = Q_{C,R} + Q_{C,h} + Q_{C,J} + Q_{A,C} \cdots\cdots \text{（Eq.4-13）}$$

因此如圖4-8，晶片由導線傳輸之功率等於導線在晶片外部熱對流到環境及導線從晶片熱傳導至基板的功率和：$Q_{C,J} = Q_{L,h} + Q_{L,C}$。將熱傳導、熱對流公式代入取得溫度之函數：

$$(\frac{K_L A_{L,C}}{L_L})_{eff}(T_J - T_C) = h_L A_{L,S}(T_L - T_a) + \frac{K_L A_{L,C}}{L_L}(T_L - T_b) \quad \cdots\cdots \text{(Eq.4-15)}$$

將（Eq.4-15）代入（Eq.4-12）：

$$P_{tot} = \sigma\epsilon_C f_{C,ref} A_{C,C}(T_C^4 - T_a^4) + h_C A_{C,C}(T_C - T_a) + h_L A_{L,S}(T_L - T_a) + \frac{K_L A_{L,C}}{L_L}(T_L - T_b) + \frac{K_A A_{C,C}}{t_A}(T_C - T_b) \quad \cdots\cdots \text{(Eq.4-12)}$$

$$= \sigma\epsilon_C f_{C,ref} A_{C,C}(T_C^4 - T_a^4) + h_C A_{C,C}(T_C - T_a) + (\frac{K_L A_{L,C}}{L_L})_{eff}(T_J - T_C) + \frac{K_A A_{C,C}}{t_A}(T_C - T_b) \quad \cdots\cdots \text{(Eq.4-16)}$$

從（Eq.4-16）求解T_J：

$$T_J = T_C + (\frac{K_L A_{L,C}}{L_L})_{eff}^{-1}\left\{P_{tot} - \left[\sigma\epsilon_C f_{C,ref} A_{C,C}(T_C^4 - T_a^4) + h_C A_{C,C}(T_C - T_a) + \frac{K_A A_{C,C}}{t_A}(T_C - T_b)\right]\right\} \quad \cdots\cdots \text{(Eq.4-17)}$$

方程式（Eq.4-17）已含有所欲求的接端溫度T_J，但其中還有兩個未知數 T_b和T_C，因此必須尋求其他兩個方程式來求得T_b和T_C

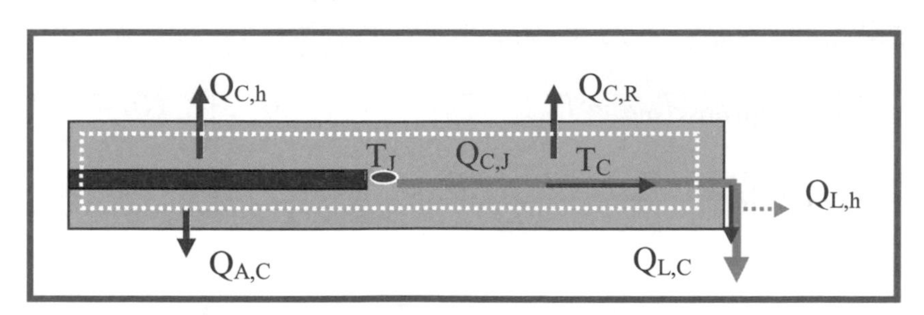

圖4-8　內部晶片與導線溫度與熱傳示意圖

4.5.3　在不考慮鄰近熱源之影響下取空氣流道為控制體積

假設在空氣流道為控制體積如圖4-9，晶片熱傳導功率$Q_{C,C}$為晶片的通過基板空隙的熱傳導功率$Q_{A,C}$、晶線熱傳導$Q_{L,C}$與考慮隔壁熱源$Q_{N,C}$之功率輸入總和：

$$Q_{C,C} = Q_{L,C} + Q_{A,C} + Q_{N,C}$$

忽視來自隔壁的熱源$Q_{N,C}$並考慮圖4-9的控制體積，則晶片熱傳導功率$Q_{C,C}$為基板及基板背部之熱對流與熱輻射之總和如方程式（Eq.4-18）

$$Q_{C,C} = \left(Q_{b,h} + Q_{bb,h}\right) + \left(Q_{b,R} + Q_{bb,R}\right) \cdots\cdots \text{（Eq.4-18）}$$

其中: Qb,h從基板表面逸失的熱對流功率（W）

$Q_{b,R}$：從基板表面逸失的熱輻射功率（W）

$Q_{bb,h}$：從基板的底部逸失的熱對流功率（W）

$Q_{bb,R}$：從基板的底部逸失的熱輻射功率（W）

藉由方程式（Eq.4-1）：

$$P_{tot} = Q_{C,R} + Q_{C,h} + Q_{L,h} + Q_{L,C} + Q_{A,C} \cdots\cdots \text{（Eq.4-1）}$$

與藉由空氣流道的能量守恆：

$$Q_{b,h} + Q_{b,R} + Q_{C,R} + Q_{C,h} + Q_{L,h} = \dot{m}_{air} C_{p,air}(T_{out} - T_{in}) \cdots\cdots \text{（Eq.4-19）}$$

將（Eq.4-19）代入（Eq.4-1）得（Eq.4-20）：

$$P_{tot} = Q_{C,R} + (Q_{C,h} + Q_{L,h}) + (Q_{L,C} + Q_{A,C})$$

$$= Q_{C,R} + [\dot{m}_{air} C_{p,air}(T_{out} - T_{in}) - Q_{b,h} - Q_{b,R} - Q_{C,R}] + (Q_{L,C} + Q_{A,C})$$

$$= [\dot{m}_{air} C_{p,air}(T_{out} - T_{in}) - Q_{b,h} - Q_{b,R} + \left(Q_{L,C} + Q_{A,C}\right) \cdots\cdots \text{（Eq.4-20）}$$

基於

$$Q_{C,C} = Q_{L,C} + Q_{A,C} = \left(Q_{b,h} + Q_{bb,h}\right) + \left(Q_{b,R} + Q_{bb,R}\right) \cdots\cdots \text{（Eq.4-18）}$$

將（Eq.4-18）代入（Eq.4-20），也就是：

$$P_{tot} = \dot{m}_{air} C_{p,air} \Delta T + Q_{bb,h} + Q_{bb,R} \cdots\cdots \text{（Eq.4-21）}$$

假設忽略底部板的影響，則簡化式（Eq.4-21）成為

$$P_{tot} = \dot{m}_{air} C_{p,air} (T_{out} - T_{in}) \cdots\cdots \text{（Eq.4-22）}$$

因此所有的來自晶片的功率產生應該會被空氣流道帶走是可以理解的，但如果不是，則底板溫度、外殼溫度和接端溫度會上升。但基本上（Eq.4-22）對解基板平均溫度沒有太大幫助，因其並沒有T_b 項，因此必須再另外取控制體積來解。

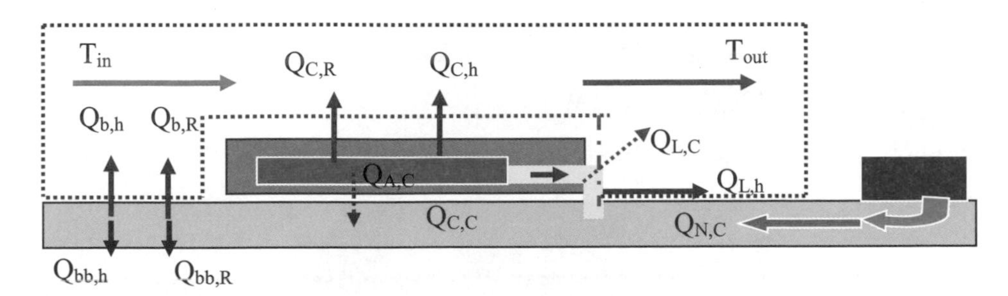

圖4-9　空氣流道示意圖

4.5.4　取基板為控制體積

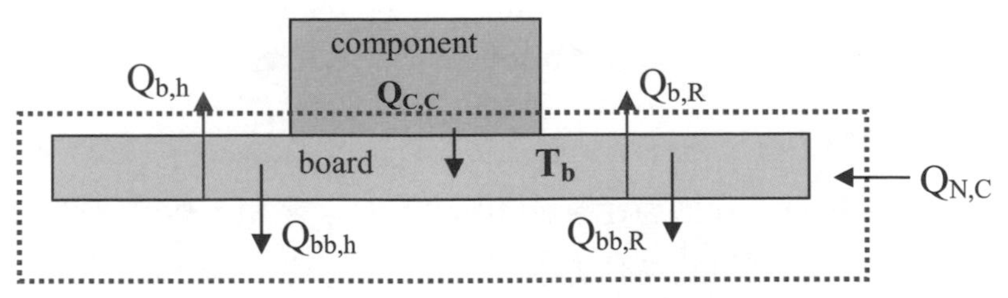

圖4-10　板周遭定體積示意圖

假設取固定體積於基板周如圖4-10，其中：

T_b：基板平均溫度（K）

$Q_{C,C}$：從晶片到基板的熱傳導功率（W）

$Q_{b,h}$：從基板表面逸失的熱對流功率（W）

$Q_{bb,h}$：從基板的底部逸失的熱對流功率（W）

$Q_{b,R}$：從基板表面逸失的熱輻射功率（W）

$Q_{bb,R}$：從基板的底部逸失的熱輻射功率（W）

$Q_{N,C}$：從鄰近元件傳來的熱傳導功率（W）

從穩態來看的能量守恆：$Q_{in}=Q_{out}$

$$Q_{C,C}+Q_{N,C}=Q_{b,h}+Q_{bb,h}+Q_{b,R}+Q_{bb,R} \cdots\cdots \text{（Eq.4-23）}$$

如果忽略基板的背面逸失之熱功率效果，$Q_{bb,h}=Q_{bb,R}=0$，且假設$Q_{N,C}=0$，簡化Eq.4-23成為：

$$Q_{C,C}=Q_{L,C}+Q_{A,C}=Q_{b,h}+Q_{b,R} \cdots\cdots \text{（Eq.4-24）}$$

$Q_{L,C}$：來自導線的熱傳導量（W）

$Q_{A,C}$：經過晶片下方的空氣縫隙的熱傳導量（W）

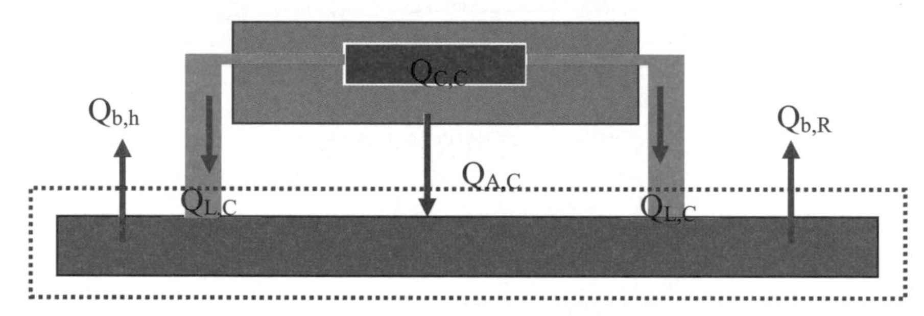

圖4-11　基板與導線的熱傳量示意圖

如圖4-11，熱經由晶片傳導至基板之功率$P_{tot,board}$為熱由晶片底部通過與基板空隙的熱傳導功率$Q_{A,C}$與通過導線熱傳導功率$Q_{L,C}$之和，其總功率意必須等於基板表面逸散之熱對流與熱輻射之總和（假定在忽略基板背部之熱對流與熱輻射得情況下），所以：

$$P_{tot,board}=Q_{C,C}=Q_{L,C}+Q_{A,C}=Q_{b,h}+Q_{b,R} \cdots\cdots \text{（Eq.4-24）}$$

$$=h_b\left(A_b-A_{C,C}\right)(T_b-T_a)+\sigma\epsilon_b f_{b,ref}\left(A_{b-}A_{C,C}\right)\left(T_b^4-T_a^4\right) \cdots\cdots \text{（Eq.4-25）}$$

h_b：與基板相關聯的空氣熱傳導係數

A_b：基板的表面積

$A_{C,C}$：晶片上層表面積等於底層表面積

獲得第一個基板溫度的估計值後，假設熱均勻的分布於基板上，且忽視 $Q_{b,R}$，則可獲得一個初始的基板平均溫度：

$$P_{tot,board} = h_b\left(A_b - A_{C,C}\right)\left(T_b - T_a\right) \cdots\cdots \text{（Eq.4-26）}$$

從（Eq.4-26）求解T_b：

$$T_b = \frac{P_{tot,board}}{h_b\left(A_b - A_{C,C}\right)} + T_a \cdots\cdots \text{（Eq.4-27）}$$

因此，獲得了第一階T_b的估計值，其中：

P_{tot}：來自晶片的總功率

$P_{tot,board}$：晶片經熱傳導進入基板的熱功率， 記住：$P_{tot,board}$和P_{tot}是不同的，一般來說，強制對流狀況下，熱經由熱傳導進入基板大概為：$P_{tot,board} = 0.2P_{tot}$～$0.3P_{tot}$，而在自然對流下熱經由熱傳導進入基板大概為：$P_{tot,board} = 0.7P_{tot}$～$0.8P_{tot}$。

4.5.5　求解T_C、T_b 及T_J

方法1：

i. 如果$R_{th,JC}$可以從製造商得知：

$$R_{th,JC} = \frac{T_J - T_C}{P_{tot}} \cdots\cdots \text{（Eq.4-28）}$$

從（Eq.4-17）、（Eq.4-27）、（Eq.4-28）便可以聯立求解T_J、T_b和T_C：

$$T_J = T_C + \left(\frac{K_L A_{L,C}}{L_L}\right)_{eff}^{-1}\left\{P_{tot} - \left[\sigma\epsilon_C f_{C,ref} A_{C,C}\left(T_C^4 - T_{ref}^4\right) + h_C A_{C,C}\left(T_C - T_a\right) + \frac{K_A A_{C,C}}{t_A}\left(T_C - T_b\right)\right]\right\} \cdots\cdots \text{（Eq.4-17）}$$

$$T_b = \frac{P_{tot,board}}{h_b\left(A_b - A_{C,C}\right)} + T_a \cdots\cdots \text{（Eq.4-27）}$$

ii. 如果 $R_{th,JC}$ 未知：

假設$P_{tot,up}$是晶片通過上層表面的熱對流功率，T_C 微晶片上層表面的均勻溫

度，因此：

$$P_{tot,up} = h_C A_{C,C}(T_C - T_a) \cdots\cdots \text{（Eq.4-29）}$$

解Eq.4-29得T_C如Eq.4-30：

$$T_C = \frac{P_{tot,up}}{h_C A_{C,C}} + T_a \cdots\cdots \text{（Eq.4-30）}$$

一般來說，強制對流狀況下：$P_{tot,up} = 0.7P_{tot} \sim 0.8\ P_{tot}$， 在自然對流下：$P_{tot,up} = 0.2P_{tot} \sim 0.3\ P_{tot}$，從（Eq.4-17）、（Eq.4-27）、（Eq.4-30）求解T_J、T_b和T_C：

$$T_J = T_C + (\frac{K_L A_{L,C}}{L_L})^{-1}_{eff}\left\{P_{tot} - \left[\sigma\epsilon_C f_{C,ref} A_{C,C}(T_C^4 - T_a^4) + h_C A_{C,C}(T_C - T_a) + \frac{K_A A_{C,C}}{t_A}(T_C - T_b)\right]\right\} \cdots\cdots \text{（Eq.4-17）}$$

$$T_b = \frac{P_{tot,board}}{h_b(A_b - A_{C,C})} + T_a \cdots\cdots \text{（Eq.4-27）}$$

如果是在管道流的狀況下，在（Eq.4-30）中我們仍需要重新定義管道流中空氣流道的環溫 T_a，根據 Eq. 4-22：

$$P_{tot,up} = \dot{m}_{air} C_{p,air}(T_{out} - T_{in}) \cdots\cdots \text{（Eq.4-22）}$$

其中T_{out}為管道流之出口溫度，而T_{in}為管道流之進口空氣溫度。由（Eq.4-22）可求得T_{out}：

$$T_{out} = \frac{P_{tot,up}}{\dot{m}_{air} C_{p,air}} + T_{in} \cdots\cdots \text{（Eq.4-31）}$$

管道流之環溫為進口空氣溫度T_{in}與出口空氣溫度T_{out}之平均值：

$$T_a = \frac{(T_{out} + T_{in})}{2} = \frac{1}{2}\left(\frac{P_{tot,up}}{\dot{m}_{air} C_{p,air}} + 2T_{in}\right) = \frac{P_{tot,up}}{2\dot{m}_{air} C_{p,air}} + T_{in} \cdots\cdots \text{（Eq.4-32）}$$

將（Eq.4-32）代入方程（Eq.4-30）可的晶片case 平均溫度：

$$T_C = \frac{P_{tot,up}}{h_C A_{C,C}} + T_a = \frac{P_{tot,up}}{h_C A_{C,C}} + \frac{P_{tot,up}}{2\dot{m}_{air} C_{p,air}} + T_{in}$$

$$= P_{tot,up}(\frac{1}{h_C A_{C,C}} + \frac{1}{2\dot{m}_{air} C_{p,air}}) + T_{in} \cdots\cdots \text{（Eq.4-33）}$$

但對管道流之方程式（Eq.4-33）或$R_{th,JC}$為未知下之（Eq.4-30）仍需要知道晶片的熱對流係數 h_C。

方法2（以管道流為例）：

如果h_C還不能用，就使用接端溫度和環溫的熱阻以及接端溫度和外殼的熱阻架構觀念，如圖4-12為管道流中晶片熱阻架構示意圖。

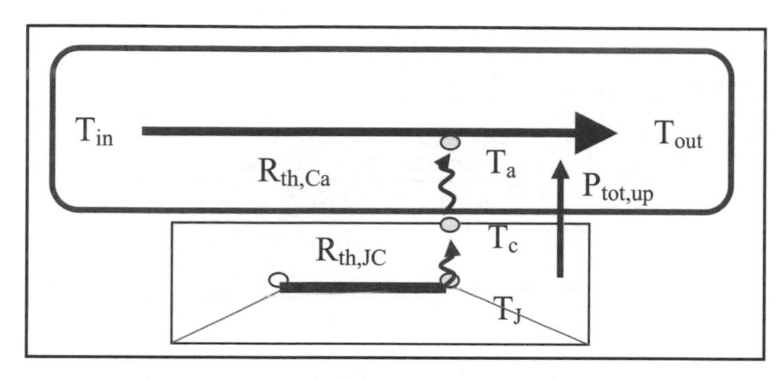

圖4-12　管道流中晶片熱阻架構示意圖

晶片接端溫度T_J 到晶片表面（case）之熱阻定義如（Eq.4-34）

$$R_{th,JC}=\frac{T_J-T_C}{P_{tot,up}}\cdots\cdots\text{（Eq.4-34）}$$

晶片表面到環溫的熱對流熱阻定義如（Eq.4-35）

$$R_{th,Ca}=\frac{T_C-T_a}{P_{tot,up}}=\frac{1}{h_C A_{C,C}}\cdots\cdots\text{（Eq.4-35）}$$

所以晶片到環境之熱阻值$R_{th,Ja}$為$R_{th,JC}$ 與 $R_{th,Ca}$ 之總和，如（Eq.4-36）

$$R_{th,JC}+R_{th,Ca}=R_{th,Ja}\cdots\cdots\text{（Eq.4-36）}$$

假定是在管道流下，Eq.4-35之T_a可以用Eq.4-32代入。因此從晶片熱散到環境之熱阻值$R_{th,Ch}$（或 $R_{th,Ca}$）可以用（Eq.4-37）表示：

$$R_{th,Ch}=R_{th,Ca}=\frac{T_c-T_a}{P_{tot,up}}=\frac{1}{h_C A_{C,C}}\cdots\cdots\text{（Eq.4-35）}$$

$$R_{th,ch}=\frac{T_c-\left(\frac{P_{tot,up}}{2\dot{m}_{air}C_{p,air}}+T_{in}\right)}{P_{tot,up}}=\frac{T_c}{P_{tot,up}}-\frac{1}{2\dot{m}_{air}C_{p,air}}-\frac{T_{in}}{P_{tot,up}}\cdots\cdots\text{（Eq.4-37）}$$

或者晶片表面溫度可以用（Eq.4-38）表示：

$$T_c = P_{tot,up}\left(R_{th,Ca} + \frac{1}{2\dot{m}_{air}C_{p,air}}\right) + T_{in} \cdots\cdots \text{（Eq.4-38）}$$

將（Eq.4-35）代入（Eq.4-38）：

$$T_c = P_{tot,up}\left(\frac{1}{h_C A_{C,C}} + \frac{1}{2C_{p,air}(\rho_{air}V_{air}A_{channel})}\right) + T_{in} \cdots\cdots \text{（Eq.4-39）}$$

（Eq.4-39）與（Eq.4-33）是相同的

$$T_C = \frac{P_{tot,up}}{h_C A_{C,C}} + T_a = \frac{P_{tot,up}}{h_C A_{C,C}} + \frac{P_{tot,up}}{2\dot{m}_{air}C_{p,air}} + T_{in}$$

$$= P_{tot,up}\left(\frac{1}{h_C A_{C,C}} + \frac{1}{2\dot{m}_{air}C_{p,air}}\right) + T_{in} \cdots\cdots \text{（Eq.4-33）}$$

因此基本上，我們從（Eq.4-17）、（Eq.4-27）、（Eq.4-30）便可求解T_J、T_b和T_C。

4.5.6　考慮鄰近熱源之影響下取空氣流道為控制體積

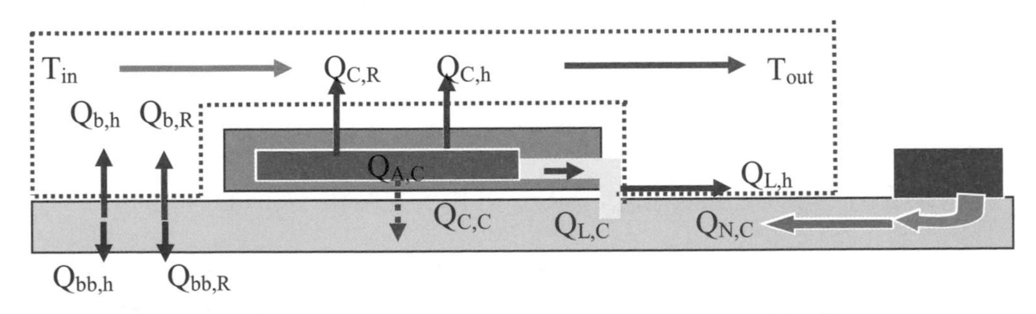

圖4-13　管道流中晶片與鄰近熱源之熱阻架構示意圖

如果想要更精確表達基板溫度T_b，則可以重新考慮基板上的能量平衡如圖4-13，考慮基板背後的熱對流、熱輻射熱傳機制如（Eq.4-40）：

$$P_{tot} = \dot{m}_{air}C_{p,air}\Delta T + Q_{bb,h} + Q_{bb,R} \cdots\cdots \text{（Eq.4-40）}$$

用溫度取代熱傳的表達方式：

$$P_{tot} = \dot{m}_{air} C_{p,air}(T_{out} - T_{in}) + h_{bb} A_{bb}(T_b - T_{a,bb}) + \left(\frac{1}{R_{th,bbR}}\right)(T_b^4 - T_{N,bb}^4) \quad \cdots\cdots \text{（Eq.4-41）}$$

$T_{N,b}$：從晶片上層表面熱輻射交換至鄰近板的溫度（K）

h_{bb}：從基板背部到環境的熱傳遞係數（W/m.K）

A_{bb}：和基板背部表面積（m^2）

$R_{th,b,R}$：基板與環境之輻射熱阻（K/W）

$R_{th,bb,R}$：基板背部與環境的輻射熱阻（K/W）

$T_{N,bb}$：晶片存在於內部的板的背部發生交換熱輻射的鄰近板的板溫

$T_{a,bb}$：基板背部的環境溫度

求解（Eq.4-41）之T_b，理論上應該要有更精確之值如（Eq.4-42），實際上要解（Eq.4-42）並不容易，可能還需要數值分析，再加上中間也有一些變因例如h_{bb}、$T_{N,b}$等等之計算與設定，都可能影響其準確度。

$$\left(\frac{1}{R_{th,bbR}}\right) T_b^4 + h_{bb} A_{bb} T_b = P_{tot} + \left(\frac{1}{R_{th\ bbR}}\right) T_{N,b}^4 + h_{bb} A_{bb} T_{a,bb} - \dot{m}_{air} C_p (T_{out} - T_{in}) \quad \cdots\cdots \text{（Eq.4-42）}$$

從以上式子有了T_b、T_C和T_a後，因此利用（Eq.4-17）便可用於求解 T_J：

$$T_J = T_C + \left(\frac{K_L A_{L,C}}{L_L}\right)_{eff}^{-1} \left\{P_{tot} - \left[\sigma \epsilon_C f_{C,ref} A_{C,C}(T_C^4 - T_a^4) + h_C A_{C,C}(T_C - T_a) + \frac{K_A A_{C,C}}{t_A}(T_C - T_b)\right]\right\} \quad \cdots\cdots \text{（Eq.4-17）}$$

圖4-14為利用疊代法計算接端溫度TJ之邏輯思考流程圖如下：

（I）先取晶片外部為控制體積，得到晶片功率P_{tot}為（T_L，T_b，T_C，T_a）之函數

（II）再取晶片內部為控制體積，得到晶片接端溫度T_J為（T_b，T_C，T_a）之函數

（III）取流體通道周圍為控制體積，得到總功率P_{tot}為$mC_p(T_{out}-T_{in})$，

（IV）取基板控制體積，並假設進入基板功率$P_{tot,board}$為總功率P_{tot}之n倍，$P_{tot,board} = nP_{tot}$，此時得到基板平均溫度T_b為$P_{tot,board}$及T_a之函數。

（V）如果廠商提供$R_{th,JC}$，則可以聯立求得T_J、T_b、T_C及T_a。

（VI）計算$Q_{L,C}$和$Q_{A,C}$，計算$P_{tot,board} = Q_{L,C} + Q_{A,C}$，與$(P_{tot,board}/P_{tot}) = n'$，如果$(n'-n)/n>5\%$，取新的$n = (n'+n)/2$可利用疊代法回到(IV)從新計算直到$(n'-n)/n<5\%$。記得目標是求解$T_J$，因此要確保

$$\eta = \frac{\Delta T_{J,calc}}{\Delta T_{J,spec}} = \frac{T_{J,calc}-T_\infty}{T_{J,spec}-T_\infty} \leq 0.9$$

表 4-3則為晶片相關係數比較表。

表4-3　晶片相關係數比較表

Independent parameter	Magnitude	$\frac{\Delta T_{J,calc}}{\Delta T_{J,spec}} \leq 1$	Description
k_b	Low	1.5	Effect of thermal coupling or using the board as a heat sink
K_{comp}	High	1.4	
V(air velocity)	0m/s	1.9	Effect of convection coupling, fan sizing and component placement
V(air velocity)	3.0m/s	1.3	
V(air velocity)	6.0m/s	0.9	
V(air velocity)	6.0m/s	0.9	
h(lead)	$0.5W/m^2.k$	0.88	Effect of component flow enhancement
h(lead)	$1.5W/ m^2.k$	0.85	
$Q_{UPSTREAM}$	7Watts	0.92	Effect of board layout
$Q_{UPSTREAM}$	4Watts	0.87	Effect of board layout

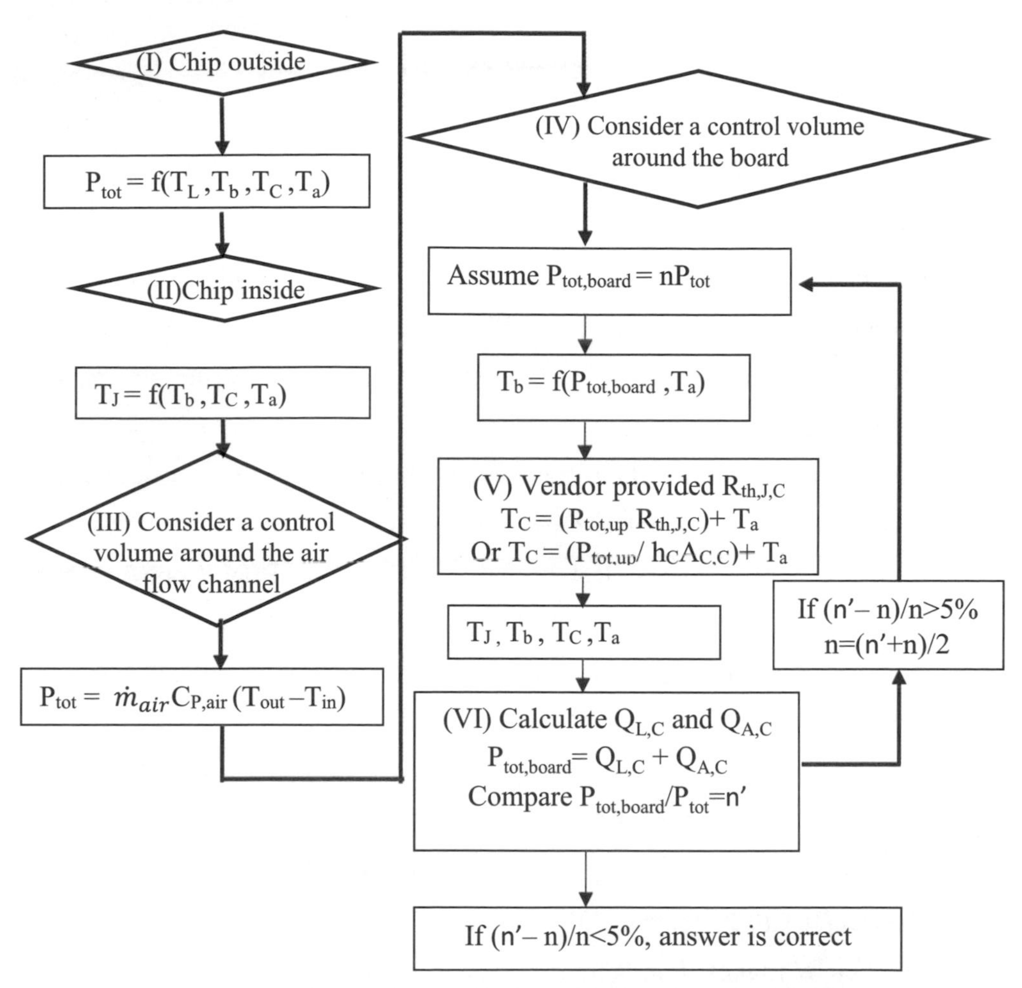

圖4-14　利用疊代法計算接端溫度之邏輯思考流程圖

參考資料

1. Eric Bogatin, Roadmaps of Packaging Technology- chapter 6: chip packaging: thermal requirements and constraints, Editors: Dick Potter Laura Peters, Integrated Circuit Engineering Corporation, 1997. P.6-1. Available from: http://www.smithsonianchips.si.edu/ice/cd/PKG_BK/title.pdf
2. J.P. Holman, Heat Transfer, 7th. Edition, McGraw-Hill Publishing Company, 1992. P.2-10.
3. Kurt C. Rolle, Heat and Mass Transfer, 1st. Edition, Prentice Hall, Upper Saddle River, New Jersey, Columbus, Ohio. 2000. P.205-228.
4. Donald Q. Kern, Process Heat Transfer, McGraw-Hill Book Company, New York, 1976, p.62-84
5. Richard J. Goldstein, Fluid Mechanics Measurements, University of Minnesota, 1983. P.51-60.
6. R. Byron Bird, Warren E. Stewart, Edwin N. Lightfoot, Transport Phenomena, John Wiley & Sons. 1960. P.56-61.
7. WANG Jian-Sheng, XU Yong. Periodic laminar flow and heat transfer in square channel [J]. CIESC Journal, 2013, 64(5).
8. Stephen Whitaker, Fundamental Principles of Heat Transfer, Library of Congress Cataloging in Publication Data. 1977, p.273-303
9. J.P. Holman, Experimental Methods for Engineers, 7th. Edition, McGraw-Hill International Edition. 2001. P.432-434
10. Herrmann Schlichting, Klaus Gersten, E. Krause, H. Jr. Oertel, C. Mayes. Boundary-Layer Theory, 8th edition Springer 2004 ISBN 3-540-66270-7

第 5 章
散熱系統之熱解析與案例演練

5.1 積分求解法概論

本章之目的主要讓讀者了解各不同散熱模式之冷卻方式，及其在實際應用上之比例及需要之參數，為了分析散熱器最主要元件，風扇及鰭片，本章於是在第二節分別介紹風扇定律及在第三節介紹有關Bar-Cohen在鰭片之最佳化設計以及一些封閉系統下之內部空間還溫之計算模擬，最後在第四節加上如何以區域理論計算鰭片之阻抗曲線，讀者可以爾後用類似之方法計算或模擬出不規則鰭片之阻抗曲線，是個很有用的分析工具。分析電子構裝散熱的目的主要是要嘗試將T_J 降低至規範之溫度以下之範圍，亦即要滿足$\Delta(T_J-T_a)/\Delta(T_{spec}-T_a)$之條件在 85% 到 90% 範圍。要達成這樣之規範就必須適用適當之冷卻系統以及T_J溫度控管。而控管之方式有直接冷卻法、非直接冷卻法及被動散熱冷卻法，其冷卻方式與熱傳模式如表 5-1，而在各個行業中，不同冷卻方式使用率也會有所不同，分析表 5-2 中列各冷卻方式之使用率。了解每一種散熱法之後，就開始探討每一種其所會利用到之主要模式及流體參數如表5-3。

表5-1　冷卻模式介紹

模式	冷卻方式	熱傳模式
直接冷卻法	物件直接與低溫流體（氣，液）接觸	輻射，對流，熱傳導

模式	冷卻方式	熱傳模式
非直接冷卻法	物件與流體低溫面接觸（熱交換器）	對流，熱傳導
被動散熱冷卻法	輻射冷卻效應（無重力環境之太空使用）	輻射，雙相流

表5-2　各行業冷卻方式使用率

模式	工業結構	使用率
直接冷卻法	消費性電子產品	80-85%
	電信工業	
	低計算能力電腦（個人電腦，工作電腦……）	
非直接冷卻法	高計算能力電腦	15-20%
	客製化電子儀器（軍事工業）	
被動散熱冷卻法	太空工業	客製化
	軍方工業	

表5-3　各冷卻法主要模式及流體參數

模式	工作流體	影響其效能之參數
直接冷卻法	空氣	P（壓力），V（體積），T（溫度）與材料特性。
非直接冷卻法	水，佛氯碳化物或者壓縮氣體	電子材料之材料特性，工作流體之P（壓力），V（體積），T（溫度）
被動式元件	無	溫度，表面特徵，（黏滯度，粗糙度……）

5.1.1　封裝晶片之熱傳導係數有效K值之計算

封裝晶片如圖5-1之熱傳導係數有效K值計算有兩種，一是以熱阻方法，一是以加權平均法計算：

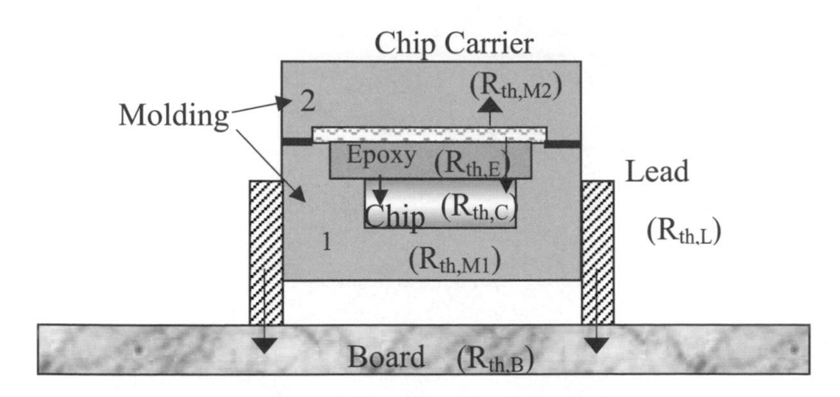

圖5-1　封裝晶片結構示意圖

（A）熱阻方法：

假設熱傳是均勻分布在整個系統，則將圖5-1之系統轉化成熱阻架構示意圖如圖5-2。其中$R_{th,E}$為Epoxy之熱阻，$R_{th,C}$為Chip之熱阻，$R_{th,M2}$為Model 2之熱阻$R_{th,M1}$為Model 1之熱阻，$R_{th,L}$為Lead之熱阻，$R_{th,B}$為Board之熱阻。先將$R_{th,M1}$，$R_{th,L}$及$R_{th,B}$ 串並聯成為成為 $R_{th''}$如Eq.5-1，再將此$R_{th'}$與$R_{th,E}$、$R_{th,C}$ 串聯成$R_{th'}$（Eq.5-2）。

$$\frac{1}{R_{th}''}=\frac{1}{R_{th,M1}}+\frac{1}{R_{th,L}+R_{th,B}} \cdots\cdots \text{（Eq.5-1）}$$

$$R_{th}'=R_{th}''+R_{th,E}+R_{th,C} \cdots\cdots \text{（Eq.5-2）}$$

計算晶片之有效K值即為$R_{th'}$與$R_{th,M2}$之並聯：

$$\frac{1}{R_{th,eff}}=\frac{1}{R_{th}'}+\frac{1}{R_{th,M2}}=\frac{1}{R_{th}''+R_{th,E}+R_{th,C}}+\frac{1}{R_{th,M2}}$$

$$=\frac{1}{\frac{1}{\frac{1}{R_{th\,M1}}+\frac{1}{R_{th\,L}+R_{th\,B}}}+R_{th,E}+R_{th,C}}=\frac{1}{\frac{R_{th,M1}(R_{th,L}+R_{th,B})}{(R_{th,L}+R_{th,B})+R_{th,M1}}+R_{th,E}+R_{th,C}} \cdots\cdots \text{（Eq.5-3）}$$

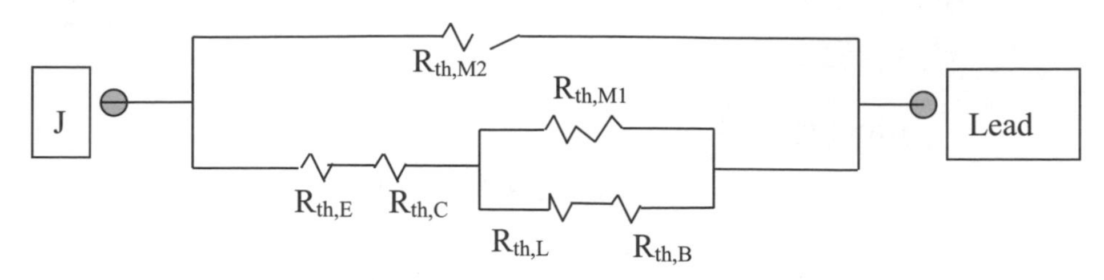

圖5-2　晶片熱阻架構示意圖

從Junction 到case 之熱通量為：

$$Q_{J,C}=\left(-\frac{K_L A_{L.C}}{L_L}\right)_{eff}\left(T_J-T_C\right)=\frac{1}{R_{th,eff}}\left(T_J-T_C\right)\cdots\cdots\text{(Eq.5-4)}$$

其中可以將Eq.5-4中之$\left(\frac{K_L A_{L.C}}{L_L}\right)_{eff}$轉換為：$\left(\frac{K_L A_{L.C}}{L_L}\right)_{eff}=\frac{1}{R_{th,eff}}$

因此，

$$(k_L)_{eff}=\left(\frac{L_L}{A_{L,C}}\right)_{eff}\left[\frac{1}{R_{th,E}+R_{th,C}+\frac{R_{th,M1}\left(R_{th,L}+R_{th,B}\right)}{R_{th,M1}+R_{th,L}+R_{th,B}}}+\frac{1}{R_{th,M2}}\right]\cdots\cdots\text{(Eq.5-5)}$$

其中，$L_{L,eff}$=0.5×晶片長度，而$A_{L,C}$為線路之截面積，$R_{th,eff}$ 為晶片之有效熱阻。

（B）重量加權平均法（weight average）：

是以每層物質之厚度t_i乘以該層介質之K_{Mi}值之加總再除以總厚度如Eq.5-6：

$$k_{eff}=\frac{(k_{M1}\times t_{M1}+k_C\times t_C+\cdots)}{t_{M1}+t_C+t\ldots}\cdots\cdots\text{(Eq.5-6)}$$

而其中，

$$t=\frac{\sum(\text{各分組成之 K 值}\times\text{該組成分之厚度}}{\sum\text{各組成分厚度之和}}\cdots\cdots\text{(Eq.5-7)}$$

5.1.2　案例（A）：PC 系統各晶片T_J溫度之計算

案例（A）

如圖5-3為雙層架構之PC系統示意圖，上層有兩個熱源之主機板，A與B，下層也有兩個熱源之主機板，C與D。主機板 A 的熱源為CPU-1，所產生之熱功率 $P_{1,U}$，主機板 B 的熱源為CPU-2，所產生之熱功率 $P_{2,U}$；主機板 C 的熱源為南橋SB，所產生之熱功率 $P_{1,L}$，主機板 D 的熱源為北橋NB，所產生之熱功率 $P_{2,L}$。從外界之太陽能量為Q_S照射到PC，環境溫度為T_a，假設整個機殼平均溫度都是T_f，機殼散失到環境的熱對流功率為Q_h，散失到周圍的輻射熱功率為Q_R。上層電路板出口平均溫度為$T_{U,O}$，假設上層電路板入口平均溫度為$T_{U,i}$ 其與下層電路板出口平均溫度為$T_{L,O}$相同，下層電路板入口平均溫度為$T_{L,i}$ 其機殼內環溫之入口平均溫度為$T_{a,i}$相同。假設上層電路板CPU-1散熱器之熱阻值為$R_{th,1,U}$，上層電路板CPU-2散熱器之熱阻值為$R_{th,2,U}$，下層電路板南橋散熱器之熱阻值為$R_{th,1,L}$，下層電路板北橋散熱器之熱阻值為$R_{th,2,L}$。主機板各熱源熱功率之80%由上方表面散熱，20%由主機板傳熱到下方。表5-4 為各符號說明，求解：

（1）機殼平均溫度T_f

（2）機殼內環溫之入口平均溫度為$T_{a,i}$

（3）CPU元件接點溫度

（4）基板溫度。

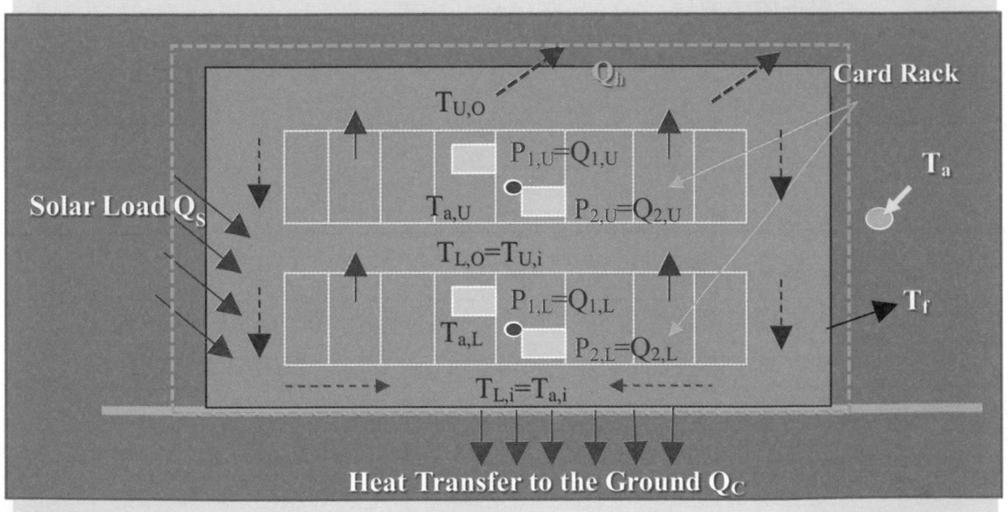

圖5-3　雙層架構之PC系統示意圖

表5-4　案例（A）之符號說明

項目	說明
A_C	PC接觸混凝土之有效橫截面積
$A_{C,1,2}$	下層電路板1與板2間之截面面積
A_f	PC機殼表面面積
$A_{f,H}$	PC外殼框架之水平面積
$A_{f,v}$	PC外殼框架的垂直面積
C_p	空氣熱容（比熱）
f	幾何修正因子
h_H	水平之熱對流數
h_V	垂直之熱對流數
h	PC內部空氣與框架之間的熱對流係數
K_C	混凝土之有效熱傳率
L_C	混凝土之有效熱傳厚度
$\dot{m}$	空氣之質量流率
$P_{1,L}$	從底層電路板南橋（SB）所產生之熱功率
$P_{2,L}$	從底層電路板北橋（NB）所產生之熱功率
$P_{1,U}$	從上層電路板CPU 1所產生之熱功率
$P_{2,U}$	從上層電路板CPU 2所產生之熱功率
Q_{acc}	累積在控制體積內之熱功率
Q_C	透過混凝土之熱傳導功率
Q_{gen}	PC機內所產生之熱功率
Q_{in}	PC機殼外之熱源例如太陽能，鄰近之熱源
Q_{out}	PC機殼所散失之熱功率
Q_h	機殼散失到環境的熱對流功率
Q_R	散失到周圍的輻射熱功率
$Q_{h,a}$	從PC內部空氣到框架之熱傳遞
$Q_{1,L}$	從底層電路板CPU 1所需散之熱功率
$Q_{2,L}$	從底層電路板CPU 2所需散之熱功率（CPU2之發熱功率 $P_{2,L}$）
$Q_{1,U}$	從上層電路板CPU 1所需散之熱功率（CPU1之發熱功率 $P_{1,U}$）

項目	說明
$Q_{2,U}$	從上層電路板CPU 2所需散之熱功率（CPU2之發熱功率 $P_{2,U}$）
Q_S	太陽能的熱功率
Q_L	下層電路板南橋，北橋所產生之熱功率Q_L
Q_U	上層電路板CPU所產生之熱功率Q_U
$R_{th,1,U}$	上層電路板CPU 1散熱器之熱阻值
$R_{th,2,U}$	上層電路板CPU 2散熱器之熱阻值
$R_{th,1,L}$	底層電路板SB散熱器之熱阻值
$R_{th,2,L}$	底層電路板NB散熱器之熱阻值
T_a	環境溫度（外界環境）
$T_{a,i}$	機殼內部空間之空氣溫度
$T_{a,U}$	上層電路板周圍之空氣溫度
T_f	機殼表面溫度
T_G	地表溫度
$T_{L,i}$	底層電路板之入口溫度
$T_{L,O}$	底層電路板之出口溫度
$T_{L,m}$	下層電路板之環境平均溫度
$T_{U,m}$	上層電路板之環境平均溫度
$T_{S,L}$	底層電路板平均溫度
$T_{S,U}$	上層電路板平均溫度
$T_{U,i}$	上層電路板之入口溫度
$T_{U,O}$	上層電路板之出口溫度
$T_{U,1,J}$	CPU 1之接端溫度（junction temperature）
$T_{U,2,J}$	CPU 2之接端溫度（junction temperature）
$T_{L,1,J}$	南橋晶片之接端溫度（junction temperature）
$T_{L,2,J}$	北橋晶片之接端溫度（junction temperature）
v_{air}	空氣在PC內流動之速度
ρ_{air}	空氣密度
σ	Stefan-Boltzman Constant（$\sigma = 5.6697 \times 10^{-8}$ W/m^2・K^4）
ε	emissivity

【解】：

（A）考慮以PC整個外殼為控制體積：

這是利用一階運算法來計算，目的為利用散熱器之熱阻來計算各CPU接端之溫度，但要首先確定該裝置各局部之環境空氣溫度。將控制體積套用到機殼上如圖5-4：

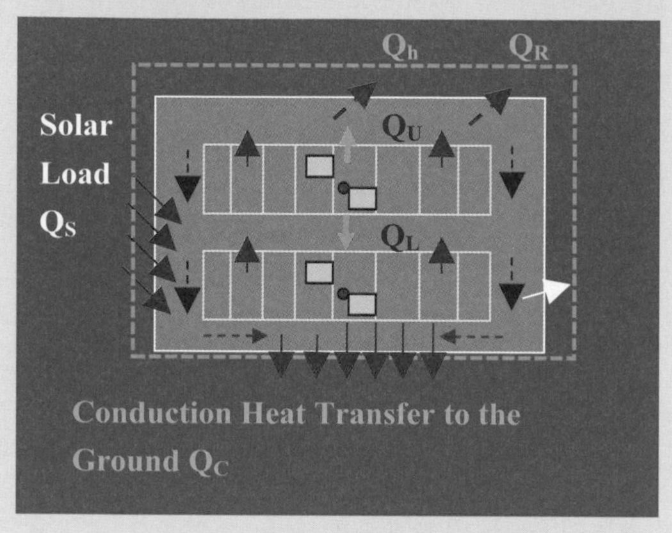

圖5-4　框架之控制體積計算

能量平衡公式，外界輸入之能量例如太陽能Q_S、鄰近電器之其他熱源Q_{in}與PC產生之熱功率Q_{gen}等於PC機殼散熱之熱功率Q_{out}與控制體積內累積之能量Q_{acc}之和：

$$Q_{in} + Q_{gen} = Q_{out} + Q_{acc} \cdots\cdots \text{（Eq.5-8）}$$

Q_{gen}為該PC所產生之熱功率其應為上層電路板CPU所產生之熱功率Q_U與下層電路板南橋、北橋所產生之熱功率Q_L之和，假設如果系統是處在穩態下，則$Q_{acc} = 0$。因此：

$$Q_s + Q_U + Q_L = Q_R + Q_h + Q_C \cdots\cdots \text{（Eq.5-9）}$$

設定：

$$\gamma = Q_R + Q_h + Q_C \cdots\cdots \text{（Eq.5-10）}$$

假設該PC機殼都是同一個溫度T_f，因此：

$$\gamma = Q_R + Q_h + Q_C = C_1\left({T_f}^4 - {T_a}^4\right) + h_H A_{f,H}(T_f - T_a) + h_v A_{f,v}(T_f - T_a) + \frac{k_c A_C}{L_C}(T_f - T_G) \cdots\cdots \text{（Eq.5-11）}$$

其中$C_1 = \sigma\varepsilon A_f f$，解Eq.5-11中之$T_f$：

$$0 = C_1 {T_f}^4 + \left(h_H A_{f,H} + h_v A_{f,v} + \frac{k_c A_C}{L_C}\right) T_f - (h_H A_{f,H} + h_v A_{f,v}) T_a - \frac{k_c A_C}{L_C} T_G - \gamma - C_1 {T_a}^4$$

$$0 = C_1 {T_f}^4 + (c_2 + c_3 + c_4) T_f - [(c_2 + c_3) T_a + c_4 T_G + \gamma + C_1 {T_a}^4]$$

$${T_f}^4 + B_2 T_f - B_1 = 0 \cdots\cdots \text{（Eq.5-12）}$$

其中：$C_2 = h_H A_{f,H}$

$C_3 = h_V A_{f,V}$

$C_4 = \frac{k_C A_C}{L_C}$

$B_1 = \frac{\gamma}{C_1} + {T_a}^4 + T_a\left(\frac{C_2 + C_3}{C1}\right) + \frac{C_4}{C_1} T_G$

$B_2 = \frac{C_2 + C_3 + C_4}{C_1}$

（B）考慮以PC內部為控制體積：

利用控制體積如圖5-5並做能量守恆之討論電路板之熱源必須經由PC機殼內部空氣先傳到機殼如Eq.5-13。

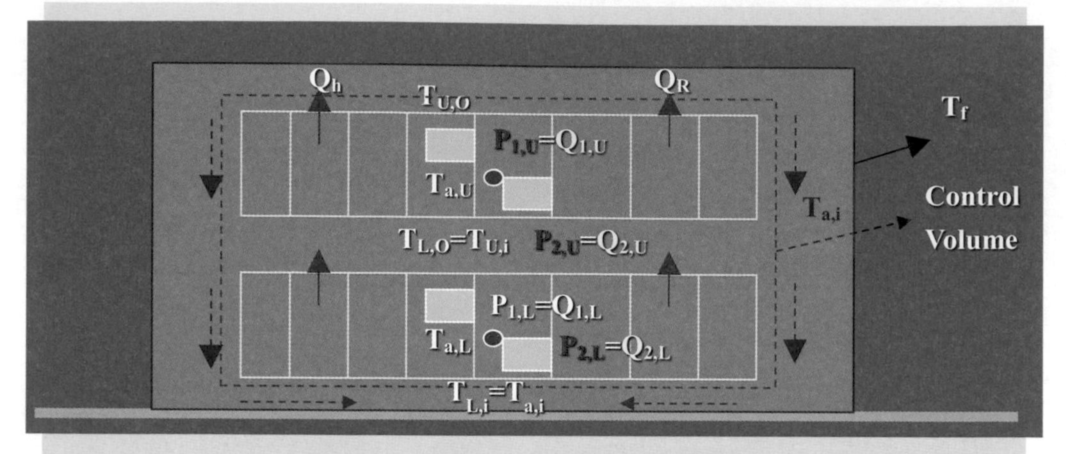

圖5-5　PC內部為控制體積之架構圖

將能量守恆式帶入：

$$Q_{gen} = Q_{out}$$

$$\gamma = Q_{h,a} = hA_f\left(T_{a,i} - T_f\right) \cdots\cdots \text{(Eq.5-13)}$$

解出$T_{a,i}$：

$$T_{a,i} = \frac{\gamma}{hA_f} + T_f \cdots\cdots \text{(Eq.5-14)}$$

（C）以下層電路板為控制體積

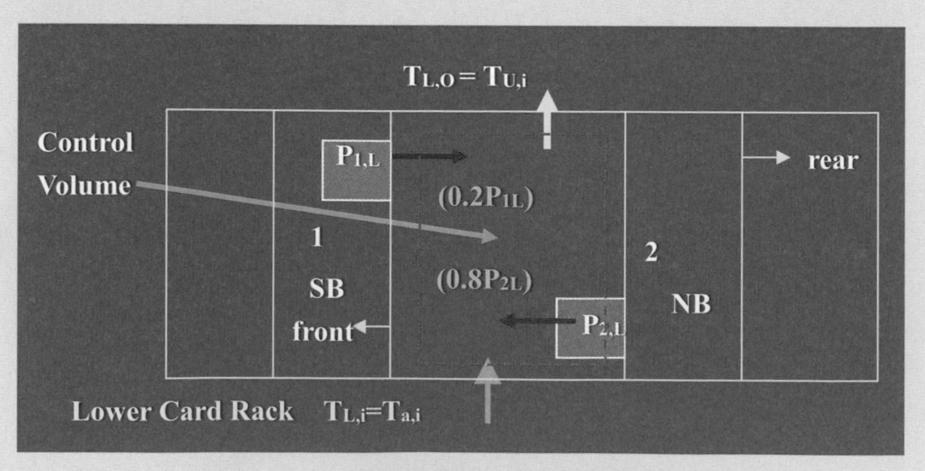

圖5-6　以下層電路板為控制體積之架構

接下來更進一步以下層電路板為控制體積來分析如圖5-6，將南橋與北橋所在之空間1與2之間視為一個通道，假設80%的SB功率（$P_{1,L}$）由上方溢散，而剩下20%則經過電路板傳至下層電路板NB，同理，80%的功率（$P_{2,L}$）在下層電路板NB上方溢散，而剩下20%則經過下層電路板傳至PC後端，因此能量守恆將如下：

$$0.2P_{1,L} + 0.8P_{2,L} = \dot{m}C_p\left(T_{L,O} - T_{L,i}\right) = \rho_{air} v_{air} A_{C1,2} C_p (T_{L,O} - T_{a,i}) \quad \cdots\cdots \text{（Eq.5-15）}$$

Eq.5-15式子中的V（速度）必須先得知，先解$T_{L,O}$：

$$T_{L,O} = \frac{1}{\dot{m}C_p}(0.2P_{1,L} + 0.8P_{2,L}) + T_{a,i} \quad \cdots\cdots \text{（Eq.5-16）}$$

因此下層電路板環境平均溫度為：

$$T_{L,m} = \frac{T_{L,O} + T_{a,i}}{2} \quad \cdots\cdots \text{（Eq.5-17）}$$

（D）以上層電路板為控制體積

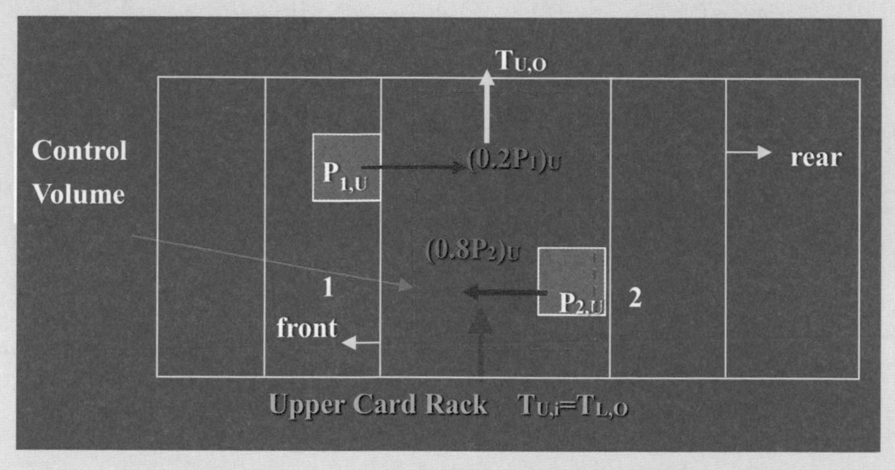

圖5-7　以上層電路板為控制體積之架構

以上層電路板為控制體積來分析如圖5-7，設定$T_{u,i}$=$T_{L,O}$，能量守恆如下：

$$0.2P_{1,U} + 0.8P_{2,U} = \dot{m}C_p(T_{U,O} + T_{L,O}) \quad \cdots\cdots \text{（Eq.5-18）}$$

從Eq.5-18整理出$T_{u,O}$

$$T_{U,O} = \frac{1}{\dot{m}C_p}(0.2P_{1,U} + 0.8P_{2,U}) + T_{L.O} \cdots\cdots \text{(Eq.5-19)}$$

將Eq.5-16之$T_{L,O}$代入Eq.5-19整理後得Eq.5-20：

$$T_{U,O} = \frac{1}{\dot{m}C_p}(0.2P_{1,U} + 0.8P_{2,U}) + \frac{1}{\dot{m}C_p}(0.2P_{1,L} + 0.8P_{2,L}) + T_{a,i} \cdots\cdots \text{(Eq.5-20)}$$

將Eq.5-20之$T_{U,O}$與Eq.5-12，Eq.5-14之$T_{a,i}$與Eq.5-16之$T_{L,O}$聯立便可以得到有關T_f，$T_{a,i}$，$T_{L,O}$與$T_{U,O}$之方程式。

$$T_f^{\ 4} + B_2T_f - B_1 = 0 \cdots\cdots \text{(Eq.5-12)}$$

$$T_{a,i} = \frac{\gamma}{hA_{f,i}} + T_f \cdots\cdots \text{(Eq.5-14)}$$

$$T_{L,O} = \frac{1}{mC_p}(0.2P_{1,L} + 0.8P_{2,L}) + T_{a,i} \cdots\cdots \text{(Eq.5-16)}$$

$$T_{U,O} = \frac{1}{mC_p}(0.2P_{1,U} + 0.8P_{2,U}) + \frac{1}{mC_p}(0.2P_{1,L} + 0.8P_{2,L}) + T_{a,i} \cdots\cdots \text{(Eq.5-20)}$$

上述4個方程式，剛好解4個未知數，T_f，$T_{a,i}$，$T_{L,O}$與$T_{U,O}$。而在PC內部下層機櫃之平均環境溫度為：

$$T_{L,m} = \frac{T_{L,O} + T_{a,i}}{2} \cdots\cdots \text{(Eq.5-17)}$$

而在上層機櫃之平均環境溫度則為：

$$T_{U,m} = \frac{T_{U,O} + T_{L,O}}{2} \cdots\cdots \text{(Eq.5-21)}$$

（E）各接端溫度（T_J）之計算

有了上層機櫃$T_{U,m}$與下層機櫃$T_{L,m}$之環境溫度，利用各CPU-1，CPU-2，SB，NB的散熱器熱阻值即可以計算出各接端溫度，因此：

$$T_{U,1,J} = P_{1,U}R_{th,1,U} + T_{U,m} \cdots\cdots \text{(Eq.5-22)}$$

$$T_{U,2,J} = P_{2,U}R_{th,2,U} + T_{U,m} \cdots\cdots \text{(Eq.5-23)}$$

而下層之南橋，北橋表示方式則為：

$$T_{L,1,J} = P_{1,L}R_{th,1,L} + T_{L,m} \cdots\cdots \text{（Eq.5-24）}$$

$$T_{L,2,J} = P_{2,L}R_{th,2,L} + T_{L,m} \cdots\cdots \text{（Eq.5-25）}$$

5.1.3　案例（B）：計算散熱鰭片底部之溫度

案例（B）

採用積分模式來得到一散熱鰭片之基板溫度如圖5-8，其符號說明如表5-5。

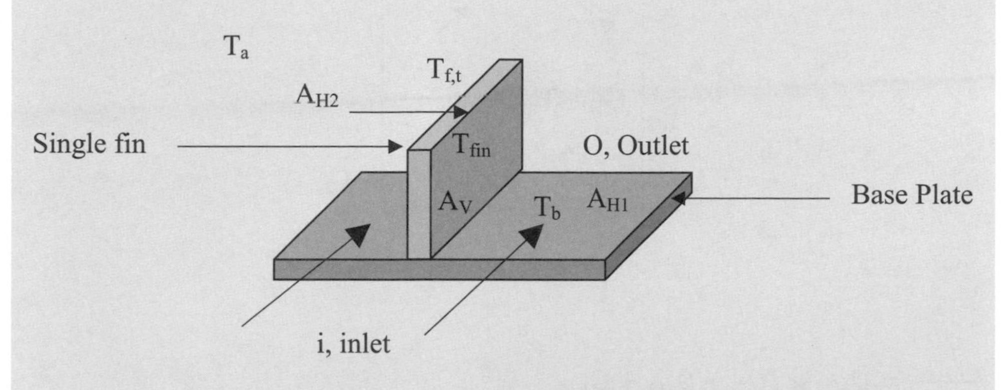

圖5-8　分析鰭片基板溫度

表5-5　案例（B）之符號說明

項目	說明	項目	說明
A	鰭片表面積	N	鰭片數目
$A_{H,1}$	鰭片底板表面積	$T_{f,t}$	鰭片頂部溫度
$A_{H,2}$	鰭片尖端（鰭片頂部水平表面）	T_{fin}	鰭片平均溫度
h	熱對流係數	T_a	環境溫度
P	功率消耗	T_b	鰭片基板之溫度
Q_{H1}	鰭片底部之熱對流熱傳功率	T_m	鰭片間之流體溫度
Q_{H2}	鰭片頂部熱對流熱傳功率	C_R	線性輻射係數
Q_R	鰭片表面之輻射熱傳功率	T_i	入口空氣溫度

項目	說明	項目	說明
Q_V	鰭片側邊之對流熱傳	T_{ref}	對基板而言之輻射參考溫度（或鄰近之鰭片溫度）
Q_m	溢散至鰭片間之熱功率		

如圖5-9，同樣利用控制體積針對鰭片做討論，其能量平衡公式如Eq.5-26：

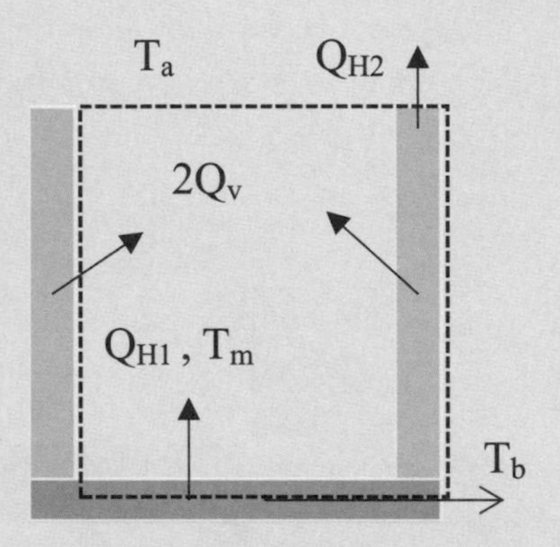

圖5-9　對鰭片做控制體積分析

$$\frac{P}{N-1}=Q_{H1}+2Q_V+Q_{H2}+Q_R$$
$$=h_{H1}A_{H,1}(T_b-T_m)+2h_vA_v\left(T_{fin}-T_m\right)+h_{H2}A_{H,2}\left(T_{f,t}-T_a\right)+C_R(T_{fin}-T_{ref})\ \cdots\cdots\ (\text{Eq.5-26})$$

將能量守恆式代入$Q_{gen}=Q_{out}$，其中如果N=1時，$\frac{P}{N-1}=P$，同時假設鰭片為一高熱效率之鰭片，因此 $T_{fin}=T_{f,t}=T_b$，令：

$$R_{th,1}=\frac{1}{h_{H1}A_{H,1}}，R_{th,2}=\frac{1}{h_{H,2}A_{H,2}}，R_{th,3}=\frac{1}{h_vA_v}，R_{th,r}=\frac{1}{C_R}，$$

$$\frac{P}{N-1}=\frac{1}{R_{th,1}}(T_b-T_m)+\frac{2}{R_{th,3}}\left(T_{fin}-T_m\right)+\frac{1}{R_{th,2}}\left(T_{f.t}-T_a\right)+\frac{1}{R_{th,r}}(T_{fin}-T_{ref})\ \cdots\cdots\ (\text{Eq.5-27})$$

為了要計算T_{ref}，假設相鄰鰭片都具有相同功率P：

$$T_{ref}=T_b=\frac{P}{hA_{board}}+T_i \cdots\cdots \text{(Eq.5-28)}$$

如果周圍沒有相鄰之鰭片則$T_{ref}=T_a$，而在鰭片間之空氣主要溫度表示法為：

$$T_m=T_i+\frac{Q_m}{2\dot{m}C_p} \cdots\cdots \text{(Eq.5-29)}$$

其中Q_m為溢散至鰭片間之熱功率。而$Q_m=2Q_V+Q_{H1}+Q_R$ ……（Eq.5-30）
或者另外的表示法：

$$Q_m=\frac{P}{N-1}-Q_{H2} \cdots\cdots \text{(Eq.5-31)}$$

在Eq.5-31中N必須不等於1。

$$Q_{H2}=h_{H,2}A_{H,2}\left(T_{f,t}-T_a\right)=\frac{1}{R_{th,2}}(T_b-T_a) \cdots\cdots \text{(Eq.5-32)}$$

有以上的式子之後，將Eq.5-31與Eq.5-32代入Eq.5-29，可以得到：

$$T_m=T_i+\frac{\frac{P}{N-1}-\frac{1}{R_{th,2}}(T_b-T_a)}{2\dot{m}C_p} \cdots\cdots \text{(Eq.5-33)}$$

利用Eq.5-33代入Eq.5-27即可解出T_b：

$$\frac{P}{N-1}=\frac{1}{R_{th,1}}(T_b-T_m)+\frac{2}{R_{th,3}}\left(T_{fin}-T_m\right)+\frac{1}{R_{th,2}}\left(T_{f.t}-T_a\right)+\frac{1}{R_{th,r}}\left(T_{fin}-T_{ref}\right)$$
$$\cdots\cdots \text{(Eq.5-27)}$$

重整Eq.5-27可得：

$$T_b=\frac{1}{\gamma}\left[\left(\frac{P}{N-1}\right)+\zeta T_m+\left(\frac{1}{R_{th,2}}\right)T_a+\left(\frac{1}{R_{th,2}}\right)T_{ref}\right] \cdots\cdots \text{(Eq.5-34)}$$

其中 $\gamma=\frac{1}{R_{th,1}}+\frac{2}{R_{th,3}}+\frac{1}{R_{th,2}}+\frac{1}{R_{th,r}}$

$$\zeta=\frac{1}{R_{th,1}}+\frac{2}{R_{th,3}}$$

將Eq.5-33代入Eq.5-34並假設案例（A）中所計算之機殼內部環境溫度$T_{a,i}$為案例（B）中之鰭片周遭之環溫T_a ($T_{a,i}=T_a$)，可以整理成Eq.5-35：

$$T_b = [\gamma + \frac{\zeta}{2mC_pR_{th,2}}]^{-1}\left[\left(\frac{P}{N-1}\right)(1+\frac{\zeta}{2mC_p}) + (\zeta + \frac{\zeta}{2\dot{m}C_pR_{th,2}} + \frac{1}{R_{th,2}})T_a + \frac{1}{R_{th,r}}T_{ref}\right] \quad \cdots\cdots \text{(Eq.5-35)}$$

如果$T_{ref} = T_b$則Eq.5-35會整理成：

$$T_b = [\gamma + \frac{\zeta}{2\dot{m}C_pR_{th,2}}]^{-1}\left[\left(\frac{P}{N-1}\right)(1+\frac{\zeta}{2\dot{m}C_p}) + \zeta T_i + (\frac{\zeta}{2\dot{m}C_pR_{th,2}} + \frac{1}{R_{th,2}} + \frac{1}{R_{th,r}})T_a\right] \quad \cdots\cdots \text{(Eq.5-36)}$$

以上的式子提供了一個合理的計算過程來解釋散熱鰭片模組之基板溫度，計算過程含有在鰭片周圍之主要空氣速率，此空氣速率可以由風扇曲線與系統之阻抗曲線交叉得操作點的風量。

5.1.4　溫升條件未知下之空氣流動速度計算

如果空氣溫度上升量為未知下，要用能量方程式計算T_J，則空氣速度必須先計算出來。本章節提供兩種方法，一是以古典理論為基礎，利用空氣重力與浮力造成之壓差計算速度，另一種為Steinberg 所提供之經驗公式，茲將兩者介紹如下

5.1-4（A）　利用空氣重力與浮力造成之壓差計算速度：

如圖5-10為自然對流下溫差造成之空氣流速示意圖。

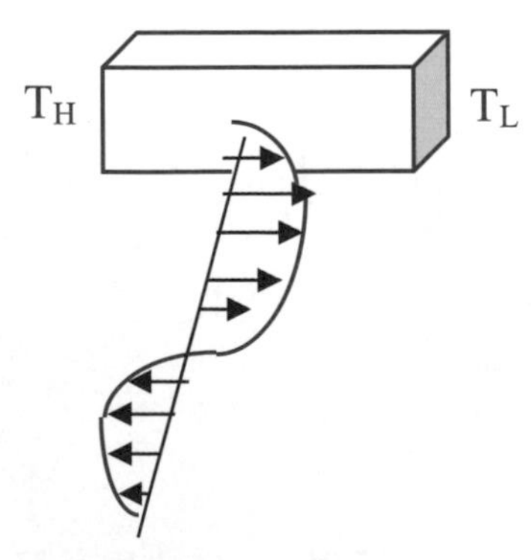

圖5-10　自然對流下溫差造成之空氣流速示意圖

利用壓力差等於浮力與空氣阻力來分析：

$$\beta = \frac{1}{V}(\frac{\partial v}{\partial T})_P = \frac{1}{(\frac{1}{\tilde{\rho}})}[\frac{\partial(\frac{1}{\rho})}{\partial T}]_P = -\frac{1}{\tilde{\rho}}(\frac{\partial \rho}{\partial T})_\rho \cdots\cdots \text{（Eq.5-37）}$$

其中T_H 為高溫端，T_L為低溫端，V 為空氣之比容，ρ為空氣之密度，可利用泰勒級數展開：

$$\rho = \tilde{\rho} + \frac{\partial \rho}{\partial T}(T_H - T_L) = \tilde{\rho} - \tilde{\rho}\beta(T_H - T_L) \cdots\cdots \text{（Eq.5-38）}$$

$\tilde{\rho}$為此段下之空氣平均密度，空氣因溫度不同而密度不同，所造成之壓力降為：

$$\Delta P_T = -\rho g H \cdots\cdots \text{（Eq.5-39）}$$

其中H為等效高度，將Eq.5-38代入Eq.5-39，並簡化成（Eq.5-40）：

$$\Delta P_T = -\rho g H = -[\tilde{\rho} - \tilde{\rho}\beta(T_H - T_L)]gH = -\tilde{\rho} g H + \tilde{\rho} g H \beta(T_H - T_L) \cdots\cdots \text{（Eq.5-40）}$$

此壓力降可以分成兩大部分，一為空氣本身重力之壓降，一為空氣浮力之壓降，其表示如Eq.5-41：

$$\Delta P_T = \Delta P_{body} + \Delta P_{buoyance} \cdots\cdots \text{（Eq.5-41）}$$

其中，空氣之重力為「負號」，則浮力就為「正號」（正號表示相反於物體重力之方向）：

$$\Delta P_{body} = -\tilde{\rho} g H \cdots\cdots \text{（Eq.5-42）}$$

$$\Delta P_{buoyance} = +\tilde{\rho} g H \beta(T_H - T_L) \cdots\cdots \text{（Eq.5-43）}$$

假設空氣為理想氣體：

$$\beta=\frac{1}{V}\frac{\partial V}{\partial T}=\frac{1}{\frac{RT}{P}}(\frac{R}{P})=\frac{1}{T}=\frac{1}{T_m} \quad \cdots\cdots (Eq.5\text{-}44)$$

T_m為平均溫度，可以Eq.5-45表示：

$$T_m=\frac{1}{2}(T_H+T_L) \quad \cdots\cdots (Eq.5\text{-}45)$$

將（Eq.5-44）之β代入（Eq.5-43）得到空氣之浮力：

$$\Delta P_{buoyance}=\tilde{\rho}gH\frac{(T_H-T_L)}{T_m} \quad \cdots\cdots (Eq.5\text{-}46)$$

由於出入口形狀或面積之改變造成之壓降：

$$\triangle P=\frac{K_p\tilde{\rho}\times v^2}{2} \quad \cdots\cdots (Eq.5\text{-}47)$$

將Eq.5-47代入Eq.5-46，將$\tilde{\rho}$相消並整理出空氣因為溫差造成之速度為：

$$v=\sqrt{\frac{2\Delta P}{K_p\tilde{\rho}}}=\sqrt{\frac{2gH(T_H-T_L)}{K_pT_m}} \quad \cdots\cdots (Eq.5\text{-}48)$$

因此如何在未知溫升條件下之空氣速度計算則可由下列之流程步驟取得（此方法顯示出與實際實驗結果在流道長寬1.3cm，2.5cm下具良好的吻合率）：

未知溫升條件下之空氣速度計算步驟：

1. 估計總損失係數K_p，如果有必要的話必須設定一個初始的空氣流速
2. 估計空氣溫度上升之值為$(T_H-T_L)_{guess}$，此溫度上升之值為絕對值
3. 計算腔體之等效高度H（如果所有熱量在底部則取全高，如果熱量為均勻分布於高度則取半高）
4. 計算空氣流速：$v=\sqrt{\frac{2gH(T_H-T_L)_{guess}}{K_pT_m}}$

5. 計算質量流率：$\dot{m} = \tilde{\rho} v A$
6. 由已知之散熱功率$Q_{dissipation}$計算熱平衡式

$$(T_H - T_L)_{calculate} = \frac{Q_{dissipation}}{\dot{m} C_p}$$

7. 如果$(T_H - T_L)_{calculate} = (T_H - T_L)_{guess}$，則所猜之值$(T_H - T_L)_{guess}$是合理的，如果不相等，則以
$(T_H - T_L)_{new} = \frac{1}{2}[(T_H - T_L)_{calculate} + (T_H - T_L)_{guess}]$，重複以上之步驟

5.1.4（A）　案例（C）由已知之熱功率計算溫升與空氣自然對流下之流速

案例（C）

考慮一鼓風機183公分（6ft）（圖5-11）高之腔體，必須在37.8℃（100℉）之環境溫度工作，其內部隨著高度均勻分布500W之功率。此腔體寬48.2cm（19″）並且具有一645.2 cm²（100 in²）之入風口貫穿腔體之中心。計算出空氣溫度上升，與腔體內空氣之流速。

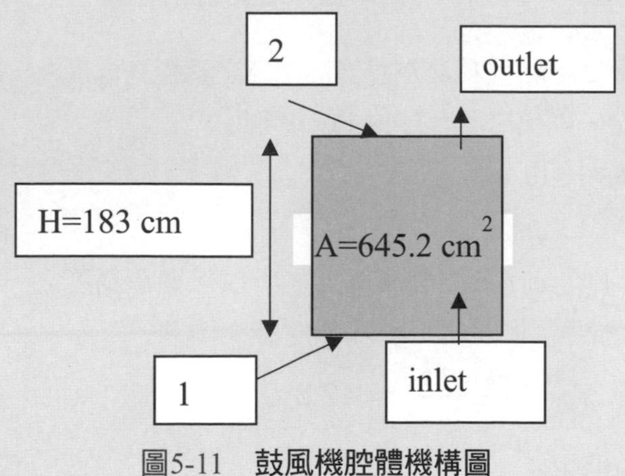

圖5-11　**鼓風機腔體機構圖**

【解】：

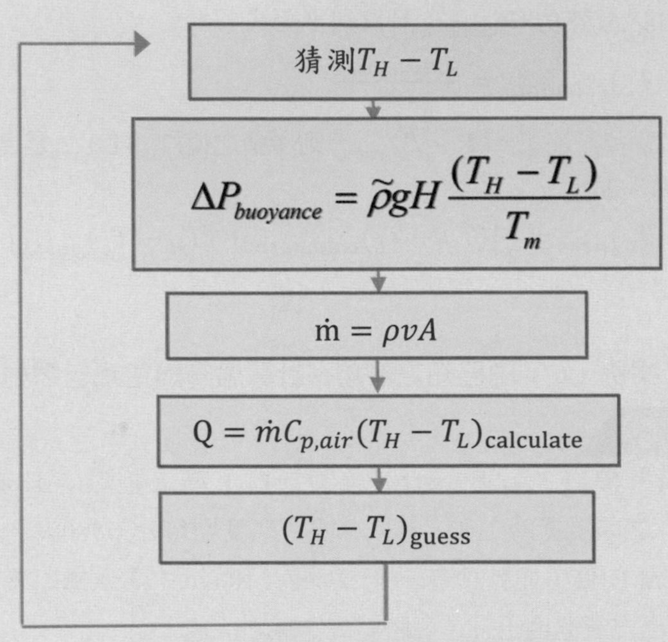

圖5-12　案例（C）之計算流程圖

計算流程如圖5-12，先猜測在腔體內空氣之總提升溫度為8.9℃，當入口溫度為37.8℃時，則出口溫度為46.7℃，因此：

$T_H = 273 + 46.7 = 319.7K$

$T_L = 273 + 37.8 = 310.8K$

由於功率為平均分布於腔體高度上，所以只取全高度之一半為其等效高度：H=91.5cm

定義T_m：T_m : $T_m = \frac{46.6+37.8}{2} = 42.2°C$

$$\tilde{\rho}_{air} = 0.00112 \frac{g}{cm^3}$$

$$\Delta P_{buoyance} = \tilde{\rho}_{air} g H (\frac{T_H - T_L}{T_m})$$

$$\Delta P_{buoyance} = 0.00112(\frac{g}{cm^3}) \times 980(\frac{cm}{s^2}) \times 91.5(cm) \times \left[\frac{8.9}{42.2 + 273}\right]$$

$$= 2.81(\frac{erg}{cm^2})$$

$$\Delta P = \frac{K_p \times \tilde{\rho}_{air} \times V^2}{2}$$

假設$K_p = 1$

則 $v = \sqrt{\frac{2\Delta P_{buoyance}}{K_p \times \tilde{\rho}_{air}}} = \sqrt{\frac{2\times(2.81\frac{cm}{sec^2})(\frac{g}{cm^2})}{1\times 0.00112\frac{g}{cm^3}}} = 70.72(\frac{cm}{sec})$

有了流速之後即可計算出體積流量$Q_v = v \times A$

$$Q_V = 70.72(\frac{cm}{sec}) \times 645(\frac{cm^2}{sec}) = 45614.4(\frac{cm^3}{sec})$$

則在腔體內部之質量流率為：

$$\dot{m} = \tilde{\rho}_{air} Q_V = 0.00112(\frac{g}{cm^3}) \times 45614.4(\frac{cm^3}{sec}) = 51.08(\frac{g}{sec})$$

接下來從系統之散熱量計算溫升：

$$Q = \dot{m} C_{p,air} (T_H - T_L)_{calculate}$$

$$\Delta T = (T_H - T_L)_{calculate} = \frac{Q}{\dot{m} C_{p,air}} = \frac{500(\frac{J}{sec})}{51.08(\frac{g}{sec}) \times 1(\frac{J}{g°C})} = 9.78(°C)$$

初始假設空氣溫度上升9℃，經由計算得知計算溫度上升為9.78℃,其中差距超過8%。因此，可以重新給予一初始假設空氣溫度(9+9.78)/2=9.4℃來重新計算以上的式子。

5.1.4（B） Steinberg 方法計算自然對流下之空氣速度

空氣的流動，是基於空氣溫度不同所造成之密度變化差產生的壓力降。其中，浮力壓力為一熱空氣柱，上升並流經外殼包圍之流道所形成之力。此浮力壓力之方程式可適用於流道內部無障礙空間限制（free passage）時，尤其在大型腔體通常會隨著流道含有諸多障礙限制。在此諸多條件之下，Steinberg [1]為了簡化問題，嘗試利用含有壓降，速度頭與各點截面面積之關係式來計算。當流體穿過腔體時溫度提高，則溫度變化可以直接以Eq.5-49、Eq.5-50、Eq.5-51表示：

$$P_f = \Delta P_{buoyance} = \tilde{\rho} \times g \times H(\frac{T_H - T_L}{T_m}) \cdots\cdots \text{（Eq.5-49）}$$

$$\Delta T = 2.5(\frac{T_a}{100})(\frac{Z}{H})^{\frac{1}{3}}(\frac{Q}{P})^{\frac{2}{3}} \cdots\cdots \text{（Eq.5-50）（單位°F）（Steinberg）}$$

$$Z = 0.226(\frac{H_{V1}}{{A_1}^2} + \frac{H_{V2}}{{A_2}^2} + \frac{H_{V3}}{{A_3}^2} + \ldots) \cdots\cdots \text{（Eq.5-51）}$$

其中：

H=等效高度（如果所有熱量在底部則取全高，熱量為均勻分布於高度則取半高）

P_f= 浮力壓力=$\Delta P_{buoyance}$

T_{in}= 空氣於入口處溫度

T_{out}=空氣於出口處溫度

$\tilde{\rho}$ = 空氣平均溫度之密度

H_{v1}=位置1時之速度頭

A_1=位置1之截面面積

5.1.4（B） 案例（D）：Steinberg 方法計算突縮突擴管之溫升與空氣自然對流之流速

案例（D）

【解】：

以上述案例（C）為例，

H=91.5 cm（等效高度）

P= 1 atm（環境壓力）

Q = 500W

T_a = 100°F = 560 °R（環境溫度）

H_{v1}= 0.5（縮管）

H_{v2}= 1.0（擴管）

A_1=A_2=100 in^2 (645.2cm^2)為在點1,2處之截面面積，先將溫升代入Eq.5-50：

$$\Delta T = 2.5\left(\frac{T_a}{100}\right)\left(\frac{Z}{H}\right)^{\frac{1}{3}}\left(\frac{Q}{P}\right)^{\frac{2}{3}} = 2.5\left(\frac{560}{100}\right)\left(\frac{Z}{3.0}\right)^{\frac{1}{3}}\left(\frac{500}{1.0}\right)^{\frac{2}{3}} \cdots\cdots \text{（Eq.5-50）}$$

其中Z由Eq.5-51求出：

$$Z = 0.226\left(\frac{H_{V1}}{{A_1}^2} + \frac{H_{V2}}{{A_2}^2}\right) = 0.226\left(\frac{0.5}{100^2} + \frac{1}{100^2}\right) = 3.39 \times 10^{-5}\left(\frac{inH_2O}{(lbm/min)^2}\right)$$

將Z帶回Eq.5-50即可求出ΔT=19.8°F=11℃

5.1.4（B）　案例（E）：Steinberg 方法計算鼓風機溫升與空氣自然對流之流速

案例（E）

一腔體1.5公尺（5.0 ft）高，並隨著高度平均分布著300W，此腔體在一50℃（122℉）之環境工作。此腔體具有三個流體限制，分別在入口處，中間之隔板，以及出口處如圖5-13。管道面積形狀變化對應之壓降如表5-6，各流道面積變化經過數學模式計算如表5-7。利用鼓風機做冷卻，計算出工作流體之出口之溫度差，同時計算出空氣體積流量及通過腔體之壓降。

表5-6　管道面積形狀變化對應之壓降

管內情況	壓降（速度頭）
縮管	0.5Hv
擴管	1.0Hv
90度彎管	1.5Hv

表5-7　各流道對應之壓降

入口位置（面積）	出口位置（面積）	管內情況	壓降（速度頭）	符號
1（50"）	2（100"）	擴管	1.0	$H_{v,1,e}$
2（100"）	2（100"）	90度彎管	1.5	$H_{v,2,90^o}$
2（100"）	3（50"）	縮管	0.5	$H_{v,2,c}$
3（50"）	4（100"）	擴管	1.0	$H_{v,3,e}$

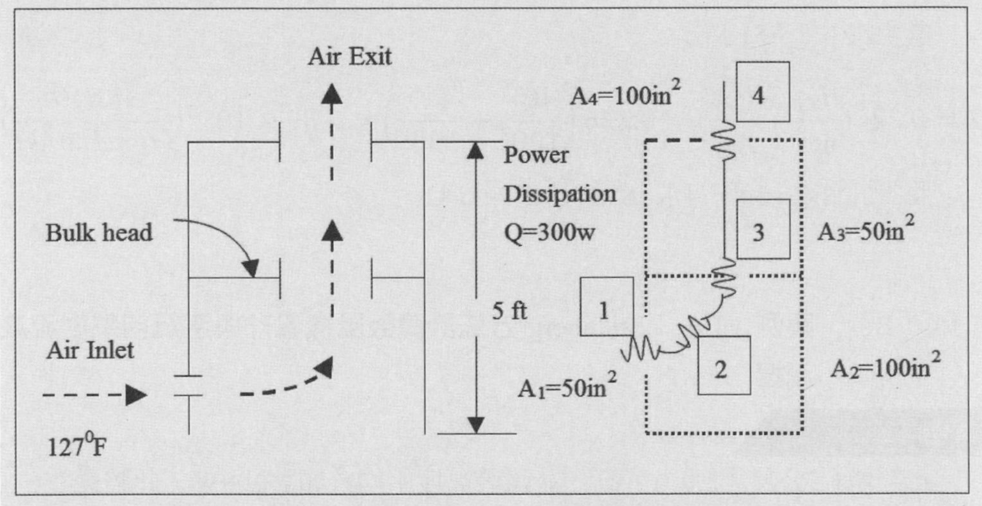

圖5-13　空氣經過之管路變化示意圖

【解】：

本題目為空氣不是在一個自由無阻之通道上流動，相對來看，空氣經過轉彎，面積突縮、突擴，是一個相對較複雜之幾何結構，因此採用Steinberg的模式較簡單，先計算Z值：

$$Z = 0.226\left(\frac{H_{V1,e}}{{A_1}^2} + \frac{H_{V2,90^\circ}}{{A_2}^2} + \frac{H_{V2,c}}{{A_3}^2} + \frac{H_{V,3,e}}{{A_4}^2}\right)$$

$$= 0.226\left[\frac{1.0}{50^2} + \frac{1.5}{100^2} + \frac{0.5}{100^2} + \frac{1.0}{50^2}\right]$$

$$= 0.001(\frac{inH_2O}{\left(\frac{lbm}{min}\right)^2})$$

$T_a = 460 + 122 = 582^{\circ}R$

Q=300W，P=1.0 (atm)，$C_{P,air}=1(\frac{J}{g,°C})$，H=$\frac{5}{2} = 2.5(ft)$

計算溫差：

$$\Delta T = 2.5(\frac{T_a}{100})(\frac{Z}{H})^{\frac{1}{3}}(\frac{Q}{P})^{\frac{2}{3}} = 2.5(\frac{582}{100})(\frac{0.001}{2.5})^{\frac{1}{3}}(\frac{300}{1})^{\frac{2}{3}}=48.0°F(26.6°C)$$

$$T_{out} = T_{in} + \Delta T = 122+48=170°F$$

$$\dot{m} = \frac{Q}{C_p \Delta T} = \frac{300(\frac{J}{s})}{1(\frac{J}{g,°C}) \times 26.6(°C)} = 11.3(\frac{g}{s})$$

$$\rho_{air} = 1.046 \times 10^{-3}(\frac{g}{cm^3}) = 1.046\frac{kg}{m^3}$$

計算體積流量：

$$Q_v = \frac{\dot{m}}{\rho_{air}} = \frac{11.3\frac{g}{s}}{1.046\times10^{-3}\frac{g}{cm^3}} = 1.0803 \times 10^4(\frac{cm^3}{s}) = 0.0108(\frac{m^3}{s})$$

計算平均溫度：

$$T_m = \frac{(T_{in} + T_{out})}{2} = \frac{(122 + 170)}{2} = 146°F\ (63.3°C)$$

計算壓降：

$$\Delta P_{buoyance} = \tilde{\rho} \times g \times H(\frac{T_H - T_L}{T_m})$$

$$= 1.046\left(\frac{kg}{m^3}\right) \times 9.8\left(\frac{m}{s^2}\right) \times (2.5 \times 0.3048)(m)\left(\frac{26.6}{151 + 460}\right)$$

$$= 0.34(\frac{N}{m^2})$$

5.1.4（C） 案例（F）PC系統各元件阻抗、空氣流量與溫升之計算

案例（F）

PC 系統阻抗之計算，主要目的是配合風扇性能曲線以計算空氣在經過各閘道後之流速，並經過能量平衡公式計算出各閘道之溫升（Ellison-1995）考慮一風扇冷卻系統如圖5-14，面板正面下方開蜂巢式面板（50%開孔率）提供一入風口，而腔體內部幾何形狀為利用平行之電路板隔成流道並含有一電源供應器，此電源供應器除了前後之面板外被完全封起，電源供應器面板具有蜂巢式孔洞。假設電源供應器中間內部50%（$\alpha_{ps,2}$=0.5）之空間填滿電子元件，電源供應器前後各有35%之開孔率（$\alpha_{ps,1}$=0.35與$\alpha_{ps,3}$=0.35），各電子元件晶片間距pitch為0.025m。五個隔板架空高於地板0.0254m，PC外殼後部架設單一風扇對腔體抽氣，在不影響風扇流動限制下，並有整流網放置於風扇外殼。該PC之規格符號如表5-8。

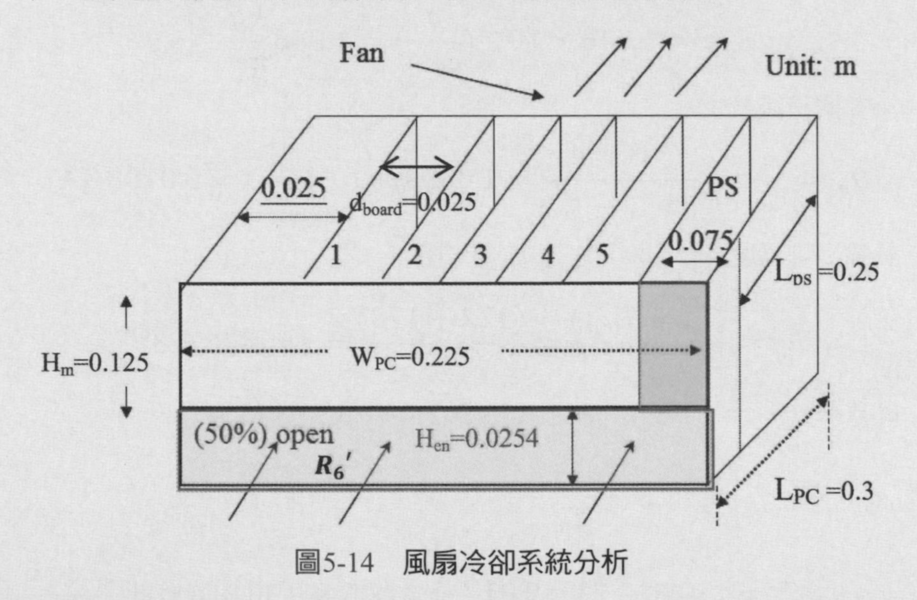

圖5-14 風扇冷卻系統分析

表5-8 系統之規格尺寸

符號	說明	大小
d_{board}	電路板間距	0.025m

符號	說明	大小
pitch	在電源供應器內部之電子元件間格	0.025m
L_{ps}	電源供應器與電路板之長度	0.25m
W_{ps}	電源供應器寬度	0.075m
H_m	腔體高度	0.125m
H_{en}	PC入風口高度	0.0254m
W_{PC}	腔體寬度	0.225m
L_{PC}	腔體長度	0.3m
Q_{ps}	電源供應器電源瓦數	25W
$Q_{brd,5}$	電路板5之瓦數	30W
$Q_{brd,1\sim4}$	電路板1-4之瓦數	20W
$m_{brd,5}$	通過電路板5之空氣流量	
$m_{brd,1\sim4}$	通過電路板1～4之空氣流量	
$\alpha_{ps,1}$	電源供應器入口開孔率	0.35
$\alpha_{ps,2}$	電源供應器中間內部開孔率	0.5
$\alpha_{ps,3}$	電源供應器出口開孔率	0.35

強制對流通過系統冷卻內部元件時請決定：

（a）電路板1-4之平行隔板之溫升：$\Delta T_{1\sim4} = \dfrac{Q_{brd,1\sim4}}{m_{brd,1\sim4}C_{p,air}} = ?$

（b）隔板5之溫升：$\Delta T_5 = \dfrac{Q_{brd,5}}{m_{brd,5}C_{p,air}} = ?$

（c）電源供應器之溫升：$\Delta T_{ps} = \dfrac{Q_{PS}}{m_{PS,PS}C_{p,air}} = ?$

【解】：

先劃出系統流阻線路如圖5-15，經過電路板1、電路板2、電路板3、電路板4、電路板5之流阻各為R_1'，R_2'，R_3'，R_4'，R_5'，經過電源供應器之流阻各以R_7'，R_8'，R_9'代表前、中、後之流阻。系統流阻因串聯或並聯各有不同之表示法其已在第3章詳細述之，其熱阻數學式表示如表5-9。表5-10為系統電路板各流阻與系統入口處之流阻分析（參閱第3章）。

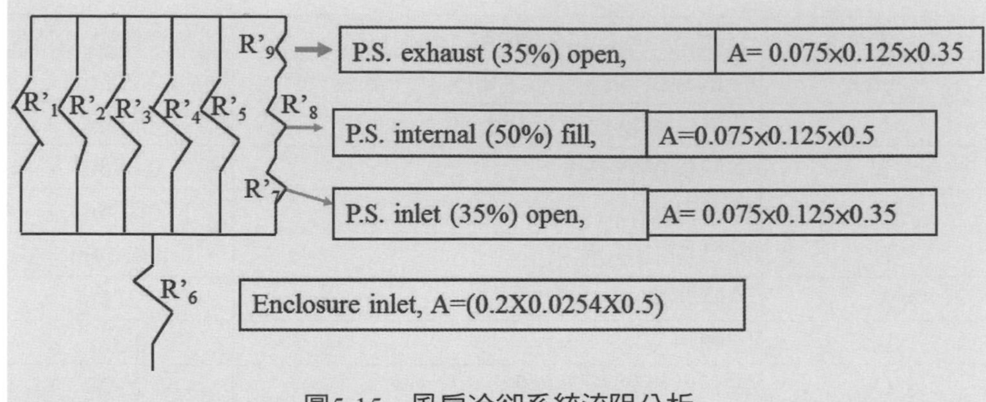

圖5-15　風扇冷卻系統流阻分析

表5-9　流阻數學式表示

狀態	R：流阻之表示
串聯熱阻	$R' = R_1' + R_2'$
並聯熱阻	$\frac{1}{\sqrt{R'}} = \frac{1}{\sqrt{R_1'}} + \frac{1}{\sqrt{R_2'}}$
跨越熱阻之壓力損失 （以質量流率為基準）	$\Delta P = R'm^2$
質量流率分配率與熱阻之關係	$\frac{m_2}{m_1} = \sqrt{\frac{R_1'}{R_2'}}$

m為質量流率（$(\frac{kg}{s})$）

表5-10　系統各元件流阻與系統入口處之流阻分析

位置	元件	面積	流阻 $R' = \frac{(\frac{NT}{m^2})}{(Kg/s)^2} = \frac{\Delta P}{m^2}$
外殼入口開槽	R_6'	$W_{pc} \times H_{en} \times \alpha_{en} = 0.225 \times 0.0254 \times 0.5$(50% open) $= 0.00285m^2$	$R_6' = \frac{0.828}{A^2} = \frac{0.828}{(0.00285)^2} = 1.02 \times 10^5$

位置	元件	面積	流阻 $R'=\frac{(\frac{NT}{m^2})}{(Kg/s)^2}=\frac{\Delta P}{m^2}$
電路板	R_1'–R_5'	$d_{board}\times H_m=0.025\times 0.125=0.00313m^2$	$R_1'=0.672nL\left(\frac{1}{A}\right)^2$ $=0.672\times1\times0.25\left(\frac{1}{0.00313}\right)^2$ $=1.71\times10^4$
電源供應器入風口（開孔率 $\alpha_{ps,1}$=0.35）	R_7'	$W_{ps}\times H_m\times\alpha_{ps,1}=0.075\times0.125\times0.35$(35% open) = 0.00328 m^2	$R_7'=\frac{0.828}{A^2}=\frac{0.828}{(0.00328)^2}$ $=7.7\times10^4$
電源供應器內部（開孔率 $\alpha_{ps,2}$=0.5）	R_8'	$W_{ps}\times H_m\times\alpha_{ps,2}=0.075\times0.125\times0.5$(50%open) = $0.00469m^2$	$R_8'=\frac{0.828}{A^2}\times n=\frac{0.828}{A^2}\times\frac{L_{ps}}{pitch}$ $=\frac{0.828}{(0.00469)^2}\times\left(\frac{0.25}{0.025}\right)$ $=3.763\times10^5$
電源供應器出風口（開孔率 $\alpha_{ps,3}$=0.35）	R_9'	$W_{ps}\times H_m\times\alpha_{ps,3}=0.075\times0.125\times0.35$(35% open) = $0.00328m^2$	$R_9'=\frac{0.828}{A^2}=\frac{0.828}{(0.00328)^2}$ $=7.7\times10^4$

（a）電源供應器流阻之計算：

$$R'_{ps}=R'_7+R'_8+R'_9=(7.7\times37.6+7.7)\times10^4=5.3\times10^5\left(\frac{\frac{NT}{m^2}}{\frac{kg}{s^2}}\right)$$

（b）電路板流阻之計算：

將五組電路板之流阻並聯，假設其流阻也是相同$R'_1=R'_2=R'_3=R'_4=R'_5$：

$$\frac{1}{\sqrt{R'_{CB}}}=\frac{1}{\sqrt{R'_1}}+\frac{1}{\sqrt{R'_2}}+\frac{1}{\sqrt{R'_3}}+\frac{1}{\sqrt{R'_4}}+\frac{1}{\sqrt{R'_5}}=\frac{5}{\sqrt{R'_1}}$$

因此電路板總流阻值為：$R'_{CB}=\frac{R'_1}{25}=\frac{1.71\times10^4}{25}=0.684\times10^3\left(\frac{NT,s^2}{Kg\circ m}\right)$

（c）PC入風口處流阻之計算：

$$R'_6=\frac{0.828}{(0.00254)^2}=1.28\times10^5$$

（d）PC內部電路板與電源供應器總流阻之計算：

將PC電路板與電源供應器之流阻並聯相加，因此PC內部總流阻值為：

$$\frac{1}{\sqrt{R'_{interior}}}=\frac{1}{\sqrt{R'_{CB}}}+\frac{1}{\sqrt{R'_{ps}}}=\frac{1}{\sqrt{5.3\times10^5}}+\frac{1}{\sqrt{0.684\times10^3}}=0.0395$$

$$R'_{interior}=0.638\times10^3(\frac{NT,s^2}{Kg\circ m})$$

（e）整體PC入風口與內部總流阻值之計算：

整體系統之流阻等於入風口與內部流阻之串聯：

$$R'_{sys}=R'_6+R'_{interior}=(128+0.638)\times10^3=1.29\times10^5(\frac{NT,s^2}{Kg\circ m^2})$$

而系統壓力損失就等於 $\Delta P_{sys}=R'_{sys}\times\dot{m}^2=1.29\times10^5\times\dot{m}^2(\frac{NT}{m^2})$

有了系統阻抗曲線亦即 $\Delta P_{sys}=\Delta R'_{sys}\times\dot{m}^2=1.29\times10^5\times\dot{m}^2$，系統之流量因此可根據風扇曲線來決定。根據圖5-16，我們可以發現最後系統之質量流率等於 $\dot{m}_{sys}=0.0069(\frac{kg}{s})$。

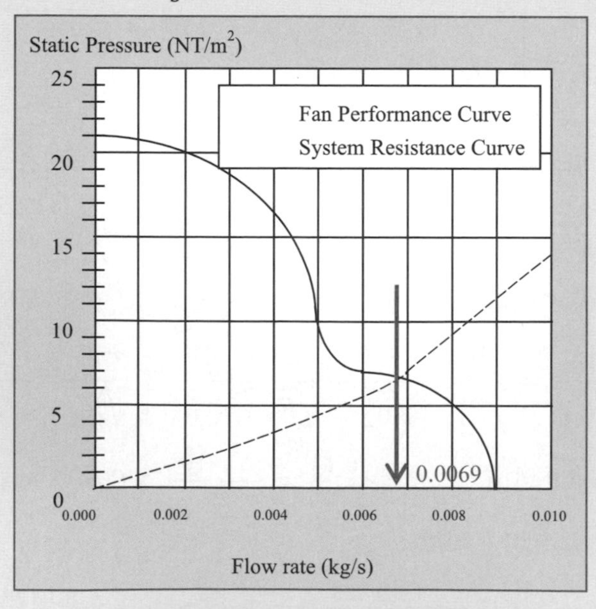

圖5-16　風扇性能曲線與系統阻抗曲線相交之操作點計算

既然$\Delta P_{PS} = \Delta P_1$，所以$R'_{ps}\ \dot{m}^2_{ps} = R'_1\ \dot{m}^2_1$，其中$\dot{m}_1$與$\dot{m}_{ps}$各代表空氣進入電路板之總流量與空氣進入電源供應器之質量流率。整理後可以得：

$$\frac{R_{PS}'}{R_1'} = \left(\frac{\dot{m}_1{}^2}{\dot{m}_{PS}{}^2}\right) = \left[\frac{\frac{m_{sys}-m_{PS}}{6}}{\dot{m}_{PS}}\right]^2 = \frac{1}{36}\left(\frac{\dot{m}_{sys}}{\dot{m}_{PS}} - 1\right)^2$$

而我們已經由圖中得到$\dot{m}_{sys}$，將式子整理成

$$\dot{m}_{PS} = \frac{m_{sys}}{1 + \sqrt{36\left(\frac{R_{PS}'}{R_1'}\right)}} = \frac{0.0069}{1 + \sqrt{36\left(\frac{5.3 \times 10^5}{1.71 \times 10^4}\right)}} = 1.05 \times 10^{-3}\left(\frac{kg}{s}\right)$$

而 $\dot{m}_{brd} = \frac{\dot{m}_{sys} - \dot{m}_{ps}}{6} = \frac{0.0069 - 0.00105}{6} = 9.75 \times 10^{-4}\left(\frac{kg}{s}\right)$

接下來空氣之上升溫度即可以計算出來（$Q = \dot{m}C_{p,air}\Delta T$）

電路板1-4之溫升計算：

$$\Delta T_{1-4} = \frac{Q_{brd,1\sim4}}{\dot{m}_{brd,1-4}C_{p,air}} = \frac{20\left(\frac{J}{s}\right)}{9.75 \times 10^{-4}\left(\frac{kg}{s}\right) \times 10^3\left(\frac{g}{kg}\right) \times 1\left(\frac{J}{g,K}\right)} = 20.5(°C)$$

電路板5之溫升計算：

$$\Delta T_5 = \frac{Q_{brd,5}}{\dot{m}_{brd,5}C_{p,air}} = \frac{30\left(\frac{J}{s}\right)}{9.75 \times 10^{-4}\left(\frac{kg}{s}\right) \times 10^3\left(\frac{g}{kg}\right) \times 1\left(\frac{J}{g,K}\right)} = 30.7(°C)$$

電源供應器之溫升計算：

$$\Delta T_{PS} = \frac{Q_{ps}}{\dot{m}_{PS}C_{p,air}} = \frac{25\left(\frac{J}{s}\right)}{1.05 \times 10^{-3}\left(\frac{kg}{s}\right) \times 10^3\left(\frac{g}{kg}\right) \times 1\left(\frac{J}{g,k}\right)} = 23.8(°C)$$

5.1.4（C） 案例（G）封裝晶片各層介質熱阻之計算與比較

案例（G）

如圖5-17，考慮一個164PQFP裝在FR-04電路板上，這個元件連同其他元件的幾何尺寸與熱阻特性在表5-11中。在不考慮元件內熱傳，只考量的熱傳為從元件到外部環境的部分下，計算各熱阻值之大小。表5-12為晶片各層介質熱阻符號之定義，表5-13為晶片相關熱阻值表，還有導線（lead）的熱傳導熱阻10.78（℃/W），材料性質如表5-14，元件是在風速300 ft/min（1.5 m/s）時的實驗值，其中晶片熱阻值$R_{th,Ja}$量測到24.7（℃/W），因為空氣超過250 ft/min（1.27 m/s），輻射損失在2～3%，輻射效應可忽略。假如為自然對流冷卻，輻射熱傳損失大約接近對流損失20%，也就是$R_{th,2} = 0.2\ R_{th,1}$，在此等假設下請計算各熱阻值。

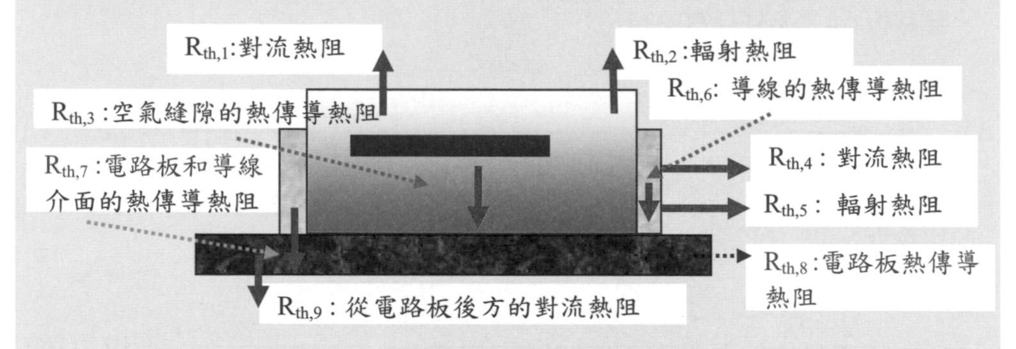

圖5-17 晶片元件各熱阻示意圖

表5-11 各晶片幾何尺寸與熱阻特性表

物件	68-PLCC	84-PLCC	164-PQFP
陶瓷（cm） $A_{chip}=L_{chip}XW_{chip}Xt_{chip}$	2.26 × 2.26 × 0.068	2.47 × 2.47 × × 0.068	2.54 × 2.54 × 0.068
芯片尺寸（cm）	0.65 × 0.64	0.64 × 0.64	0.64 × 0.64
導線截面積（cm^2）	0.084	0.082	0.092
導線表面積（cm^2）	1.32	1.1	1.44

物件	68-PLCC	84-PLCC	164-PQFP
導線與電路板接觸面積（cm^2）$A_{lead,contact}$	0.11	0.11	0.159
導線總熱阻值（°C/W）	10.94	15.3	10.78

表5-12　晶片各層介質熱阻符號之定義

符號	說明
$R_{th,1}$	從上元件表面的熱對流熱阻
$R_{th,2}$	從元件上表面的輻射熱阻
$R_{th,3}$	從元件底部到電路板的熱傳導熱阻
$R_{th,4}$	從導線（lead）到環境的熱對流熱阻
$R_{th,5}$	從導線（lead）到環境的輻射熱阻
$R_{th,6}$	所有導線（lead）的熱傳導熱阻
$R_{th,7}$	從導線（lead）傳到8層電路底板的熱傳導熱阻
$R_{th,8}$	整個電路板的熱傳導熱阻
$R_{th,9}$	從電路板後方的熱對流熱阻

表5-13　晶片相關熱阻值表

R_{th}	$R_{th,Ja}$	$R_{th,1}$	$R_{th,3}$	$R_{th,6}$（lead）	$R_{th,7}$	$R_{th,8}$	$R_{th,comp}$
°C/W	24.7（measured）			10.78			

表5-14　材料性質表

元件	厚度（mm）	熱傳導係數（$W/m,{}^0K$）
晶片（矽）	0.25	84.4
晶片與電路板接觸之空氣層	t_{air}=0.25	K_{air}=2.5x10^{-2}
電路板	t_{board} = 1.55	K_{board}=33
陶瓷（Alumna）	0.7	37.4

元件	厚度（mm）	熱傳導係數（$W/m,^0K$）
導線	t_{lead}=0.1	K_{lead}= 68.9
成型模料（CMPDA）	0.5	0.7
成型模料（CMPDX）	0.6	2.05

（A）$R_{th,1}$之計算：

當速度v=300 ft/min (1.5 m/s)，L=2.54 cm (1 in)（表5-11），對於$R_{th,1}$用Ellison's模式解熱對流係數：

$$h = 0.00145\left(\frac{V}{L}\right)^{0.5} = 0.00145\left(\frac{1.5}{0.0254}\right)^{0.5} = 0.011137\ (W/cm^2,℃) = 111.37\ (W/m^2,℃)$$

計算晶片之面積 $A_{chip} = (2.54X10^{-2})^2 = 0.000645\ m^2\ (1\ in^2)$，

計算晶片之熱對流熱阻值：$R_{th,1} = \frac{1}{hA_{chip}} = \frac{1}{111.37 \times 0.000645} = 13.9(℃/W)$

將$R_{th,1}$填入表5-15中

表5-15　$R_{th,1}$熱阻值表

R_{th}	$R_{th,Ja}$	$R_{th,1}$	$R_{th,3}$	$R_{th,6\ (lead)}$	$R_{th,7}$	$R_{th,8}$	$R_{th,comp}$
℃/W	24.7（量測）			10.78			

（B）$R_{th,3}$ 和$R_{th,comp}$之計算：

從表格 5-14，空氣層厚度0.025cm (0.01″)，且空氣的熱傳導係數$2.5x10^{-2}$ $W/m,^0K$，所以：

$$R_{th3} = \frac{t_{air}}{K_{air}.A_{chip}} = \frac{(0.025 \times 10^{-2})}{(2.5 \times 10^{-2} \times 0.000645)} = 15.2(^0C/W)$$

$R_{th,1}$ 和$R_{th,3}$的並聯構成了來自兩個主要元件表面的熱阻。計算$R_{th,3}$ 與$R_{th,com}$，並將$R_{th,3}$ 與$R_{th,comp}$填入表5-16中

$$\frac{1}{R_{\text{th,comp}}}=\frac{1}{R_{\text{th1}}}+\frac{1}{R_{\text{th,3}}}=\left(\frac{1}{13.9}+\frac{1}{15.2}\right)\quad=(1/13.9+1/15.2)=0.137$$

$R_{th,comp}$ = 7.26 (℃/W)

表5-16　$R_{th,1}$與$R_{th,comp}$之熱阻表

R_{th}	$R_{th,Ja}$	$R_{th,1}$	$R_{th,3}$	$R_{th,6}$	$R_{th,7}$	$R_{th,8}$	$R_{th,comp}$=1/(1/ $R_{th,1}$ + 1/$R_{th,3}$)
℃/W	24.7（量測）	13.9	15.2	10.78			7.26

（C）$R_{th,7}$ 和 $R_{th,8}$之計算

$R_{th,7}$基本上由焊料和電路板所構成。可用均勻物質模式（homogeneous model）方程式Eq.5-52計算$R_{th,7}$：

$$R_{th,7}=\frac{t_{board}+t_{solder}}{K_{eff}A_{lead,contact}}\quad\cdots\cdots\text{（Eq.5-52）}$$

其中K_{eff}為有效熱傳導係數其可用重量加權平均法（weight average）計算：

$$k_{eff}=\frac{(k_{M1}\times t_{M1}+k_C\times t_C+\cdots)}{t_{M1}+t_C+t\ldots.}=\frac{K_{board}t_{board}+K_{solder}t_{solder}}{(t_{board}+t_{solder})}$$

T_{lead} = 0.0001m (0.004”) 且t_{board} = 0.00155m(0.062”)，K_{lead} = 68.9 and k_{board} =33（表5-14）

$$k_{effboard}=(\frac{68.9\times 0.0001+33\times 0.00155}{0.0001+0.00155})=35.17(W/m,^0C)$$

對於金線和電路板間接觸表面積相當於0.159 cm^2（表5-11），電路板之有效熱傳導係數為$k_{eff,board}$=35.17（W/m.℃），計算金線進入電路板之熱傳導熱阻值，$R_{th,7}$，並將$R_{th,7}$ 與$R_{th,8}$填入表5-17中

$$R_{th,7}=\frac{(0.0001+0.00155)}{35.17\times 0.159\times 10^{-4}}=2.95(^{0}C/W)$$

$R_{th,8}$代表電路板上的熱傳導，對於L= 7.62 × 10^{-3}m，$k_{eff,board}$ =35.17（W/m.℃），電路板上的熱阻為：（$A_{chip,cross}$=元件寬度 × 元件長度）

$$R_{th,8}=\frac{t_{board}}{K_{eff,board}A_{chip,cross}}=\frac{0.00155}{35.17\times(2.54\times 10^{-2})\times(0.068\times 10^{-2})}=2.55(^{0}C/W)$$

表5-17　$R_{th,7}$與$R_{th,8}$之熱阻表

R_{th}	$R_{th,Ja}$	$R_{th,1}$	$R_{th,3}$	$R_{th,6}$	$R_{th,7}$	$R_{th,8}$	$R_{th,comp}=1/(1/R_{th,1}+1/R_{th,3})$
℃/W	24.7（量測）	13.9	15.2	10.78	2.95	2.55	7.26

從資料可知$R_{th,ja}$ = 24.7℃/W，其數量級比較如表5-18。

表5-18　各熱阻差異表

$R_{th,x}$	℃/W	$R_{th}^{*}=R_{th,x}/R_{th,jaexp}$ × 100% (X=1 through 9)
$R_{th,ja,exp}$	24.7（量測）	1
$R_{th,1}$	13.9	
$R_{th,3}$	15.2	
$R_{th,6}$(lead)	10.78	43.6%
$R_{th,7}$	2.95	12%
$R_{th,8}$	2.55	10.3%
$R_{th,comp}=1/(1/R_{th,1}+1/R_{th,3})$	7.26	29.4%
$R_{th,ja,calculate}=R_{th,comp}+R_{th,7}+R_{th,8}+R_{th,6}$(lead)	7.26+2.95+2.55+10.78=23.54	

從表5-18可以做出以下觀察：

1. $R_{th,6}$清楚顯示導線為此元件的主要熱阻來源
2. $R_{th,comp}$建議在1.5 m/s (300ft/min)下，頂部和底部的元件表面仍是一熱阻來源
3. $R_{th,7}$和$R_{th,8}$，當前配置顯示電路板不會是元件中的主要熱阻。

表5-19為以Flotherm熱傳模擬結果之比較，其結果顯示在Chip component的熱阻上有較大之誤差。

表5-19　以Flotherm熱傳模擬結果之比較

表面	Heat transfer by Flotherm %	R_{th}*
$R_{th,comp}=1/(1/R_{th,1}+1/R_{th,3})$	42.5	29.4%
邊緣（模）；$R_{th,7}$	12.5	12%
導線；$R_{th,6}$(lead)	32.6	43.6%
電路板；$R_{th,8}$	12.4	10.3%

5.2　風扇

風扇是散熱設計中不可缺少的元件，其目標是利用強制對流來確保$T_{J,critical} < T_{J,spec}$，選擇風扇是要確保所需空氣的速度能滿足上述之條件，因此需要決定給定的風扇系統是否能傳遞所需之體積流量率。如何知道所需之空氣體積流量，可由接端溫度T_J的需求，並設定在最壞狀況的環溫下得知$T_J - T_a = \theta_{Ja}\ Q_{dissipation}$，其中$\theta_{Ja}$是設計散熱器所需之熱阻值，$Q_{dissipation}$為所需之移熱量。如果設計散熱器之熱阻值$\theta_{Ja}$可由理論或實驗求得，則所能移熱之$Q_{dissipation}$便可求得。反之，如果設計散熱器之熱阻值$\theta_{Ja}$是為知，甚至必須由所需移熱之量$Q_{dissipation}$來求得，此時$Q_{dissipation}$之計算便顯得很重要，一般熱源功率P即等於$Q_{dissipation}$。根據牛頓冷卻定律，$Q_{dissipation} = hA_{cooler,eff}\ (T_J - T_a)$，因此，解決散熱只有兩個方法，一是增加有效散熱面積（$A_{cooler,eff}$），一是增加熱對流係數（h），亦即風量而已。如果熱源面

積A_{source}與散熱面積A_{cooler}之不同，一定有擴散之作用，這點是必須考慮到的。在一般簡化之模式下，有效散熱面積$A_{cooler,eff}$通常指散熱器散熱之表面積A_{cooler}，其理論計算不難；另一個參數便是熱對流係數（h）之計算。h 之計算會根據各種散熱器形狀、結構、流道條件、空氣速率等不同而不同，是一個很難預測得好的參數。當然最好的情形是利用實驗實際測得，但是要建好整個實體系統，實在緩不濟急，也不可能，因此也只能由理論經驗公式去求得。在強制對流狀況下，一般 h 之求法必須先尋找合適之 Nu 的經驗公式如Eq. 5-53：

$$Nu = \frac{hD}{K} = C\,\mathrm{Re}^m\,\mathrm{Pr}^n \quad \cdots\cdots \text{（Eq.5-53）}$$

其中D為該散熱器之特徵長度，K為流體之熱傳導係數。N_U之計算根據Eq.5-53，一般如果是空氣作為散熱介質，則Pr幾乎是常數（Pr=0.7），因此在能滿足Eq.5-53下之h值，必定要先能滿足該h值下之N_U值，亦即要能滿足該N_U值下之雷諾數 Re，有了合適之 Re，相符合的空氣速度便可以取得，其空氣之體積流量就可以計算出。有了所需空氣流量，便可以由圖5-18風扇性能曲線與系統（或鰭片）之阻抗曲線之交叉點（操作點）的流量做比對。鰭片阻抗曲線可由Eq.5-54（參考第3章）取得：

$$\Delta P = \mathrm{K}\left(\frac{\rho v^2}{2}\right) \cdots\cdots \text{（Eq.5-54）}$$

如果風量不足以滿足所需風量之條件如圖5-19之高阻抗曲線及A點，則可藉減少鰭片之數目，改變鰭片之阻抗曲線如圖5-19之低阻抗曲線，顯然，B操作點之風量一定大於A操作點之風量。但此時要注意，鰭片數目之減少，雖然可以降低阻抗，增加風量，但鰭片數目之減少意味散熱面積之減少，此亦會減少所需之移熱量。如果不想減少鰭片數目的情況下，最佳辦法還是增加風扇的性能曲線風壓與風量，這樣便可在定鰭片之阻抗曲線下得到比操作點A較大之操作點風量（操作點C）。

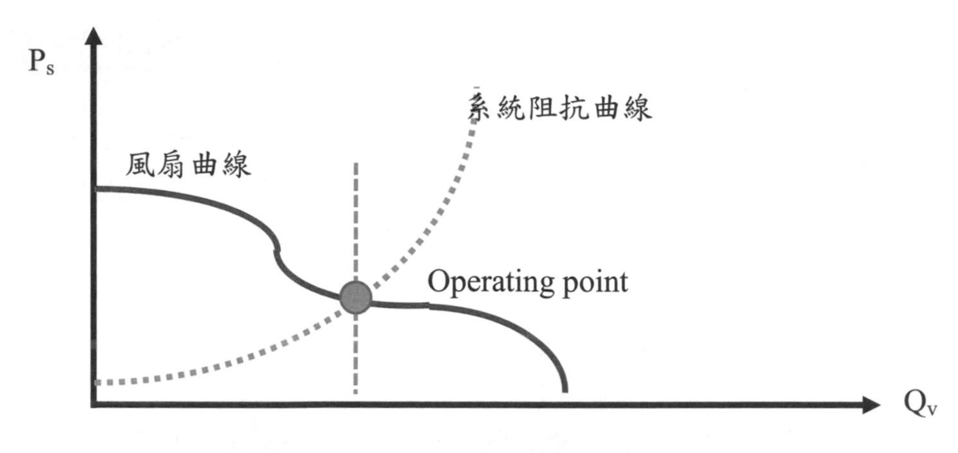

圖5-18　風扇性能與鰭片阻抗曲線之操作點圖

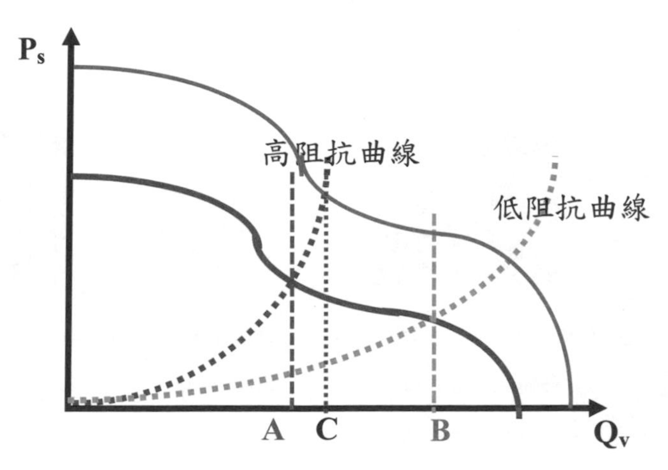

圖5-19　不同風扇性能與不同鰭片阻抗曲線之操作點圖

5.2.1　關於風扇

風扇種類主要分成軸流扇（axial fan）與離心扇（Centrifugal fan）兩種。軸流扇的流體於扇葉上的流動是平行於扇葉軸上的是軸向氣流（入風方向與出風方向一致）。標準的三種軸流風扇為螺旋槳型（propeller）、葉片軸型（axial fan）、管軸型（vane axial fan）。分別敘述於下：

1. 螺旋槳型風扇如圖5-20（a）：其螺旋槳沒有風扇罩，適合船舶，風扇靜壓低於0.75inch。
2. 軸流扇如圖5-20（b）：其葉片被放在風扇罩內（被廣泛使用），翼型角度比較水平，特點是風量高但靜壓低，大部分用於建築天花板吊扇散熱與桌面風扇。
3. 管軸式軸流扇如圖5-20（c）：傾向便宜而且需求空間比離心風扇小（翼型角度較大）。

離心扇（鼓風扇）主要因為離心作用引起壓縮，氣體在葉輪的運動基本上發生在徑向方向上。因為這個原因，它們也被稱為徑向流風扇，如圖5-21（a）、圖5-21（b）圖5-21（c）、圖5-21（d）表示典型的離心風扇是徑向氣流（入風方向與出風方向成90度，特點是風量低，靜壓高。

圖5-20（a） **螺旋槳式軸流扇**
（Source:http://www.hwventilation.it/it/products/impellers）

圖5-20（b） **軸流扇**
（source:http://www.sigem-elektronik.de/computer/angebot/pc1.htm）

圖5-20（c） **管軸式軸流扇**
（Source:http://www.yung-hsiang.com.tw/product.php?category_id=302）
（Source:http://dir.indiamart.com/impcat/vaneaxial-fans.html）

圖5-21（a）　**典型離心風扇**

（Source: https://www.peerlessblowers.com/products/housed_centrifugal_blowers/）

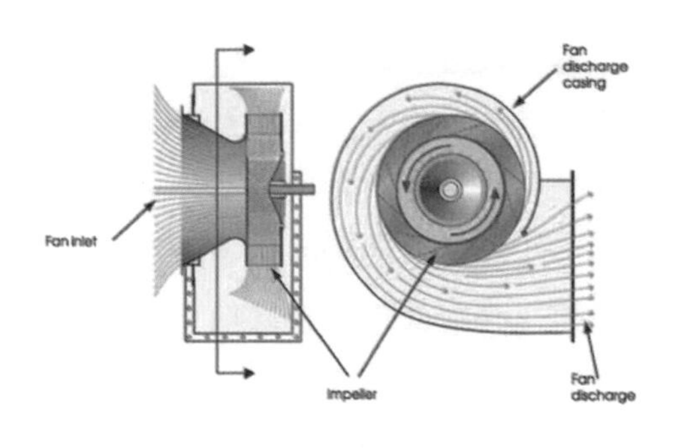

圖5-21（b）　**離心風扇**

（Source: http://www.cibsejournal.com/cpd/modules/2011-12/）

圖5-21（c）　**典型離心風扇**

（Source: https://www.peerlessblowers.com/products/housed_centrifugal_blowers/）

圖5-21（d）　**典型離心風扇**

（Source: http://www.forcecon.com/webc/html/pro/03.aspx?num=66&kind=38）

風扇是一種主動式元件，所以轉動機構對於風扇壽命是最關鍵的元件就是軸承。而以IT 產業用的較常用的直流無刷風扇而言，是屬輕負載馬達，所以小型或微小軸承是應用上的主要選擇。業界一般使用下列三種軸承：1. 滾珠軸承（Two Ball Bearing），壽命較長一般估計在5萬小時，可靠度較高，但價格較貴 2. 滾珠+粉末治金軸承（one ball/one sleeve bearing），是滾珠與粉末治金軸承並用，壽命較短一般估計在2萬小時，可靠度較低，但價格較便宜，是合於一般低階產品用。3. 粉末治金軸承（sleeve bearing）4. 陶瓷軸承（Ceramic Bearing）。滾珠軸承是利用滾動代替滑動，當軸芯與軸套相對運動時，滾珠也隨之滾動，並不與二者發生滑動摩擦，降低轉動阻力，減少能量損耗。當然，為了填補空間兼而起潤滑作用，滾珠軸承也需要使用潤滑劑，但工作空間相對含油軸承密封更好，且摩擦更小，壽命長。圖5-22為滾珠軸承構造，圖5-23為滾珠軸承樣式，圖5-24 為滾珠內部構造示意圖。含油軸承是利用潤滑油均勻填充軸芯與軸套間的空隙，令轉動平滑穩定，因而工作噪音初期低，軸承磨損少。但隨使用時間增長、灰塵吸附增多，潤滑油會因摩擦發熱而揮發，油量逐漸減少，軸承的摩擦與振動增加。由此導致軸承噪音增大，磨損加劇，壽命縮短，因此不適合高轉速的「暴力型」風扇，也無法達到「長壽」的目標。圖5-25（a）、圖5-25（b）為含油軸承實體，圖5-26為含油軸承構造示意圖。陶瓷軸承是用陶瓷材料替代軸承鋼等金屬材料做軸承，目的在於利用前者比後者更好的特性，例如不具備的耐磨、耐蝕、耐高溫、電絕緣（除SIC）、不導磁、高強度、高剛度、比重小等性能。使用陶瓷材料可使軸承在速度更高、環境更苛刻及低潤滑場合下正常運行，並能減少磨損、降低噪聲、減少振動、使維護更容易，從而達到更長的軸承使用壽命，並大幅提高其性能和可靠性，但在現階段，由於工藝製造之問題，陶瓷軸承價格還是昂貴，且良率不高是其隱憂。目前業界開發之陶瓷軸承缺點：1. 無法避免油揮發的缺點 2. 軸心及軸承嚴重磨擦，增加溫度，加快油的揮發，及軸心磨損 3. ZrO_2陶瓷材料軸心在扇葉不平衡及風扇跌落時易斷裂，導致風扇失效。圖5-27為陶瓷軸承套筒，圖5-28則為傳統含油軸承與陶瓷軸承比較圖。表5-20為DC風扇滾珠軸承、套筒軸承與陶瓷軸承之比較表。

圖5-22　滾珠軸承構造

（Source: http://www.cwbc-bearing.com/）

圖5-23　滾珠軸承樣式

（Source: http://www.donhe.com.tw/product-detail-27084.html）

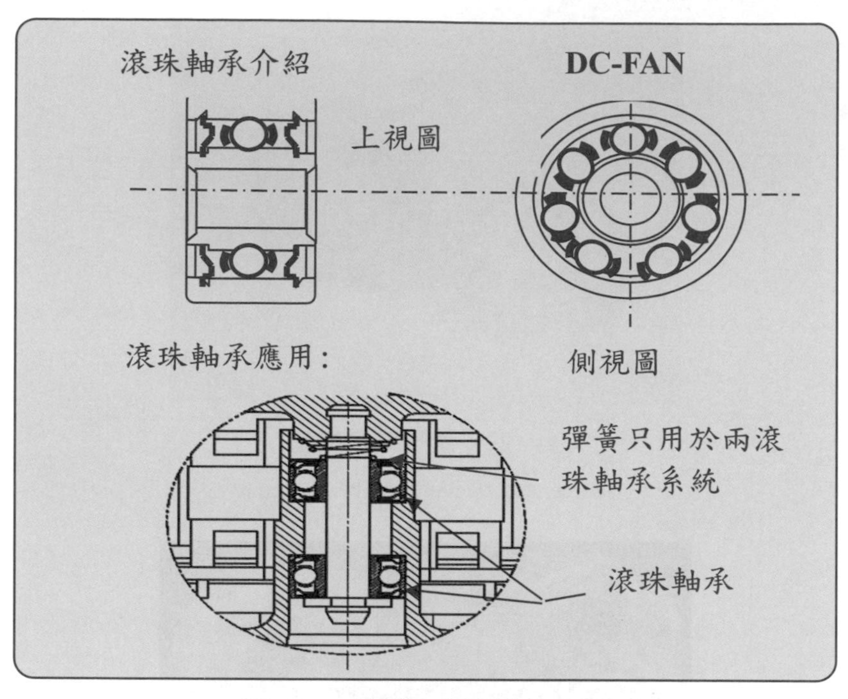

圖5-24　滾珠內部構造示意圖

（source：http://www.jameco.com/Jameco/workshop/ProductNews/fan-guide.html）

圖5-25（a）　含油軸承實體

（source: http://www.chosen.tw/front/bin/ptdetail.phtml?Part=S_01-1&Category=3）

圖5-25（b）　含油軸承實體

（source: http://www.jingyu.biz/new_page_43.htm）

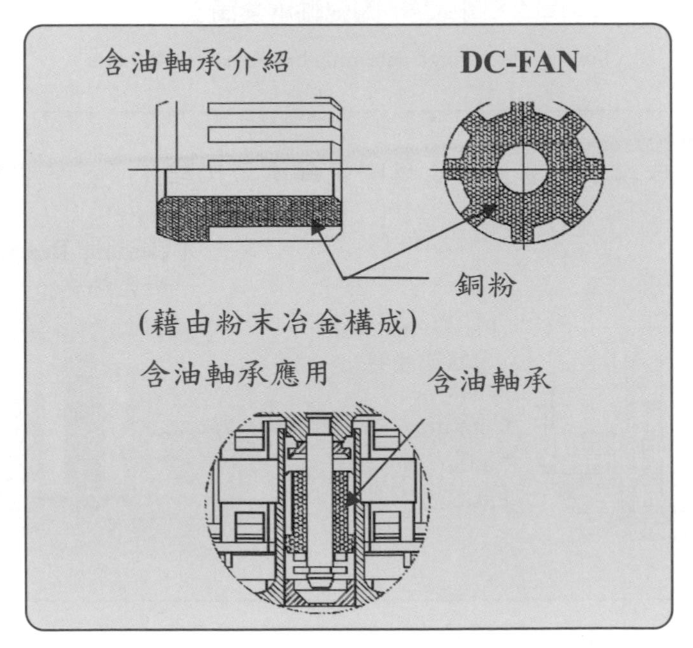

圖5-26　含油軸承構造示意圖

（source：http://www.jameco.com/Jameco/workshop/ProductNews/fan-guide.html）

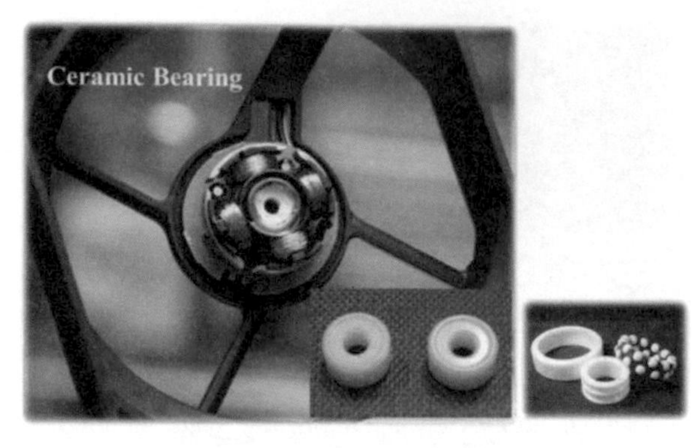

圖5-27　陶瓷軸承套筒

（Source：http://big5.cnbearing.biz/gb/news/4499.htm）

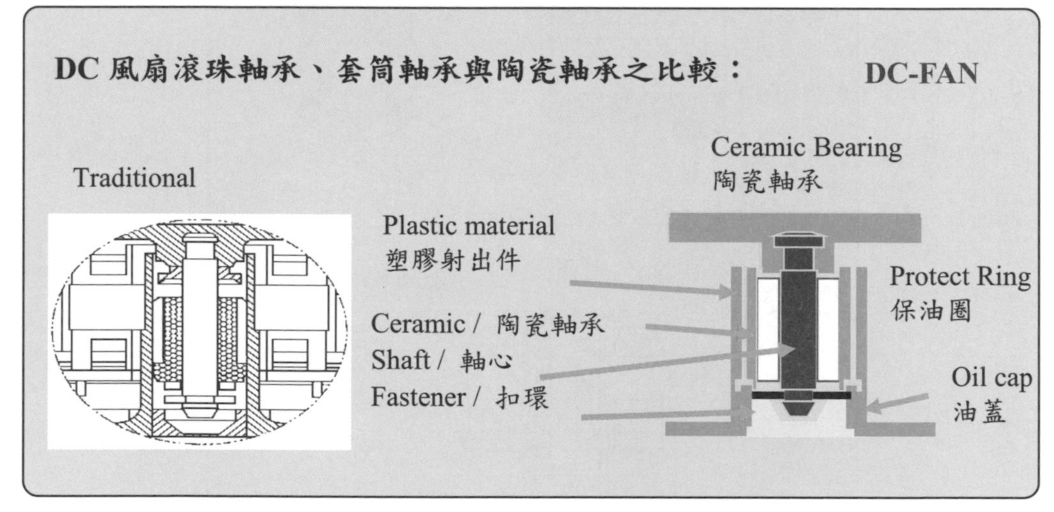

圖5-28　傳統含油軸承與陶瓷軸承比較圖

（Source：http://www.jameco.com/Jameco/workshop/ProductNews/fan-guide.html）

表5-20　DC風扇滾珠軸承、套筒軸承與陶瓷軸承之比較

項目	雙滾珠	套筒軸承	陶瓷軸承
適當速度	高速	高中低速皆有	目前尚未完全量產，有其他問題須克服，無法比較
工作溫度	-10°C～+75°C	0°C～+60°C	
儲存溫度	-40°C～+80°C	-40°C～+75°C	

項目	雙滾珠	套筒軸承	陶瓷軸承
防塵保護	Good	Weakness	
使用時間	50,000小時以上	20,000小時	
消耗	高	低	
成本	好且穩定	穩定	

5.2.2　風扇之組合

風扇組合之目的是用並聯或串聯來使用風扇來達到流體需求，如圖5-29（a）為並聯風扇示意圖，假設是兩個相同的風扇，其流量會是單風扇之兩倍，但壓降將保持不變，圖5-29（b）是風扇並聯後的性能曲線示意圖。如圖5-30（a）串聯風扇示意圖，串聯後之風量還是保持單風扇之流量但靜壓加倍如圖5-30（b）。但是兩個不同的風扇並聯的性能曲線將如圖5-31，則以風量最大之風扇為最大之風量。

圖5-29（a）　並聯風扇示意圖

（source：http://ukrtehgroup.com/category/elektrooborudovanie/ventilyatory-osevye）

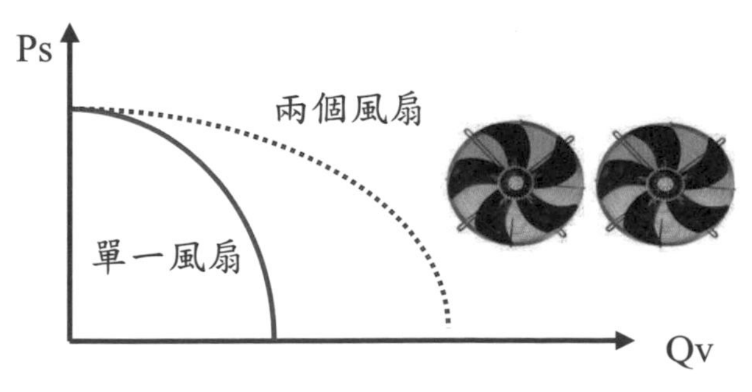

圖5-29（b）　兩個一樣的風扇並聯的性能曲線

圖5-30（a）　串聯風扇示意圖

（source：http://dir.indiamart.com/kolkata/axial-flow-fans.html）

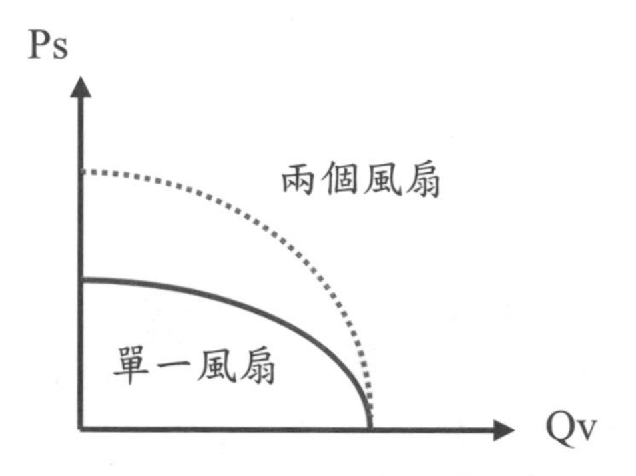

圖5-30（b）　將兩個一樣的風扇串聯的性能曲線

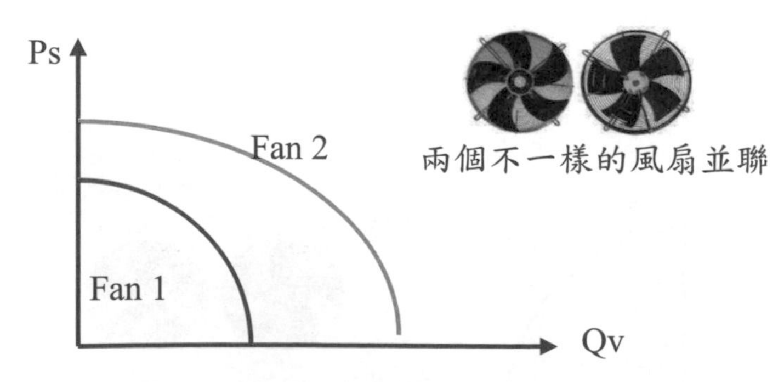

圖5-31　兩個不同的風扇並聯的效率曲線

5.2.3　風扇定律

風扇定律是指將幾何相似的兩個風扇有關風量、風壓及耗電率與幾何尺寸相關連之方程式。所謂幾何相似的兩個風扇是指假如一個風扇的所有大小和另一個風扇的大小有固定的比例，則這兩個風扇被認為是幾何相似，而其風量、風壓及效率有一定等比之關係。風扇定律是一個非常好用來預測風扇特性的理論模式。Eq.5-55是風扇風量以轉速n（rpm）及風扇直徑D_{Fan}的表示法，其中K_q是常數，因此幾何相似的風扇所用的風扇量比值可以由Eq.5-56表示：

$$Q_v = A_{Fan} \times V = (\frac{\pi}{4} \times D^2) \times (n \times D) = K_q \times n \times D_{Fan}{}^3 \quad \cdots\cdots \text{（Eq.5-55）}$$

$$\frac{Q_{v,a}}{Q_{v,b}} = \frac{A_a \times v_a}{A_b \times v_b} = \frac{D_a^2}{D_b^2} \times \frac{D_a \times n_a}{D_b \times n_b} = \frac{D_{Fan,a}^3}{D_{Fan,b}^3} \times \frac{n_a}{n_b} \quad \cdots\cdots \text{（Eq.5-56）}$$

風扇之靜壓換算其實就是空氣之動能，可以以空氣之密度，轉速及風扇直徑來表示如Eq.5-57，因此幾何相似的風扇所用的風扇靜壓比值可以由Eq.5-58表示：

$$\Delta P_s^* = \frac{1}{2}\rho v^2 = \frac{1}{2}\rho \times (n \times D)^2 = K_p \times \rho_{air} \times n^2 \times D_{Fan}{}^2 \quad \cdots\cdots \text{（Eq.5-57）}$$

$$\frac{\Delta P_{s,a}^*}{\Delta P_{s,b}^*} = \frac{\frac{1}{2}\rho_a v_a^2}{\frac{1}{2}\rho_b v_b^2} = \left(\frac{D_{Fan,a}^2}{D_{Fan,b}^2}\right)\left(\frac{n_a^2}{n_b^2}\right)\left(\frac{\rho_a}{\rho_b}\right) \quad \cdots\cdots \text{（Eq.5-58）}$$

風扇之耗功率（HP）換算其實就是風扇之靜壓與風量之乘機，可以以空氣之密度，轉速及風扇直徑來表示如Eq.5-59，因此幾何相似的風扇所用的風扇靜壓比值可以由Eq.5-60表示：

$$HP = \Delta P_s^* Q_v = (K_p \rho_{air} n^2 D_{Fan}^2) \times (K_q n D_{Fan}^3) = K_{HP} \rho_{air} n^3 D_{Fan}^3 \quad \cdots\cdots \text{（Eq.5-59）}$$

$$\frac{HP_a}{HP_b}=(\frac{\Delta P_{s,a}^*}{\Delta P_{s,b}^*})(\frac{Q_{v,a}}{Q_{v,b}})=\left(\frac{D_{Fan,a}^5}{D_{Fan,b}^5}\right)\left(\frac{n_a^3}{n_b^3}\right)\left(\frac{\rho_a}{\rho_b}\right) \cdots\cdots (Eq.5\text{-}60)$$

其實風扇噪音一樣有噪音定律，其表示方法如Eq.5-61：

$$Lw2=Lw1+55_{\log 10}(\frac{n_2}{n_1})^1+55_{\log 10}(\frac{D_{Fan,2}}{D_{Fan,1}})^1+55_{\log 10}(\frac{P_{s,2}}{P_{s,1}})^1 \cdots\cdots (Eq.5\text{-}61)$$

其中，Lw=聲音等級，dB

風扇定律有一定的極限，除了幾何上要完全相似外，兩個風扇的雷諾數和馬赫數也需要相同。通常來說，這些參數的影響是不太大。但是，當幾何比例變很大時，雷諾數和馬赫數的變化會有顯著的影響，風扇定律也可能會不適用了。風扇定律是基於假設風扇效率是常數。事實上，風扇效率通常會隨著尺寸增加而輕微增加，根據AMCA標準210，尺寸在整體效率上的效果可大略由Eq.5-62計算：

$$\frac{1-\eta_a}{1-\eta_b}=0.5+0.5\left[\frac{\text{Reynolds number of fan b}}{\text{Reynolds number of fan a}}\right]^{0.2}=0.5[1+\frac{R_{e,b}}{R_{e,a}}]^{0.2} \cdots\cdots (Eq.5\text{-}62)$$

如果$R_{e,b} > R_{e,a}$ 則 $\eta_b > \eta_a$，η 為風扇效率。風扇定律是基於流體壓縮性可被忽略的效果所做的假設，所以這些定律在兩個風扇的絕對壓力比小於1.036的時候是準確的。

範例1

風扇傳遞10,000 CFM（4.72 m^3/s）在總壓力為3 in 水銀柱（1.01×10^5 N/m^2）下，空氣溫度為70°F（21°C），計算當空氣為200°F（93°C）時的風量和靜壓，也計算耗電率的變化。

【解】：

70°F時的空氣密度為$\rho_b = 0.075$

$$\frac{\rho_a}{\rho_b} = \frac{T_b}{T_a}$$

200°F時的空氣密度ρ_a為：

$$\rho_a = \rho_b \frac{T_b}{T_a} = \frac{0.075(460+70)}{(460+200)} = 0.0602\ (0.964\text{kg/m}^3)$$

速度和葉輪直徑不變，因此$D_a = D_b$,，$n_a = n_b$

$$\frac{Q_{v,a}}{Q_{v,b}} = \frac{D_a^3}{D_b^3} \times \frac{n_a}{n_b}$$

$Q_{v,a} = Q_{v,b}$　因此風量沒有變化

$\rho_b = 0.075$；$\rho_a = 0.062$；$\Delta P^*_{s,b}=3$ inch

$$\frac{\Delta P^*_{s,a}}{\Delta P^*_{s,b}} = \left(\frac{D_a^2}{D_b^2}\right)\left(\frac{n_a^2}{n_b^2}\right)\left(\frac{\rho_a}{\rho_b}\right) = \frac{\rho_a}{\rho_b},$$

$$\Delta P^*_{s,a} = 3\left(\frac{0.0602}{0.075}\right) = 2.408 \text{ in of Hg}, (8.15 \times 10^4 \text{ N/m}^2)$$

$$\frac{HP_a}{HP_b} = \left(\frac{D_a^5}{D_b^5}\right)\left(\frac{n_a^3}{n_b^3}\right)\left(\frac{\rho_a}{\rho_b}\right) = \frac{\rho_a}{\rho_b},$$

$$\therefore HP_a = HP_b \frac{0.0602}{0.075} = 0.802 P_b$$

所以，當空氣溫度從70°F上升到200°F時沒造成風量的變化，但是靜壓和耗電量減少了20%

範例2

風扇傳遞100,000 CFM（47.2 m^3/s）在整體壓力為6 in 水銀柱（$2.03x10^5$ N/m^2）下，運轉在1800 rpm，計算當運轉在900 rpm時的風量和靜壓，也計算耗電率的變化。

【解】：

$$Q_{v,b} = 100{,}000 \quad , \quad n_a = 900\,rpm \quad , \quad n_b = 1800\,rpm; \;\; \Delta P^*_{s,b} = 6\,inch$$

$$\frac{Q_{v,a}}{Q_{v,b}} = \frac{D_a^3}{D_b^3} \times \frac{n_a}{n_b} = \frac{n_a}{n_b}$$

$$Q_{v,a} = 100{,}000\frac{900}{1800} = 50{,}000CFM, (23.6\text{m/s})$$

$$Q_{v,b} = 100{,}000 \quad , \quad n_a = 900\,rpm \quad , \quad n_b = 1800\,rpm; \;\; \Delta P^*_{s,b} = 6\,inch$$

$$\frac{\Delta P^*_{s,a}}{\Delta P^*_{s,b}} = \left(\frac{D_a^2}{D_b^2}\right)\left(\frac{n_a^2}{n_b^2}\right)\left(\frac{\rho_a}{\rho_b}\right) = \left(\frac{n_a^2}{n_b^2}\right)$$

$$\Delta P^*_{s,a} = \Delta P^*_{s,b}\left(\frac{n_a^2}{n_b^2}\right) = 6\left(\frac{900}{1800}\right)^2 = 1.5\text{in of Hg } (5.08 \times 10^4\,\text{N/m}^2)$$

$$\frac{HP_a}{HP_b} = \left(\frac{D_a^5}{D_b^5}\right)\left(\frac{n_a^3}{n_b^3}\right)\left(\frac{\rho_a}{\rho_b}\right) = \left(\frac{n_a^3}{n_b^3}\right) \quad ,$$

$$\therefore HP_a = HP_b\left(\frac{900}{1800}\right)^3 = 0.125\,HP_b$$

所以，當速度減半時，流量會減半，靜壓變成1/4，耗電量變成全速狀況下的1/8。

Rem：雜音減少18 db，降低0.5 功率=6 db

$$Lw2 = Lw1 + 55_{\log10}(\frac{n_2}{n_1})^1 + 55_{\log10}(\frac{D_2}{D_1})^1 + 55_{\log10}(\frac{P_{s,2}}{P_{s,1}})^1$$

範例3

有6 inch（15cm）直徑葉輪的風扇傳遞1000 CFM（0.47 m³/s）。計算幾何相似，有12 inch（30cm）直徑葉輪的風扇在同樣速度和密度下的CMF傳遞量。也計算靜壓及耗電率的變化。

【解】：

$$Q_{v,b} = 1000CFM, \quad D_b = 6'', \quad D_a = 12''$$

$$\frac{Q_{v,a}}{Q_{v,b}} = \frac{D_a^3}{D_b^3} \times \frac{n_a}{n_b} = \frac{D_a^3}{D_b^3}$$

$$Q_{v,a} = Q_{v,b} \times \frac{D_a^3}{D_b^3} = 1000\left(\frac{12}{6}\right)^3 = 8000\ CFM \quad (3.78m/s)$$

$$\frac{\Delta P_{s,a}^*}{\Delta P_{s,b}^*} = \left(\frac{D_a^2}{D_b^2}\right)\left(\frac{n_a^2}{n_b^2}\right)\left(\frac{\rho_a}{\rho_b}\right) = \left(\frac{D_a^2}{D_b^2}\right)$$

$$\frac{\Delta P_{s,a}^*}{\Delta P_{s,b}^*} = \left(\frac{12}{6}\right)^2 = 4$$

$$\frac{HP_a}{HP_b} = (\frac{\Delta P_{s,a}^*}{\Delta P_{s,b}^*})(\frac{Q_{v,a}}{Q_{v,b}}) = \left(\frac{D_a^5}{D_b^5}\right)\left(\frac{n_a^3}{n_b^3}\right)\left(\frac{\rho_a}{\rho_b}\right) = \frac{D_a^5}{D_b^5}$$

$$\frac{HP_a}{HP_b}=\left(\frac{12}{6}\right)^5=32$$

所以，加倍風扇葉輪的直徑也增加了8倍流量，4倍的靜壓，但多了32倍耗電率。因此風扇定律可以能快速的告訴風扇尺寸變化對風量、靜壓及耗電功率之變化。

5.3 鰭片散熱理論與多層電路板之等效熱傳導係數與封閉系統空間溫度之計算

5.3.1 選擇散熱鰭片之步驟：

如圖5-32為散熱鰭片結構及各點溫度示意圖，散熱器是指鰭片加上底座，鰭片是指底座上長出鰭片之部分。一般指晶片接端溫度T_J到環溫T_a的差除以所產生之熱源功率即為此晶片之熱阻值$R_{th,Ja}$。在不考慮散熱膏之熱阻情況下，T_{case}也可以是散熱鰭片底部之溫度T_b，則其總熱阻值如Eq.5-63，此時因為散熱鰭片之加入，使散熱面積增加，T_J自然降低。T_J到T_{case}為晶片本身之熱阻值$R_{th,Jc}$；散熱片底部溫度T_b到鰭片底部T_{sink}之熱阻$R_{th,cs}$；鰭片底部T_{sink}到環溫T_a是散熱鰭片的熱阻值$R_{th,sa}$。因此散熱鰭片熱阻$R_{th,ca}$的表示應如Eq.5-64。

$$R_{th,Ja}=R_{th,Jc}+R_{th,cs}+R_{th,sa} \cdots\cdots \text{(Eq.5-63)}$$

解$R_{th,ca}$

$$R_{th,ca}=(R_{th,cs}+R_{th,sa})=R_{th,Ja}-R_{th,Jc} \cdots\cdots \text{(Eq.5-64)}$$

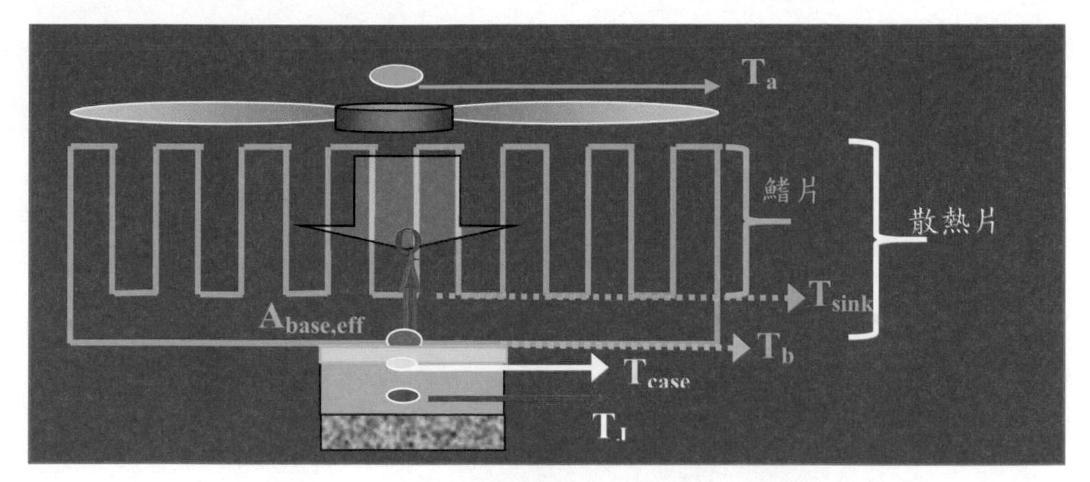

圖5-32　**散熱鰭片結構及各點溫度示意圖**

如果根據Eq.5-64來計算鰭片之熱阻，在執行上將有許多困擾，例如晶片本身熱阻及散熱膏之熱阻不一定能夠知道，因此一般系統廠商及業界還是以Eq.5-64做為鰭片設計熱阻之參考。選擇散熱鰭片步驟為：

1. 決定規格上所訂定之容許最高接端溫度T_J（通常為 70℃）。
2. 決定最壞之環境溫度T_a。
3. 計算$R_{th,ca.}$。
4. 從目錄去找適合之散熱鰭片。
5. 如果有需要，可繼續最佳化設計處理。

5.3.2　Bar-Cohen自然對流下之鰭片最佳化設計理論

本章節之目的在讓設計者決定－散熱座基底尺寸及鰭片尺寸、鰭片材料、輸入熱量，環境溫度，並限定散熱座底部可接受的最高溫度；要求輸入散熱膏熱阻值，加熱片長寬；便可計算出最適用的鰭片數及最佳鰭片間距，可推算出系統熱阻值，散熱座基底溫度及CPU中心溫度。如圖5-33為散熱鰭片結構示意圖。其中 L為散熱座基底長度，W為散熱座基底寬度，d為基底厚度，L為鰭片長度，H 為鰭片高度，t_f為鰭片厚度。

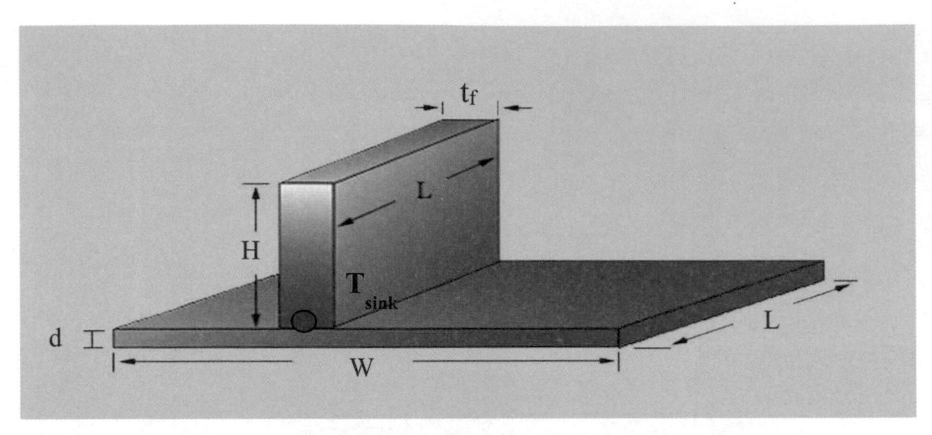

圖5-33　散熱鰭片結構示意圖

在最佳化設計運算流程中必須滿足需求的熱阻值下列方程式Eq.5-65：

$$R_{th,req}=\frac{\Delta T}{Q_{out}}=\frac{T_{sink}-T_a}{Q_{out}} \cdots\cdots (Eq.5\text{-}65)$$

T_{sink}為鰭片基底溫度，T_a為環境溫度，在沒有任何散熱鰭片時之系統熱對流係數，假設加熱面積是與散熱面積是相同的情況下，則沒有熱擴散之問題，因此熱源之熱功率Q_{in}等於牛頓定律所需帶走之熱移量Q_{out}：

$$Q_{in}=Q_{out}=hA\Delta T \cdots\cdots (Eq.5\text{-}66)$$

其熱對流熱阻：

$$R_{th,req}=\frac{\Delta T}{Q_{out}}=\frac{1}{hA} \cdots\cdots (Eq.5\text{-}67)$$

所以

$$h=\frac{1}{R_{th\,req}\times A} \cdots\cdots (Eq.5\text{-}68)$$

其中

$$A=L\times W \cdots\cdots (Eq.5\text{-}69)$$

散熱鰭片間距可依Bar-Cohen ＆ Rohsonow [2]之經驗公式，其表示如下：

$$Z_{opt} = \frac{2.714}{P^{(\frac{1}{4})}} \cdots\cdots \text{(Eq.5-70)}$$

$$P = \frac{C_{p,air}\rho_f^2 g\beta\Delta T}{\mu_f \times K_f \times L} \cdots\cdots \text{(Eq.5-71)}$$

Eq.5-71中，計算P時的空氣性質在溫度 T_{av} 下求得，各符號說明如表5-21：

表5-21　Bar-Cohen 散熱鰭片間距經驗公式之符號說明

符號	說明	單位
Z_{opt}	散熱鰭片最佳間隔距離	（m）
P	plate-air parameter	（m^{-4}）
ΔT	基底溫度T_{sink}與環境溫度T_a的差值	（℃）
T_{av}	基底溫度與環境溫度的平均值$(T_{sink}+T_a)/2$	（℃）
L	鰭片長度	（m）
g	重力加速度	（$9.81m/s^2$）
$C_{p,air}$	空氣之比熱	（J/kg-k）
ρ_f	流體之密度	（kg/m^3）
K_f	空氣之熱傳導係數	（W/m-k）
μ_f	空氣之黏滯係數	（kg/s-m）
β	平均溫度的倒數	（1/℃）
$R_{th,req}$	鰭片散熱器所需要之熱阻	（℃/W）
$R_{th,sink}$	鰭片散熱器之熱阻	（℃/W）

Bar-Cohen在最佳化設計運算流程如下：

（A）需置鰭片數之計算：

$$n_{opt} = \frac{W}{Z_{opt}+t_f} \cdots\cdots \text{(Eq.5-72)}$$

（B）再修正鰭片間距

$$Z_{opt} = \frac{W}{n_{opt}} - t_f \cdots\cdots \text{(Eq.5-73)}$$

（C）計算對流係數h 與R_a

$$h = C\frac{K_f}{L}R_a^n \cdots\cdots \text{（Eq.5-74）}$$

$$R_a = \frac{C_{p,air}\rho_f^2\beta}{\mu_f \times K_f}L^3\Delta T \cdots\cdots \text{（Eq.5-75）}$$

當$10^3 \le R_a \le 10^9$時，取n=0.25，當$10^9 \le R_a \le 10^{12}$時，取n=0.33，C值取決於幾何形狀，在本規則鰭片案例中取 n=0.33，C=0.72。在Eq.5-67中之A是為鰭片之表面積，Gardner [3] 提出等效面積的概念修飾之。根據圖5-33，假設 $A_b = WL - nLt_f$ 為沒有被鰭片覆蓋到的鰭片底部面積，若鰭片頂端散熱面積忽略不計，只考慮鰭片兩邊散熱面積$A_{fin} = 2HL$，若考慮鰭片頂端散熱面積，則：

鰭片散熱面積：$A_{fin} = 2HL + t_fL$

鰭片效率：$\eta_{th} = \frac{\tan\theta}{\theta}$，其中 $\theta = \left(\frac{2hH^2}{K_s t_f}\right)^{1/2}$

所以鰭片之有效面積可寫成：$A_{eff} = A_b + n\eta_{th}A_{fin}$。將Eq.5-67改寫成Eq.5-76：

$$R_{th,sink} = \frac{\Delta T}{Q_{out}} = \frac{1}{hA_{eff}} \cdots\cdots \text{（Eq.5-76）}$$

當$R_{th,sink} < R_{th,req}$時，散熱座符合設計需求。有了$R_{th,sink}$，鰭片基底溫度T_{sink} 與環境之溫差便可由Eq.5-77計算出：

$$\Delta T = T_{sink} - T_a = Q_{out} \times R_{th,sink} \cdots\cdots \text{（Eq.5-77）}$$

則鰭片基底溫度$T_{sink} = Q_{out} \times R_{th,sink} + T_a$。

5.3.3 自然對流下散熱座基底溫度疊代運算理論及流程

考圖5-33鰭片結構示意圖及符號，散熱座基底溫度疊代運算理論之流程如圖5-34，其方法是先猜一鰭片基底溫度為$T_{sink} = T_a + 20$，利用Eq.5-74算出熱對流係數h，計算A_b，A_{fin}以及A_{eff}，利用Eq.5-76計算鰭片熱阻值$R_{th,sink}$，接著計算熱移量Q_{out}，可以設定$|Q_{in} - Q_{out}| < 10^{-5}$之情況下運算完成。如果$|Q_{in} - Q_{out}| > 10^{-5}$，則可以利用疊代法修正鰭片底部之溫度$T_{sink}$，令$T_{sink} = T_a + Q_{out} \times R_{th,sink}$，重新計算$R_a$及熱對流係數直到滿足所設定之$Q_{in} - Q_{out}$之條件。假設鰭片與熱源面積相同下

如圖5-35，基本上不會存在有任何擴散之問題下，則直接由傅立葉定律可以求得T_{case}之溫度：$\Delta T = T_{case} - T_{sink} = (\frac{d}{K_S A_{CPU}})Q_{out}$，其中d 為鰭片底座之厚度，$A_{CPU}$為熱源面積也等於鰭片積底面積。如果知道散熱膏或熱介面材質之熱阻$R_{th,TIM}$情況下，$\Delta T = T_{case} - T_b = R_{th,TIM}\,Q_{in}$，$T_{case}$之溫度自然求得。如果知道封裝材質之熱阻$R_{th,case}$，$\Delta T = T_J - T_{case} = R_{th,case}\,Q_{in}$，$T_J$之溫度自然求得。

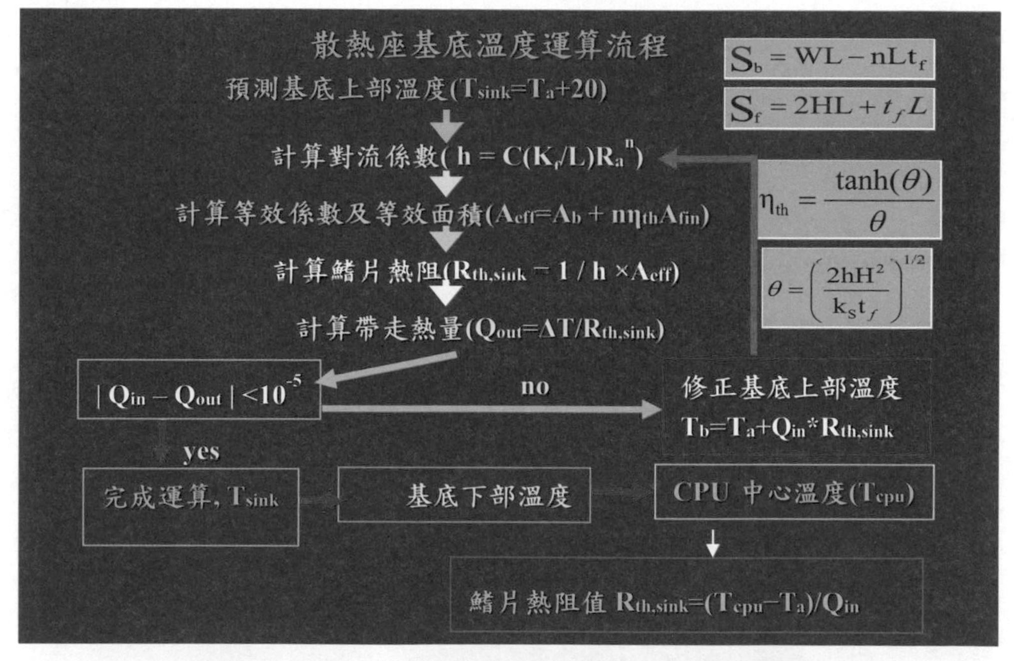

圖5-34　散熱座基底溫度疊代運算理論之流程圖

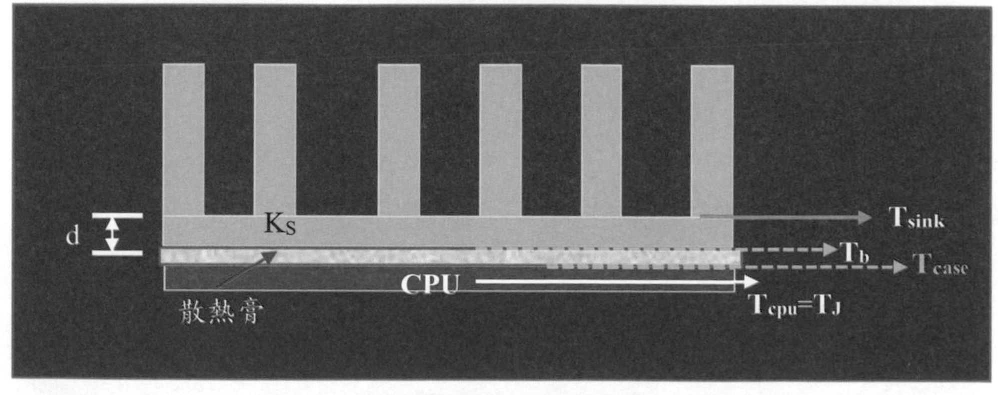

圖5-35　散熱座基底溫度與CPU示意圖

5.3.4 多層電路板材料之等效熱傳導係數計算

電路板是一種複合材料，其元件在熱管理技術上是一種整合之科學，因此，電路板材質熱傳導係數之計算與接端溫度T_J之精準度息息相關。在大部分的分析上，如何建立一個計算電路板熱傳導係數K_{PWB}的理論模式是很重要的，以下就是幾個理論模式之方法：

➢ 方法1（體積平均法）：

$$K_{eff} = (K_{M1} \times t_{M1} + K_{M2} \times t_{M2} + \cdots.)/(t_{M1} + t_{M2} + \cdots.)$$

……（Eq.5-78）

如Eq.5-78，為每一層介質之厚度乘以該介質之K值後之總和，再除以每一介質厚度之總和的平均值為其等效熱傳導係數。各符號說明於表5-22。

表5-22 體積平均法之符號說明

符號	說明	符號	說明
t	(volume of the segment)/(planar area)	K_{eff}	effective thermal conductivity of the PWB
K_{M1}	thermal conductivity of material 1	t_{M1}	thickness of materials 1
K_{M2}	thermal conductivity of material 2	t_{M2}	thickness of materials 2

➢ 方法2（重量分率法）：

計算公式如Eq.5-79：

$$K_{eff} = (K_g \times f_g \times t_g + K_{epoxy} \times (1 - f_g) \times t_g + t_{cu} \times \mathrm{C} \times K_{cu})/t_{PWB}$$

……（Eq.5-79）

其中：

$$t_{cu}(\mathrm{in}) = 0.0014 \times N_{ounce} \times N_{layer}$$
$$t_g = t_{PWB} - t_{cu}$$

各符號說明表如表5-23。

表5-23　重量分率法之符號說明

符號	說明	符號	說明
t	thickness	K_{eff}	effective thermal conductivity of the PWB
K_{cu}	copper thermal conductivity (280W/m, °C)	K_g	glass thermal conductivity (1.4W/m,°C)
f_g	fraction of glass epoxy in nonconductor portion of PWB (typically 0.5)	K_{epoxy}	thermal conductivity of epoxy (0.2W/m, °C)
C	average fraction of copper coverage on each layer (visual observation, e.g. 20 %)		

【案例】

Determine the board conductivity of a PWB with 1oz. Copper in two layers, t_{PWB}= 0.063 in. The percentage of copper is 20%.

【解】：

$N_{ounce} = 1$，$N_{layer} = 2$

$t_{cu}(\text{in}) = 0.0014 \times N_{ounce} \times N_{layer} = 0.0014 \times 1 \times 2 = 0.0028$

計算glass epoxy 之厚度$t_g = t_{PWB} - t_{cu} = 0.063 - 0.0028 = 0.0602(\text{in})$

K_g=1.4W/(m.℃)，K_{epoxy}=0.2W/(m.℃)，K_{cu}=280W/(m.℃)，C=0.2 因此：

$$K_{eff} = \frac{K_g \times f_g \times t_g + K_{epoxy} \times (1 - f_g) \times t_g + t_{cu} \times C \times K_{cu}}{t_{PWB}}$$

$$= \frac{[1.4 \times 0.5 \times (0.0602 \times 0.0254) + 0.2 \times (1 - 0.5) \times (0.0602 \times 0.0254) + (0.0028 \times 0.0254) \times 0.2 \times 280]}{0.063 \times 0.0254}$$

$$= 3.41(\frac{W}{m.°C}).$$

➢ 方法3（實驗法）：

Azar以實驗方法直接取得PWBs 的K_b值，（Azar, et. Al., 1995 [4]）在一系列的實驗中取得各種不同電路板中的K_b值，這些測量的結果顯示銅箔層在複合材料中扮演相當重要之腳色，其經驗公式如Eq.5-80。表5-24為這些實驗所得到之數據，表5-25為這些數據符號之說明：

Azar的經驗公式：

$$K_b = (K_{cu} - K_{ge})(\frac{Z_{cu}}{Z}) \cdots\cdots \text{（Eq.5-80）}$$

其中：$K_{cu} = 385(\frac{w}{m.°C})$， $K_{ge} = 0.59(\frac{w}{m.°C})$

表5-24　不同電路板中的K值

sample	N	N_C	Z	Z_{cu}	W	L	Surface circuit	$K_{b,n}$	$K_{b,p}$
PC1	4	2	0.17	2X66	1	1	None	0.59	---
PC2	6	4	0.17	4X66	1	1	None	0.6	---
PC3	4	2	0.17	2X68	0.48	2	None	---	35.7
PC4	4	2	0.17	2X68	0.63	5	None	---	28.9
PC5	2	0	0.16	0	2.18	3.6	None	---	0.81
PC6	8	2	0.15	2X34	2.46	4.1	None	---	15.9
PC7	8	2	0.14	2X34	1.68	4.5	Many vais	---	14.6
PC8	8	2	0.15	2X34	2.6	4.7	Surface mounts	---	14.5
PC9	8	2	0.15	2X34	2.06	5.1	Surface mounts	---	14.4
PC10	8	2	0.15	2X34	2.02	5.8	much	---	18
PC11	1	1	0.15	1X32	1.7	3.6	None	---	9
PC12	6	1	0.15	1X32	1.05	3.6	Little	---	8.1

表5-25　Azar在不同電路板之符號說明

符號	說明
$K_{b,n}$	電路板之軸向K_z值（W/m.℃）
$K_{b,p}$	電路板總熱傳導係數K值（W/m.℃）
L	電路板樣品長度

符號	說明
N	電路板層數
N_C	電路板中含銅箔之層數
Z	電路板樣品厚度（cm）
Z_{cu}	電路板中含銅箔層數之總厚度（$mX10^{-6}$）
W	電路板樣品寬度（cm）
Surface circuit	可以看到線路的表面電路板

5.3.5　熱源於封閉系統中在自然對流下空間溫度之計算

本章節之目的在使用者輸入密閉空間的長、寬、高和厚度，及其表面發射率，並選擇其材質；輸入當時大環境的溫度，和發熱源的發熱功率，便可自動計算密閉空間的壁溫和內部溫度。如圖5-36為一熱源於封閉系統中之示意圖，依據能量守恆，所發生之熱功率Q_{gen}必須由密閉環境之機殼利用自然對流將熱Q_{out}移走：$Q_{gen} = Q_{out}$。假設密閉空間（Enclosure）之溫度為均勻T_{en}，機殼溫度T_w，機殼外部之環溫T_a，則從T_{en}到T_a必須串聯一內部空間到機殼之內部對流熱阻$R_{th,2w}$及機殼到環境之外部對流熱阻值$R_{th,wa}$如Eq.5-81。

$$Q_{gen} = \frac{(T_{en}-T_w)}{R_{th,enw}} = \frac{(T_w-T_a)}{R_{th,wa}} = \frac{(T_{en}-T_a)}{(R_{th,enw}+R_{th,wa})} \quad \cdots\cdots \text{（Eq.5-81）}$$

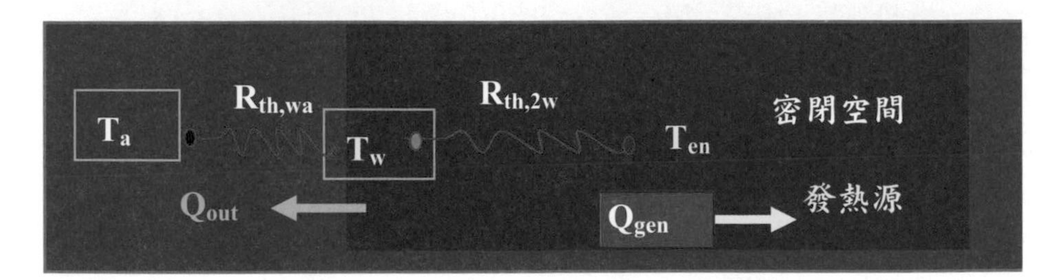

圖5-36　熱源於封閉系統中之示意圖

如圖5-37為此一密閉空間（機殼）之示意圖，其長、寬、高各以L、W、H表示之。在此計算中必須先計算T_w，其評估之流程如圖5-38（a）步驟（I）至（IX）為計算機殼壁溫T_w之流程圖；假設機殼內、外都為T_w下，圖5-38（b）步驟（X）至（XVII）為計算機殼內部溫度T_{en}之流程圖。

（I）　先猜測一壁溫$T_{w(guess)}$

（II）　與環溫T_a做平均值$T_{ave} = (T_{w(guess)} + T_a)/2$，密閉空間之所有熱特性將以此為參考溫度

（III）　計算機殼外部溫差$\Delta T_{wa} = T_{w(guess)} - T_a$

（IV）　計算機殼外部之上、下、側面的有效長度（L_{eff}）

上表面有效長度：$L_{eff,up} = [L \times W] / [2 \times (L+W)]$ ……（Eq.5-82）

下表面有效長度：$L_{eff,down} = [L \times W] / [2 \times (L+W)]$ ……（Eq.5-83）

側表面有效長度：$L_{eff,side} = [(L+W) \times H] / [2 \times (L+W+H)]$

……（Eq.5-84）

（V）　計算Grashof number Gr_{wa}，其中v為空氣流體之動力黏度（kinematic viscosity）：

機殼外部上表面：$Gr_{wa,up} = \frac{9.8 \times \Delta T_{wa} \times L_{eff,up}^3}{T_{ave}(v)^2}$ ……（Eq.5-85）

機殼外部下表面：$Gr_{wa,down} = \frac{9.8 \times \Delta T_{wa} \times L_{eff,down}^3}{T_{ave}(v)^2}$ ……（Eq.5-86）

機殼外部側表面：$Gr_{wa,side} = \frac{9.8 \times \Delta T_{wa} \times L_{eff,side}^3}{T_{ave}(v)^2}$ ……（Eq.5-87）

（VI）　假設Pr=0.7，計算機殼外部各表面之Nusselt Number[5]如下：

機殼外部上表面：$Nu_{wa,up} = 0.58(Gr_{wa,up}Pr)^{0.2}$ ……（Eq.5-88）

Horizontal plate with heated surface facing downward for

$10^6 < Gr_{wa,up}Pr < 10^{11}$

機殼外部下表面：$Nu_{wa,down} = 0.13(Gr_{wa,down}Pr)^{1/3}$ ……（Eq.5-89）

Horizontal plate with heated surface facing upward for $Gr_{wa,down}Pr < 2 \times 10^8$

機殼外部下表面：$Nu_{wa,down} = 0.16(Gr_{wa,down}Pr)^{1/3}$ ……（Eq.5-89′）

Horizontal plate with heated surface facing upward for

$5 \times 10^8 < Gr_{wa,down}Pr < 10^{11}$

機殼外部側表面[6]：$Nu_{wa,side} = \{0.825 + \frac{0.387(Gr_{wa,side}Pr)^{1/6}}{\left[1+\left(\frac{0.429}{Pr}\right)^{9/16}\right]^{8/27}}\}^2$ …（Eq.5-90）

（VII）　計算機殼外部各表面之熱對流係數

機殼外部上表面：$h_{wa,up} = \frac{Nu_{wa,up} \times K_f}{L_{eff,up}}$ ……（Eq.5-91）

機殼外部下表面：$h_{wa,down} = \frac{Nu_{wa,down} \times K_f}{L_{eff,down}}$ ……（Eq.5-92）

機殼外部側表面：$h_{wa,side} = \frac{Nu_{wa,side} \times K_f}{L_{eff,side}}$ ……（Eq.5-93）

（VIII）　計算機殼外部各表面之熱阻值：

機殼外部上表面熱阻：$R_{th,wa,up} = \frac{1}{h_{wa,up} \times A_{up}}$ ……（Eq.5-94）

機殼外部下表面熱阻：$R_{th,wa,down} = \frac{1}{h_{wa,up} \times A_{down}}$ ……（Eq.5-95）

機殼外部側表面熱阻：$R_{th,wa,side} = \frac{1}{h_{wa,up} \times A_{side}}$ ……（Eq.5-96）

其中$h_{wa,up}$，$h_{wa,down}$，$h_{wa,side}$各代表機殼外部上表面、下表面及側面之熱對流係數；A_{up}，A_{down}及A_{side}各代表上表面、下表面及側面之面積；$R_{th\ wa,up}$，$R_{th,wa,down}$，$R_{th,wa,side}$各代表機殼外部上表面、下表面及側面之熱對流熱阻。在忽略輻射熱阻值，並分別計算機殼外部上、下、側表面的熱阻值，再以熱阻並聯觀念，求出機殼至環境之總熱阻值（$R_{th,wa}$）：

$\frac{1}{R_{th,wa}} = \sum \frac{1}{R_{th,wa,i}} = \sum \frac{1}{R_{th,wa,up}} + \frac{1}{R_{th,wa,down}} + \frac{1}{R_{th,wa,side}}$ ……（Eq.5-97）

（IX）　計算壁溫$T_{w(calculate)}$

由Eq.5-81，$T_{w(calculate)} = Q_{gen} \times R_{th,wa} + T_a$ ……（Eq.5-98）

檢查$T_{w(calculate)} - T_{w(guess)} \leq 0.1$，則$T_w = T_{w(calculate)}$；如果不滿足條件，則修正新猜測壁溫：

$T_{w(guess)} = \frac{(T_{w(guess)} + T_{w(calculate)})}{2}$ ……（Eq.5-99）

（X） 假設機殼內、外都為T_w下，猜測密閉空間（機殼）內部環境溫度$T_{en(guess)}$

（XI） 與壁溫T_w做平均值$T_{ave} = (T_{en(guess)} + T_w)/2$，密閉空間之所有熱特性將以此為參考溫度

（XII） 計算機殼內部溫差$\Delta T_{enw} = T_{en} - T_w$

（XIII） 計算機殼內部Grashof number Gr_{en}

機殼內部上表面：$Gr_{enw,up} = \frac{9.8 \times \Delta T_{enw} \times L_{eff,up}^3}{T_{ave}(v)^2}$ ……（Eq.5-100）

機殼內部下表面：$Gr_{enw,down} = \frac{9.8 \times \Delta T_{enw} \times L_{eff,down}^3}{T_{ave}(v)^2}$ ……（Eq.5-101）

機殼內部側表面：$Gr_{enw,side} = \frac{9.8 \times \Delta T_{enw} \times L_{eff,side}^3}{T_{ave}(v)^2}$ ……（Eq.5-102）

（XIV）假設Pr=0.7，計算機殼外部各表面之Nusselt Number如下：

機殼內部上表面：$Nu_{wa,up} = 0.58(\mathrm{Gr}_{wa,up}\mathrm{Pr})^{0.2}$ ……（Eq.5-103）

Horizontal plate with heated surface facing downward for $10^6 < Gr_{wa,up} Pr < 10^{11}$

機殼內部下表面：$Nu_{wa,down} = 0.13(\mathrm{Gr}_{wa,down}\mathrm{Pr})^{1/3}$ ……（Eq.5-104）

Horizontal plate with heated surface facing upward for $Gr_{wa,down} Pr < 2 \times 10^8$

機殼內部下表面：$Nu_{wa,down} = 0.16(\mathrm{Gr}_{wa,down}\mathrm{Pr})^{1/3}$ ……（Eq.5-104′）

Horizontal plate with heated surface facing upward for $5 \times 10^8 < Gr_{wa,down} Pr < 10^{11}$

機殼內部側表面[6]：$Nu_{enw,side} = \{0.825 + \frac{0.387(\mathrm{Gr}_{enw,uside}\mathrm{Pr})^{1/6}}{\left[1+\left(\frac{0.429}{Pr}\right)^{9/16}\right]^{8/27}}\}^2$ ……（Eq.5-105）

（XV） 計算機殼內部各表面之熱對流係數

機殼內部上表面：$h_{enw,up} = \frac{Nu_{enw,up} \times K_f}{\mathrm{L}_{eff,up}}$ ……（Eq.5-106）

機殼內部下表面：$h_{enw,down} = \frac{Nu_{enw,down} \times K_f}{\mathrm{L}_{eff,down}}$ ……（Eq.5-107）

機殼內部側表面：$h_{enw,side} = \frac{Nu_{enw,side} \times K_f}{\mathrm{L}_{eff,side}}$ ……（Eq.5-108）

（XVI）計算機殼內部各表面之熱阻值：

機殼內部上表面熱阻：$R_{th,enw,up} = \frac{1}{\mathrm{h}_{enw,up \times A_{up}}}$ ……（Eq.5-109）

機殼內部下表面熱阻：$R_{th,enw,down} = \frac{1}{\mathrm{h}_{enw,up \times A_{down}}}$ ……（Eq.5-110）

機殼內部側表面熱阻：$R_{th,enw,side} = \frac{1}{\mathrm{h}_{enw,up \times A_{side}}}$ ……（Eq.5-111）

其中$h_{enw,up}$，$h_{enw,down}$，$h_{enw,side}$ 各代表機殼內部上表面、下表面及側面之熱對流係數；$\mathrm{R}_{th,\mathrm{enw},up}$，$\mathrm{R}_{th,enw,down}$，$\mathrm{R}_{th,enw,side}$ 各代表機殼內部上表面、下表面及側面之熱對流熱阻。在忽略輻射熱阻值，並分別計算機殼內部上、下、側表面的熱阻值，再以熱阻並聯觀念，求出機殼至內部之總熱阻值（$\mathrm{R}_{\mathrm{th,enw}}$）：

$$\frac{1}{R_{th,enw}} = \sum \frac{1}{R_{th,enw,i}} = \sum \frac{1}{R_{th,enw,up}} + \frac{1}{R_{th,enw,down}} + \frac{1}{R_{th,enw,side}}$$ ……（Eq.5-112）

（XVII）計算機殼內部空間（Enclosure）溫度$\mathrm{T}_{\mathrm{en}}(_{\mathrm{calculate}})$

$T_{en(calculate)} = Q_{gen} \times R_{th,enw} + T_w$ ……（Eq.5-113）

檢查$T_{en(calculate)} - \mathrm{T}_{en(guess)} \leq 0.1$，則$\mathrm{T}_{\mathrm{en}} = \mathrm{T}_{\mathrm{en(calculate)}}$；如果不滿足條件，修正新猜測內部空間溫度：

$T_{en(guess)} = \frac{(T_{en(guess)} + T_{en(calculate)})}{2}$ ……（Eq.5-114）

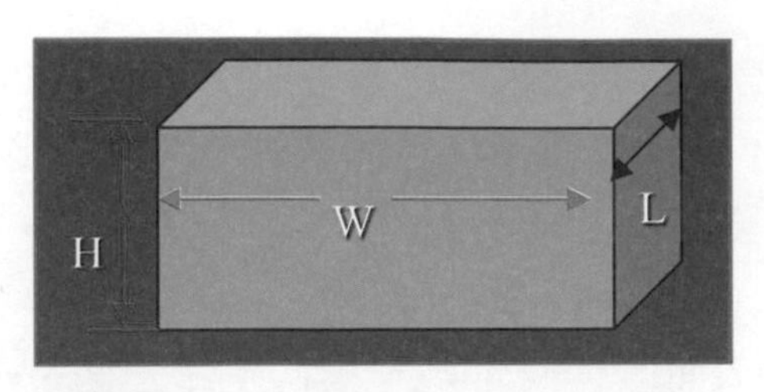

圖5-37　密閉空間尺寸示意圖

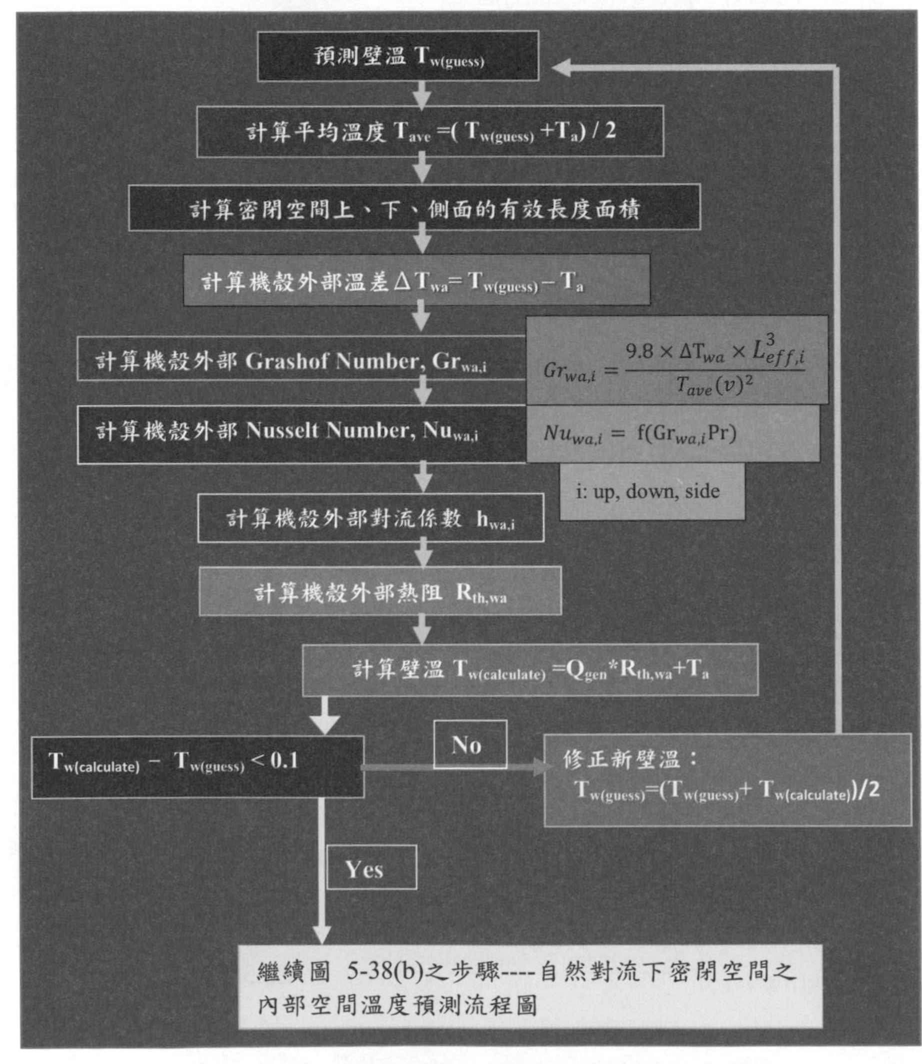

圖5-38（a）　自然對流下機殼之壁溫預測流程圖

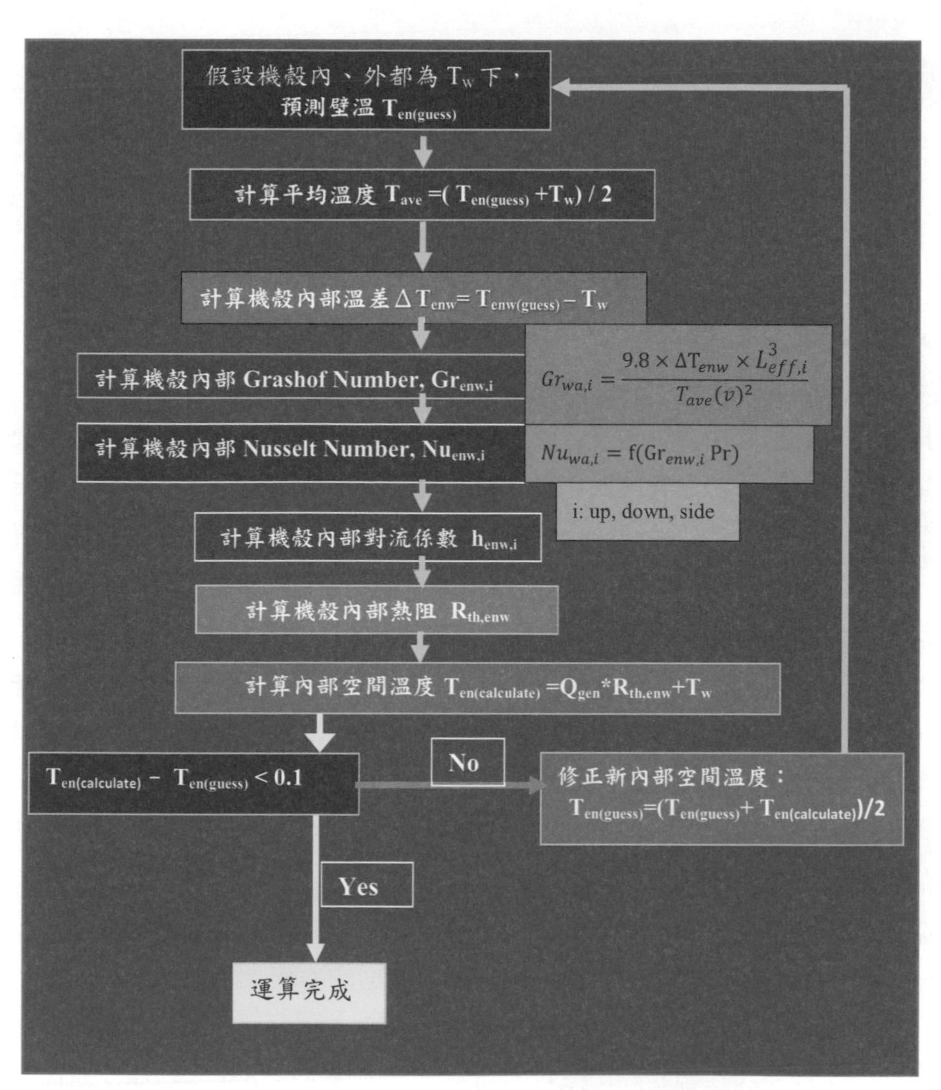

圖5-38（b）　自然對流下機殼之內部空間溫度預測流程圖

5.4 區域分割理論計算鰭片阻抗曲線

散熱鰭片的功能最主要是藉由增加有效的面積來增加熱傳，帶走電子元件所產生的熱能。一般而言，散熱鰭片在自然對流只能應用於發熱量較低的電子元件。在電子元件發熱量愈來愈高的情況下，散熱鰭片必須搭配風扇或其他散熱元件，構成的強制對流系統，才能夠有效的移除系統運轉所產生的熱能，降低電子元件的運轉溫度。溫度的降低除了可避免電子元件因高溫而受損外，還可提高系統的穩定性與可靠度。散熱鰭片在設計的過程中，必須考慮系統使用環境、條件以及系統允許的操作溫度等因素，以達到最大的散熱效果。業界皆以熱阻值來評估散熱元件性能的好壞，熱阻值愈大，散熱能力愈差，熱阻值愈小，散熱能力愈佳。S.W. Churchill等學者 [6] 提出散熱鰭片之對流熱傳關係式，可以用來預測散熱鰭片的熱阻值。對流熱傳係數h與Nu（Nusselt number）、Re（Reynolds number）、Pr（Prandtl number）等參數有關，要決定這些系統參數，必須要知道流體通過系統的速度或流量。因此，在設計的過程中，流體通過系統的速度是相當重要的一個條件。

本研究的主要目的在利用實驗的方法來預估散熱鰭片阻抗值，藉由實驗所得的數據建立理論模式，利用建立的經驗理論模式，可以用來預估散熱鰭片系統阻抗值。搭配適當的風扇性能曲線，可以決定出流體通過系統的速度。如此在散熱鰭片設計的過程中，可以大大的減少模型開發的成本與時間。區域分割法的概念是由Lin於2004年提出[7]，主要觀念是藉由風量到散熱鰭片各區域時是並聯型態，對於同一個鰭片可能有不同幾何之結構，則將相同結構之鰭片或匣道當成一個區域，求出此區域之阻抗曲線，然後將不同區域以並聯方式求出整個鰭片之總阻抗曲線的經驗公式。本節將分成三大部分，第一部分闡述風量垂直吹送，第二部分則提供風量由鰭片側吹之分析，第三部分則則闡述實驗上熱阻與風量之關係。

5.4.1　區域分割理論之風扇垂直吹（top down）阻抗經驗公式

區域分割阻抗法經驗式建立在以下6種形式之規則型鰭片：

（I）規則長條型：在長度、寬度、高度、厚度皆相同的鰭片，片數多寡不同（即間距的不同）之實體圖5-39（I）～（VI），示意圖5-40（I）

（II）鰭片中間有開一縱向閘道之實體圖5-39（II），示意圖5-40（II）

（III）鰭片中間開縱向兩閘道，中間有單一鰭片之實體圖5-39（III），示意圖5-40（III）

（IV）鰭片兩側開兩個閘道，兩側各有單一鰭片之實體圖5-39（IV），示意圖5-40（IV）

（V）鰭片中間開有一橫向閘道之實體圖5-39（V），示意圖5-40（V）

（VI）鰭片中間開有兩個橫向閘道之實體圖5-39（VI），規則針狀鰭片示意圖5-40（VI）

圖5-39　（I）～（VI）不同結構鰭片實體

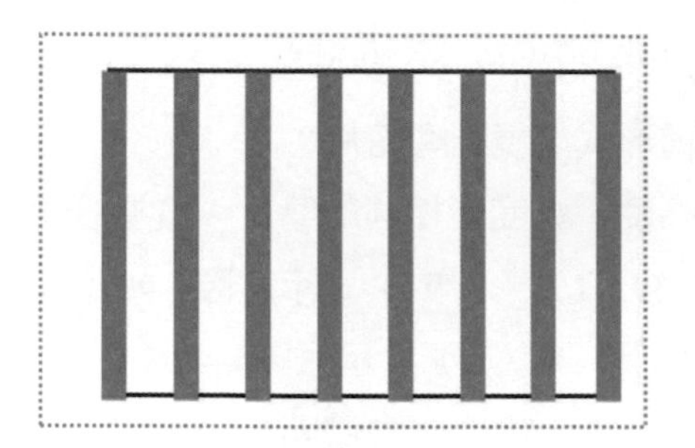

圖5-40（I） 規則狀長條形鰭片之上視圖

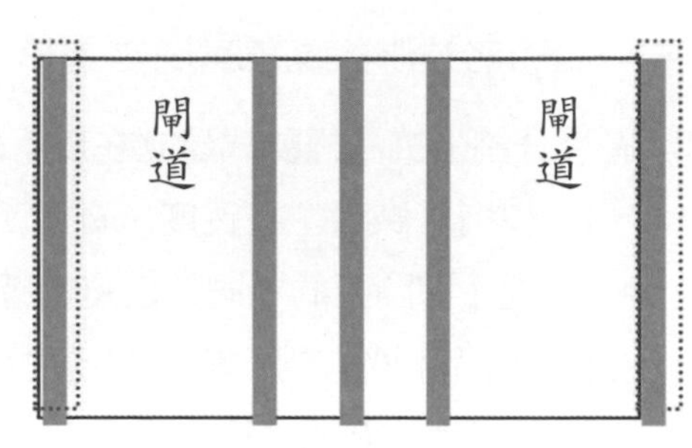

圖5-40（II） 鰭片有開閘道之上視圖

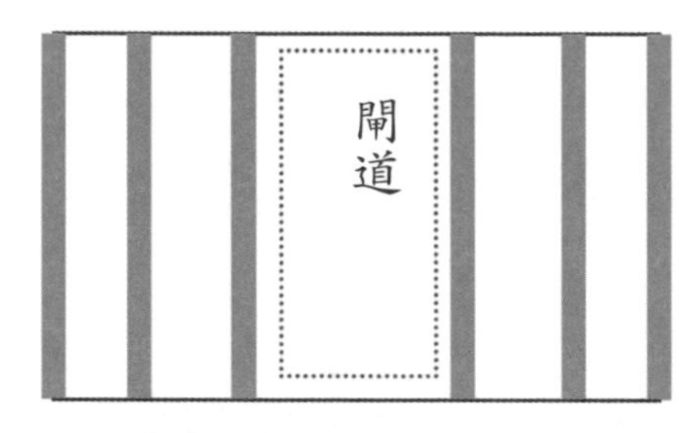

圖5-40（III） 單一鰭片位於中間之上視圖

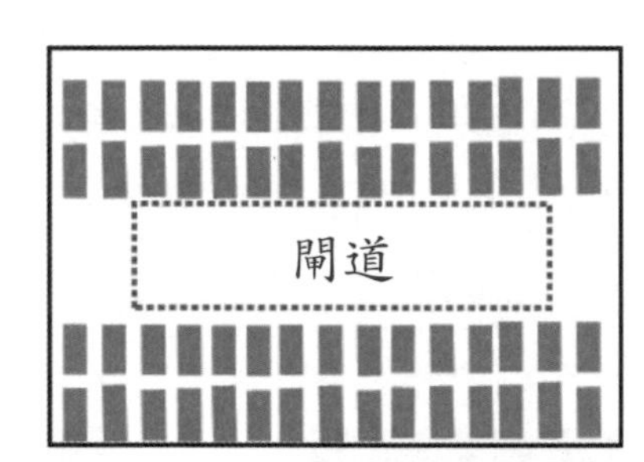

圖5-40（IV） 單一鰭片組座落兩旁之上視圖

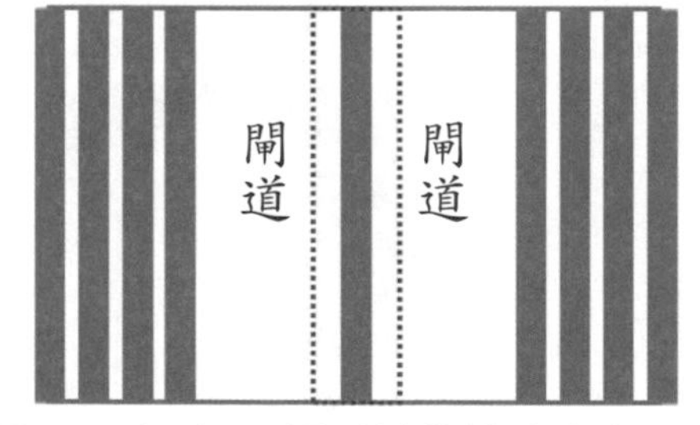

圖5-40（V） 規則針狀鰭片之上視圖

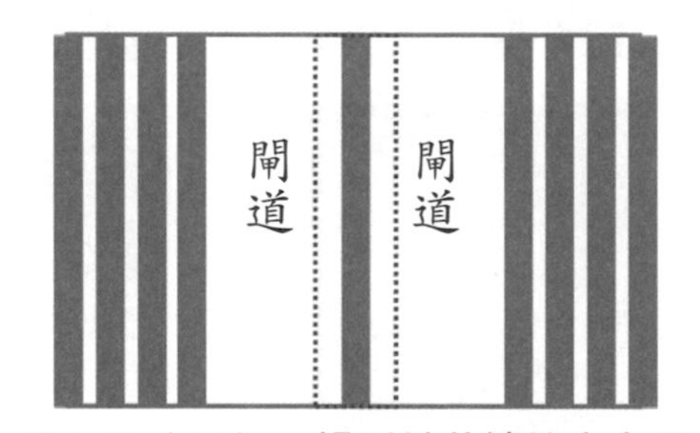

圖5-40（VI） 規則針狀鰭片之上視圖

茲將此6種形狀之規則型鰭片分別敘述於下：

（I）如圖5-41（I）為規則狀長條形鰭片示意圖，表5-26為規則狀長條形鰭

片規格符號尺寸表

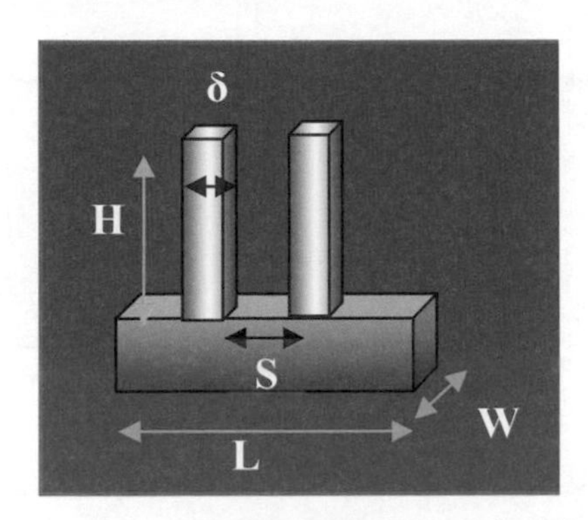

圖5-41（I）　規則狀長條形鰭片示意圖

表5-26　規則狀長條形鰭片規格符號表

長（mm）	寬（mm）	高（mm）	鰭片厚度（mm）	間距（mm）	鰭片數（長條形）	橫向通道
L	W	H	δ	S	n	m

規則狀長條形鰭片之阻抗分析：

$$\Delta P_{fin} = (2.6*10^{10}\ \frac{n-1}{A^2H^2K^{0.3}(m+1)^2})Q_V^2 + (\frac{32H\ \ *s^{1.1}}{A})\ Q_V$$

……（Eq.5-115（I））

$$K = (n-1)k_i$$ ……（Eq.5-115（I）–1）

$$k_i = (\frac{\delta}{\mathbf{s}})^2$$ ……（Eq.5-115（I）–2）

$$A = (n-1)*s*w\,(mm)^2$$ ……（Eq.5-115（I）–3）

其中：H、S之單位為 mm，Q_v單位為（CMM），DP_{fin}單位為（mmAq）

（II）鰭片之閘道阻抗分析：

如圖5-41（II）為閘道示意圖：

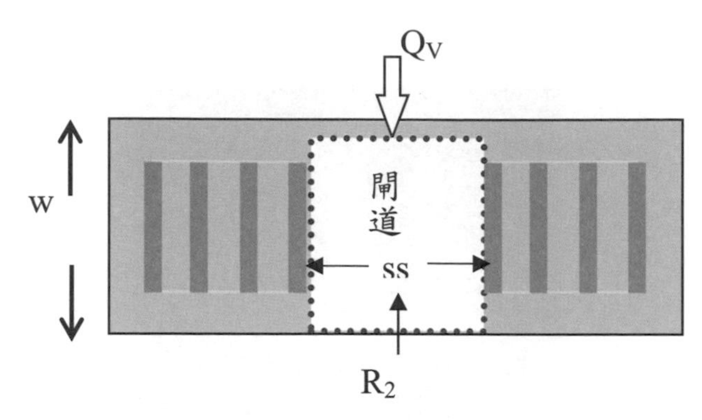

圖5-41（II）　**鰭片中間有開一閘道**

$$\Delta P_{plane} = (3.9*10^{11}\ \frac{1}{HA^2(m\ \ +1)^2})Q_V^2 + (\frac{3H}{W})\ Q_V \cdots\cdots \text{（Eq.5-115（II））}$$

$$A = ss * w\,(mm)^2 \cdots\cdots \text{（Eq.5-115（II）–1）}$$

（III）單一鰭片之阻抗分析：

$$\Delta P_{\sin gle} = \frac{3.56*10^6}{H^2\,2^{\gamma_1-1}} Q_V{}^2 \cdots\cdots \text{（Eq.5-115（III））}$$

如圖5-41（III）–1單一鰭片位於鰭片兩端時，只有一端有風量流進出時，取γ_1=1。如圖5-41（III）–2單一鰭片位於鰭片中間，兩端各有風量流進出時，取γ_1=2。

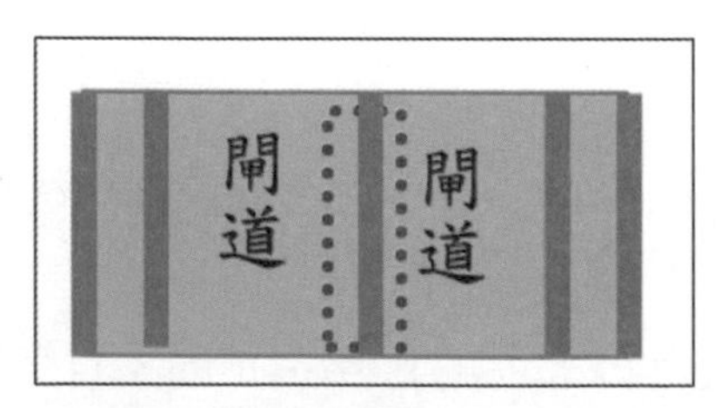

圖5-41（III）–1　**單一鰭片位於中間之上視圖**

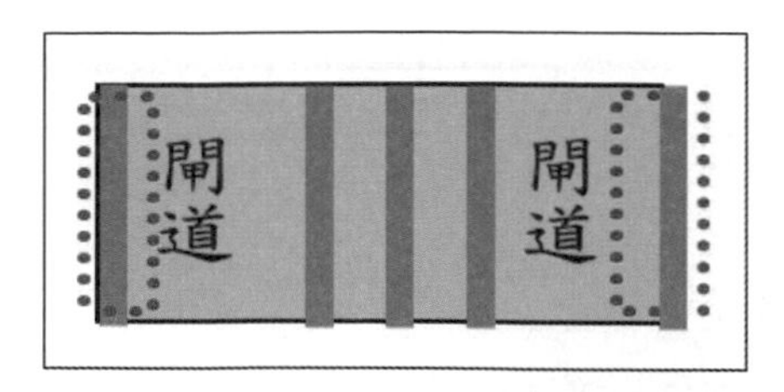

圖5-41（III）–2　**單一鰭片座落兩旁之上視圖**

（IV）鰭片總阻抗分析：

如圖5-42鰭片總阻抗上視圖，其可大致分成5個區域，以中心單一鰭片為基準，左右是對稱，從最左邊為規則狀長條形鰭片，所以取Eq.5-115（I）將之簡化為Eq.5-115（I）–1-s，其中R_1, r_1各為其第一項次之流阻係數與第二項次之流阻係數。同理，左邊第二區域為閘道公式，所以取Eq.5-115（II）將之簡化為Eq.5-115（II）–2-s，其中R_2, r_2各為其第一項次之流阻係數與第二項次之流阻係數。中間區域為單一鰭片公式，所以取Eq.5-115（III）將之簡化為Eq.5-115（III）–3-s，其中R_3, r_3各為其第一項次之流阻係數與第二項次之流阻係數。從左邊算來第四區域與第二區域其實是對稱的，為閘道公式，所以取Eq.5-115（II）將之簡化為Eq.5-115（II）–4-s，其中R_4, r_4各為其第一項次之流阻係數與第二項次之流阻係數。從左邊算來第五區域與第一區域其實是對稱的，為規則狀長條形鰭片，所以取Eq.5-115（I）將之簡化為Eq.5-115（I）–5-s，其中R_5, r_5各為其第一項次之流阻係數與第二項次之流阻係數。由於風量進入鰭片時是同時發生的，屬於並聯之型態，所以將此5大區域以並聯方式可以取得的第一次項次之流阻R_{tot}如Eq. 5-116-1及第二項次之流阻r_{tot}如Eq. 5-116-2。

$$\Delta P_{fin,1} = R_1 Q_V^2 + r_1 Q_V \quad \cdots\cdots（Eq.5\text{-}115（I）–1–s）$$

$$\Delta P_{plane,2} = R_2 Q_V^2 + r_2 Q_V \quad \cdots\cdots（Eq.5\text{-}115（II）–2–s）$$

$$\Delta P_{single} = R_3 {Q_V}^2 \quad \cdots\cdots（Eq.5\text{-}115（III）–3–s）$$

$$\Delta P_{plane,4} = R_4 Q_V^2 + r_4 Q_V \quad \cdots\cdots（Eq.5\text{-}115（II）–4–s）$$

$$\Delta P_{fin,5} = R_5 Q_V^2 + r_5 Q_V \quad \cdots\cdots（Eq.5\text{-}115（I）–5–s）$$

$$\frac{1}{\sqrt{R_1}}+\frac{1}{\sqrt{R_2}}+\frac{1}{\sqrt{R_3}}+\frac{1}{\sqrt{R_4}}+\frac{1}{\sqrt{R_5}}=\frac{1}{\sqrt{R_{tot}}} \quad \cdots\cdots（Eq.5\text{-}116\text{–}1）$$

$$\frac{1}{\sqrt{r_1}}+\frac{1}{\sqrt{r_2}}+\frac{1}{\sqrt{r_3}}+\frac{1}{\sqrt{r_4}}+\frac{1}{\sqrt{r_5}}=\frac{1}{\sqrt{r_{tot}}} \quad \cdots\cdots（Eq.5\text{-}116\text{–}2）$$

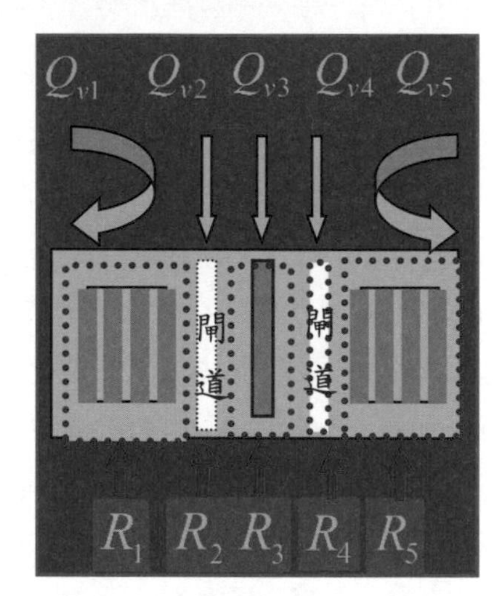

圖5-42　鰭片總阻抗上視圖

【案例（I）】規則狀長條形或針狀鰭片之阻抗

案例（I）

如圖5-43（I）為編號No.4-1-10-4規則長條型鰭片結構及符號示意圖，表5-27-1為編號No.4-1-10-4之規則狀長條形鰭片尺寸表，由於其為規則型鰭片，因此可以用Eq.5-115（I）代入。表5-27-2為編號No.4-1-10-4之實驗與理論誤差表，表中顯示隨壓力之升高而誤差變小，壓力在最小時誤差達22.6%，其餘不超過10%。

$$\Delta P_{fin,1}=(2.6*10^{10}\ \frac{n-1}{A^2H^2K^{0.3}(m+1)^2})Q_V^2+(\frac{32H\ \ *s^{1.1}}{A})\ Q_V$$

$$\cdots\cdots（Eq.5\text{-}115（I））$$

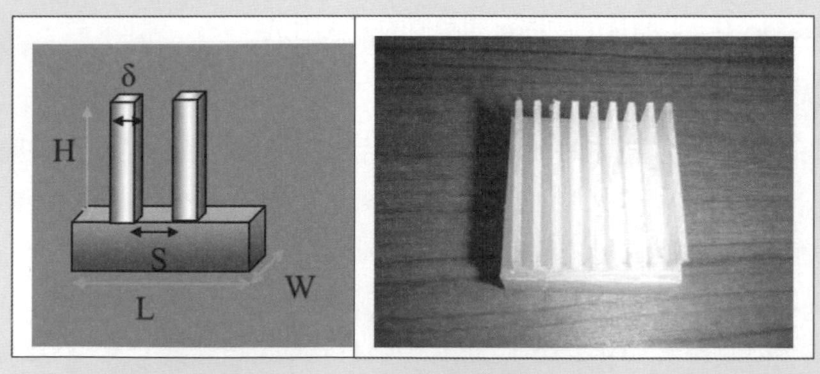

圖5-43（I）　編號No.4-1-10-4規則長條型鰭片結構及符號示意圖

表5-27-1　編號No.4-1-10-4之規則狀長條形鰭片尺寸表

編號	長（mm）	寬（mm）	高（mm）	鰭片厚度（mm）	間距（mm）	鰭片數（長條形）	橫向通道
No.4-1-10-4	L	W	H	δ	S	n	m
長條形	50	50	10	2	4	9	0

表5-27-2　編號No.4-1-10-4之靜壓實驗與理論誤差表

ΔP(experiment)	Δp(theory)	ERROR(%)	Qv
0	0	0	0
0.225	0.174	22.6	0.0168
0.671	0.706	5.2	0.0349
1.342	1.434	6.8	0.0502
2.332	2.526	8.3	0.067
4.601	4.729	2.7	0.0921
7.788	7.605	2.3	0.1171

$$\text{ERROR} = \frac{|\Delta\ \text{P(experiment)} - \Delta\ \text{p(theory)}|}{\Delta\ \text{P(experiment)}} \times 100\%$$

【案例（II）】鰭片的中間有開閘道的系統阻抗

案例（II）

如圖5-43（II）為編號No.4-2-10-4鰭片的中間有開閘道結構及符號示意圖，圖5-43（II）顯然可以分成3塊區域，其中R_1、R_3區域相同，R_2則為匣道區域，因此區域R_1與R_3可以用規則型鰭片Eq.5-115（I）代入；區域R_2則以匣道Eq.5-115（II）代入，總流阻則以並聯型態表示如Eq.5-117。表5-28-1為編號No.4-2-10-4之鰭片中間有開閘道尺寸表，表5-28-2為編號No.4-2-10-4之實驗與理論誤差表。表中顯示除了低壓區第一點誤差高達54.3%以外，其他都小於20%。

$$\Delta P_{fin,1} = (2.6*10^{10}\ \frac{n-1}{A^2H^2K^{0.3}(m+1)^2})Q_V^2 + (\frac{32H\ \ *s^{1.1}}{A})\ Q_V$$
$$= R_1Q_V{}^2 + r_1Q_V$$

……（Eq.5-115（I））

$$\Delta P_{fin,3} = (2.6*10^{10}\ \frac{n-1}{A^2H^2K^{0.3}(m_1+1)^2})Q_V^2 + (\frac{32H\ \ *s^{1.1}}{A})\ Q_V$$
$$= R_3Q_V{}^2 + r_3Q_V$$

……（Eq.5-115（I））

$$\Delta P_{plane,2} = (3.9*10^{11}\ \frac{1}{H_2A_2{}^2(m_2+1)^2})Q_V^2 + (\frac{3H_2}{W_2})\ Q_V$$
$$= R_2Q_V{}^2 + r_2Q_V{}^2$$

……（Eq.5-115（II））

$$\Delta P = (\frac{1}{\frac{1}{\sqrt{R_1}}+\frac{1}{\sqrt{R_2}}+\frac{1}{\sqrt{R_3}}})^2Q_V{}^2 + (\frac{1}{\frac{1}{\sqrt{r_1}}+\frac{1}{\sqrt{r_2}}+\frac{1}{\sqrt{r_3}}})^2Q_V \quad \text{……（Eq.5-117）}$$

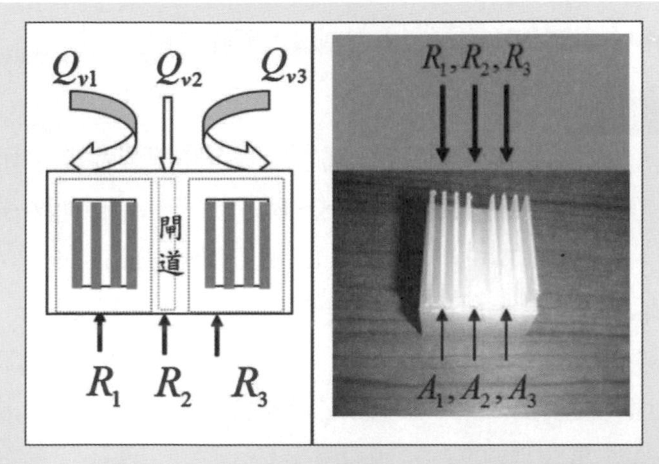

圖5-43（II）　編號No.4-2-10-4鰭片的中間有開閘道結構及符號示意圖

表5-28-1　編號No.4-2-10-4之鰭片的中間有開閘道尺寸表

編號	長（mm）	寬（mm）	高（mm）	鰭片厚度（mm）	間距（mm）			鰭片片數			橫向通道		
No.4-2-10-4	L	W	H	δ	S_1	S_2	S_3	n_1	n_2	n_3	m_1	m_2	m_3
長條形	66	50	10	2	4	26	4	4	0	4	0	0	0

表5-28-2　編號No.4-2-10-4之靜壓實驗與理論誤差表

P(experiment)	Δp(theory)	ERROR(%)	Qv
0	0	0	0
0.277	0.126	54.3	0.0154
0.693	0.544	21.4	0.0321
1.365	1.120	17.9	0.0461
2.463	2.156	12.4	0.0461
4.912	4.192	14.6	0.0893

$$\text{ERROR} = \frac{|\Delta \text{P(experiment)} - \Delta \text{p(theory)}|}{\Delta \text{P(experiment)}} \times 100\%$$

【案例（III）】鰭片中間有開兩個閘道，中間有單一鰭片

案例（III）

如圖5-43（III）為編號No.4-3-10-4鰭片中間有開兩個閘道，中間有單一鰭片結構及符號示意圖。本案例可分成5個區域，為R_1規則型，R_2匣道，R_3單一鰭片，R_4匣道與R_5規則型；其中R_1 與R_5相同以Eq.5-115（I）表示，R_2與R_4相同以Eq.5-115（II）表示，R_3則以Eq.5-115（III）表示。表5-29-1為編號No.4-3-10-4之規則狀長條形鰭片尺寸表，表5-29-2為編號No.4-3-10-4之實驗與理論誤差表。表中顯示除了低壓區第一點誤差為31.6%以外，其他都小於5%，是非常精準的預測曲線。

$$R_1 = 2.6*10^{10} \frac{n_1 - 1}{A_1^{\,2}\ H_1^{\,2} K^{0.3} (m_1 + 1)^2} = R_5 \ \cdots\cdots \text{（Eq.5-115（I））}$$

$$R_2 = 3.9*10^{11} \frac{1}{H_2 A_2^{\,2} * (m_2 + 1)^2} = R_4 \ \cdots\cdots \text{（Eq.5-115（II））}$$

$$R_3 = \frac{3.56*10^6}{H_3^{\,2} 2^{\gamma_1 - 1}} \ \cdots\cdots \text{（Eq.5-115（III））}$$

其中$\gamma_1 = 2$

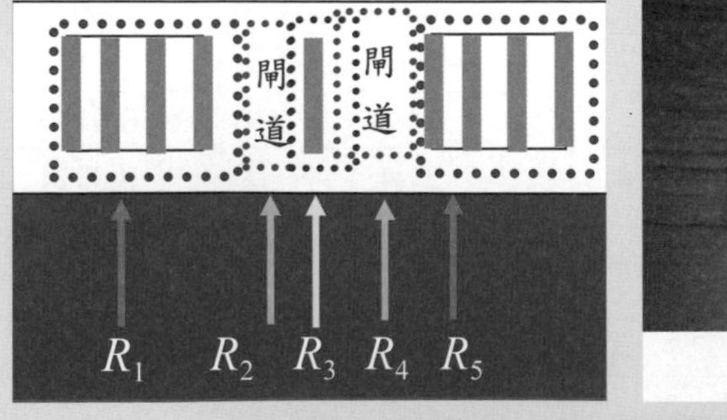

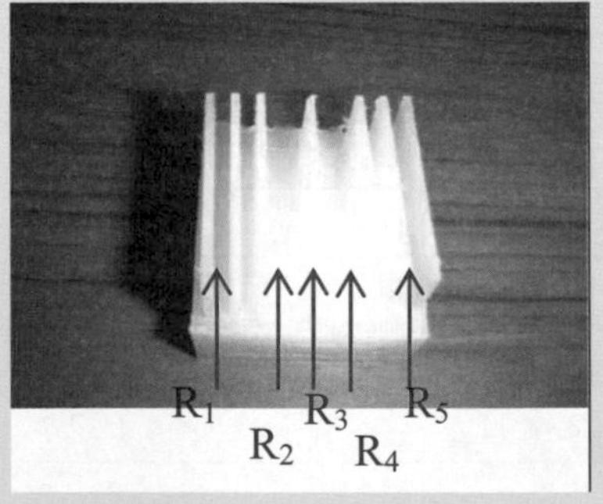

圖5-43（III） 編號No.4-3-10-4鰭片中間有開兩個閘道，中間有單一鰭片結構及符號示意圖

表5-29-1　編號No.4-3-10-4之鰭片中間有開兩個閘道，中間有單一鰭片尺寸表

編號	長（mm）	寬（mm）	高（mm）	鰭片厚度（mm）	間距（mm）	鰭片片數		橫向通道		
No.4-3-10-4	L	W	H	Δ	S	n_1	n_5	$m_1=m_5$	$m_2=m_4$	m_3
長條形	50	50	10	2	4	3	3	0	0	0

表5-29-2　編號No.4-3-10-4之靜壓實驗與理論誤差表

P(experiment)	Δp(theory)	ERROR(%)	Q
0	0	0	0
0.247	0.169	31.6	0.0181
0.562	0.574	2.0	0.0334
1.2	1.223	1.9	0.0488
2.111	2.116	0.2	0.0642
4.308	4.222	2.0	0.0907
7.436	7.035	5.3	0.1171

$$\mathrm{ERROR} = \frac{|\Delta \mathrm{P(experiment)} - \Delta \mathrm{p(theory)}|}{\Delta \mathrm{P(experiment)}} \times 100\%$$

【案例（IV）】在鰭片兩側有兩個閘道，在兩側各有單一鰭片

案例（IV）

如圖5-43（IV）為編號No.4-4-10-4在鰭片兩側有兩個閘道，在兩側各有單一鰭片結構及符號示意圖。本案例可分成5個區域，為R_1單一鰭片，R_2匣道，R_3規則型，R_4匣道與R_5單一鰭片；其中R_1與R_5相同以Eq.5-115（III）表示，R_2與R_4相同以Eq.5-115（II）表示，R_3則以Eq.5-115（I）表示。表5-30-1為編號No.4-4-10-4之規則狀長條形鰭片尺寸表，表5-30-2為編號No.4-4-10-4之實驗與理論誤差表。表中顯示除了第四點之誤差30.4%較高外，其他平均誤差在20%左右。

$$R_1 = \frac{3.56*10^6}{H_1{}^2 2^{\gamma_1 - 1}} = R_5 \quad \cdots\cdots（Eq.5\text{-}115（III））$$

$$R_2 = (3.9*10^{11}\ \frac{1}{H_2 A_2{}^2 (m_2+1)^2}) Q_V^2 + (\frac{3H_2}{W_2})\ Q_V = R_4$$

$$\cdots\cdots（Eq.5\text{-}115（II））$$

$$R_3 = 2.6*10^{10} \frac{n_3 - 1}{A_3{}^2 H_3{}^2 K^{0.3} (m_3+1)^2} \quad \cdots\cdots（Eq.5\text{-}115（I））$$

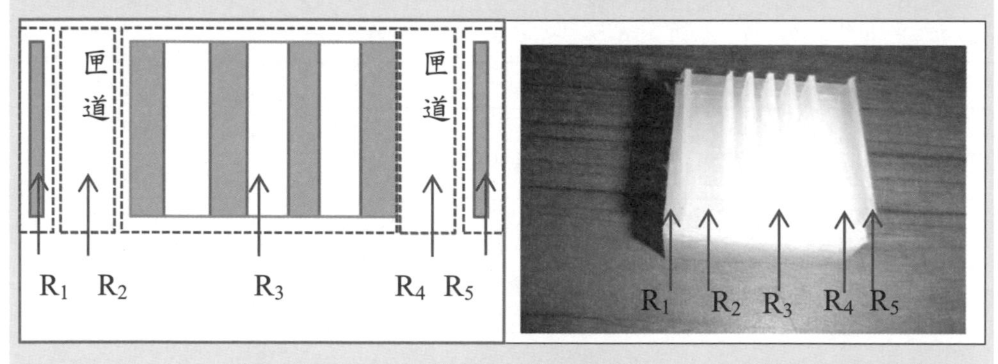

圖5-43（IV）　編號No.4-4-10-4鰭片兩側有兩個閘道，在兩側各有單一鰭片結構及符號示意圖

表5-30-1　編號No.4-4-10-4之鰭片兩側有兩個閘道，在兩側各有單一鰭片尺寸表

編號	長（mm）	寬（mm）	高（mm）	鰭片厚度（mm）	間距（mm）	鰭片片數	橫向通道	
No.4-4-10-4	L	W	H	δ	S	n_3	$m_1 = m_2 = m_4 = m_5$	m_3
長條形	50	50	10	2	4	5	0	0

表5-30-2　編號No.4-4-10-4之靜壓實驗與理論誤差表

P(experiment)	Δp(theory)	ERROR(%)	Qv
0	0	0	0
0.232	0.201	13.2	0.0181
0.573	0.628	9.4	0.032
1.117	1.458	30.4	0.0488
2.07	2.522	21.8	0.0642
4.222	5.187	22.8	0.0921
7.331	8.526	16.3	0.1181

$$\text{ERROR} = \frac{|\Delta \text{P(experiment)} - \Delta \text{p(theory)}|}{\Delta \text{P(experiment)}} \times 100\%$$

【案例（V）】鰭片中有開一橫向閘道

案例（V）

如圖5-43（V）為編號No.4-5-10-4鰭片中有開一橫向閘道結構及符號示意圖。本案例可分成3個區域，為R_1規則型，R_2匣道，R_3規則型；其中R_1與R_3相同為規則型以Eq.5-115（I）表示，R_2以Eq.5-115（II）表示，需注意的是R_2區域因為不是與規則型鰭片同一方向，所以要有橫向通道m_2=5。表5-31-1為編號No.4-5-10-4之規則狀長條形鰭片尺寸表，表5-31-2為編號No.4-5-10-4之實驗與理論誤差表。表中顯示除了低壓區第一點誤差48.5%以及第二點27.4%以外，其他都小於10%。

$$R_1 = 2.6 * 10^{10} \frac{n_1 - 1}{A_1^2 H_1^2 K^{0.3} (m_1 + 1)^2} = R_3 \quad \cdots\cdots \text{（Eq.5-115（I））}$$

其中m_1=0

$$R_2 = 3.9 * 10^{11} \frac{1}{H_2 A_2^2 * (m_2 + 1)^2} \quad \cdots\cdots \text{（Eq.5-115（II））}$$

其中m_2=5

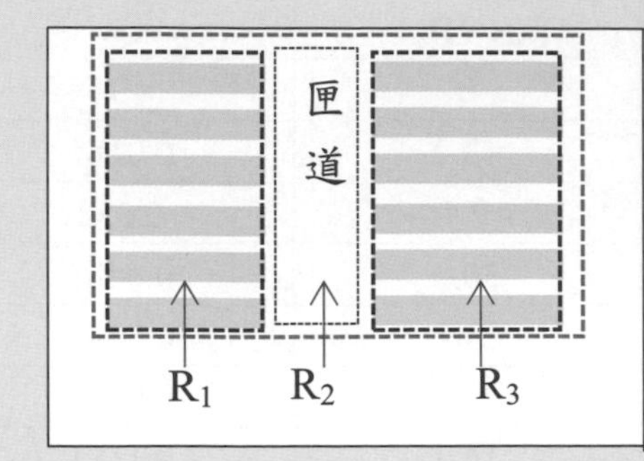

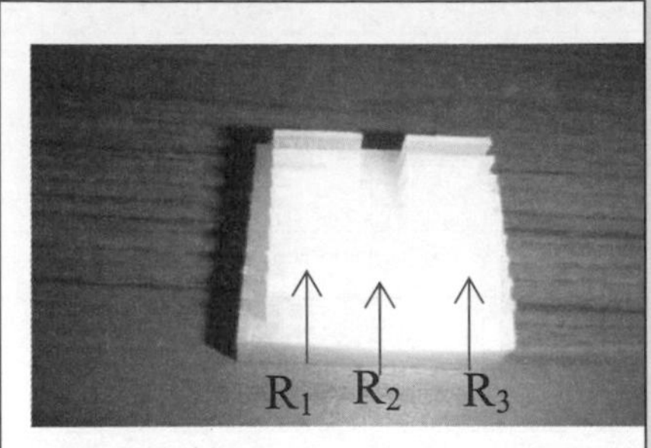

圖5-43（V） 編號No.4-5-10-4鰭片中有開一橫向閘道結構及符號示意圖

表5-31-1 編號No.4-5-10-4之鰭片中有開一橫向閘道尺寸表

編號	長（mm）	寬（mm）	高（mm）	鰭片厚度（mm）	間距（mm）	鰭片片數	橫向通道		
No.4-5-10-4	L	W	H	δ	S	n_1=n_3	m_1	m_2	m_3
長條形	50	50	10	2	4	9	0	8	0

表5-31-2 編號No.4-5-10-4之靜壓實驗與理論誤差表

P(experiment)	Δp(theory)	ERROR(%)	Qv
0	0	0	0
0.191	0.098	48.5	0.0167
0.45	0.326	27.4	0.0306
0.926	0.870	6.0	0.0501
1.661	1.480	10.8	0.0654
3.427	3.216	6.1	0.0965
6.022	5.626	6.5	0.1277

$$\text{ERROR} = \frac{|\Delta \text{P(experiment)} - \Delta \text{p(theory)}|}{\Delta \text{P(experiment)}} \times 100\%$$

【案例（VI）】鰭片中有兩個橫向閘道

案例（VI）

如圖5-43（VI）為編號No.4-6-10-4鰭片中有兩個橫向閘道結構及符號示意圖。本案例可分成5個區域，為R_1，R_3與R_5都是規則型，R_2與R_4為匣道，由於匣道與規則型鰭片之通道不是同一方向，所以要有橫向通道m_2=8；其中R_1，R_3與R_5相同以Eq.5-115（I）表示，R_2與R_4相同以Eq.5-115（II）表示，R_2與R_4區域因為不是與規則型鰭片同一方向，所以要有橫向通道m_2=8。表5-32-1為編號No.4-6-10-4之規則狀長條形鰭片尺寸表，表5-32-2為編號No.4-6-10-4之實驗與理論誤差表。表中顯示除了低壓區第一點誤差54.3%以外，其他都小於30%。

$$R_1 = 2.6*10^{10}\frac{n_1-1}{A_1^{\ 2}H^2K^{0.3}(m_1+1)^2} = R_3 = R_5 \ \cdots\cdots （Eq.5-115（I））$$

$$R_2 = 3.9*10^{11}\frac{1}{HA_2^{\ 2}*(m_2+1)^2} = R_4 \ \cdots\cdots （Eq.5-115（II））$$

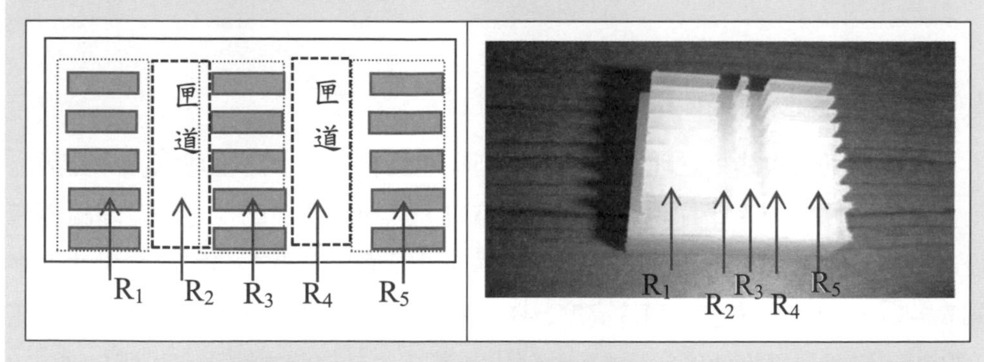

圖5-43（VI）　編號No.4-6-10-4鰭片中有兩個橫向閘道結構及符號示意圖

表5-32-1　編號No.4-6-10-4之鰭片中有開一橫向閘道尺寸表

編號	長（mm）	寬（mm）	高（mm）	鰭片厚度（mm）	間距（mm）	鰭片片數	橫向通道	
No.4-610-4	L	W	H	δ	S	$n_1=n_3=n_5$	$m_2=m_4$	$m_1=m_3=m_5$
長條形	50	50	10	2	4	9	8	0

表5-32-2　編號No.4-6-10-4之靜壓實驗與理論誤差表

P(experiment)	Δp(theory)	ERROR(%)	Qv
0	0	0	0
0.195	0.089	54.3	0.0168
0.45	0.360	19.9	0.0339
0.911	0.760	16.5	0.0493
1.62	1.156	28.6	0.0608
3.315	3.067	7.4	0.0991

$$\text{ERROR} = \frac{|\Delta\,\text{P(experiment)} - \Delta\,\text{p(theory)}|}{\Delta\,\text{P(experiment)}} \times 100\%$$

5.4.2　風扇側吹（side flow）鰭片阻抗經驗公式

與風扇垂直吹鰭片之理論不同的是側吹理論教具流力之物理意義，其觀念是當空氣從側邊進入鰭片時，必定經過縮口，然後經過與鰭片之磨差理論再最後以擴口排出外面，平板式散熱鰭片結構尺寸示意圖如圖5-44所示，尺寸規格如表5-33。ρ為空氣密度，鰭片高度為H，流體流向的長度為L，散熱鰭片的總寬度為W，流體以平均速度V通過散熱鰭片通道時，其伴隨之壓降可以用Eq.5-118來表示。其中K為空氣與鰭片表面之摩差係數f_{app}、動態損耗（Dynamic losses）之壓力損失係數k_c（縮口形變係數）與k_e（擴口形變係數）之和如Eq.5-119。D_h為鰭片間空氣通道之水力直徑鰭表示如Eq.5-120，S為鰭片之間距如Eq.5-121。

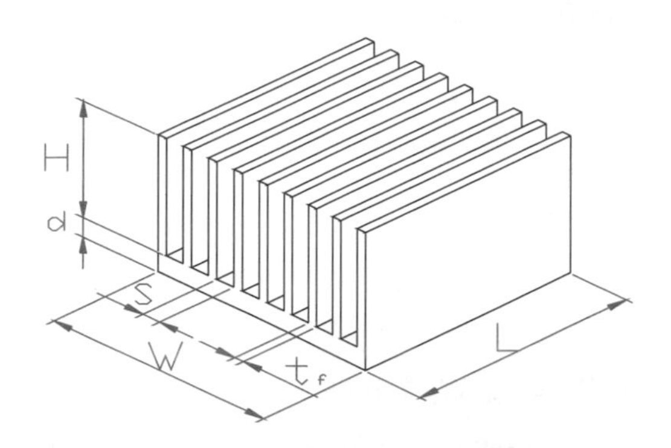

圖5-44　平板式散熱鰭片結構尺寸示意圖

表5-33　平板式散熱鰭片尺寸規格表

長	寬	高	鰭片厚度	間距	鰭片數目	基底厚度
L	W	H	t_f	S	N	d

$$\Delta P = K(\rho \frac{V^2}{2}) \cdots\cdots （Eq.5\text{-}118）$$

$$K = (K_C + f_{app} \cdot \frac{L}{D_h} + K_e). \cdots\cdots （Eq.5\text{-}119）$$

$$D_h = \frac{4A}{P} = \frac{4N \cdot S \cdot H}{2N(S+H)} \cong \frac{4S \cdot H}{2H} = 2S \cdots\cdots （Eq.5\text{-}120）$$

$$S = \frac{W - N \cdot t_f}{N-1} \cdots\cdots （Eq.5\text{-}121）$$

（I）Simions理論

本章節以（I）Simons[8]為基礎，K_c 及 K_e 之表示如Eq.5-122與Eq.5-123。

$$K_c = 0.42(1-\sigma^2) \cdots\cdots （Eq.5\text{-}122）$$

$$K_e = (1-\sigma^2)^2 \cdots\cdots （Eq.5\text{-}123）$$

σ為流體通道截面面積對散熱鰭片截面面積的比值，可以表示為：

$$\sigma = 1 - \frac{N \cdot t_f}{W} \cdots\cdots \text{(Eq.5-124)}$$

（II）Lin修正理論

在Simons理論中當流體通道截面面積與散熱鰭片截面面積比值變化較大時，Simions, R.E.[8]預估之散熱鰭片壓降與實驗有很大的誤差，最主要的原因即在於 Simions 高估σ對散熱鰭片壓降的影響。Lin [7]因此根據Simons之理論再加以修正K_c及K_e。其中K_e又分成有蓋及無蓋之情形成下列方程式：

$$K_C = (1 - 0.15\sigma^{0.25}) \cdots\cdots \text{(Eq.5-125)}$$

$$K_e = (1 - 0.85\sigma^{0.25})\text{（有蓋）} \cdots\cdots \text{(Eq.5-126)}$$

$$K_e = (1 - 0.35\sigma^{0.25})\text{（無蓋）} \cdots\cdots \text{(Eq.5-127)}$$

圖5-45（a）及圖5-45（b）各代表無蓋及有蓋之鰭片結構示意圖

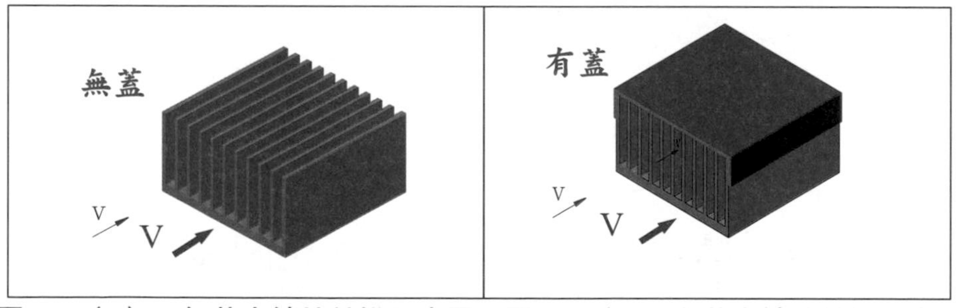

圖5-45（a）　無蓋之鰭片結構示意圖　圖5-45（b）　有蓋之鰭片結構示意圖

在 Simons 或 Lin 模式中，f_{app}的算法都是一樣，都以Eq.5-128表示，

$$f_{app} = \frac{\left[\left(\frac{3.44}{\sqrt{L^*}}\right)^2 + (f \cdot \mathrm{Re})^2 \right]^{1/2}}{\mathrm{Re}} \cdots\cdots \text{(Eq.5-128)}$$

其中

$$L^* = \frac{L/D_h}{\text{Re}} \quad \cdots\cdots \text{(Eq.5-129)}$$

$$\text{Re} = \frac{\rho \cdot V \cdot D_h}{\mu} \quad \cdots\cdots \text{(Eq.5-130)}$$

$$v = \frac{Q_v}{(N-1)\cdot S \cdot H}. \quad \cdots\cdots \text{(Eq.5-131)}$$

$$f = (24 - 32.527\cdot\lambda + 46.721\cdot\lambda^2 - 40.829\cdot\lambda^3 + 22.954\cdot\lambda^4 - 6.089\cdot\lambda^5)/\text{Re} \quad \cdots\cdots \text{(Eq.5-132)}$$

Q_v 為風量（CMM or CFM），l：Aspect ratio（s/H）

5.4.3　散熱器熱阻與風量之實驗數據關係

在許多散熱器與熱阻之實驗中獲得許多結論，茲將整理於下：

（a）加有蓋板的散熱鰭片，系統阻抗值小於沒有加蓋板的散熱鰭片。

（b）鰭片高度（H）愈高，阻抗值愈小，流體通過通道的速度愈快，相對的對流熱傳係數（h）愈大，其散熱鰭片具有較小的熱阻值，有較佳的散熱效果。

（c）鰭片長度增加，鰭片長度（L）愈長，阻抗值愈大，流體通過通道的速度愈慢，理論上對流熱傳係數（h）會愈小，但熱傳面積會增加，因此鰭片的散熱效果須視熱傳對流係數與熱傳面積變動的程度而定。

（d）鰭片寬度（W）愈寬，阻抗值愈小，流體通過通道的速度愈快，相對的對流熱傳係數（h）愈大，在無總體積限制下，寬度較寬之散熱鰭片具有較小的熱阻值，有較佳的散熱效果。

（e）鰭片間距（S）愈大，阻抗值愈小，流體通過通道的速度愈快，相對的對流熱傳係數（h）愈大。但在固定總體積之限制下，鰭片間距（S）愈大，熱傳面積會減少，因此鰭片的散熱效果須視熱傳對流係數與面積變動的程度而定。

（f）鰭片厚度（t_f）愈厚（或鰭片數目越少），阻抗值愈大。流體通過通道的速度愈慢，相對的對流熱傳係數（h）愈小，因此在固定之總體積限制下，鰭片厚度增加，鰭片數目越少，熱傳面積也會減少，厚度較厚之散熱鰭片具有較大的熱阻值，其散熱效果較差。

（g）鰭片在長度（L）變化方面，因為截面積沒有改變，流體通過時速度改變較少，影響阻抗的主要原因來自於流體與散熱鰭片通道之間的摩擦。由實驗結果可以發現摩擦因子對阻抗的影響度較小，長度之增加熱傳面積也會增加，因此熱阻值減少。

（h）自然對流下，在無總體積限制下，鰭片底部厚度越厚，鰭片的高度越高，此時軸向熱阻會增加，但熱傳由1D至2D甚至3D，因此熱傳效果愈好，鰭片高度之影響似乎大於鰭片底部厚度之影響。

（i）固定空間內，鰭片數目愈多，散熱面積越多，散熱效果愈好，但有一定限制，如果鰭片數目太多造成對流氣體滯流，反而不易產生散熱。

（j）鰭片之底面積愈大，表面積愈大，因其散熱表面積愈大，其散熱效果愈好。

（k）強制對流下，系統阻抗及風扇性能曲線所造成之風量決定熱阻值之大小，但並非風量大就可造成熱阻值之降低。如圖5-46（a）與圖5-46（b），兩個相同之風扇置放在開口方向不同之鰭片，如果在長方形之鰭片應以開口橫式較開口直式為佳，理論上開口直式雖有較佳之風量但因風量亦從開口外直接排出，反而不易將熱均勻散走，而且鰭片兩端完全沒有空氣流通形成浪費。因此如何增加風量之行程才是最佳之鰭片設計，將風量適度滯流於鰭片內，再導出外界是最理想之方法。

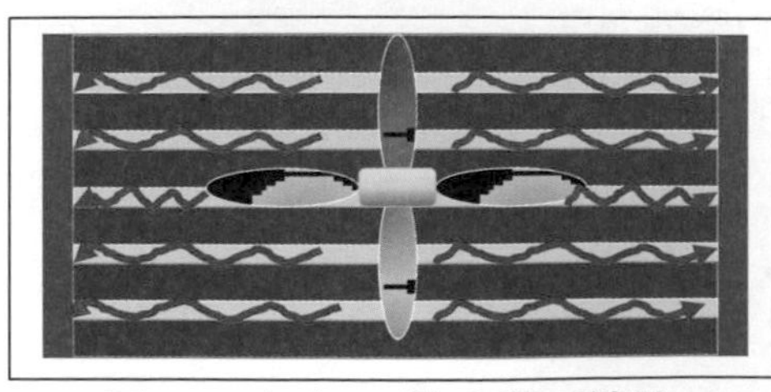

圖5-46（a） 橫式開口鰭片

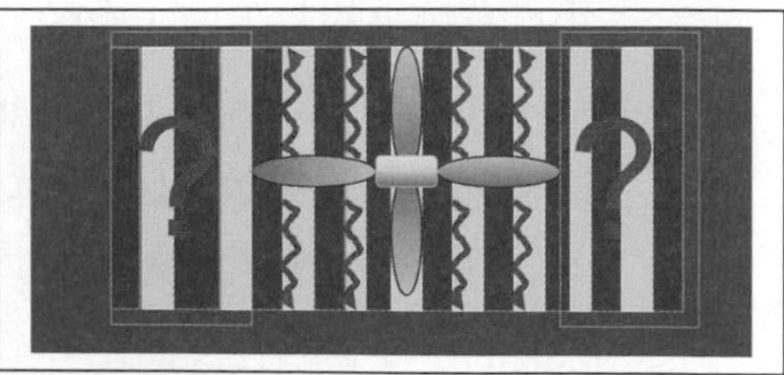

圖5-46（b） 直式開口鰭片

參考資料

1. Steinberg,D.S., "Cooling Techniques for Electronic Equipment," John Wiley and Sons, 1980
2. A. Bar-Cohen and W. M. Rohsenow, "Thermally Optimum Spacing of Vertical, Natural Convection Cooled, Parallel Plates", *J. Heat Transfer* 106(1), 116-123 (Feb 01, 1984) (8 pages)doi:10.1115/1.3246622
3. Gardner, K.A., "Efficiency of Extended Surfaces," ASME Transactions, Vol. 67, 1945, pp. 621-631.
4. Azar, K., and Graebner, J., "Experimental Determination of Thermal Conductivity of Printed Wiring Boards," Proceeding of IEEE SEMITHERM Symposium, 1992, Austin. TX, 1996
5. P.K.NAG, "Heat and Mass Transfer", The McGraw Hill Company, Mechanical Engineering Series, 2nd. Edition, https://books.google.com.tw/books?isbn=1259082555.
6. S.W. Churchill and H.H.S. Chu, "Correlating equations for laminar and turbulent free convection from a vertical plate ",Int. J. Heat Mass Transf., vol.18, pp. 1323-1329, 1975.
7. 林唯耕、陳秋南，〈側吹式散熱鰭片阻抗曲線之理論與實驗分析〉清華大學工程與系統科學系，碩士論文，2004.06。
8. Simons, R.E., "Estimating Parallel Plate-Fin Heat Sink Pressure Drop," Electronics Cooling, Vol. 9, No.2, pp. 8–10, May 2003.

第 6 章
熱阻測試裝置之設計 (Dummy Heater) 與量測原理

熱阻測試量測在散熱領域是非常重要的一個參數設計指標，測量熱阻的門檻不高，但如何準確量測熱阻則是一門大學問。熱阻的測量不像一般風扇性能量測有AMCA 210（Test Methods for Fan），測量空氣幕風簾機性能有AMCA 220（Test Methods for Air Curtain Units），測量風扇噪音有AMCA 300（Sound Testing of Fans），測量熱界面材質之熱導係數K值有ASTM D5470（Test for Thermal Conductivity），測量熱管性能有微小型熱管性能量測標準TTMA-HP-2012-1.0V（Standard testing method for the performance of miniature heat pipes–TTMA）；但截至目前為止還沒有一個真正的熱阻測試標準可供工業界參考。理論上熱阻測試應該是實機去量測才能得到最真實的結果，但實際上在設計機構時卻有不少之難處；就以電腦系統為例，首先必須解決的就是中央處理器（CPU）的散熱問題，CPU製造廠大概為Intel、AMD、Cyrix幾個大廠。資料顯示，CPU接端溫度每上升約攝氏10 度，CPU晶片壽命就會減少約二分之一[1]。若以平均壽命3到5萬小時計算，就足足減少了1萬5千到2萬5千小時的使用時間，經濟效益大幅下降。由於散熱器之熱阻決定了該晶片接端溫度（TJ）的大小，因此散熱器必須根據CPU的規格來設計，但是測試時，對於下一代CPU的規格，例如發熱密度（power density），晶片尺寸，可供散熱空間大小雖然都可由INTEL所發佈之官方文件知道，但是真正的下一代CPU散熱器廠商不一定可以獲得？既使有了真正的CPU需要有扣具嗎？之後還需要有主機板嗎？有了主機板，其他周邊設備如何配置？如果全部都以實體配置測試，則在時效、成本上是根本做不到的。因此業界必須根據INTEL所公佈之官方資料來設計一個散熱器，以提供系統廠商之需要。本章節之目的便是利用加熱模擬（Dummy Heater）的方式，來量測實際所設計之Cooler性能之好壞，而Cooler之性能端賴其熱阻值之大小而已。

6.1 熱阻測試儀器（Dummy Heater）

6.1.1 熱阻之定義

假設熱功率Q從高溫T_H的均溫表面經過一個物體到另外一端的低溫T_L的均溫表面，則該物體的熱阻根據傅立葉定率之定義為兩端高低溫之差（T_H–T_L）除以熱功率（Q）或熱經過介面物質之厚度（L）除以該物質之熱傳導係數（K）與截面面積（A_C）之乘機（KA_C）如Eq.6-1，亦即：

$$R_{th}=\frac{(T_H-T_L)}{Q}=\frac{L}{kA_C}\cdots\cdots\text{（Eq.6-1）}$$

其中：

R_{th}：物體之熱阻

T_H：高溫端之溫度

T_L：低溫端之溫度

Q：輸入功率高溫端之溫度

K：散熱材質之熱傳導係數

A_C：熱經過散熱材質之截面面積

L：散熱材質之厚度

但是在散熱業界，如圖6-1，由於一般電腦CPU晶片通常將散熱器塗抹散熱膏以消除散熱器或CPU表面小孔洞隙之空氣熱阻後再固定於CPU表面，由於晶片熱阻值通常不一定能由vendor提供，且有時散熱器之形狀是不規則形狀，厚度難以測量決定之，再加上在加熱面積與散熱面積不一定相同下因此有熱擴散之問題，A_C實在難以界定。因此散熱器業界實機測試時就採取最簡單的方法以晶片的接端溫度T_J（Junction temperature）與環境溫度T_a之差除以功率Q如Eq.6-2：

$$R_{th,total} = \frac{(T_J - T_a)}{Q} = \frac{L}{kA_C} \cdots\cdots (\text{Eq.6-2})$$

其中：

$R_{th,total}$：總熱阻

T_J：CPU之接端溫度

T_a：環境溫度

如果以熱阻線路架構示意如圖6-1為例，廠商量到之熱阻其實包含CPU晶片熱阻$R_{th,CPU}$，CPU至鰭片之接觸熱阻$R_{th,Contact}$，CPU至鰭片之擴散熱阻$R_{th,sp}$（當加熱面積與散熱面積不同時）以及散熱器之熱阻值$R_{th,cooler}$如Eq. 6-3。所以廠商在做實驗時必須以Eq.6-2為基礎，其量到之總熱阻值$R_{th,total}$作為系統廠商之參考，而Eq.6-3通常只做內部參考或校正用而已。

$$R_{th,total} = R_{th,CPU} + R_{th,Contact} + R_{th,sp} + R_{th,Cooler} \cdots\cdots (\text{Eq.6-3})$$

其中：

$R_{th,CPU}$：CPU 晶片熱阻

$R_{th,Contact}$：CPU至鰭片之接觸熱阻

$R_{th,sp}$：CPU至鰭片之擴散熱阻（當加熱面積與散熱面積不同時）

$R_{th,cooler}$：Cooler 熱阻

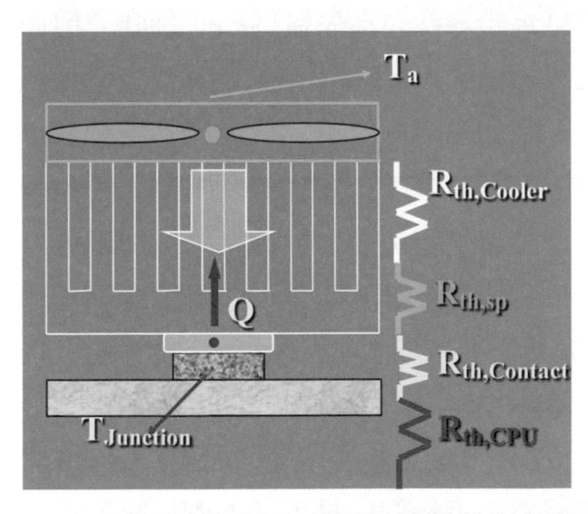

圖6-1　CPU與塗有散熱膏之散熱器熱阻架構示意圖

6.1.2 熱阻測試儀器（Dummy Heater）設計

由於實際CPU Cooler 熱阻測試會遇到之問題是新一代CPU取得不易，但只要輸出電壓、電流知道，則電功率便可轉換成熱功率，且實際CPU之加熱功率可以由模擬加熱片完成，其他周邊設備例如DRAM，硬碟機、光碟機、南僑、北橋只是影響環境溫度，CPU扣具則是影響接觸熱阻及擴散熱阻之大小，這都是在設計Dummy Heater該注意的事，另外其他像熱損失、散熱膏、散熱片或散熱膠的熱阻值也是需要注意到的，因此設計熱阻測試機必須考慮以下幾個實際實驗的問題：

6-1-2a. 如何量測模擬加熱器（CPU）的熱功率

6-1-2b. 如何測量CPU溫度

6-1-2c. 如何測試模擬加熱片之熱損失

6-1-2d. 如何測試固體導熱材質（金屬）之熱傳導係數

6-1-2e. 如何測試散熱片或散熱膏之熱阻

6-1-2f. CPU扣具之影響

6-1-2g. 測試環境（Dummy Heater System）環溫T_a之影響

6-1-2h. 影響熱阻測試之幾個參數

6-1-2a 如何量測模擬加熱器（CPU）的熱功率

要設計一個散熱元件，就必須先懂得如何設計一個加熱元件。利用加熱器（Dummy Heater）模擬CPU發熱之發熱功率，此功率是由給予的直流電流與電壓所得知，再經由加熱片內部電熱絲或加熱棒發熱將熱功率傳至銅塊，加熱片之結構設計有許多，有用陶瓷加熱，但較簡單的方式是用導熱性較好的紅銅塊，主要是由導熱銅塊、加熱鎢絲（或加熱棒）、中心溫度感測器（thermocouple）及四周絕熱材料所組成，尤其是四周絕緣材料之完全絕熱為實驗是否精確之最關鍵處。茲將幾種加熱方式優缺點敘述於下：

（I）繞圈式加熱器

如圖6-2為Dummy Heater 之繞圈式模擬加熱片位置示意圖，繞圈式加熱器主要是以鎳鉻絲圈纏繞在下銅塊治具上（如圖6-3a），外部再以絕熱泡棉包紮，以避免熱損失（如圖6-3b），下治具之銅塊由於需要繞線圈，因此不宜太大且為圓柱體，一般在30Φ左右，在經由直流通電後產生之熱經過下銅塊治具後傳到所規範之上銅塊治具尺寸（一般CPU為3cm左右）。上銅塊與下銅塊可以用一體成型，以避免熱堆積在上、下銅塊之介面。在上銅塊可以鑽一1.6 Φ 之圓洞，以便將 thermal couple 插入並以導熱膠固定，此其為T_J，由於紅銅塊是一個良好之導熱體，因此以熱傳導理論計算，其3cm銅塊之上下表面溫差也只有0.084℃，因此基本上，上銅塊可以假設為一均勻發熱體。但由於有上、下不同面積之銅治具，因此有熱擴散之問題，其熱損失之計算是一個需要注意之問題，而且繞線技術不但耗時且要有耐性，所以一般業界是不太使用的。

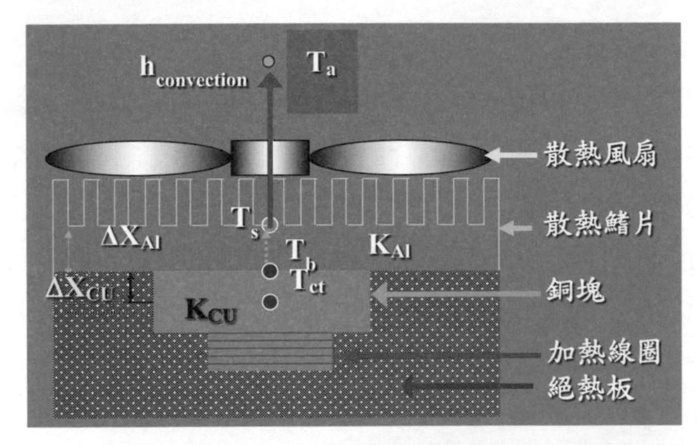

圖6-2　Dummy Heater 之繞圈式模擬加熱片位置示意圖

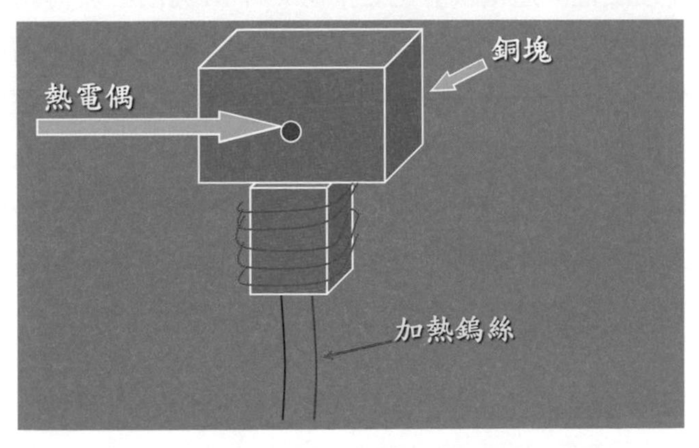

圖6-3a.　繞圈式加熱器治具結構示意圖

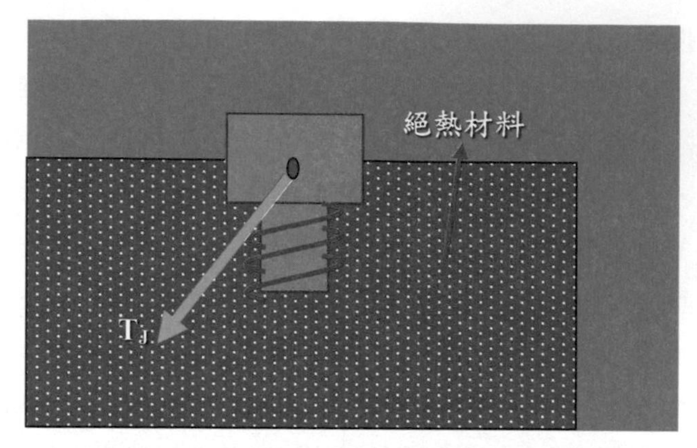

圖6-3b. 繞圈式加熱器整體結構示意圖

（II）平板式加熱器

平板式加熱片，是以鎳鉻絲繞圈在絕熱板（雲母片）上，將鎳鉻絲通電流後，鎳鉻絲發熱，作為平板式加熱片的發熱源圖6-4a，繞圈式的平板加熱方式缺點是在雲母片下面的鎳鉻絲無法將熱有效的傳到銅塊。也可以鎳鉻絲編織U型在銅塊下治具上如圖6-4b，U型鎳鉻絲加熱方式的缺點是有些熱還是集中在雲母片上，以至於用久候，雲母片會有燒焦或碳推積於上。銅塊外部再以絕熱泡棉包紮，以避免熱從外部流失，要注意的是兩鎳鉻絲不能重疊甚至碰觸，很容易造成加熱片燒毀或是短路，因而大大減低加熱片的使用壽命。下治具之銅塊由於需要較大之面積才有辦法輸入更大之熱功率（300W），因此通常為一面積較大之銅塊，在經由直流通電後產生之熱經過下銅塊治具後傳到所規範之上銅塊治具尺寸（一般CPU為3cm左右）。上銅塊與下銅塊可以用一體成型，以避免熱推積在上下銅塊之介面。在上銅塊可以鑽一1.6 Φ 之圓洞，以便將熱電偶插入並以導熱膠固定，此其為T_J，平板式加熱器除了有上、下不同面積之銅治具，因此有熱擴散及熱堆積之問題外，由於其傳熱之方向只有上方，但實際上有部分熱會堆積在下方之隔熱泡棉上，此會影響實際功率之量測而造成很大之熱損失，且長久使用後，隔熱泡連有燒焦之跡象，此為最大之缺點。

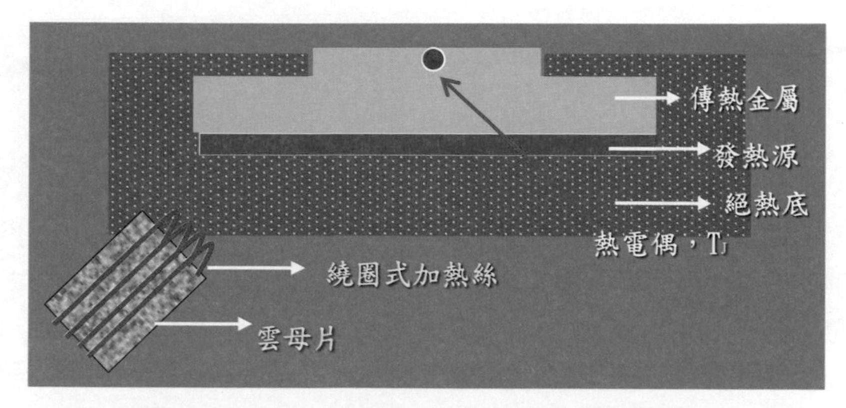

圖6-4a.　繞圈式平板式加熱器治具結構示意圖

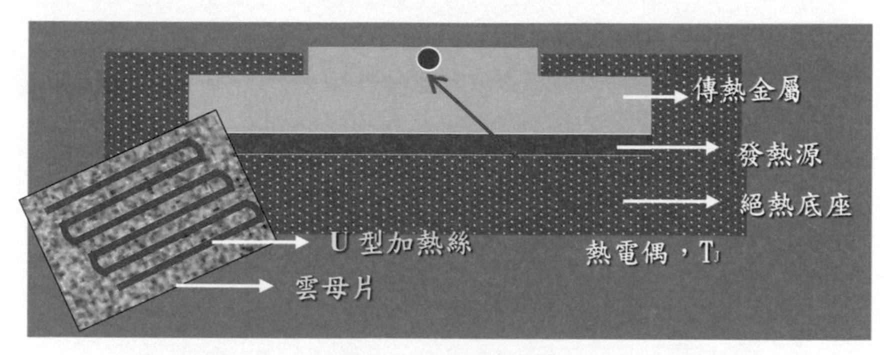

圖6-4b.　U型平板式加熱器治具結構示意圖

（III）加熱棒式加熱器

加熱棒式加熱器是將鎳鉻絲纏繞在紅銅棒上，通入電流後，電阻線發熱，此為加熱棒式加熱器的發熱源。加熱棒式加熱器主要是以加熱棒深入在銅塊治具中如圖6-5a，外部再以絕熱泡棉包紮，以避免熱從外部流失如圖6-5b，由於無上、下銅塊，因此亦無熱堆積以及熱擴散之問題。在銅塊可以鑽一1.6 Φ 之圓洞，以便將 thermal couple 插入並以導熱膠固定，此其為T_J。加熱棒式加熱器構造簡單，傳熱均勻，熱損失最小，因此效果最好，是最建議的一種加熱方式。圖6-5c為加熱棒式加熱器實體照片。

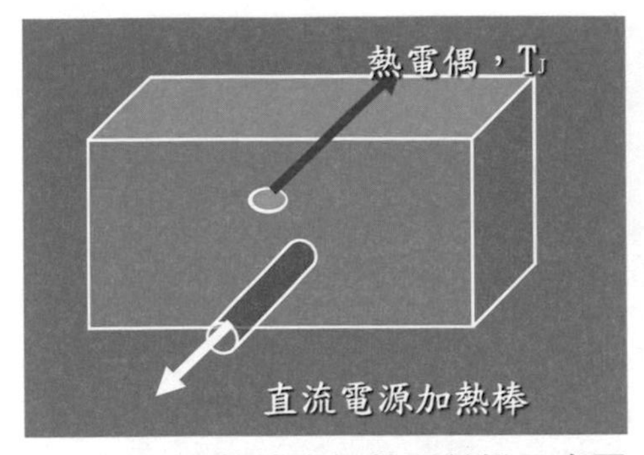

圖6-5a.　加熱棒式加熱器結構示意圖

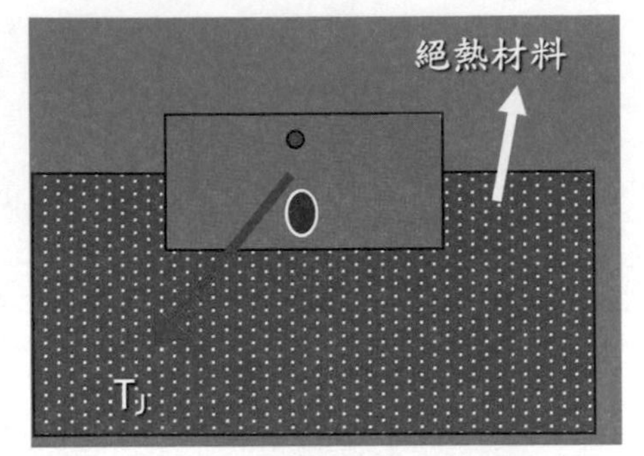

圖6-5b.　加熱棒式加熱器整體結構示意圖

圖6-5c.　加熱棒式加熱器實體照片：15×12 mm^2

6-1-2b　如何測量CPU溫度

為了得知加熱器內部之溫度，比較簡單的方法設計如圖6-6，將thermocouple 放置在加熱片中心，用來得加熱片內之溫度，此目的是為了將來計算熱阻時，可以用來模擬CPU之中心溫度T_J或表面溫度。以圖6-6設計有兩大缺點：一是此加熱器只有一根Thermocouple，無法正確計算加熱銅塊實際吸收之瓦數，只能以輸入之功率完全做為所逸散之熱量。二是此Thermocouple之位置離加熱源僅4mm，熱圓孔洞附近將有不均溫性之問題。如果以電腦模擬加熱銅塊之功率分佈，以不同加熱源在加熱銅塊上做不同之分散結構排列如圖6-7a為正三角排列、圖6-7b為倒三角排列、圖6-7c為正四角排列及圖6-7d為正面與側面各兩根加熱棒之熱源排列，在此分散加熱源之情況下，徑向功率分佈還算均勻，但是軸向功率分佈就有顯著之差異性。因此為了改善圖6-6單點溫度無法實際估算逸散熱量之問題，可以利用ASTM D5470案號之規範，如圖6-8以多點熱電偶測量軸向溫度分佈$T_{J,1}$、$T_{J,2}$與$T_{J,3}$，再利用傅立葉定律外插計算$T_{J,surface}$，由$T_{J,1}$與$T_{J,surface}$再推算從銅塊表面逸散出去之實際軸向熱功率。解決圖6-6之熱擴散不均勻問題是以分散熱源之排列結構盡量減少加熱之不均溫性如正三角排列、倒三角形排列、正四角排列或正面與側面各兩根加熱棒排列，模擬之結果應該是以圖6-7d之正面與側面各兩根加熱棒排列均溫性較佳。特別要注意的是以此方法之 junction temperature 應該是所推測之$T_{J,surface}$而不是原先的$T_{J,1}$。另外一個需要特別注意的是由多點熱電偶求出之軸向熱功率必須是往上遞減才合乎熱損失之物理現象，此熱損失且須盡量保持在10%以內，否則其絕熱材質必須再加強。

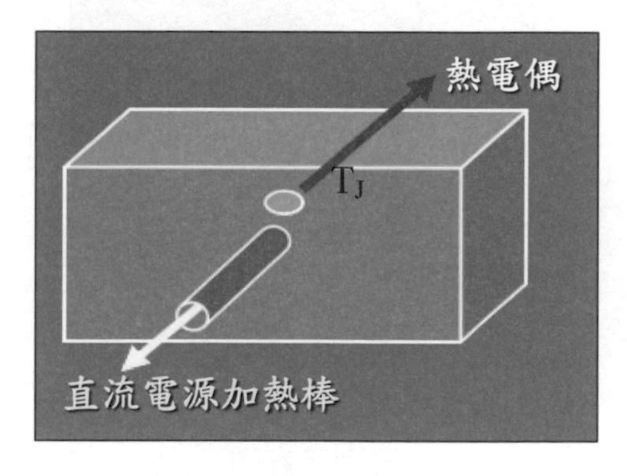

圖6-6　簡易型加熱棒式與熱電偶於銅塊示意圖

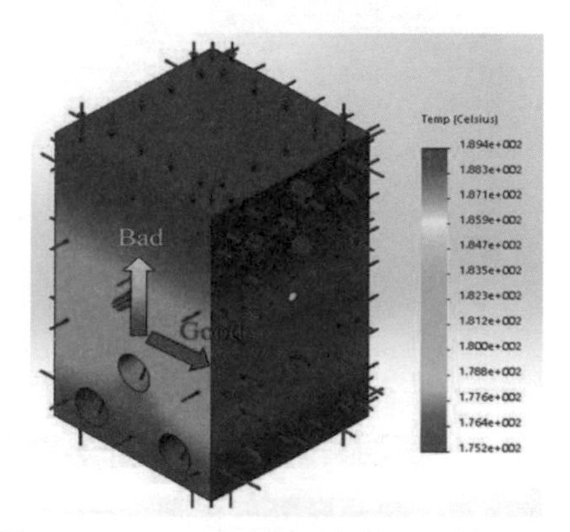

圖6-7a.　正三角排列之熱源模擬三視圖

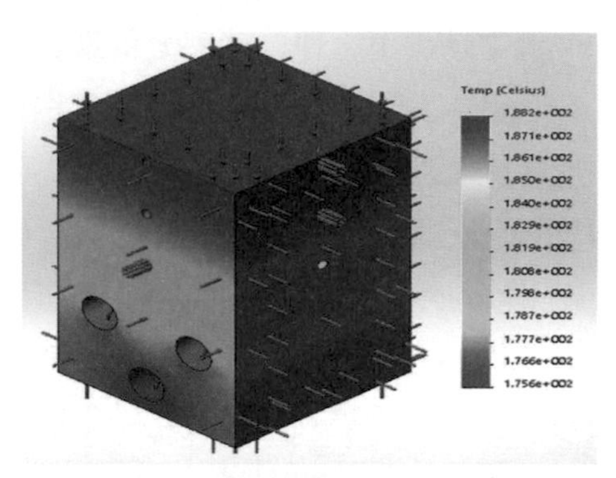

圖6-7b. 倒三角排列之熱源模擬三視圖

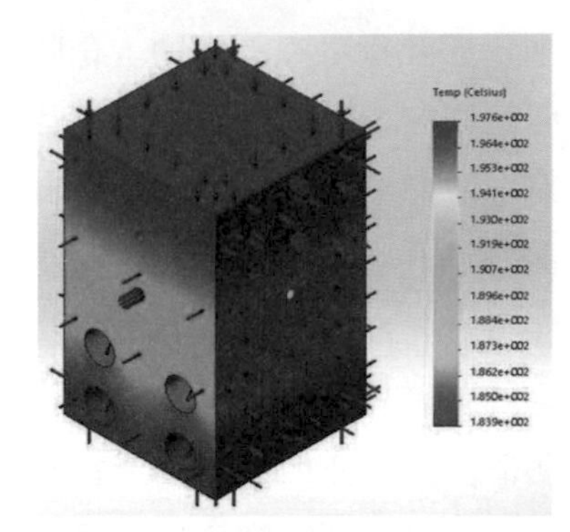

圖6-7c. 正四角排列之熱源模擬三視圖

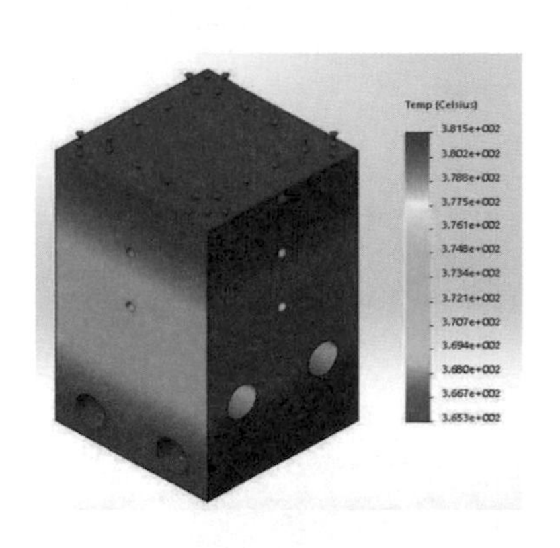

圖6-7d. 正面與側面各兩根加熱棒之熱源模擬三視圖

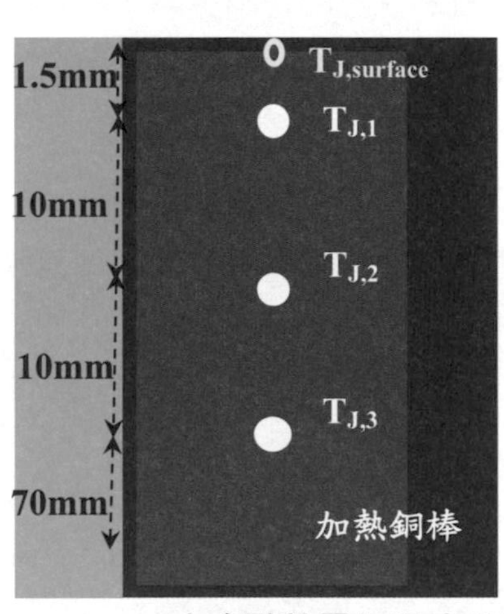

圖6-8 D5470之多點熱電偶溫度分佈量測示意圖

6-1-2c 如何量測模擬加熱器之熱損失

要設計散熱元件，首先就要有發熱機制，但設計熱阻量測系統首先必須確保發熱源功率能（power input）百分之百由散熱元件帶走，因此除了熱源出口（power output）保留空間給散熱元件裝置外，其餘空間必須由絕熱材質隔絕發熱元件與環境之接觸，所謂熱損失量就是實際發熱功率（power input）減去逸散之熱功率（power output）之量，而熱損失率就是熱損失量除以實際發熱功率之比值。因此量測模擬加熱器之熱損失的目的就是計算出模擬發熱器（Dummy Heater）真正的散熱的功率，一般化工、機械廠之各幫浦、發電機、渦輪機等所規範之熱損失量最好不要超過10%，在散熱元件設計上其設計熱損失率應該可以更嚴格才對。量測熱損失率可以有幾種方法可供參考，STD ASTM C177-97（Standard Test Method for Steady-State Heat Flux Measurements and Thermal Transmission Properties by Means of the Guarded-Hot-Plate Apparatus）[2]量測法、封閉型水冷式量測法與開放型水冷式量測法，茲敘述如下：

A：STD ASTM C177-97：

ASTM C177-97如圖6-9示意圖，是建立一個實驗室等級的加熱器，運用數個次發熱源分布在主發熱源的四週，控制主發熱源附近的溫度與主發熱源相同，如此便能減少主發熱源的熱量向四方散逸。所以能夠提供一個穩定的熱源且將熱損失控制在百分之一以內。即可運用此Guarded Heater來量測各種材料性質，以減少量測的誤差。根據熱力學定律，能量必定由溫度高的地方傳送至溫度低的地方，由於控制Guarded Heater的溫度使得在所需瓦特數下，維持中間加熱源之銅塊於定溫T_J. 因此在各點都是等溫條件下，幾乎沒有能量之傳遞也沒有熱損失從四周逸散，其熱損失率<1%。ASTM C177的方法雖然最有效，但是所花費之成本也最高，同時由於感測器之時間常數（time constant）也必須考慮，否則各Guarded Heater會來不及控制，這些成本都是需要考量的，由於花費太高因此幾乎沒有業界會考慮此一方法。

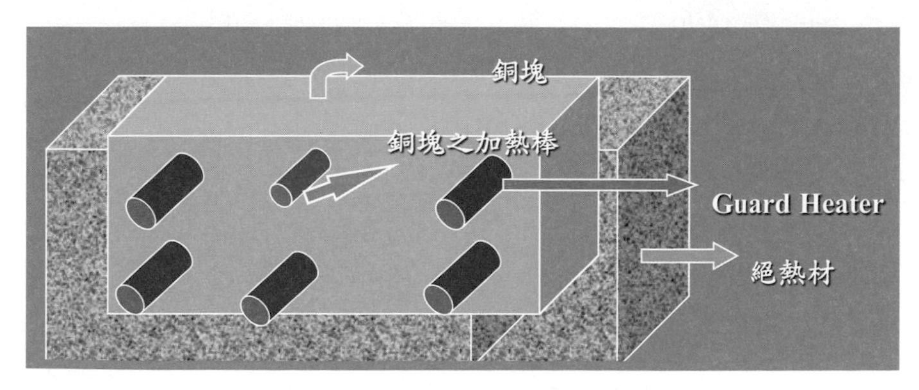

圖6-9　ASTM C177量測示意圖

B：封閉型水冷式量測法

封閉型水冷式量測之裝置如圖6-10，其設計概念是在暫態下定時間內，加熱銅塊所帶走的熱量為液體與銅杯的顯熱（sensible heat）與所蒸發液體之潛熱（Latent heat）之和如Eq.6-4。圖6-11為密閉型水冷式量測操作表單，表單顯示加熱銅塊溫度與銅杯之水溫度是呈正比線性關係。表6-1是平板式加熱器P-121540之熱損失率實驗數據，其熱損失率超過20%。表6-2是加熱棒式加熱器R-303140之熱損失率實驗數據，其熱損失率除了在低功率（<20W）超過20%以外，其餘都在10%以內。由表6-1與表6-2比較平板式加熱器與加熱棒式加熱器之熱損失率來看，加熱棒式加熱器的實驗結果重現性較平板型好，加熱棒式加熱器的熱損失率，隨輸入功率之加大而減少，熱損失量最後有趨近一定值的趨勢，反之平板型的熱損失率，不會隨加熱功率加大而有明顯的改變。此結果是合乎一般物理現象，因為平板式加熱器是放置於銅塊底層，因此加熱片熱源底下因為沒有銅塊導熱，所以會有積熱無法有效逸散。加熱棒式加熱器的熱源因為是裝置於銅塊內，所有熱都壞經過銅塊逸散，因此只要絕熱得宜，熱損失率應該較少，實驗數據亦證明在高功率下，熱損失率都亦在10%以內。所以以加熱棒式設計之加熱器會較平板式加熱器有較佳少且較穩定之熱損失率。

$$Q_{out} = \frac{[\frac{(m_1+m_2)}{2}C_{P,L}\Delta T + m_{cu}C_{P,cu}\Delta T + h_{fg}(m_1-m_2)]}{\Delta t} \cdots\cdots \text{（Eq.6-4）}$$

ΔT：銅杯內水之起初與最後溫度之差

m_1：銅杯起初水重

m_2：銅杯最後水重

Δt：實驗時間

Cp_L：水之比熱

m_{cu}：銅杯重

Cp_{cu}：銅杯比熱

h_{fg}：水之潛熱

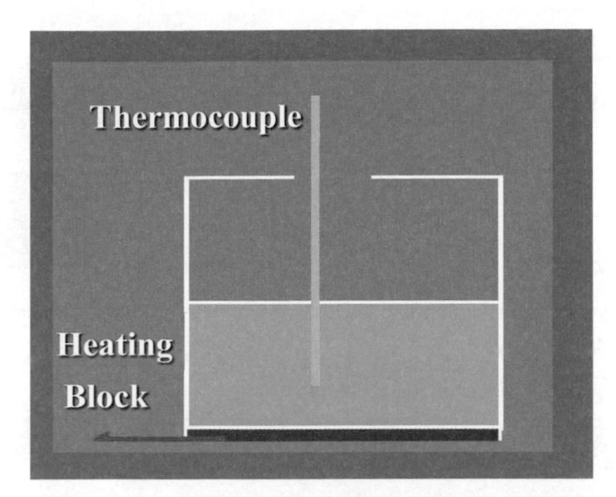

圖6-10　封閉型水冷式量測法裝置示意圖

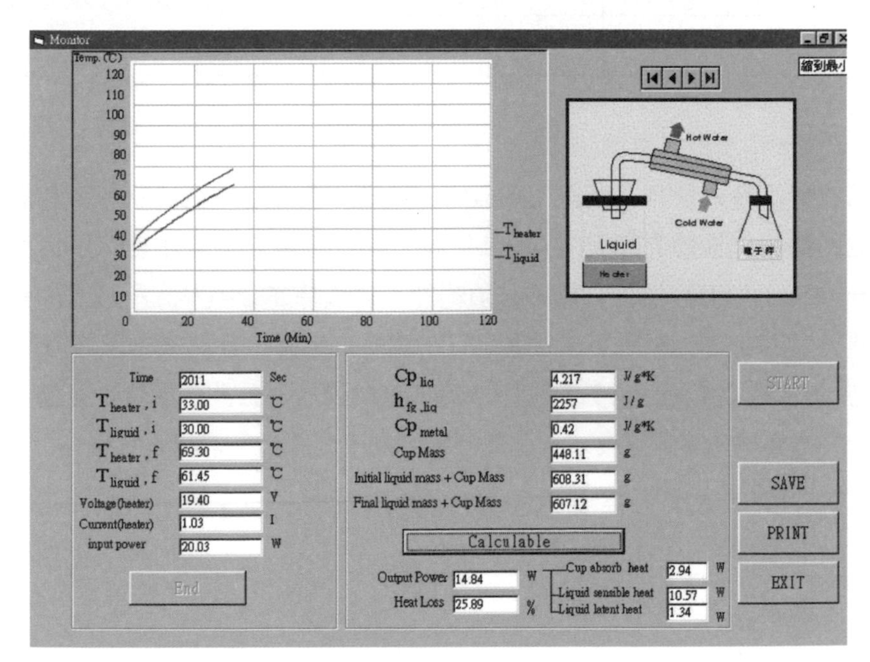

圖6-11　密閉型水冷式量測操作表單

表6-1　平板式加熱器 P-121540之熱損失率

輸入功率（W）	熱損失率（%）	平板式加熱器示意圖
20.97	27.06	
30.91	21.9	
40.22	24.24	
59.72	24.05	

表6-2　加熱棒式加熱器 R-303140之熱損失率

輸入功率（W）	熱損失率（%）	加熱棒式加熱器示意圖
19.98	23.56	
30.02	10.04	
40.08	9.45	
50.04	11.15	

C：開放型水冷式量測法

開放型水冷式量測之裝置如圖6-12，其設計概念是在穩態狀態下加熱銅塊所帶走的熱量為液體之顯熱（sensible heat），在裝置時需注意除了恆溫水槽（thermostat）所有容器與管路都必須絕熱，實驗時亦必須等到所有元件都必須吸飽熱且溫度在定功率下都達到穩定時才能取其數據，其熱損失量計算如Eq.6-5。開放型水冷式量測設計較封閉型水冷式量測設計之公式較簡單也較精準，但是考量成本與穩態時間之要求，散熱業界大都不考量此一設計。

$$Q_{out} = \dot{m}_1 C_{pL}(T_e - T_i) \cdots\cdots \text{（Eq.6-4）}$$

其中：

$\dot{m}_1$：穩態之水流量

Cp_L：水之比熱

T_e：出水量之溫度

T_e：進水量之溫度

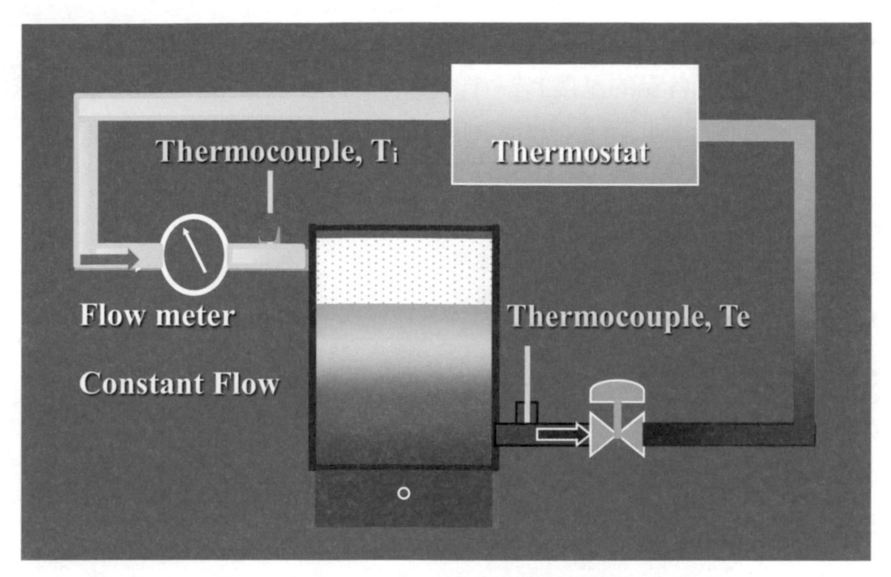

圖6-12　開放型水冷式量測法裝置示意圖

6-1-2d　如何測試固體導熱材質（金屬）之熱傳導係數

一般散熱不外乎用導熱性較佳的金屬材質例如銅或鋁等，也有用非金屬材質做成之熱界面材料例如散熱膏，散熱片等，其功能是在填補散熱金屬表面細微之恐係以增加熱傳導功能。基本上量測散熱元件之好壞是看其熱阻之大小，熱阻大小與其面積、形狀、材質等都有關係，牽涉參數將會很多。但如果根據傅立葉定慮只要量其高、低端點溫度差除以熱功率即可決定熱阻之大小，因此避免了考量面積、形狀等參數。在篩選導熱材質的過程中，選擇一個高導熱係數k的材質也是一個重要的選擇指標，因此測試導熱材質的導熱係數k之測量也是一個重要的課題。物質之熱傳導係數與熱阻不一樣的地方是熱傳導係數k是材料的熱力特性，因此不會隨著材料的形狀、面積而改變，這是與物質的熱阻不同的地方。ASTM測定k值的方法例如STD ASTM E1225-99 [3]（standard Test Method for Thermal Conductivity of Solid by Means of Guarded-Comparative-Longitudinal Heat Flow Technique），是量測熱傳導係數在0.2～200 W/m K的固體材料的熱傳導係數。量測方法是將待測物放置在兩個已知熱傳導係數的材料之間，量測其溫度變化，進而推算待測物的各種熱性質。運用穩定的熱源，將熱通入待測的金屬材料內。待系統平衡後，利用前述量測熱損失之方法，求得真正的Q_{out}後，量測各點的溫度$T_{J,1}$、$T_{J,2}$、$T_{J,3}$與$T_{c,t}$，並帶入Eq.6-6，即可求出此材料的熱傳導係數。圖6-13為以開放型水冷式量測材料k值之裝置示意圖。

$$Q_{out} = -KA_C(\frac{\Delta T12}{\Delta X12}) = -KA_C(\frac{\Delta T23}{\Delta X23}) \cdots\cdots \text{（Eq.6-6）}$$

其中：

$\Delta T_{12} = T_{J,1} - T_{J,2}$

$\Delta T_{23} = T_{J,2} - T_{J,3}$

$\Delta X_{12} = X_1 - X_2$

$\Delta X_{23} = X_2 - X_3$

K：代測材料之熱傳導係數

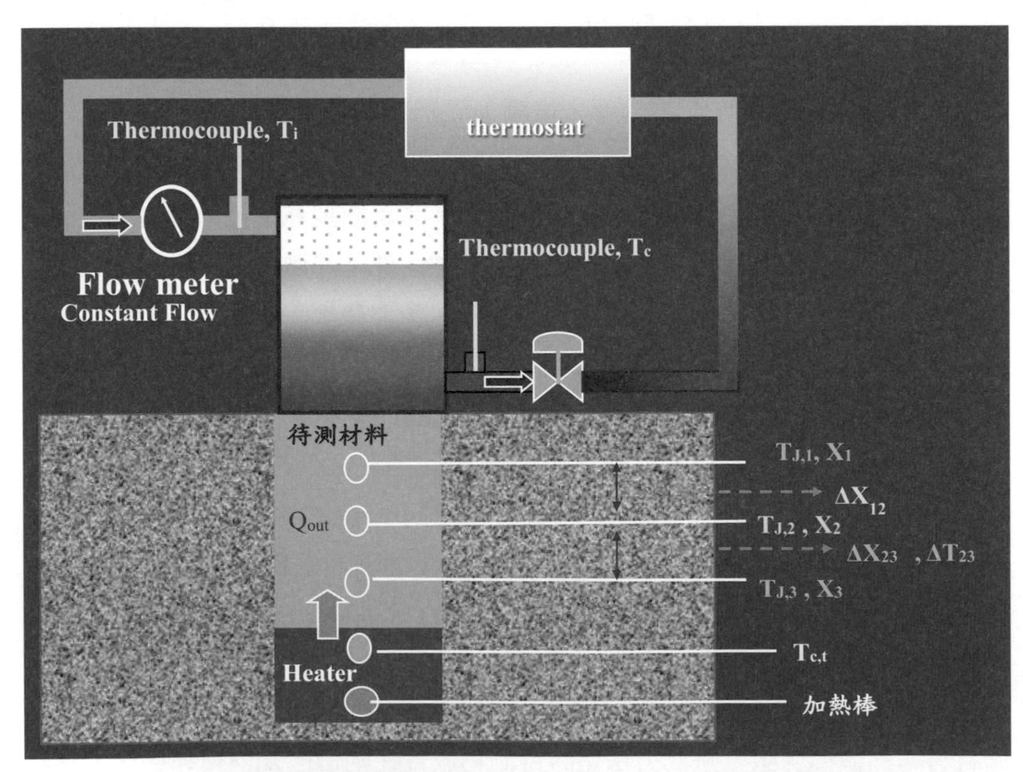

圖6-13　以開放型水冷式量測材料k值之裝置示意圖

A_C：代測材料之截面面積

6-1-2e　如何測試散熱片或散熱膏之熱阻

CPU Cooler是由風扇與散熱鰭片所組成，將CPU Cooler緊貼在CPU上，熱量由CPU傳至散熱鰭片，最後在由風扇的強制對流將熱帶走。傳統上之CPU Cooler包括風扇、散熱鰭片為一組散熱器具。但更嚴格來講，更應包括了在鰭片底部與CPU中間之一種含有導熱性質良好之熱介面材料（Thermal Interface Material, TIM）如圖6-14所示。由於散熱鰭片與CPU的表面雖看似平坦，其實表面是肉眼看不見的凹凸不平坑洞，所以當散熱鰭片與CPU接合的時候會產生許多空洞，而這些空洞裡則有熱傳導能力極差的空氣，所以需要擁有較高熱傳導係數的熱介面材料來填平這些空洞取代原本的空氣。目前常見的熱介面材料有以下幾種：散熱片（Thermal Pad）、相變化材料PCM（Phase Change Materials）、散熱膏（Thermal Grease）。散熱片是一種平面薄片型的固態有黏性及彈性之高分子熱介面材料，用於散熱鰭片和晶片之間，使用時只需一端黏置於於散熱器底部，一端將PET膠片撕開黏置於CPU熱源表面上即可。散熱片使用上較為便利，可重複使用但熱傳導係數偏低是其缺點；相變化材料是一種利用相變化的材料，在室溫時呈現固體狀態，當一達到工作溫度時則呈黏稠液態，對於介面的空隙填平能力很好，相變化材料基本上是一次性使用材料；散熱膏為一種黏稠性高之液態物質，其含有高熱傳導係數，不但能減少CPU與鰭片底部之空氣間隙，更增加鰭片與CPU之間的附著性。熱介面材料之存在必須合乎高熱傳導係數、高流動性、低揮發性才能發揮其效果。其中，高熱傳導係數是確保熱能夠迅速的由熱源被帶離系統；高流動性之熱介面材料則可有效的填補金屬表面之空氣間隙，達到降低接觸熱阻的目的；低揮發性則是為了延長熱介面材料的使用年限。TIM 材質在散熱領域是很重要的一環，因此如何測定TIM的熱傳導係數k值很是很重要的一門學問。TIM之測試大都根據STD ASTM D5470-01 [4]（Standard Test Method for Thermal Transmission Properties of Thin Thermally conductive Solid Electrical Insulation Material），ASTM D5470-01，量測厚度在0.02～10 mm 的熱介面材料。將此熱介面材料通一穩定熱源，量測材料的表面溫度，推得此熱介面材料的各種熱性質。

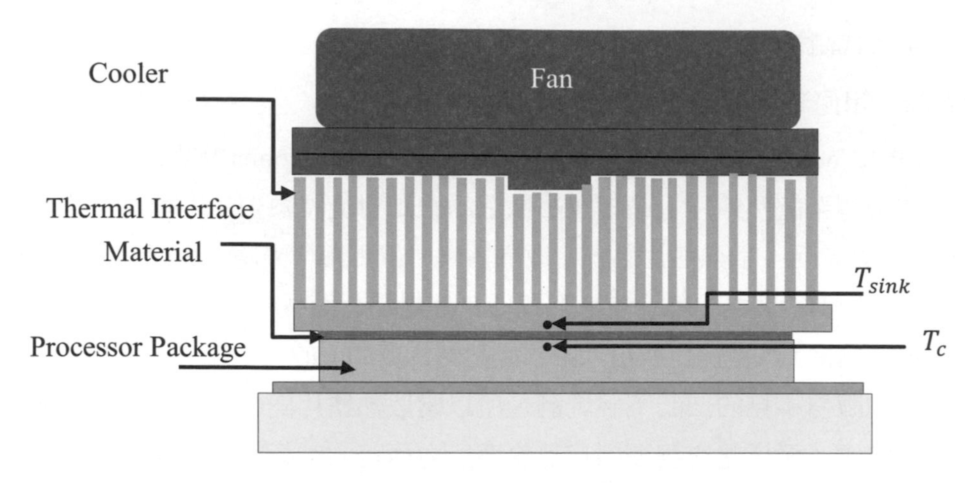

圖6-14　完整之散熱器與熱介面物質示意圖

圖6-15為ASTM D5470之熱傳分析圖。考慮一維熱傳從上往下，所有下標均是以熱傳遞之方向為基準，例如$Q_{out,L3,L2}$是熱功率從T_{L2}到T_{L3}，間距是$\Delta X_{L2,L3}$，溫差是$\Delta T_{L2,L3}$，將之帶入傅立葉公式，則：

$$Q_{out} = Q_{out,L2,L3} = K_{cu}A_C\,[(T_{L3}-T_{L2})/\,\Delta X_{L2,L3}] = K_{cu}A_C\,[\Delta T_{L2,L3}/\,\Delta X_{L2,L3}] \quad \cdots\cdots \text{(Eq.6-7)}$$

$$= Q_{out,L1,L2} = K_{cu}A_C\,[(T_{L2}-T_{L1})/\,\Delta X_{L1,L2}] = K_{cu}A_C\,[\Delta T_{L1,L2}/\,\Delta X_{L1,L2}] \quad \cdots\cdots \text{(Eq.6-8)}$$

$$= Q_{out,Li,L1} = K_{cu}A_C\,[(T_{L1}-T_{Li})\,/\,\Delta X_{Li,L1}] = K_{cu}A_C\,[\Delta T_{Li,L1}/\,\Delta X_{Li,L1}] \quad \cdots\cdots \text{(Eq.6-9)}$$

$$= Q_{out,Ui,Li} = K_{cu}A_C\,[(T_{Li}-T_{Ui})\,/\,\Delta X_{Ui,Li}] = \Delta T_{Ui,Li}/\,(R_{th,TIM})\,] \quad \cdots\cdots \text{(Eq.6-10)}$$

$$= Q_{out,U3,Ui} = K_{cu}A_C\,[(T_{Ui}-T_{U3})/\,\Delta X_{U3,Ui}] = K_{cu}A_C\,[\Delta T_{U3,Ui}/\,\Delta X_{U3i,Ui}\,] \quad \cdots\cdots \text{(Eq.6-11)}$$

$$= Q_{out,U2,U3} = K_{cu}A_C\,[(T_{U3}-T_{U2})/\,\Delta X_{U2,U3}] = K_{cu}A_C\,[\Delta T_{U2,U3}/\,\Delta X_{U2,U3}\,] \quad \cdots\cdots \text{(Eq.6-12)}$$

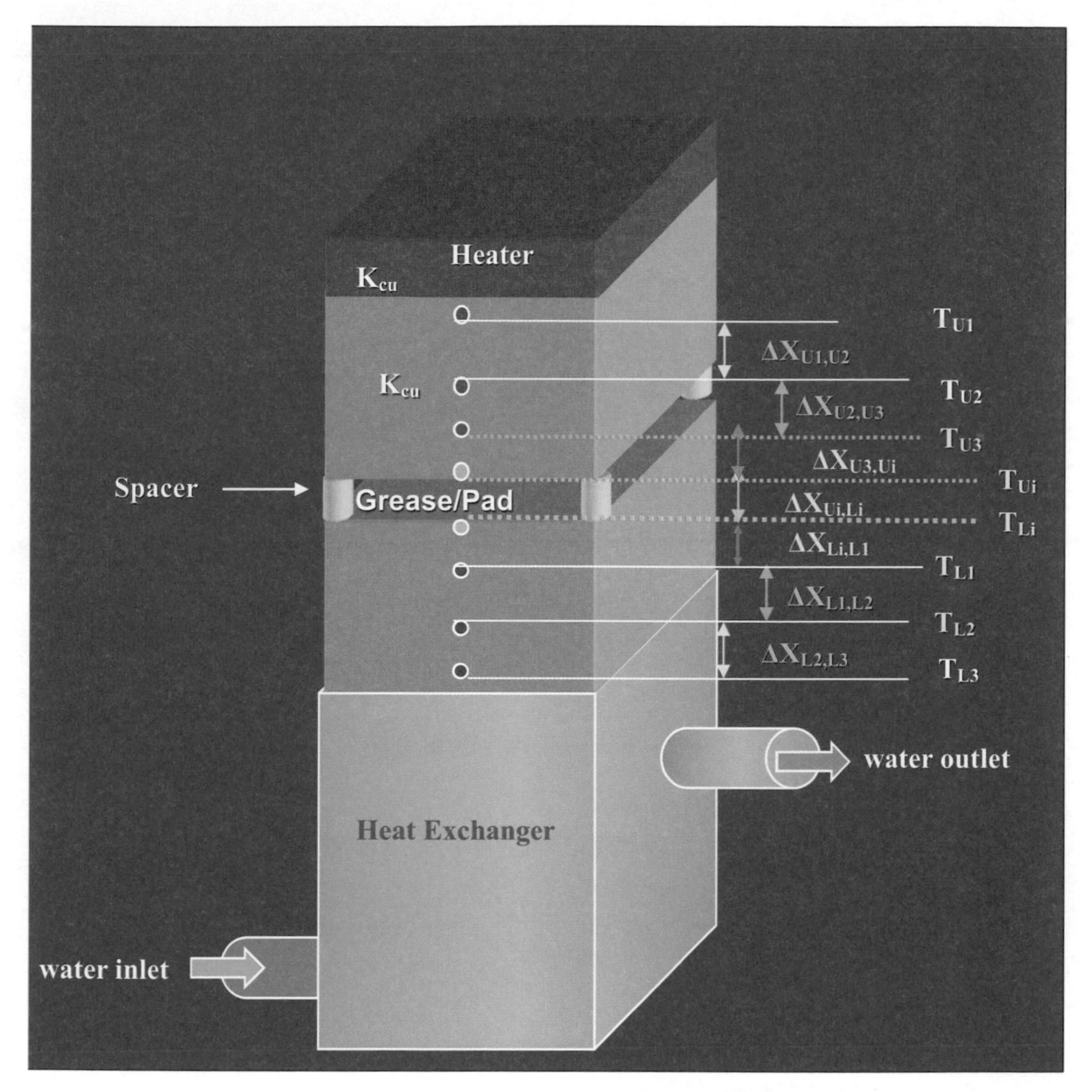

圖6-15　T.I.M. ASTM D5470之熱傳分析裝置示意圖

$$= Q_{out,U1,U2} = K_{cu}A_C\,[(T_{U2}-T_{U1})/\,\Delta X_{U1,U2}\,] = K_{cu}A_C\,[\Delta T_{U1,U2}/\,\Delta X_{U1,U2}\,] \quad \cdots\cdots (Eq.6\text{-}13)$$

其中T_{u1}、T_{u2}、T_{u3}為上治具銅柱長度三等分的溫度點，其距離為$\Delta X_{U1,U2}$、$\Delta X_{U2,U3}$、$\Delta X_{U3i,Ui}$；T_{L1}、T_{L2}、T_{L3}為下治具銅柱長度三等分之溫度點，其距離為$\Delta X_{L1,L2}$、$\Delta X_{L2,L3}$、$\Delta X_{Li,L1}$；T_{ui}、T_{Li}為上、下治具之表面溫度，熱由上治具往下

治具傳遞。A_C為兩治具之截面積。由於下治具之上表面溫度T_{Li}與下治具之上表面溫度T_{ui}不適合使用Thermal couple量測，假設無熱損失狀態下$Q_{out} = Q_{out,L2,L3} = Q_{out,L1,L2} = Q_{out,Li,L1}$，由方程式（Eq.6-7）、（Eq.6-8）、（Eq.6-9）可推得T_{Li}之溫度；同理，$Q_{out} = Q_{out,U3,Ui} = Q_{out,U2,U3} = Q_{out,U1,U2}$，由方程式（Eq.6-11）、（Eq.6-12）、（Eq.6-13），亦可推得出T_{Ui}。要注意的是理論上各段之Q_{out}應該是相等的，實際上會有出入，因此建議$Q_{out,Li,Ui}$ 必須由其他各段之Q_{out}推算而來，得知T_{ui}、T_{Li}後再由Eq.6-14可得介面之總熱阻。

$$R_{th,tot} = \frac{\Delta T}{Q_{out}} = \frac{T_{Li} - T_{Ui}}{Q_{out}} \cdots\cdots \text{（Eq.6-14）}$$

6-1-2e-1 散熱膏（Thermal Grease）熱傳導係數理論分析

考慮一熱分析系統，如圖6-16. 由熱分析圖中，可知：

$$R_{th,tot} = R_{th,int1} + R_{th,gr} + R_{th,int2} = R_{th,contact} + R_{th,gr} \cdots\cdots \text{（Eq.6-15）}$$

其中：

$R_{th,tot}$：介面之總熱阻值

$R_{th,contact}$：由治具表面粗糙度等因素所產生的接觸熱阻

$R_{th,gr}$：散熱膏之熱阻值

由傅立葉熱傳導公式亦知散熱膏之熱阻值可以Eq.6-16表示：

$$R_{th,gr} = \frac{L}{K_{gr} A_C} = \frac{T_{Ui} - T_{Li}}{Q_{Ui,Li}} \cdots\cdots \text{（Eq.6-16）}$$

其中：

k_{gr}：散熱膏之熱傳導係數

T_{Ui}：上治具之下表面推算之溫度

T_{Li}：下治具之上表面推算之溫度

Q_{UiLi}：通過上治具表面到下治具表面推算之熱功率

L：散熱膏之厚度

將（Eq.6-16）代入（Eq.6-15）中，可得：

$$R_{th,tot} = R_{th,contact} + \frac{L}{K_{gr} A_C} \cdots\cdots \text{（Eq.6-17）}$$

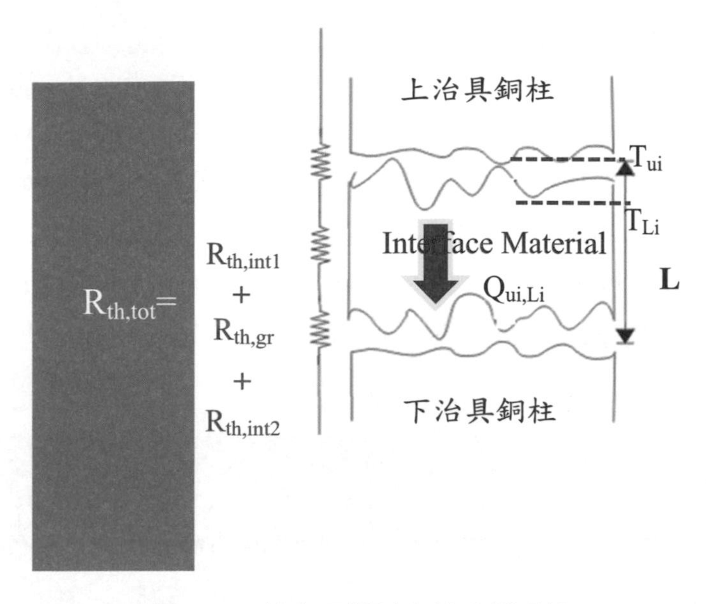

圖6-16　熱介面材料之熱分析系統

針對同一散熱膏而言，$R_{th,contact}$為常數，僅與治具表面之平坦度、粗糙度等因素有關。因此，我們可以經由實驗的方式，分別求得散熱膏在不同厚度下的總熱阻值。如圖6-17所示，再運用數值分析裡頭的中間值定理（Mean-Value Theorem）繪製出一條趨勢線，而這條趨勢線與Y軸的截距，即為$R_{th,contact}$。由於A_C（熱傳截面積）為已知，因此我們亦可由趨勢線的斜率計算出k_{gr}（Thermal Grease之熱傳導係數）。

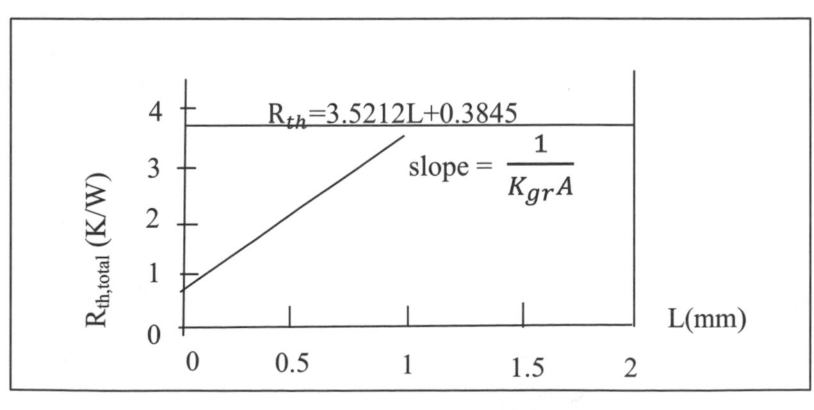

圖6-17　$R_{th,tot}$與L之關係圖

6-1-2e-2 TIM Spacer 之設計

所謂 TIM Spacer 是指在測試散熱膏時做為不同厚度之治具。spacer 設計可以用不同厚度之ABS或鋁圓柱置放在銅下治具之四角，根據ASTM規範，如果導熱之銅治具直徑為D，則ABS或鋁圓柱直徑D_{spacer}應不小於0.1D如圖6-18。圓柱型設計有不容易固定且散熱膏容易溢散之問題，所以改良的方式是以O-Ring spacer直徑在D+δ，δ值可以任意訂定只要能固定住在下治具銅柱上方即可如圖6-19。O-Ring 式的spacer在測試時，較能準確固定住散熱膏的厚度，因此為較佳之設計。

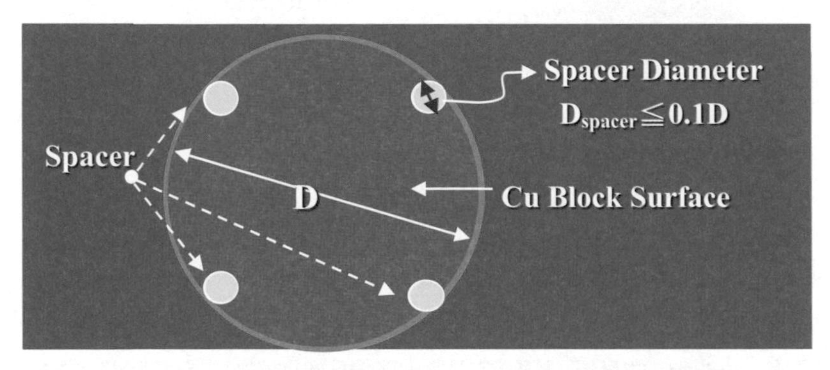

圖6-18　ABS或鋁圓柱型 spacer 設計俯視示意圖

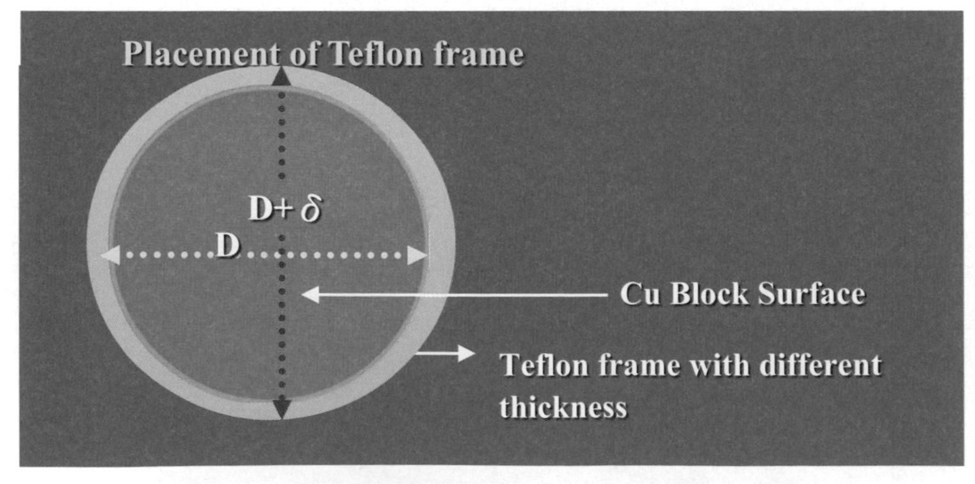

圖6-19　ABS或鋁O-Ring型 spacer 設計俯視示意圖

6-1-2e-3 ASTM D5470之改良設計

如圖6-20 ASTM D5470的方法是以上、下兩塊銅治具夾住Sample（散熱膏、散熱片或散熱膠），散熱膏，散熱膠可以用不同厚度之O-ring spacer（0.1mm，0.3mm，0.5mm，0.7mm，0.8mm）固定，如果是散熱片（thermal pad），則選擇不同厚度至少5片做為樣品。ASTM之設計方式是將加熱器擺在正上方，熱交換器則置放於下方，熱是由上方傳遞至下方，推測這樣之配置式由於熱交換器必須有進、出之冷凝水管，如果將熱交換器配置於上方，可能由於管路交錯有干擾之問題，所以才採取此方式，可是這樣的設計是與習知之熱必然由下往上流動之狀況有所不同。因此改良的方式如圖6-21與ASTM D5470的設計原則一樣，只不過加熱器是在下方，熱交換器則置放於上方，這樣的配置熱是由下方傳遞至上方，較合乎熱傳遞之物理行為。如果在熱功率不高之情況下，可以選擇低熱阻值之Cooler 作為散熱工具即可，由於不需要有很多水管路，恆溫水槽、幫浦、流量計等儀器，省了很多成本與空間，裝置上亦較簡單，唯一的條件是必須知道該Cooler之熱阻值，否則不容易知道上銅治具之熱移量。另外如果是在高功率測試條件下，也可以改用電子致冷晶片（TEC）作為熱移裝置之改良式ASTM D5470之設計如圖6-22。以電子致冷晶片（TEC）作為熱移工具的好處是可以降到室溫以下之冷凝效果，但是TEC的熱移校正曲線必須先獲得，否則在移熱量上難以比對，在控制上較難有個指標。

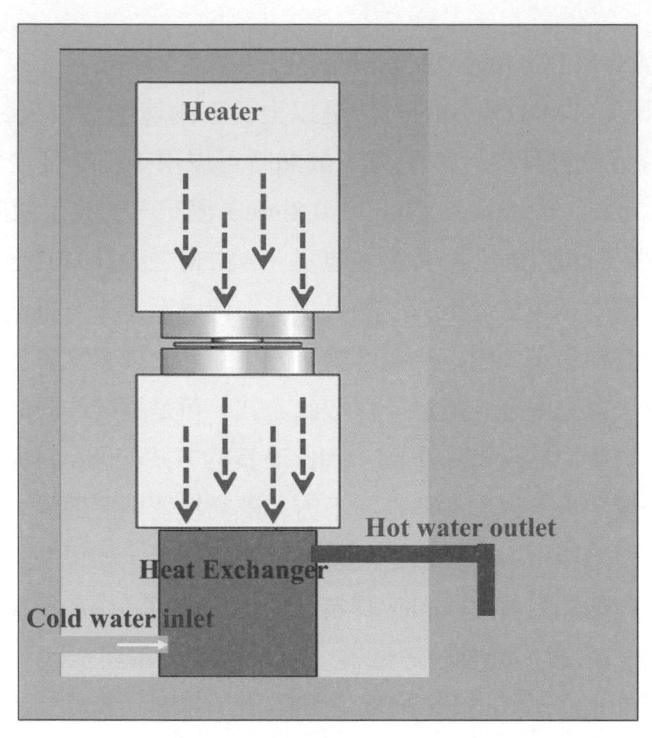

圖6-20　ASTM D5470傳統以水冷式移熱配置圖

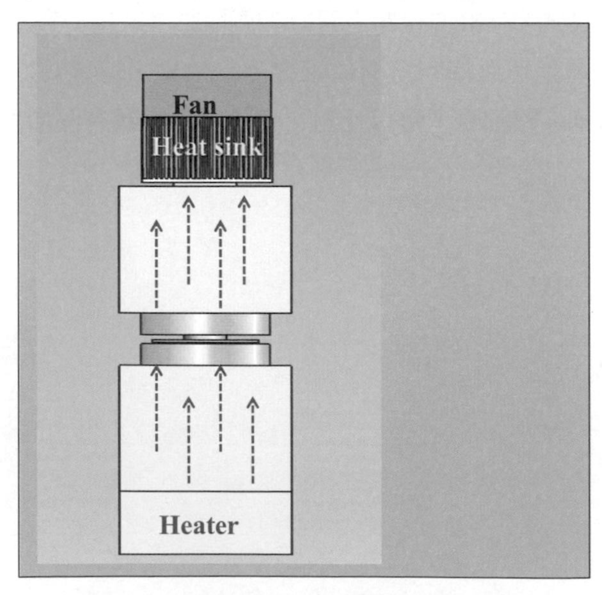

圖6-21　ASTM D5470改良方式以風冷式散熱器移熱配置圖

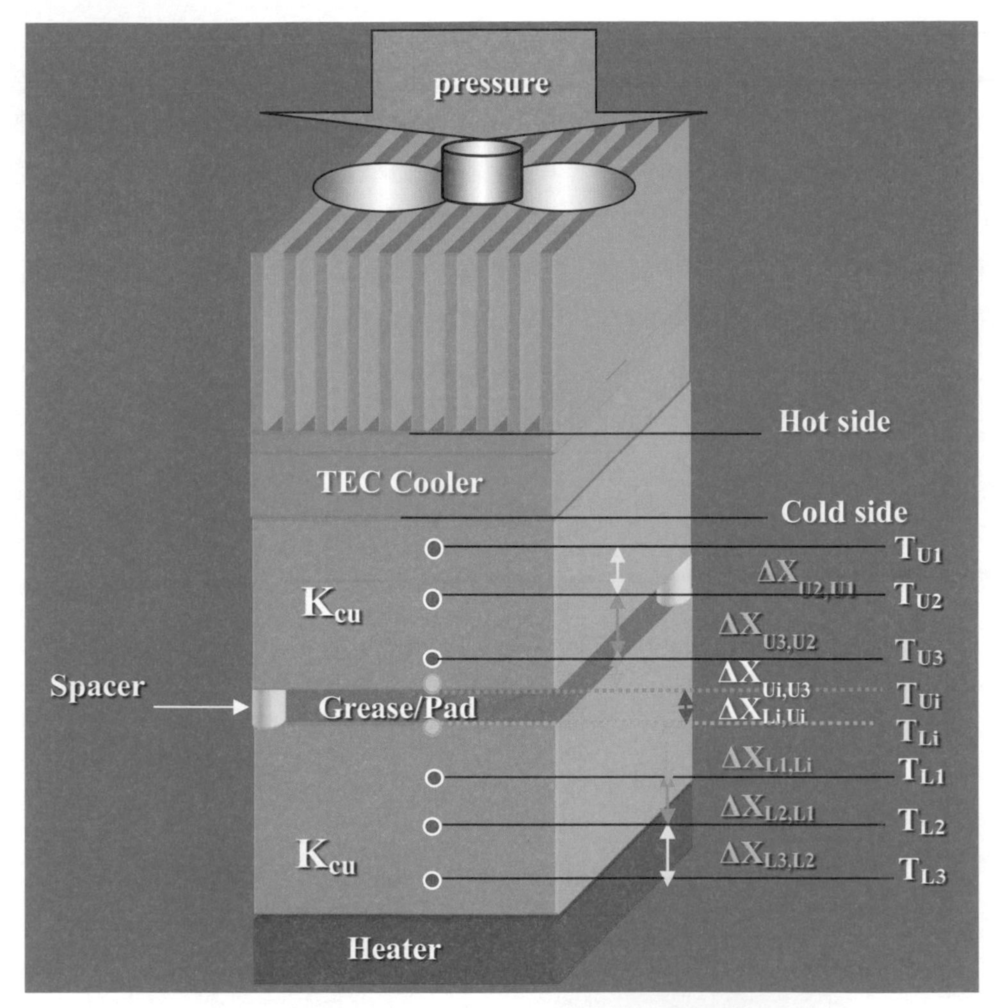

圖6-22　ASTM D5470改良方式以TEC散熱器移熱配置圖

6-1-2e-4 散熱片（Thermal Pad）熱傳導係數理論分析

散熱片與散熱的測試理論與公式在D5470文號是一模一樣，只不過散熱膏是黏稠液體狀，所以需要特別以不同高度之spacer治具將散熱膏固定於所需厚度之spacer治具內。散熱片由於是一種具有彈性之高分子材質膠體，因此只需要其形狀、大小、直徑與銅柱上、下治具一致便行，而無需要不同厚度之spacer治具。散熱片在TIM測試儀器受不同的壓力，會有不同的厚度δ（mm），而不同厚度的散熱片當然會造成不同的熱阻值。當壓力超過某一限定值後，散熱片不復有彈性，此時散熱片厚度趨近一定值如圖6-23(a)。然而隨著Thermal Pad所受不同壓力下所得到不同厚度，由每種厚度將對應出不同熱阻值，找出總熱阻值與壓力關係如圖6-23(b)所示，其總熱阻值隨壓力遞增而減小。對於同一種Thermal Pad而言，$R_{th,contact}$為常數，經由實驗得到在不同厚度下所對應之不同熱阻值後，再運用數值分析繪製出一條趨勢線，如圖6-24所示。由於A（熱傳截面積）為已知，因此由趨勢線的斜率計算出散熱片之K_{pad}值。

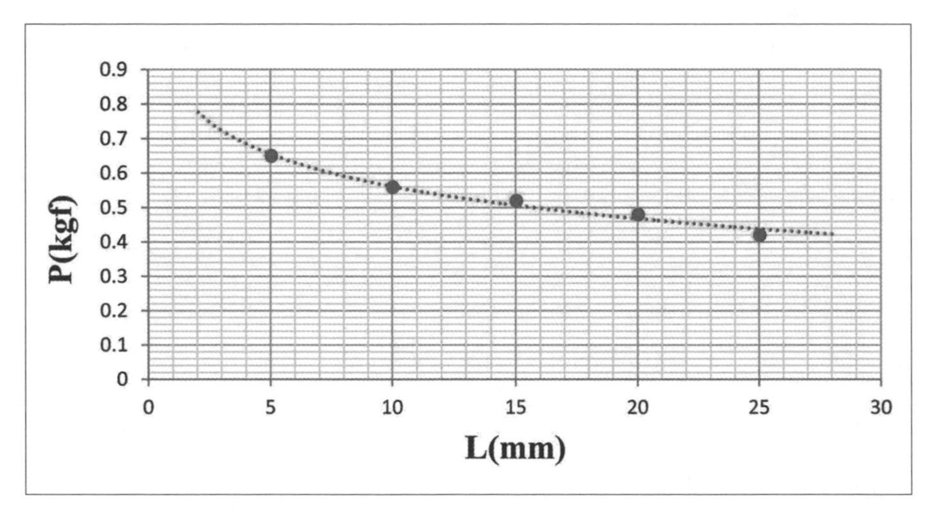

圖6-23　(a) Thermal Pad 系統壓力 不同散熱片厚度曲線圖

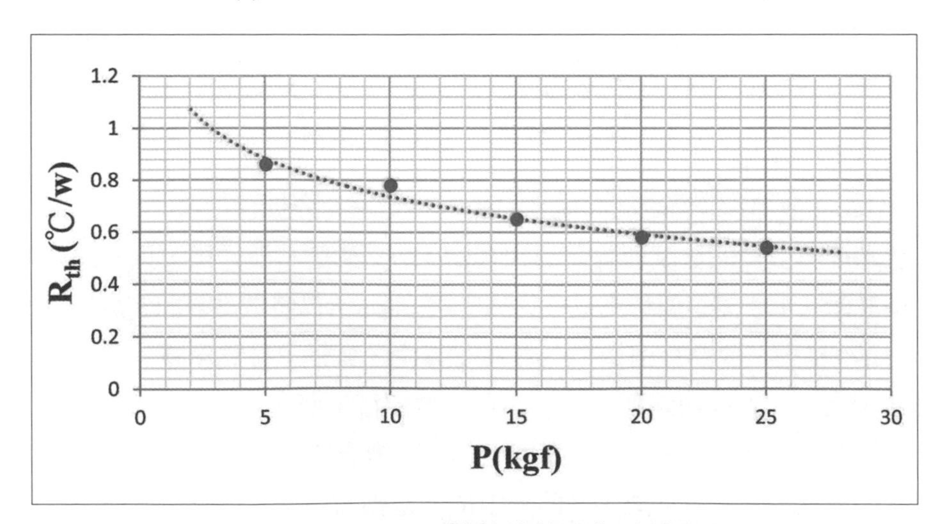

圖6-23　(b) ASTM D5470散熱片熱阻與系統壓力曲線圖

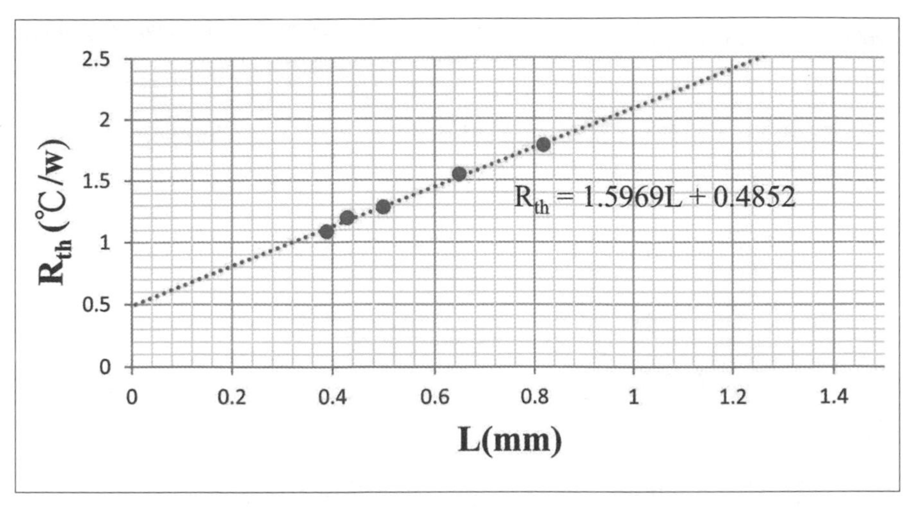

圖6-24　ASTM D5470散熱片之熱阻與不同散熱片厚度曲線圖

6-1-2f　CPU扣具之影響

CPU 扣具的重要性很容易被忽略。CPU 熱源通常需要有一散熱器做為散熱用，散熱器上都會備有一扣具作為固定CPU與散熱器本身，滿足扣具之設計有兩個理由，一是必須滿足掉落實驗（Dropping Test），二是必須滿足CPU 壓力負載實驗（Loading Test）。茲將敘述於下：

6-1-2f-1 掉落實驗（Dropping Test）——System Test

掉落實驗基本上是一個系統測試，電子產品在設計及開發階段，都會有個掉落試驗（Dropping Test）的項目，這個項目基本上分成兩個階段，第一階段是裸機的落下試驗，第二階段是包裝的掉落試驗。包裝掉落時驗通常是指瓦楞紙箱的包裝落下試驗，其最主要目的在測試包裝的運送過程中，不會因為多次的搬運或不小心落地，損害到產品的功能、結構及外觀。裸機（也就是在沒有包裝的情況下）的摔落試驗目的，是模擬搬運操作或使用者不小心把產品跌落地面時的狀況。至於落下的高度，就得取決於不同的產品使用環境，比如說有些產品的只要用途是放在桌子上使用，其高度大概就只會定義在76cm；而手持裝置，比如i-pad、notebook之類高度就可以定義到90cm或120cm；如果是那些須要拿到頭部的手機，高度可能就要定義到150cm，甚至到180cm。一般如果沒有規範時，掉落實驗都訂在1公尺，扣具的作用就是確保CPU與散熱器之結合是完整的。

6-1-2f-2 CPU 壓力負載實驗（CPU Loading Test）——Component Test

CPU壓力負載實驗基本上是一個元件測試，為了要增加散熱器與CPU的接觸緊密度，一般都會使用扣具來使散熱器與CPU表面緊密接觸，但是如果接觸的緊密性不好，散熱器的散熱效率就會變差;如果散熱器與CPU夾的太緊，又要擔心是否對CPU造成損壞。因此扣具壓力測試是影響CPU性能好壞另一個重要參考指標。以Intel. CPU為例，FC-PGA Package 或Skylake processors [5]規範最大負重都是50磅。

6-1-2g 測試環境（Dummy Heater System）環溫T_a之影響

在設計模擬加熱器系統（Dummy Heater）時，通常系統是開放式到環境的；換言之，通常不會在一個密閉系統做實驗如示意圖6-25，理由是要保持局部環溫（Local ambient temperature, T_a）之穩定。有些客戶要求熱阻測試必須按照規範之需求進行，例如環溫50℃，功率300W之條件下測試其熱阻，所以要求散熱器廠商必須在T_a=50℃下做測試，此時Dummy Heater 必須要求在密閉系統，且有加熱控制溫度等精密裝置，否則環溫勢必無法精準控制在規範之溫度內，況且加熱器之熱源與密閉箱內之熱源勢必影響系統之均溫性，如果要達到均溫，則箱體必須要求設計夠大，但是太大之箱體，不僅浪費能源而且測試時間也必定拖得很長，因此就成本，測試時間而言，密閉空間絕對不是一個穩定環溫之最佳設計，一般只要室內環溫控制得宜（例如不能在冷氣口下操作實驗），基本上所求得之熱阻數據都相當有一致性，圖6-26為模擬加熱器之實體圖。

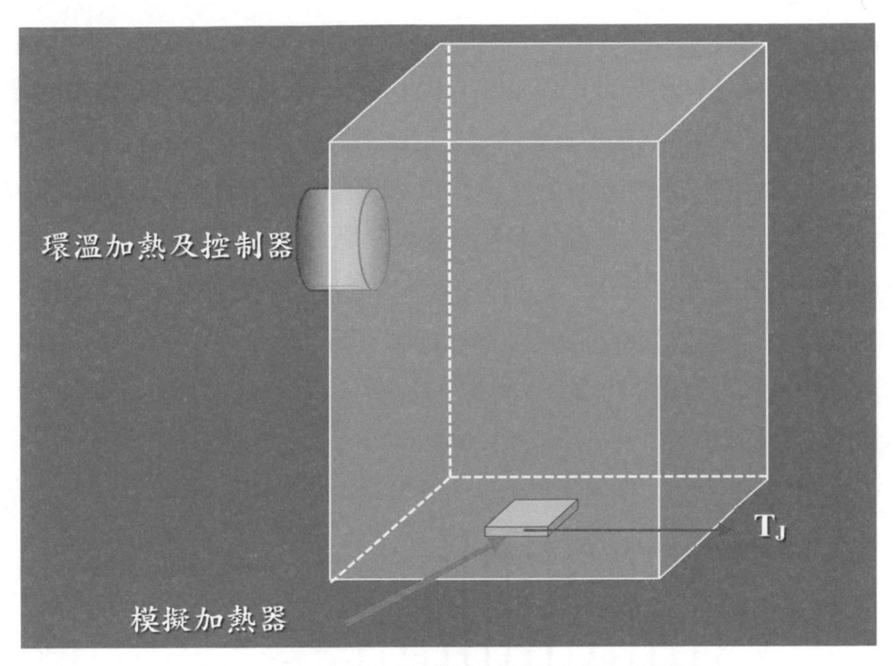

圖6-25　密閉系統模擬加熱器系統示意圖

圖6-26　模擬加熱器系統實體圖

因此在做熱阻測試時，穩定的環溫是必須的要求，INTEL 對於各種不同的散熱設計都有不同的環溫定義[6]。Intel® Pentium® III Processor in the FC-PGA2 Package 為例，在被動式散熱元件之自然對流下之環溫定義如圖6-27，其環溫位置定義大概在散熱鰭片正上方約1"到2"的位置。圖6-28為被動式散熱元件在強制對流側吹式下之環溫定義示意圖，其是最少兩個熱電偶應放置在從散熱器鰭的前緣起約0.5到1.0英寸（12.7至25.4毫米），兩熱電偶距離約2.0英寸（50.8mm）。如果是主動式散熱元件在強制對流下吹式之環溫定義如圖6-29。最少兩個熱電偶應放置約0.5到1.0英寸（12.7至25.4毫米）的風扇入口上方。兩熱電偶距離約在1.0至2.0英寸（25.4至50.8 mm）。

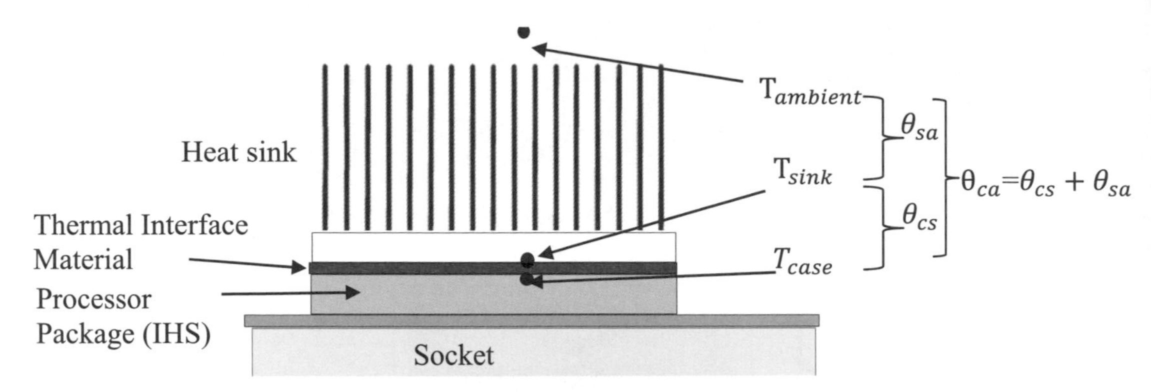

圖6-27　Intel被動式散熱元件在自然對流下之熱阻定義示意圖[6]

以開放系統測試之好處是因為以廣大之環境為熱沉，對於加熱器之加熱功率所產生之熱其實對環溫之變化幾乎微乎極微，因此環溫較穩定。事實上，在無熱管裝置之散熱器之熱阻值是在強制對流下固定的，不會隨著加熱功率之不同而改變；在自然對流下也只是隨著功率增加微微下降而已。因此環溫T_a之定義與穩定性很重要。以方程式Eq.6-2為例，當實驗決定出散熱器之熱阻值後，只要環溫上升1度，接端溫度T_J必定跟著上升1度。因此實驗時想要固定T_a於某一溫度是根本不需要的，密閉系統徒然增加其內部環溫之不穩定性而已。

$$R_{th,tot}=\frac{(T_J-T_a)}{Q}\ \cdots\cdots\ (\text{Eq.6-2})$$

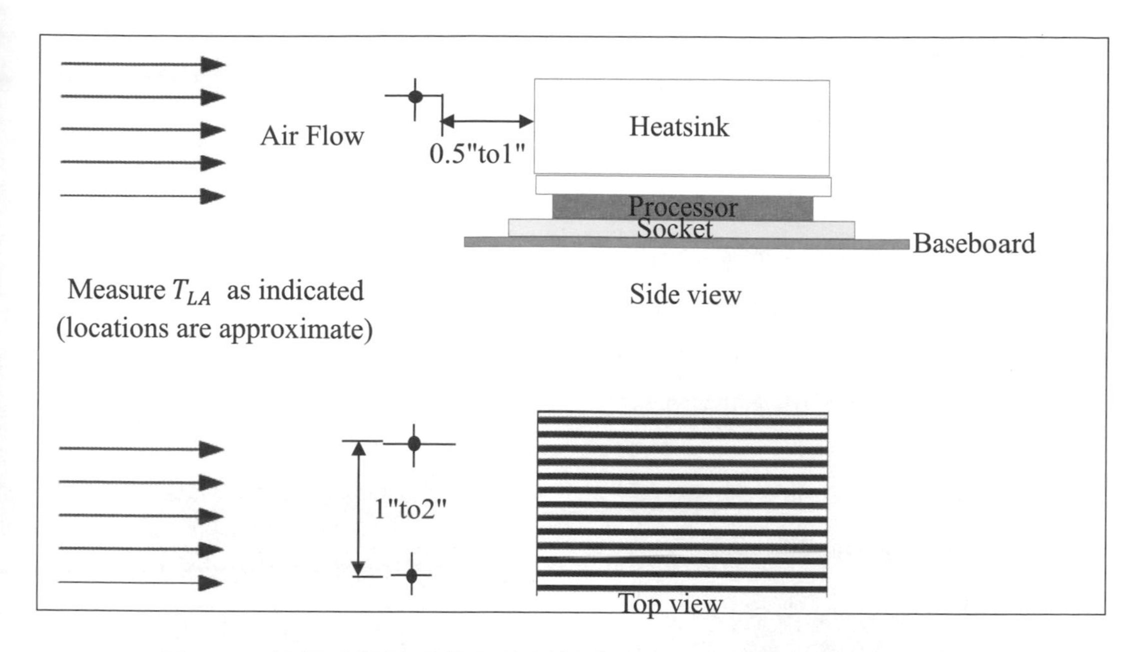

圖6-28　被動式散熱元件在強制對流側吹式下之環溫定義示意圖[6]

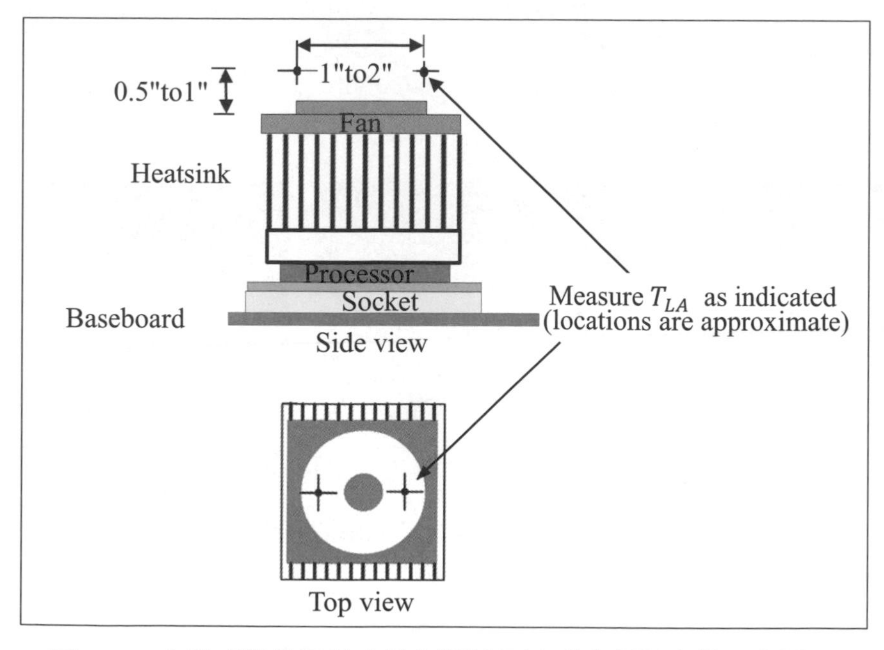

圖6-29　主動式散熱元件在強制對流下吹式之環溫定義示意圖[6]

6-1-2h 影響熱阻測試之幾個參數

6-1-2h-1 加熱塊之設計

加熱塊之設計切忌不要有突縮或突擴之形狀，有些為因應類似LED 1mmX1mm 之小尺寸面積，突縮或突擴的設計都會造成積熱的現象，因而量到的熱阻值誤差將很大，如圖6-30a與圖6-30b都是極差之突縮或突擴之紅銅塊設計；圖6-30c與圖6-30d是較佳之大尺寸紅銅塊（30mmX30mm）設計正面圖與側視圖；如果有較小尺寸（1mmX1mm）設計之需要，可採取以加熱棒從銅塊底部直穿到銅塊內部2/3處如圖6-30e。

圖6-30a. 極差之突縮之紅銅塊設計示意圖

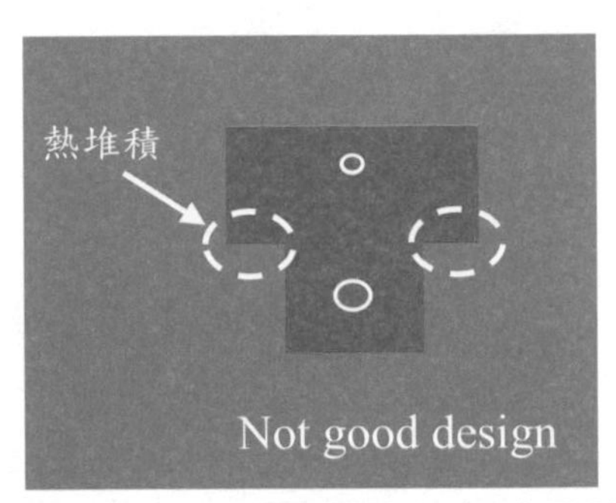

圖6-30b. 不好之突擴之紅銅塊設計示意圖

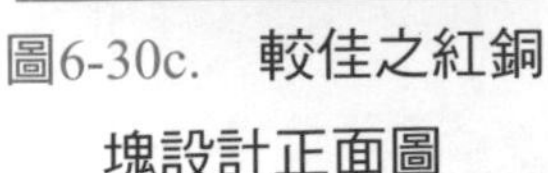

圖6-30c. 較佳之紅銅塊設計正面圖

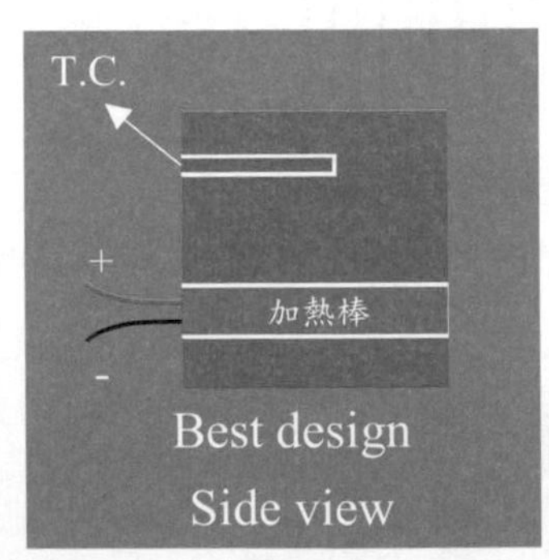

圖6-30d. 較佳之紅銅塊設計側視圖

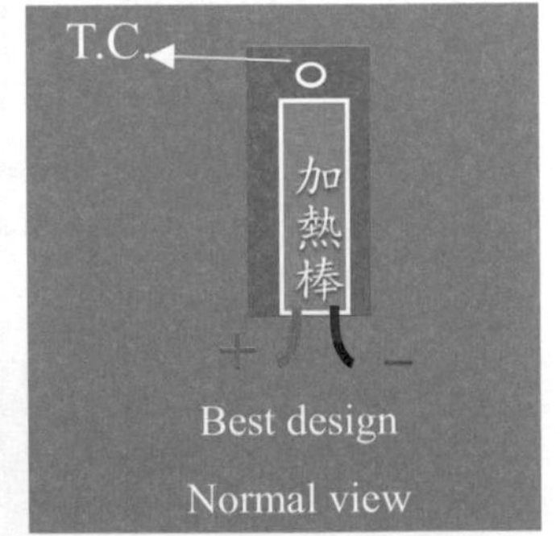

圖6-30e. 較佳之小尺寸紅銅塊設計正面圖

6-1-2h-2不同鰭片大小對熱阻之影響

根據傅立葉熱阻之定義熱阻之大小與通過熱量之截面面積A_C成反比，A_C某種程度也代表物體的大小。圖6-31a 為不同鰭片大小對熱阻之理論趨勢圖，圖6-31b則為不同鰭片大小對熱阻之實驗曲線。可見鰭片越大，熱阻越低。

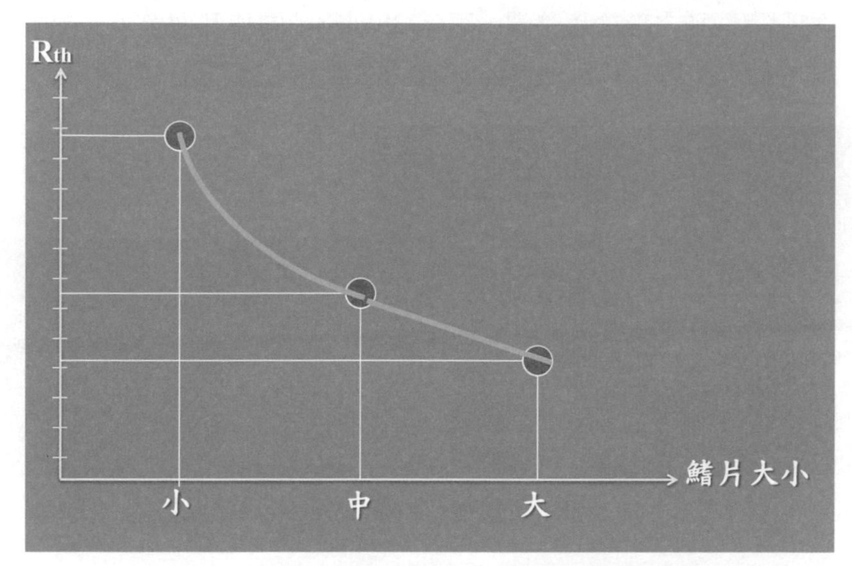

圖6-31a.　不同鰭片大小對熱阻之理論趨勢圖

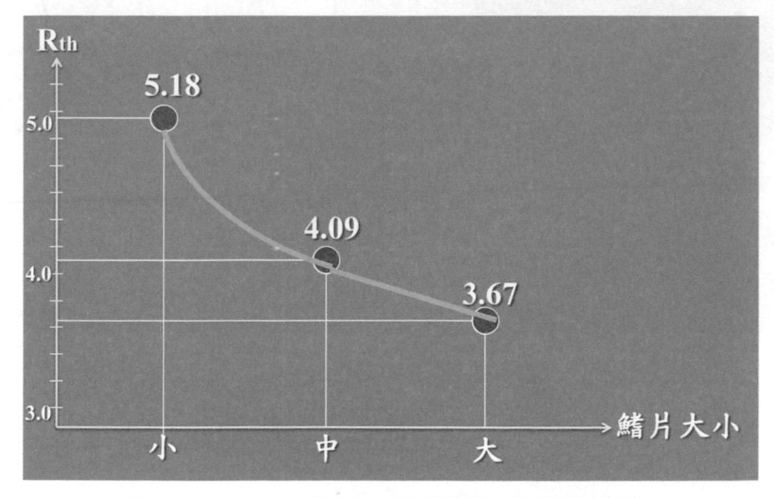

圖6-31b.　不同鰭片大小對熱阻之實驗曲線

6-1-2h-3固定功率下不同加熱面積對熱阻之影響

固定功率下，加熱面積越大表示熱功率密度越小，越容易散熱；另外一方面可解釋成當加熱面積越大時，擴散熱阻值越小，因此總熱阻值就越小。如圖6-32a，圖6-32b，圖6-32c各代表不同加熱面積下之裝置。圖6-33a為不同加熱面積下之熱阻與面積之理論趨勢圖，圖6-33b則為不同加熱面積下之熱阻實驗曲線。可見在固定加熱功率下，加熱面積越大，能量密度越低，熱阻自然越小。

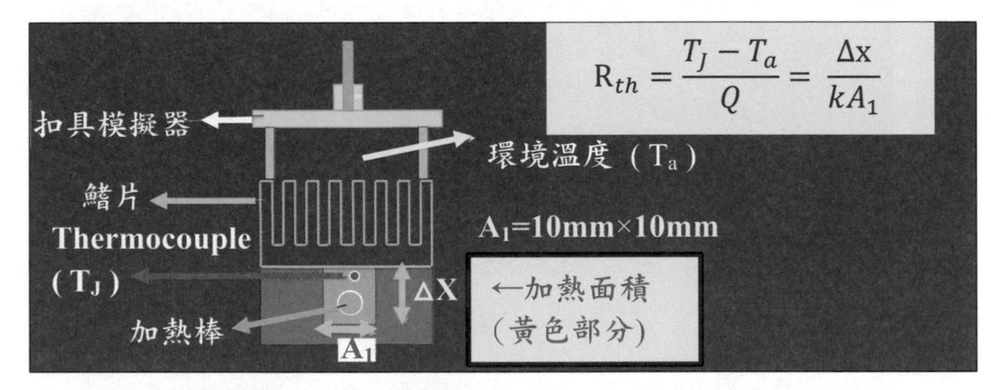

圖6-32a.　加熱面積在A_1=10mmX10mm之裝置圖

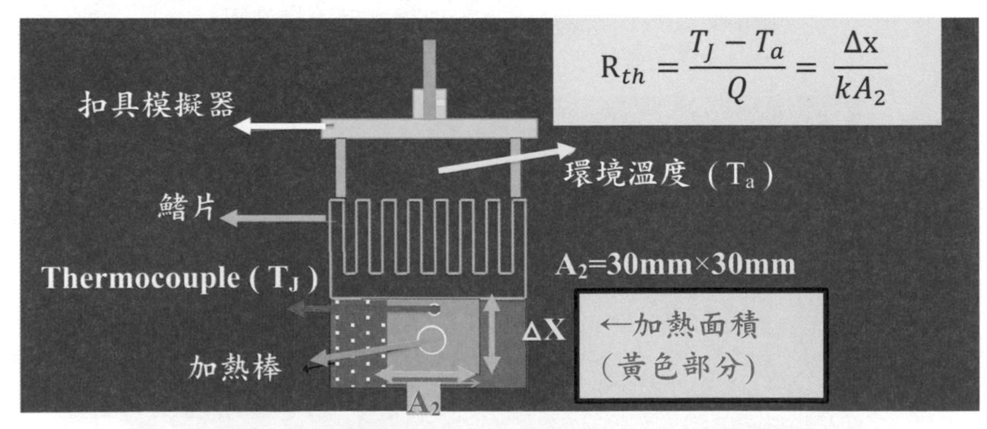

圖6-32b.　加熱面積在A_2=30mmX30mm之裝置圖

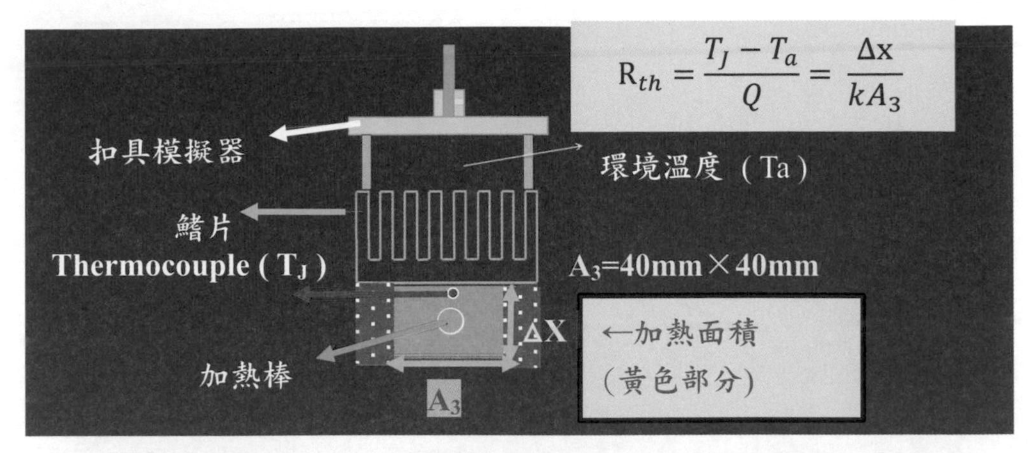

圖6-32c.　加熱面積在A_3=40mmX40mm之裝置圖

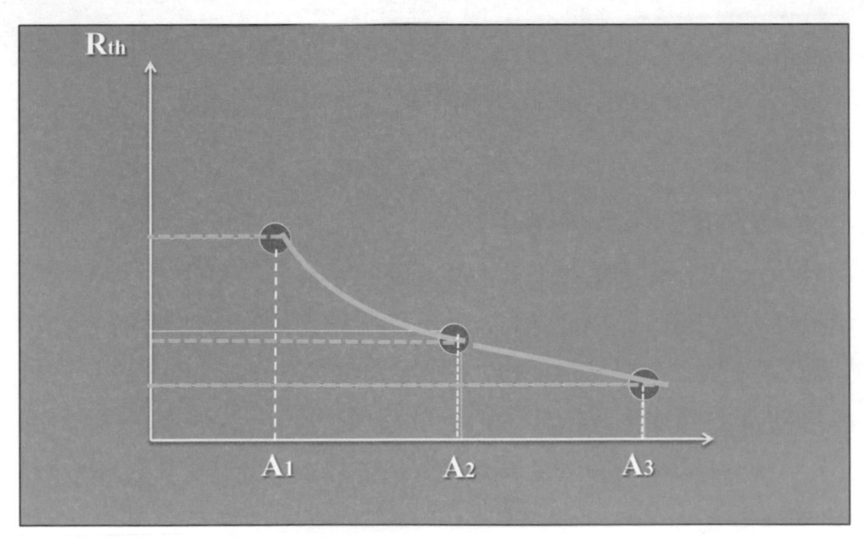

圖6-33a.　不同加熱面積下之熱阻與面積之理論趨勢圖

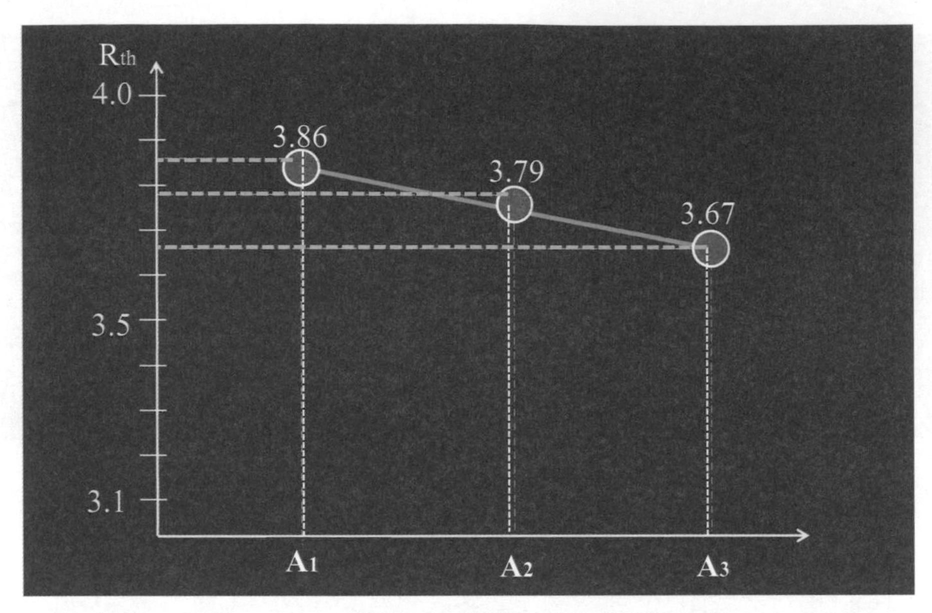

圖6-33b. 不同加熱面積下之熱阻實驗曲線

6-1-2h-4散熱膏對熱阻之影響

散熱膏的好壞影響熱阻非常大，有無散熱膏對散熱影響更是大。實驗的方法是以無散熱膏加紙片、無散熱膏及有散熱膏做對比實驗。圖6-34為散熱膏對於散熱器熱阻之對比實驗數據曲線，實驗由無散熱膏加0.2mm紙片之熱阻4.69到無散熱膏的4.27到加上散熱膏之3.67。以無散膏與有散熱膏之熱阻相差達0.6（℃/W），其意義就是在60W的熱功率下溫差可以達36℃，因此有無散熱膏對散熱之影響非常大。

6-1-2h-5扣具壓力對熱阻之影響

在6-1-2f節當中已提及扣具對於CPU影響之重要性，圖6-35為扣具壓力對於散熱器熱阻之趨勢理論曲線，實際實驗數據在不同壓力下之趨勢如圖6-36。一般而言，INTEL規定扣具壓力在50lb（25Kg）以內，其實一般在壓力超過20Kg以上時，熱阻已幾乎為一定值。

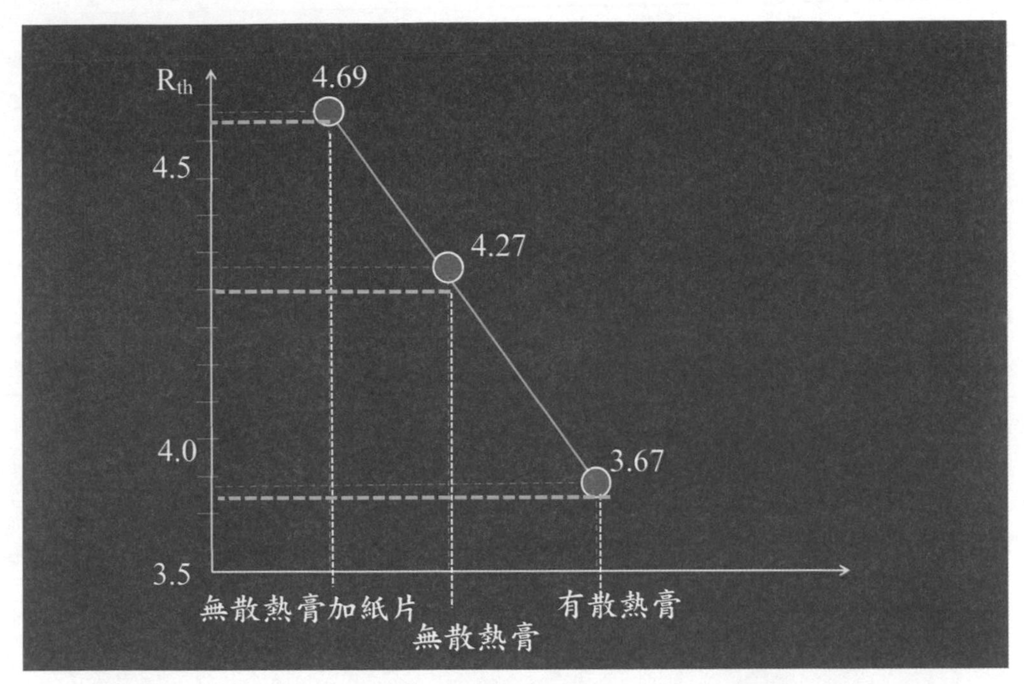

圖6-34　散熱膏對於散熱器熱阻之對比實驗

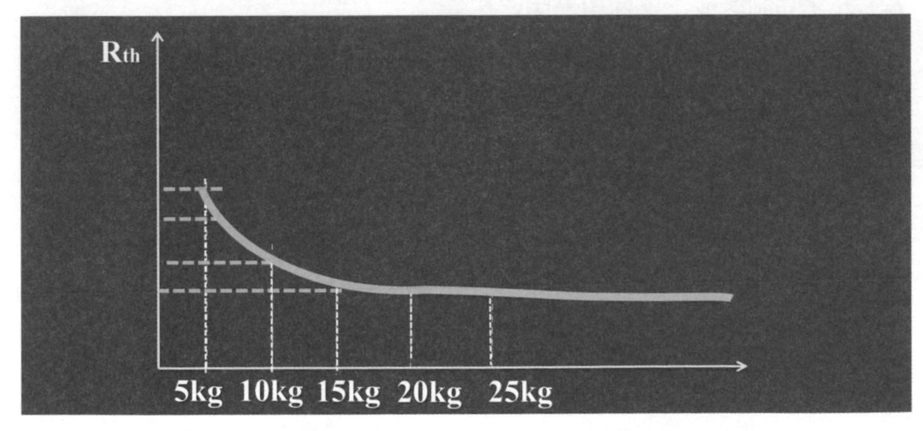

圖6-35　扣具壓力對於散熱器熱阻之趨勢理論曲線

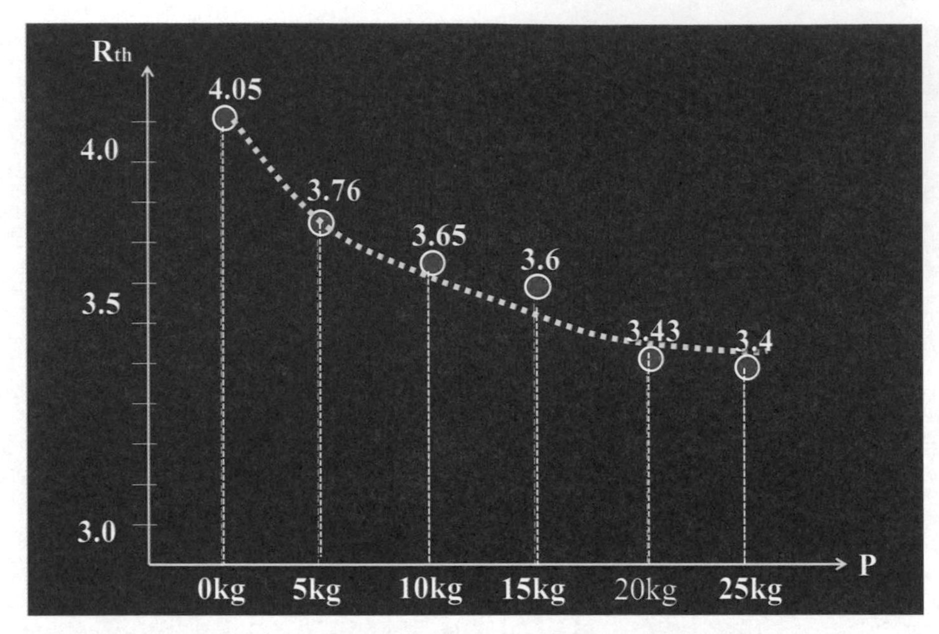

圖6-36　扣具壓力對於散熱器熱阻之趨勢實驗曲線

6-1-2h-6強制對流下風速對熱阻之影響

理論上在強制對流下之風速越大，熱阻越小。實驗上只需將風扇從額定電壓12V調降至5V，電壓減少，風扇轉速（rpm）自然降低，風速就減少，然後量其熱阻，便可知風速之影響如圖6-37。

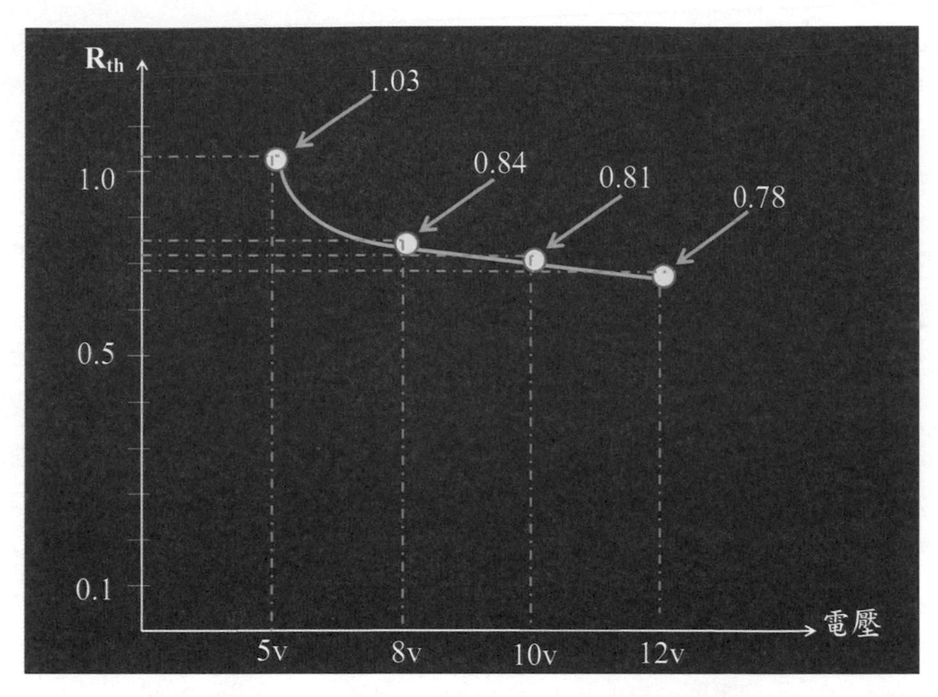

圖6-37　風扇轉速對散熱器熱阻之實驗曲線

6.2 INTEL 測試方法：

6.2.1 TTV 測試評臺——INTEL Desktop 3rd Generation Intel® Core™ Processor系列

INTEL Desktop 3rd Generation Intel® Core™ Processor系列散熱器採用TTV（Thermal Test Vehicle）測試平臺[7]。TTV是一個模擬CPU，內部是按照真實CPU設置的發熱元件。在模擬CPU表面銅蓋（IHS）上有經高速數控機床精密加工的槽，將熱電偶低溫焊接於CPU中心如圖6-38。IHS之上再裝置散熱鰭片，鰭片上以CNC加工溝槽，槽深度為（0.63 MM）0.025"，寬為0.04"（1.0毫米）如圖3-39 [7]。風扇進風口溫度的測量則需要在風扇上方位置（2～3mm），放置四個熱電偶，以四個點溫度的平均值作為風扇進風口的溫度與環境溫度之指標如圖6-40。TTV的輸入電流和電壓測量，通過與TTV並聯的電壓表，串聯的電流表測量得出。Intel測試以嚴謹著稱，這也是其得到廣泛認可的重要原因。熱阻測試一般會持續30至60分鍾。熱阻由以下公式計算得出：

散熱器熱阻＝（CPU表面溫度－環境溫度）÷導熱功率

而導熱功率是電壓和電流相乘的結果。Intel測試被廣泛認可還在於其嚴格甚至苛刻的要求。如以下兩個方面：

其一，在測試時，測試人員會將風扇的轉速在標準轉速的基礎上再降低電壓（10%）（如標準3000轉，則按照2700轉來測量性能）降低轉速。在這樣的情況下，如果被測散熱器能夠表現出優異的性能並通過測試，那麼在其實際使用過程中，性能將更加可靠。

其二，Intel測試的嚴苛還表現在：測試中在散熱器的上方，距離主板上方88mm左右的位置放置一塊足夠大，可以覆蓋整個主板的不透風擋板，真實模擬散熱器在機箱內部的工作情況。其目的在於認證的散熱器必須滿足市面上各種標準機箱的散熱需求，而此高度為目前市面上最小的ATX機箱的高度。

從上述內容看出，Intel散熱標準測試對被測散熱器要求非常嚴格，甚至苛刻，其測試程序也十分嚴謹。這從一方面體現出Intel散熱標準測試在業界得到了廣泛的認可的原因。

圖6-38　Intel TTV熱電偶於CPU中心位置圖

source：http://big5.thethirdmedia.com/g2b.aspx/hard.thethirdmedia.com/article/200806/show130264c44p1.html

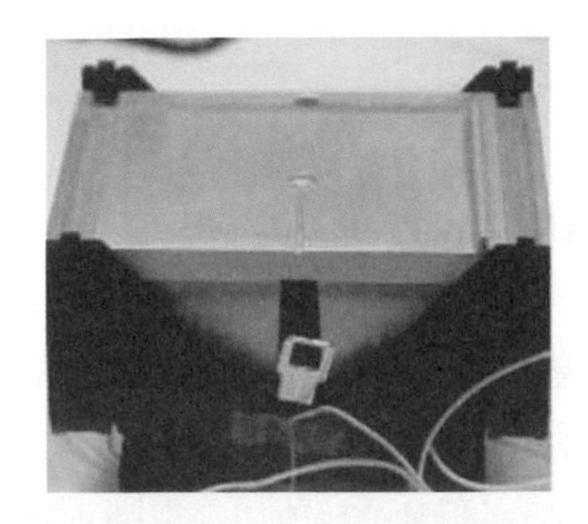

圖6-39　Intel TTV散熱鰭片底部溝槽中心位置圖[6]

圖6-40　Intel TTV熱電偶於風扇四周位置圖

source：http://big5.thethirdmedia.com/g2b.aspx/hard.thethirdmedia.com/article/200806/show130264c44p1.html

6.2.2 INTEL CPUID 068xh family系列測量系統——Analog Devices EVALADM1021 kit

INTEL較早期的CPUID 068xh family [8] 則是以一套測試程式（Kpower.exe）Test PC連結一類比訊號裝置（Analog Devices Eval-Ad1021 Kit）到測量系統（Measuring PC）連接到測量系統之PC連接到測量系統之PC（Measuring PC）如圖6-41。INTEL 的Test PC主機板實體如圖6-42。Analog Devices EVAL-1021 Test kit 實體如圖6-43。測量系統所用之電腦（Measuring PC）主機板 如圖6-44。主機板的背面如圖6-45，與CPU在另一面（正面）的接合處，利用焊接的方式接一測量電壓的接頭，如此利用三用電表即可量得CPU運轉時的電壓（V）與電流（I），P（CPU功率）= V * I。

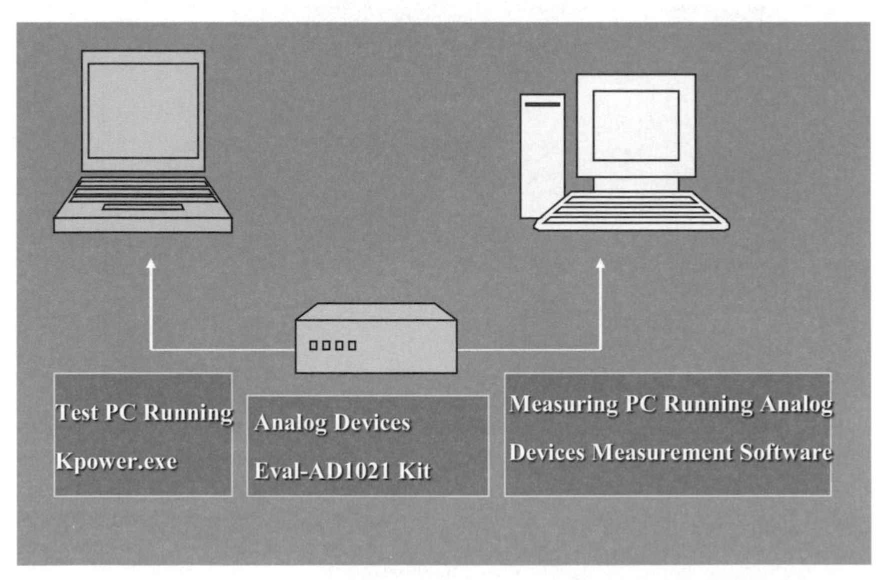

圖6-41　Intel CPUID 068xh family 測試熱阻示意圖

圖6-42　Intel CPUID 068xh family Test PC主機板實體圖[8]

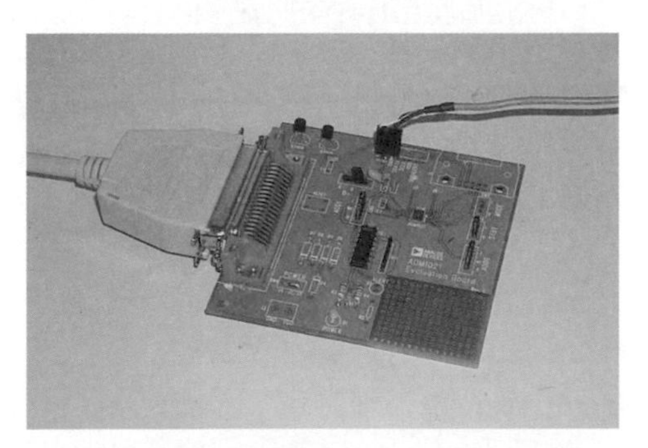

圖6-43　Intel CPUID 068xh family Analog Devices EVAL-1021 Test kit實體圖[8]

圖6-44　Intel CPUID 068xh family Measuring PC主機板實體圖[8]

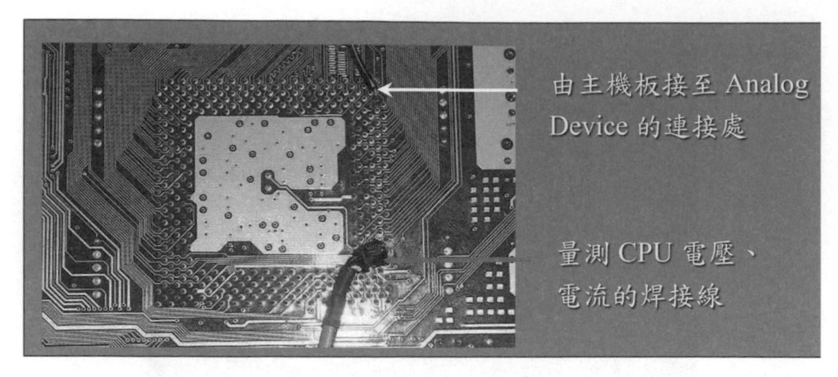

圖6-45 Intel CPUID 068xh family Measuring PC主機板背後實體圖[8]

6.2.3 INTEL CPUID 068xh family系列之熱阻計算

以 Intel CPUID 068xh family 為例，Intel. 之熱阻定義如Eq.6-18為：

$$R_{th,I} = \frac{T_J - T_a}{Q} \quad \cdots\cdots \text{（Eq.6-18）}$$

其中：

$R_{th,I}$：Intel量測系統所得的熱阻值（℃/W）

Q：CPU運轉時電源供應的熱功率（W）

$$T_J = T_{diode} + T_{offset} + T_{error} \quad \cdots\cdots \text{（Eq.6-19）}$$

T_J：CPU Die 內部金線與晶片結合處亦即溫度最高處（℃）

T_{diode}：CPU Die 內部之diode 量測到之溫度（℃）

T_{offset}：T_{diode}量測到之溫度與 $T_{junction}$ 溫度之溫差值如圖6-46

T_{error}：測量進行中，由Analog Devices EVAL-AMD1021 Kit 轉換訊號所產生的誤差估計值，通常為1（℃）

T_a：系統內的環境溫度；

在INTEL官方網站上都會公布該不同Processor CPU型號之T_{offset}與T_{error}值，例如表6-3為Intel Pentium III Processor for the PGA370 Socket的規格。因此只要將其值代入Eq.6-19便可計算出 T_J。將Eq.6-19代入Eq.6-18後得Eq.6-20，得到Intel方法算出之熱阻值，$R_{th,I}$。

$$R_{th,I} = \frac{(T_{diode} + T_{offset} + T_{error}) - T_a}{Q} \quad \text{...... (Eq.6-20)}$$

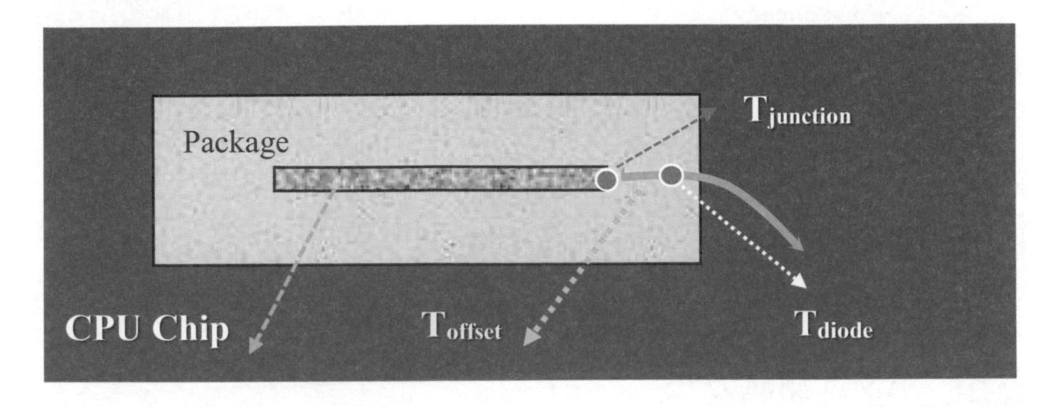

圖6-46　Intel CPUID 068xh family各溫度點位置示意圖

表6-3　Intel Pentium III Processor for the PGA370 Socket Thermal Specifications

Processor	Processor Core Frequency (MHz)	L2 Cache size (Kbytes)	Thermal Design Power (W)	Power Density	Maximum T_J(℃)	T_{Offset}(℃)
500E	500	256	13.20	(W/cm^2)	85	1.90
533EB	533	256	14.00	18.20	85	2.00
550E	550	256	14.50	19.30	85	2.10
600E	600	256	15.80	20.00	82	2.30
600EB	600	256	15.80	21.80	82	2.30
650	650	256	17.00	21.80	82	2.50
667	667	256	17.50	23.40	82	2.50
700	700	256	18.30	24.10	80	2.70
733	733	256	19.10	25.20	80	2.80
750	750	256	19.50	26.30	80	2.80
800	800	256	20.80	26.90	80	3.00

Processor	Processor Core Frequency (MHz)	L2 Cache size (Kbytes)	Thermal Design Power (W)	Power Density	Maximum T_J(℃)	T_{Offset}(℃)
800EB	800	256	20.80	28.70	80	3.00
850	850	256	22.50	28.70	80	3.30
866	866	256	22.90	31.00	80	3.30
933	933	256	24.50	33.80	75	3.60

6.3 AMD 測試方法

AMD 測試熱阻的方法公布於官方手冊“Thermal，Mechanical，and Chassis Cooling Design Guide” [9]，是在鰭片距離底部上面2mm鑽一小孔如圖6-47，小孔直徑約在1.5113mm如圖6-48。使用時，先注射 Dow corning 340 散熱膏於小孔中如圖6-49。將熱電偶插入後，將訊號線以膠帶（kapton tape）固定於鰭片底部邊緣以免電線糾結在一起如圖6-50。圖6-51為AMD熱電偶裝置恐與鰭片實體圖。

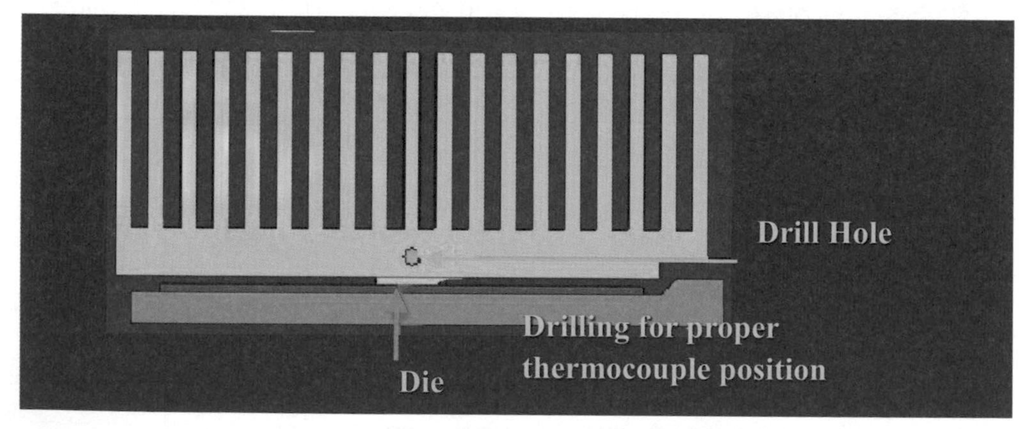

圖6-47　AMD熱電偶裝置位置側視圖[9]

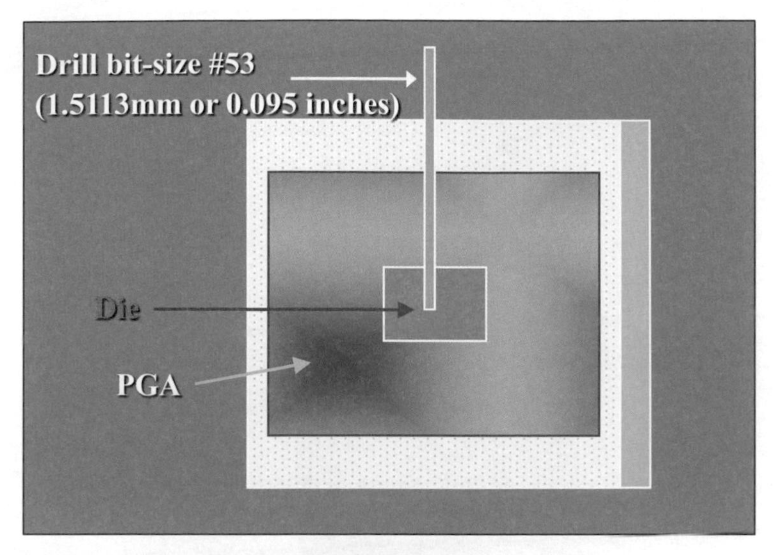

圖6-48　AMD熱電偶裝置位置下視圖[9]

圖6-49　注射 Dow corning 340 散熱膏於小孔[9]

圖6-50　AMD熱電偶固定側視圖[9]

圖6-51　AMD熱電偶裝置恐與鰭片實體圖[9]

6.4 熱阻模擬加熱器（Dummy Heater）之校正

模擬加熱器（Dummy Heater）所量測到的熱阻雖然是用來模擬真正系統實驗所求得的熱阻，但是要模擬到真正的熱阻當然等於是所有元件都能配合真正的系統是最好，問題是這些元件可能無法隨時取得，例如散熱膏之品牌關連到其熱傳導係數，加熱器面積之大小尺寸影響熱阻值等，這些參數因為牽涉測試時如果要一一去配合實體之規範，可能在成本、時效性上就不夠經濟。因此校正模擬加熱器熱阻之目的是希望藉由目前之模擬加熱器實驗數據以數學方法盡量校正到與真實系統一樣，以增加模擬加熱器量到熱阻之準確性。以單一鋁製散熱器如圖6-52為例，假設底部為均溫T_b，環溫為T_a，則其熱阻表示為Eq.6-21。

$$R_{th,cooler}=\frac{(T_b-T_a)}{Q}=\frac{1}{(\frac{K_{Al}A_{Al}}{\Delta X_{Al}})_{eff}}+\frac{1}{h_{convection}A_{sink,Al}}=R_{th,c,eff}+R_{th,h}$$

……（Eq.6-21）

其中：

$\dot{Q}$：熱功率

$R_{th,cooler}$：鋁製散熱器熱阻

T_b：散熱器底部之溫度

T_a：環境溫度

$k_{Al,eff}$：鋁製散熱器之有效熱傳導係數

$A_{Al,eff}$：鋁製散熱器之有效熱傳導面積

$A_{sink,Al}$：鋁製散熱器之鰭片面積

$\Delta X_{Al,eff}$：鋁製散熱器底部之厚度

$h_{convection}$：鋁製散熱器之熱對流係數

$R_{th,c,eff}$：鋁製散熱器之底部熱傳導熱阻

$R_{th,h}$：鋁製散熱器之熱對流熱阻

Eq.6-21是指單一散熱器之熱阻包含散熱器之有效熱傳導熱阻與熱對流熱阻之總和。如果此一鋁製散熱器裝置於模擬加熱銅塊上，如圖6-53，其整組散熱器之熱阻應該包含：

$$R_{th,tot}=\frac{T_J-T_a}{Q}=\frac{T_J-T_C}{Q}+\frac{T_C-T_b}{Q}+\frac{T_b-T_a}{Q}=R_{th,cu,internal}+R_{th,grease/pad}+R_{th,Cooler}$$

$$=\frac{1}{\frac{K_{cu}A_{cu}}{\Delta X_{cu}}}+\frac{1}{R_{th,grease/pad}}+\frac{1}{(\frac{K_{Al}A_{Al}}{\Delta X_{Al}})_{eff}}+\frac{1}{h_{convection}A_{Al}}$$

……（Eq.6-22）

Eq.6-22其實就是模擬銅塊加熱器之內部熱阻與散熱膏之熱阻加上鋁散熱器熱阻。其中：

$$R_{\text{th,cu,internal}} = \frac{(T_J - T_C)}{Q} = \frac{\Delta X_{cu}}{K_{cu} A_{cu}}$$ 為銅片內部熱阻

$$R_{\text{th,grease/pad}} = \frac{T_C - T_b}{Q}$$ 為散熱膏熱阻

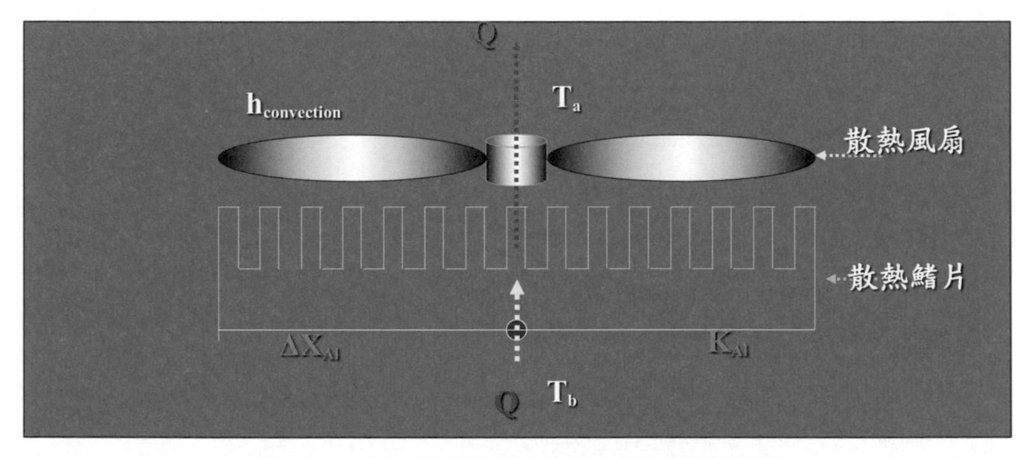

圖6-52　單一散熱器之溫度分佈位置示意圖

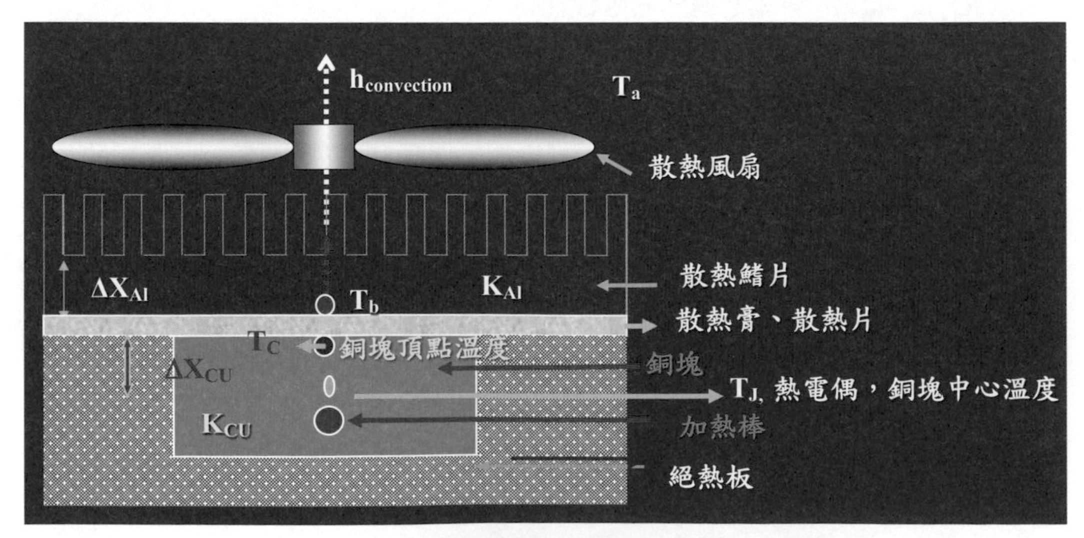

圖6-53　整組散熱器之溫度分佈位置示意圖

熱阻模擬加熱器（Dummy Heater）之校正便可根據Eq.6-22進行如下：

（I）銅塊內部熱阻$R_{th,CU,internal}$之校正：

在相同加熱功率但不同加熱面積下之熱通量當然不同，所量到之熱阻自然就不同，因此以Dummy Heater實驗之加熱面積必須與真實系統之加熱面積相同，否則就必須校正，在不考慮spreading thermal resistance 之下，最簡單的校正之方法就是將加熱銅塊校正在同一個加熱面積上，因此在不考量擴散熱阻效應下，假設在相同的加熱銅塊厚度，銅塊內部熱阻值應與銅塊之表面面積成反比。假設原先之Dummy Heater加熱面積為15×12 mm^2，真實之系統加熱面積為9×11mm^2，其熱阻值與加熱片面積之校正關係如Eq.6-23：

$$R'_{th,D,9\times11} = R_{th,D,15\times12} - R_{th,CU,internal,15\times12} + R_{th,CU,internal,9\times11} \cdots\cdots \text{（Eq.6-23）}$$

其中：

$R'_{th,D,9\times11}$：Dummy Heater 經過校正後相當於加熱銅塊面積9*11mm^2之熱阻

$R_{th,D,15\times12}$：Dummy Heater 在加熱銅塊面積15*12mm^2量到之熱阻

$R_{th,CU,internal,15\times12}$：加熱銅塊面積15*12$mm^2$之內部熱阻值

$$R_{th,cu,internal,15\times12} = \frac{\Delta X_{cu}}{K_{cu}A_{cu,15\times12}} = \frac{\Delta X_{cu}}{K_{cu}(15\times12)}$$

$R_{th,CU,internal,9\times11}$：加熱銅塊面積9*11$mm^2$之內部熱阻值

$$R_{th,cu,internal,9\times11} = \frac{\Delta X_{cu}}{K_{cu}A_{cu,9\times11}} = \frac{\Delta X_{cu}}{K_{cu}(9\times11)}$$

（II）熱損失（Heat Lost）之校正：

在6-1-2c中提及之熱損失（Heat Lost）量測其實是與加熱功率有很大之關係，因此熱損失率與加熱線圈（Input Power）之修正關係Q_{out}=f（I,V）必須求得，以計算真正的移熱量。

（III）熱阻值與散熱膏之修正關係：

Eq.6-22 其中有一項是有關散熱膏（或散熱片）之熱阻值$R_{th,grease/pad}$，因此在Dummy Heater 實驗時就必須知道模擬實驗所用之散熱膏熱阻$R_{th,grease/pad}$（test）與

真實系統所用之散熱膏品牌及散熱膏熱阻值$R_{th,grease/pad}$（customer），如果所用之散熱膏不同，就必須依Eq.6-24 進行校正：

$$R'_{th,tot} = R_{th,tot} - R_{th,grease/pad}(test) + R_{th,grease/pad}(customer) \cdots\cdots \quad (Eq.6\text{-}24)$$

（IV）其他：

此部分包括例如儀器之校正、人為誤差等等之校正等等都盡量將誤差減少到最小程度。

6.5 熱阻測試儀器（Dummy Heater）與 INTEL、AMD 之熱阻測試數據之比較

表6-4為實際通過 Intel. 熱阻測試系統之6組散熱器以068xh family系列測試之熱阻值$R_{th,I,9X11}$。表6-5則為經過Dummy Heater 熱阻測試模擬器所測得之熱阻值$R_{th,D,15X12}$與Intel. CPU 9×11 mm^2 之誤差比較，其誤差之定義為Intel.所量到之熱阻值$R_{th,I,9X11}$與Dummy Heater所量到熱阻值$R_{th,D,15\times12}$之差除以Intel.之熱阻值$R_{th,I,9X11}$之百分比Er1如Eq.6-25。表6-5顯示Dummy Heater所得到熱阻$R_{th,D,15X12}$與Intel.量測到的數據$R_{th,I,9X11}$誤差高達34.4%，最小的也有27.9%，這樣的誤差顯然很大，所以必須經過校正。表6-6為經過Dummy Heater 熱阻測試模擬器所測得之熱阻值$R_{th,D,19X18}$與Intel. CPU 9×11 mm^2 量到之熱阻$R_{th,I,9X11}$之誤差比較，其誤差之定義如Eq.6-26。表6-6顯示Dummy Heater所得到熱阻之數據$R_{th,D,19X18}$與Intel.量測到的數據$R_{th,I,9X11}$誤差高達51.5%，最小的也有29.2%，所以也必須經過校正。校正的方法係利用Eq. 6-27的方式直接對面積作加減。如表6-7為Dummy Heater 15×12 mm^{2}與19×18 mm^{2}之加熱片經過校正後之鰭片熱阻與Intel（9×11 mm^2）熱阻測試結果之比較。$R'_{th,D,15\times12}$係$R_{th,D,15\times12}$修正為相當9×11mm^2 加熱片後之熱阻，其誤差定義如Eq.6-28。$R'_{th,D,19\times18}$係$R_{th,D,19\times18}$修正為相當9×11mm^2 加熱片後之熱阻，其誤差定義如Eq.6-29。表6-7顯示Er1之誤差從最高的34.4%下降至Er3的5.8%，其他Er3的誤差都在5%以內。同樣的，Er2從最高的51.5%下降至Er4的8.2%，其他也都保持在20%以內。

$$Er1(\%)=\left|R_{th,I,9\times11}-R_{D,15\times12}\right|/R_{th,I,9\times11}\times100\% \quad \cdots\cdots（Eq.6\text{-}25）$$

$$Er2(\%)=\left|R_{th,I,9\times11}-R_{D,19\times18}\right|/R_{th,I,9\times11}\times100\% \quad \cdots\cdots（Eq.6\text{-}26）$$

$$R'_{th,D,9\times11}=R_{th,D,15\times12}-R_{th,CU,internal,15\times12}+R_{th,CU,internal,9\times11}$$

$$=R_{th,D,15\times12}-\frac{\Delta X_{CU}}{k_{CU}(15\times12)}+\frac{\Delta X_{CU}}{k_{CU}(9\times11)} \quad \cdots\cdots（Eq.6\text{-}27）$$

$$Er3(\%)=\left|R_{th,I,9X11}-R'_{th,D,15X12}\right|/R_{th,I,9X11}\times100 \quad \cdots\cdots（Eq.6\text{-}28）$$

$$Er4(\%)=\left|R_{th,I,9X11}-R'_{th,D,19X18}\right|/R_{th,I,9X11}\times100 \quad \cdots\cdots（Eq.6\text{-}29）$$

表6-4　Intel熱阻測試（1GHz），CPU 9×11 mm^2

No.	Power (W)	T_{diode} (℃)	T_a (℃)	T_{offset} (℃)	T_{error} (℃)	$R_{th,I,9X11}$ (℃/W)
Cooler(1)	24.85	60.0	32.3	3.666	1	1.302
Cooler(2)	24.85	50.0	28.5	3.666	1	1.503
Cooler(3)	25.43	53.0	30.1	3.774	1	1.088
Cooler(4)	23.51	49.0	24.9	3.486	1	1.216
Cooler(5)	23.51	47.0	24.7	3.486	1	1.139
Cooler(6)	23.515	54.0	24.8	3.486	1	1.433

表6-5　Dummy Heater 熱阻測試加熱銅塊尺寸：15×12 mm^2與Intel. CPU 9×11 mm^2 之誤差比較

No.	Power (W)	T_{Dummy} (℃)	T_a(℃)	$R_{th,D,15X12}$ (℃/W)	$R_{th,I,9X11}$ (℃/W)	Er1 (%)
Cooler(1)	24.80	52.0	30.8	0.855	1.302	34.4
Cooler(2)	24.70	48.0	30.4	0.713	1.053	32.3
Cooler(3)	25.40	49.0	30.8	0.717	1.088	34.2

No.	Power (W)	T_{Dummy} (℃)	T_a(℃)	$R_{th,D,15X12}$ (℃/W)	$R_{th,I,9X11}$ (℃/W)	Er1 (%)
Cooler(4)	24.2	51.0	30.2	0. 860	1.216	29.3
Cooler(5)	24.2	49.0	29.6	0.802	1.139	29.6
Cooler(6)	24.2	55.0	30.0	1.033	1.433	27.9

$$Er1(\%)=\left|R_{th,I,9\times11}-R_{D,15\times12}\right|/R_{th,I,9\times11}\times100\%$$

表6-6　Dummy Heater 熱阻測試加熱銅塊尺寸：19×18 mm^{2}與Intel. CPU 9×11 mm^2 之誤差比較

No.	Power (W)	T_{Dummy} (℃)	T_a (℃)	$R_{th,D,19X18}$ (℃/W)	$R_{th,I,9X11}$ (℃/W)	Er2 (%)
Cooler(1)	24.80	50.0	31.8	0.734	1.302	43.6
Cooler(2)	24.70	44.0	30.4	0.551	1.053	51.5
Cooler(3)	25.40	46.0	31.2	0.583	1.088	46.4
Cooler(4)	24.2	40.0	29.4	0.861	1.216	29.2
Cooler(5)	24.2	47.0	29.4	0.727	1.139	36.2
Cooler(6)	24.2	50.0	29.4	0.851	1.433	40.6

$$Er2(\%)=\left|R_{th,I,9\times11}-R_{D,19\times18}\right|/R_{th,I,9\times11}\times100\%$$

表6-7　Dummy Heater15×12 mm^{2}與19×18 mm^{2}之加熱片經過校正後之鰭片熱阻與Intel（9×11 mm^2）熱阻測試結果之比較

No.	$R_{th,I,9X11}$	$R_{th,D,15X12}$	$R'_{th,D,9\times11}$	Er1 (%)	Er3 (%)	$R_{th,D,19X18}$	$R'_{th,D,19\times18}$	Er2 (%)	Er4 (%)
Cooler (1)	1.302	0.855	1.227	34.4	5.8	0.734	1.322	43.6	1.5
Cooler (2)	1.053	0.713	1.085	32.3	3.1	0.551	1.139	51.5	8.2

No.	$R_{th,I,9X11}$	$R_{th,D,15X12}$	$R'_{th,D,9\times11}$	Er1 (%)	Er3 (%)	$R_{th,D,19X18}$	$R'_{th,D,19\times18}$	Er2 (%)	Er4 (%)
Cooler (3)	1.088	0.717	1.089	34.2	0.1	0.583	1.171	46.4	7.6
Cooler (4)	1.216	0. 860	1.232	29.3	1.3	0.861	1.398	29.2	14.9
Cooler (5)	1.139	0.802	1.174	29.6	3.1	0.727	1.316	36.2	15.5
Cooler (6)	1.433	1.033	1.406	27.9	1.9	0.851	1.440	40.6	0.5

$$Er1(\%)=\left|R_{th,I,9\times11}-R_{D,15\times12}\right|/R_{th,I,9\times11}\times100\,\%$$

$$Er2(\%)=\left|R_{th,I,9\times11}-R_{D,19\times18}\right|/R_{th,I,9\times11}\times100\%$$

$$Er3(\%)=\left|R_{th,I,9X11}-R'_{th,D,15X12}\right|/R_{th,I,9X11}\times100$$

$$Er4(\%)=\left|R_{th,I,9X11}-R'_{th,D,19X18}\right|/R_{th,I,9X11}\times100$$

表6-8為Dummy Heater 15×12 =180 mm^2之鰭片熱阻後與AMD熱阻184 mm^2測試結果之比較，由於其加熱面積幾乎相當，所以並無需要修正，其誤差Er5之定義為AMD測試之熱阻$R_{th,AMD}$與Dummy Heater 在15×12加熱銅塊上之熱阻$R_{th,D,15\times12}$除以也是在預期中，最大只在10.1%，最小值在2.3%。因此不管是INTEL或AMD的方法，不同加熱面積之校正是很重要的事，是絕對不能忽略的。

表6-8　Dummy Heater 15X12 =180 mm^{2}之鰭片熱阻與AMD熱阻184 mm^{2}測試結果之比較

No.	$R_{th,AMD}$	$R_{th,D,15X12}$	Er5（%）
Cooler（7）	0.747	0.764	2.3
Cooler（8）	0.718	0.695	3.3
Cooler（9）	0.705	0.684	2.9
Cooler（10）	0.726	0.653	10.1
Cooler（11）	0.716	0.663	7.3

$$Er5(\%) = \left|R_{th,AMD} - R_{th,D,15X12}\right| / R_{th,AMD} \times 100 \quad \cdots\cdots \text{（Eq.6-30）}$$

6.6 量測技巧（Measuring Skill）

一般的熱設計思路有三個措施：降耗、導熱、佈局。降耗是將源頭之熱功率減少；導熱是把熱量移至不產生熱影響之地方；佈局則是在設計之初通過措施隔離一些熱敏感器件。因此工程師在做電子產品熱設計時，可參考以下幾個要注意的問題：

1. 降耗

   降耗是最原始最根本的解決方式，降額和低功耗的設計方案是兩個主要途徑降額是最需要考慮的降耗方式，假設一根細導線能通過10A的電流，電流在其上產生的熱量就較多，如果把導線加粗到能通過20A的電流，則同樣都是通過10A電流時，因為內阻產生的熱損耗就會減小，熱量就小。

2. 導熱：

   導熱有很多規範，是希望將熱源的熱能很順暢的導出系統，以下提出幾個例子：

   A.進風口和出風口之間的通風路徑須經過整個散熱通道，一般進風口在機箱下側方角上，出風口在機箱上方與其最遠離的對稱角上；

B.避免將通風孔及排風孔開在機箱頂部朝上或面板上；

C.對靠近熱源的熱敏元件，採用物理隔離法或絕熱法進行熱屏蔽。熱屏蔽材料有：石棉板、矽橡膠、泡沫塑料、環氧玻璃纖維板，也可用金屬板和澆滲金屬膜的陶瓷，但要注意的是隔離的效果不能影響到熱源散熱之能力；

D.將散熱>1w的零件安裝在機座上，利用底板做為該器件的散熱器，前提是機座為金屬導熱材料；

3. 佈局：

佈局是在系統（例如PC，雲端伺服器等）設計之初，熱設計工程師就必須對系統機構、熱流之物理行為等統籌考量，其中略述以下兩種：

（I）減小熱阻之發熱元件佈局的措施：

I-1.發熱元件要安裝在最佳自然散熱的位置上；

I-2.發熱元件在熱流通道要短、橫截面要大和通道中無絕熱或隔熱物；

I-3.發熱元件分散安裝；

I-4.發熱元件在電路板上盡量豎立放置。

（II）減少受發熱元件熱影響之機構裝置：

II-1.如果在有通風口的機箱內部，電路安裝應該配合空氣流動行為的方向，亦即在進風口處依次擺放【放大電路】、【邏輯電路】、【敏感電路】、【集成電路】、【小功率電阻電路】、【發熱元件電路】，最後是出風口構成一個良好的散熱通道；

II-2.發熱元器件要在機箱上方，熱敏感元件要在機箱下方，以便利用機箱金屬殼體作散熱裝置。

4. 可以按照《GJB/Z27-92電子設備可靠性熱設計手冊》[10]的規定（如圖6-54），根據可接受的溫升的要求和計算出的熱流密度，得出可接受的散熱方法。如溫升40℃（縱軸），熱流密度0.04W/cm^2（橫軸），按下圖找到交叉點，落在自然冷卻區內，得出自然對流和輻射即可滿足設計要求。又例如以雲端伺服器（i-cloud）150W對3×3=9cm^{2}之晶片而言，假設接端溫度要求不超過75℃（T_J=75℃），環溫為35℃（T_a=35℃），則其溫差為$\Delta T=T_J-T_a=40$ ℃，熱密度（heat flux）為$q = 150W/9cm^2 = 16.66\ W/cm^2$，依此對照可能在強制對流與浸沒自然對流冷卻中間。如果晶片功耗20W，T_J=85℃，T_a=55℃，實際散熱器與晶片之間的接觸熱阻近似為0.1℃/W，則$(R_{th}+0.1) = (85–55)$ ℃/20W，計算出R_{th}=1.4℃/W。依據這個數值選散熱器即可。

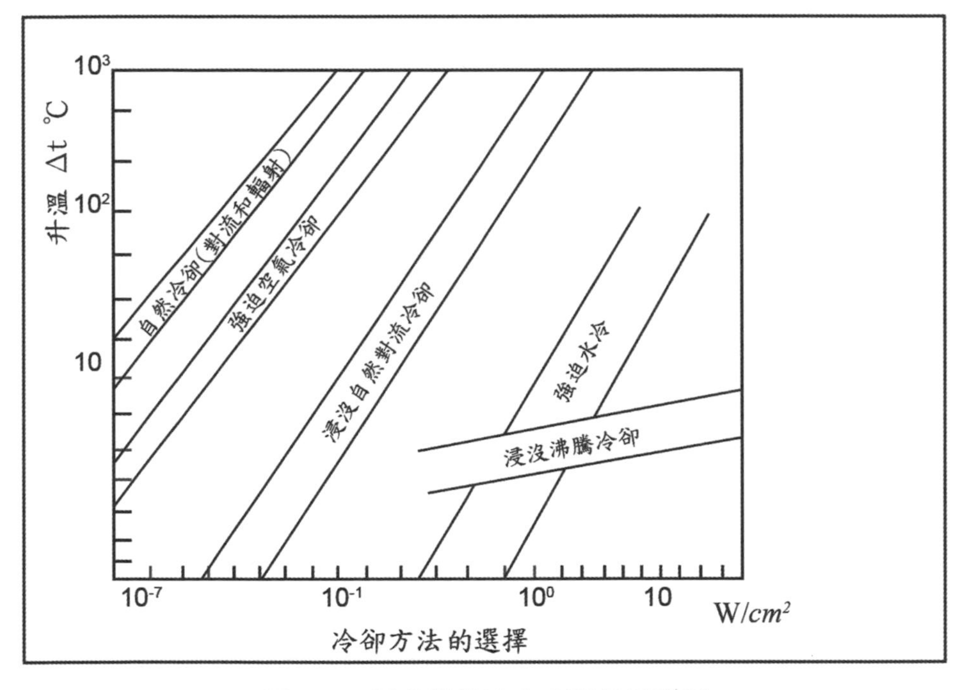

圖6-54　**溫升與熱流密度關係示意圖**

5. 在量測熱阻時，有一些小技巧必須注意到：
   （I）選擇正確的散熱器——例如熱阻規範是在0.25（℃/W），則該散熱器之熱 阻就不能超過此值
   （II）Clipper 之選擇——扣具之選擇必須合乎晶片承受壓力之要求
   （III）導熱片與導熱膠之選擇——選擇一個高導熱K值之TIM是絕對需要的

（IV）heat sink 底部之是否平整——散熱器底部之平整關乎接觸熱阻，越不平整，接觸熱阻當然越大，熱傳效果越不好，晶片溫度就不容易降低

（V）heat sink 之體積大小——理論上，散熱器越大熱容就越大，當然越容易帶走熱量，但最終還是需要考慮整體空間之需求與美觀

6. 在只有散熱鰭片時之自然對流情況下，其降溫能力端賴鰭片大小與長度面積而已，其它鰭片開口方向是橫或縱，是針狀或條狀似乎沒有那麼重要。

7. 自然對流（Natural convection）熱傳定律——當功率越高時，散熱器熱阻會隨功率之增高而逐漸微微減少。這是因為當功率增高時，接端溫度 T_J 會增高，如Eq.6-31，因此 G_{r1} 會增加，導致Eq.6-32的Nu增加，因此自然熱對流係數h增加，Eq.6-33的熱阻係數會減少，但此時的熱阻只是微微下降而已，甚至可以忽略不計。

$$G_{rl} = \frac{\rho g \beta L^3 (T_J - T_a)}{\mu^2} \quad \cdots\cdots \text{（Eq.6-31）}$$

$$Nu = \frac{\mathrm{hL}}{\mathrm{K}} = 0.13(\mathrm{G_{r1}P_r})^{1/3} \quad \cdots\cdots \text{（Eq.6-32）}$$

$$R_{th,h} = \frac{1}{hA_s} \quad \cdots\cdots \text{（Eq.6-33）}$$

8. 強制對流（Force Convection））熱傳定律——強制對流之情形不能以自然對流中純粹以體積，及表面面積大小規則來衡量。一般來講，不含類似相變化熱傳元件（例如熱管、LHP）等之散熱器，其熱阻在強制對流下是固定的。但當氣體流速v增加如Eq.6-34時，雷諾數（Re）跟著增加，當雷諾數（Re）增加時，如Eq. 6-35，Nu亦增加，其導致強制熱對流係數h增加，所以熱阻減少如Eq.6-33。

$$Re = \frac{Lv\rho}{\mu} \cdots\cdots \text{(Eq.6-34)}$$

$$Nu = 0.664\ Pr^{1/3}\ Re^{1/2} = h \cdot L/K \cdots\cdots \text{(Eq.6-35)}$$

6.7 結論

1. 一個良好的扣具（Clipper）是能使散熱器（Cooler）緊密貼合CPU的關鍵換言之，一個好的Cooler必要有一個好的Clipper以增加其熱傳性。
2. 散熱鰭片（Heat sink）的底部務必要修平整，不平整的接觸絕對影響到熱傳之效果。
3. 在同材質的散熱器中，只以 heat sink 冷卻的自然對流情況下的設計是：越大、越高、越長的鰭片越好。如果基於體積之限制，則應以越多的散熱表面面積越理想。
4. 對同一鰭片之Cooler而言，風扇流量越大效果越好
5. 以風扇冷卻的強制對流情況下的設計是以氣體在Heat Sink 所能流通的時間（或距離）越大來決定CPU Cooler 之降溫效果，而不能只一味追求大流量之風扇而已。如圖6-55，（A）與（B）都是同一款同尺寸之規則型散熱鰭片，但（A）是橫式規則型散熱鰭片，（B）則為縱式規則型散熱鰭片，按理論上（B）之風量應大於（A），因為空氣很容易從縱向鰭片出去，但實際上，（B）式設計因為兩旁黃色圈內之鰭片空氣根本沒有通過，因此完全沒有發揮散熱面積之效果，其結果是（A）型較（B）型之裝置散熱效果好。
6. 強制對流下，理論上Cooler被設計好及搭配風扇後，其熱阻值就被固定，其值不會因功率之增高而改變。但當加熱面積改變時，因熱通量（heat flux）不同，其熱阻值自然因而改變。
7. 在加入熱管之Cooler之熱阻值會隨功率之增加而減少，這是因為熱管之

效率隨功率之增大而增加，但此情形在熱管因功率過高超出熱管最大熱承載量而失效時，反而造成Cooler熱阻值增大。

8. Dummy Heater 之設計好壞影響熱阻測試之結果，Dummy Heater 必須修正至與真實之CPU size一致，否則易造成大之誤差。如果加熱面積不一致時需要利用修正轉換因子使其合乎真實之CPU size。

9. K 值測定、熱損失等都影響實驗之誤差。

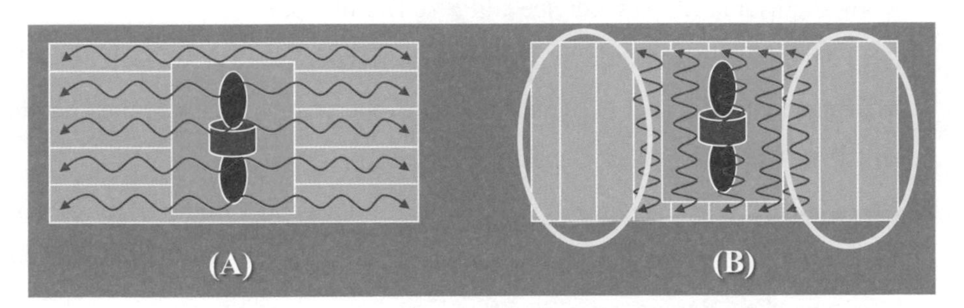

圖6-55　橫式散熱器與縱式散熱器之示意圖

參考資料

1. Eric Bogatin, Roadmaps of Packaging Technology- chapter 6: chip packaging: thermal requirements and constraints, Editors: Dick Potter Laura Peters, *Integrated Circuit Engineering Corporation*, 1997. *P.6-1. Available from:* http://www.smithsonianchips.si.edu/ice/cd/PKG_BK/title.pdf
2. ASTM C177-97 Standard Test Method for Steady-State Heat Flux Measurements and Thermal Transmission Properties by Means of the Guarded-Hot-Plate Apparatus, West Conshohocken, PA.
3. ASTM E1225-99 Standard Test Method for Thermal Conductivity of Solid by Means of Guarded-Comparative-Longitudinal Heat Flow Technique, West Conshohocken, PA.
4. ASTM D5470-01, Standard Test Methods for Thermal Transmission Properties of Thin Thermally Conductive Solid Electrical Insulation Materials, American Society for Testing and Materials, West Conshohocken, PA.
5. Kevin Carbotte, "Investigating Reports Of Intel Skylake CPUs Damaged By CPU Coolers" (Update 4), http://www.tomshardware.com/news/skylake-cpus-damaged- by-coolers,30690.html
6. "Intel® Pentium® III Processor in the FC-PGA2 Package", Thermal Design Guidelines, Intel Corporation, June, 2001. http://www.intel.com/design/pentiumiii/designgd/24966001.pdf
7. "Desktop 3rd Generation Intel® Core™ Processor Family, Desktop Intel® Pentium® Processor Family, Desktop Intel® Celeron® Processor Family, and LGA1155 Socket", Thermal Mechanical Specifications and Design Guidelines (TMSDG), INTEL, *January 2013*.
8. "Intel®Pentium® III processor Thermal Metrology for CPUID 068h family processors", Document Number: 245301-001, October 1999. INTEL http://

www.intel.com/design/pentiumiii/applnots/24530101.pdf

9. “AMD Thermal, Mechanical, and Chassis Cooling Design Guide”, Publication # 23794 Rev: Advanced Micro Devices, Inc. F Issue Date: January 2002.

10. 〈電子設備可靠性熱設計手冊 Thermal design handbook for reliability of electronic equipment”〉，國防科學技術委員會，中華人民共和國國家軍用標準，GJB/Z 27-92，1992.07.18公布，1993.03.01實施。

第 7 章
AMCA 風洞測量技術與風扇及鰭片之性能測試

7.1 風洞介紹

在電子散熱歷史中，風扇在目前為止還是一個不能被取代的一種主動式散熱元件。風扇的進入門檻不高，但是要做得好卻不容易，全世界大大小小估計一年的量就有80億顆 / 年左右。所謂風扇係一會旋轉的機構，將電能轉換為旋轉動能，透過扇葉對流體直接作用，將動能傳入流體而產生風量，進而達到強制對流移熱效果[1]。就應用用途上來說，我們大致上可分為軸流式與離心式二大類，此二者間主要差異在於前者流體流動的方向與葉片旋轉軸方向平行而後者則是流體流動方向與葉片旋轉軸呈垂直的方向。軸流風扇廣泛地應用於生活上散熱的工具，諸如CPU冷卻風扇、電源供應器冷卻扇，投影機冷卻扇等等。因此風扇性能好壞是決定散熱性能好壞最基本之要求，而風扇之性能好壞當然決定於許多參數，例如風量、靜壓、噪音、可靠度等等，因此，若選用風扇時，必須先得知正確的、完整的性能曲線，才能判定風扇的操作區域是否滿足系統的需求，並且能提供高品質的風量供給來源。反之，若無法得到完整的性能曲線與阻抗曲線，將無法判定風量、風壓以及是否避開風扇的不穩定區域。軸流風扇的性能測試可分為兩類：一是性能曲線測試，另一則是扇葉性能測試，前者是為了提供生產者與使用者之間有一共同標準而發展出來的標準測試程序，而這種方法也通稱為商業性測試。後者就是所謂的發展性測試，其目的在於驗證風扇葉片的性能，並與設計過程的假設做一驗證，其量測範圍較廣，完全依實際所需的需求進行量測，例如：速度分布、揚程分布、攻角、偏差角……等，測試的結果能讓設計者重新建立其物理模式，使風扇設計更趨精密與準確。一般業界最在乎的還是風量與風壓，要測試風量與風壓就得靠風洞。因此，本章節以現行的AMCA風洞規範為基礎。在敘述如何將測試台本體–風洞（wind tunnel）的設計上採用模組化的設計觀念，亦即將風洞（wind tunnel）分成數段，包括了整流網段、流量計段、待測風扇段以及輔助風機進氣段等，以方便維修以及流量計的更換。同時如何透過PLC（可程式控制器）與各壓力、溫度、功率、電流、電壓、轉速等感測器連結進行計算與顯示，以達到即時（real time）數據擷取與處理的功能。透過此一處理系統，以其能在馬上獲得風扇性能曲線。

7.1.1 AMCA風洞介紹

由於不論商業性的測試或是發展性測試，都必須建構一套測試台，使測試區域的流場都能符合測試的要求，而測試規範即規定了測試設備的規格以及流場的需求。目前世界各國常用的測試規範有下列幾種：

（1）CNS2726[2]……鼓風機測試法

（2）JISB8330[3]……Testing Method for Turbo-Fans and Blowers

（3）BS848[4]……Fans foe General Purpose, Part1：Methods of Testing Performance

（4）ANSI/ASME PTC11[5]……Fans-Performance Test Code

（5）ASHRAE 51-85/AMCA 210-85[6]……Laboratory Methods of Testing Fans for Rating

（6）AMCA 220[7]……Test Methods for Air Curtain Units

（7）AMCA 300[8]……Reverberant Room Methods for Sound Testing of Fans

（8）AMCA 500[9]……Test Methods for Louvers, Dampers and Shutters

現行業界都以ASHRAE 51-85/AMCA 210-85 測試規範為設計參考依據，所謂210-85的意思是美國空調協會在1985年所公布的210文號，談到有關實驗室等級測試風扇性能好壞的一個標準，此標準不是規定需要用哪種廠牌之流量計，或哪種壓力計，或溫度計，此標準旨在規範在各吸入式或吹出式風洞設計，只要按規定設置整流網，流量計之位置，全壓管之位置，靜壓管之位置等等，則各家不同的風洞測出之結果都會在一定的標準誤差範圍內，這樣減少了許多風扇業界對風扇性能質疑測試的困擾，也讓系統業界對於該風扇性能質疑的疑慮。而AMCA代表的正是美國的空氣流動與控制協會（Air Movement and Control Association）的意思。整個演變歷史是由03/30/1985美國冷凍空調學會（ASHRAE Standards Committee）提出，隨後在06/21/1985進入美國冷凍空調學會理事（ASHRAE Board of Directors）討論，然後於07/03/1985進入美國國家標準局（American National Standards Institute, ANSI），最後乃於07/23/1985頒布於美國空氣流動與控制協會（AMCA）。在AMCA規範中。風量之計算是指風量就是入口風量。風量是以送風機在單位時間所吸入的氣體流量稱之，不能由從送風機出口所排出去的流量來表示。至於為何是這樣，推想大概是因為早期送風入口大都只有一個，而出風口則有數個，在均溫下，基於質量不滅定律下，當然以單一入口之送風量代表總出風量或送風量。AMCA的風量有不同數種之定義，其敘述如下：

真實氣體體積流量（Real Condition）：換算成入口的溫度、壓力狀態時的風量；

標準氣體體積流量（Standard Condition）：NIST（National Institute of Standards and Technology）定義換算成為濕度50%、標準壓力760 mm Hg、溫度20℃，也就是標準狀態時的風量；

基準狀態（Normal Condition）：濕度0%、標準壓力760 mm Hg、溫度0℃；

經過AMCA測試認證後之風扇，將待測風扇在實驗室之AMCA風洞測出之標準狀態下之 P-Q 曲線後，將待測風扇寄至異地測試並做比較，高值不得超過+1.25%，低值不得低過 -2.5%。

7.1.2 風扇全壓、動壓、靜壓

先講風壓的單位，一般風壓都是用毫米水柱（mmAq），1mmAq = 1Kg/m^2，而1大氣壓為10mAq= 1Kg/cm^2=1atm = 0.1MPa=10^5 Pa = 10^5 NT/m^2 =760mmHg，在真空度由於尺度太小，所以通常用毫米汞柱（mmHg），1mmHg = 13.63mmAq = 1 torr來表示。如圖7-1，當一風扇開始轉動時，空氣隨之流動從左到右，基於能量平衡（伯努利定律），進口全壓必定等於出口之全壓，所以$P_{t1}=P_{t2}$，進口之全壓P_{t1}等於進口之動壓P_{d1}與靜壓P_{s1}之和，所謂靜壓（Static Pressure）P_s就是風扇為了克服管路或系統裝置所需之壓力（摩差壓力），在給定之全壓P_{t1}後，扣除該靜壓P_{s1}，才是所謂的動壓P_{d1}，因此風扇的動壓反應在管路上就是風的動能也就是風的速度。動壓（Dynamic Pressure）P_d（或P_V）在相對於管內速度v的壓力稱為P_d如Eq.7-1。

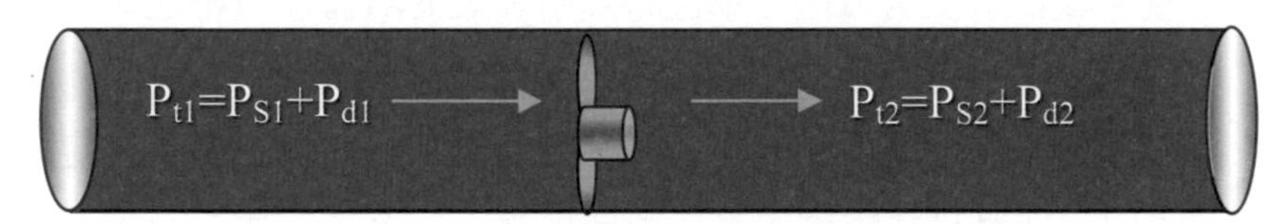

圖7-1　進出口風壓示意圖

$$P_d = \rho \frac{U_m^2}{2}\left(\frac{NT}{m^2}\right) \cdots\cdots \text{(Eq.7-1)}$$

其中：U_m為管內氣體平均速度（m/s），ρ為管內氣體密度（Kg/m^3），所以管內氣體平均速度換算為Eq.7-2所示：

$$U_m = \sqrt{\frac{2P_d}{\rho}} \cdots\cdots \text{(Eq.7-2)}$$

基於進出口全壓（靜壓P_s+動壓P_d+位能）必須相等之道理如Eq.7-3所示，即為白努力定律Eq.7-4：

$$P_{s1}+P_{d1}+\rho_1 gh_1= P_{S2}+P_{d2}+\rho_2 gh_2 \cdots\cdots \text{(Eq.7-3)}$$

$$P_{s1} + \frac{1}{2}\rho_1 v_1 + \rho_1 gh_1 = P_{s2} + \frac{1}{2}\rho_2 v_2 + \rho_2 gh_2 \cdots\cdots \text{(Eq.7-4)}$$

其中P_{s1}、$\frac{1}{2}\rho_1 v_1$、$\rho_1 gh_1$代表進口之靜壓、動壓（能）及位能，P_{s2}、$\frac{1}{2}\rho_2 v_2$、

$\rho_2 g h_2$代表出口之靜壓、動壓（能）及位能。一般在馬赫數小於0.3（Ma<0.3）左右，流體可以假設為不可壓縮流，此時$\rho_1=\rho_2=\rho$，如果在水平條件下，$h_1=h_2$，所以Eq.7-4可以簡化成Eq.7-5。

$$P_{s1} + \frac{1}{2}\rho_1 v_1 = P_{s2} + \frac{1}{2}\rho_2 v_2 \cdots\cdots \text{（Eq.7-5）}$$

如果追朔到最原點進口速度等於0時（$v_1=0$），該點稱之為停滯點，該點之壓力稱之停滯壓力（Stagnation Pressure at state 1，P_o），所以此時停滯點壓力P_o也可以表示如下：

$$P_0 = P_{t1} = P_{s1} = P_{s2} + P_{D2} = P_{s2} + \frac{1}{2}\rho v_2 \cdots\cdots \text{（Eq.7-6）}$$

如圖7-2，流體的總壓力及靜壓力可以從U型測量管（U manometer）測量得到，而動壓力可以由總壓力扣除靜壓力得到，或直接由皮托管測量。所謂U型管構造很簡單，就是1根矽膠管（Tygon tubing）彎成U 型，管中預先填入一定量之紅墨水，然後在一端裝置於管流中心點位置，當另外一端開放至大氣時稱之全壓錶壓力管如圖7-2（a）。當一流體以v之速度到達U型測量管入口處時，其速度減速到零“0”，其量到之壓力為依照Eq.7-6為全壓，P_0或P_{t1}。從設計上來講，因為是開放到大氣壓力的，所以此壓力是系統壓力P_{sys}與大氣壓力P_b相抗衡後之壓力差$P_{T,(gage)} = P_{sys}-P_b$，因此量到的壓力稱之為全壓錶壓力$P_{T,(gage)}$，全壓錶壓力可以由管中紅墨水位之高度差h求得$P_{T,(gage)}=\rho gh$。因此系統之全壓力為$P_{sys} = P_{T,(gage)} + P_b$；當另外一端為封口時，$P_b=0$，此時稱之為全壓絕對壓力管如圖7-2（b），其量到之壓力為系統的全壓絕對壓力$P_{T,(gage)} = P_{T,absolute}=P_{sys}$。同樣的，全壓絕對壓力可以由管中紅墨水位之高度差h求得$P_{T,(gage)} = P_{T,absolute}=P_{sys}=\rho gh$；當U型管裝置於流道之管壁時，由於在管壁流體之速度v為“0”，亦即$P_D=0$，所以量到之全壓就是靜壓$P_{S,(gage)}$，如圖7-2（c），由於另外一端是開放至大氣的，所以量到的靜壓是錶壓力，是系統壓力P_{sys}與大氣壓力P_b相抗衡後之壓力差$P_{S,(gage)} = P_{sys}-P_b$，而其裝置稱之靜壓錶壓力管。靜壓錶壓力$P_{S,(gage)}$可以由管中紅墨水位之高度差h求得$P_{S,(gage)}=\rho gh$，所以$P_{sys}= P_{S,(gage)}+P_b$。由Eq.7-6知，進口全壓（$P_{t1}=P_{sys}$）減掉出口靜壓（$P_{s2}$）等於出口動壓（$P_{D2}$）。所以動壓之量測必須有全壓管與靜壓管兩種一起配合才能求出動壓。

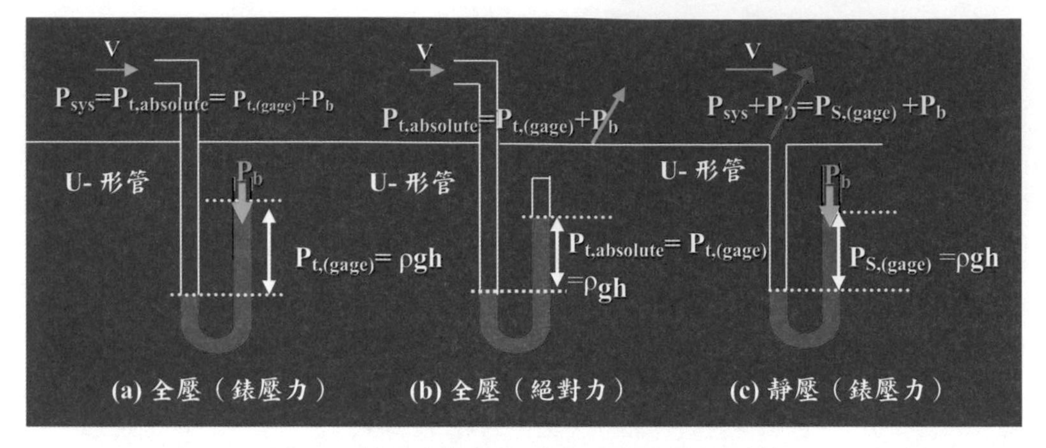

圖7-2　**錶壓力與全壓力之U-型壓力測試管**

另外一種聰明的裝置是將全壓管及靜壓管的概念整合成一種，如圖7-3，稱之為皮托管（Pitot tube），它是18世紀法國工程師H.皮托發明的。用實驗方法直接測量氣流的速度比較困難，但氣流的壓力則可以用測壓計方便地測出。它主要是用來測量飛機速度的，同時還兼具其他多種功能。因此，可用皮托管測量壓力，再應用伯努利定理算出氣流的速度。皮托管由一個圓頭的雙層套管組成，外套管直徑為D，在圓頭中心O處開一與內套管相連的總壓孔，聯接測壓計的一頭，孔的直徑為0.3～0.6D。在外套管側表面距O約3～8D的C處沿周向均勻的開一排與外管壁垂直的靜壓孔，聯接測壓計另一頭，將皮托管安放在欲測速度的定常氣流中，使管軸與氣流的方向一致，管子前緣對著來流。當氣流接近O點處，其流速逐漸減低，流至O點滯止為零。O點稱之為全壓孔。所以O點測出的是總壓P_0或P_{t1}。其次，由於管子C點開口處是與流體方向平行的，因此C點處可以想像成在管壁鑿孔，而流體速度經過管壁在邊界為“0”的概念是一樣的，因而在C點測出的是靜壓。C點稱之為靜壓孔。由O點測量到之壓力是全壓與大氣壓力之壓力差因此稱之為全壓錶壓力；由C點測量到之壓力是靜壓與大氣壓力之壓力差因此稱之為靜壓錶壓力；但如果將O點之壓力與C點之壓力對接，則量到之壓力為全壓與靜壓之壓力差，亦即管路之動壓。皮托管之好處是用一個裝置便可量到流體知全壓，靜壓及動壓，因此很方便，但要注意皮托管之水平安置，與及流場必須經過整流使其均勻，否則會造成較大之誤差，圖7-4為皮托管之實體圖。

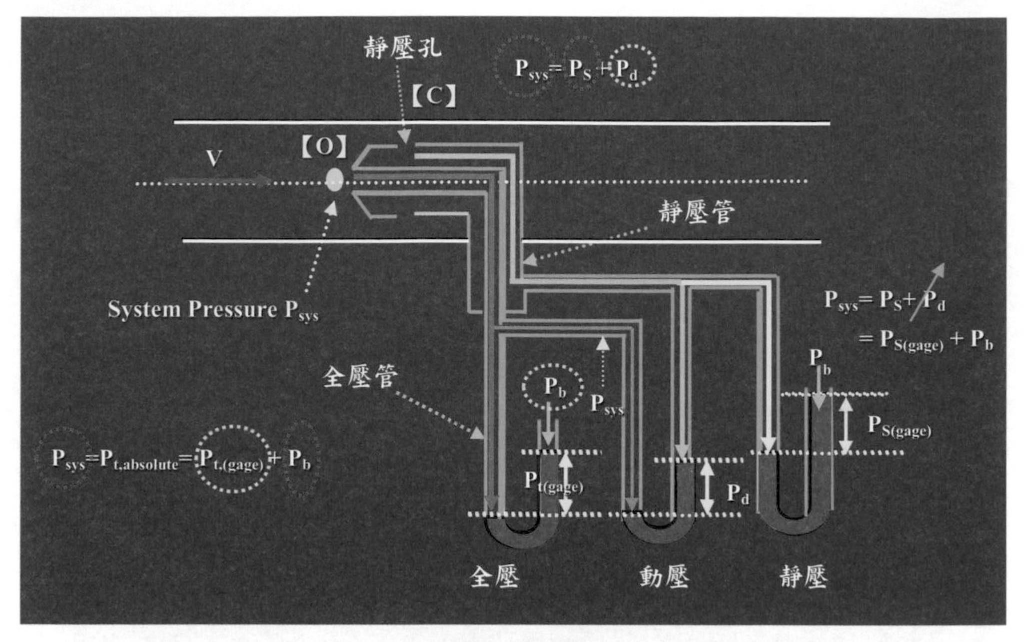

圖7-3　皮托管（Pitot tube）結構

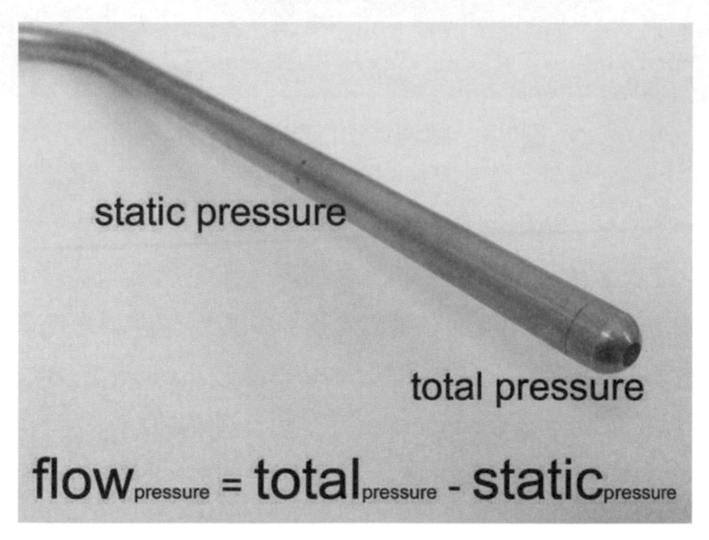

圖7-4　皮托管（Pitot tube）實體圖

Source：http://fluidic-ltd.co.uk/product/dwyer-160-pitot-tubes/#

如圖7-5，各偵測器在同樣水平條件下，其風扇進口風壓P_{t1}為其靜壓P_{S1}與動壓P_{d1}（或P_{V1}）之和，如Eq.7-7，

$$P_{t1} = P_{S1}+P_{d1}= P_S+P_{V1} \cdots\cdots （Eq.7-7）$$

而其風扇出口風壓P_{t2}為其靜壓P_{S2}與動壓P_{d2}（或P_{V2}）之和，如Eq.7-8，

$$P_{t2} = P_{S2}+P_{d2}= P_S+P_{V2} \cdots\cdots （Eq.7-8）$$

風扇總壓力P_T為由風扇入口處所得到之總壓力P_{t1}的增加量，也就是出口處的總壓力P_{t2}減去入口處的總壓力P_{t1}如Eq.7-9：

$$P_T = P_{t2} - P_{t1}= (P_{S2} + P_{V2}) - (P_{S1}+P_{V1}) = \Delta P_S + (P_{V2} - P_{V1}) \cdots\cdots （Eq.7-9）$$

其中：$\Delta P_S=P_{S2} - P_{S1}$. 要注意 P_{t1}在靠近風扇時是負壓力，當回朔到停滯點時，其風速為零，$v_1=0$，所以$P_{V1}=0$，所以將Eq.7-9重排，風扇之靜壓ΔP_S表示為Eq.7-10，是風扇總壓力P_T減去風扇出口處動壓P_{v2}的差，在氣體流動的情形下，因為氣體所具有的靜壓是為勝過管和裝置等的摩擦阻力而必要的壓力：

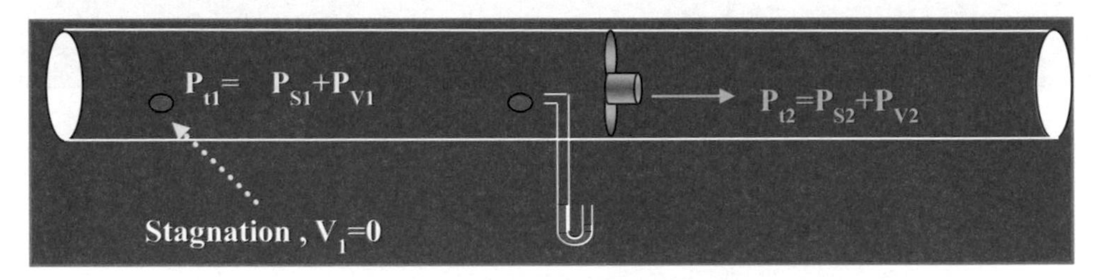

圖7-5　風洞進出口靜壓表示法

$$\Delta P_S = P_T - P_{v2} \cdots\cdots （Eq.7-10）$$

一般設計之風洞依AMCA規範有許多種形式，包括風洞腔體本身之形狀，流量計之形式，它的精神一定是在量出之風量、風壓都在誤差範圍之內。由於篇幅關係，本章在風洞腔體上只能就吸入式（Inlet Chamber）及吹出式（Outlet Chamber），以及流量計選用laminar flow 流量計來做討論。

7.1.3　吸入式風洞與吹出式風洞設計原理

（A）吸入式（Inlet Chamber）風扇靜壓之計算：

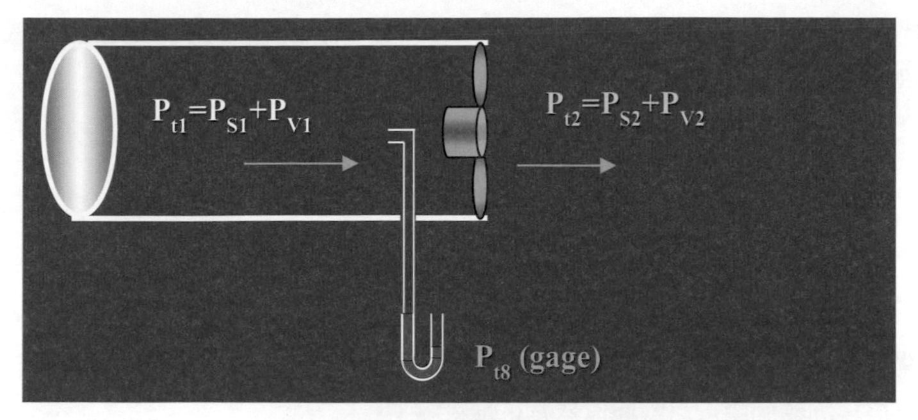

圖7-6　吸入式風扇靜壓結構圖

如圖7-6 為吸入式風扇靜壓結構圖，風扇全壓（總壓）P_T為由風扇入口處所得到之總壓力的增加量，亦即出口處的總壓力P_{t2}減去入口處的總壓力P_{t1}：

$$P_T = P_{t2} - P_{t1} \cdots\cdots \text{（Eq.7-11）}$$

風扇進口處全壓（P_{t1}）相當於測試腔體全壓管之壓力，在AMCA規範是以全壓管之絕對壓力$P_{t8,absolute}$符號來表示，所以$P_{t1} = P_{t8,absolute}$。既然風扇出口處全壓（P_{t2}）為出口動壓與出口靜壓之和：

$$P_{t2} = P_{v2} + P_{S2} \cdots\cdots \text{（Eq.7-12）}$$

在吸入式風洞之設計中，風扇出口處之阻力即為大氣壓力，因此$P_{S2} = P_b$，重排Eq.7-12使成為Eq.7-13。

$$P_{t2} = P_{v2} + P_b \cdots\cdots \text{（Eq.7-13）}$$

將Eq.7-11之P_{t1}以$P_{t8,absolute}$取代，並以Eq.7-13之P_{t2}代入 Eq.7-11成為Eq.7-14：

$$P_T = P_{t2} - P_{t1} = P_{v2} + P_b - P_{t8,absolute} = P_{v2} - (P_{t8,absolute} - P_b) \cdots\cdots \text{（Eq.7-14）}$$

在Eq.7-14中，可改寫成：

$$P_T = P_{v2} - P_{t8\ (gage)} \cdots\cdots \text{（Eq.7-15）}$$

其中$P_{t8\ (gage)}$為錶壓力，$P_{t8\ (gage)} = P_{t8,absolute} - P_b$，亦即在plane 8 風扇進口處之全壓與外界大氣壓之差，因此根據風扇靜壓之定義，其為風扇總壓力中減去風扇出口處動壓的差（Eq.7-10），因此將Eq.7-15中之風扇總壓力變成扣除風扇出口處動壓：

$$\Delta P_S = P_T - P_{v2} \quad =[P_{v2} - P_{t8\,(gage)}] - P_{v2}$$

所以

$$\Delta P_S = - P_{t8\,(gage)} \cdots\cdots （Eq.7\text{-}16）$$

因此吸入式風扇靜壓便可由全壓管之錶壓力$P_{t8\,(gage)}$求出，由於其值是負號的關係，在壓力錶頭讀出甚是奇怪，因此只要將$P_{t8\,(gage)}$的高壓端與低壓端之管子反接，則錶頭顯示之數據自然為正壓符號。

（B）吹出式（Outlet Chamber）風扇靜壓之計算

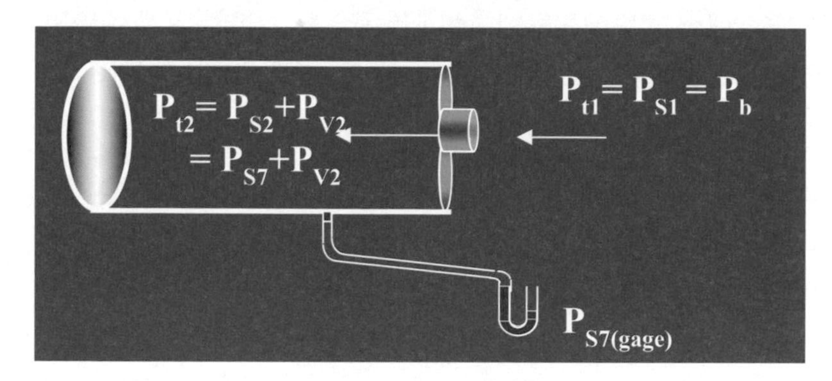

圖7-7　吹出式風扇靜壓結構圖

如圖7-7 為吹出式風扇靜壓結構圖，風扇進口處全壓（P_{t1}）即為其大氣壓力，P_b.

$$P_{t1} = P_b \cdots\cdots （Eq.7\text{-}17）$$

風扇出口處全壓（P_{t2}）為出口處動壓P_{v2}與出口靜壓P_{S7}之和如Eq.7-18，AMCA規範其吹出式出口之靜壓符號為P_{S7}：

$$P_{t2} = P_{v2} + P_{S7} \cdots\cdots （Eq.7\text{-}18）$$

風扇全壓（總壓）P_T為風扇出口處全壓（P_{t2}）與進口處全壓（P_{t1}）之差：

$$P_T = P_{t2} - P_{t1} = (P_{V2} + P_{S7}) - P_b = P_{V2} + (P_{S7} - P_b) = P_{V2} + P_{S7(gage)} \quad \cdots\cdots \text{(Eq.7-19)}$$

因此風扇靜壓為

$$P_S = P_T - P_{v2} = [P_{V2} + P_{S7(gage)}] - P_{V2} = P_{S7(gage)} \quad \cdots\cdots \text{(Eq.7-20)}$$

因此吹出式風扇靜壓便可由$P_{S7(gage)}$之錶壓力求出

7.1.4　輔助送風機 Auxiliary Blower 原理：

在設計風洞時，輔助送風機Auxiliary Blower是必要的，以吸入式風洞之裝置，輔助送風機的方向是往風洞吹送如圖7-8，風扇性能曲線如圖7-9。當在風扇轉動時，第一點為風阻最大，此時流量為零，其實驗之作法如圖7-10。其方法是將流量計以蓋子蓋住，此時風洞被隔離成兩個獨立的腔體（1）與（2），此兩個腔體隔開，且不互通，此時的輔助送風機是不轉動的，但風扇轉動所做的功都在克服密閉腔體（2）所給的阻力，此時看到的風扇雖然在轉動，但是卻沒有風量送出，其第一點之靜壓由$P_{t8,absolute}$記錄下來。當量測第二點時，蓋子被拿下恢復成圖7-11，此時輔助送風機還是不轉動的，但因腔體（1）與腔體（2）已經互通，阻力瞬間減少，所以在第二點將會測量到微風與靜壓，在第三點測量點時，輔助送風機已經打開如圖7-8，輔助送風機打開，利用變頻器將送風機之風量控制在微量，其目的是在幫助風扇克服風洞腔體給的阻力，隨著送風機之頻率增加，風量亦隨之增加，此時記錄每一頻率之風量與靜壓，直到靜壓達到零為止，風扇性能曲線隨之完成。

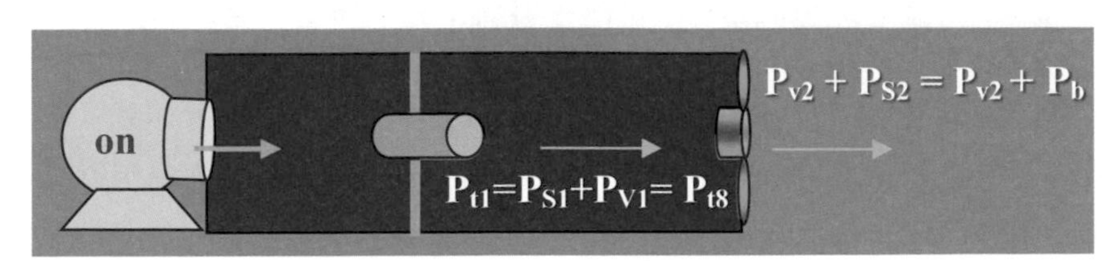

圖7-8　吸入式風洞輔助送風機架構

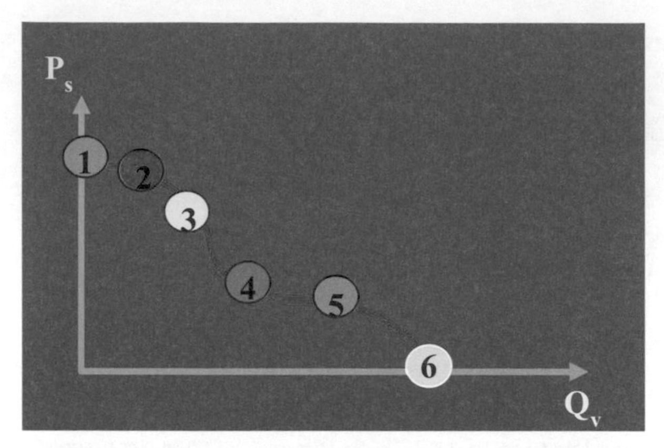

圖7-9　輔助送風機在風扇性能曲線之作用

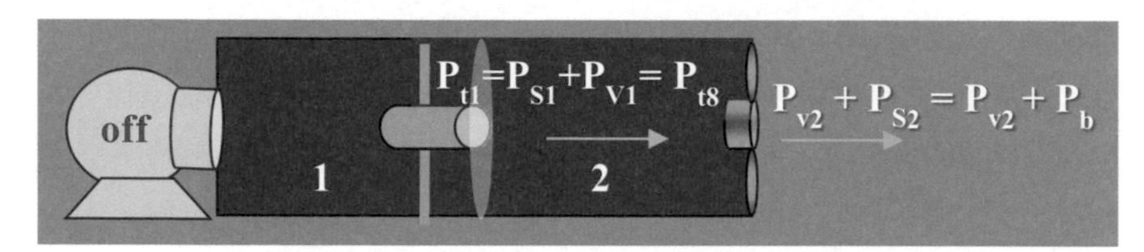

圖7-10　吸入式風洞第一點風阻之量測架構（流量計以蓋子蓋住）

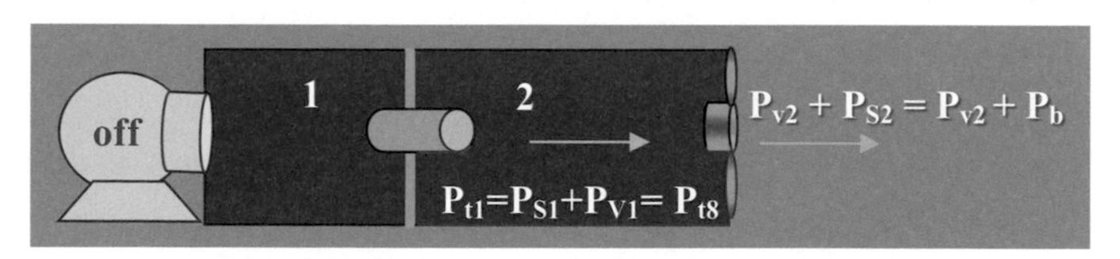

圖7-11　吸入式風洞第二點風阻之量測架構（流量計蓋子打開）

如果大家還不了解，可以用生活化的方式來解釋這項原理，如圖7-12（a）與在山坡上，小明正在推動一輛車子，因為車子前方有石頭擋住，小明不管施多大的力車子並不會往前移動；但如果小明不施力車子便會向下滑動，因此小明必須施以固定的力使得車子不向下滑動，換句話說也就是在原地不動；這就是點1，如圖17-12（b）。此時，小明將前方擋住車子的石頭移開，並且施加最大之力，發現車子會緩緩移動；這就是點2如圖7-13（a）與圖7-13（b）。就在這時候，小華看到小明在推車子並且前來幫忙，小華和小明共同施力，發現車子會移動的比小明一個人堆時還快；這就是點3如圖7-14（a）與圖7-14（b）。正當小明和小華在努力的推動車子時，小王看到也前來幫忙，小明、小華、小王，三人一起共同施力，發現車子會移動的比兩個人堆時還要更快；這就是點4如圖7-15（a）與圖7-15（b）。此時此刻小林看到也不由自主的前來幫忙他們推動車子，小明、小華、小王、小林，四人一起共同施力，發現車子會移動的比三個人堆時還要更快，但是因為小明推得太疲憊所以偷懶沒施力，小明意外發現即使沒施力車子還是會繼續移動；這就是點5了，亦即最後一點如圖7-16（a）與圖7-16（b）。

圖7-12（a）　第一點風阻量測示意圖

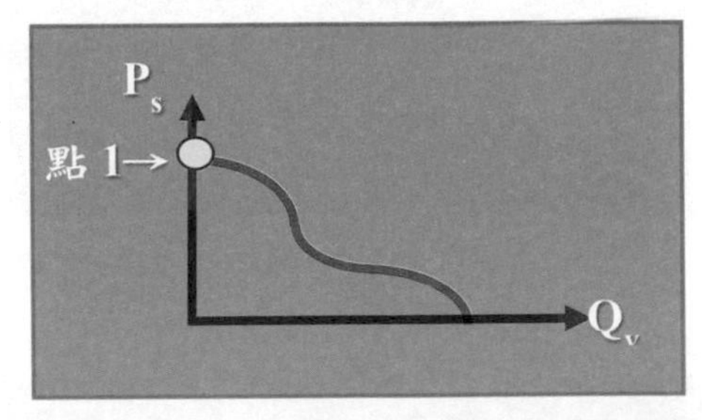

圖7-12（b）　性能曲線第一點示意圖

圖7-13（a）　第二點風阻量測示意圖

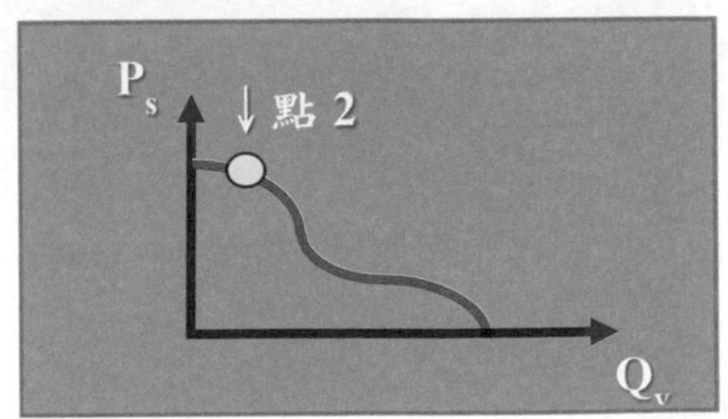

圖7-13（b）　性能曲線第二點示意圖

圖7-14（a） 第三點風阻量測示意圖

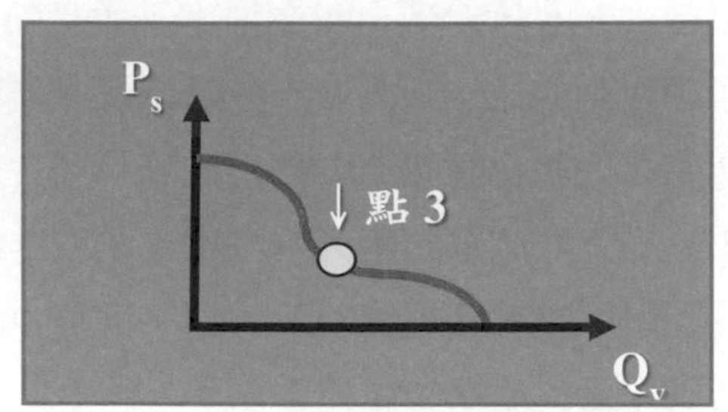

圖7-14（b） 性能曲線第三點示意圖

圖7-15（a） 第四點風阻量測示意圖

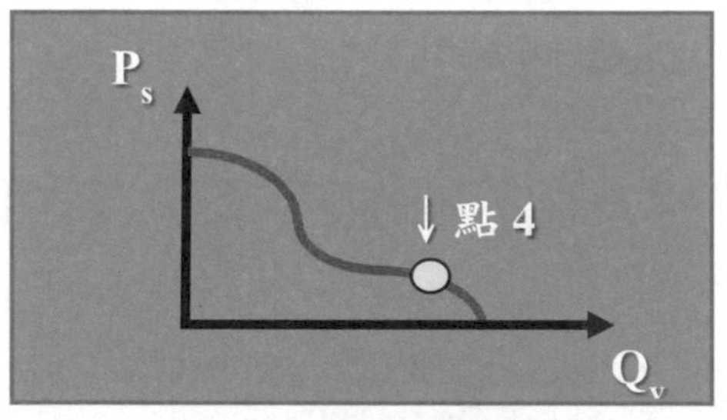

圖7-15（b） 性能曲線第三點示意圖

圖7-16（a） 第四點風阻量測示意圖

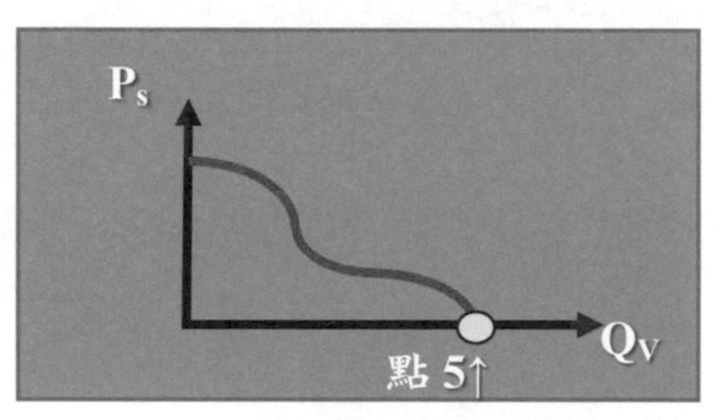

圖7-16（b） 性能曲線第三點示意圖

7.1.5 AMCA風洞整流網之設計

如圖7-17（a）與圖7-17（b）分別是AMCA吸入式及吹出式風洞採Chamber結構，AMCA沒有規定用甚麼廠牌之送風機，流量計或壓差計等，只要按規範[6]裝置即可，所謂規範是指各感測元件的位置都在其指定之範圍內即可。例如以風洞直徑為M單位來看，M至少為待測風扇之3～4倍以上，全壓管$P_{t8\ (gage)}$及靜壓管$P_{S7\,(gage)}$之位置至少距離流量計出口之整流網0.3M以上，全壓管在風洞之高度至少在0.1M以上。其中風洞前方要使用整流網是因為從送風機出口到風洞有擴孔，擴孔會使流場變成非均勻流，所以運用整流網使得流場變為均勻流，如此一來在流量計所測量到的風速都會一樣，更有準確性。同樣道理，風洞後方要使用整流網的目的是因為風洞出口有擴孔，擴孔會使流場變成非均勻流，所以運用整流網使得流場變為均勻流，如此一來在風洞後方的全壓管測量到的靜壓都會一樣，更有準確性如圖7-18。AMCA規定整流網有三層，其之開孔率依次為60%，57%，54%。整流網之設計在AMCA風洞使一個非常重要之元件，有了整流網，流場才會均勻，對於感測元件例如流量計或全壓管等之位置，雖然在每個風洞都不盡相同之下，其數據也都是非常穩定而不會造成不準的現象。圖17至圖18之Flow meter 通常為層流流量計或噴嘴式流量計等。

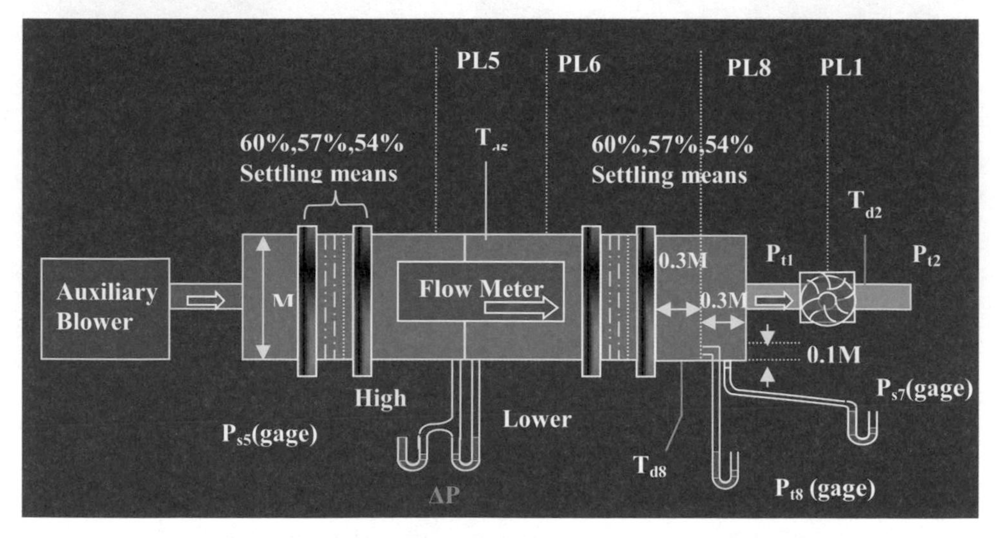

圖7-17（a）　AMCA吸入式風洞（Chamber）測試截面圖

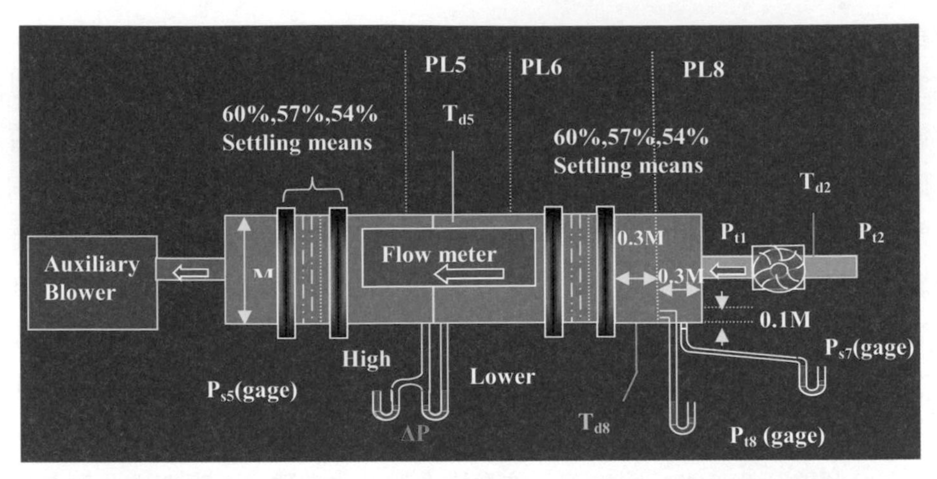

圖7-17（b） AMCA吹出式風洞（Chamber）測試截面圖

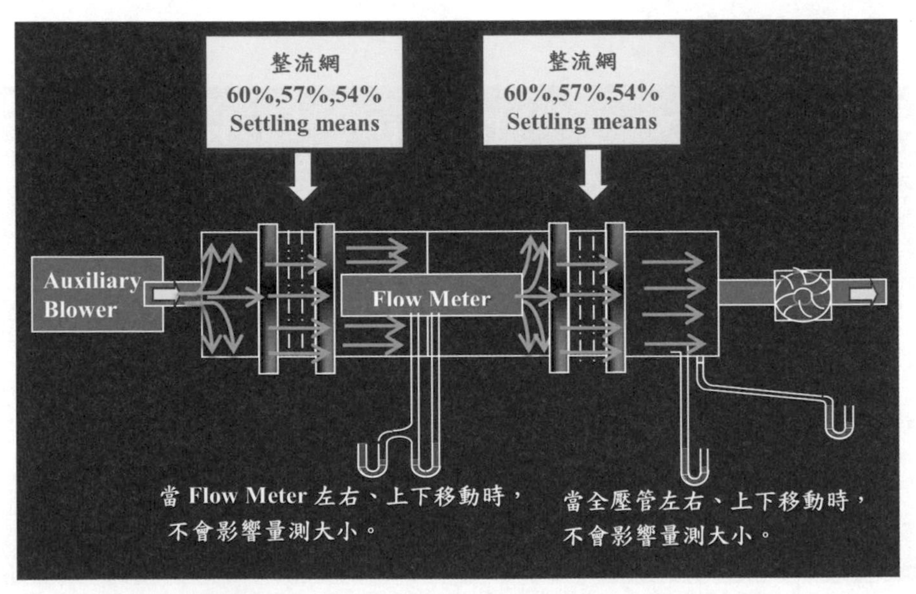

圖7-18 AMCA風洞整流網結構截面圖

7.1.6 AMCA風洞噴嘴式（Nozzle）流量計之裝置

所謂噴嘴式流量計就是通過截面積之縮小，使得流速增加的一種設計裝置；而擴口式流量計剛好相反，是讓出口截面積增加而減低流速的一種設計，如圖7-19（a）與圖7-19（b）為噴嘴式流量計。AMCA吸入式與吹出式風洞測試截面圖。如圖7-20，如果只有待測扇與輔助送風機轉向，但Nozzle不轉，則在此狀況下吸入式Nozzle變成吹出式Diffuser。如果待測扇與輔助送風機對調，則靜壓必須由P_{s5}（gage）量得，吸入式 Nozzle變成吹出式 Nozzle如圖7-21。因此，在變換噴嘴位置時，必須要特別小心，否則很容易成為擴口式風洞或其他不是AMCA規範之風洞。

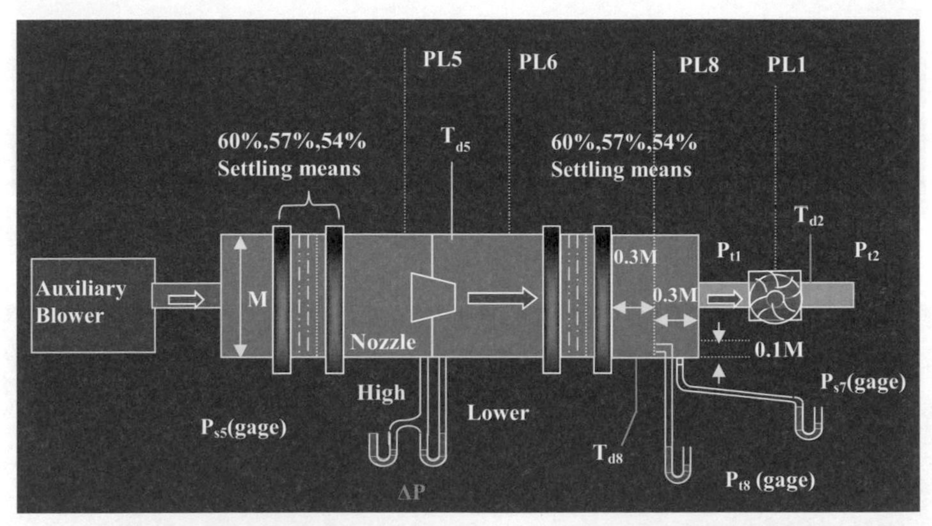

圖7-19（a）　噴嘴式流量計 AMCA吸入式風洞測試截面圖

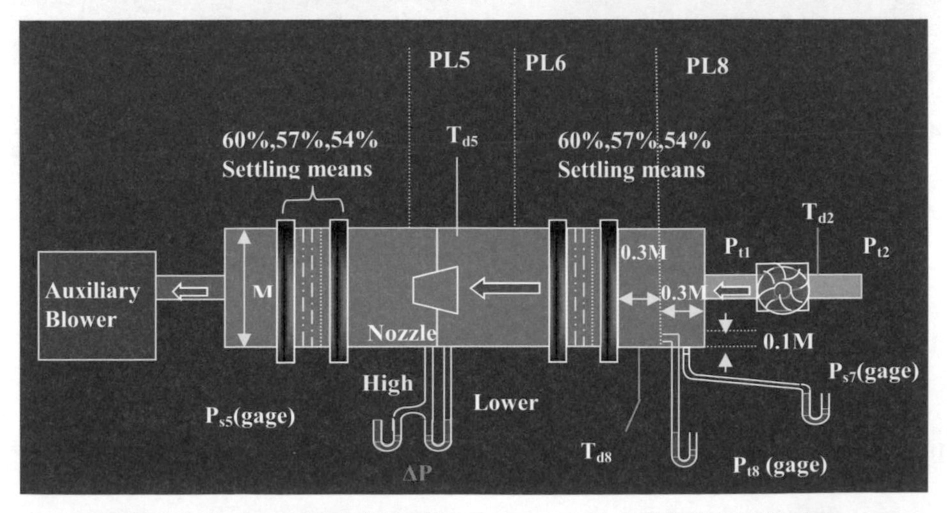

圖7-19（b）　噴嘴式流量計 AMCA吹出式風洞測試截面圖

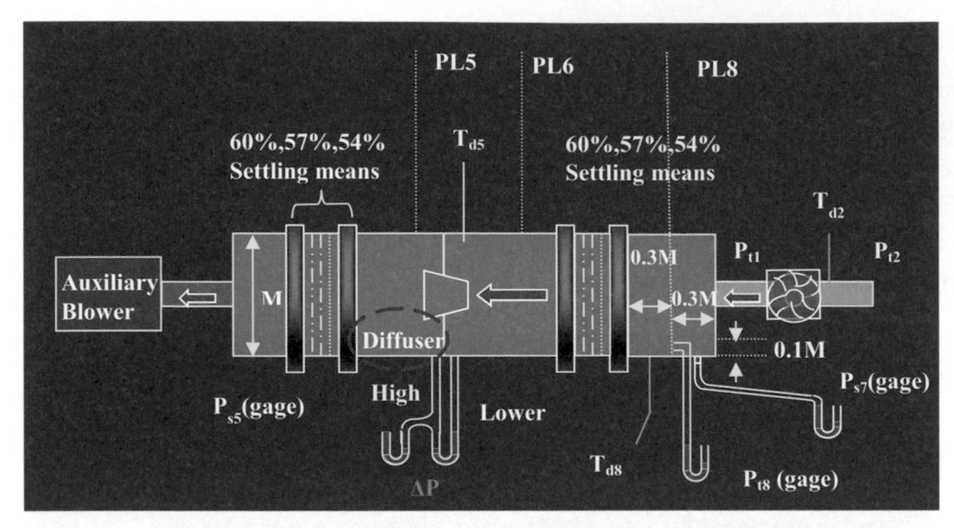

圖7-20　擴口式流量計 AMCA吹出式風洞測試截面圖

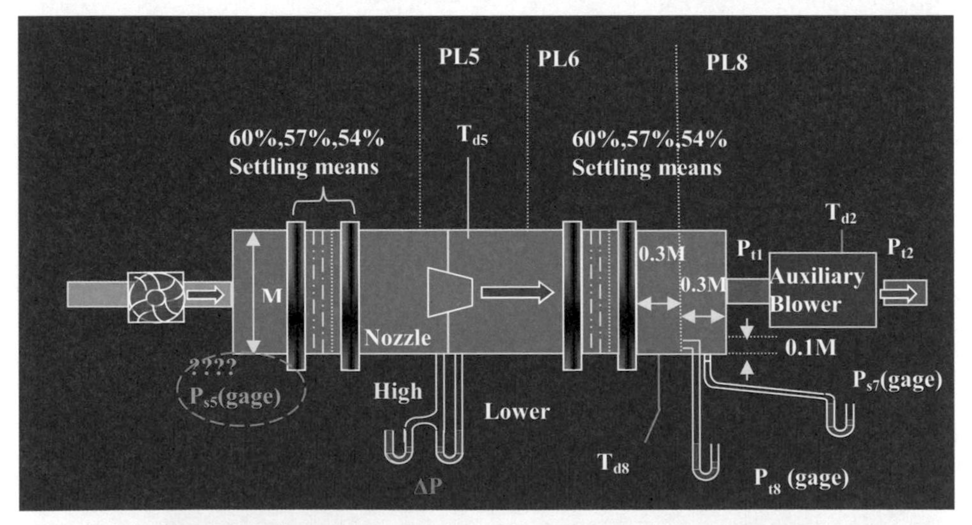

圖7-21　噴嘴式流量計 AMCA吹出式風洞測試截面圖

7.1.7　真實氣體體積流量及標準氣體體積流量之校正

AMCA風洞之流量必須由流量計取得，但此時之流量為真實氣體流量，亦即反應當時之空氣黏度、溫度、壓力之流量，此時必須校正為濕度50%、標準壓力760 mm Hg及溫度20℃時的標準狀態下之流量，這樣各地風洞量到的數據才能有一個相同的基礎而一致。以圖7-17（a）AMCA吸入式風洞為例，待測風扇流量之計算，從輔助風機所送出之風量經由層流式流量計（plane 5）測得$Q_{v,5}$，並依此以校正在待測風扇入口處（Plane 1）之風量$Q_{v,1}$。首先，如圖7-17（a）必須先校正風洞流量計位置之空氣密度與大氣壓力之密度差異性，其中ρ_5與ρ_1各代表空氣在平面5（PL5）大氣之密度，其密度可由其位置之溫度計與大氣壓力算出，其方法是先由Eq.7-21算出P_e，代入Eq.7-22算出P_p，其中P_e為濕球溫度下的飽和蒸汽壓（in Hg），P_p為蒸汽分壓（in Hg），P_b為大氣壓力（in Hg），T_{wo}為大氣溼球溫度（℉），T_{do}為大氣乾球溫度（℉），有了P_p、P_b及T_{do}再代入Eq.7-23即可算出ρ_5，其中R為氣體常數（53.35 ft-lb/lbm-^{0}R），ρ_o 為常壓下之空氣密度（lbm/ft^3）。因此風扇之真實氣體體積流量$Q_{v,1,act}$與$Q_{v,5}$之間關係便可由Eq.7-24算出。$Q_{v,5}$ 之風量則由廠商所提供之校正曲線經由所量測之壓差值計算得知。

$$P_e = 2.96\times10^{-4}\times T_{wo}^2 - 1.59\times10^{-2}\times T_{wo} + 0.41 \cdots\cdots \text{(Eq.7-21)}$$

$$P_p = P_e - P_b\times\left(\frac{T_{do}-T_{wo}}{2700}\right) \cdots\cdots \text{(Eq.7-22)}$$

$$\rho_O = 70.73\left(\frac{P_b - 0.378P_P}{R(T_{do}+459.7)}\right) \cdots\cdots \text{(Eq.7-23)}$$

$$Q_{v,1,act} = Q_{v,5}\times\frac{\rho_5}{\rho_1} \cdots\cdots \text{(Eq.7-24)}$$

平面1（PL1）密度ρ_1可利用密度與壓力成正比而與溫度成反比求得如Eq.7-25，因此ρ_1與ρ_0比值關係式可寫成Eq.7-26，風扇入口處絕對壓力P_{t8}為Eq.7-27所示，將Eq.7-27之P_{t8}代入Eq.7-26之P_1，所以ρ_1可表達成Eq.7-28。T_{d8}為平面8（PL8）之乾球溫度。

$$\rho\ \alpha\frac{1}{T}\alpha\ p \cdots\cdots \text{(Eq.7-25)}$$

$$\frac{\rho_1}{\rho_0} = \frac{P_1}{P_b}\frac{T_{d0}}{T_{d8}} \cdots\cdots \text{(Eq.7-26)}$$

$$P_{t8} = P_{t8}(gage) + 13.63P_b \cdots\cdots \text{(Eq.7-27)}$$

$$\rho_1 = \rho_o\left(\frac{P_{t8}}{13.63P_b}\right)\left(\frac{T_{do}+459.7}{T_{d8}+459.7}\right) \cdots\cdots \text{(Eq.7-28)}$$

流量計廠商所提供之流量$Q_{v,5}$為標準溫度70℉，29.92 inch Hg 之乾燥空氣所量得，但在真實氣體體積流量之計算 中必須考量實驗操作溫度下之空氣黏滯係數之影響，因此必須考慮修正Eq.7-24成為 Eq.7-29。

$$Q_{v,1,act} = Q_{v,5} \times \left(\frac{\rho_5}{\rho_1}\right) \times \left(\frac{\mu_{std}}{\mu_{dry,f}}\right) \cdots\cdots \text{(Eq.7-29)}$$

其中：

μ_{std}：空氣在標準狀態（29.92 inch Hg, 70℉）下之黏滯係數，μ_{std}= 181.87 micropoise，$\mu_{dry,f}$: 乾燥空氣在乾球溫度 T_{d0}下之黏滯係數，

$$\mu_{dry,f} = \frac{14.58 \times \left(\frac{459.67+T_{do}}{1.8}\right)^{1.5}}{110.4 + \left(\frac{459.67+T_{do}}{1.8}\right)} (MICROPOISE)$$

如果流經流量計的空氣不是完全乾燥的氣體，而是濕的空氣的話，則需再對 $\mu_{dry,f}$ 作溼度的修正成Eq.7-30，真實氣體體積流量則修正成為Eq.7-31。

$$\mu_{wet-air} = \mu_{dry,f} \times \frac{\mu_{wet}}{\mu_{dry}} \cdots\cdots \text{(Eq.7-30)}$$

其中：$(\frac{\mu_{wet}}{\mu_{dry}})*10000 = \beta_0 + \beta_1 X_1 + \beta_2 X_1^2 + \beta_3 X_1^3 + \beta_4\phi + \beta_5 X_1^3\phi$

β_o = 100267955

$\beta_1 = -1.4361$

$\beta_2 = 0.0230$

$\beta_3 = -0.0001$

$\beta_4 = -14.9572$

$\beta_5 = -0.0002$

$X_1 = T_{do}$（${}^0F$）

ϕ = Relative Humidity（%）

$$Q_{V,1,act} = Q_{V,5} \times \left(\frac{\rho_5}{\rho_1}\right) \times \frac{\mu_{std}}{\mu_{wet-air}} \cdots\cdots \text{（Eq.7-31）}$$

標準氣體體積流量之計算其實利用與溫度成正比，與壓力成反比，然後再加上濕密度與乾密度之比值即可如Eq.7-32。

$$Q_{V,1,std} = Q_{V,1,act} \times \frac{T_{std}(°R)}{T_{do}(°R)} \times \frac{P_b(inHg)}{P_{std}(inHg)} \times \frac{\rho_{wet}}{\rho_{dry}} Q_{V1,act} \times \left(\frac{70(°F)+459.67}{T_{do}(°F)+459.67}\right) \times \frac{P_b(inHg)}{29.92(inHg)} \times \frac{\rho_{wet}}{\rho_{dry}} \cdots\cdots \text{（Eq.7-32）}$$

其中 $(\frac{\rho_{wet}}{\rho_{dry}})*10000 = \beta_0 + \beta_1 X_1 + \beta_2 X_1^2 + \beta_3 X_1^3 + \beta_4 \phi + \beta_5 X_1^3 \phi$

β_o、β_1、β_2、β_3、β_4、β_5、X_1 與 ϕ 之定義與前述相同。

7.2 風扇性能曲線：

所謂風扇性能曲線是將風量取在橫軸上，而將壓力、功率、轉速和效率取在縱軸上，來由曲線表示其間之關係。風扇之性能曲線有兩種，一種是定轉速量得，此時必須靠rpm轉速器量得轉速，並隨時調整電壓使其轉速相同，此定轉速之實驗相當困難。另外一種較容易量測的為定電壓之風扇性能曲線，一般IT產業用之電壓大概在12V，5V或3.3V，因此，此實驗必須根據風扇給的額定電壓，直接量測風量與靜壓即可，此實驗較定轉速測量容易多了，一般業界通常採取此種方式。軸流風扇曲線如圖7-22，最後一點之流量為40CFM在3000 rpm

轉速下的意思是指風扇在最大流量下（空氣中）之轉速為3000 rpm。軸流風扇由於翼型角度之關係，在中間通常是伴隨著一個不穩區，此不穩區隱喻為風扇在此轉速下之風扇非常不穩定，可能這秒鐘是這轉速，下一秒又是不同轉速，在此狀況下不穩定的風速造成之不穩定的溫度，這對待冷卻晶片是非常的不好，因此，在不穩區操作是極力要避免的。圖7-22中紅色與藍色都是穩定區，但考量風量之大小，當然以藍色區域是最佳操作區域了。離心扇之性能曲線如圖7-23與軸流扇不同的是離心扇的性能曲線看不到不穩區，這是因為離心扇翼型角度造成之關係。與軸流扇相比，離心扇通常有較高之靜壓，但是較低的風量，兩者各有優劣勢，要是各狀況選擇適合的不同形式的風扇，才能達到最大之效益。

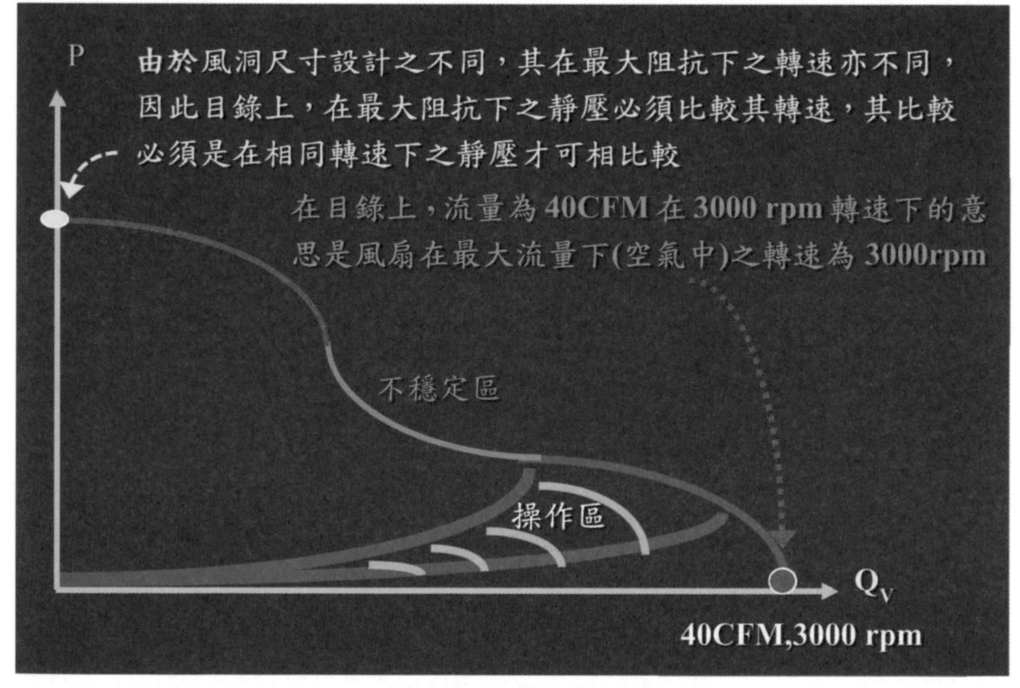

圖7-22　軸流風扇性能曲線結構圖

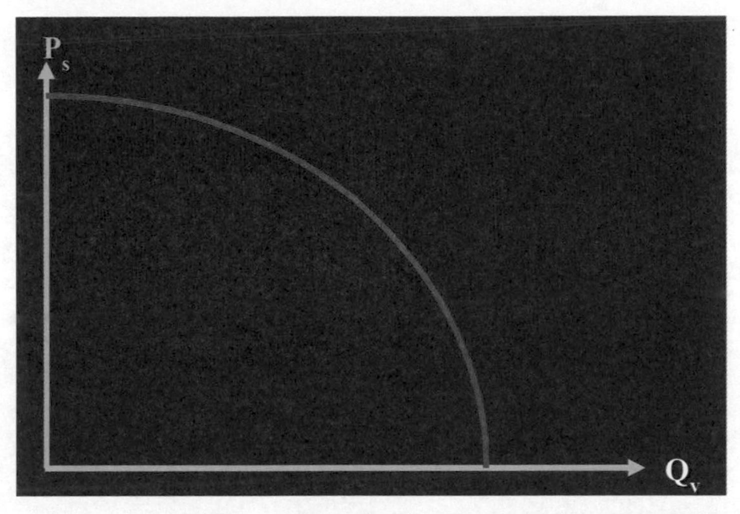

圖7-23　**離心扇性能曲線結構圖**

7.3 系統阻抗曲線

系統阻抗曲線是指Cooler、Thermal Module 或系統對於風扇產生阻力，其將靜壓與風量之關係描述出來，亦即需要克服這些阻力的壓力（靜壓）與風量之間的關係極為其阻力曲線。如圖7-24吸入式風洞或圖7-25吹出式風洞，考慮到一維方向時，根據Hagen-Poisuille equation，當一個流體在管狀流動時，其壓降與速度之關係可表示成 Eq.7-33，其P_{s1}與P_{s2}之壓降可表示成Eq.7-34，由於P_{s2}代表大氣壓力，因此P_{s1}-P_{s2}=（P_{s1}–P_b）也就是之錶壓力讀數。將Eq.7-34代入Eq.7-33並將其中之v_{avg}改寫為 $Q_{v,1,act}$（真實氣體流量）之函數如Eq.7-35，將Eq.7-35重排並以一阻抗係數（$C_{D,cooler}$）取代所有變數為Eq.7-36，在此阻抗係數也就是第三章講的總壓降損失（Total pressure losses）之觀念一樣。Eq.7-36說明任何系統（Cooler）之阻抗曲線都是體積流量平方與其阻抗係數之乘績，因此是1條非常漂亮之拋物線趨勢。如果系統阻抗是指CPU Cooler，則其阻抗係數與鰭片之幾何形狀、大小有關係。如果系統阻抗是指電腦機殼或其他Cabinet，則請參閱第五章之各項案例。量測系統之阻抗曲線時，必須注意指量測單顆鰭片之阻抗即可，並不需要將風扇裝置於上，否則會影響實驗值，如果一定要裝上風扇時，也確記不能將風扇電源打開，必須將風扇電源關掉才行。

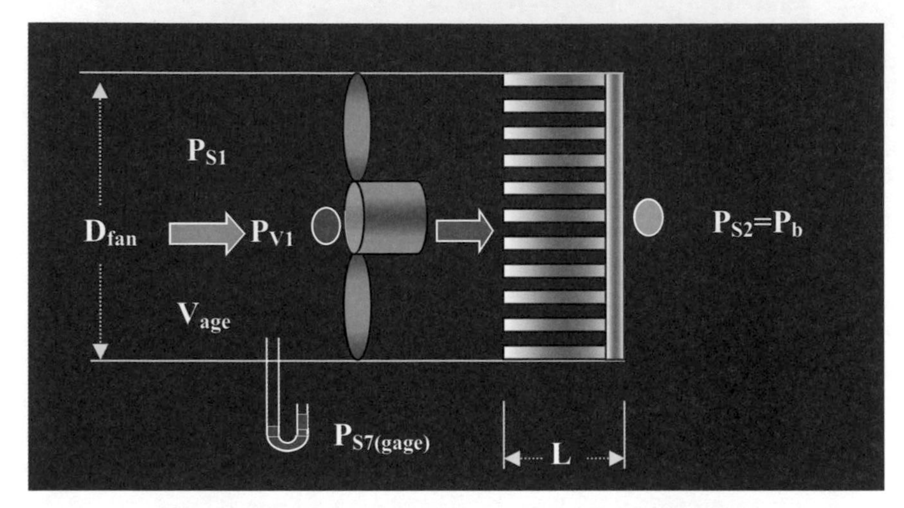

圖7-24　吸入式（inlet）系統阻抗量測示意圖

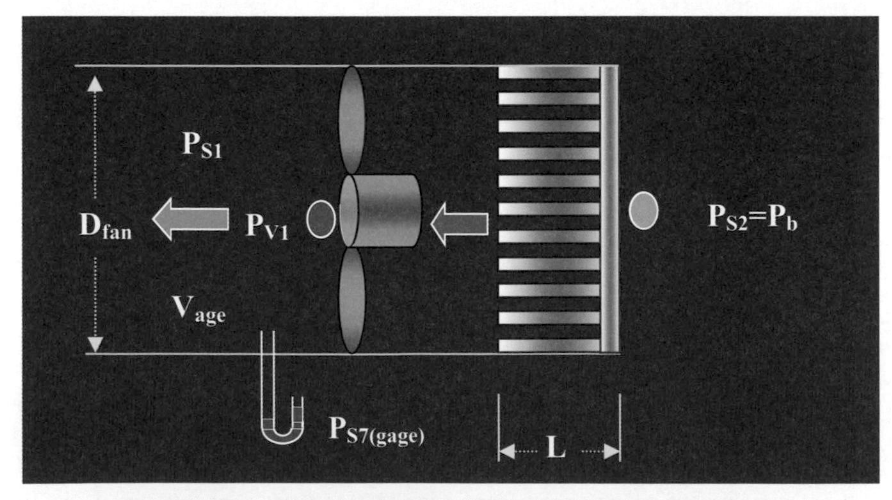

圖7-25　吹出式（outlet）系統阻抗量測示意圖

$$P_{S1} - P_{s2} = \Delta P = \frac{32\mu_f V_{avg.}.L}{D_{fan}^{\ 2}} \quad \cdots\cdots \text{（Eq.7-33）}$$

$$P_{s1}-P_{s2}=(P_{s1}-P_b)= P_{S7\,(gage)} \cdots\cdots \text{(Eq.7-34)}$$

$$P_{s7(gage)} = \frac{2 \cdot f_{frict.} \cdot \rho_1 \cdot L}{\frac{\pi}{4} D_{fan}^5}(Q_{V,1,act})^2 \cdots\cdots \text{(Eq.7-35)}$$

$$= C_{D,cooler}(Q_{V1,act})^2 \cdots\cdots \text{(Eq.7-36)}$$

7.4 風扇與系統（或散熱器）之正確匹配選擇

在做散熱處理時，不是只有選擇高風量，或高靜壓就可以了，一般調整高轉速得到高風量，必定會損失靜壓；如果增加靜壓，當然會損失風量，高風量雖然有較大之熱移量，不過也需考慮噪音之問題。當然以一般消費者心態，追求高風量同時也有高靜壓當然是最好的，我們只能說風扇有它的最佳極限值而已。一般業界的觀念是風量越高的風扇越好，其實是錯的，風量最大值是指該風扇在空氣中沒有任何阻力下所能產生之風量，但在一般裝配上，風扇不是裝在鰭片上，就是裝置於機殼內或機殼上，因此，多少都會產生阻抗，正確的說法是系統阻抗與風扇性能曲線結合才能求出真正出風量。風扇性能曲線與系統之阻抗曲線之交叉點稱之為風扇之操作點如圖7-26。

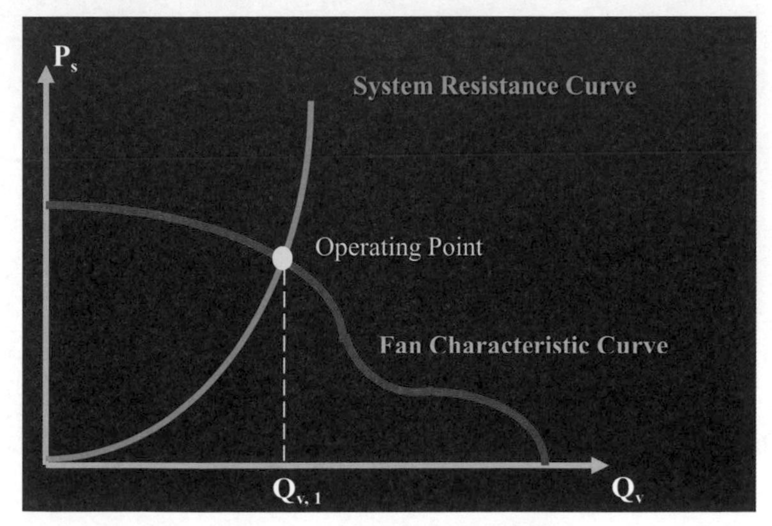

圖7-26　風扇操作點示意圖

因此正確的說法是操作點所得到的風量才是風扇與鰭片（或與系統）結合後產生之真正之風量如圖7-27，操作點2所得到之風量$Q_{v,2}$要比操作點1所得到之風量$Q_{v,1}$大。圖7-28 為高靜壓、高風量風扇與低靜壓、低風量風扇在不同鰭片之匹配情形，從風扇性能曲線看，Fan1的最大靜壓與最大風量都較Fan 2的最大靜壓與最大風量高，因此在不考慮噪音之因素下，Fan 1操作點的風壓、風量絕對勝過Fan 2。圖7-29為高靜壓、低風量風扇與低靜壓、高風量風扇在不同系統之匹配情形，系統A是1個類似筆電（NB）一樣，裡面充滿各基板，及密密麻麻的晶片等，所以是個高阻抗的結構，系統B是1個類似桌上型電腦（DT）一樣，裡面除了主機板，還有就是稀稀疏疏的晶片等，所以是個低阻抗的結構。以筆電高阻抗系統為例，其風扇1所得到之操作點風量$Q_{A,3}$大於風扇2所得到之風量$Q_{A,2}$。再以桌上型電腦低阻抗系統為例，其風扇1所得到之操作點風量$Q_{B,1}$小於風扇2所得到之風量$Q_{B,2}$。所以結論是高靜壓風扇是用於高阻抗結構例如筆電等，而高風量之風扇應該選擇裝配在低阻抗之結構例如桌上型電腦。

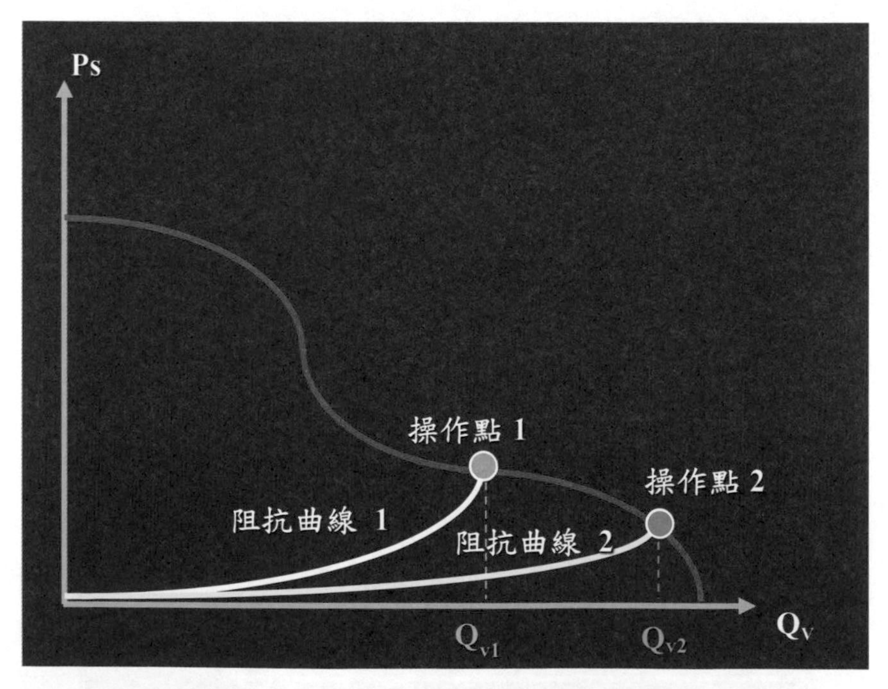

圖7-27　風扇在不同鰭片操作點示意圖

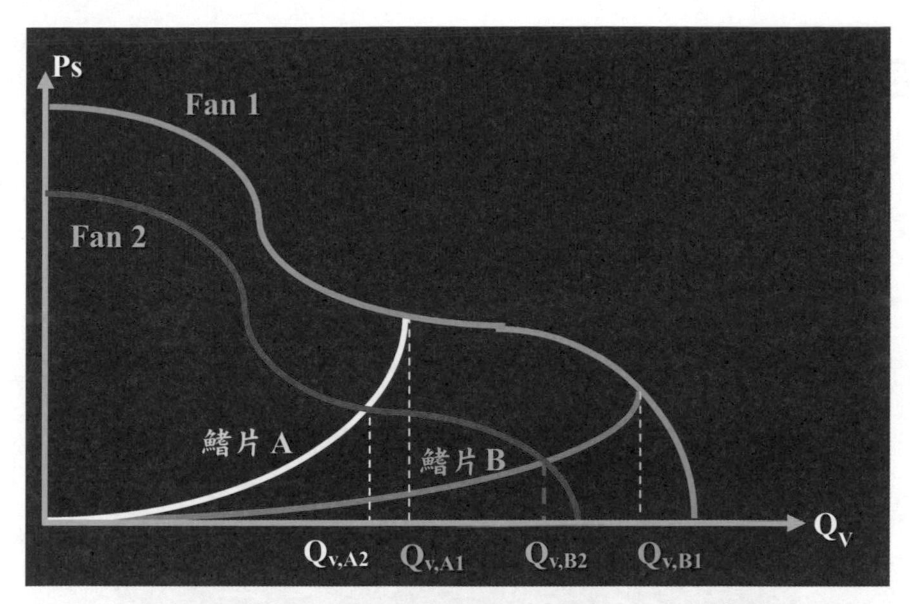

圖7-28　高靜壓高風量風扇與低靜壓低風量風扇在不同鰭片之匹配

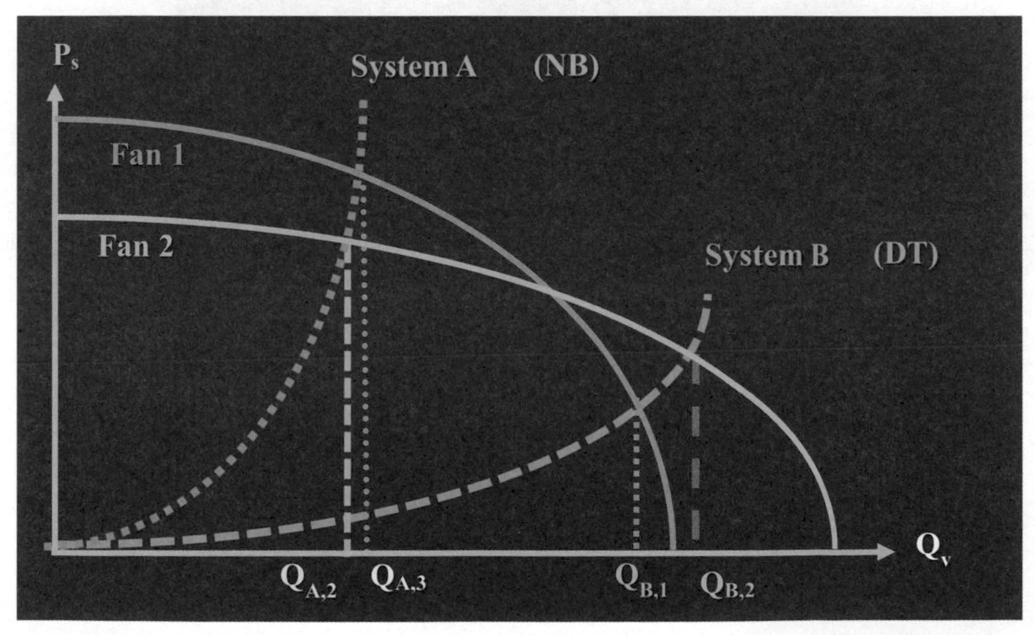

圖7-29　高靜壓低風量風扇與低靜壓高風量風扇在不同鰭片之匹配

7.5 風扇在風洞待測端佈置之靈敏度分析

風洞靈敏度分析是指風洞因為待測端出口結構不同而對風扇靜壓、風量影響度 之靈敏度分析，共有下列幾種案例：

【A】有框架之風扇於吸入式風洞之正確案例：

如圖7-30，吸入式風洞之風扇待測端設計如（a）、（b）、（c）、（d），其實驗結果風量、靜壓都相同，不為因為待測端結構不同而有所差異。

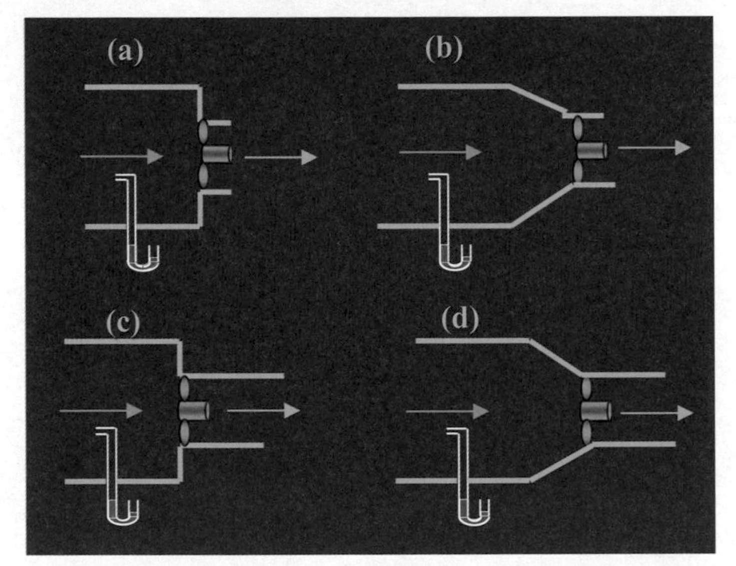

圖7-30　有框架之風扇於吸入式風洞不同待測端之架構圖

【B】無框架之裸扇於吸入式風洞：

如圖7-31之（e）架構，無框架之裸扇架設於吸入式風洞時要特別小心，必須垂直固定於同一位置，由於沒有框架，風扇不容易固定，因此位置稍微偏一點或角度稍微協一點都容易造成量測結果之誤差，數據也不容易有一致性，解決之辦法可以自行裝設一框架固定之裸扇。

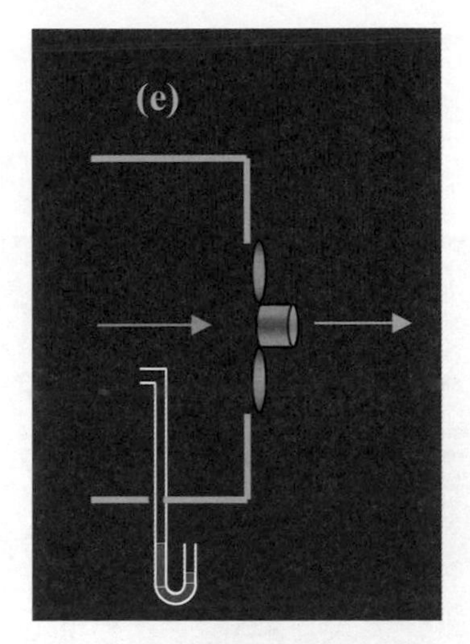

圖7-31　無框架之裸扇於吸入式風洞之架構

【C】有框架之風扇於吸入式風洞之錯誤案例：

風扇之架設於待測端時確記只能風洞開口大於風扇之外框，且其縫隙要以各種方法例如黏土、膠帶等封死，以免空氣外洩而造成量測之風量不準。圖7-32之（f）、（g）架構顯示吸入式風洞開口直徑在風扇進口處或風扇出口處都較風扇尺寸小，因而造成風量較預期值為小的情形。

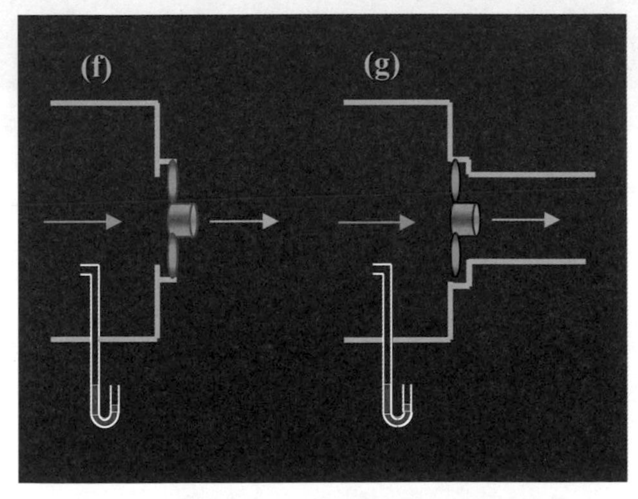

圖7-32　風扇於吸入式風洞之錯誤架構圖

【D】有框架之風扇於吹出式風洞之正確案例：

如圖7-33，吹出式風洞之風扇待測端設計如（a）、（b）、（c）、（d），其實驗結果風量、靜壓都相同，不為因為待測端結構不同而有所差異。

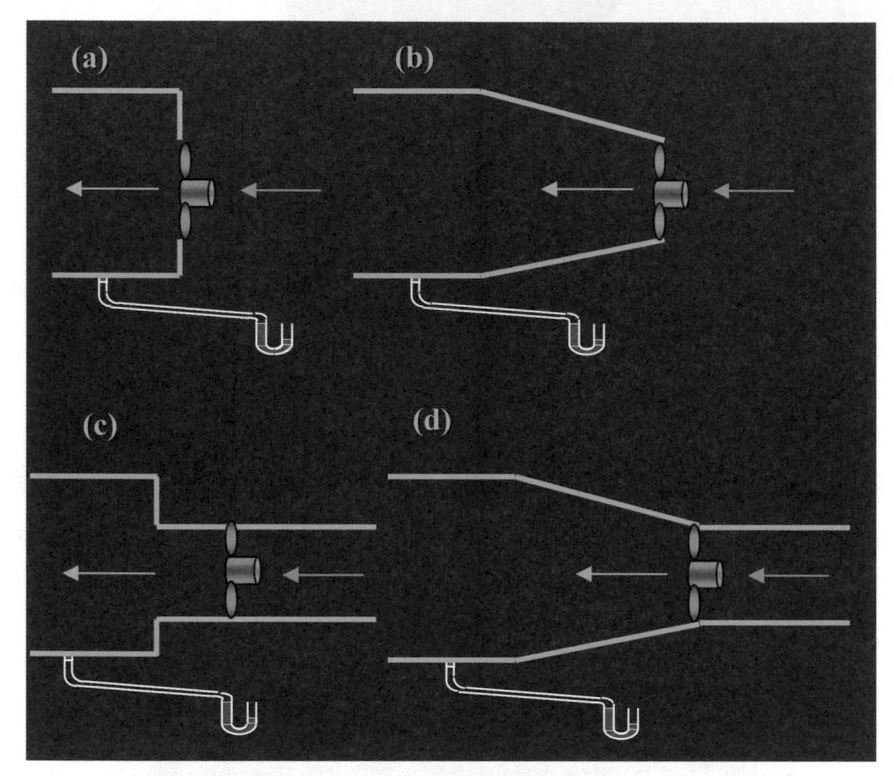

圖7-33　有框架之風扇於吹出式風洞不同待測端之架構圖

【E】無框架之裸扇於吹出式風洞：

如圖7-34之（e）架構，與吸入式風洞一樣，無框架之裸扇架設於吹出式風洞時要特別小心，必須垂直固定於同一位置，由於沒有框架，風扇不容易固定，因此位置稍微偏一點或角度稍微協一點都容易造成量測結果之誤差，數據也不容易有一致性，解決之辦法可以自行裝設一框架固定之裸扇。

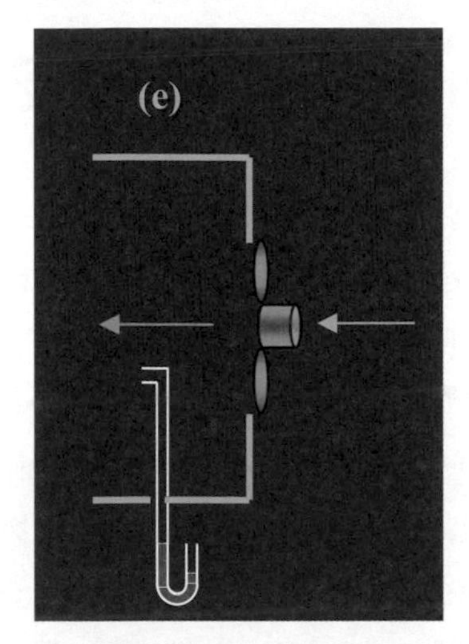

圖7-34　無框架之裸扇於吹出式風洞之架構

【F】有框架之風扇於吹出式風洞之錯誤案例：

風扇之加設於待測端時確記只能風洞開口大於風扇之外框，且其縫隙要以各種方法例如黏土、膠帶等封死，以免空氣外洩而造成量測之風量不準。圖7-35之（f）、（g）架構顯示吹出式風洞開口直徑在風扇出口處或風扇進口處都較風扇尺寸小，因而造成風量較預期值為小的情形。

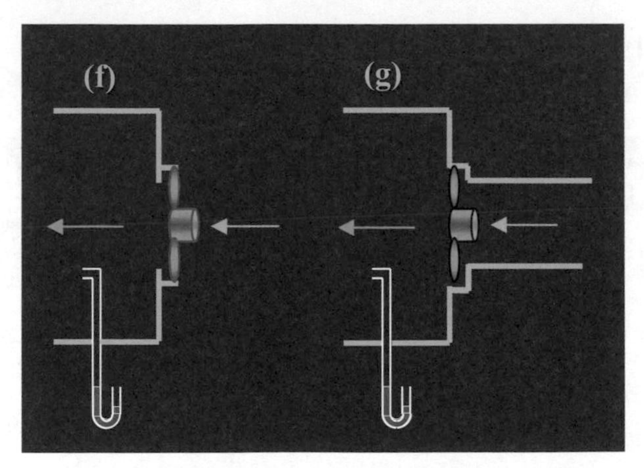

圖7-35　風扇於吹出式風洞之錯誤架構圖

7.6 吸入式與吹出式風洞於實際應用之選擇

由於軸流風扇與離心風扇在組裝架構上有許多之不同，因而造成風洞實驗上之便利之不同，以軸流扇為例，如圖7-36（a）吸入式風洞或圖7-36（b）吹出式風洞，裝設時只要風扇吹送之方向必須與送風機之吹送方向一致即可。量測時只單純量測單顆風扇之性能曲線即可。但有些離心扇式與散熱鰭片結合成一體的結構例如圖7-37（a）上視圖與7-37（b）之側視圖，由於該離心扇有兩個進風口，一個出風口，因此不適合於用吸入式風洞，例如圖7-38（a）是錯誤之安裝於吸入式風洞，因為只有一邊有進風量，另外一邊卻沒量到風量；圖7-38（b）歸類於不妥之安裝於吸入式風洞，其理由是AMCA並不准許有任何物件裝設於風洞中，而且裝設於風洞之離心扇等之電源如何引導至風洞外面接上電源一是個難題；圖7-38（c）正確之安裝於吹出式風洞，由於是吹出式，所以該離心扇單出風口可以直接對著風洞，只要在該離心扇鰭片體能固定於風洞外部，而電源之連接亦不是大問題，所以此時吹出式風扇是最佳之選擇。此時要注意的是量測到的並不是離心扇的性能曲線，而是整個模組的性能曲線，該曲線並沒有特別之意義，但是風洞量測到的最大風量可以表示為該離心扇組裝於鰭片後之模組的出風量如圖7-39。

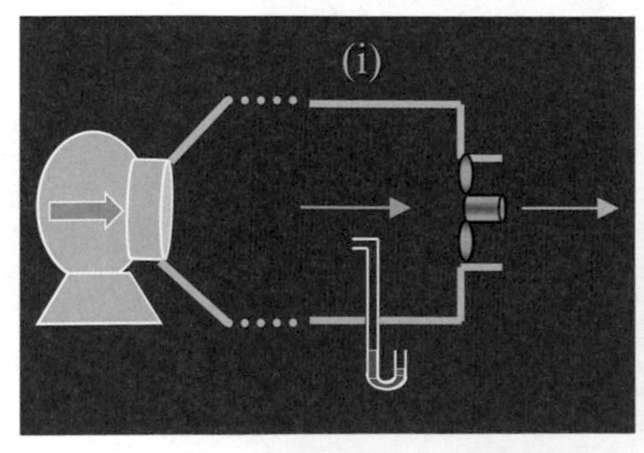

圖7-36（a） 風扇於吸入式風洞之架構圖

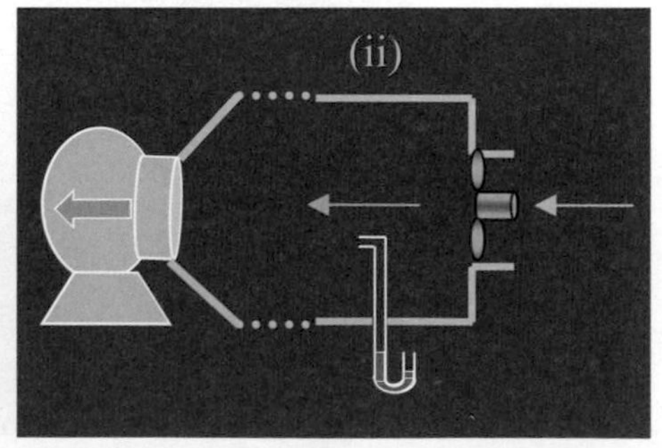

圖7-36（b） 風扇於吹出式風洞之架構圖

圖7-37（a）　離心扇與鰭片散熱模組之上視圖

Source：http://www.aliexpress.com/store/product/SAMSUNG-NP-NC110-NC210-NC215-CPU-Cooling-Fan-Heatsink-as-photo/126411_997324731.html

圖7-37（b）　離心扇與鰭片散熱模組之側視圖

Source：http://www.techbang.com/posts/40569?page=2

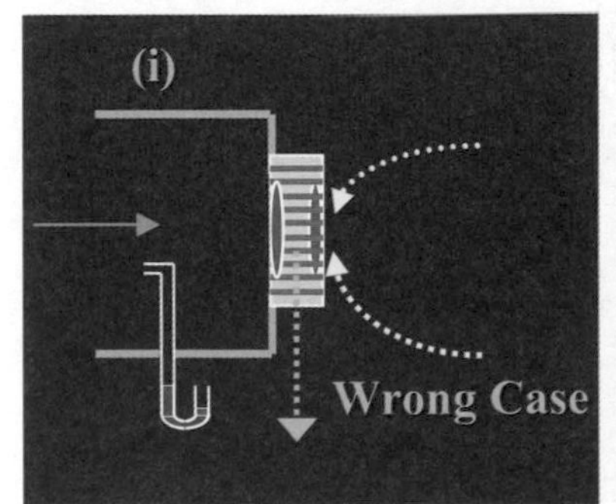

圖7-38（a）　錯誤之安裝於吸入式風洞

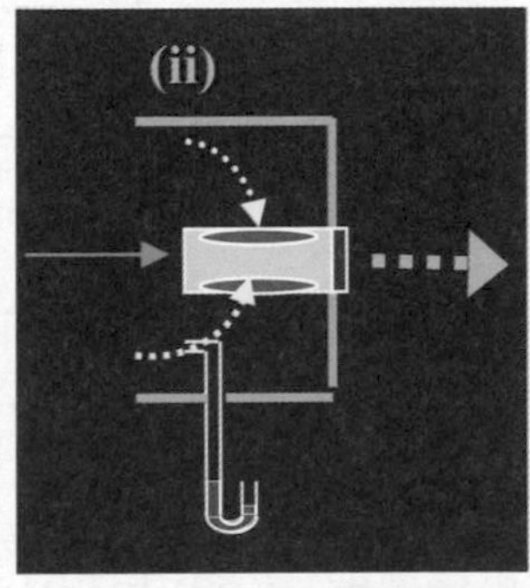

圖7-38（b）　不妥之安裝於吸入式風洞

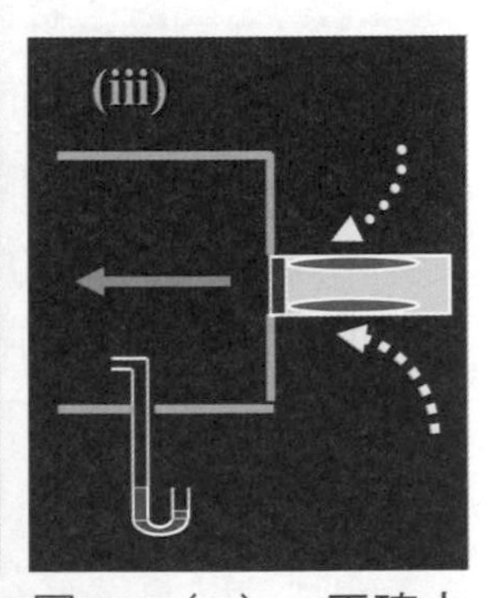

圖7-38（c）　正確之安裝於吹出式風洞

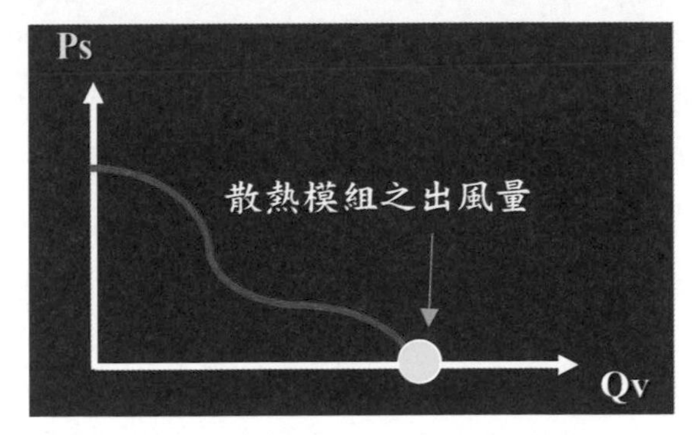

圖7-39　散熱模組之出風量為風洞量測該散熱模組之最大風量

7.7 散熱模組出風量之實驗與風扇性能曲線操作點之驗證

由於業界在 Cooler 真正出風量之量測有極大之爭議，例如是分開量測風扇性能曲線與 Cooler 之阻抗曲線，然後交叉求得操作點？還是直接測量Cooler之最大風量點？如果分開量測，Cooler之阻抗曲線，必須加上風扇嗎？亦即風扇本身也可能是阻力？如果需加上風扇，則風扇之葉片是自由轉動還是必須固定？這都是業界在此量測爭論不休之議題。因此本章節之目的是了解在鰭片與風扇之Cooler組合中，如何達到真正出風量之測量方法，以及那種方法是最好的。以下列出總共有四種不同的方式來驗證：

（A）Cooler 直接測得之最大出風量值

（B）單獨風扇性能曲線與單獨鰭片系統阻抗曲線交叉求得之操作點

（C）風扇性能曲線與（沒有電源但固定葉片之風扇+鰭片）系統阻抗曲線交叉求得之操作點

（D）風扇性能曲線與（沒有電源但能自由轉動之葉片之風扇+鰭片）系統阻抗曲線交叉求得之操作點

【實驗結果 - Cooler I】

如圖7-40 實驗中之風扇型號為C6010B12H，風扇之性能曲線經風洞求得最大風量為16.327 CFM，最大靜壓值為 3.204 mmAq。實驗使用之鰭片A之實體如圖7-41（a），經風洞求得阻抗曲線方程式為$P_s = 0.007872\ Q_v^2$如圖7-41（b）。將風扇C6010B12H之性能曲線與鰭片A之阻抗曲線交叉後之操作點（Q點）風量為10.2231CFM如圖7-42。將Cooler I（風扇C6010B12H 與鰭片A組合）後如圖7-43（a）為其實體圖，將該模組之風扇以定電壓在風洞量測，如圖7-43（b），則其模組之性能曲線並不代表風扇之性能曲線，但模組之最大風量為11.022 CFM（P點）亦表示為該風扇與鰭片A組合後之出風量。圖7-44為性能曲線操作點Q點與模組之最大風量P點之誤差比較圖。理論上，模組真正之出風量應該是以風扇加上鰭片模組去量測其性能曲線，並以該性能曲線之最大出風量為其模組之出風量。如果以模組性能曲線之最大出風量P點為標準的話，則模組最大出風量P點與操作點出風量Q點之誤差為7.2%，算是蠻合理的範圍。如表7-1，如果將風扇與鰭片之組合視為有阻抗之模組，則在不提供風扇電源，但固定葉片的模組系統阻抗曲線，與風扇性能曲線交叉的操作點（M點）風量為6.9102 CFM，其與模組之最大出風量P點有37.3%。如果將風扇與鰭片之組合視為有阻抗之模組，則在不提供風扇電源，但風扇葉片能自由轉動，不提供電源（自由葉片）的系統阻抗曲線與風扇性能曲線交叉的操作點（N點）風量為7.2063 CFM，其與模組之最大出風量P點有34.6%。表7-1為 P、Q、M、N 出風量之比較表，其顯示P點與Q點之實驗數據最接近，其誤差最小。

圖7-40　風扇C6010B12H實體

Source：http://tomslager.de/media/images/org/Lfter1.jpg

圖7-41（a）　鰭片A實體

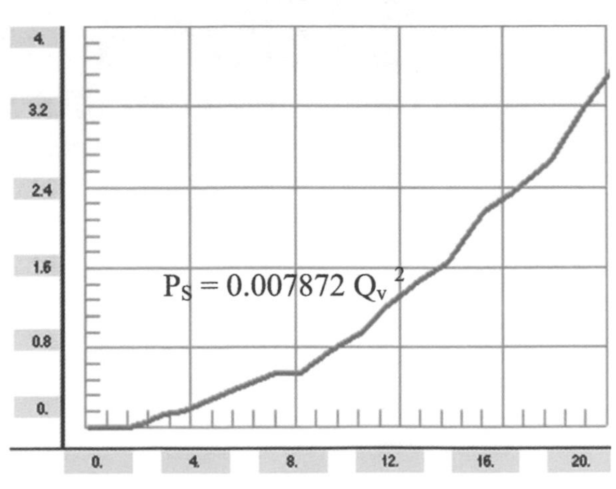

圖7-41（b）　鰭片A之阻抗曲線

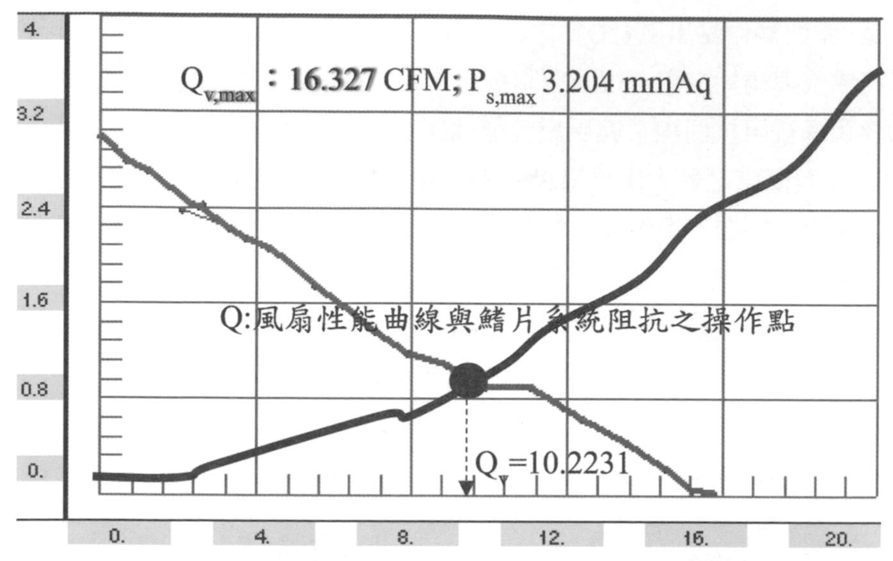

圖7-42　風扇C6010B12H之性能曲線與鰭片A之阻抗曲線交叉之操作點風量

圖7-43（a）　Cooler I（C6010B12H風扇與鰭片A組合）之實體

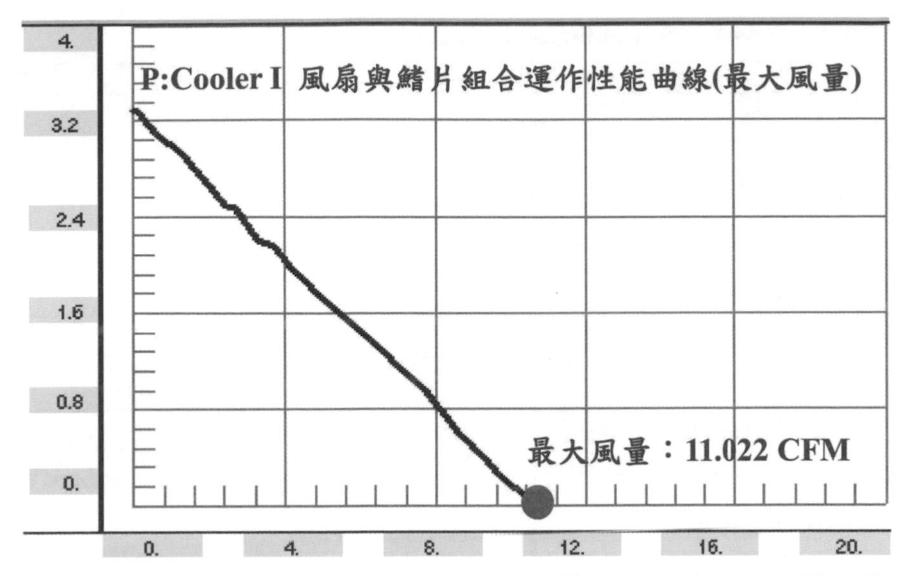

圖7-43（b）　Cooler I（C6010B12H風扇與鰭片A組合）之最大風量圖

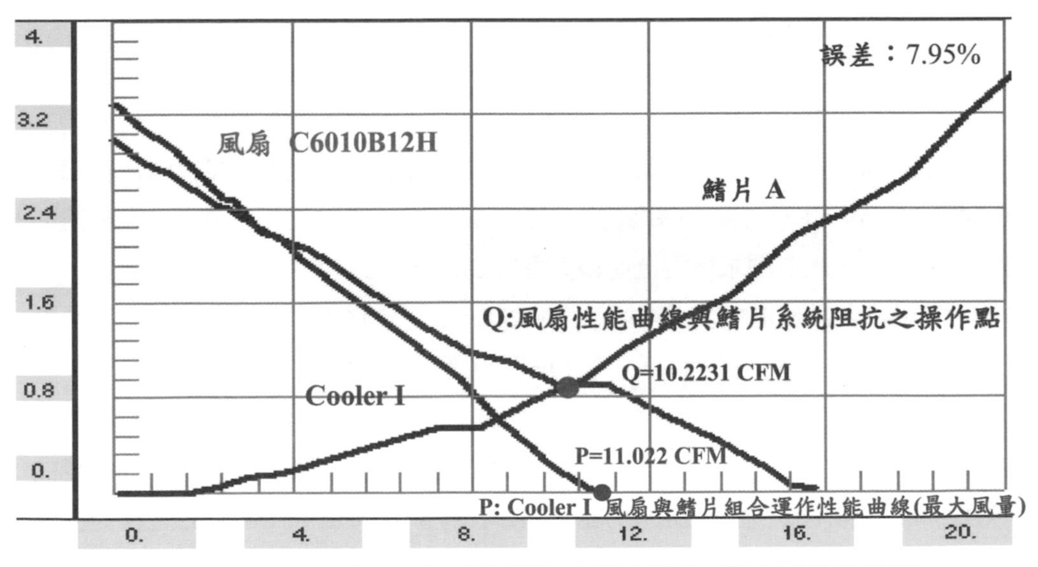

圖7-44　性能曲線操作點Q點與模組之最大風量P點之誤差比較圖

表7-1　P、Q、M、N 各不同模組之出風量之比較表

項目	風量值（CFM）	誤差值	最大靜壓（mmAq）
風扇C6010B12H	16.327		3.204
P點：Cooler I 風扇與鰭片組合模組之性能曲線（最大風量）	11.022		3.333
Q點：風扇性能曲線與鰭片系統阻抗之操作點	10.2231	7.2%	0.888276
M點：風扇性能曲線與（不提供電源但固定葉片之風扇+鰭片）之系統阻抗之操作點	6.9102	37.3%	1.47931
N點：風扇性能曲線與（不提供電源但自由葉片之風扇+鰭片）之系統阻抗之操作點	7.2063	34.6%	1.351724

【實驗結果 - Cooler II】

如圖7-45 實驗中之風扇型號為N5010B1，風扇之性能曲線經風洞求得最大風量為11.659 CFM，最大靜壓值為 2.274 mmAq。實驗使用之鰭片B之實體如圖7-46（a），經風洞求得阻抗曲線方程式為$Ps = 0.010271\ Q_v^2$如圖7-46（b）。圖7-47為風扇N5010B1之性能曲線。將Cooler II（風扇N5010B1 與鰭片B組合）後如圖7-48（a）為其實體圖，將該模組之風扇以定電壓在風洞量測，如圖7-48（b），則其模組之性能曲線並不代表風扇之性能曲線，但模組之最大風量為7.452 CFM（U點）亦表示為該風扇與鰭片B組合後之出風量。圖7-49為性能曲線操作點T點與模組之最大風量U點之誤差比較圖。將風扇N5010B1之性能曲線與鰭片B之阻抗曲線交叉後之操作點（T點）風量為7.8776 CFM。如果以模組性能曲線之最大出風量U點為標準的話，則模組最大出風量T點與操作點出風量U點之誤差為5.7%，算是蠻合理的範圍。如表7-2，如果將風扇與鰭片之組合視為有阻抗之模組，則在不提供風扇電源，但固定葉片的模組系統阻抗曲線如圖

7-50，與風扇性能曲線交叉的操作點（R點）風量為5.3189 CFM，其與模組之最大出風量P點有28.62%。如果將風扇與鰭片之組合視為有阻抗之模組，則在不提供風扇電源，但風扇葉片能自由轉動（自由葉片）的系統阻抗曲線如圖7-51與風扇性能曲線交叉的操作點（S點）風量為5.1056 CFM，其與模組之最大出風量U點有31.48%。表7-2為 U、T、R、S 出風量之比較表，其顯示U點與T點之實驗數據最接近，其誤差最小。

圖7-45　風扇N5010B1實體

Source：http://welagon.com/media/extendware/ewimageopt/media/inline/6f/5/ventilador-cooler-master-50mm-fan-3-pines-dc-12v-16w-n5010b1-eda.jpg

圖7-46（a）　鰭片B實體

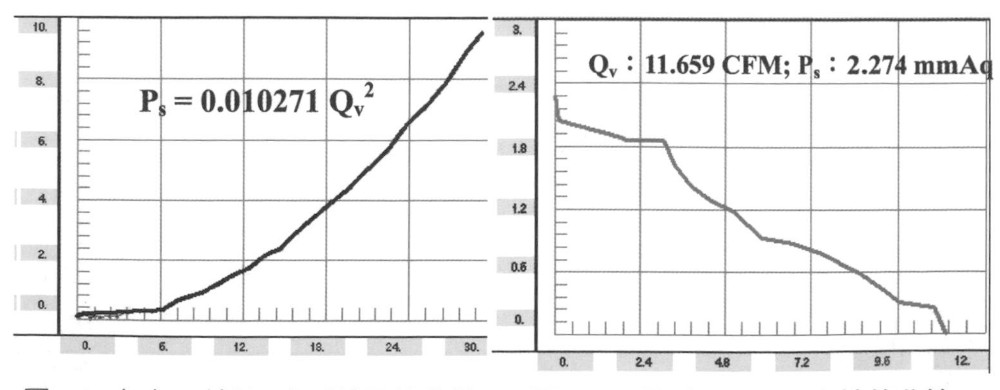

圖7-46（b）　鰭片B之系統阻抗曲線

圖7-47　風扇N5010B1 之性能曲線

圖7-48（a） Cooler II（N5010B1風扇與鰭片B組合）之實體

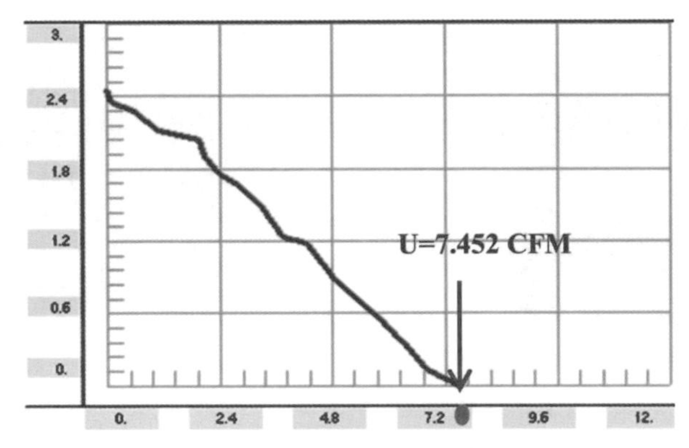

圖7-48（b） Cooler II（N5010B1風扇與鰭片B組合）之最大風量圖

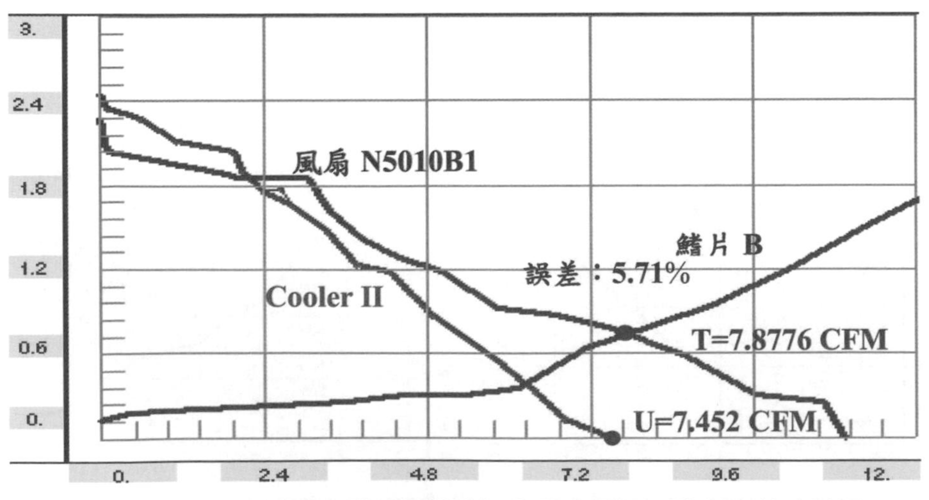

圖7-49 性能曲線操作點T點與模組之最大風量U點之誤差比較圖

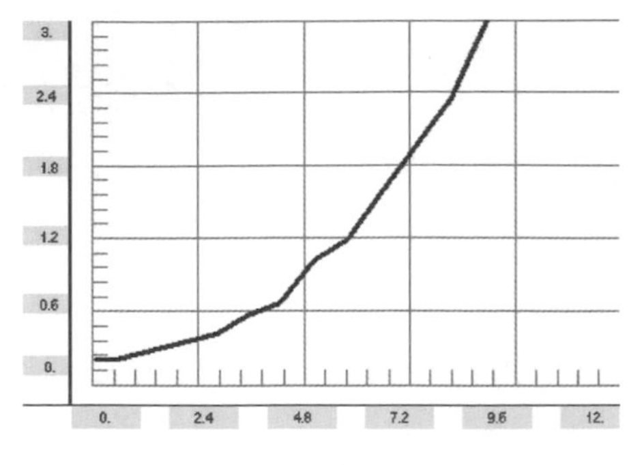

圖7-50　Cooler II 固定葉片阻抗曲線

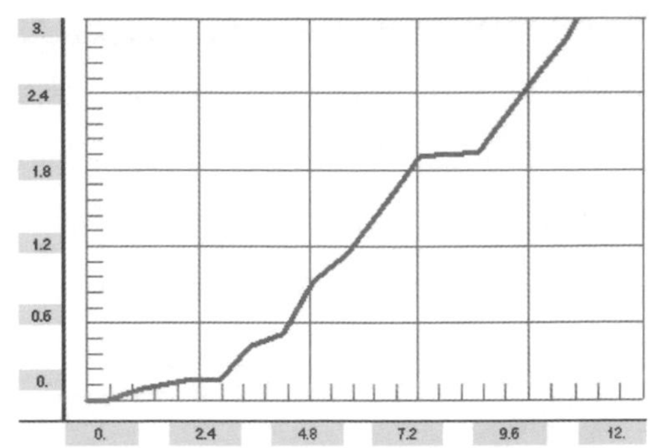

圖7-51　Cooler II自由葉片阻抗曲線

表7-2　U、T、R、S 出風量之比較表

項目	風量值（CFM）	誤差值	最大靜壓（mmAq）
風扇N5010B1	11.659		2.274
U點：Cooler II 風扇與鰭片組合之模組性能曲線（最大風量）	7.452		0.77931
T點：風扇性能曲線與鰭片系統阻抗之操作點	7.8776	5.71%	2.455
R點：風扇性能曲線與（不提供電源但固定葉片之風扇+鰭片）之系統阻抗之操作點	5.3189	28.62%	1.07586
S點：風扇性能曲線與（不提供電源但自由葉片之風扇+鰭片）之系統阻抗之操作點	5.1056	31.48%	1.137931

由散熱模組出風量之實驗與風扇性能曲線操作點之驗證得知，單獨風扇之性能曲線與單獨鰭片之系統阻抗之交叉點為真實的操作點，亦即為真正之出風量。但是如果以風扇（固定葉片或自由葉片）與鰭片組合後當作系統的阻抗曲線的觀念是錯的。如果採取風扇與鰭片模組量測其最大風量也可以，其誤差都

在10%以內。但採取模組最大風量有幾項缺點，其一是如果更換鰭片，則實驗必須重作，其二是如果更換風扇，則實驗也必須重作，其三是如果體積較大之模組，則實驗不容易進行。但如果採取風扇性能曲線與鰭片阻抗之操作點的好處是可以先建立各風扇性能曲線數據與各鰭片系統阻抗之數據，則在選擇風扇或鰭片時可以任意搭配並選出所需要之風量做為參考，以此有較大之便利性與快速性。此實驗有助於業界更加的了解Cooler性質，節省人力成本、快速了解實際情形。

參考資料

1. 吳俊億，〈軸流風扇設計軟體之研發〉，國立清華大學工程與系統科學所碩士論文，2001
2. http://www.bime.ntu.edu.tw/～dsfon/FluidMachinery/testing1.htm
3. https://translate.google.com.tw/translate?hl=zh-TW&sl=ja&u=http://kikakurui.com/b8/B8330-2000-01.html&prev=search
4. http://www.flaktwoods.fi/66696b5f-e237-4d50-a8d8-56f951cbd8fc
5. https://www.asme.org/products/codes-standards/ptc-11-2008-fans
6. https://law.resource.org/pub/us/cfr/ibr/001/amca.210.1999.pdf
7. https://www.amca.org/assets/document/amca_220-05_(R2012).pdf
8. http://infostore.saiglobal.com/store/details.aspx?ProductID=1787211
9. http://www.amca.org/

第 8 章
熱管理論與實務應用

8.1 微型熱管之原理與應用

熱管（Heat Pipe）[1,2,3]的結構十分簡單，基本上，是將液體封存在一根細長、中空、二端封閉的金屬管中如圖8-1，此金屬管內壁通常貼附有一層毛細 物體（Wick），而所述液體一般俗稱為「工作流體（Working Fluid）」；當熱管的一端置於較高溫處，而其另一端處於較低溫處時，熱管便會產生傳熱現象。其傳熱的方式係為雙相熱傳模式（two phase heat transfer），亦即熱進入熱管高溫處通過金屬管壁及毛細結構後，熱管在高溫處的工作流體因受熱而開始產生蒸發現象。熱管在高溫處的部份，便稱之為「蒸發部（Evaporator）」，蒸發後的工作流體會形成汽體，便會聚集在熱管相對於蒸發部份的管內處，同時亦會向熱管的另一端流動。而由於熱管的另一端是接觸到較低溫處，故當汽體到達較冷的另一端時，便會開始產生冷凝作用。此時，高熱量之汽態的工作流體，透過中空的金屬管而對流至熱管管內之較低溫處如圖8-2；因此，熱管在較低溫的部份即稱之為「冷凝部（Condenser）」。在冷凝部位內，原先由蒸發部所蒸發的工作流體，會因遇冷凝結而回復成液態，而這些冷凝後的工作流體，則可透過貼附於熱管管內壁之毛細結構，因「毛細泵吸（Capillary Pumping）」的作用，自冷凝部回流至蒸發部，以便受熱後再次相變化為汽態。所以，此熱傳流動現象將隨著熱管二端的溫差而循環不息，故「熱量由高溫處傳到低溫處」

即為熱管的基本傳熱原理。熱管是1942年由R.S Guagler [4]提出，於1944年獲得美國專利「Heat Transfer Device」，1966，Grover [5]專利中首先提到Heat Pipe一詞。其使用鋰、鈉、銀等工作流體，毛細結構為細金屬網狀結構。1970年，Deverall [7]使用水為工作流體，開始大量運用在各種電子元件之冷卻諸如筆記型電腦、1U伺服器上。IT 產業用之毛細式熱管可有不同之長度與結構，其形狀如圖8-3 [6]，因此熱管被要求輕薄短小，移熱效率高，其好處是利用雙相流移熱，而無須額外動力，熱管特點是利用毛細結構可以使熱管在無重力狀態下使用，現在產業上的目標則是使熱管更實用化，縮小化。但熱管之最大熱傳量不但受限於金屬材質之管材、管壁等幾何參數，還有填充量、毛細結構、工作流體等之熱力參數。其中最重要的便是真空度與填充量之影響了。熱管之書籍在坊間很多，本書將著重在以熱力學理論為基礎，利用質量不滅定律提供一個完整熱管真空度檢測方法及其裝置，以及如何找出最佳填充量之方法。

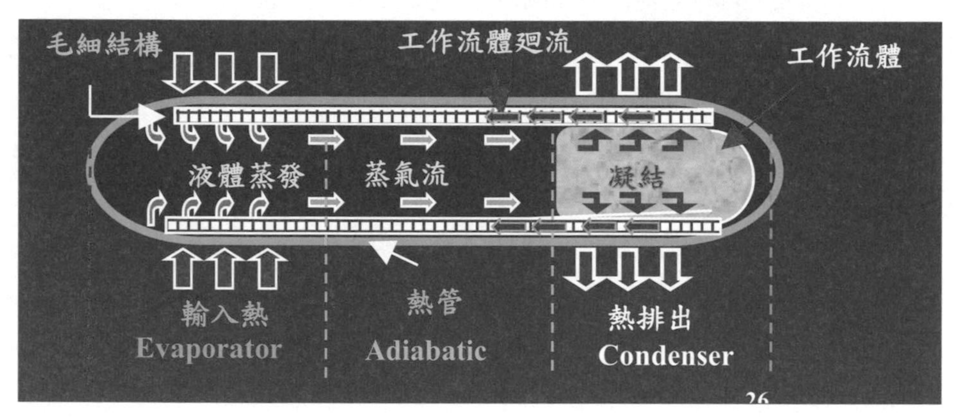

圖8-1　熱管之結構與各部位名詞圖

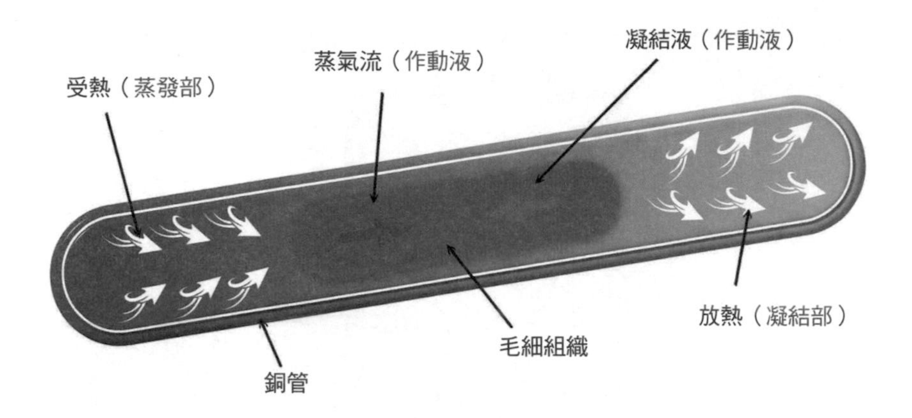

圖8-2　熱管之運作原理

（Source：http://www.jc-heatpipe.com/news/news07.html）

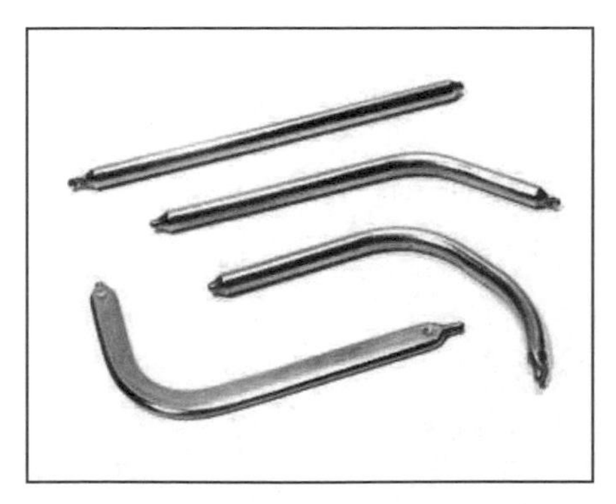

圖8-3　IT產業用之毛細結構式熱管

（source: http://www.reguan.net/）

8.2 熱管之介紹

8.2.1　熱管之種類

熱管大致分成兩種，一種是完全依靠重力啟動之熱管，不需要毛細結構，其裝置之方向亦只能垂直擺放稱之虹吸式熱管，如圖8-4。另一種為管壁具毛細結構如圖8-5，就可以在無重力情況或水平下利用毛細結構做導熱之工具。

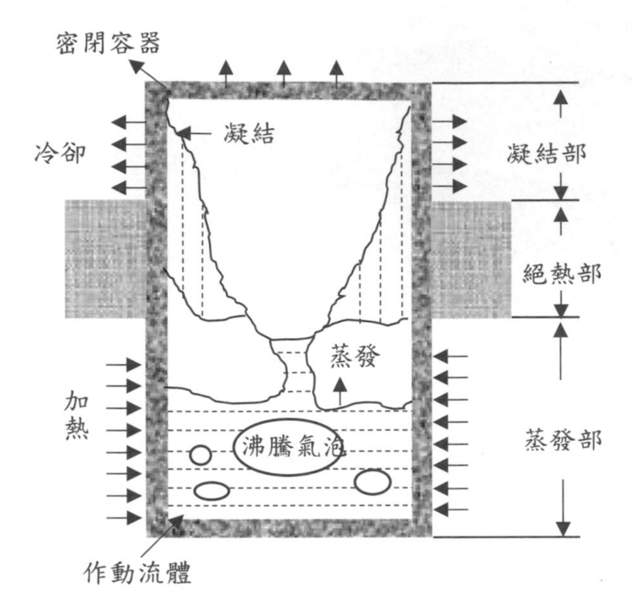

圖8-4　虹吸式熱管工作原理

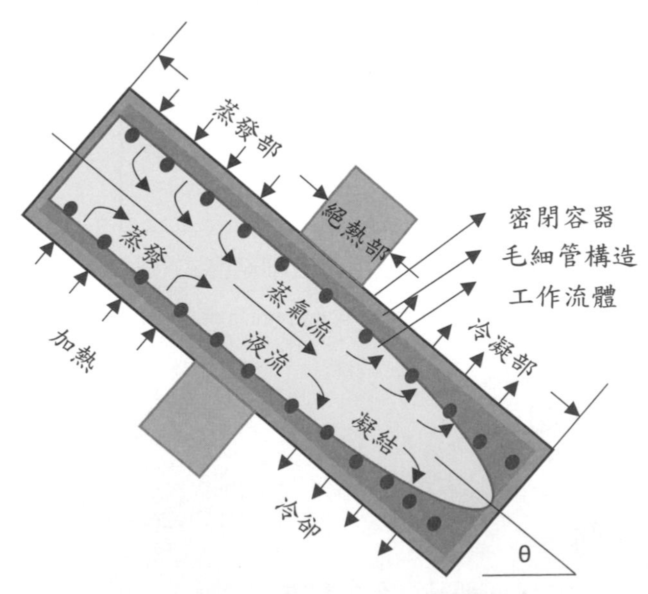

圖8-5　毛細式熱管工作原理

熱管有下列幾點之特性：

1. 結構簡單，重量輕盈
2. 高效率之熱傳導率，其熱傳導率高過同樣銅材料100倍以上，K值可以達到14,000至20,000W/m.K
3. 其毛細結構熱管可應用在太空環境之無重力環境
4. 熱管絕熱部之溫度可根據使用者之環境隨時調控
5. 無須額外之電源裝置，是一種被動式元件
6. 無須複雜的維修
7. 可根據環境的需要設計不同的工作流體與管材質如圖8-6

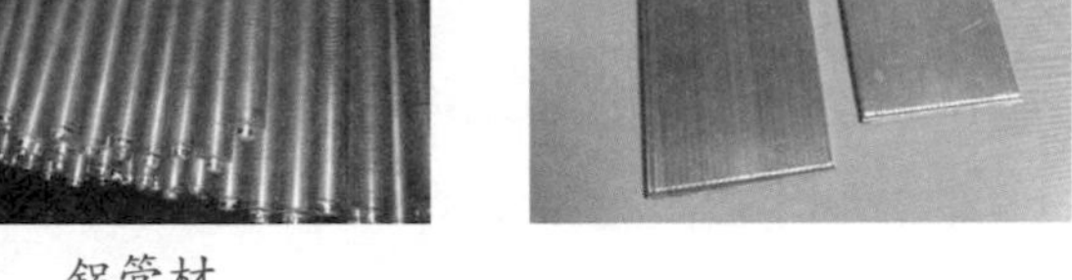

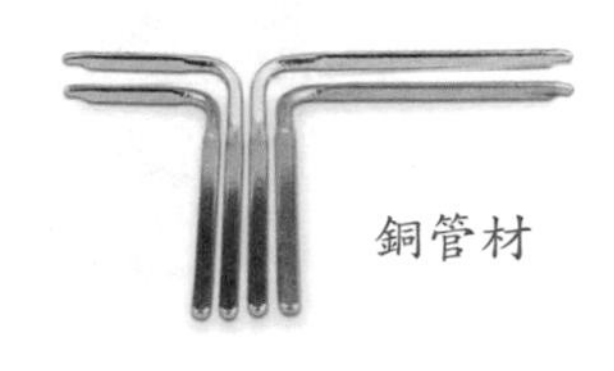

圖8-6 (a) 鋁熱管管材（source: http://www.trandahp.com/news_view.aspx?Fid=t2:5:2&Id=405&TypeId=5&IsActiveTarget=True）

圖8-6 (b) 鋁均溫板管材（source: https://world.m.taobao.com/detail/526114838064.html）

圖8-6 (c) 銅熱管管材（source: http://wesena.com/cn/product_show.php?id=167）

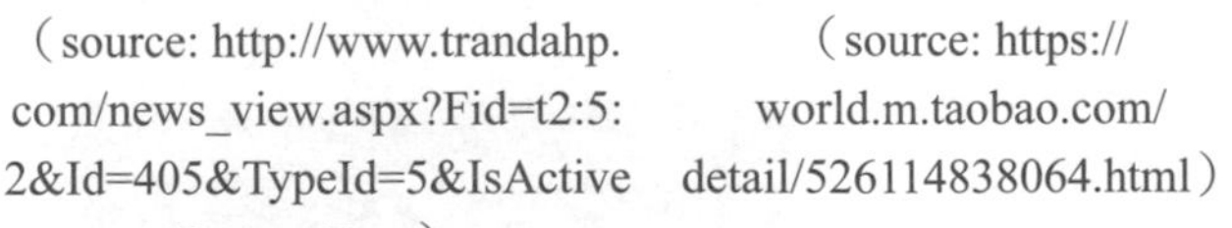

熱管毛細結構又可分為多種之內部結構，包含溝槽結構如圖8-7，金屬網結構如圖8-8，燒結結構如圖8-9，纖維結構如圖8-10。熱管也普及運用在電子散熱內部之應用，如桌上型電腦之散熱系統如圖8-11，筆記型電腦如圖8-12，Mini PC如圖8-13，LCD 播放器如圖8-14。

圖8-7　溝槽結構

圖8-8　金屬網結構

圖8-9　燒結結構

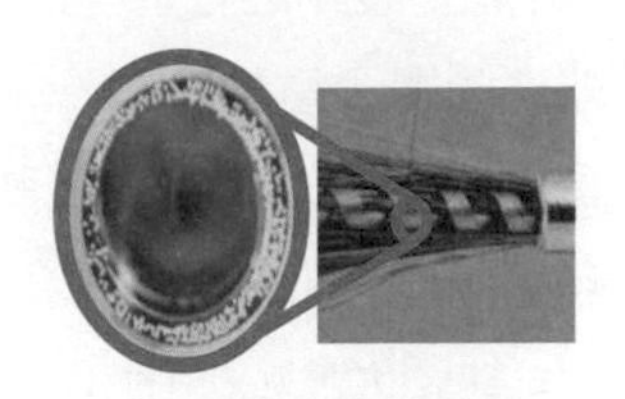

纖維網結構

圖8-10　纖維結構

Source：http://it.big5.enorth.com.cn/system/2009/11/09/004267516.shtml

Source：http://www.amazon.com/Cooler- Master-Hyper-TX3-RR-910-HTX3-G1/dp/B0028Y4S9K

Source：http://www.tomshardware.com/reviews/ dual-quad,1720-5.html

圖8-11　熱管應用於桌上型電腦

Source：http://pctuning.tyden.cz/hardware/notebooky-pda/25335-test-mobilnich-grafik-gtx-680m-sli-vs-hd-7970m-cf?start=2

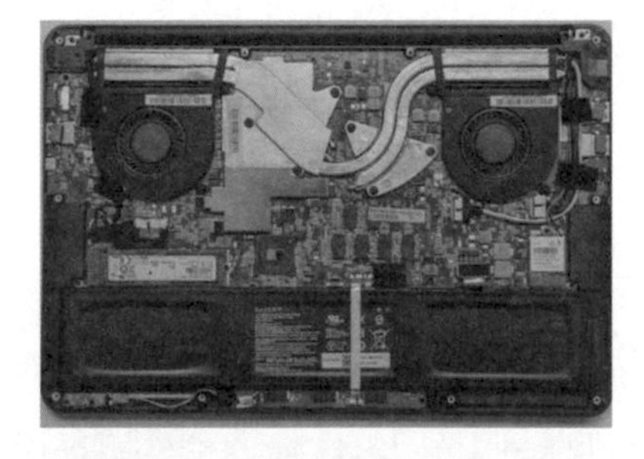

Source：http://computer.howstuffworks.com/ laptop1.htm

圖8-12　熱管應用於筆記型電腦

圖8-13　熱管應用於Mini PC

Source：http://www.thg.ru/howto/20020710/print.html

圖8-14　熱管應用於LCD 播放器

Source：http://mb.zol.com.cn/217/2176189.html

8.2.2　工作流體、毛細構造材料的選擇

熱管動作的原理完全靠工作流體與承載管材（一般為銅管）之表面張力所造成之毛細作用力，流體表面之分子會受到周圍分子之影響而形成一力總和，而在液體面中央之流體分子由於均勻受到周圍分子之拉扯或者推擠，其總力為零。而在液體外側靠近壁面之流體則受到不均勻力形成不均勻性表面如圖8-15。液體與表面間若有相互吸引之力，則液體容易浸潤表面稱之潤濕

性（Wetting）如圖8-16A，如果液體與表面間只有部分吸引力稱之部分潤濕性（Partial wetting）如圖8-16B，相反的，若液體與表面間無相互吸引之力，則液體不容易浸潤表稱之非潤濕性（Non-wetting）如圖8-16C。因此，依據其接觸角之大小亦可區分流體是否與表面具有潤濕性

（A）$\theta = 0$，完全潤濕性

（B）$0<\theta<\pi$，部分潤濕性

（C）$\theta = \pi$，非潤濕

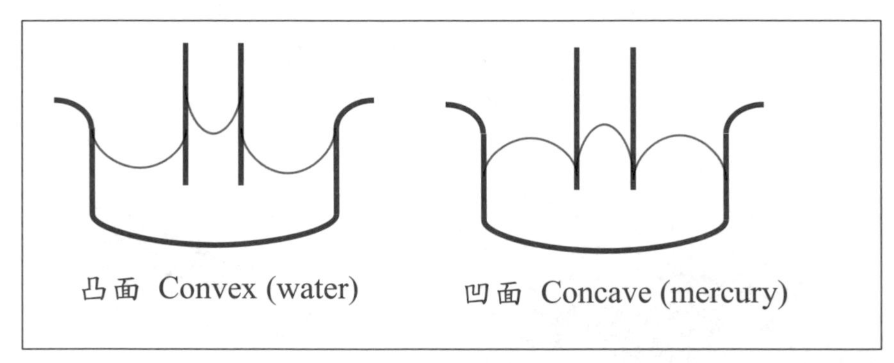

圖8-15　液體表面因表面張力形成之不同面

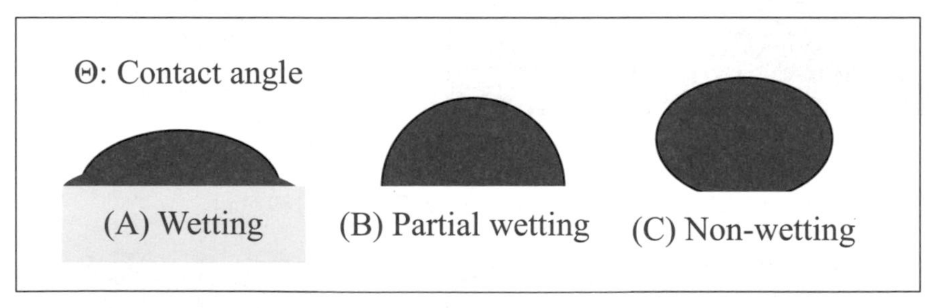

圖8-16　液體與表面之浸潤性

熱管工作流體之選擇需考慮下列幾個特性：

1. 高密度之工作流體與蒸氣
2. 低黏度之工作流體與蒸氣
3. 較高之潛熱

4. 高表面張力
5. 工作蒸氣之壓力不可太高或太低，也不可以超過工作環境之溫度限制
6. 工作流體與表面材料以及毛細結構之浸潤性
7. 工作流體與表面材料以及毛細結構之相容性
8. 較好之熱穩定性
9. 良好之熱傳性

選擇工作流體除了考慮它的表面張力外，其工作溫度的範圍也很重要，例如在太空環境中必須選擇像NH3之類的流體，因其沸點為–33℃，在高溫環境例如煉鋼爐之散熱可能有1000℃，此時可以考慮用金屬鈉或鋰作為工作流質。如表8-1為各種工作流體之沸點及熔點表，以及其有效工作環境溫度。

表8-1 各工作流體之參數說明

Working fluid	Melting point (℃)	Boiling point (℃)	Useful range
Ammonia	**-78**	**-33**	**-100 to 60**
Acetone	-95	57	-120 to 0
Caesium	29	670	450 to 900
Ethanol	**-112**	**78**	**0 to 130**
Freon 11	-111	24	-120 to 10
Freon 13	-35	48	-100 to 10
Helium	-272	-269	-271 to -269
Heptane	-90	98	0 to 150
Lithium	179	1340	1000 to 1800
Mercury	-39	361	250 to 650
Methanol	**-98**	**64**	**10 to 130**
Nitrogen	-210	-196	-203 to -160
Pentane	-130	28	-120 to -20
Potassium	62	774	500 to 1000
Silver	960	2212	1800 to 2300
Sodium	98	892	600 to 1200

Working fluid	Melting point (℃)	Boiling point (℃)	Useful range
Thermex	12	257	150 to 395
Water	**0**	**100**	**30 to 100**

熱管承載管材內部必須滿足下列幾個需求：

1. 真空管內部填充一定量之工作流體
2. 必須能將將工作流體與外部環境做隔絕
3. 其熱管壁面必須防漏，且有能力承受內外部之壓差
4. 熱管必須承受熱能從壁面進入與工作流體熱量之傳出
5. 高強度重量比
6. 平滑管材料，防止氣體聚集於管材孔隙中，當加熱時逸散於熱管內部
7. 在吸熱端與毛細結構具有良好之熱傳導性
8. 如果在較低溫之工作環境之下，則需要穩定之低溫材料。
9. 承載管材必須與工作流體有相容性，例如純鋁極易與水反應產生氫氣，就不是一個相容的材料稱之為中毒，而銅與水幾乎沒有化學反應，稱之為相容。各種材料表面也有其相對應相容之工作流體如表8-2所列。

表8-2　不同相配之材料與工作流體所對應之工作環境溫度

Container material	Working fluid	Useful range（0℃）
Aluminum	Liquid nitrogen	-213 to -173
	Freon	-43 to 27
	Ammonia	-73 to 27
	Acetone	52 to 127
Stainless steel	Ammonia	-73 to 27
	Acetone	-52 to 27
Copper	Acetone	52 to 127
	Water	30 to 127
Glass	Acetone	52 to 127

熱管毛細構造材料之選擇之幾個考慮之方向：

1. 利用毛細結構驅動之熱管提供一在非重力驅動之下，冷凝之工作流體能流回之流道。
2. 毛細結構之表面張力必須強大到足以形成一毛細壓力來推動工作流體之流體以及蒸氣體。
3. 如果將毛細結構內工作流體之液壓降低，則毛細結構內之孔隙必須變大使其孔隙率隨著孔洞大小而增加。
4. 工作流體與表面之接觸角必須較小，代表其濕潤性好。
5. 如果要優化毛細結構則須增加其厚度，增加毛細結構之厚度可以促使熱傳能力增加，但要注意，如此一來也同時增加毛細結構的熱阻效應。
6. 毛細結構之良好是否決定在於工作流體與其浸潤性。

8.2.3　熱管之熱傳遞限制

在熱傳輸上，熱管因為工作流體熱力特性也會有一些使用上的限制如圖8-17。

【0-1】為黏滯限制（Viscous limit）：是因為液體之黏滯力阻礙蒸氣流的流動，使得蒸氣流流動緩慢，影響熱傳速度，因此必須提高運作的溫度[8]，其限制公式如Eq.8-1。

$$\dot{Q}_v = \frac{D_v^2 h_{fg} P_v \rho_v}{64\eta\nu l_{eff}} \cdots\cdots \text{（Eq.8-1）}$$

其中：$l_{eff} = \frac{l_e}{2} + l_a + \frac{l_c}{2}$

le：蒸發段長度

la：絕熱段長度

lc：冷凝段長度

D_v：蒸氣通道直徑

h_{lg}：工作流體在該操作溫度之下之潛熱

p_v：工作流體在該操作溫度下之蒸氣壓

ρ_v：工作流體在該操作溫度下之蒸氣密度

η_v：蒸氣動力黏度（dynamic viscosity）

【1-2】為音速限制（Sonic limit）：是因為蒸發段的出口處的蒸氣流動往往會到達音速的程度，此時若再增加供熱量，則液體的蒸發速度已無法再提升滿足蒸氣流動的速度，造成循環中斷的現像，稱之為音速界限[8]。

$$\dot{Q}_s = 0.474 A_v h_{fg} \rho_v P_v \cdots\cdots \text{（Eq.8-2）}$$

P_v：工作流體在該操作溫度下之蒸氣壓力

ρ_v：工作流體在該操作溫度下之蒸氣密度

h_{lg}：工作流體在該操作溫度下之潛熱

A_v：蒸氣通道表面面積

【2-3】為挾帶限制（entrainment limit）：是因為熱輸送量增加，蒸氣流速大過某界限值時，在氣液介面的蒸氣流所致的剪斷力超過液體的表面張力，導致液滴飛散，在此狀態會妨礙液流返回[8]。

$$\dot{Q}_e = A_v h_{fg} \sqrt{\frac{\rho_v \sigma_l}{x}} \cdots\cdots \text{（Eq.8-3）}$$

σ_l：液體表面張力

x：毛細結構表面特徵長度（$\equiv 2r_\sigma$，r_σ =毛細孔洞有效半徑）

h_{lg}：工作流體在該操作溫度下之潛熱

A_v：蒸氣通道表面面積

【3-4】為毛細限制（capillary limit）：熱管之作動來源（driven force）完全取決於液體表面張力產生之毛細力ΔP_C 如Eq.8-4[8]，而毛細力ΔP_C之大小必須以能克服液體頭壓降ΔP_l，蒸氣體頭壓降ΔP_v及重力頭壓降ΔP_g之總和如Eq.8-5。

$$\Delta P_c = \frac{2\sigma_l}{r_w} \cdots\cdots \text{（Eq.8-4）}$$

σ_l：液體表面張力

r_w：毛細結構有效半徑

$$\triangle P_C \geqq \Delta P_l + \Delta P_v + \Delta P_g \cdots\cdots \text{（Eq.8-5）}$$

【4-5】為沸騰限制（boiling limit）：是因為當毛細管構造與容器壁接觸

處的液體達飽和溫度，產生沸騰氣泡，但熱管中的毛細結構會阻礙氣泡脫離，傳熱面與毛細結構間會形成大蒸氣層，熱阻變的非常大，容器壁溫度急升，造成燒損。因此須盡量防止此種沸騰現象[8]。假設毛細結構熱管截面示意如圖8-18，則其沸騰限制公式如Eq.8-6。

$$\dot{Q}_b = \frac{2\pi L_e K_{wick} T_v}{h_{fg}\rho_v \ln\left(\frac{R_{HP,i}}{R_i}\right)}\left(\frac{2\sigma_l}{r_b} - P_c\right) \quad \text{......（Eq.8-6）}$$

K_{wick}：毛細結構之平均熱傳導係數

$R_{HP,i}$：熱管內壁直徑（含毛細結構）

R_i：熱管內徑（不含毛細結構）

T_v：蒸氣飽和溫度

Le：蒸發段長度

h_{lg}：工作流體在該操作溫度下之潛熱

ρ_v：工作流體在該操作溫度下之蒸氣密度

σ_l：液體表面張力

P_c：毛細壓力

r_b：成核半徑

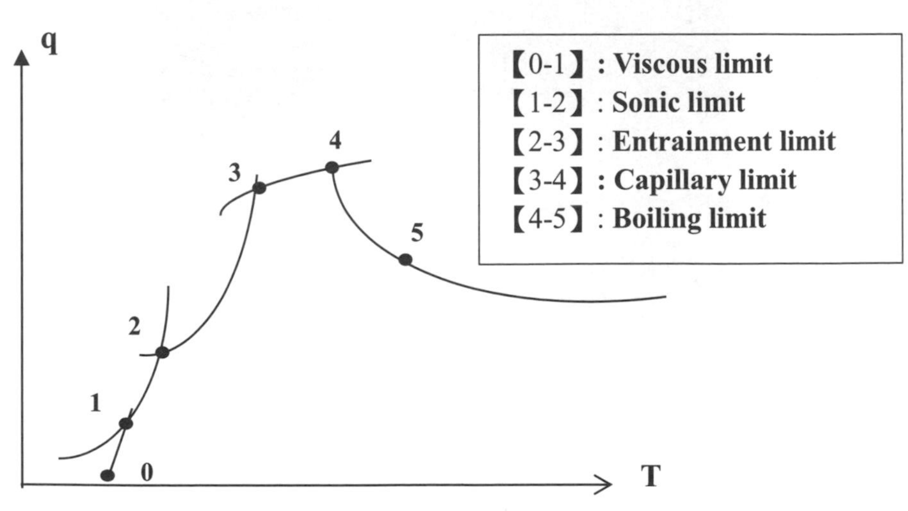

圖8-17　熱管熱傳量限制示意圖

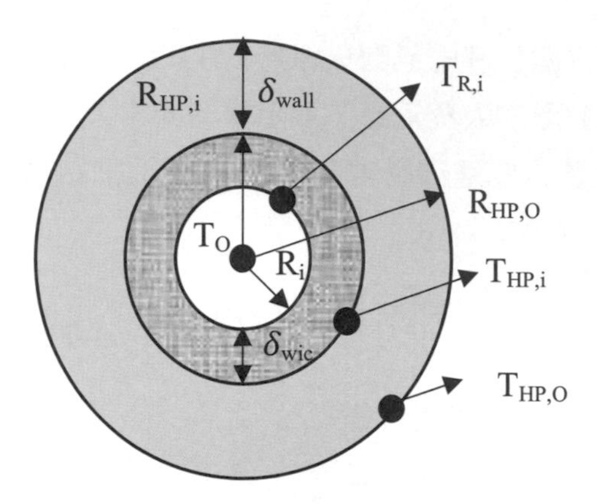

圖8-18　毛細結構熱管截面示意圖

總結起來，隨著加熱之功率增加，熱管隨之溫度提升的狀況下，所受到之限制就會不同，如圖8-19為熱管溫度與加熱功率之關係圖。圖8-19亦說明了毛細限制遠遠重要於其他之限制，以150℃為例，其最大熱傳量在148W，其他限制雖然可以遠大於此瓦數，但毛細作用已限制此熱管之最大熱傳量在此瓦數。因此一般而言，熱管之性能還是受限於毛細作用，其毛細力之大小影響熱管甚鉅。

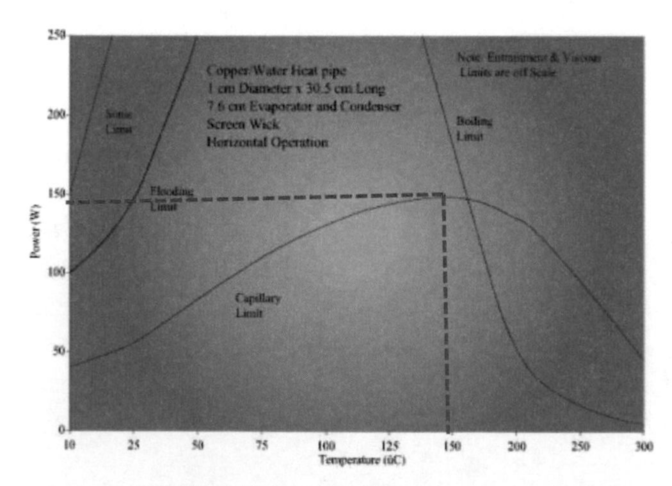

圖8-19　熱管熱傳量在不同溫度下之分布示意圖

（source：http://www.electronics-cooling.com/1996/09/heat-pipes-for-electronics-cooling-applications/）

8.2.4　熱管之各部位熱阻分析

如圖8-20[1]熱管之左邊為蒸發部，是液體受熱蒸發氣體之行為，然後流至熱管右邊的冷凝部，此時蒸汽放熱成為液體，又經過毛細作用到熱管左邊之蒸發部，周而復始。討論熱管各部位之熱阻值就必須先探討熱管各點之溫度分布，以一般電腦用的熱管，6Φ直徑，200mm長的熱管為例，首先，當Q_{in}熱量輸入時，其熱源溫度T_J與熱管蒸發端管壁外$T_{w,e,o}$之溫度差為ΔT_1，其熱阻$R_{th,1}$ 亦表示其熱源與熱管蒸發部管壁之間的接觸熱阻值，此接觸熱阻值是最大的，$R_{th,1}$之大小約在10^{-1}到10^{-3}（℃/W）；當熱進入從熱管蒸發端外壁其溫度為$T_{w,e,o}$，繼續到熱管內壁之溫度 $T_{w,e,i}$時，其溫差為ΔT_2，其管壁熱阻$R_{th,2}$端賴管壁厚而已，$R_{th,2}$之大小約在10^{-3}～10^{-4}（℃/W）；當熱繼續進入到內管壁時，其溫度$T_{w,e,i}$與毛細結構之平均溫度$T_{wick,e}$差稱之為ΔT_3，其毛細結構熱阻$R_{th,3}$與毛細之結構有很大之關係，$R_{th,3}$ 之大小約在10^{-2}～10^{-1}（℃/W），顯示其受到毛細結構之因素也很大；在通過毛細結構後之液體，此時開始沸騰蒸發，其沸騰之溫度應與毛細結構之平均溫度$T_{wick,e}$相同，沸騰之蒸氣溫度為$T_{v,e}$，其溫差為ΔT_4，此時之氣液沸騰熱阻表示為$R_{th,4}$，$R_{th,4}$之大小約在10^{-5}（℃/W）；液體此時蒸發成蒸汽後開始快速在蒸汽通道（vapor column）上到達冷凝部，此時冷凝部之為$T_{c,v}$，其熱阻表示為$R_{th,5}$，其值之大小約在10^{-8}（℃/W）算是很小；蒸汽到達冷凝部後放出熱成為液體，此時毛細結構之平均溫度$T_{wick,c}$，蒸氣在冷凝端溫度為$T_{c,v}$，其溫差為ΔT_6，此時之氣液冷凝熱阻表示為$R_{th,6}$，$R_{th,6}$之大小約在10^{-5}（℃/W）；此時冷凝部內管壁溫度$T_{w,c,i}$與毛細結構之平均溫度$T_{wick,c}$時，其溫差為ΔT_7，$R_{th,7}$之大小約在10^{-2}～10^{-1}（℃/W）；當熱進入從熱管冷凝端內壁其溫度為$T_{w,c,i}$，繼續到熱管外壁之溫度$T_{w,c,o}$時，其溫差為ΔT_8，其管壁熱阻 $R_{th,8}$之大小約在10^{-3}～10^{-4}（℃/W）；同樣的，冷凝端的接觸熱阻$R_{th,9}$取決於熱管冷凝端的表面溫度$T_{w,c,o}$與熱管冷凝部流體平均溫度T_f之差ΔT_9，$R_{th,9}$之大小約在10^{-1}～10^{-3}（℃/W）。將熱管熱阻線路圖畫出如圖8-21，各部分之熱阻值大小如表8-3，並根據其熱管結構依照順序定義其熱阻及其分析公式如表8-4。

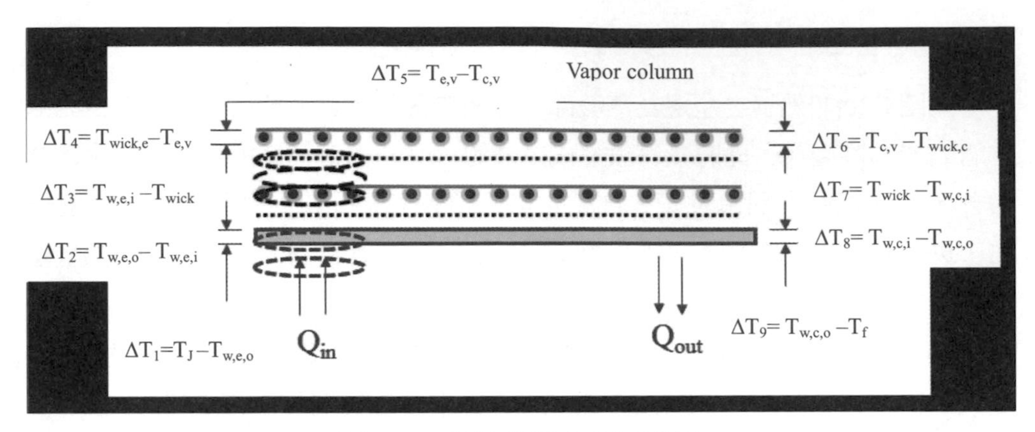

圖8-20　熱管熱阻分析示意圖

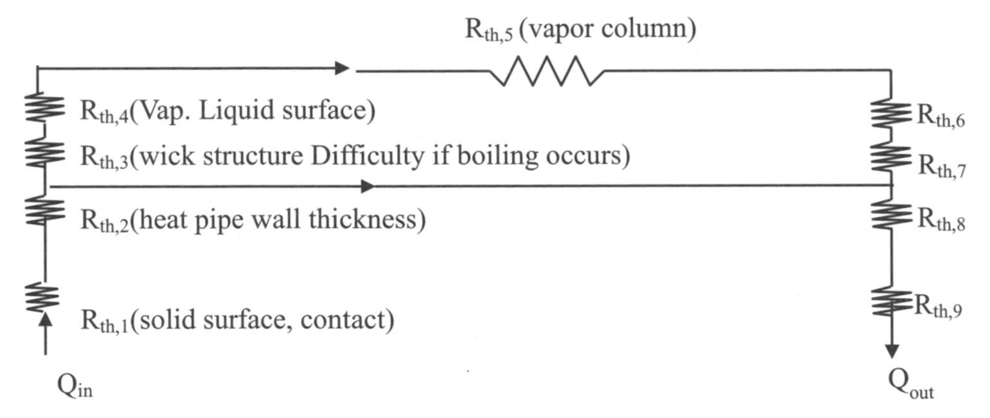

圖8-21　熱管熱阻線路圖

表8-3　熱管各部位之熱阻值大小比較

Thermal Resistance（$q=\Delta T/R_{th}$）	℃/W
$R_{th,1}$（solid surface, contact）	10^{-1}～10^{-3}
$R_{th,2}$（heat pipe wall thickness）	10^{-3}～10^{-4}
$R_{th,3}$（wick structure）	10^{-2}～10^{-1}
$R_{th,4}$（Vap. Liquid surface）	10^{-5}
$R_{th,5}$（vapor column）	10^{-8}
$R_{th,6}$（Vap. Liquid surface）	10^{-5}

Thermal Resistance（$q=\Delta T/R_{th}$）	℃/W
$R_{th,7}$（wick structure）	10^{-2}～10^{-1}
$R_{th,8}$（heat pipe wall thickness）	10^{-3}～10^{-4}
$R_{th,9}$（solid surface, contact）	10^{-1}～10^{-3}

節錄自P. Dunn Dept. of Engineering and Cybernetics University of Reading, England and D.A. Reay International Research and Development Co. Ltd., Newcastle-Upon-Tyne, England, "Heat Pipe", Pergamon Press, 1st. Edition, 1976

表8-4　熱管各部位之熱阻分析公式

項目	說明	熱流公式	熱阻公式	建議
1	固體表面（接觸熱阻）	$Q_e = h_e A_e \Delta T_1$（convection）	$R_{th,1} = \frac{1}{h_e A_e}$	
2	熱管管壁	平面結構：$Q_e = \frac{A_e K \Delta T_2}{t} = \frac{\Delta T_2}{R_{th,2}} = q_e A_e$ 圓柱結構：$Q_e = \frac{A_e K \Delta T_2}{t} = \frac{\Delta T_2}{R_{th,2}} = q_e A_e$	$R_{th,2} = \frac{t}{A_e K}$（t：熱管壁厚） 或 $R_{th,2} = \frac{\Delta T_2}{q_e A_e} = \frac{ln\frac{r_1}{r_2}}{2\pi KL}$	
3	毛細結構	串聯模式$K_{wick} = (1-\varepsilon)K_s + \varepsilon K_l$ 並聯模式$K_{wick} = \frac{1}{\frac{1-\varepsilon}{K_s}+\frac{\varepsilon}{K_l}}$ K_{wick}：毛細結構之熱傳導係數	$R_{th,3} = \frac{d}{A_e K_{wick}}$ d：毛細結構厚度	需要修正
4	汽、液表面（沸騰）	$Q = \frac{h_{fg}^2 \Delta T_4 P_v M}{R T_s^2}\sqrt{\frac{m}{2\pi K T s}}$ $Q = q_e A_e = \frac{h_{fg}^2 \Delta T_4 P_v M}{R T_s^2}\sqrt{\frac{m}{2\pi K T s}} = \frac{\Delta T_4}{R_{th,4}}$	$R_{th,4} = \frac{\Delta T_4}{q_e A_e} = \frac{R T_s^2 (2\pi K T s)^{1/2}}{h_{fg}^2 P_v M A_e}$	可以忽略

項目	說明	熱流公式	熱阻公式	建議
5	蒸氣通道（vapor column）	$\Delta T_5 = \frac{RT^2}{h_{fg}P_v}\Delta P_v$ $\Delta P_v = \rho_v^2 + \frac{8\mu_v m}{\pi r_v^4 \rho_v}(\frac{L_e + L_c}{2} + L_a)$	$R_{th,5} = \frac{\Delta T_5}{Q} = \frac{RT^2\Delta P_v}{h_{fg}P_v Q}$	可以忽略
6	液、汽表面（冷凝）	$q_c = \frac{h_{fg}^2 \Delta T_6 P_v M}{RT_s^2}\sqrt{\frac{m}{2\pi KTs}}$	$R_{th,6} = \frac{\Delta T_6}{q_c A_c}$ $= \frac{RT_s^2(2\pi KTs)^{1/2}}{h_{fg}^2 P_v M A_c}$	可以忽略
7	毛細結構	串聯模式$K_{wick} = (1-\varepsilon)K_s + \varepsilon K_l$ 並聯模式$K_{wick} = \frac{1}{\frac{1-\varepsilon}{K_s}+\frac{\varepsilon}{K_l}}$ K_{wick}：毛細結構之熱傳導係數	$R_{th,7} = \frac{d}{A_c K_{wick}}$ d：毛細結構厚度	需要修正
8	熱管管壁	平面結構： $Q_c = \frac{A_c K \Delta T_8}{t} = \frac{\Delta T_8}{R_{th,8}} = q_c A_c$ 圓柱結構： $Q_c = \frac{2\pi KL\Delta T_8}{\ln\frac{r_2}{r_1}} = \frac{\Delta T_8}{R_{th,8}} = q_c A_c$	$R_{th,8} = \frac{t}{A_c K}$（t：熱管壁厚） 或 $R_{th,8} = \frac{\Delta T_8}{q_c A_c} = \frac{ln\frac{r_2}{r_1}}{2\pi KL}$	超薄熱管 $\ln\frac{r_2}{r_1} = \frac{d}{r}$
9	固體表面（接觸熱阻）	$Q_c = h_e A_c \Delta T_9$（convection）	$R_{th,9} = \frac{1}{h_c A_c}$	

8.2.5 熱管緊配鰭片熱阻之計算

如圖8-22，同樣材質之散熱器A與B，B的底部與鰭片高度都較A為大，同一材料之冷卻器物體越大代表其可吸收之熱能越多，同樣地同一體積之冷卻器其物體表面面積越大其熱擴散表面越多，然而，以B Type而言，底部越厚，雖然可以將熱傳從2維進行到3維，增加熱傳效果，但是厚度增加的結果，也讓軸向熱阻值增加，因此體積越大，代表其熱阻越大，在安裝上，在成本上不見得就表示較好，反而在市場上是個大而無當之設計。

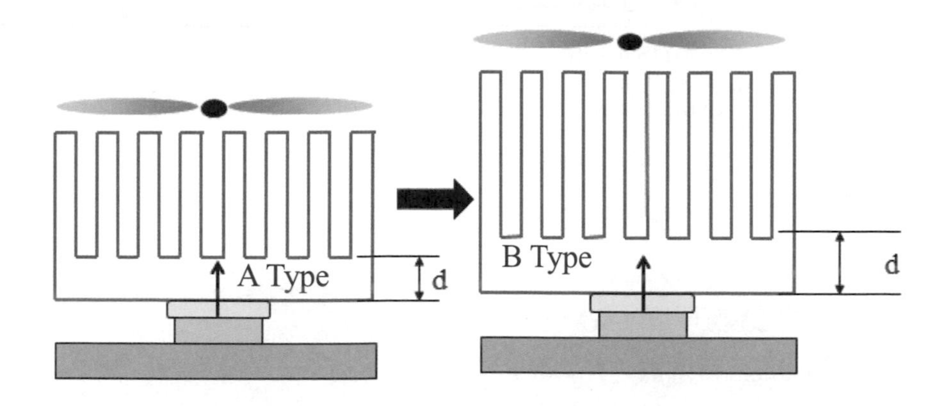

圖8-22　不同體積散熱器示意圖

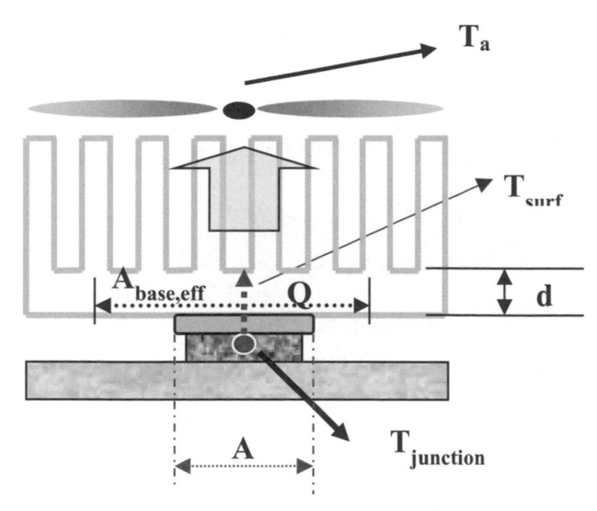

圖8-23　散熱器熱阻架構分析圖

圖8-23是一般散熱器之熱阻架構分析圖，其散熱器之熱阻可以Eq.8-7或 Eq. 8-8表示：

$$R_{th} = \frac{d}{KA_{base,eff}} + \frac{1}{h_{C,i}(A_{f,eff})\,\eta + h_{C,i}A_{sink,eff}}$$

$$= R_{th,thickness} + R_{th,fin} \cdots\cdots \text{(Eq.8-7)}$$

$$\approx R_{th,fin} \cdots\cdots \text{(Eq.8-8)}$$

（忽略鰭片底部之因素）

其中：

d：散熱器之基座厚度（m）

K：散熱器之熱傳系數（W/m.K）

$h_{C,i}$：散熱器之熱對流係數（$W/m^2.K$）

$A_{f,eff}$：散熱鰭片之有效表面積（m^2）

η_f：散熱器效率

$A_{sink,eff}$：散熱器底部表面扣除鰭片佔有面積之有效面積（m^2）

$A_{base,eff}$：熱擴散至散熱器底座之有效面積（m^2）

【Case1：計算在無任何鰭片下之銅塊熱阻值 R_{th,tot,non_fin}】

假設只有銅塊之底部熱阻值$R_{th,thickness}$=0.1；$A_{sink,eff}$=10，$h_{C,i}$=0.2；而Q=100W。將以上之條件帶入計算（h_C, $A_{sink,eff}$）=2.0

因此銅塊之熱對流熱阻：$R_{th,non\_fin} = \frac{1}{h_{c,i}A_{sink,eff}} = 0.5$

因此銅塊之總熱阻值：

$$R_{th,tot,non\_fin} = R_{th,thickness} + R_{th,non\_fin} = 0.1 + 0.5 = 0.6 = \frac{\Delta T}{Q} = \frac{\Delta T}{100}，$$

因此接端溫度與環溫差距在$\Delta T = T_{junction} - T_a = 60℃$

【Case2：假設加上鰭片其表面積為無鰭片表面積之5倍後之熱阻值 $R_{th,tot,fin}$】

假設$h_{c,i} = 0.2$，$\eta_f = 0.8$，忽略無鰭片之表面積$A_{sink,eff} = 0$，$A_{f,eff} = 5 \times A_{f,eff} = 5 \times 10 = 50$

$$h_{c,i} \times A_{f,eff} \times \eta_f = 0.2 \times 50 \times 0.8 = 8，$$

因此鰭片的熱對流熱阻值：$R_{th,fin} = \frac{1}{h_{c,i}A_{f,eff}\eta_f} = \frac{1}{8} = 0.125$

因此鰭片之總熱阻值：$R_{th,tot,fin} = R_{th,thickness} + R_{th,fin} = 0.1+0.125 = 0.225$

因此在有鰭片面積增加5倍下之總熱阻值0.225遠小於沒有鰭片之總熱阻值0.6

$0.225 = \frac{\Delta T}{Q} = \frac{\Delta T}{100}$ ，

接端溫度與環溫差距在$\Delta T= T_{junction} - T_a = 22℃$，與無鰭片下之溫差60℃小了許多。

【Case3：熱管緊配鰭片之壁面溫度計算】

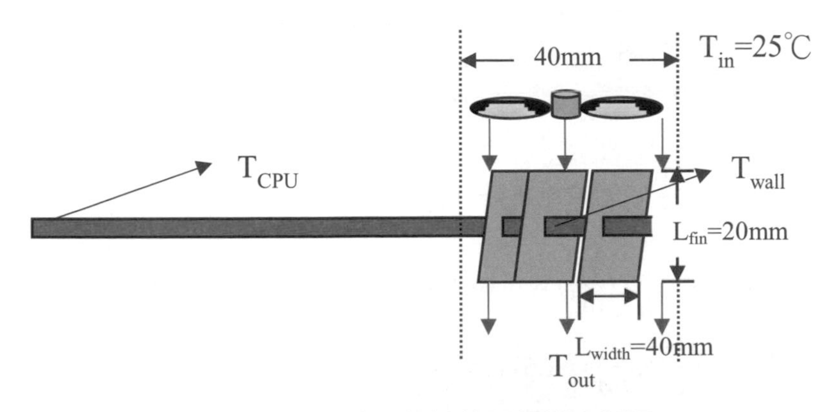

圖8-24　鰭片熱管熱阻架構分析圖

如圖8-24假設熱管：外徑為6mm，長度為200mm，穿插於上之鰭片數為40個。風扇面積：0.04×0.04（m^2），而鰭片之厚度為t=0.0005m，鰭片長度L_{fin}為20mm，鰭片寬度W_{fin}為40mm。冷凝器部分：80mm，採用4025風扇系統，其風扇直徑D_{Fan} =4cm，最大風量為Q_v=20CFM =0.5CMM =$Q_{V,max}$，熱源Q=75W，因此從熱管管壁至環境之熱阻值為：

$$R_{th,hp,wa} = \frac{\Delta T}{Q} = \frac{T_{wall,HP} - T_a}{Q} \text{……（Eq.8-9）}$$

首先要先判斷熱管周圍之環境溫度T_a，空氣之熱力特性：

$\mu_{air} = 1.8 \times 10^{-5}(kg/m.s)$；$\rho_{air} = 1.17(\frac{kg}{m^3})$；$Q_{v,max} = 0.5(CMM)$；$C_{P,air}$

$= 10\left(\frac{kJ}{kg.K}\right)$；$K_{air} = 0.02(\frac{W}{m.K})$；Q=75W，而$Q = \dot{m}C_{p,air}(T_{out} - T_{in})$，必須計算$Q_{v,air}$，$\dot{m}$，$V_{air}$及Re。假設圖8-25為風扇性能曲線，在沒有系統之阻抗曲線下，可以假設操作點約在性能曲線之3分之1處，亦即 $Q_{v,op} = \frac{1}{3}Q_{V,max}$，其中$Q_{v,op}$為風扇操作點之流量。

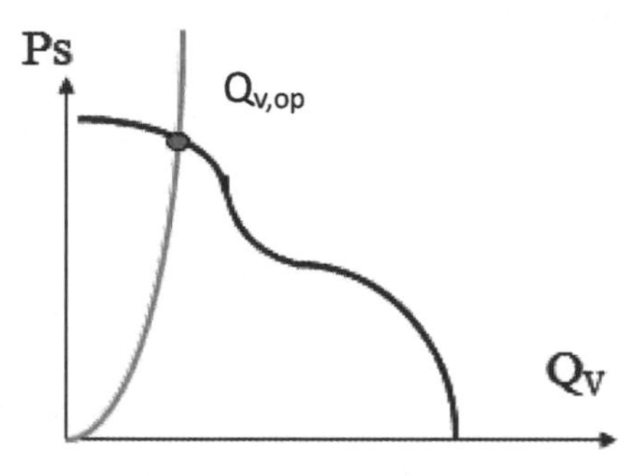

圖8-25　風扇流量分析圖

$$Q_{v,air} = \frac{1}{3}Q_{v,max} = \frac{1}{3} \times 0.5(CMM) = 0.16(CMM)$$

$$\dot{m} = \rho_{air} \times Q_{v,air} = 1.17(\frac{kg}{m^3}) \times 0.16(CMM) \times \frac{1}{60}(\frac{min}{S}) = 3.12 \times 10^{-3}(kg/s)$$

$$v_{air} = \frac{Q_{v,air}}{A_{fan}} = \frac{0.16}{0.04^2} \times \frac{1}{60} = 1.67(m/s)$$

$$Re = \frac{\rho_{air}v_{air}D_{Fan}}{\mu_{air}} = \frac{1.17 \times 1.67 \times 0.04}{1.8 \times 10^{-5}} = 4342$$

$$Q = \dot{m}C_{p,air}(T_{out} - T_{in})$$

$$75W = 3.12(kg/s) \times 10^{-3} \times 1.0\left(\frac{kJ}{kg.K}\right) \times 10^3(\frac{J}{KJ}) \times (T_{out} - 25)$$

$$T_{out} = 49°C$$

計算 $T_a = \frac{T_{out}+T_{in}}{2} = \frac{49+25}{2} = 37°C$

接下來，必須計算熱管之熱阻如Eq.8-10：

$$R_{th,hp,wa} = \frac{d}{KA_{base,eff}} + \frac{1}{h_{f,c}(A_{f,eff})\eta_f + h_{sink,C}A_{sink,eff}} \cdots\cdots (Eq.8\text{-}10)$$

$$\approx \frac{1}{h_{f,c}(A_{f,eff})\eta_f + h_{sink,C}A_{sink,eff}} \cdots\cdots (Eq.8\text{-}11)$$

（本例題中無鰭片底部之厚度）

而Re=4342；Pr=0.7，為了計算$h_{f,c}$，必須先計算Nu，以laminar local 經驗公式計算[9]。

而 $Nu=\frac{h_{f,c}(L_{fin}/2)}{k_{air}}=0.543Re^{0.5}Pr^{0.33}$

$$Nu=0.543\times4342^{0.5}\times0.7^{0.33}=0.543\times65.89\times0.889=31.8=\frac{h_{f,c}(0.02/2)}{0.02}$$

$$h_{f,c}=63.6(\frac{W}{m^2.K})$$

假設鰭片之效率為0.9，$\eta_f=0.9$，而 $h_{f,c}=63.6\left(\frac{W}{m^2.K}\right)=h_{sink,c}$，計算Eq.8-11中熱管底部表面扣除鰭片佔有面積之有效面積 $A_{sink,eff}$與及散熱鰭片之有效表面積$A_{f,eff}$：

$$A_{sink,eff}=\pi D(L-nt)=3.14\times6\times10^{-3}\times(0.08-40\times0.0005)=0.0011(m^2)$$

$$A_{f,eff}=n(0.02)(0.04)=40\times0.02\times0.04=0.032m^2$$

帶入Eq.8-11得到熱管管壁至環境之熱阻值：

$$R_{th,hp,wa}=\frac{1}{63.6\times0.032\times0.9+63.6\times0.0011}=\frac{1}{1.83+0.0069}=0.526(\frac{℃}{W})$$

繼續計算該熱管之管壁溫度：

$$R_{th,hp,wa}=\frac{\Delta T}{Q}=\frac{T_{wall,HP}-T_a}{Q}=\frac{T_{wall,HP}-37}{75}$$

計算出熱管管壁溫度約在$T_{wall,HP}=76℃$，一般而言熱管是非常均溫的銅管，意味在CPU之銅塊亦在76℃左右，因此可以估計T_{CPU}=76℃～81℃。但問題是熱管必須先具有75W之帶熱能力，而4025風扇系統必須能產生20CFM之能力。

8.2.6　電子構裝為何需要應用熱管

根據圖8-23，假設$T_{junction}$如Eq.8-12：

$$Q=\frac{T_{junction}-T_a}{R_{th}}\quad\cdots\cdots(Eq.8\text{-}12)$$

在此存在一個問題，為何需要熱管？一般而言，當熱源面積遠小於散熱面積時，其熱由熱源表面是不能完全擴散至鰭片全部，那是因為鰭片熱擴散率能力之問題，如圖8-26鰭片鰭片熱擴散示意圖，當熱源在底部時鰭片中間為最熱區域因此是紅色，但隨著熱擴散能力之散失，鰭片之顏色也漸漸由紅至淺紅再至淺藍，最後終究在兩邊還是沒有受到熱影響之深藍。圖8-27（a）為鰭片熱管實體圖，圖8-27（b）為鰭片熱管之熱擴散熱影像圖，其顯示熱擴散後之IR 圖呈現不均勻之分布。圖8-28（a）為筆電鍵盤鋁板熱管實體圖，圖8-28（b）為筆電鍵盤鋁板熱管之熱擴散熱影像圖。圖8-29為熱管在加熱銅塊置於鋁板下方，熱管在冷凝部與鰭片結合之熱分布分析圖，圖8-28（b）與圖8-29都顯示熱擴散有一定之能力，熱擴散率好的材質，其紅色擴散能力之面積會分布較廣，亦即有效長度或有效面積會增加。而熱管之目的在此就為延伸系統之有效熱傳遞長度如圖8-30。

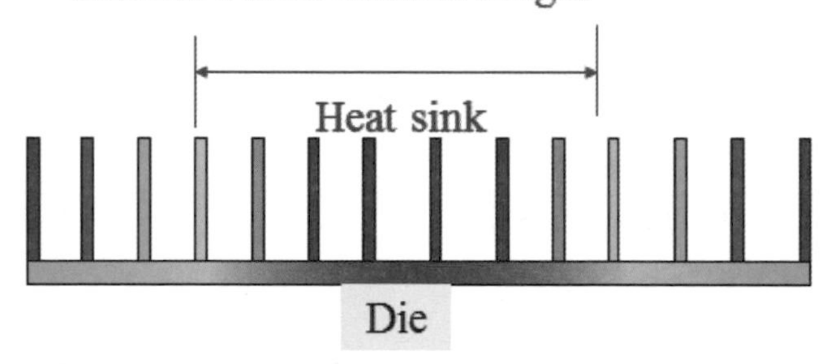

圖8-26　鰭片熱擴散示意圖

圖8-27（a）　鰭片熱管實體圖

圖8-27（b）　鰭片熱管之熱擴散熱影像圖

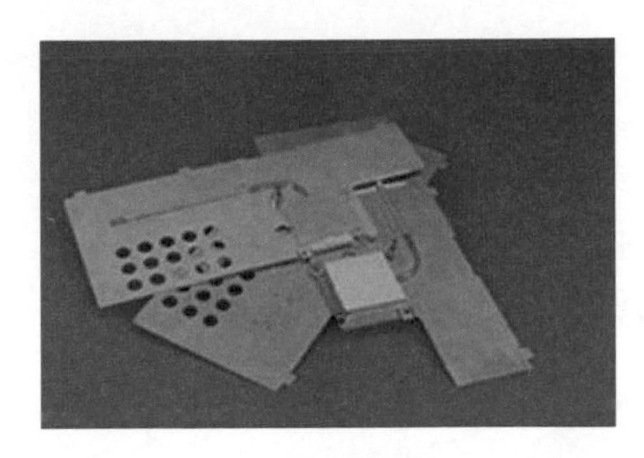

圖8-28（a）　筆電鍵盤鋁板熱管實體圖

圖8-28（b）　筆電鍵盤鋁板熱管之熱擴散熱影像圖

圖8-29　熱管鋁板與鰭片熱分布分析圖

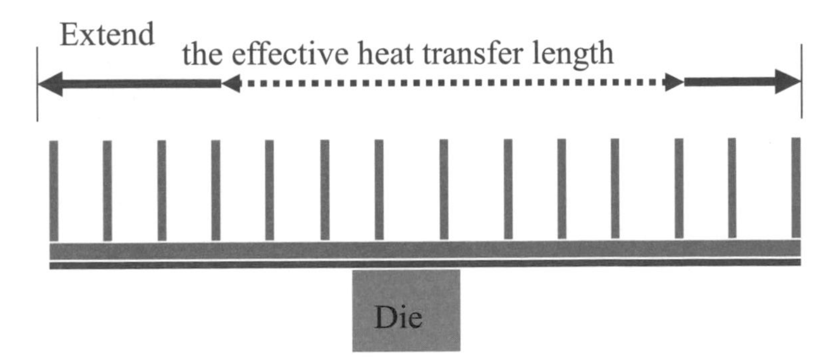

圖8-30　熱管延伸有效之熱傳遞圖

8.2.7 熱管之設計與搭配

一般而言在極低溫條件下（<-243℃）之條件之下，所搭配之熱管金屬材料為鈦金屬，而內部之工作流體則為氮氣。而在較高溫之條件之下（>2000℃）則使用銀或者鎢熱管。而針對電子產品之冷卻（<125℃）時較常使用銅熱管，其內部工作流體則為水。如果工作環境為低溫之條件下（<0℃）時，則多採用銅製熱管，其內部工作流體為甲醇。

8.2.8 熱管之加熱過程行為說明

先以在一大氣壓下之燒開水為例子如圖8-31，當水從次冷的狀態（a），加熱至100℃時，液體達到飽和液體之狀態（b），而在接下來輸入之熱能都將成為此飽和液體轉化為飽和汽體（c）所需之潛熱。此時溫度都將不會改變直到系統完全由飽和液態相轉化為飽和汽體（d）。接下來所輸入之能量都會使飽和汽體轉為過熱汽體（e），此時溫度將繼續開始提升。流體受熱之T-v圖為圖8-32。

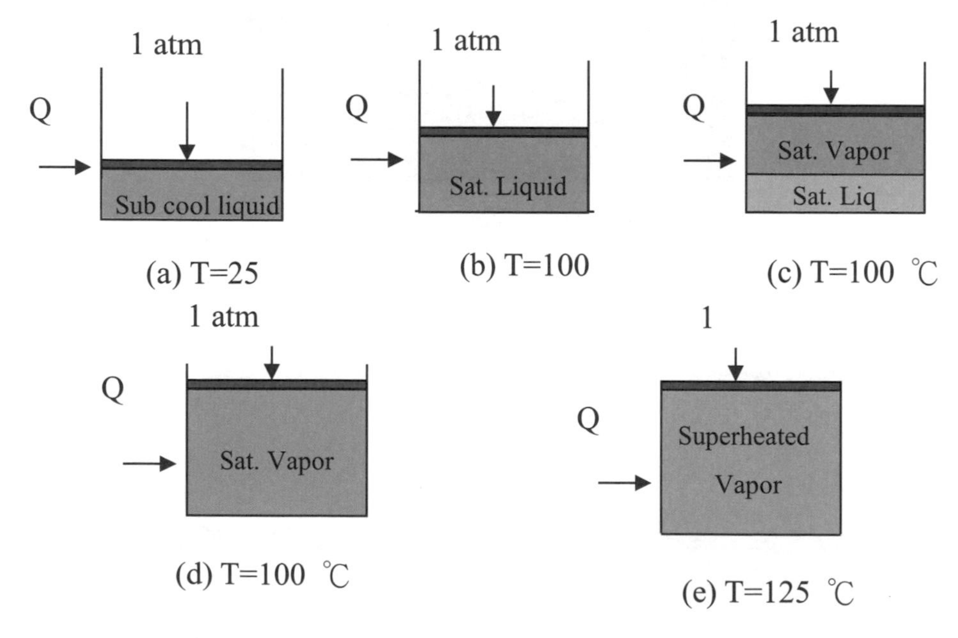

圖8-31 煮水溫度變化圖

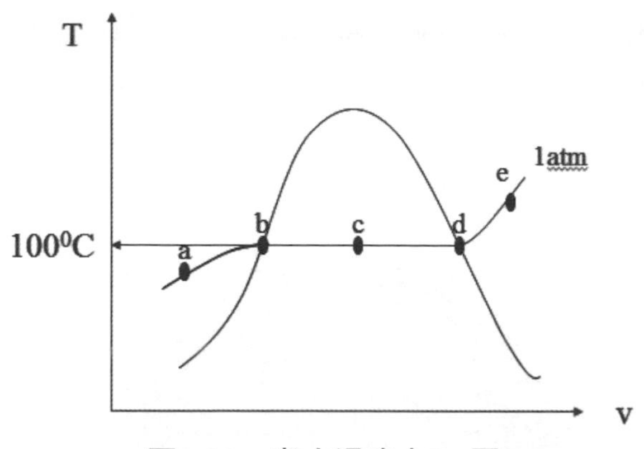

圖8-32　煮水溫度之T-v圖

在分析熱管的時候，如果冷凝部具有良好之散熱功能時，則熱管為定壓下加熱如圖8-33三角符號▲之曲線由左至右。反之，如果冷凝部散熱不良或者沒有散熱機制則此熱管為定容下加熱如圖8-33圓圈符號之曲線●由下至上，其中，$V_{1,25c}$，$V_{0,25c}$，，$V_{2,25c}$ 各代表過作流體在25℃下，狀態1、狀態0及狀態2下之比容。

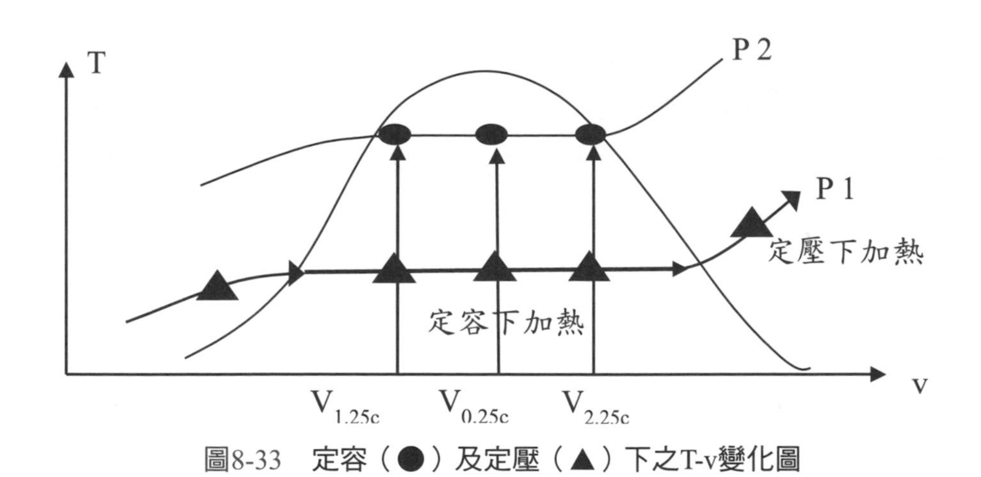

圖8-33　定容（●）及定壓（▲）下之T-v變化圖

8.2.9　熱管填充液體質量與蒸氣乾度之計算

如圖8-34，假設一外徑$R_{HP,O}$為3mm之熱管，其內徑$R_{HP,i}$（含毛細結構）為

2.7mm，其內徑R_i（不含毛細結構）為2.45mm，壁厚度δ_{wall}為0.3mm，其毛細結構厚度δ_{wick}為0.25mm。其毛細孔隙率ε為0.53，熱管之長度為200mm。

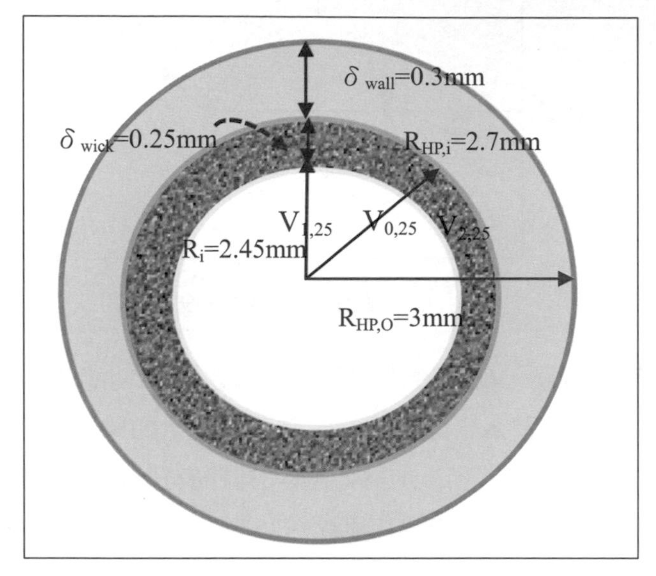

圖8-34　熱管剖面示意圖

（i）計算熱管毛細結構之中空體積如Eq.8-13.。

$$\begin{aligned} V_{pore} &= \pi[(R_i+\delta_{wick})^2-(R_i)^2]\times L_{eff}\times \varepsilon \quad \cdots\cdots \text{（Eq.8-13）} \\ &= \pi[(2.45+0.25)^2-(2.45)^2]\times 10^{-6}\times 200\times 10^{-3}\times 0.53 \\ &= 4.3\times 10^{-7}(m^3)=0.43\times 10^{-6}(m^3)=0.43c.c \end{aligned}$$

（ii）計算$V_{HP,vapor\ column}$如Eq.8-14

$$V_{HP,vapor,column}=\pi(R_i)^2\times L_{eff}=3.8\times 10^{-6}(m^3)=3.8c.c \quad \cdots\cdots \text{（Eq.8-14）}$$

（iii）計算$V_{void,tot}$如Eq.8-15：

$$V_{void,tot}=V_{HP,vapor,column}+V_{pore}=3.8+0.43=4.23c.c$$

……（Eq.8-15）（總共可容納之水體積）

一般市面上，相同尺吋之熱管填充量約在m_{HP} = 0.7 c.c，約占16.5%的填充率。如果選擇在T=25℃時填充，則水之比容$V_{0,25c}$ = 0.001（m^3/Kg）計，其填滿熱管之水重量約為4.23g。可是熱管的容器必須有足夠之空間讓液體蒸發為汽體，同時讓汽體有足夠空間做熱（能量）的載體，因此充完全滿液態的熱管是完全沒作用的，然而多少填充量才是合適的？這就必須靠一些經驗了，比較簡單的辨別方式是以工作流體可以填滿所有毛細結構之體積為基準，以此理論計算，V_{pore}=0.43CC，其填充量至少要在0.43g，將$V_{HP,Vapor,column}$的(1/10) + V_{pore}是目前一般可接受最佳填充量之範圍，不過這些都是經驗值，實際之最佳填充量還是需要由實驗去求得較準確。進一步探討在常溫下熱管填充完後之氣體之乾度，根據圖8-33，假設在25℃之環境內部填充1c.c，其質量約為1g，

$$V_{void,tot} = 4.23 \times 10^{-6}(m^3)$$

$$v_{0,25c} = \frac{V_{void,tot}}{m} = \frac{4.23 \times 10^{-6}(m^3)}{10^{-3}(kg)} = 4.23 \times 10^{-3}(\frac{m^3}{kg})$$

$$v_{0,25c} = V_{0,f,25c} + x_{0,25c}(V_{0,g,25c} - V_{0,f,25c})$$

$$= 1.0 \times 10^{-3} + x_{0,25c}(57.791 - 1.0 \times 10^{-3})$$

$$x_{0,25c} = 0.0553 \times 10^{-3}$$

其中，$X_{0,25c}$，$V_{0,25c}$，$V_{0,g,25c}$各代表蒸氣在25℃，狀態0下之乾度，液體在25℃，狀態0下之飽和比容以及汽體在25℃，狀態0下之比容。如果乾度極低，代表工作流體之出口幾乎維持在液態相。如果選擇灌入2c.c並且在25℃之環境之下進行，則：

$$v_{1,25c} = \frac{V_{void,tot}}{m} = \frac{4.23 \times 10^{-6}(m^3)}{2 \times 10^{-3}(kg)} = 2.11 \times 10^{-3}(\frac{m^3}{kg})$$

$$v_{1,25c} = v_{1,f,25c} + x_{1,25c}(v_{1,g,25c} - V_{1,f,25c})$$

$$= 1.0 \times 10^{-3} + x_{1,25c}(57.791 - 1.0 \times 10^{-3})$$

$$x_{1,25c} = 0.019 \times 10^{-3}$$

其中，$X_{1,25c}$，$V_{1,f,25c}$，$V_{1,g,25c}$各代表蒸氣在25℃，狀態1下之乾度，液體在25℃，狀態1下之飽和比容以及汽體在25℃，狀態1下之比容。灌入過多之工作流體並不合宜，因為過多之液態相有可能堵塞蒸氣相之流動空間，所以不推薦灌入過多之工作流體。如果選擇灌入0.0001c.c之工作流體，並且在環境溫度25℃，狀態2狀況之下封入時，則$X_{2,25c}$，$V_{2,f,25c}$，$V_{2,g,25c}$各代表蒸氣在25℃，狀態2下之乾度，液體在25℃，狀態2下之飽和比容以及汽體在25℃，狀態2下之比容。

$$v_{2,25c} = \frac{V_{void,tot}}{m} = \frac{4.23 \times 10^{-6}(m^3)}{0.0001 \times 10^{-3}(kg)} = 42.3(\frac{m^3}{kg})$$

$$= v_{2,f,25c} + x_{2,25c}(v_{2,g,25c} - V_{2,f,25c}) = 1.0 \times 10^{-3} + x_{2,25c}(57.791 - 1.0 \times 10^{-3})$$

$$x_{2,25c} = 0.726$$

如果填充進入之工作流體量過少，則幾乎所有之工作流體將會轉換為蒸氣相，造成其潛熱之轉換量過少。因此尋找出一最佳之填充量是極為重要的。

8.2.10 Merit number M

Merit number M 簡單的說就是表面張力與流體黏滯力對熱量的影響度，其單位為（KW/m^2），亦即每一平方米能帶走之熱量。它的表示如Eq. 8-16：

$$M = [\frac{\rho_l \sigma_l h_{fg}}{\mu_l}]. \quad \cdots\cdots \text{(Eq.8-16)}$$

其中：

ρ_l：工作流體之液相密度

σ_l：工作流體之表面張力

h_{fg}：潛熱

μ_l：工作流體之液相黏滯係數

由於Eq.8-16中Merit Number之每個參數都是溫度之函數，因此以液體Merit Number 對溫度作圖可得如圖8-35之曲線。Merit Number 對初期設計熱管，選擇工作流體有很大之意義，例如選擇以水為工作流體時，400K至500K為其最大值約在10^{11}至10^{12}間（3區間），如果選擇NH3或Methanol 就無法有水之帶熱能力。如果考慮在低溫（27℃=300K）下之移熱能力（1,2區間），則水、NH3及Methanol（甲醇）是其選項，但是水之沸點較高，恐不易啟動。NH3是不錯之選擇，因其沸點低，蒸氣壓大，容易啟動，但缺點是毒性其強，有刺鼻之味道，一旦洩漏在安全上有疑慮，因此大都用在航太上，不會影響地面環境等之困擾。在其次之選項就是甲醇了。又例如高溫熱管（1200K），由圖8-35知金屬鈉是不錯的工作流體，因此如果不考慮工作流體其他之影響因子，例如毒性，啟動時間等等，圖8-35是一個絕佳之熱管初期設計圖，其提供了熱管應用溫度在甚麼範圍的時候，應該選擇甚麼樣的工作流體。

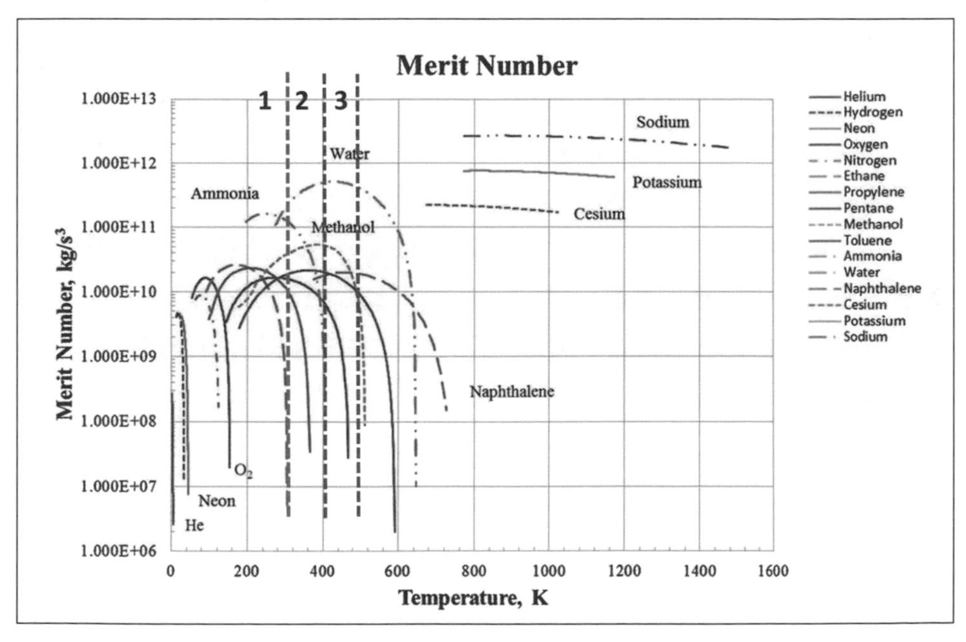

圖8-35　Merit Number工作流體圖

（Source：http://www.1-act.com/merit-number-and-fluid-selection/）

8.3 多孔材料之 K_{wick}、有效半徑 r_s、孔隙率 ε 及滲透率 K_w 之理論計算與量測

一般熱管不管用燒結式銅粉，或用金屬網目或用溝槽作為毛細力，其實這些不同結構之設計，最終只是在求得孔材料之有效半徑r_s（m）、孔隙率ε以及其滲透率K_w（m^2）而已。多孔材料之有效半徑r_s決定了毛細壓力之大小，理論上越小的半徑當然有越大之毛細壓力，但太小的有效半徑也會阻礙流體（尤其是液體）之流動，一般有效半徑約在10^{-5}（m）左右；孔隙率ε也是熱管的重要參數之一，孔隙率（porosity）是指多孔介質內的微小孔隙的總體積與該多孔介質的總體積的比值。孔隙率越大，液體之容積越大，但是相對的，在同樣體積之空間液體潤濕之表面面積（K_w）就減少，潤濕表面面積之減少，會減少液體之蒸發，因此孔隙率之大小很重要，一般是在0.5左右；液體之滲透率K_w（m^2），亦就是所謂的潤濕表面面積，簡單的講就是液體能夠潤濕面積之大小。在相同空泡體積內，如果能夠再細分成很多的小蜂巢，則可以想像，每個小蜂巢能夠被蒸發的面積就增加，因此導熱能力會更好，一般而言，K_w的大小約在10^{-10}～10^{-12}（m^2）左右。總而言之，這三個參數決定了熱管性能的好壞，這些參數的理論在仿間已有太多，但只能適合當時實驗狀況的架設，不一定能放諸四海皆能用，因此其實最好的方法還是用實驗實際量得，只是這些實驗如果要用很貴重之儀器則應該只適用於大企業或學術研究用。本章節因此將只會介紹一些基本的理論公式，這些理論值與實際上的實驗值可能有很大之出入，因此僅供參考而已。對於實驗則盡量以最簡單的方法介紹。

8.3.1 毛細結構的組合導熱係數K_{wick}之理論計算：

在毛細結構中，不管是網目熱管或燒結式熱管，熱量之傳遞不單靠流體之K值，而且與毛細結構之材質之K值相當有關係，一般常用的是均勻模式與Maxwell模式，茲將敘述於下：

（I）均勻模式（Homogeneous Model）

假設K_s為金屬網目之K值，K_l則為工作流體之K值，ε為孔隙率，其可以用Eq.8-17表示：

串聯模式：

$$K_{wick} = (1-\varepsilon)K_s + \varepsilon K_l \cdots\cdots \text{（Eq.8-17）}$$

則假設均勻模式下其毛細結構之K值可以用Eq.8-18表示並聯模式：

並聯模式：

$$K_{wick} = \frac{1}{\frac{1-\varepsilon}{K_s}+\frac{\varepsilon}{K_l}} = \frac{K_s K_l}{(1-\varepsilon)K_l+\varepsilon K_s} \cdots\cdots \text{（Eq.8-18）}$$

（II）馬可仕威爾模式（Maxwell Model）：

$$K_{wick} = K_s\left[\frac{2+\left({K_l}/{K_s}\right)-2\varepsilon\left(1-\left({K_l}/{K_s}\right)\right)}{2+\left({K_l}/{K_s}\right)+\varepsilon(1-\left({K_l}/{K_s}\right)}\right] \cdots\cdots \text{（Eq.8-19）}$$

8.3.2　金屬網目之毛細半徑與滲透率之理論計算

對於一個規則型（Regular mesh）之網格而言，定義金屬網目之d_{wire}為線徑，mesh 是表示單位長度內孔洞的數目，表示方法為 孔數-線徑，孔數是每cm內的孔數，線徑單位是μm。舉例來說，例如：500-10 代表1cm中有500 個孔，線徑是 10 μm。舉例來說，例如：500-10 代表 1cm中有500個孔，線徑是 10 μm。計算容許通過的粒子大小d_{tot}= 1/MM=1/（M*100）=1cm/500=10000 μm/500=20 μm/孔，其代表著：$d_{tot} = d_{wire} + d_{hole}$，孔寬+線徑=20 μm，（線徑是10um），所以孔寬 $d_{hole} = d_{tot} - d_{wire}$ = 20 –10=10 μm，也就是說「500-10 mesh」代表著可容許10x10 μm大小的粒子通。K_s為金屬網目之K值，K_l則為工作流體之K值，ε為孔隙率，其可以用Eq.8-20表示：

$$\varepsilon = \left(\frac{d_{hole}}{d_{tot}}\right)^N \cdots\cdots \text{（Eq.8-20）}$$

根據Zenghui Zhao model [10]，MM為網格數目，單位為（1/m），N為網格之層數：

$$CMM = \left[\frac{(MM)d_{wire}}{2} + \frac{1}{2(MM)d_{wire}}\right] \cdots\cdots \text{(Eq.8-21)}$$

$$C = \text{CMM} \times sin^{-1}\left(\frac{1}{CMM}\right) \cdots\cdots \text{(Eq.8-22)}$$

則網目之孔隙率ε 可以用（Eq.8-23）表示：

$$\varepsilon = 1 - \frac{\pi(\text{MM})\, d_{wire}(2N+1)}{4} C \cdots\cdots \text{(Eq.8-23)}$$

將孔隙率帶入以下之模型理論可以得到潤濕率K_W（permeability）：

（I）Blake-Kozeny之潤濕理論模型：

$$\text{K}_\text{W} = \frac{r_c^2 \times \epsilon^3}{37.5\times(1-\varepsilon)^2} \cdots\cdots \text{(Eq.8-24)}$$

其中r_c 可以 $d_{hole}/2$ 表示之

（II）Zenghui-Zhao潤濕理論（規則型網格）

$$\text{K}_{\text{w(mesh)}}(\text{m}^2) = \frac{\left(\frac{d_{hole}}{2}\right)^2 \times \varepsilon^3}{37.5\times(1-\varepsilon)^2} \times \text{N} = \frac{d_{hole}^2 \times \varepsilon^3}{150\times(1-\varepsilon)^2} \times \text{N} \cdots\cdots \text{(Eq.8-25)}$$

8.3.3 燒結式銅粉之毛細半徑與滲透率之理論計算

銅粉在燒結時牽涉到許多工藝的問題，例如銅球粉之真圓性，填充銅粉實施加之密度及壓力，都關係到其燒結後之毛細半徑大小，因此只能以理論計算在理想狀況下之毛細半徑。假設銅粉材料為球形，表8-5所示計算出不同尺寸銅粉在堆疊時，其空隙的粒徑；如果只用一種網目之銅粉稱之為single model[11]，則其毛細半徑約在7.038～12.42μm。有時候為了減小空隙毛細半徑，也可以使用所謂的bi-model 模式，亦即添加第二種更小粒徑網目之銅粉，則其毛細半徑約在2.898～6.21μm。圖8-36為Highest Density Model銅粉的堆疊示意圖。基本上燒結式熱管與網目熱管也都可以用Blake-Kozeny模式計算其滲透率：

$$\text{K}_\text{W} = \frac{r_s^2 \times \epsilon^3}{37.5\times(1-\varepsilon)^2} \cdots\cdots \text{(Eq.8-26)}$$

其中r_s 為燒結粒子之半徑

表8-5　第一層堆疊後之空隙尺寸（球體粒徑）

Powder's Diameter（μm）	Gap of 1st layer（μm）
17～30	7.038～12.42
7～15	2.898～6.21
13	5.382
6	2.484
2	0.828

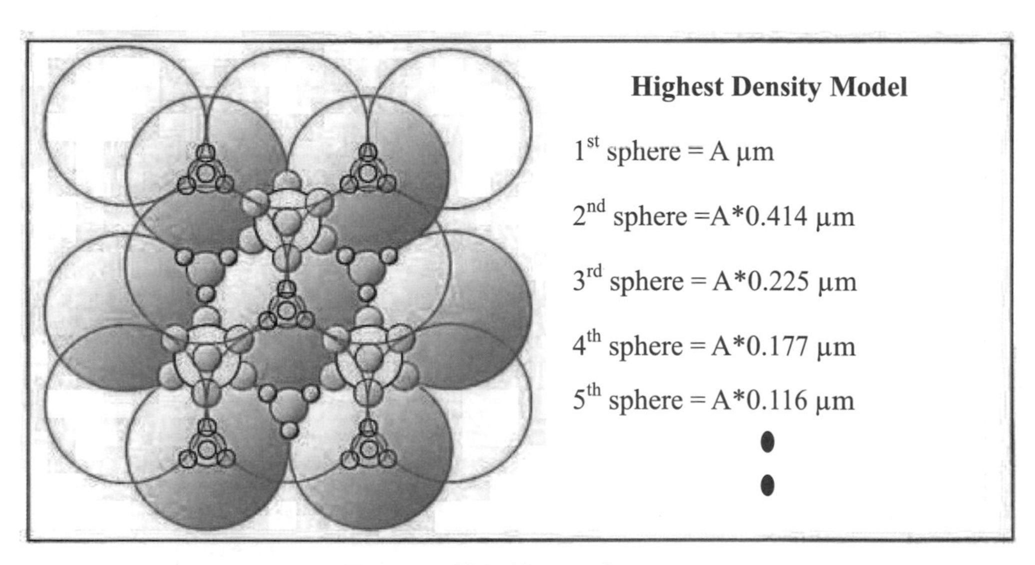

圖8-36　粒徑搭配示意圖[11]

8.3.4　溝槽式毛細半徑與滲透率之理論計算

（I）銳角式溝槽熱管

針對針對銳角式溝槽式熱管之孔隙直徑r_w及滲透率K_w計算如圖8-37，溝槽高度H_f，壁面厚度T_w，溝槽寬度W_g，鰭片寬度W_f，溝槽間距G_f，溝槽數量 N，K_l為工作流體之熱傳導係數，K_{groove}為熱管溝槽之熱傳導係數，則其水力半徑$R_{h,i}$可以Eq. 8.27表示之：

$$R_{h,l}=\frac{2w_g\times H_f}{(W_g+2H_f)}\cdots\cdots\cdots\cdots\text{(Eq.8-27)}$$

其孔隙率可表示為：$\varepsilon=\dfrac{W_g}{(W_g+W_f)}$ …………（Eq.8-28）

通道長寬比：$\alpha=\dfrac{w_g}{2H_f}$ …………（Eq.8-29）

摩擦係數：$f_l=14.14\alpha^2-23.893\alpha+24.0$ …………（Eq.8-30）

滲透率：$K_w(groove)=\dfrac{f_w^{'}\times 2\varepsilon\times R_{h,l}^2}{(f_l)}.$ …………（Eq.8-31）

假設最最佳狀況下，$f'_w=1$

濡濕截面面積：$A_w=\{(W_f+G_f)*H_f/2\}\times N$ …………（Eq.8-32）

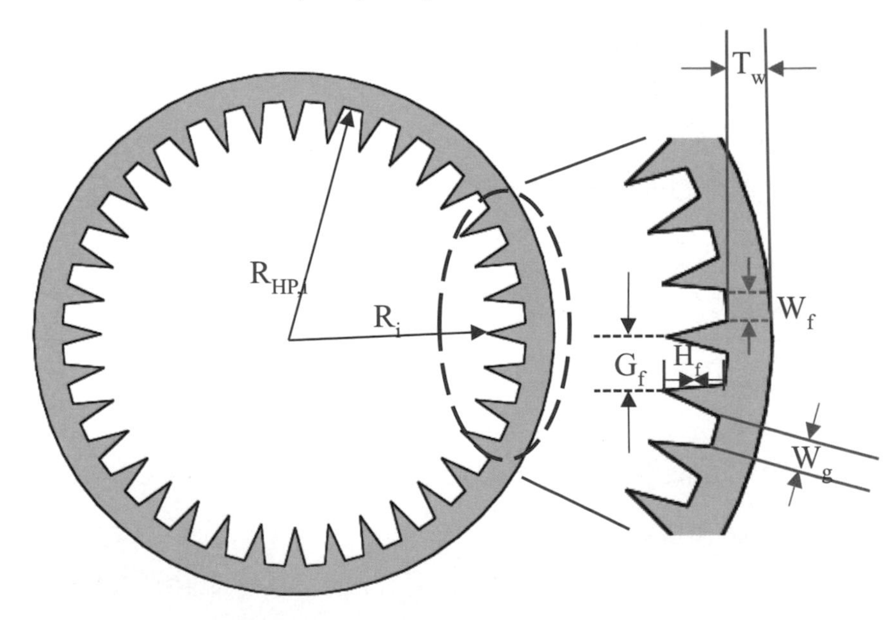

圖8-37　銳角式溝槽熱管分析圖

因此對於溝槽式熱管之毛細結構熱傳導係數可表示為Eq. 8-33與Eq.8-34：

$$K_{wick} = \frac{\mathrm{W_f K_l K_{groove} + W_g K_l K_{groove,0}}}{\mathrm{(W_f + W_g) K_{groove,0}}} \cdots\cdots\cdots\cdots \text{(Eq.8-33)}$$

$$\mathrm{K_{groove,0} = (W_f K_{groove}) + (H_f K_l)} \cdots\cdots\cdots\cdots \text{(Eq.8-34)}$$

（II）圓角形溝槽熱管

針對圓角形溝槽式熱管之孔隙直徑r_w及滲透率K_w計算如圖8-38。溝槽高度H_f，壁面厚度T_w，溝槽寬度W_g，開口角度θ_1，溝槽數目 N，則：

通道長寬比：$\alpha = \dfrac{w_g}{2H_f}.$ ············（Eq.8-35）

孔隙率：$\varepsilon = \dfrac{W_g}{(W_g + W_f)}.$ ············（Eq.8-36）

摩擦因子：$f_l = 14.14\alpha^2 - 23.893\alpha + 24.0.$ ············（Eq.8-37）

水力半徑：$R_{h,l} = \dfrac{2w_g \times H_f}{(W_g + 2H_f)}$ ············（Eq.8-38）

滲透率：$K_w(groove) = \dfrac{f_w^{'} \times 2\varepsilon \times R_{h,l}^2}{(f_l)}$ ············（Eq.8-39）

濡濕截面面積：$A_w = \{(W_g \times H_f) + H_f^2 \tan\theta_1\} \times N$ 或者 $A_w = (H_f \times W_g) \times N$

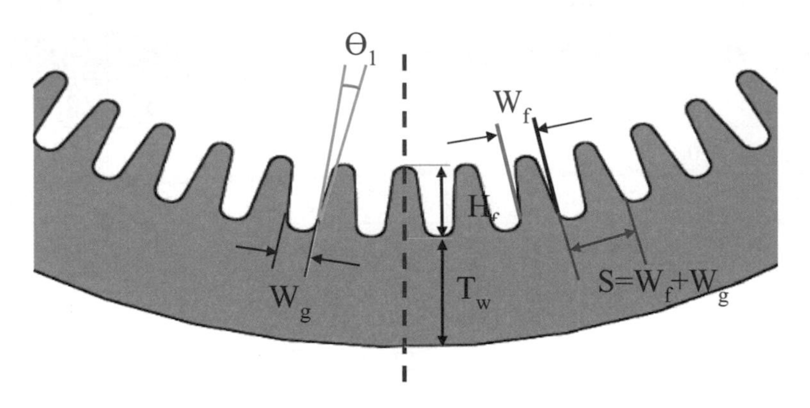

圖8-38　圓形溝槽式熱管

N為管內溝槽數，此數目必須由製造廠提供。理論上，溝槽數越多滲透度K_w與潤濕截面積A_w數變大，使最大熱傳機制變大。但是溝槽數越多，對微小型熱管製造而言是一件困難的事，越密集的溝槽數反而在製造時產生崩裂或倒牙（尖端成形不完整）毛細壓差容易產生中斷。故此數目必須求取最佳化數，以直徑六公分的管子為例，N通常為55，最大數必須是製造廠之模具而定，其範圍通常為50～80間為最佳。

溝槽的熱傳導性K_{wick}可以經由簡單熱傳導性修正經驗式求得，溝槽修正係數$K_{groove,0}$為：

$$k_{groove,0} = 0.185 W_f k_{groove} + H_f k_l \quad \cdots\cdots \text{(Eq.8-40)}$$

其中，K_{groove}為溝槽之熱傳導性，K_l為工作流體之熱傳導性。經修正後之溝槽結構物熱傳導性：

$$k_{wick} = \frac{W_f H_f k_l k_{groove} + W_g k_l k_{groove,0}}{(W_f + W_g) k_{groove,0}} \quad \cdots\cdots \text{(Eq.8-41)}$$

表8-6則為一般IT用熱管之各項參數。

表8-6　IT用熱管之各項參數

Model	管長L(m)	管徑Φ(mm)	毛細半徑r_c(m)	孔隙率e	Kw(m^2)
φ8-100	100	8	8.35E-05	0.616	2.9407E-10
φ8-200	200	8	8.35E-05	0.577	2.00193E-10
φ6-100	100	6	8.35E-05	0.658	4.54557E-10
φ6-200	200	6	8.35E-05	0.548	1.50704E-10

8.3.5　毛細半徑與滲透率，孔隙率之量測實驗

在熱管的特性參數中最大毛細半徑（The Maximum Effective Capillarity Radius, r_c），滲透率（Permeability, K_w）與孔隙率ε為觀測熱管性能的三個指標[12]。此三個指標與毛細結構體的幾何性質有關。一般IT產業都是用燒結式熱

管，因此本章節特以燒結式中空管子為例子，先以固定之溫度、時間等參數製作一中空之燒結管如示意圖8-39。最大毛細半徑之定義為毛細結構金屬粉末鍵結過程中，因粉末顆粒僅以點或部分面積接觸，致使顆粒與顆粒間存在空隙如圖8-40所示為最大毛細半徑之示意圖。實驗架構如圖8-41，將燒結棒置於測試水槽中，將水槽注入水，使水位剛好蓋過整個測試棒。將一端密封，另一端則通以乾淨的壓縮空氣注入。當測試棒表面產生第一個氣泡時記錄其壓力值。根據Laplace's Formula得最大毛細壓差為：

$$\Delta P_{c,max} = \frac{2\sigma}{r_c}. \cdots\cdots \text{（Eq.8-42）}$$

其中，r_c為孔隙之最大毛細半徑，σ為水的表面張力。此最大毛細壓差相當於水重力所造成的壓差$\Delta P_w = \rho_1 g \Delta h$，由平衡方程式$\Delta P_{c,max} = \Delta P_w$得到最大毛細半徑為：

$$r_c = \frac{2\sigma}{\rho_l g \Delta h}. \cdots\cdots \text{（Eq.8-43）}$$

其中ρ_l：為水的密度，Δh：為水在U型管所造成的液面高度差，由於Δh是由量測第一個氣泡產生時所產生的壓力，將之代入Eq.8-43即可求出最大毛細半徑

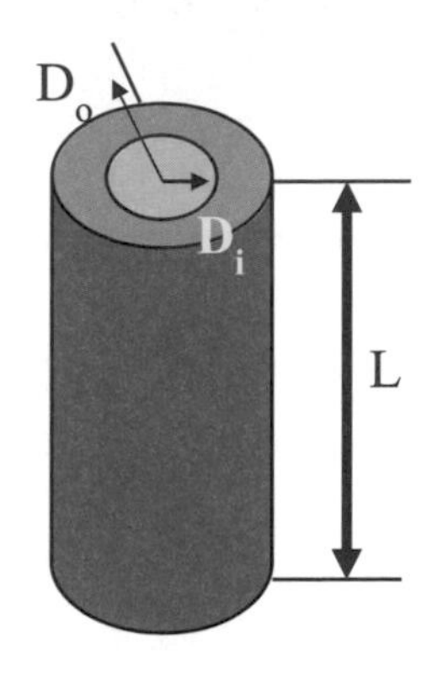

圖8-39　燒結型熱管形狀示意圖

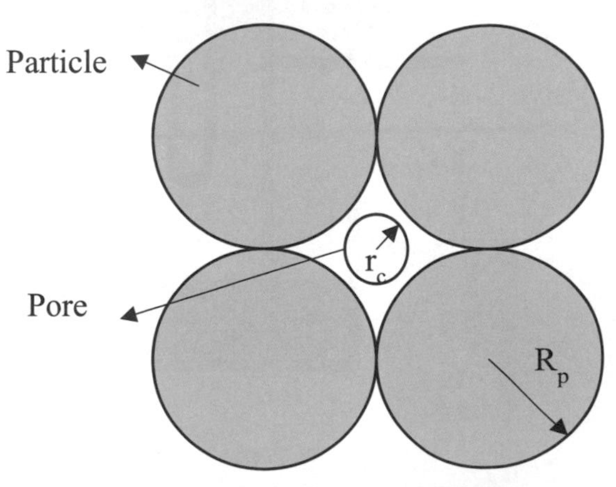

圖8-40　毛細結構體推積示意圖

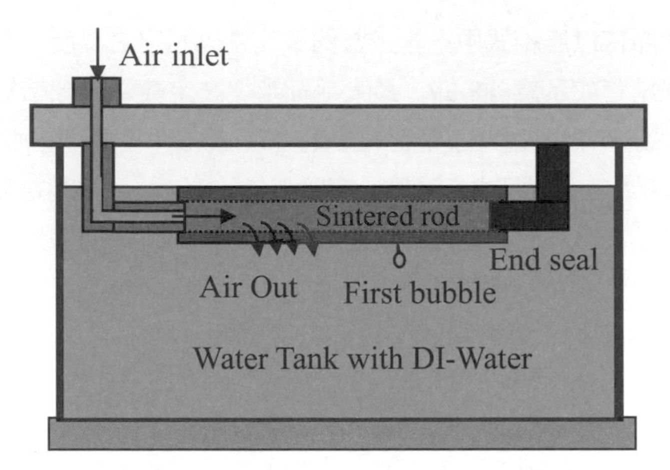

圖8-41　量測最大毛細半徑之實驗架構

r_c（m）。整體實驗環路架構如圖8-42，其毛細半徑量測之實驗步驟如下：

1. 先製作紀錄表如表8-7，
2. 打開valve 1與valve 2
3. 當第一個泡泡生成的時候，紀錄$\Delta P_{c,max}$與Δh，關閉valve 1與valve 2
4. 將$\Delta P_{c,max}$與Δh代入Eq. 8-43以求得有效半徑r_c
5. 重複步驟1-3

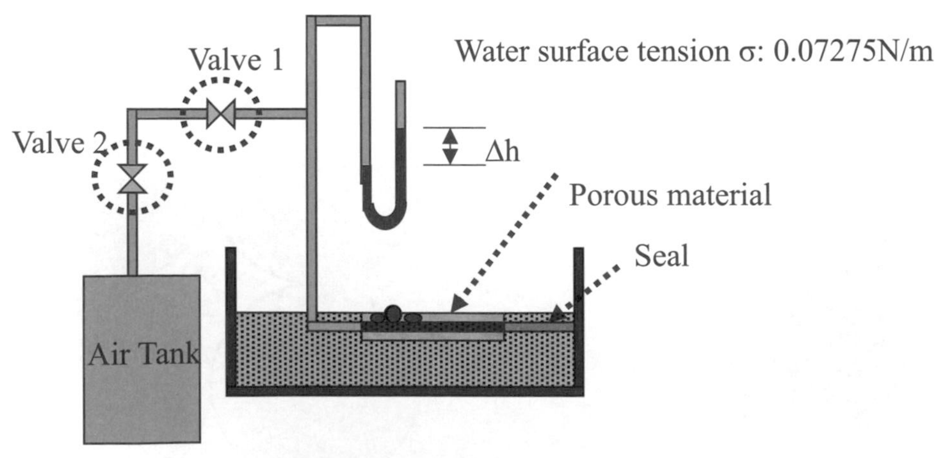

圖8-42　量測燒結式熱管毛細半徑參數之環路示意圖

表8-7　燒結型熱管參數紀錄表

樣品	D_o (mm)	D_i (mm)	L (mm)	r_c (m)	K_w (m^2)	ε
Sintered Rod A	12.8	6.5	54			
Sintered Rod B	13.2	6.2	50			

熱管另一個特性指標參數為滲透率（permeability, K_w）。如圖8-43為量測滲透率環路架構圖，以相同方式，將燒結棒置於水槽中，並使水位剛好覆蓋測試棒，將一端密封，另一端通以純水（distilled water），水會潤濕測試的毛細結構體後流入水槽中，於水槽的一端控制槽內水流出，流入水槽的水與流出水槽的等量時，水槽內的水位不再變化。整個環路是由恆溫水槽經過pump，valve 1，流量計（Flow meter）後，經過一端之valve 2連接壓差計（D/P）以量測燒結棒兩端之壓差，流量計之另一端則連接valve 3進入燒結棒之進水口。滲透率理論之圓柱詳細水流浸泡於水槽中之示意如圖8-44。根據Darcy的流動模式指出，當一流體流經一均質的多孔物質，其流體之平均速度正比於所造成的壓力梯度，且反比於流體之黏滯係數。得到在Darcy's Model下之滲透度公式：

$$K_w = \ln\left(\frac{D_o}{D_i}\right) \times \frac{\mu_L \times \dot{m}}{2\pi\rho_L \times \Delta P \times L}. \cdots\cdots \text{(Eq.8-44)}$$

其中D_O為燒結棒之外徑，D_i為燒結棒之內徑，$\dot{m}$為水的質量流率，μ_L及ρ_L各代表水之黏滯係數與水之密度，L是燒結棒的軸向長度，在量得壓差與水之質量流率下便可由計算出滲透率（permeability, K_w）。

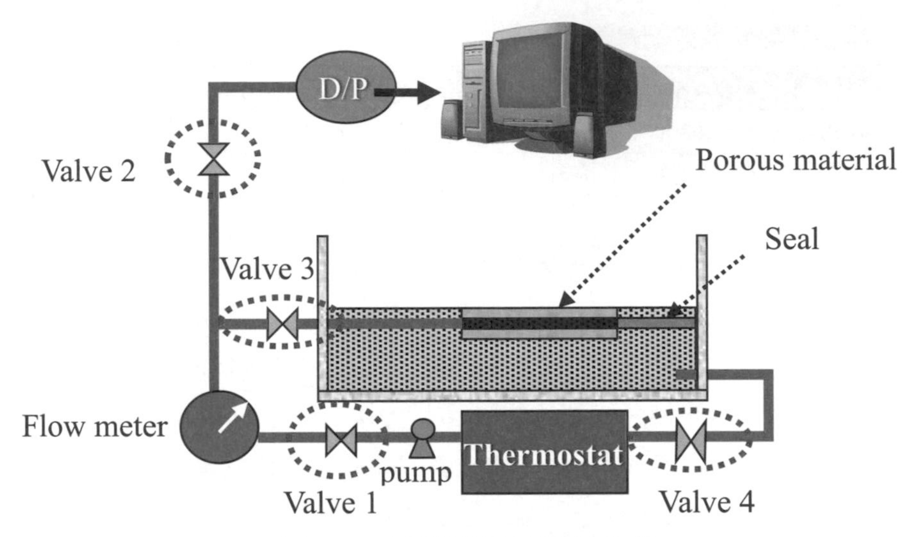

圖8-43　量測滲透率環路架構圖

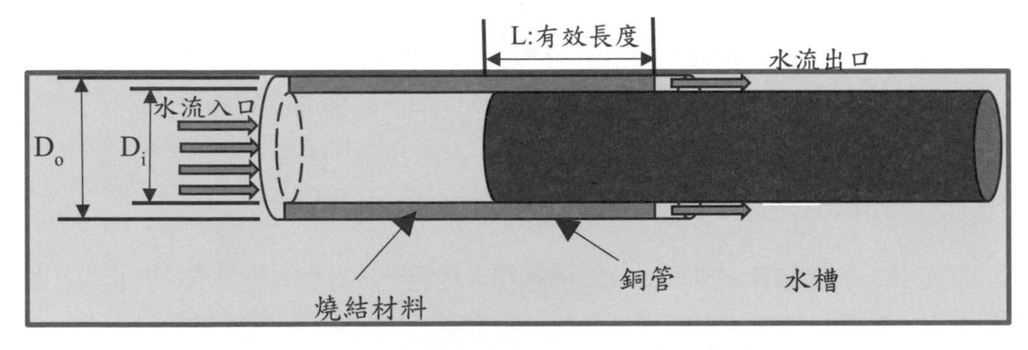

圖8-44　滲透率理論之圓柱水流示意圖

滲透率量測實驗步驟如下：

1. 將待測毛細結構放入測試管，一端接液體流入管後固定，另一端封死，以防液體從管壁間逃出而影響測試結果
2. 打開valve 1，valve 2，valve 3 與valve 4。
3. 啟動恆溫水槽，並設定恆溫槽溫度為定值
4. 啟動pump，慢慢調整valve 1與valve 4，使水槽中之水位保持固定
5. 紀錄此時的流量計流量與所量測到的壓力差，並代入Eq.8-44求得K_w

$$K_w = \ln\left(\frac{D_o}{D_i}\right) \times \frac{\mu \times \dot{m}}{2\pi\rho_L \times \Delta P \times L}.$$

6. 重複步驟4到步驟5，以不同之流量計算K_W並紀錄之。

相對於毛細半徑與潤濕率之實驗，孔隙率之測量相對簡單，先製作燒結實心圓片樣品如圖8-45，其有效孔隙率量測實驗步驟如下：

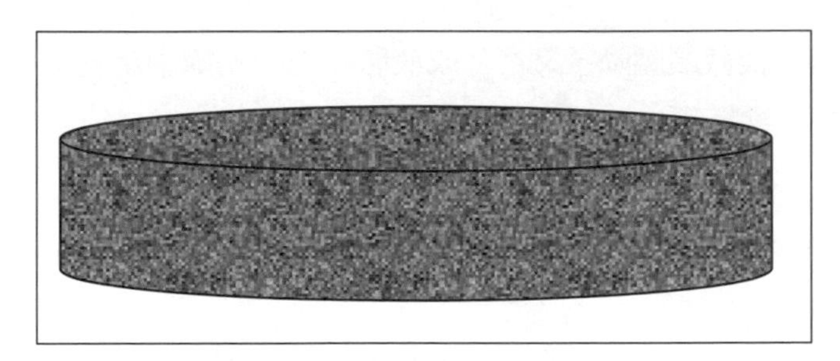

圖8-45　燒結實心樣品切片

1. 量測乾燥之樣品重量$M_{dry\ cake}$
2. 量測濡濕吸水過後之重$M_{wet\ cake}$
3. 量測吸收之水的重量$M_{H2O} = M_{wet\ cake} - M_{dry\ cake}$
4. 量測空隙中之等效小體積 $V_{porosity} = \frac{M_{H2O}}{\rho_{H20}}$
5. 計算乾燥樣品之體積 $V_{dry,cake} = \frac{M_{dry\ cake}}{\rho_{Cu}(8.933g/cm^3)}$，假設樣品為銅製品
6. 計算整體潤濕樣品體積 $V_{wet\ cake} = V_{drycake} - V_{porosity}$
7. 計算孔隙率 $\varepsilon = \frac{V_{porosity}}{V_{wet\ cake}}$

8.4　熱管性能介紹

8.4.1　熱管Q_{max}理論模式

考慮非凝結氣體壓力ΔP_{NCG}存在於管內，使得原本的毛細壓降必須增加克服此壓力的存在條件。因此，（Eq.8-5）式可以改寫為：

$$\Delta P_c \geq \Delta P_l + \Delta P_v + \Delta P_g + \Delta P_{NCG} \cdots\cdots \text{(Eq.8-45)}$$

其各符號說明如表8-8，將方程式E8-45重排如Eq.8-46

$$\Delta P_C - \Delta P_g - \Delta P_{NCG} \geq \Delta P_v + \Delta P_l \cdots\cdots \text{(Eq.8-46)}$$

其中：

$$\Delta P_C = \frac{2\sigma_l}{r_c} \cdots\cdots \text{(Eq.8-47)}$$

ΔP_l為熱管中液體頭壓降，又可分成液體在毛細結構中之壓降與液體在vapor column 冷凝端之壓降和：

$$\Delta P_l = \Delta P_{l,w} + \Delta P_{l,C} \cdots\cdots \text{(Eq.8-48)}$$

$\Delta P_{l,w}$ 可以由 Darcy's law求得如（Eq.8-49）：

$$\Delta P_{l,w} = (\ln \frac{D_{HP,i}}{D_i}) \times \frac{f_w \times \mu_l \times \dot{m}_l}{2\pi \rho_l L_{eff} K_w}. \cdots\cdots \text{(Eq.8-49)}$$

$\Delta P_{l,C}$ 則可由Hagen-Poisuille equation求得如（Eq.8-50）：

$$\Delta P_{l,c} = f_l \left(\frac{L_{eff}}{R_i}\right)\left(\frac{\rho_l \bar{v}_l^2}{2}\right) \cdots\cdots \text{(Eq.8-50)}$$

ΔP_g為重力壓降：

$$\Delta P_g = \rho_l g L_{eff} \sin\theta \cdots\cdots \text{(Eq.8-51)}$$

ΔP_v為熱管中蒸氣之壓降：

$$\Delta P_v = f_v \left(\frac{L_{eff}}{R_i}\right)\left(\frac{\rho_v \bar{v}_v^2}{2}\right) \cdots\cdots \text{(Eq.8-52)}$$

定義液體雷諾數：

$$R_{e,l} = \left(\frac{\rho_l \bar{v}_l L_C}{\mu_l}\right) \cdots\cdots \text{(Eq.8-53)}$$

定義蒸氣雷諾數：

$$R_{e,v} = \left(\frac{\rho_v \bar{v}_v L_e}{\mu_v}\right) \cdots\cdots \text{(Eq.8-54)}$$

定義液體流量：

$$\dot{m}_l = \rho_l \bar{v}_l A_w \cdots\cdots \text{（Eq.8-55）}$$

定義蒸氣流量：

$$\dot{m}_v = \rho_v \bar{v}_v A_i \cdots\cdots \text{（Eq.8-56）}$$

將（Eq.8-49），（Eq.8-50），（Eq.8-51），（Eq.8-52），（Eq.8-53），（Eq.8-54），（Eq.8-55），（Eq.8-56）代入（Eq.8-45）可得：

$$\frac{2\sigma_l}{r_c} - \rho_l g L_{eff} sin\theta - P_{NCG} =$$

$$\ln\left(\frac{D_{HP,i}}{D_i}\right) \times \frac{f_w \times \mu_l \times \dot{m}_l}{2\pi\rho_l L_C K_w} + f_l\left(\frac{L_{eff}\mu_l R_{e,l}}{D_i L_C}\right)\left(\frac{\dot{m}_l}{\rho_l A_w}\right) + f_v\left(\frac{L_{eff}\mu_v R_{e,v}}{D_i L_e}\right)\left(\frac{\dot{m}_v}{\rho_v A_i}\right) \cdots\cdots \text{（Eq.8-57）}$$

假設在穩態流下，工作流體蒸發之速度應該與蒸氣冷凝下來之速度相同，而且蒸發冷凝都是兩相之行為，所以：

$$\dot{m} = \dot{m}_l = \dot{m}_v = \frac{\dot{Q}_{max,T_{op}}}{h_{fg,T_{op}}} \cdots\cdots \text{（Eq.8-58）}$$

其中$\dot{Q}_{max,\ T_{op}}$為該熱管在操作溫度下（T_{op}）之最大熱傳送量，為$h_{fg,Top}$則為該熱管在操作溫度（T_{op}）下之工作流體之潛熱。為了簡化Eq.8-57，我們假設：

$$f_l R_{e,l} = f_v R_{e,v} = f \cdots\cdots \text{（Eq.8-59）}$$

並且令：

$$f' = f / f_w \cdots\cdots \text{（Eq.8-60）}$$

將Eq.8-59 與 Eq.8-60代入Eq.8-57：

$$\dot{Q}_{\max,T_{op}} = \frac{\left(\frac{1}{f_w}\right) \times \left(\frac{2\sigma_l}{r_c} - \rho_l g L_{eff} \sin\theta - \Delta P_{NCG}\right) \times h_{fg,T_{op}}}{\left\{\frac{\mu_l \ln\left(\frac{D_{HP,i}}{D_i}\right)}{(2\pi\rho_l L_{eff} K_w)} + f'\left[\left(\frac{L_{eff}}{L_c}\right)\left(\frac{\mu_l}{\rho_l}\right)\left(\frac{1}{D_i A_w}\right) + \left(\frac{L_{eff}}{L_e}\right)\left(\frac{\mu_v}{\rho_v}\right)\left(\frac{1}{D_i A_i}\right)\right]\right\}} \cdots\cdots \text{（Eq.8-61）}$$

令

$$M\_term = \{\frac{\mu_l \ln(\frac{D_{HP,i}}{D_i})}{(2\pi\rho_l L_{eff} K_w)} + f'[(\frac{L_{eff}}{L_c})(\frac{\mu_l}{\rho_l})(\frac{1}{D_i A_w}) + (\frac{L_{eff}}{L_e})(\frac{\mu_v}{\rho_v})(\frac{1}{D_i A_i})]\} \cdots\cdots (Eq.8\text{-}62)$$

$$\Delta P_{cg} = \Delta P_c - \Delta P_g = \frac{2\sigma_l}{r_c} - \rho_l g L_{eff} \sin\theta \cdots\cdots (Eq.8\text{-}63)$$

將之代入Eq.8-62，Eq.8-3得Eq. 8-64：

$$\dot{Q}_{max,Top} = \frac{(\frac{1}{f_w}) \times (\Delta P_{cg} - \Delta P_{NCG}) \times h_{fg,T_{op}}}{M\_term}. \cdots\cdots (Eq.8\text{-}64)$$

根據方程式Eq.8-64，熱管最大熱傳量與熱管之幾何參數（L_{eff}、$D_{HP,i}$、D_i、L_{eff}、K_w、L_c、A_w、L_e、r_c、ε、θ）有關，同時與熱管工作流體之熱力參數（μ_l、σ_l、ρ_l、μ_v、ρ_v、h_{fg}、C_{pv}），及熱管真空度ΔP_{NCG}有關係，其中熱管最大熱傳量還牽涉到一個函數M_term。M_term的意義是除了幾何參數、流體之熱力參數外，還有一個摩擦係數f'，f'又稱為製程修正因子，是因為熱管在製程中牽涉到熱管材料之粗糙度、表面之平整度或其他製程上諸多因素等都可歸納於此，其亦影響熱管性能甚鉅。因此得到以下幾點結論：

1. 利用f'製程修正因子的特徵有效計算出熱管最大熱傳量與熱管幾何參數（長度、半徑、ε、K_w、r_c）與工質熱力參數之關係。f' 越小，表示此熱管與製程及工作流體所產生摩擦效應越小，亦即熱傳量越大。
2. 熱管最佳填充量對於其最大熱傳量與有很大之影響，因此計算熱管之Q_{max}就必須決定熱管在不同工質及不同操作溫度之最佳填充量。
3. 以理論分析，欲增加熱管熱傳量之方法可以包括：
   （a）增大熱管內徑D_i
   （b）增加工作環境T_{op}溫度，大致來講，當工作溫溫度提每提升10℃，最大熱傳量可提升10W。
   （c）在熱管總長度不變情況下，增加冷凝段長度，或增加蒸發段長度
   （d）想辦法降低製程因子f'

表8-8　符號說明

Symbol	Description
A_w	Cross section area of the wick structure, m^2
A_i	Cross section area of vapor column, m^2
$D_{HP,i}$	Inner diameter of heat pipe, m
D_i	Vapor column diameter of heat pipe, m
f'	Fluid correction friction factor（$f' = f/fw$）
f_l	Liquid friction coefficient
f_v	Vapor friction coefficient
fw	Liquid mass flow rate correction factor
g	Acceleration of gravity, m/s^2
$h_{fg,Top}$	Latent heat of working fluid at operating temperature T_{op}, KJ/Kg
K_w	Permeability of wick structure（m^2）
L_c	Length of condenser section, m
L_e	Length of evaporator section, m
L_{eff}	Effective length of heat pipe, m
$\dot{m}_l$	Liquid mass flow rate in heat pipe, kg/s
$\dot{m}_v$	Vapor mass flow rate in heat pipe, kg/s
$\dot{Q}_{max}$	Maximum heat transfer rate, W
R_i	vapor column radius, m.
$R_{e,l}$	Liquid Reynold number
$R_{e,v}$	Vapor Reynold number
r_c	Wick porous radius, m
T_{op}	Operating temperature, ℃
$\bar{v}_l$	Liquid velocity in heat pipe, m/s
$\bar{v}_v$	Vapor velocity in heat pipe, m/s
ΔP_C	Pressure drop due to capillary structure, kPa
ΔP_{cg}	$=\Delta P_c - \Delta P_g$
ΔP_g	Pressure drop due to gravitation, kPa
ΔP_l	Pressure drop due to liquid flow from condenser to evaporator, kPa
ΔP_{lw}	Pressure drop due to liquid flow in the wick structure, kPa

Symbol	Description
$\Delta P_{l,c}$	Pressure drop due to liquid flow in vapor column, kPa
ΔP_{NCG}	Pressure drop due to non-condensable gas, kPa
ΔP_v	Pressure drop due to vapor flow in the vapor column, kPa
σ_l	Surface tension（N/m）
θ	Tilt angle of heat pipe
μ_l	Liquid viscosity, $N \cdot s/m^2$
μ_v	Vapor viscosity, $N \cdot s/m^2$
ρ_l	Liquid density, kg/m^3
ρ_v	Vapor density, kg/m^3

8.4.2 熱管真空度理論

熱管之真空壓力，其實就是當熱管抽真空時所殘餘之非凝結氣體之壓力，當熱管在完全真空狀態下，假設其最大熱傳量為 $\dot{Q}_{max,T_{op},0}$，則由（Eq.8-64）可表示在$\Delta P_{NCG}=0$之下改寫為：

$$\dot{Q}_{max,T_{op},0}=\frac{\left(\frac{1}{f_w}\right)\times(\Delta P_{Cg})\times h_{fg,T_{op}}}{(M\_term)} \cdots\cdots \text{(Eq.8-65)}$$

將Eq.8.65代入Eq.8-64：

$$\dot{Q}_{max,T_{op}}=\dot{Q}_{max,T_{op},0}\left(1-\frac{\Delta P_{NCG}}{\Delta P_{Cg}}\right) \cdots\cdots \text{(Eq.8-66)}$$

由於真空壓力使極低之壓力，比起毛細壓降是微不足道，因此 $x=\frac{\Delta P_{NCG}}{\Delta P_{Cg}}$ 是一個非常微小之數目，所以x可以用泰勒級數展開表示成：

$$1-x=1-\frac{\Delta P_{NCG}}{\Delta P_{Cg}}=e^{-\left(\frac{\Delta P_{NCG}}{\Delta P_{Cg}}\right)} \cdots\cdots \text{(Eq.8-67)}$$

將Eq.8.67代入Eq. 8.66：

$$\dot{Q}_{max,T_{OP}}=\dot{Q}_{max,T_{OP},0}\times e^{-\left(\frac{\Delta P_{NCG}}{\Delta P_{Cg}}\right)} \cdots\cdots \text{(Eq.8-68)}$$

根據此式，於圖8-46表示當真空度越高時，最大熱傳$Q_{\max, T_{op}} \cong Q_{\max, T_{op}, 0}$，而NCG越多時，真空度就越低，其最大熱傳會降至一常數，亦即當熱管沒有真空度時，其熱傳端賴管壁之熱傳導而已。

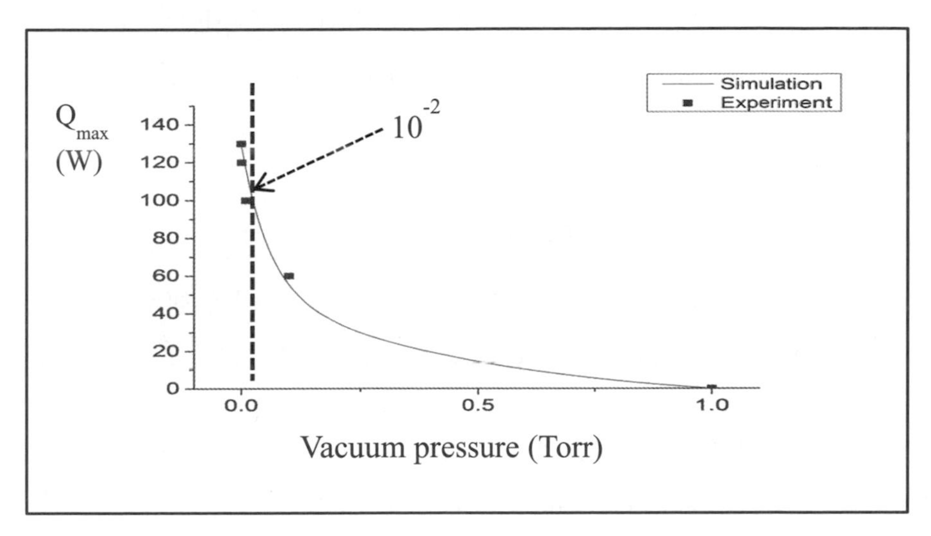

圖8-46　真空度與最大熱傳量之關係圖

真空度對熱管最大熱傳量有很大的影響。以鋁/水虹吸熱管為例，實驗結果顯示當真空度高於10^{-2} torr時，每減少10倍真空度，實驗上Q_{max}會減少10W；當在低真空度（$P_{vac}>10^{-2}$ torr）時，每減少10倍真空度，實驗上Q_{max}減少40W，若真空度大於1 torr時鋁質熱管將不會啟動。建議虹吸式熱管真空度盡可能在10^{-2} torr以內。毛細結構熱管真空壓力盡可能高於1 torr。無論是虹吸熱管或毛細結構熱管，在高真空度時對最大熱傳量之影響沒有在低真真空度時那麼大，虹吸熱管真空度之界限至少要小於10^{-2} torr；毛細結構熱管真空度至少要小於1 torr。經上敘述，可以得到最大熱傳與真空度的關係模式，但如此模式僅僅利用熱管毛細熱傳模式來分析，於實際上是必需被驗證的。可以發現的是，在Eq.8-65是中的M_term項當中，有一修正因子f'是關係到所有摩差所產生的因素。以理論而言，熱管當中之毛細壓降是使冷凝的工作流體回流的重要驅動力，在眾多的考慮當中，似乎還有些製造過程所生成的因素尚未考量，這使得理論所預測的最大熱傳量與實際的最大熱傳量會有些許差異。因此，修正因子f'是修正理論與實際間重要的係數。不過相同一批製程且同一製造廠所生產的熱管，其修正因子f'必須相同，這說明了此因子與製造有關之經驗值，而非理論值。如此才能在不同熱管製造廠比較，而此因子亦可以表示為熱管品管指標（Q.C Index），f'越小表示所製造的熱管其最大熱傳接近理論最大熱傳情形，換言之，可以表示此熱管的製造因素與最大熱傳的關係越小，不過這是所有熱管製造的理想狀態。

8.4.3 熱管最大熱傳量之實驗

熱管基本上是一熱傳導性極佳的導熱元件，根據傅立葉熱傳定律（Fourier's Law）可以得知在一固定熱通量（Heat Flux）下，k值越高熱阻降低，則介於熱管蒸發端與冷凝端的溫度會接近相同。標準最大熱傳測試 [6,13]，是設定一熱管處在一固定的操作溫度下，以水或空氣冷凝方式將蒸發端所吸收的熱穩定帶走。因此，以固定絕熱部溫度情況下使蒸發端之加熱功率穩定增加，量測蒸發端熱管表面溫度與絕熱段之溫度變化。若熱管尚未發生蒸乾（Dry Out）前，$dT = T_e - T_a \approx 0$，蒸發部溫度相對於各加熱功率之變化基本上是一定值。當熱功率不斷上升，蒸發端的蒸汽壓力會不斷增大，迫使冷凝端的回流液體無法回流至蒸發端。直到蒸發端所發生之蒸汽壓力臨界毛細壓力。蒸汽與回流液體在管內互相抗衡，使得蒸發端之溫度得不到冷凝液體的補充而開始升溫，雙相熱傳機制被破壞。結果顯示，當熱管發生完全乾化的時候，蒸發部之溫度相對於絕熱部會有一陡增情況如圖8-47（a）與圖8-47（b）。因此，定義熱管之最大熱傳量（Q_{max}）為熱管處於某一加熱功率下，蒸發端之溫度突增，表示蒸乾狀態發生，則前一加熱功率為此熱管之最大熱傳量。有時候因為熱管製作優劣的關係，有些熱管只能得到像圖8-48（a）與圖8-48（b）的曲線，此時很難判斷什麼時候是真正乾化，此時必須訂定在蒸發部與絕熱部（操作溫度）差在幾度時為乾化之現象開始。台灣的熱管理協會訂定$\Delta T=3℃$ [6]為其最大熱傳量。

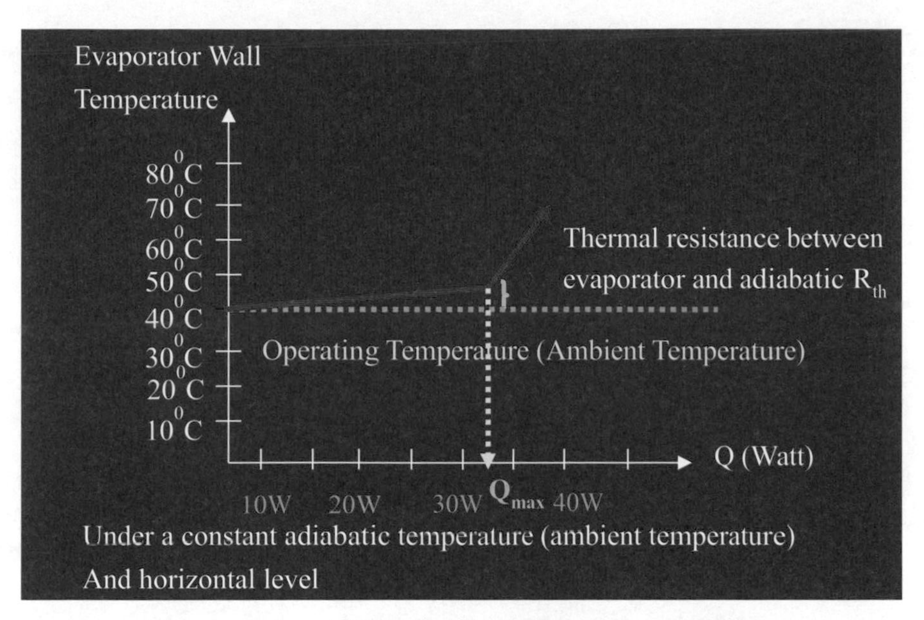

圖8-47（a）　標準熱管性能測試結果（完全乾化）

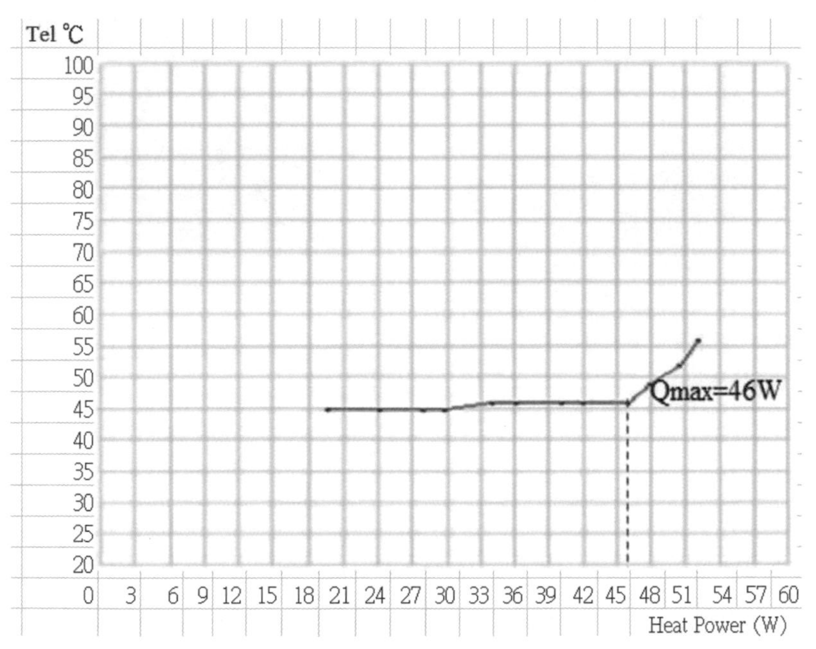

圖8-47（b）　標準熱管性能實測結果（完全乾化）

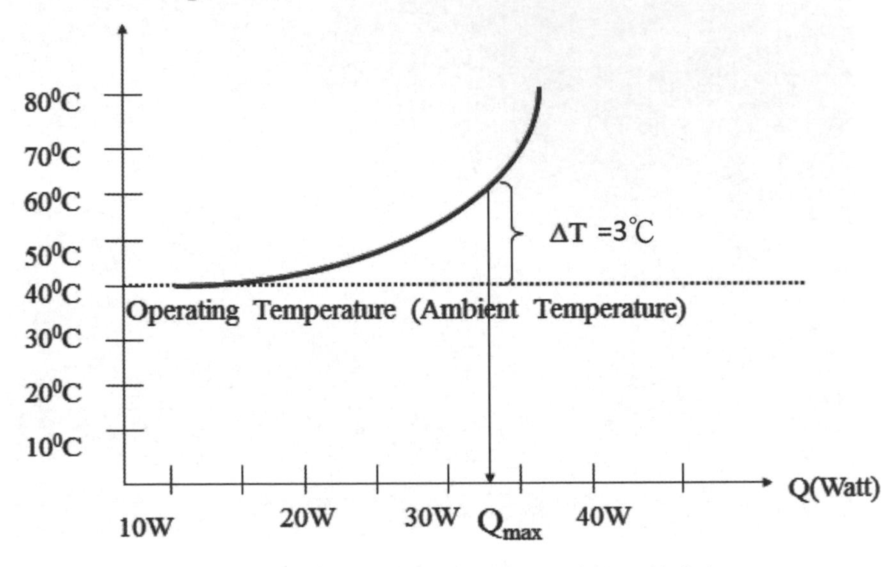

圖8-48（a） 標準熱管性能測試結果（部分乾化）

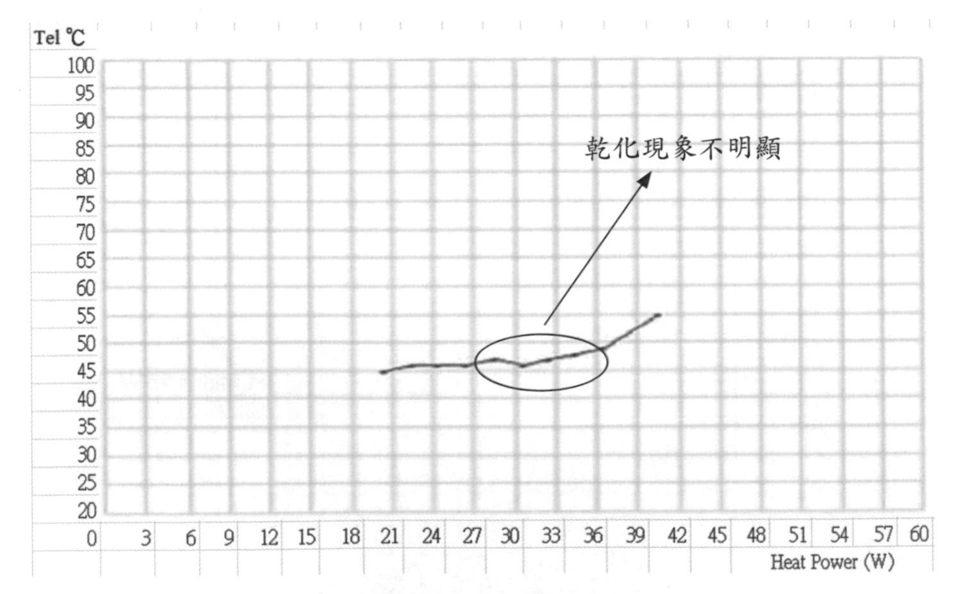

圖8-48（b） 標準熱管性能實測結果（部分乾化）

熱管性能測試有兩種，一種是標準測試，其可以測試出該熱管之最大熱傳量及熱阻值，但是需要之時間長，適合在研發部門在研發產品時先做的驗證動作；另外一種是熱管響應測試，其無法量到Q_{max}，但適合在產品驗證成功後，可以做快速檢驗，是一種在現場或品管部門用的檢測手段。茲將此兩種方法敘述於下：

（A）熱管標準檢測

熱管性能測試之裝置如圖8-49，其蒸發部以加熱線圈包紮後以隔熱材質做絕熱，其絕熱端之中間點溫度即為操作點溫度之指標，熱管之冷凝部以水套做為移熱的裝置，其測試流程如圖8-50。圖8-49 說明的只是熱管測式的原則，並不是熱管的測試標準。所謂熱管測試標準是指在圖8-49中詳細規範測試溫度點的位置，熱管無效端之定義，蒸發加熱長度、冷凝端長度之定義、冷凝水套之設計等等，而這些參數根據熱管最大熱傳量公式Eq.8-64將都會影響到實驗之結果，因此訂定一個熱管測試標準是很重要的事。台灣的熱管理協會（TTMA）已於2012年訂定「微小型熱管性能量測標準草案」，詳細內容參見附件A。其流程如圖8-50，實驗步驟如下：

1. 利用冷凝水溫度及流量以控制絕熱部溫度（操作溫度）為一定值（如40℃）
2. 以一固定功率（通常為2W）增加蒸發部之熱負載
3. 調整冷凝水套之水流量或冷凝度使操作溫度在所設定之值
4. 紀錄每一加熱功率之穩態蒸發部溫度
5. 紀錄蒸發部溫度徒增前之最大熱負載
6. 對蒸發部溫度與輸入熱量作圖，獲得在此絕緣部溫度（40℃）時熱管之最大熱傳量如圖8-47（b）。

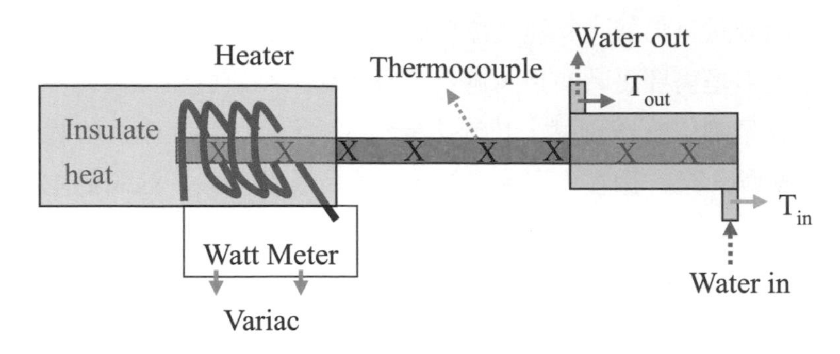

圖8-49　標準之熱管性能裝置示意圖

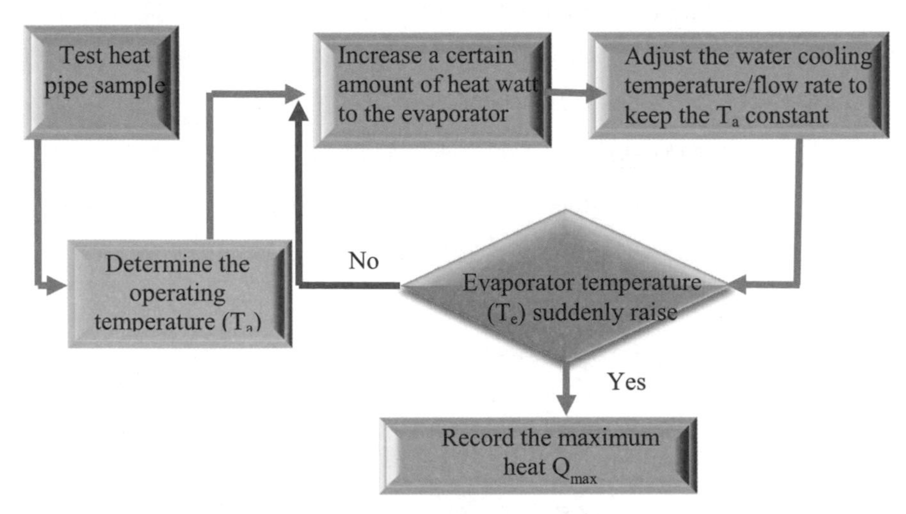

圖8-50　熱管測試流程圖

（B）熱管響應測試

熱管之響應測試亦可以適用於檢測折彎或壓扁之熱管，其可以用恆溫水槽如圖8-51，或者用恆溫加熱銅塊如圖8-52做實驗。其原理都是在一個恆溫加熱容器下於固定時間內視熱管冷凝端溫度之差，亦即在同樣之加熱條件下，觀察溫度提升之差別，例如可以設定從熱管25℃下插入加熱容器中，上升到70℃下需要幾秒，需要時間越多，性能越不好；另外也可以訂定在相同時間（例如5秒）時，熱管冷凝端溫度上升到幾度，溫度約高，表示性能越好。不管如何，此兩種響應方法都不能量出熱管最大熱傳量。當作此實驗時，必須特別要注意：

1. 熱管插入之深度是否相同
2. 加熱容器是否為定溫
3. 冷凝端溫度之位置是否固定
4. 插入時間是否同時
5. 環境溫度是否一樣

比較一下熱管與銅棒之響應溫度曲線將如圖8-53，熱管溫度T_{HP}上升速度較銅棒溫度T_{cu}上升速度快許多，其中t_{HP}與t_{cu}各代表熱管以及銅棒達到穩態之時間。

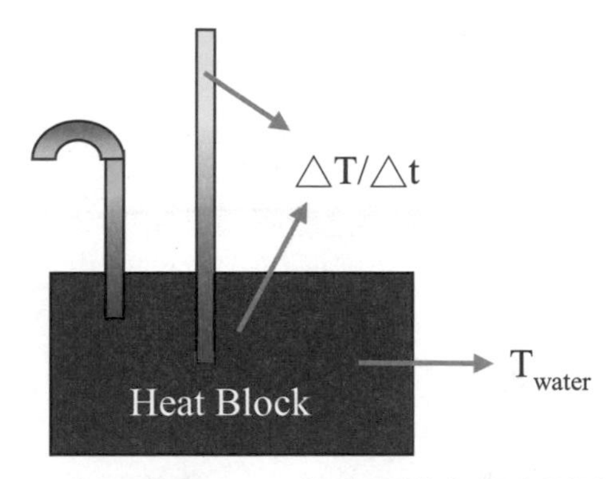

圖8-51　熱管水槽之響應測試

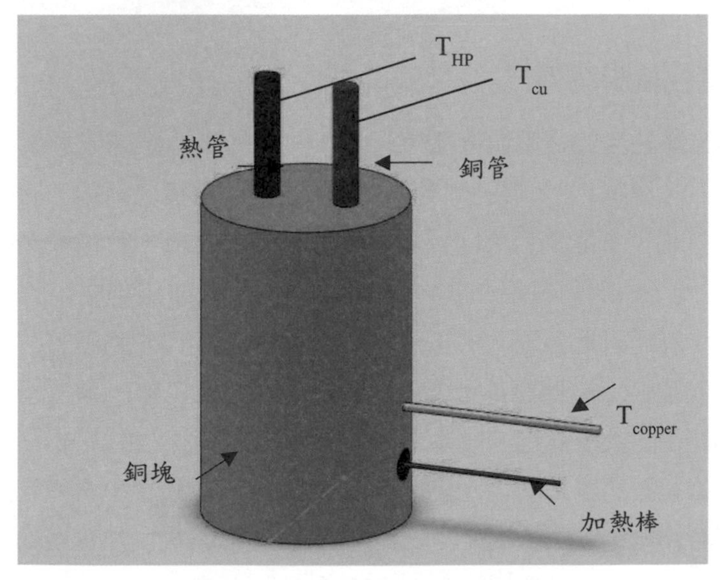

圖8-52　熱管響應實驗架構圖

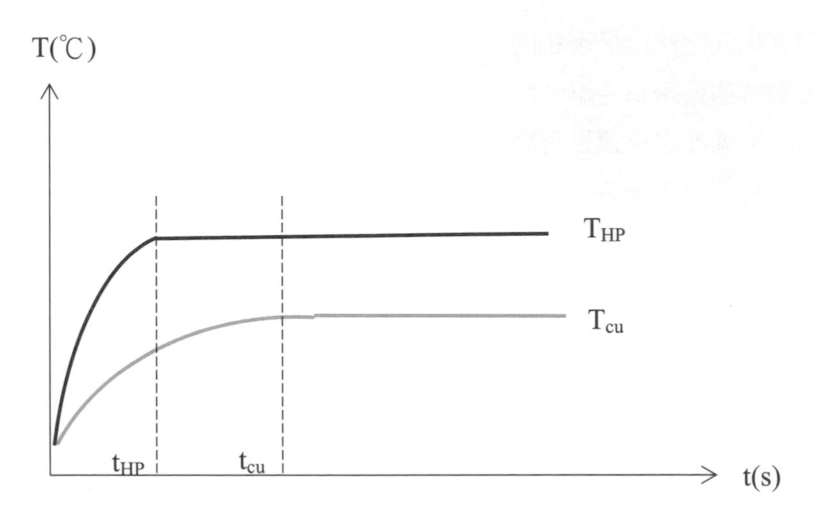

圖8-53　熱管與銅棒之響應溫度曲線

8.5 實驗室等級之量測熱管方式

實驗室等級之熱管測試包括性能測試、可靠度測試及安全測試，各敘述如下：

8.5.1 熱管性能測試過

圖8-54為熱管性能之整體檢測流程圖，熱管從製造廠商成形後必須經過性能之標準測試（測試1），得到熱管Q_{max}，可是由於機構之問題，有時熱管必須經過折彎、打扁，才能適合不同尺寸之機構，一般來講，熱管經過一次折彎會損失1/3的性能，如過再打扁一次，又失去1/3，所以如無需要，圓直熱管會是最好的設計。經過折彎打扁之熱管還是需要再測試一下熱管之Q_{max}（測試2），測試（1）與測試（2）應該都是製造熱管廠商之重要工作。加工過後之熱管然後經過緊配鰭片，裝上風扇，成為一個半成品之熱模組（thermal module），此散熱器模組須經散熱器工廠之性能檢測（測試3），此模組化之熱管散熱模組才能送到系統廠商經過實際檢驗（測試4），待驗證無誤後，熱管廠商才能裝載出

貨，並在現場品保做響應性能檢驗（測試5），以上從測試（1）到測試（5）都是無可避免的，而且非常重要，蓋因系統廠商如果實際未能通過檢驗，一定是找散熱器加工廠負責，如果前面之熱管廠商沒有單獨做標準之測試，則責任很難釐清；因為熱管廠商可以推到散熱廠商之責任，也可以推到緊配工廠，也可以推到風扇廠，也可以推到焊接廠。因此熱管廠之性能檢驗是很重要的一環工作。圖8-54為熱管性能之整體檢測流程圖。

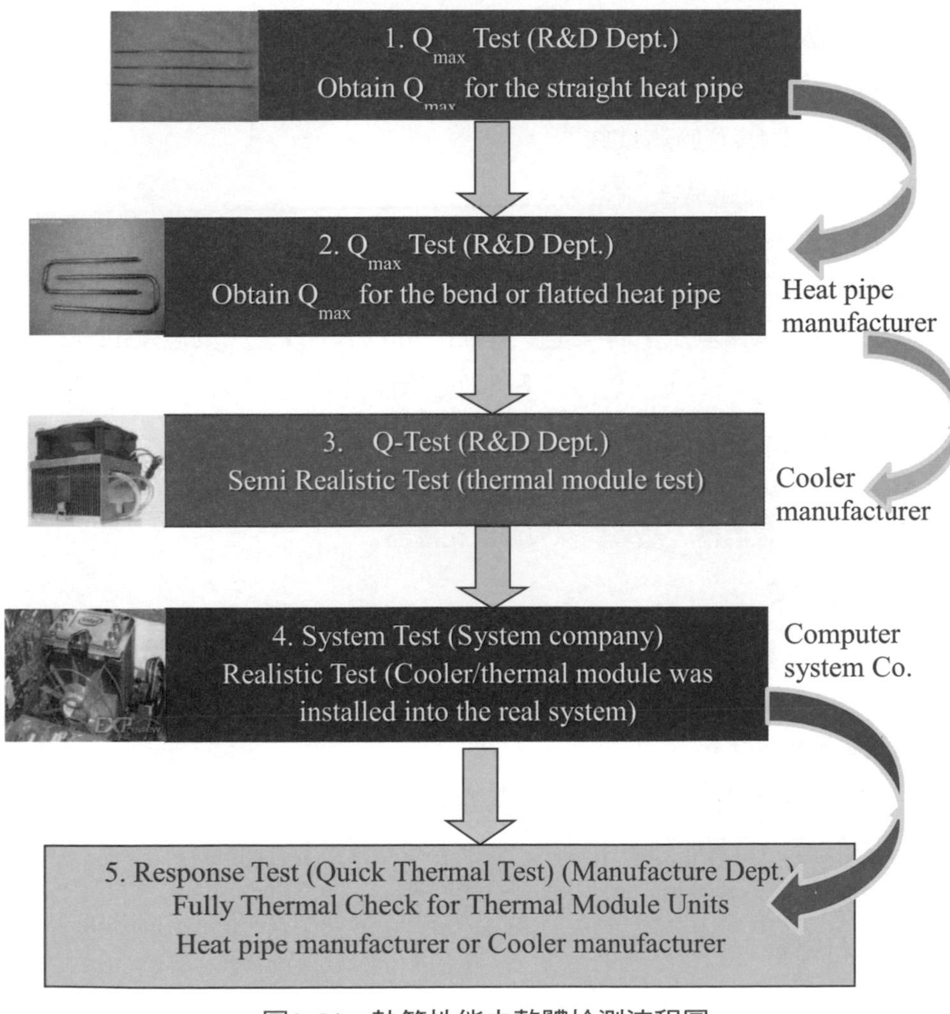

圖8-54　熱管性能之整體檢測流程圖

8.5.2　可靠度測試

熱管的可靠度測試又分成壽命測試、老化測試及冷熱循環測試，茲將各測試之條件簡略如下：

8.5.2-1壽命測試

目　　的：在檢驗熱管（彎押前後）在高溫狀態時（130℃）時長時間之信賴度。

測試步驟：

1. 提供一熱源量測一點為T_1並將其溫度控制於130℃
2. 將熱管1/4長置於熱源中
3. 於熱管另一端量測一點為T_2
4. 紀錄T_1與T_2之溫度

其他說明：

測試標準：壽命測試之時間至少需維持9000小時以上，其溫差$\Delta T=(T_1-T_2)<5$℃（於每日下班前紀錄溫差）

測試數量：各5支，需測試圓直管與成型管之壽命

測試角度：0度，90度

測試設備：恆溫槽，熱電偶線與溫度紀錄器

8.5.2-2老化測試

目　　的：經由高溫（180℃）長期加熱狀態下加速熱導管（彎壓前後）之衰退現象，以預測在一般操作溫度下之狀態。

測試步驟：

1. 提供一熱源量測一點為T_1並將其溫度控制於180℃
2. 將熱管1/4長置於熱源中
3. 於熱管另一端量測一點為T_2
4. 每日紀錄 T_1與T_2之溫度

其他說明：

測試標準：測試之時間至少需維持6000小時以上，其溫差$\Delta T=(T_1-T_2)<$

5℃（於每日下班前紀錄溫差）

測試數量：各5支，需測試圓直管與成型管

測試角度：0度，90度

測試設備：恆溫槽，熱電偶線與溫度紀錄器

8.5.2-3冷熱循環測試

目　　的：在設計階段利用冷熱循環的方式檢驗熱導管之疲勞狀態

測試步驟：

1. 提供一熱源將其溫度控制於120℃維持10分鐘
2. 由120℃降溫至 -30℃以每分鐘降低0.5 ℃之速度下降（時間共為300分鐘）
3. 當溫度到達 -30℃後維持10分鐘
4. 由 -30℃升溫至120℃以每分鐘升溫0.5 ℃之速度上升（時間共為300分鐘）
5. 執行完步驟 1～4 即為一個循環完成
6. 本測試需執行600個循環

測試結果如圖8-55

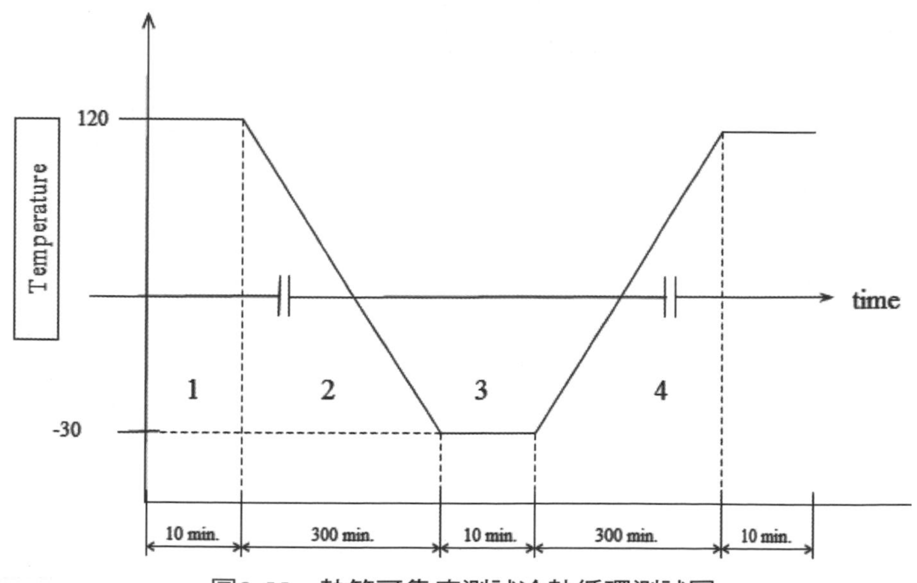

圖8-55　熱管可靠度測試冷熱循環測試圖

冷熱循環測試其他說明：

測試標準：最大熱傳量損失需低於10%，其溫差ΔT=（T_1-T_2）＜6℃

測試數量：各5支，需測試圓直管與成型管

測試角度：0 度，- 90度（負角度為蒸發段高於冷凝段）

測試設備：可程式恆溫恆濕機

8.5.3 安全測試

8.5.3-1爆裂測試

目　　的：在設計階段利用持續雞熱之方式檢驗熱導管於無冷卻狀態之下是否會有毀損。

測試步驟：

1. 將熱導管加熱至200 ℃維持一小時並不外加其他冷卻裝置
2. 目測熱管有無爆裂
3. 將其餘熱管於 Response Test 中重新測試其性能

爆裂測試其他說明：

測試標準：於加熱一小時後無被破壞之現象

測試數量：各5支，需測試圓直管與成型管

測試角度：0 度

測試設備；熱電偶線，溫度紀錄器與防爆裝置高溫爐

爆裂測試結果如表8-9：

表8-9　熱管爆裂測試結果

外徑	溫度 (℃)	時間 (秒)	測試結果
φ6	400	1800	OK
φ6	450	60	爆裂
φ6	550	10	爆裂
φ8	400	1800	OK
φ8	450	120	爆裂

外徑	溫度 (℃)	時間 (秒)	測試結果
φ8	550	15	爆裂

熱管整體製作流程圖如圖8-56

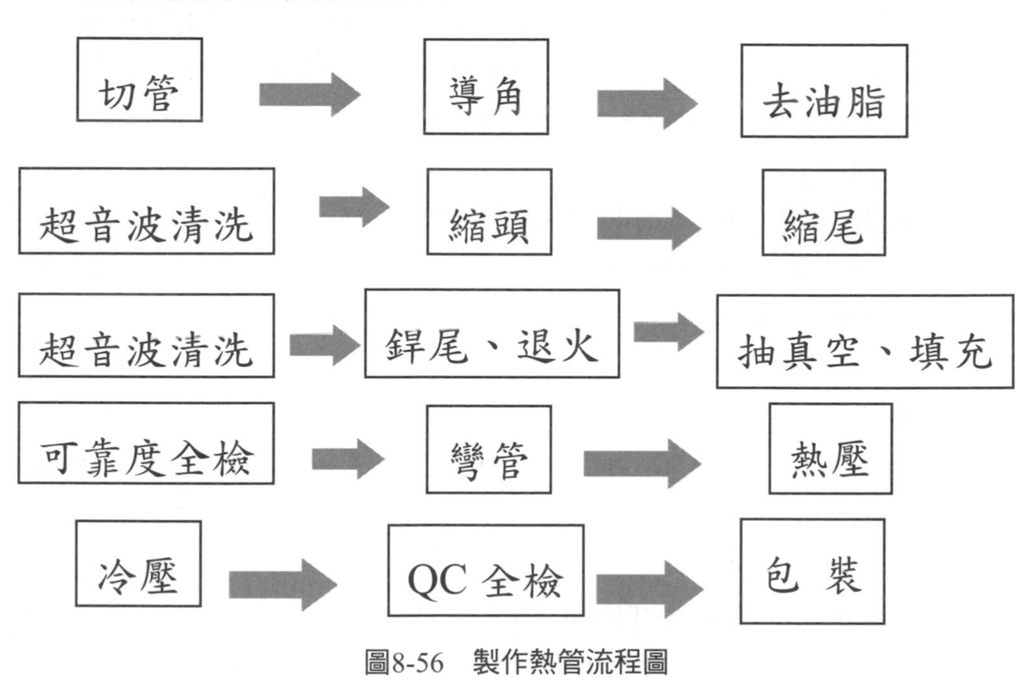

圖8-56　製作熱管流程圖

參考資料

1. P.D. Dunn, D.A. Reay, "Heat Pipe", pp. 175～177.
2. B&K Engineering, INC, "Heat Pipe Design Handbook", vol.1 prepared for NASA, Goddard Space Flight Center, Greenbelt, Maryland 20771.
3. Japan Heat Pipe Association, "Heat pipe theory & the application", Ch.3, pp. 58～61.
4. Gaugler, R. S., "Heat Transfer Device," U. S. Patent 2350348, June 6, 1944
5. Grover, G.M. (1966) Evaporation-Condensation Heat Transfer Device. US patent No. 3229759.
6. 微小型熱管與均溫板量測標準訂定草案，熱管理協會，（TTMA-HP-2015）。
7. Deverall, J.E., "Mercury as a heat pipe fluid," ASME. Paper 70-HT/SPT-8, presented at the Space Technology and Heat Transfer Conference, Los Ange;s, CA, June, 1970.
8. Rice, Graham, "HEAT PIPES", A-to-Z Guide to Thermodynamics, Heat & Mass Transfer, and Fluids Engineering, http://www.thermopedia.com/content/835/
9. J.P. Holman, "Heat Transfer", McGraw-Hill International Editions, Mechanical Engineering Series. 7 edition, p.270
10. "Properties of plain weave metallic wire mesh screens", Zenghui Zhao ⇑, Yoav Peles, Michael K. Jensen International Journal of Heat and Mass Transfer 57 (2013) 690–697.
11. Powder Technology, "Fundamentals of Particles, Powder Beds, and Particle Generation", edited by Hiroaki Masuda, Ko Higashitani, Hideto Yoshida, CRC Oress LLC, 2006, Taylor & Francis Group, 3rd. edition, Boca Raton, Lodon, New York

12. 盧俊彰，林唯耕，「滲透度對熱管性能之影響」，中國機械工程學會第二十二屆全國學術研討會，2005。
13. 洪佳煌，「熱管性能量測平台之靈敏度分析」，國立清華大學，工程與系統科學系碩士論文，2008。

附件 A
微小型熱管性能量測標準草案——修訂條文
Standard testing method for the performance of miniature heat pipes

前言

1. 本標準依台灣熱管理協會（TTMA）標準委員會（簡稱標委會）第4次會議記錄對熱管傳熱性能試驗記錄進行了適應性修改，並以附錄的型式給出。
2. 本標準由台灣熱管理協會提出。
3. 本標準起草單位：台灣熱管理協會標委會。

本標準主要起草人：林唯耕、黃振東

業界代表：蔡柏彬、馮博皓、黃清白、吳聲麟、陳其亮、黃孟正、吳安智

學研代表：王訓忠、康尚文、簡國祥、劉鈞凱

微小型熱管性能量測之標準方法

1. 範圍

本標準適用於微型圓直管、圓彎管、扁直管、扁彎管之熱管性能量測的設置、實驗裝置、環境條件、實驗結果計算的要求或方法。

2. 規範性引用文件

下列文件中的條款經通過後成為本標準的條款。

（TTMA-HP-2015，version 3）熱管術語。

3. 術語和定義

（TTMA-HP-2015）確定的術語和定義適用於本標準，本標準定義之微小型熱管為直徑小於10mm，超薄型熱管為直徑小於0.40mm。

4. 熱管樣品定義及其製備

4.1　熱管樣品定義

4.1.1　本標準測試方法之熱管是以結構分類之重力熱管及毛細結構熱管，或依形狀分類例如圓直管、圓彎管、扁直管、扁彎管，其測試表格應包括以下之內容：

4.1.1.1　測試基本資料：測試人員、測試編號、測試日期、熱管編號

4.1.1.2　測試環境資料：環境溫度T_{amb}（℃）、相對濕度ϕ（%）、大氣壓（bar）

4.1.1.3　熱管種類：重力熱管、毛細結構熱管

4.1.1.4　熱管毛細結構分類：毛細網狀結構熱管、燒結熱管、溝槽熱管、複合式熱管等等

4.1.1.5　熱管形狀：圓直管、圓圓彎管、扁直管、扁彎管等等

4.1.1.6　熱管尺寸：熱管直徑（D_{HP}）、蒸發部長度（L_e）、絕熱部長度（L_a）、冷凝部長度（L_C）、加熱銅塊距端點之位置之長度（$L_{non\text{-}heat}$）、總長度（L_{tot}）（附件1之圖1）

4.1.1.7　測試傾斜角度：0°、30°、60°、90°….等等

4.1.1.8　加熱方式：直流（電壓、電流）、交流、熱電致冷晶片（TEC）、加熱晶片（thermal die），及其熱功率（Q_{in}）之定義

4.1.1.9　冷卻方式：水冷式、氣冷式、熱電致冷晶片（TEC）冷卻

4.1.1.10　熱損失：熱損失量（Q_{loss}）

4.1.1.11　熱管性能指標：最大熱傳量（Q_{max}）、ΔT_{dryout}、熱管熱阻值（$R_{th,HP}$）、熱管操作溫度（T_{op}）亦即為熱管之絕熱部溫度（T_{adi}）

4.1.2　各型式之熱管測試長度之定義（附件1之圖1）

4.1.2.1　熱管總長度：熱管軸向之總長度 L_{tot}

4.1.2.2　熱管無效端長度：由於加工封口之因素造成工作流體在該熱管頂端區域（長度）內完全無法流動也無法有效產生熱交換之區域（長度）

4.1.2.3　加熱區（段、部）（長度固定為20mm）或廠家另行訂定；從熱管頂端起10mm（$D_{HP} \leqq 6$mm），從熱管頂端起20mm（6mm< $D_{HP} \leqq 10$mm）

4.1.2.4　冷凝區（段、部）（長度固定為60mm）或廠家另行訂定

4.1.2.5　絕熱區（段、部）（為熱管蒸發區與冷凝區中間之區域）

4.2　隔熱方式與隔熱之計算

進行熱管性能測試時，為要求得真正之熱量輸入，因此在蒸發區（段、部）、絕熱區（段、部）與冷凝區（段、部）都需要隔熱，以便精準測量熱損失量與輸入之熱量

4.2.1　蒸發區（段、部）之隔熱：以絕熱材質例如泡棉、陶瓷等包覆熱管蒸發區（段、部）（含加熱裝置），隔熱要確保蒸發區有效果

4.2.2　絕熱區（段、部）之隔熱：以絕熱材質例如泡棉、陶瓷等包覆熱管絕熱區（段、部），要確保隔熱有效果

4.3　測溫元件

4.3.1　一般要求

4.3.1.1　測溫元件一般採用熱電偶、熱電阻等溫度傳感器，溫度傳感器需經檢定並在有效期內，在試驗溫度範圍內其誤差一般應不大於0.5°C。

4.3.1.2　測溫元件與熱管壁而應緊密接觸，不允許有間隔

4.3.1.3　測溫元件的佈點位置應便於檢測熱管性能

4.3.2　測溫元件數量的確定

4.3.2.1　蒸發區（段、部）熱電耦之數量及位置：熱電偶緊貼於與熱源相貼合的蒸發部外壁面，緊貼於蒸發部每1/4長度做為測量點，共取3點，其符號以從最靠近加熱塊頂端之熱電耦各為：T_{e1}、T_{e2}、T_{e3}，其性能之溫度則以T_{e1}為指標，各溫度之單位皆以攝氏（℃）為準，精準度在±0.5℃以內（附件1之圖1）

4.3.2.2　絕熱區（段、部）熱電耦之數量及位置：熱電偶測量點緊貼於絕熱部1/2長度處之管壁，其符號為：T_{adi}，溫度之單位以攝氏（℃）為準，精準度在±0.5℃以內

4.3.2.3　冷凝區（段、部）熱電耦之數量及位置：

4.3.2.3-1 水冷式冷凝區（段、部）熱電耦之數量及位置：冷凝水套熱電偶測量參考點，共取2點，分別為入水口溫度$T_{in,C}$與出水口溫度$T_{out,C}$，緊貼於冷凝區距熱管尾端20mm長度處之管壁上做為熱電偶測量點，並作為冷凝區溫度之指標，其符號為T_C，各溫度之單位皆以攝氏（℃）為準，精準度在±0.5℃以內（附件1）

4.3.2.3-2 熱電致冷式冷凝區（段、部）熱電耦之數量及位置：熱電偶測量點，取1點，緊貼於冷凝區距熱管尾端20mm長度做為熱電偶測量點溫度 T_C，溫度之單位以攝氏（℃）為準，精準度在±0.5℃以內

4.3.2.3-3 氣冷式冷凝區（段、部）熱電耦之數量及位置：熱電偶測量點，取1點，緊貼於冷凝區距熱管尾端20mm長度做為熱電偶測量點溫度 T_C，溫度之單位以攝氏（℃）為準，精準度在±1℃以內

5. 熱管之熱移試驗裝置和儀器

熱管在做性能測試時，除了蒸發部有已知之功率輸入外，還需要計算熱管實驗之熱損失量

5.1 水冷式熱管熱移裝置

水冷式熱管熱移裝置主要由熱管安裝支架、恆溫恆壓水源、水套（或噴淋管、冷板）、流量計、電源調控系統、加熱器及測溫系統等組成，裝置如附件1之圖2。熱管安裝支架可以具備調節傾斜角度的功能，調節精度應滿足測試要求。冷凝水套之出口處建議加裝一擾流裝置以增加出口溫度之均勻性，$T_{out,C}$之位置建議在水套出口處4cm以內，此4cm距離內之各點出口溫差不得大於0.5℃。

水冷式之熱移公式：

$$Q_{out,C} = \dot{m}_C C_C (T_{out,C} - T_{in,C}) \cdots\cdots \text{(Eq.5-1)}$$

其中 $Q_{out,C}$：水冷式水套熱移量（W）

$\dot{m}_C$：水套工作流體之質量流率（g/s）

C_C：水套工作流體之比熱容（J/g,K）

$T_{out,C}$：水套出水口之溫度（℃）

$T_{in,C}$：水套進水口之溫度（℃）

5.2　T.E. 致冷式熱移裝置

熱電致冷式熱移裝置主要是由電子致冷晶片（Thermo Electric）、熱端銅塊，冷端銅塊及鰭片與風扇散熱器組成。熱端銅塊與冷端銅塊須以散膏確定各緊密黏貼於熱電致冷晶片之熱端與冷端，其中熱電偶測量點，共取2點，分別為熱電致冷晶片熱端銅塊溫度 $T_{hot,TE}$（亦即T_C）與熱電致冷晶片冷端銅塊溫度 $T_{cold,,TE}$。熱電致冷式晶片需做好熱移量之校正工作。

熱電致冷式致冷式之熱移公式：

$$Q_{out,TE} = Q_{in,TE} + W_{in,TE} \cdots\cdots \text{(Eq.5-2)}$$

其中 $Q_{out,TE}$：從熱電致冷晶片熱端移除之熱量（W）

$Q_{in,TE}$：從熱電致冷晶片冷端輸入之熱量（W）

$W_{in,TE}$：輸入到熱電致冷晶片之電功率（W）

5.3　氣冷式熱管熱移裝置

氣冷式熱管熱移裝置主要由熱管安裝支架、風機、風道、試驗段、風速測量系統、電源調控系統、加熱器及測溫系統組成。試驗段的風速應均勻，風量可以調節。根據需要，熱管安裝支架可以具備調節傾斜角度的功能，調節精度應滿足測試要求。

氣冷式之熱移公式：

$$Q_{out,air} = h_C A_{s,C} (T_C - T_{amb}) \cdots\cdots \text{(Eq.5-3)}$$

其中 $Q_{out,air}$：氣冷式熱移量（W）

h_c：熱管冷凝區之熱對流係數（$W/m^2,K$）

$A_{s,c}$：熱管冷凝區之散熱表面面積（m^2）

T_c：熱管冷凝區之指標溫度（℃）

T_{amb}：環境溫度（℃）

5.4　測試儀器

5.4.1　測量加熱電功率的儀表可用電流表、電壓表或功率表，精度等級應小於0.5%。

5.4.2　溫度測量採用數字電壓表、電位差計或數字溫度計，溫度測量精準度在±0.5°C以內。

5.4.3　水冷式流量量測精準度在±5%以內。

6. 測試

6.1　測試狀態

測試狀態依熱管結構之不同而有不同之位置型態

6.2　蒸發區（段、部）加熱方法

利用直流（電壓、電流）、交流、熱電致冷晶片（TEC）、加熱晶片（thermal die）等等為熱源並間接加熱於預先刻好溝槽（此溝槽必須適合受測熱管尺吋）之上、下兩個紅銅塊（C1100）。將熱管埋入紅銅塊（附件1，圖3），上半部並以絕熱泡棉隔熱，本標準建議採用測試時，蒸發區（段、部）一般用直流電源加熱的方法加熱，要求加熱均勻，其輸入之直流電功率等於其熱功率，如果以其他方式加熱時也必須要求能精準量出其輸入之功率。

6.3　冷凝區（段、部）冷卻方法

6.3.1　熱管冷凝區（段、部）可用強制氣冷方法,要求均勻冷卻

6.3.2　熱管冷凝區（段、部）可採用水冷方法，要求均勻冷卻；

6.3.3　熱管冷凝區（段、部）可採用熱電致冷方法，要求均勻冷卻。

6.4　熱管性能之指標

熱管之性能指標可以以蒸發區溫度（T_{e1}）與輸入功率（Q_{in}）如附件1之圖4或以熱管熱阻（$R_{th,\ HP}$）與輸入功率（Q_{in}）如附件1之圖5做為判斷熱管性能好壞之依據：

6.4.1　完全乾化——

6.4.1-a　如圖4（I）（熱管蒸發區溫度與輸入功率之性能指標圖），以T_{e1}明顯上升時之輸入功率（Q_{in}）及$\Delta T_{dryout} = T_{e1,dryout} - T_{adi}$ 做為該熱管之最大熱傳量與溫差量（ΔT_{dryout}）

6.4.1-b　如圖5（I）（熱管蒸發區熱阻與輸入功率之性能指標圖），以熱阻（$R_{th,HP}$）明顯上升時之輸入功率（Q_{in}）做為該熱管之最大熱傳量

6.4.2　部分乾化——

6.4.2-a　如圖4（II）（熱管蒸發區溫度與輸入功率之性能指標圖），以規定之ΔT_{dryout}（一般為3℃）時之輸入功率（Q_{in}）為該熱管之最大熱傳量與溫差量（ΔT_{dryout}）

6.4.2-b　如圖5（II）（熱管熱阻與輸入功率之性能指標圖），以廠家規定之熱阻（$R_{th,HP}$=（T_{e1}-Tc）/$Q_{in,act}$）時之輸入功率（$Q_{in,act}$）為該熱管之最大熱傳量

6.5 實驗步驟

6.5.1 熱管性能標準測試之步驟如附件1之圖6.

6.5.2 確定最大熱傳量Q_{max}（W）

在設定的試驗狀態下，逐步增加加熱功率，以熱管蒸發區之指標溫度（T_{e1}）對輸入該熱管之真正熱功率（$Q_{in,act}$）作圖——（T_{e1} vs $Q_{in,act}$）或以熱管熱阻（$R_{th,HP}$）對輸入該熱管之真正熱功率（$Q_{in,act}$）作圖——（$R_{th,HP}$ vs $Q_{in,act}$），其中熱管之真正輸入熱功率（$Q_{in,act}$）為輸入之熱功率減去熱管之熱損失量（Q_{loss}）

$$Q_{in,act} = Q_{in} - Q_{loss} \quad \cdots\cdots \text{（Eq.6-1）}$$

在完全乾化情況下如附件1之圖 4（I）之熱管蒸發區之指標溫度T_{e1} 在某一輸入熱功率時T_{e1}之溫度$T_{e1,dryout}$有明顯之轉折處，此時之熱管實際輸入功率 $Q_{in,act}$ 即為其最大熱傳量（Q_{max}）

在部分乾化情況下如附件1之圖4（II）之熱管之蒸發區指標溫度$T_{e1,dryout}$ 在規定之ΔT_{dryout}處之熱管實際輸入功率 $Q_{in,act}$ 即為其最大熱傳量（Q_{max}）

在完全乾化情況下如附件1之圖5（I）之熱管蒸發區之熱管熱阻（$R_{th,\ HP}$）在某一輸入熱功率時熱管熱阻（$R_{th,\ HP}$）有明顯之轉折處，此時之熱管實際輸入功率 $Q_{in,act}$ 即為其最大熱傳量（Q_{max}）

在部分乾化情況下如附件1之圖5（II）之熱管之蒸發區熱管熱阻（$R_{th,\ HP}$）在規定之熱管熱阻（$R_{th,\ HP}$）處之熱管實際輸入功率 $Q_{in,act}$ 即為其最大熱傳量（Q_{max}）

7. 熱管熱損失（Q_{loss}）之計算

7.1 熱管熱損失率δ_{loss}之計算：

當採用蒸發器區（段、部）輸入熱功率進行熱管傳熱量計算時其熱管之熱損失量（Q_{loss}）。熱損失率之計算為：

$$\delta_{loss}\% = \left(\frac{Q_{loss}}{Q_{in}}\right) \times 100\% \quad \cdots\cdots \text{(Eq.7-1)}$$

其中 δ_{loss}：熱管之熱損失百分率（%），其值應控制在10%以內。

Q_{in}：熱管蒸發區（段、部）的輸入熱功率，單位為瓦特（W）；

7.2　熱管蒸發區熱損失量之實驗：

本標準建議熱損失量之實驗如下之方法為以下四種，分別為：傳統水冷式計算熱損失、隔熱理論計算熱損失量、以蒸發部熱損失校正曲線方式計算熱損失量、熱電致冷晶片式計算熱損失量

7.2.1　傳統水冷式計算熱損失

7.2.1-1　將熱管分別定義其蒸發、絕熱、冷凝部之長度，再將熱管之冷凝部固定于冷凝水套內，調整加熱塊位置並將蒸發部固定。

7.2.1-2　用絕熱泡棉包裹在蒸發、絕熱、冷凝部之外部。打開電源供應器，設定加熱功率，並且調整冷凝水溫度及流量以控制絕熱部為所規範之溫度。

7.2.1-3　當蒸發部達穩態平衡時，即可由Eq.7.2，求得水套之熱移量，由Eq.7.3計算其熱損失量，並可由Eq.7.4計算其熱損失率，表7.1為傳統水冷式冷凝部各名詞符號之定義，實驗結果如附件1之表1。

$$Q_{out,C} = \dot{m}_C C_C (T_{out,C} - T_{in,C}) \cdots\cdots \text{(Eq.7-2)}$$

$$Q_{loss} = Q_{in} - Q_{out,C} \cdots\cdots \text{(Eq.7-3)}$$

$$\delta_{loss} = \frac{Q_{in} - Q_{out}}{Q_{in}} \times 100\% \cdots\cdots \text{(Eq.7-4)}$$

表7-1　傳統水冷式冷凝部各符號名詞定義

項目	說明	項目	說明
$\dot{m}_C$	冷凝水套工作流體之品質流率 (g/s)	$Q_{out,C}$	水冷式水套熱移量 (W)
C_C	水套工作流體之比熱容 (J/g,K)	Q_{loss}	熱損失量 (W)
$T_{in,C}$	水套進水口之溫度 (℃)	δ_{loss}	熱損失率 (%)
$T_{out,C}$	水套出水口之溫度 (℃)		

7.2.2　隔熱理論計算熱損失量

7.2.2-1　實驗裝置如附件1之圖7，熱管分別定義其蒸發、絕熱、冷凝部之長度，再將熱管之冷凝部固定于冷凝水套內，調整加熱塊位置並將蒸發部固定。

7.2.2-2　用絕熱泡棉包裹在蒸發、絕熱、冷凝部之外部。如圖7，額外在蒸發部、絕熱部、冷凝部各部中心點之隔熱泡棉下1mm處，埋入熱電偶（$T_{e,w}$, $T_{adi,w}$, $T_{C,w}$），絕熱部中心上方另設一熱電偶量測環境溫度（T_{amb}），打開電源供應器，設定加熱功率，並且調整冷凝水溫度及流量以控制絕熱部為所規範之溫度。

7.2.2-3　藉由所量測的溫度，直接由（Eq.7.5）～（Eq.7.15）理論計算熱損失量與輻射熱損失量，並且由（Eq.7.16）～（Eq.7.17）計算其總熱損失量與熱損失率，表7.2為隔熱理論各名詞符號之定義，實驗結果如附件1之表2。

$$h=\frac{k\overline{Nu_L}}{Lx}=0.54\,\frac{kRa_L^{1/4}}{Lx}\cdots\cdots\text{（Eq.7-5）}$$

$$Ra_L=\frac{gLx^3\beta(T_{x,w}-T_{amb})}{\nu\alpha}\cdots\cdots\text{（Eq.7-6）}$$

$$h=h_e=h_{adi}=h_c\cdots\cdots\text{（Eq.7-7）}$$

$$Q_{emit,e,loss}=\sigma A_{s,e}(T_{e,w}-T_{amb})^4\cdots\cdots\text{（Eq.7-8）}$$

$$Q_{emit,adi,loss} = \sigma A_{s,adi}(T_{adi,w} - T_{amb})^4 \cdots\cdots \text{(Eq.7-9)}$$

$$Q_{emit,c,loss} = \sigma A_{s,c}(T_{c,w} - T_{amb})^4 \cdots\cdots \text{(Eq.7-10)}$$

$$Q_{emit,loss,tot} = Q_{emit,e,loss} + Q_{emit,adi,loss} + Q_{emit,c,loss} \cdots\cdots \text{(Eq.7-11)}$$

$$Q_{h,e,loss} = h_e A_{s,e}(T_{e,w} - T_{amb}) \cdots\cdots \text{(Eq.7-12)}$$

$$Q_{h,adi,loss} = h_{adi} A_{s,adi}(T_{adi,w} - T_{amb}) \cdots\cdots \text{(Eq.7-13)}$$

$$Q_{h,c,loss} = h_c A_{s,c}(T_{c,w} - T_{amb}) \cdots\cdots \text{(Eq.7-14)}$$

$$Q_{h,loss,tot} = Q_{h,e,loss} + Q_{h,adi,loss} + Q_{h,c,loss} \cdots\cdots \text{(Eq.7-15)}$$

$$Q_{loss} = Q_{emit,loss,tot} + Q_{h,loss,tot} \cdots\cdots \text{(Eq.7-16)}$$

$$\delta_{loss} = \frac{Q_{loss}}{Q_{in}} \times 100\% \cdots\cdots \text{(Eq.7-17)}$$

表7-2　**隔熱理論各符號名詞定義**

項目	説明	項目	説明
$A_{s,e}$	蒸發部之周圍面積 (m^2)	g	Acceleration due to gravity (m^2/s)
$A_{s,adi}$	絕熱部之周圍面積 (m^2)	$Q_{h,e,loss}$	蒸發部熱對流熱損失量 (W)
$A_{s,c}$	冷凝部之周圍面積 (m^2)	$Q_{h,adi,loss}$	絕熱部熱對流熱損失量 (W)
Q_{in}	輸入功率 (W)	$Q_{h,c,loss}$	冷凝部熱對流熱損失量 (W)
k	熱傳導係數 (W/m,K)	$Q_{emit,e,loss}$	蒸發部幅射熱損失量 (W)
h	熱對流係數 ($W/m^2,K$)	$Q_{emit,adi,loss}$	絕熱部幅射熱損失量 (W)
h_e	蒸發部熱對流係數 ($W/m^2,K$)	$Q_{emit,c,loss}$	冷凝部幅射熱損失量 (W)
h_{adi}	絕熱部之對流熱傳係數 ($W/m^2,K$)	$T_{x,w}$	各部泡棉下1mm處熱電偶的溫度 (℃)
h_c	冷凝部對流熱傳係數 ($W/m^2,K$)	$T_{e,w}$	蒸發部泡棉下1mm處熱電偶的溫度 (℃)

項目	說明	項目	說明
Lx	各部之長度 (m)	$T_{adi,w}$	絕熱部泡棉下1mm處熱電偶的溫度 (℃)
$\overline{Nu_L}$	平均Nusselt number	$T_{c,w}$	冷凝部泡棉下1mm處熱電偶的溫度 (℃)
R_{aL}	Reyleigh number	T_{amb}	環境溫度 (℃)
α	Thermal diffusivity (m^2/s)	$Q_{h,loss,tot}$	總熱對流熱損失量 (W)
β	T_X^{-1} (1/K)	$Q_{emit,loss,tot}$	總熱輻射熱損失量 ()
σ	Stenfan-Boltzman (W/m^2, K^4)	Q_{loss}	總熱損失量 (W)
v	Kinematic viscosity (m^2/s)	δ_{loss}	以隔熱理論計算之熱損失率 (%)

7.2.3 以蒸發部熱損失校正曲線方式計算熱損失量

7.2.3-1 實驗裝置如附件1之圖8（a），在固定之T_{amb}下，先以隔熱泡綿包覆未插入熱管之銅塊，將銅塊加熱後達到穩態後之溫度T_{e1}與T_{amb}之溫差（$\Delta T_{e1,amb} = T_{e1} - T_{amb}$）對加熱功率$Q_{in}$作圖（$\Delta T_{e1,amb}$ Vs. Q_{in}）$_{\text{without heat pipe}}$，其未插入熱管時之Q-T曲線如圖9。此時相對應$\Delta T_{e1,amb}$之$Q_{in}$即為其$Q_{loss,max}$。

7.2.3-2 如圖8（b），在固定之T_{amb}下，將熱管插入包覆隔熱泡綿之銅塊，依6.5.1實驗步驟量測出熱管最大熱傳量時之T_{e1}並與加熱功率Q_{in}作圖，其插入熱管後之（$\Delta T_{e1,amb}$ Vs. Q_{in}）$_{\text{with heat pipe,non calibrate}}$曲線如圖9。此時相對應於溫度轉折處之溫差$\Delta T_{e1,amb}$即為該熱管開始燒乾（dry out）之蒸發部溫度$T_{e1,dryout}$與環境溫度$T_{amb}$之溫差，$Q_{in,max}$即為其還沒有扣掉熱損失之$Q_{loss,max}$之最大熱傳量。

7.2.3-3 將各點之Q_{in}減掉熱損失$Q_{loss,max}$即為其熱管之真正數入量$Q_{in,act}$，$Q_{in,max,act} = Q_{in,max} - Q_{loss,max}$重新作圖即可以求得圖9之熱管性能曲線，實驗結果如附件表3。

7.2.4　熱電致冷晶片式計算熱損失量

7.2.4-1　將性能曲線測試完成的熱電致冷器運用在性能量測平臺之冷凝部，結合成新的冷凝部治具（T.E.C模組），取代原本水冷式之冷凝部，將熱電致冷器之冷端置於熱管冷凝部，設置方式如圖10。

7.2.4-2　將熱管絕熱部之溫度在實驗過程中維持在操作溫度，而熱電致冷器之熱端部分是以強制對流之散熱器將熱端的廢熱移出，再經由查詢熱電致冷器性能曲線之冷、熱端溫差及輸入晶片之功率如圖11，即可計算其晶片之熱移量及冷凝部熱損失。

7.2.4-3　在利用（Eq.7.12）～（Eq.7.13）即可計算出蒸發部與絕熱部之熱損失，由（Eq.7.18）可計算出冷凝部的熱損失量$Q_{c,loss}$，經由（Eq.7.19）得知總熱損失量，再利用（Eq.7.20）便可計算出熱損失率，表7.3為熱電致冷晶片式各名詞符號之定義，實驗結果如附件1之表4。

$$Q_{c,loss} = Q_{in} - Q_{TEC,out} \cdots\cdots \text{(Eq.7-18)}$$

$$Q_{loss} = Q_{e,loss} + Q_{adi,loss} + Q_{c,loss} \cdots\cdots \text{(Eq.7-19)}$$

$$\delta_{loss} = \frac{Q_{loss}}{Q_{in}} \times 100\% \cdots\cdots \text{(Eq.7-20)}$$

表7-3　熱電致冷晶片式各符號名詞定義

項目	說明	項目	說明
Q_{in}	輸入功率 (W)	$Q_{c,loss}$	冷凝部熱損失量 (W)
$Q_{TEC,out}$	冷凝部致冷晶片的移熱量 (W)	Q_{loss}	總熱損失量 (W)
$Q_{e,loss}$	蒸發部熱損失量 (W)	δ_{loss}	熱損失率 (%)
$Q_{adi,loss}$	絕熱部熱損失量 (W)		

7.3　不同熱損失計算方式之比較：

四種不同量測方式的熱管性能（傳統水冷式計算熱損失量、隔熱理論計算熱損失量、以蒸發部熱損失校正曲線方式計算熱損失量、熱電致冷晶片式計算熱損失量之比較圖，如附件1之圖12、圖13。

7.4　附件2之表5為以熱電致冷晶片式計算熱損失量求得熱管最大熱傳量之數據，圖14為熱管最大熱傳量之性能圖

8. 熱管熱阻 $R_{th,HP}$ 之計算：

熱管之熱阻計算定義為蒸發區（段、部）之指標溫度T_{e1}與冷凝部之指標溫度 T_C之差除以實際輸入熱管之功率$Q_{in,act}$：

$$R_{th,HP}\% = \frac{T_{e1} - T_C}{Q_{in,act}} \times 100\% \quad \cdots\cdots \text{（Eq.8-1）}$$

$R_{th,HP}$——熱管熱阻，單位為攝式度每瓦特（°C/W）。

附件 1
微小型熱管性能量測之標準方法

$L_{non\text{-}effect}$= 10mm if D_{HP}≦6mm

$L_{non\text{-}effect}$= 20mm if 6mm＜D_{HP}≦10mm

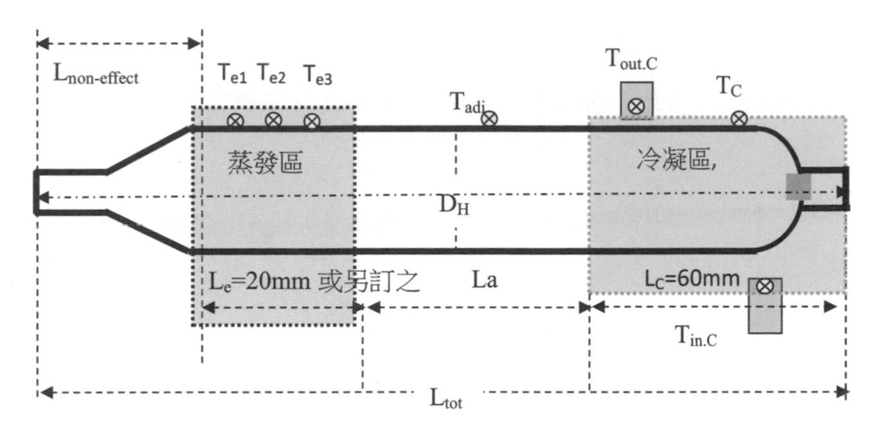

圖1.　熱管之尺寸及符號示意圖

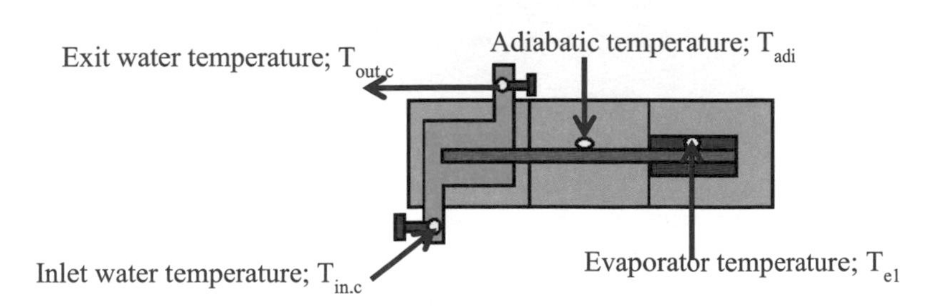

圖2.　傳統水冷式實驗設置圖

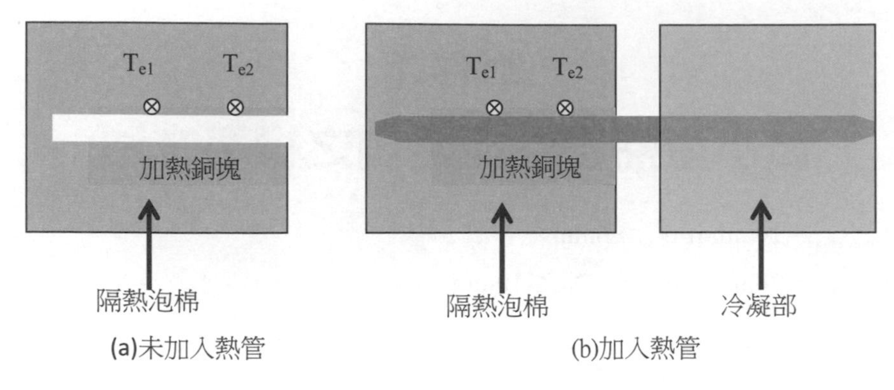

圖3. 熱管熱移量實驗蒸發區之配置圖

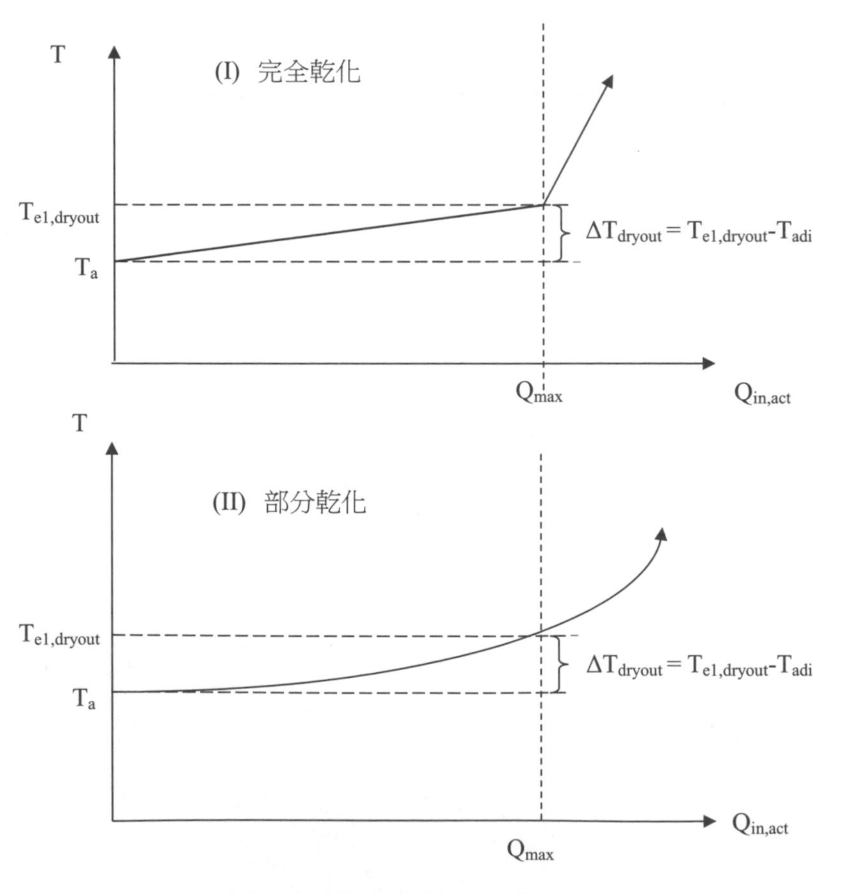

圖4. 熱管蒸發區溫度與輸入功率之性能指標圖

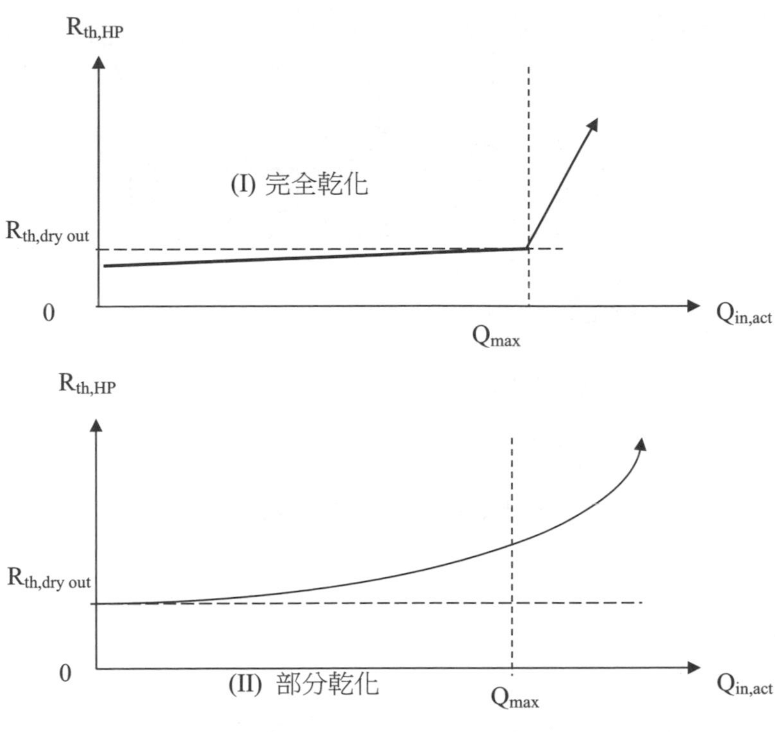

圖5　熱管熱阻與輸入功率之性能指標圖

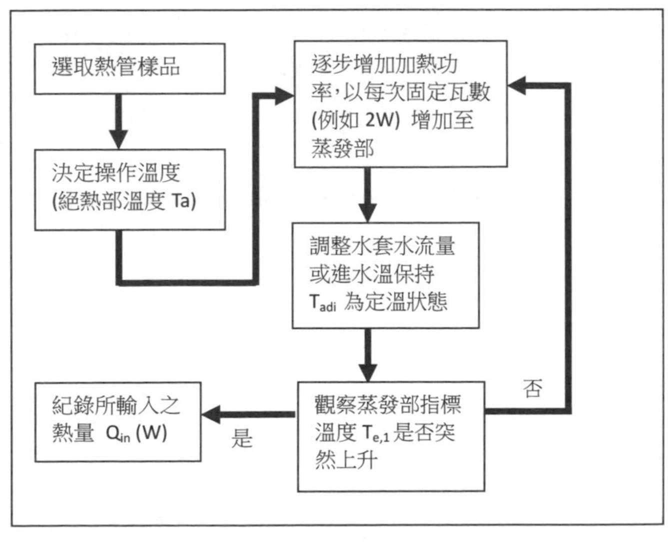

圖6　水冷式熱管標準測試之步驟

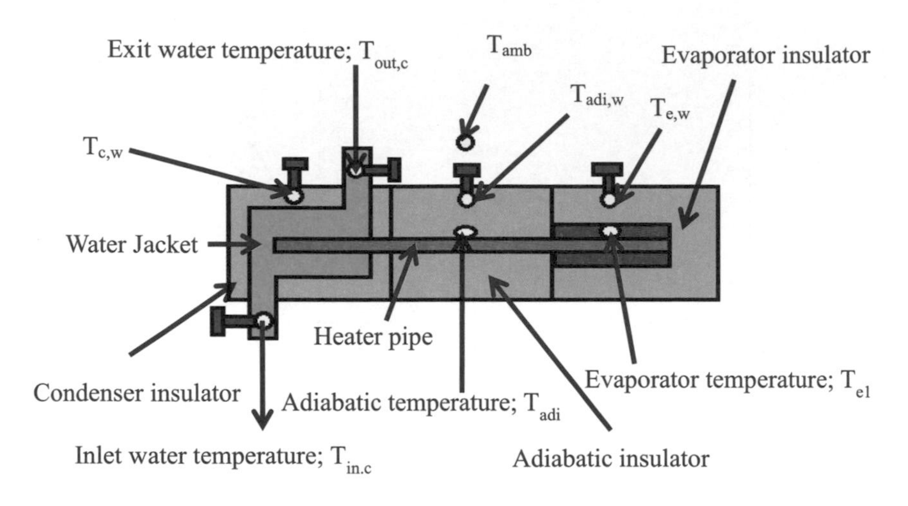

圖7　隔熱理論計算實驗設置圖

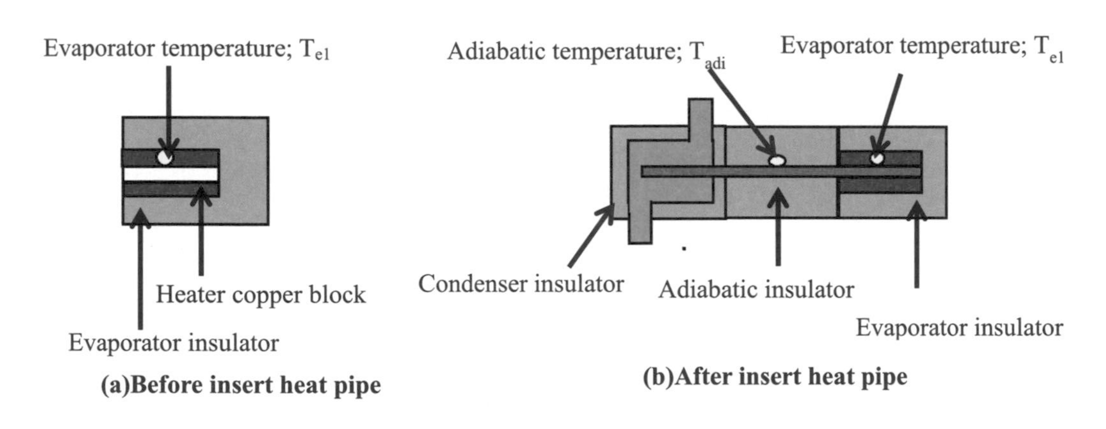

圖8　以蒸發部熱損失校正曲線方式實驗設置圖

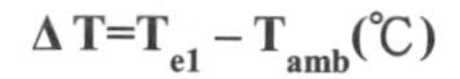

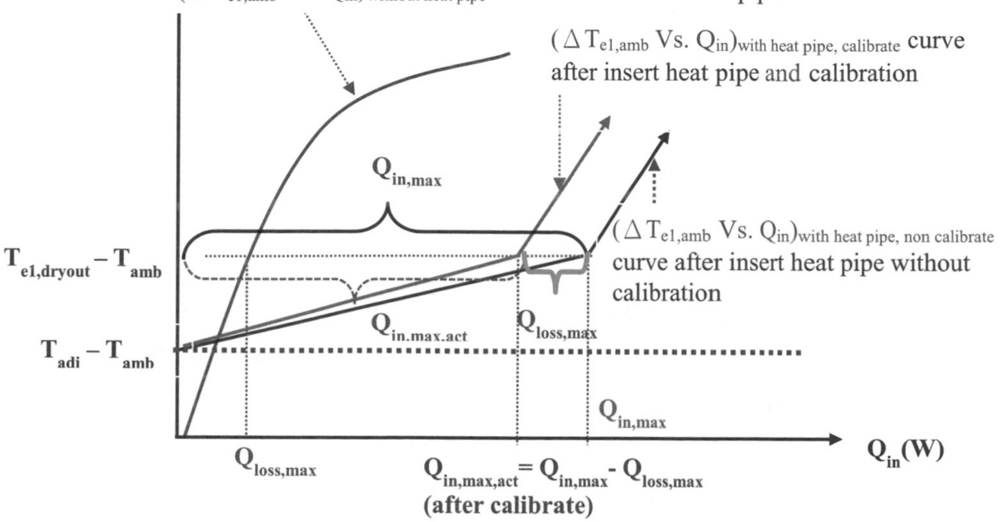

圖9　蒸發部熱校正曲線圖

在未dry out 前，Q_{loss}～$Q_{loss,max}$

在Q_{in}＜Q_{loss}狀態下，表示熱管熱傳方向由冷凝部傳向加熱部，冷凝水溫需大於T_{adi}

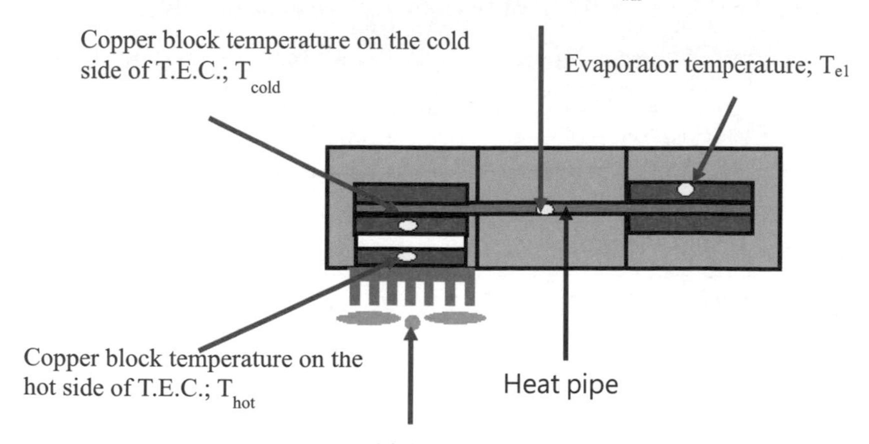

圖10　熱電致冷晶片式實驗設置圖

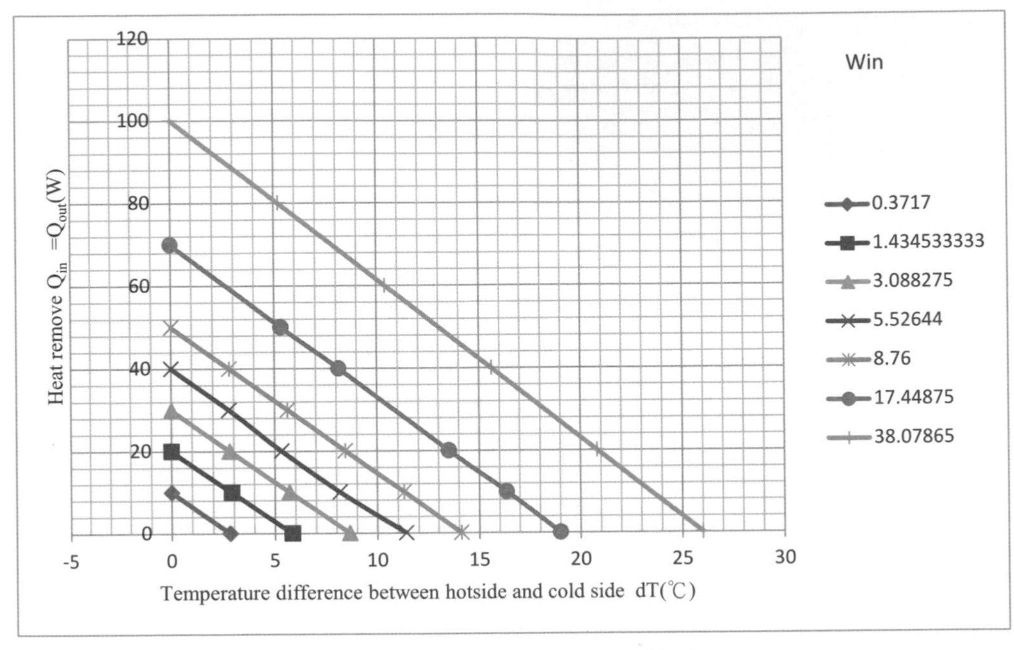

圖11　熱電致冷器性能曲線圖

表1　傳統水冷式熱電偶在不同入水口位置之熱移量實驗

Thermocouple location is 4 cm away from the exit of the condenser					Thermocouple location is 6 cm away from the exit of the condenser			
Q_{in} (W)	T_{e1} (℃)	$Q_{w,out}$ (W)	$Q_{loss}=Q_{in}-Q_{w,out}$ (W)	$\delta_{loss}=(Q_{loss}/Q_{in}) \times 100$ (%)	T_e (℃)	$Q_{w,out}$ (W)	$Q_{loss}=Q_{in}-Q_{w,out}$ (W)	$\delta_{loss}=(Q_{loss}/Q_{in}) \times 100$ (%)
8	37.8	6.73	1.27	15.9	37.6	7.1	0.9	11.3
12	39.0	8.98	3.02	25.2	38.4	11.0	1.0	8.3
16	40.8	11.93	4.07	25.4	39.6	14.7	1.3	8.1
17.6 (Q_{max})	41.6	13.74 (Q_{max})	3.86	21.9	40.1	16.2 (Q_{max})	1.4	8.0
20	44.9	16.83	3.17	15.9	42.6	18.3	1.7	8.5

Thermocouple location is 4 cm away from the exit of the condenser					Thermocouple location is 6 cm away from the exit of the condenser			
Q_{in} (W)	T_{e1} (℃)	$Q_{w,out}$ (W)	$Q_{loss}=Q_{in}-Q_{w,out}$ (W)	$\delta_{loss}=(Q_{loss}/Q_{in})$ X 100 (%)	T_e (℃)	$Q_{w,out}$ (W)	$Q_{loss}=Q_{in}-Q_{w,out}$ (W)	$\delta_{loss}=(Q_{loss}/Q_{in})$ X 100 (%)
24	52.6	21.03	2.97	12.4	49.0	22.1	1.9	7.9

表2　以隔熱理論計算熱損失之熱移量實驗

Q_{in} (W)	T_{e1} (℃)	$Q_{h,loss}$ (W)	$Q_{emit,loss}$ (W)	Q_{loss} (W)	$Q_{in,cal}=Q_{in}-Q_{loss}$ (W)	Heat loss rate $\delta_{loss}=Q_{loss}/Q_{in}$ (%)
8	36.8	0.69	$1.3\text{x}10^{-10}$	0.69	7.31	7.5
12	37.6	0.94	$1.4\text{x}10^{-10}$	0.94	11.06	7.8
16	38.8	1.25	$1.6\text{x}10^{-10}$	1.25	14.75	7.8
17.6 ($Q_{in,max}$)	39.4	1.34	$1.8\text{x}10^{-10}$	1.34	16.26	7.6
20	42.5	1.63	$2.3\text{x}10^{-10}$	1.63	18.37	8.2
24	48.4	1.80	$3.0\text{x}10^{-10}$	1.80	22.2	7.5

表3　以蒸發部熱損失校正曲線方式計算熱損失量實驗

Q_{in} (W)	T_{e1} (℃)	Q_{loss} (W)	$Q_{in,cal}=Q_{in}-Q_{loss}$ (W)	Heat loss rate $\delta_{loss}=Q_{loss}/Q_{in}$ (%)
8	37.2	1.7	6.3	21.2
12	38.2	2.1	10.9	17.5
16	39.4	1.9	14.1	11.9
17.6 ($Q_{in,max}$)	39.9	2.2	15.4	12.6
20	44.3	3.2	16.8	16.0
24	52.1	4.7	19.3	19.6

表4　以T.E.C熱移式之熱移量實驗

Q_{in} (W)	T_{e1} (℃)	W_{in} (W)	ΔT (℃)	$Q_{TEC,out}$ (W)	$Q_{loss} = Q_{in} - Q_{TEC,out}$ (W)	Heat loss rate $\delta_{loss} = Q_{loss}/Q_{in}$ (%)
12	36.5	1.03	1.4	11.19	0.81	6.8
16	37.6	1.71	1.8	14.95	1.05	6.6
17.6 (Qmax)	38.6	2.13	2.2	16.41	1.19	6.8
20	41.7	5.52	5.5	18.5	1.50	7.5
24	47.5	8.76	7.4	22.24	1.76	7.3

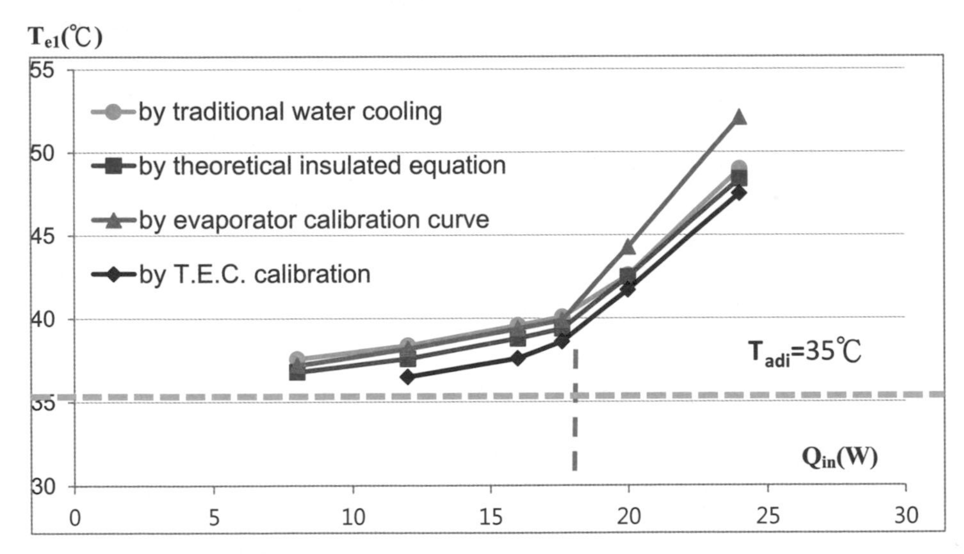

圖12　Heat pipe performance curve without calibration (L company)

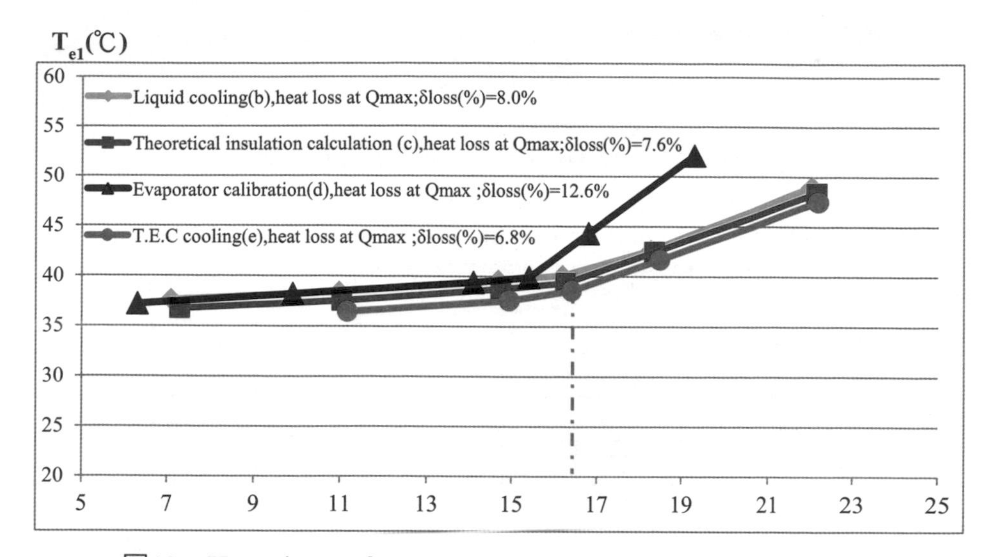

圖13　Heat pipe performance curve after calibration (L company)

$R_{th,\ Qmax}=(\Delta T)/Q_{max}=(38.6\text{-}25.4)/16.41=0.8(℃/W)$

$K_{qmax}=Q_{max}(\Delta x)/(AC\Delta T)=(\Delta x)/(A_C R_{th},\ Q_{max})$

$=(0.2)/(3.14X(3X10\text{-}3)2X0.8)=8846(W/m,℃)$

solid copper rod with O.D.: 6mm and length 20mm, heat loading : 16W

$R_{th,\ cu,Qmax}=(\Delta T)/Q_{max}=100/16=6.25(℃/W)$

$K_{cu,max}=Q_{max}(\Delta x)/(A_C\Delta T_)=(\Delta x)/(A_C R_{th,\ Qmax})$

$=(0.1)/(3.14X(3.5X10^{-3})^2X6.25)=416(W/m,℃)$

附件 2
（6mm 熱管性能測試報告）

表5　Maximum heat loading data for heat pipe by T.E.C. calibration (Y Company)

Q_{in} (W)	T_{e1} (℃)	T_{cold} (℃)	R_{th} (℃/W)
24	36	29.7	0.26
26	36.5	29.0	0.29
28	38.2	27.7	0.38
30	42.7	27.3	0.51
32	54.0	26.5	0.86

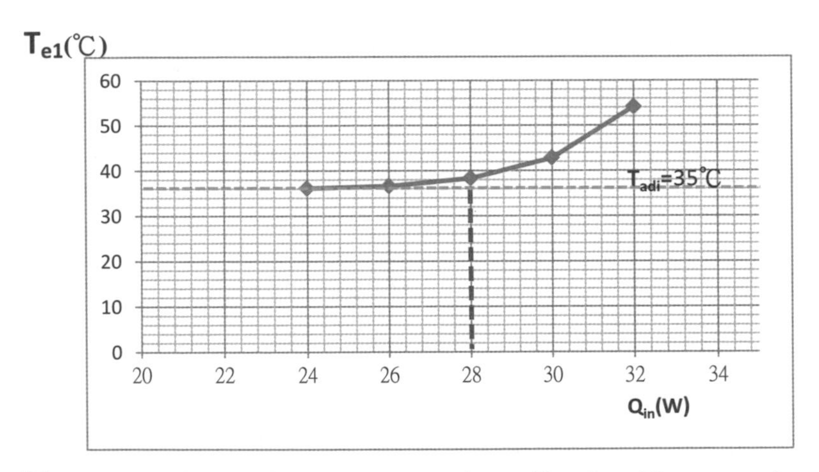

圖14　Heat pipe performance curve after calibration (Y company)

$$R_{th,\,Qmax} = (\Delta T)/Q_{max} = (38.2\text{-}27.7)/28 = 0.38(^\circ C/W)$$

$$K_{hp,max} = Q_{max}(\Delta x)/(A_C\Delta T) = (\Delta x)/(A_C R_{th,Qmax})$$

$$= (0.12)/(3.14X(3X10^{-3})^2X0.38) = 11174(W/m,^\circ C)$$

第 9 章

LED 熱散問題之癥結

LED誕生在1960年代，從紅光LED、綠光LED，一路開發到藍光LED，到1998年才真正看到商品化。臺灣發光二極體廠的市值規模僅次於日本，是全球第二大，世界市場占有率已超過兩成。由於臺灣擁有完整的LED上下游產業鏈，堅強的材料開發能力，具價格競爭優勢的印刷電路板產業，以及產業之間成熟的代工模式，對於未來高功率LED散熱技術的發展十分有利。LED雖然有很多優點如：亮度高、省電等，但仍有許多問題待解決，其中晶片接點溫度，是最為關鍵之一，晶片接點溫度與LED的發光特性關係密不可分。若是封裝結構無法有效排熱，積熱將使LED操作之接點溫度上升，導致發光效率降低及發光波長變短，壽命也隨之減少。因此，在封裝設計上，解決散熱問題才是根本之道，而LED照明系統研發結果之好壞終究還是需得通過測量系統之驗證，因此建立一個可靠度、重覆性、再現性都極強之LED熱阻量測系統也是非常重要的事。

9.1 LED 及其他燈泡發光原理

LED（Light Emitting Diode）是發光二極體的縮寫，是半導體材料製成的固態發光元件。一般而言，材料依其導電性可分為導體，半導體及絕緣體三種。在半導體中加入少量的三價原子即為P型半導體，在半導體中加入少量的五價原子即為N型半導體。將P型半導體與N型半導體接合形成PN接面，如圖9-1 所示，再對其施以順向電壓後（紅色箭頭表示電流方向），將使P區的電洞往N區移動（即藍色箭頭所指方向），同時N區的電子也向P區移動（即淺藍色箭頭所指方向），電子與電洞在接面之空乏層可進行直接互相結合，在電子與電洞結合的過程中，能量以光的形式釋出而放出足夠的光子出來，這就是LED的發光原理[1]。另外，有些LED的發光原理則是藉由電子加速後之撞擊游離化過程釋出能量而發光，例如圖9-2為光再生結構之白光LED。LED誕生在1960年代，從紅光LED、綠光LED，一路開發到藍光LED，到1998年才真正看到商品化如圖9-3。白熾燈，是一種透過通電，利用電阻把幼細絲線（現代通常為鎢絲）加熱至白熾，用來發光的燈。電燈泡外圍由玻璃製造，把燈絲保持在真空，或低壓的惰性氣體之下，作用是防止燈絲在高溫之下氧化，也因為白熾燈要先轉化成熱能才能發光，浪費了不少能量，自然不夠省電。日光燈（螢光）的原理是是靠氣體放電過程發光的。日光燈管是靠著燈管的水銀原子藉由氣體放電的過程釋放出紫外光，所消耗的電能約 60% 可以轉換為紫外光。其他的能量則轉換為熱能。藉由燈管內表面的螢光物質吸收紫外光後 釋放出可見光。不同的螢光物質 會發出不同的可見光。一般紫外光轉換為可見光的效率約為40%。因此日光燈的效率約為60%×40%= 24%，大約為相同功率鎢絲電燈的兩倍。省電燈泡和日光燈發光原理相同，所以也能夠節約電量。原本省電燈泡的確比較省電，但過去日光燈的設計，燈管通常直接暴露在外，發光效率雖然好，但是形狀醜陋；現在為求美觀，省電燈泡燈座常以燈罩罩住，或是加上一層玻璃板，但也會減損亮度，或者改良成螺旋形、馬蹄形或是圓球形，讓發光效率減損許多。不管是日光燈或省電燈泡，電子要撞擊水銀原子，都是走直線最好；例如圓盤形燈管，電子容易一直撞壁，反而不容易撞到原子，就會比較耗電，壽命也會比較短、容易故障。鹵素燈泡（Halogen lamp），亦稱鎢鹵燈泡，是白熾燈的一種而且是最耗電的一種白熾燈，因為它無頻閃、小巧玲瓏、演色性良好、聚光性好，為大部分設計師所獨鐘。原理是在燈泡內注入碘或溴等鹵素氣體。在高溫下，蒸發的鎢絲與鹵素進行化學作用，蒸發的鎢會重新凝固在鎢絲上，形成平衡的循環，避免鎢絲過早斷裂。因此鹵素燈泡比白熾燈更長壽。如果以燈泡形狀區分如圖9-4為球泡燈，圖9-5為PAR燈（投射燈），圖9-6為PL燈，圖9-7

為CDM軌道燈（陶瓷金鹵燈燈），圖9-8為MR16 燈，MR16是一種命名編號，其中「MR」是代表多重反射罩（Multifaceted Reflector）。16是代表前直徑的長度，為多少單位長的倍數，規定8個單位長為1英吋。以MR16為例，前直徑是16個單位長，則前直徑是2英吋，即2×2.54cm =5.08cm，口徑約長5公分。

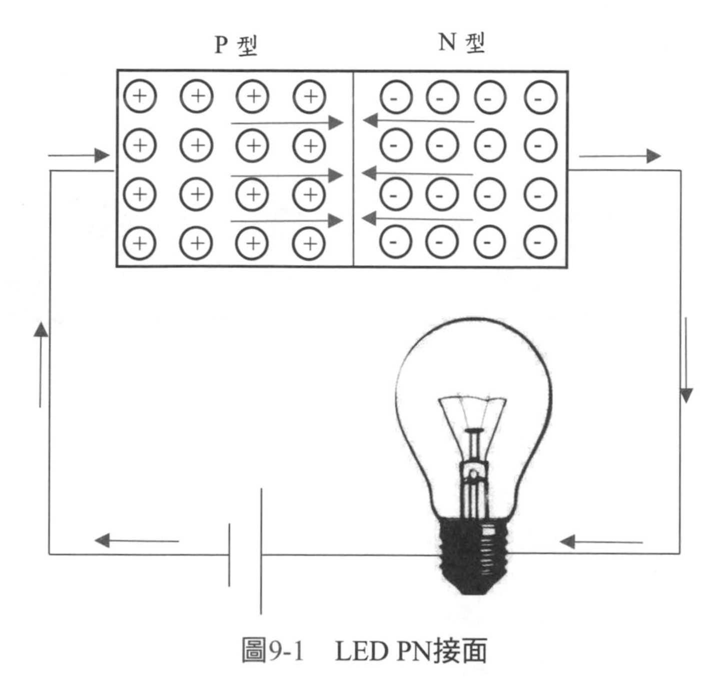

圖9-1　LED PN接面

（source：http://www.clipartpanda.com/categories/idea-light-bulb-clip-art-black-and-white）

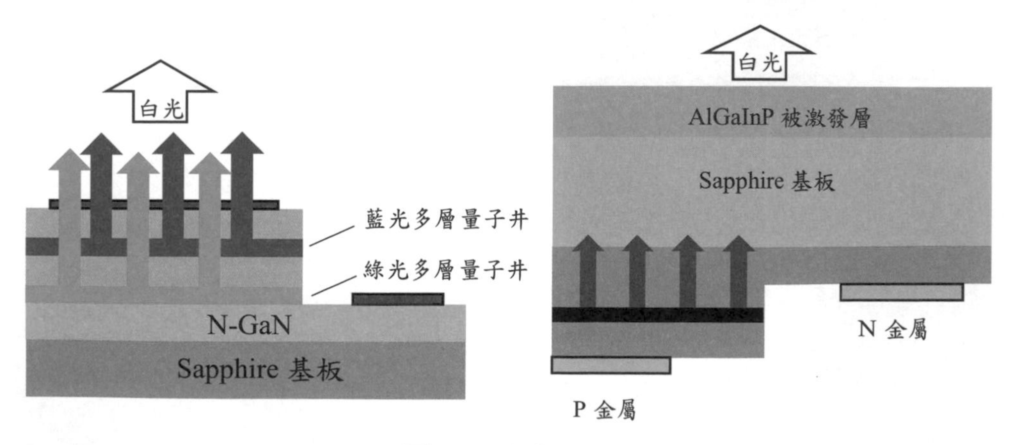

圖9-2　白光LED

圖9-3　商品化LED

（Source:http://www.amcomp.co.il/manufacturer）

圖9-4　球泡燈

（Source: http://crm.fpg.com.tw/j200/cus/pdt/Cc1p02.do?dc_kdxuid_0=PRODKD0023）

圖9-5　PAR燈（投射燈）

（Source:http://www.ledworld.tw/products_show.php?dmrecno=29564）

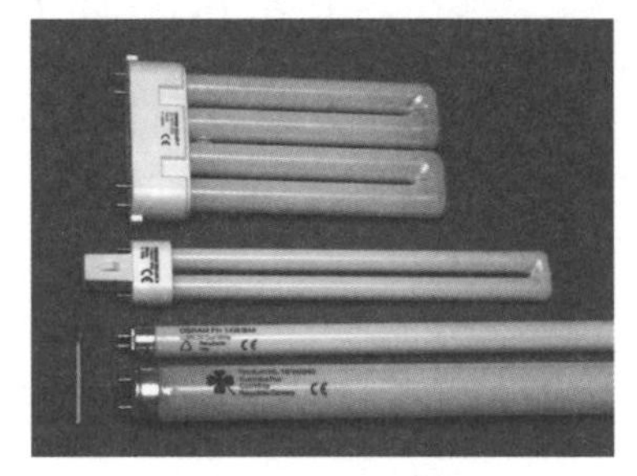

圖9-6　PL燈

（Source:https://zh.wikipedia.org/wiki/%E8%9E%A2%E5%85%89%E7%87%88#/media/File:Leuchtstofflampen-chtaube050409.jpg）

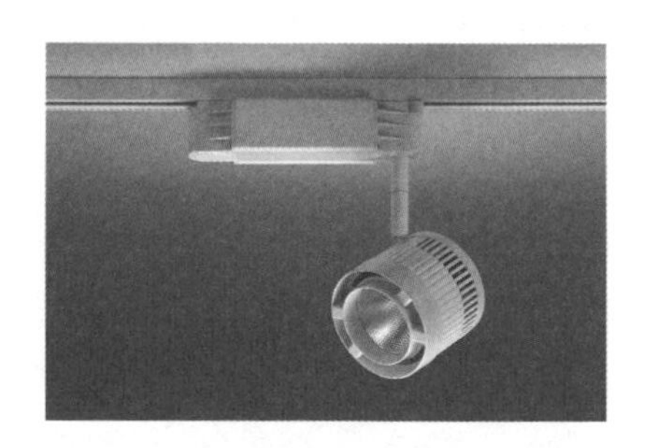

圖9-7　CDM軌道燈（陶瓷金鹵燈燈）

（(source: http://www.ledinside.com.tw/news/20150317-30877.html)）

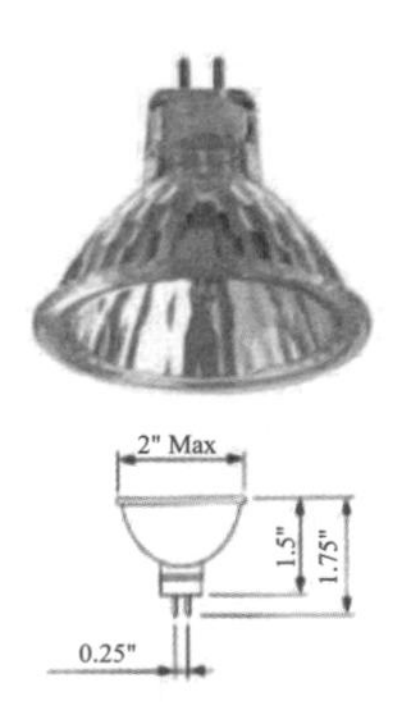

圖9-8　MR16 燈

（source：http://svet-con.ru/Lamp/detail.php?ID= 36003）

發光二極體（LED）具備省能、體積小、反應快、壽命長、外表堅固、耐震動、可量產等諸多特性，再加上照明功能的優勢，如指示性強、單色機能佳與混光性強等，使得現階段LED的應用，涵蓋從指示燈到消費性電子產品顯示器的廣大範圍。隨著材料與製程的進步，目前LED已趨近全彩以及高亮度化，且壽命高達10萬小時，因可預見LED將成為新一代替代傳統燈泡的光源。現階段，全球LED產業仍持續大幅成長，而其產業結構與製程可分為上、中與下游。原料在上游製作成磊晶片後，於中游與電極整合成LED晶圓，經由晶粒切割及擴晶成單一晶粒（LED Die），最後在下游將晶粒打線與封裝成不同樣式的LED燈具[2]。LED屬於冷性發光，所釋出的光有將近15～20%落在可見光頻譜的範圍。相較於一般燈泡，只有5%的發光能量位於可見光範圍，LED可說是現今可見光頻譜範圍中效率最高的光源如表9-1 [3]。表9-2為美、日、台三地LED節約能源之效益。

表9-1　LED 與其他光源特性比較

	全光束（lm）	發光效率（lm/W）	演色性（CRI）	光衰值（%）	壽命（Hours）
白熾燈泡（100W）	1,750	17	100	～0	750
螢光燈（40W）	3,200	80	73	-	20,000
緊湊型螢光燈（40W）	1,200	60	69	-	10,000
鹵素燈泡（100W）	2,500	23	100	～0	2,000
白光LED（5mm）	～1	～20	～85	35	10,000～100,000

表9-2　美、日、台三地LED節約能源之效益

地區／條件・效益	條件	能源節約	降低二氧化碳排放
美國	55%白熾燈及55%日光燈被LED取代	每年可節省350億美元電費	每年減少7.55噸二氧化碳排放量
日本	100%白熾燈被LED取代	可減少1-2座核電廠發電量	每年節省10億公升以上的原油消耗
台灣	25%白熾燈及100%日光燈被LED取代	節省110億度電，約合1座核電廠發電量	每年可節省5億公升的原油消耗

9.2 LED的演進史

LED的歷史起源於1907年，當時對於材料的掌握，發光的機制都尚未明確，H.J.Round發現SiC的微晶結構具有發光的能力，隨即公開發表在《電子世界》期刊，這是第一顆發光的LED，Round在文中指出第一顆LED是一種蕭基特二極體，並非PN接面二極體[4]。1936年，Destriau公開發表ZnS為II-VI半導體材料的LED，此後SiC及II-VI族半導體已是廣為人知的發光材料[5]。1952-1953期間，Heinrich Welker第一次展示出使用III-V族半導體做為發光材料，此後III-V族半導體引起大量的注意，III-V族半導體材料如GaAs，相繼被應用在波長870-980nm的紅外光LED及被用來做為Laser的材料[6]。

GaP材料的發展歷史始於1960年，1962年，Holonyak和Bevacqua在應用物理期刊發表了使用GaAsP為發光材料的紅光LED[7]，這是第一顆可見光LED，使用氣相磊晶法（VPE）在GaAs基板上成長出GaAsP二極體PN接面，其優點為磊晶方法簡易及低成本花費，但是由於GaAsP與GaAs並非晶格匹配的材料系統，在GaAsP與GaAs薄膜界面因為晶格不匹配的緣故，造成種種缺陷，導致發光效率不良，估計約為0.11m/W。1963年Allen及1964年Grimmeiss & Scholz發表了由GaP做為PN接面的LED，其後AT&T Bell實驗室的Ralph Logan等人致力於發展GaP材料系統的LED。GaP材料的LED可以在日光下，發出人眼所能看見的

紅光，其發光效率較GaAsP系統LED為佳，但由於GaP為非直接能隙半導體，所以限制住其輻射效率。此外，如果在半導體中摻入雜質例如N，或同時摻雜Zn和O，藉由改變其能隙大小，可以放射出紅綠波長區域的光。由於先天上的問題，GaAsP/GaAs系統直到1969年，才由Nuese發現經由磊晶一定厚度GaAsP緩衝層，可以提高其發光效率，此為不匹配材料系統一重要發現，其觀念沿用至今。1972年，將摻雜應用至GaAsP/GaAs系統，M. George Craford成功使用N摻雜做出第一顆黃光波段的GaAsP/GaAs LED，除了能有效提升發光效率，更將發光波長區段做一拓展及延伸。隨著紅光LED的研究與發展，GaAsP系統GaP與GaAs間仍有3% 晶格不匹配，所以另一被應用的材料為AlGaAs。Rupprecht和Woodall致力於AlGaAs材料的研究，由於Al容易氧化的特性，所以磊晶方法必須使用液相磊晶而非氣相磊晶，Woodall更設計出垂直式的液相磊晶法，結果發現AlGaAs/GaAs的LED比GaAsP/GaAs的LED有較好的發光效率。1980年代，雙異質結構被應用在LED磊晶結構上，由於雙異質結構增加了侷限載子的能力，提升了電子電洞復合放光的機率，所以AlGaAs/AlGaAs LED在紅光LED演進的歷史中，提升相當高的發光效率[8]。

1985年後，日本研究使用AlGaInP系統做為可見光波段雷射的材料，發光層為AlGaInP/GaInP的雙異質結構，藉由AlGaInP之間四元材料比例的調配，成功做出625、610、590nm紅橘黃波段的LED，另外，相較於用GaAsP做出的LED，AlGaInP LED在高溫高濕的環境下，有更長壽命，所以取代GaAsP成為紅光主要使用的材料。1989年使用CP_2Mg摻雜源已經可以在低溫緩衝層上，成功磊晶出p-GaN薄膜，日本Akasaki研究團隊利用低能量電子束照射GaN薄膜，並藉此獲得低電阻特性，同時他們也成功製作出具有p-n接面之藍光GaN LED。1990年後由於製程技術的突破與發展，使用晶片接合技術成功將紅光LED建立在透光基板GaP上，大大增加了發光效率，此外，更將LED裸晶製成特定形狀，提升光萃取效率，增加整體發光效率，至此，紅光LED發展已漸趨成熟穩定。

1992年日本Nichia公司（日本日亞化學公司）的Shuji Nakamura（中村修二博士），使用熱退火技術成功的活化磊晶在低溫緩衝層上的GaN薄膜[9]，並在1995年研製出高亮度GaN藍光與綠光LED。1996年Nakamura又提出利用InGaN

藍光LED（波長460nm～470nm）激發產生鈰黃色螢光物質之白光LED。

綠光LED的發光層材料也是使用InGaN/GaN系統，但是由於In在含量過多的情況下，在發光層內相鄰層的接面會造成不平整的表面形態變化，造成光輸出嚴重降低，遠不如藍光波長的InGaN/GaN LED，但是lm是一種相關於人眼感受程度的光源單位，由於人眼對於綠光刺激較為敏感，所以在發光效率（lm/W）上綠光LED仍是大於藍光LED。圖9-9為發光二極體的發展概況示意圖[10]。圖9-10為人類光源發展歷史，圖9-11為1920年後之光源演變趨勢。圖9-12為固態物理改變人類歷史之幾個案例，例如真空管之被電晶體（transistor）取代，例如陰極射線管（CRT）螢幕之被TFT螢幕取代，例如照相底片（film）被記憶卡（flash card）取代，又例如真空燈泡（bulb）被固態照明（LED）取代一樣，一個工業技術沒落了，同時也興起了另一項工業技術。

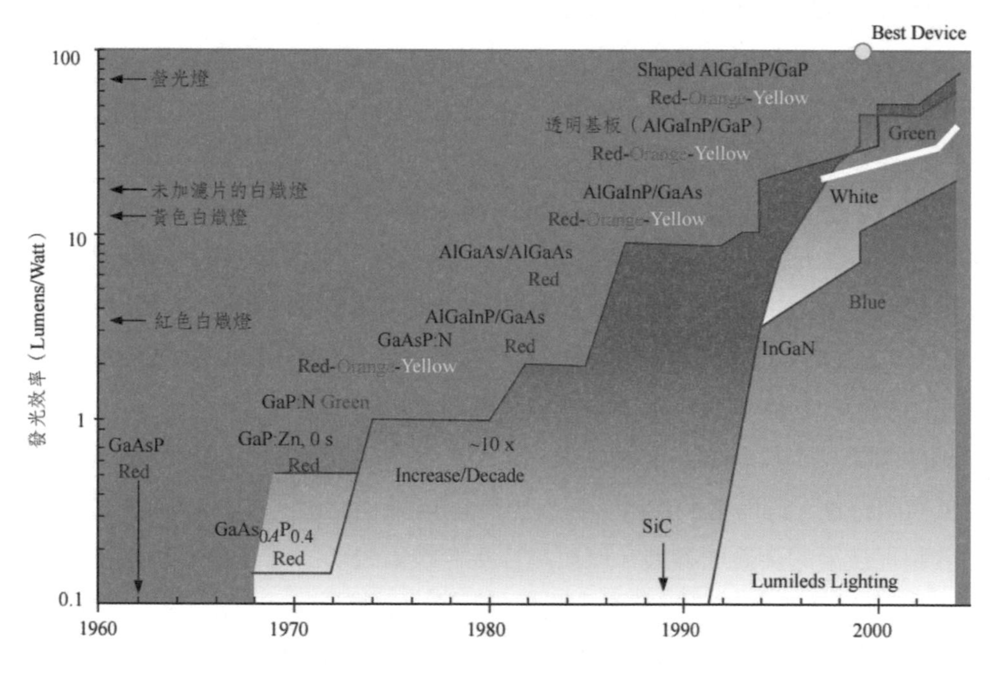

圖9-9　發光二極體的發展概況示意圖

（source：http://drr.lib.ksu.edu.tw/bitstream/987654321/92149/2/）

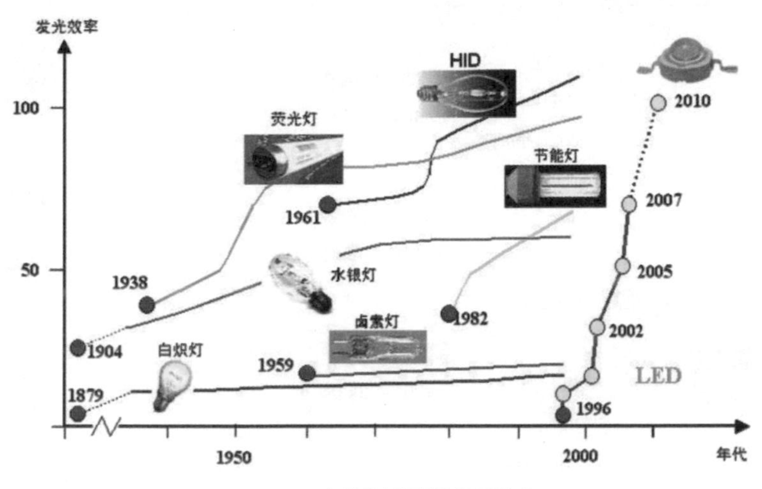

圖9-10　人類光源發展歷史

（source：http://www.energy.co.kr/atl/view.asp?a_id=2007）

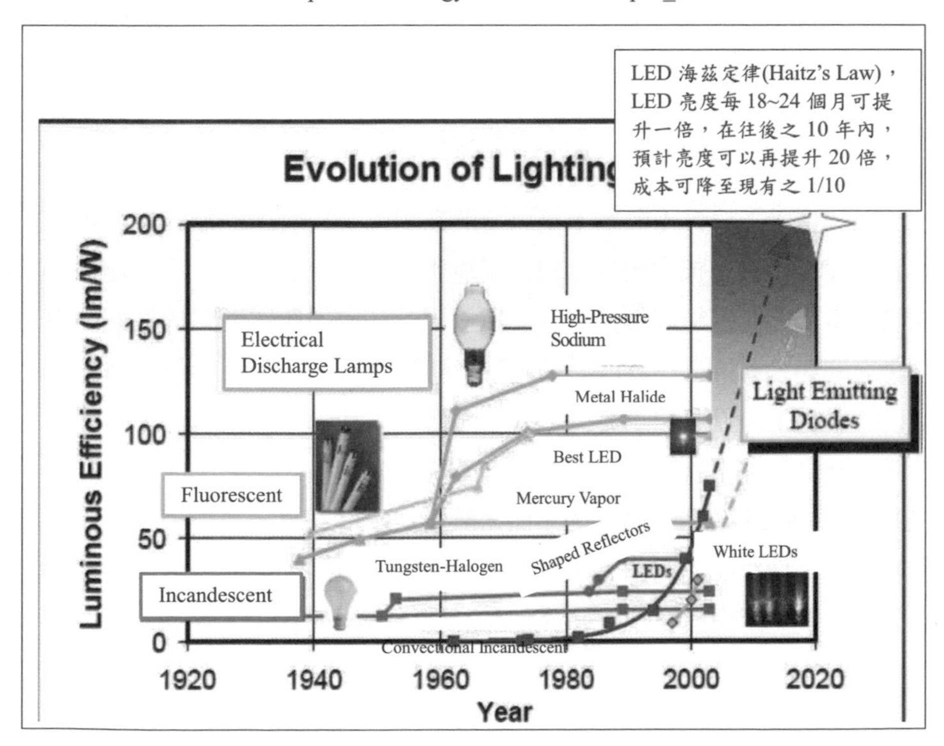

圖9-11　1920年後之光源演變趨勢

（source：https://www.researchgate.net/figure/282744325_fig8_Fig-8-Evolution-in-lighting-technology-26）

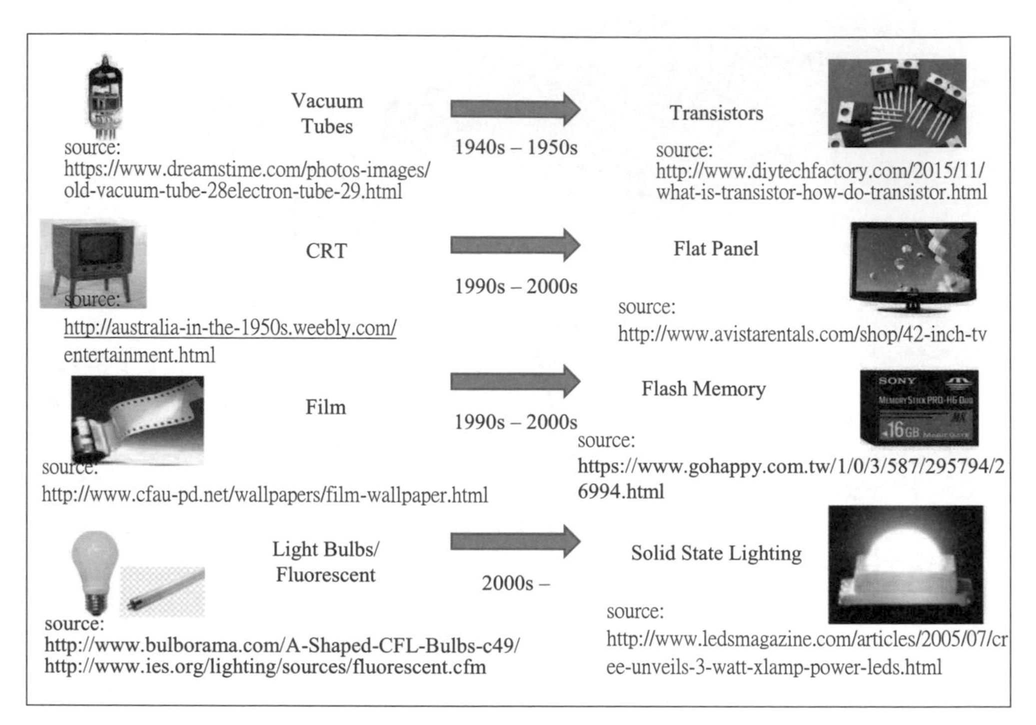

圖9-12　固態物理改變人類歷史之案例

LED一直受限於發光效率不足以及散熱處理等研發上的瓶頸，使得LED的產業發展速度緩慢；但由於現今LED半導體技術突飛猛進下，高亮度LED照明技術已首度證明可以超越傳統燈具，所以另一個LED所需面對的散熱處理為首要解決之問題。如圖9-13為LED光源熱阻演變趨勢，若是LED無法有效排熱，熱累積將使LED操作之接點溫度上升，導致發光效率降低及發光波長變短，壽命也隨之減少；接點溫度每上升約攝氏10度，元件壽命將減少約1/2，相當於減少15000～25000小時的使用時間，而樹酯在長時間高溫下可能產生劣化，造成穿透率下降，使整體的光輸出量減少，目前雖可以耐高溫光學矽膠取代環氧樹酯，但是光學矽膠的價格是環氧樹酯的100倍左右，使LED生產成本大幅增加。因此，在封裝設計上，解決散熱問題才是根本之道。

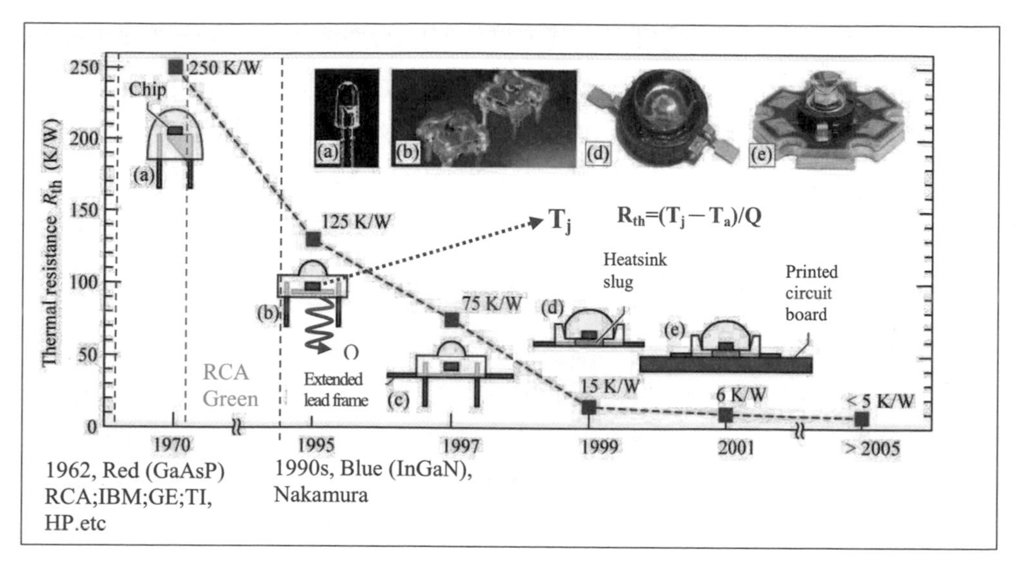

圖9-13　LED光源演熱阻變趨勢

（source：http://electronicsb2b.efytimes.com/important-sectors/the-led-packaging-technology-aims-at-tenth-of-present-cost/）

9.3 LED 基板之熱特性：

散熱較好的平板型LED封裝仍需搭配散熱片增加散熱面積，甚至用更大面積的鰭片及風扇散熱基板依材料可分為3大類，功率小於1 瓦的印刷電路板（FR4，K大都在0.5 W/mK以下），功率大於1瓦的金屬散熱基板，以及價格較高的陶瓷基板。由於金屬基板與陶瓷基板具有較大的熱傳導係數（鋁、銅、氧化鋁和氮化鋁的熱傳導係數分別約為170、380、20～40 和 220 W/mK），再加上量產良率的提升，因此成為目前高功率 LED 散熱基板的兩大主流。此外，由於金屬基板具加工性、不易碎、價格低廉等優勢，發展上更具潛力。金屬散熱基板是由金屬片（鋁或銅）、絕緣層及銅導線構成，散熱效率的高低取決於絕緣層材料的選擇與基板結構的設計。絕緣層的材料從早期散熱不佳的樹酯（導熱係數 0.5 W/mK），進一步添加散熱好的氧化鋁粉或其他金屬氧化物，使導熱係數提高至 1～6 W/mK，甚至以陽極氧化膜（20 W/mK）或鑽石膜（～400

W/mK）取代。然而面臨的最大挑戰，是如何使製造成本降低及提升絕緣材料的可靠度。目前廣為使用的金屬散熱基板結構，是利用熱電分離的設計，巧妙地把散熱途徑中的絕緣層移除。藉著導熱膠（導熱係數 1～2 W/mK）或錫合金（導熱係數約 50 W/mK）的使用，使 LED 底部與金屬片結合，大大改善界面導熱性能，但是這種金屬基板並不適用底部具有電極性的發光二極體。散熱基板隨著線路設計、LED 種類及功率大小有不同的設計，而產品的可靠性與價格是決定散熱設計最重要的規範。表9-3 為LED與其他照明燈具之發光效率與壽命之比較，由表看來，LED如果散熱得宜，其壽命都遠較其他燈泡來的長。表9-4為台灣市售白熾燈與省電燈泡比較表，當然此表只能供參考，因為剛出來之LED價格必定較高，之後一年，可能價格就下降一半，LED價格越低，回收時間就越短。LED目前可區分為一般低功率型與高功率型，一般低功率型LED通常是採取散熱不佳的砲彈型，其直徑約為5mm，功率約0.8W或更小，其結構剖面圖如圖9-14；而高功率LED（HB LED Structure）主要是用作照明用，需要較大的功率才能產生較強的光，目前市面上有1W、3W或更高瓦數之種類，其結構剖面圖如圖9-15。一般LED是利用PIN腳將熱傳導至PCB底板，由於產生的廢熱不高，故以此方式解決即可，但高功率LED所產生的廢熱遠大於一般LED，故需要在其內部封裝一導熱性很高的金屬，例如銅座或鋁座，讓LED晶片產生的廢熱透過其正下方之金屬塊快速地傳導至PCB底板。依傳統的LED封裝結構為例，一般是用銀膠將晶片黏貼在導線架上的反射杯中或SMD基座上，再利用銅或鋁導線焊接LED的內外元件連接正負極，最後用環氧樹脂封裝而成。由於LED晶片輸入功率不斷提升，過去以環氧樹脂當做LED封裝材料，易受到藍光或近紫外光等短波長光線之影響而黃化，影響光亮顏色；而LED內部封裝的各種材料也有因為操作溫度的上升，彼此間的膨脹係數不同，使銅線易斷裂的問題。近年來研究採用矽膠樹脂或玻璃來取代環氧樹脂，作為LED表面的保護層，避免銅線產生拉扯，除了其光透率、折射率、耐熱性都很理想外，矽膠對低波長有較佳的抗受性且不易老化，用來阻隔近紫外線使其不外洩也是對人體健康的一種保護。

表9-3　LED 與其他照明燈具之發光效率與壽命之比較

項目	鎢絲燈泡	鹵素燈泡	省電燈泡	PL 燈	日光燈	T5燈泡	LED 燈
	Source:http://www.pcst-ore.com.tw/buylamp/M01226058.htm	Source:http://www.fuji.com.tw/dscacc.asp?AID=11087	Source: http://reader.roodo.com/morgivan/archives/4333327.html	Source: http://www.pcstore.com.tw/buylamp/M11741263.htm	Source: http://diy.shihjie.com/diy/news_page/electricity/42	Source:http://www.magi-clight.com.tw/front/bin/ptdetail.phtml?Part=JC-T96-0050	Source: http://www.newswire.co.kr/newsRead.php?no=549165
發光效率（流明／瓦）	8～20	18～20	30～50	58～87	50～80	56～90	70～160
壽命（小時）	1000	2000～3000	6000	6000	7000	10,000	3萬～10萬
優缺點	耗電高溫	耗電高溫	比鎢絲燈泡省電	省電	省電，汞污染，會閃爍	比日光燈省電	省電、價高、無污染

表9-4　台灣市售白熾燈與省電燈泡比較表

項目	一般白熾燈	省電燈泡
單價（元）	25	150
消耗電力（瓦）	100	21
壽命（小時）	1,200	6,000
數量（具）	1	1
使用時間（小時/月）	300	300
用 電 量（度/月）	30	6.3
節省電量（度/月）	——	23.7
節省電費（元/月）（假設電價每度2.5元）	——	59.25
投資效益（多久可回收）	（150-25）/ 59.25＝2.11（月）	

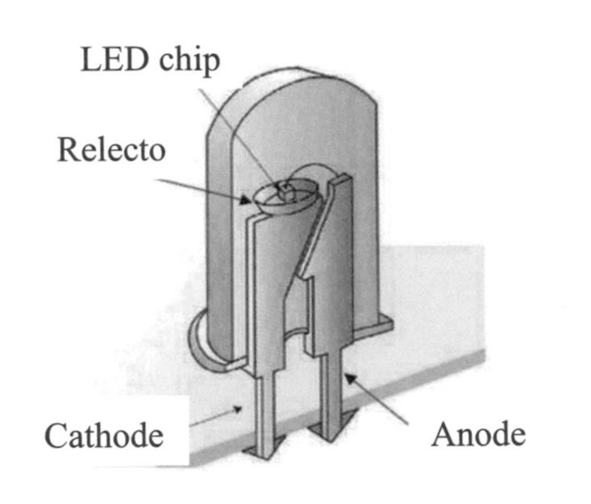

圖9-14　散熱不佳的低功率砲彈型 LED

（source：https://sites.google.com/site/greenoneled/led）

（source：https://scitechvista.nat.gov.tw/zh-tw/articles/c/0/1/10/1/1221.htm）

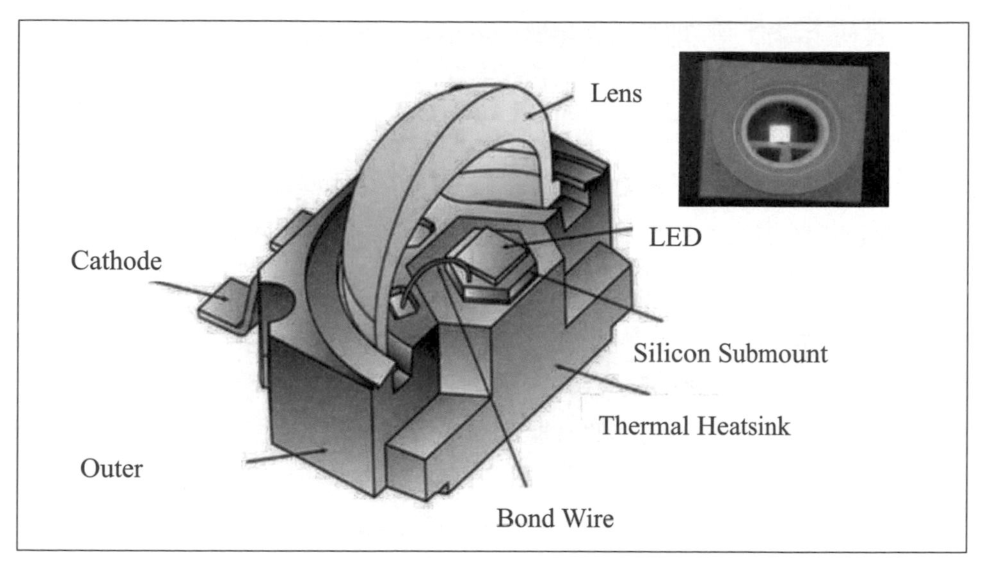

圖9-15　高亮度HB LED之內部結構圖（InGaN）

（LUXEON K2 Assembly Guide, Philips Luxeon LED, Application Brief AB29.）

（source：https://sites.google.com/site/greenoneled/led）

9.4 LED 照明優點與設計之一些重要參數考量

LED 照明的優點一般來講有下列幾項優點：

✓ 防摔防震——適用於惡劣環境

✓ 精緻——應用面廣

✓ 直接光源——減少光損失

✓ 無段式亮度調整——PWM技術，隨使用者心意調整

✓ 色飽和度高——無需外加濾光片

✓ 冷發光——攝氏-40° C也可啟動

✓ 快速啟動——觸發時間小於 100 ns

✓ 冷光光源——光源無紫外線（UV）與紅外線（IR）

✓ 無鉛無汞——符合綠色環保

✓ 長使用壽命——理論壽命超過10萬小時，實際壽命2-4萬小時

✓ 超低維修成本

LED晶片的尺寸範圍涵蓋從 9毫米×9毫米至14毫米×14毫米，如圖9-16，LED是屬於冷性發光，所釋出的光有將近15～20%落在可見光頻譜的範圍，有85%是以熱的形式需要散出去。相較於一般燈泡，只有5%的發光能量位於可見光範圍，而只有12%的熱需要處理，其他則以83%以紅外線散射，紅外線相當於熱能之一種，所北歐有些國家喜歡用白幟燈是因為可以取暖，但是由於耗能的關係，現在也漸漸被LED或其他省能燈泡所取代，因此LED可說是現今可見光頻譜範圍中效率最高的光源。

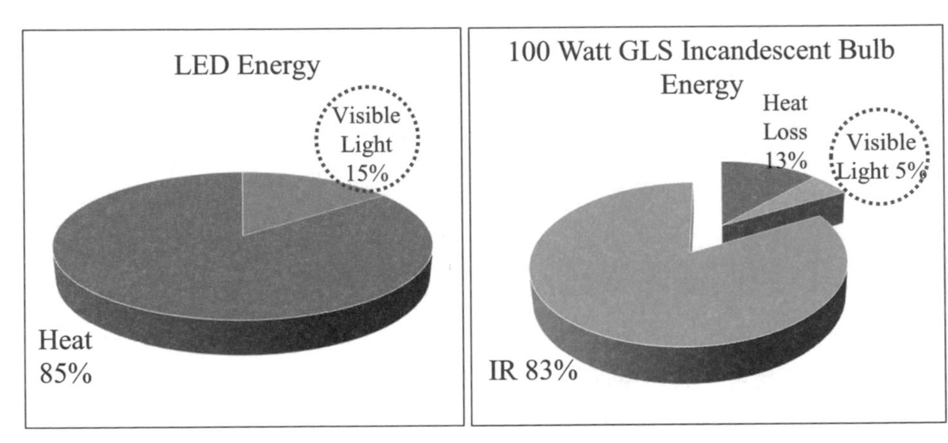

圖9-16　與白幟燈在可見光與產生熱之配比

由於高亮度LED照明屬冷光，排熱量比傳統光源高出數倍，也由於LED體積小造成熱源集中，局部溫度過高，因此LED散熱設計重點及設計LED燈罩之一些重要參數如下：

➢ LED junction 溫度限制

——Max 120℃（0 hr life）

——設計值 90℃（50,000 hr life @70%）與空氣（35℃）溫差只剩55℃

➢ 不能採用風扇

——自然對流散熱

➢ 散熱設計必須滿足燈具光學需求

——為了容易散熱，光源分散排列，降低光學效率

➢ 散熱設計必須滿足燈具造型需求

——燈具造型限制了散熱設計

➢ 成本控制

——封裝製程要簡單

➢ 體積與重量限制

——影響造型與成本

圖9-17為LED光輸出效率與接端溫度之關係，當溫度超過25℃以上時，其光輸出就加速下降，而且隨著波長越長，下降越快。圖9-18為LED亮度與溫度之關係圖，當溫度增加時，其亮度亦隨之下降。圖9-19 為LED 驅動電流對主波長之影響，當溫度增加時，其主波長亦增加[11]。

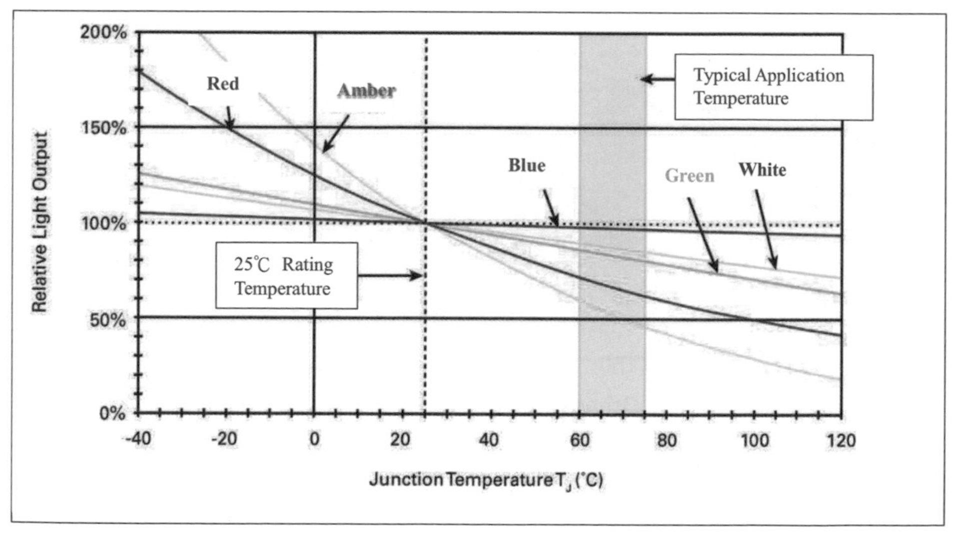

圖9-17　LED 光輸出效率與接端溫度之關係

（source: http://www.topid.net/incdesign2007/ledrizon/cindex2.htm）

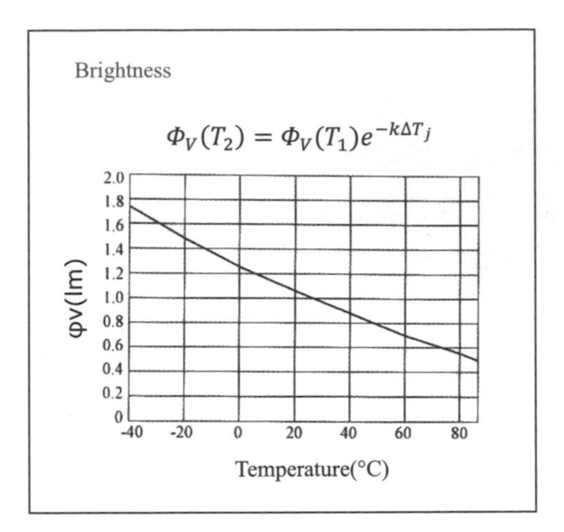

圖9-18 LED 亮度與溫度之關係圖

（source：http://3g.autooo.net/utf8-classid124-id44546.html）

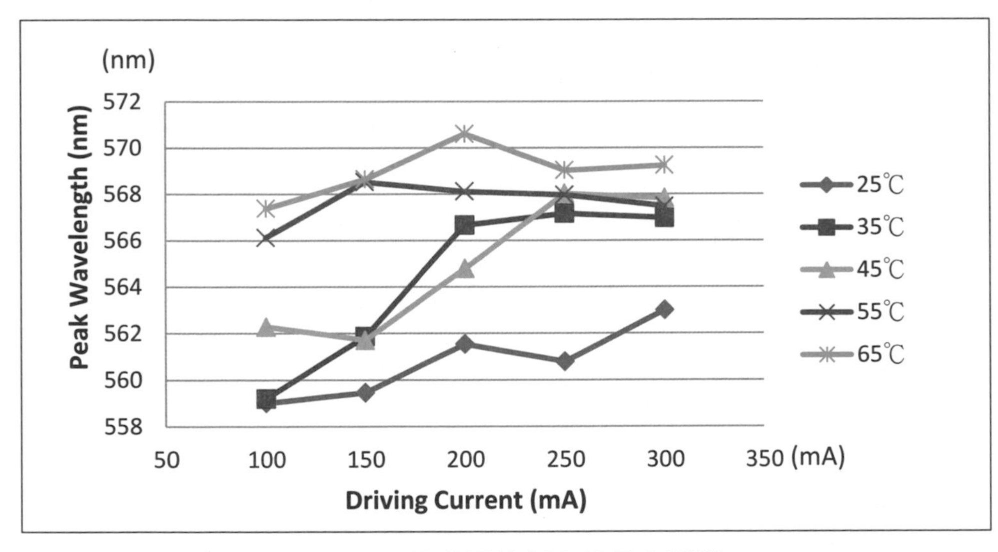

圖9-19 LED驅動電流對主波長之影響[11]

一般傳統低功率之LED大約在5mA～30mA，大部分在20mA，而目前高功率LED的額定電流大概在330mA～1A是10 倍傳統型LED的耗電量。圖9-20 為LED 光輸出效率與時間關係圖，隨著使用時間的增長，LED的光通量（流明）

也會逐漸降低，5 mm白色LED在6000小時後只剩50%光輸出，而高功率白色光源在9000小時後仍具有90%光輸出。圖9-21為LED接端溫度與壽命之關係圖，其中藍色波長可以在高溫下維持較長的壽命而不會衰減。

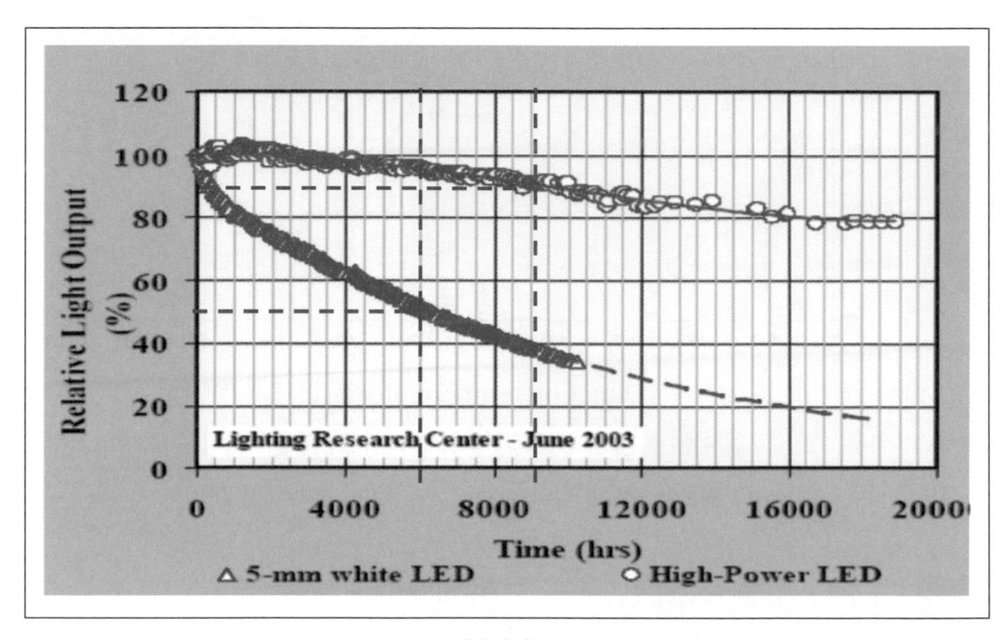

圖9-20　LED光輸出效率與時間關係圖

（Sorce：http://asc-i.com/files/2914/5042/8791/LED_THERMAL_MANAGEMENT.pdf）

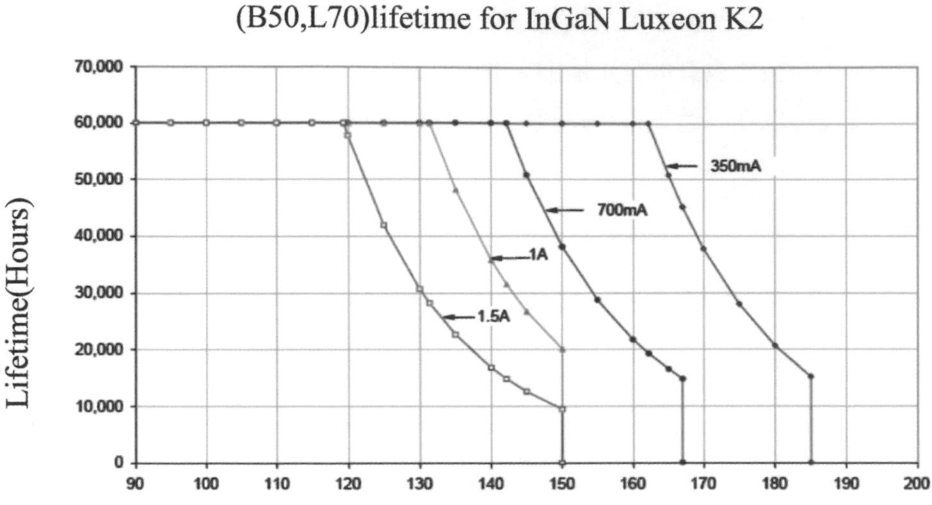

圖9-21　LED 接端溫度與壽命之關係圖

（source：http://www.all-battery.com/datasheet/k2reliability.pdf）

9.5 LED 在無擴散效應下之軸向熱阻之計算

圖9-22是一般高功率平板式LED熱傳模式示意圖，假設熱從晶片開始向下傳導致電路板時都是相同面積下，那麼擴散熱阻就無需考慮，總熱阻值只有軸向熱阻而已，圖9-22只是簡單表示LED在封裝後之熱傳經過金線熱傳導與（晶片與電路板空隙之熱傳導Q_{AC}），再經由電路板（PCB）做2維熱傳導至電路板，最後還是經由熱對流到環境做散熱。

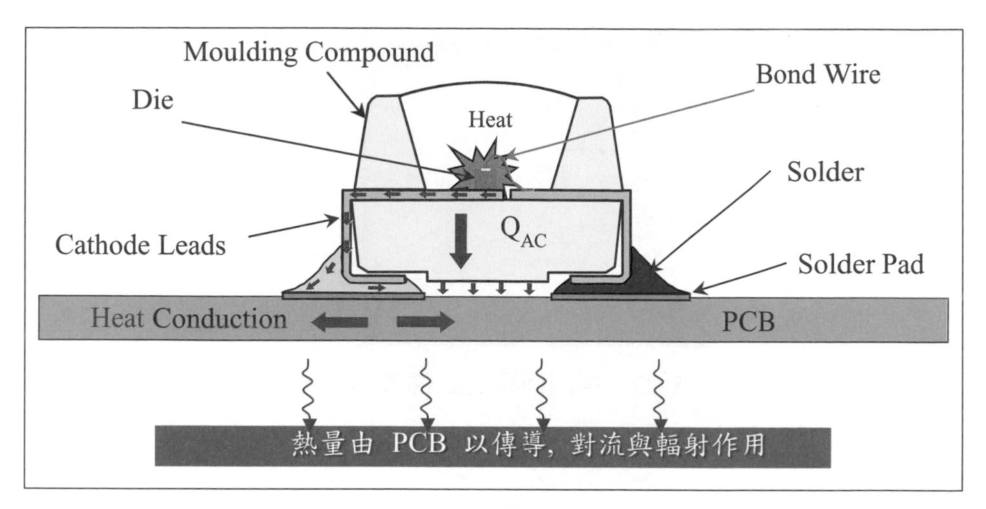

圖9-22　LED之散熱途徑示意圖

封裝晶片內部是由許多層介質所組成，因此所產生之熱都是藉由熱傳導至封裝外部之電路板外部再加上其他元件例如熱管，鰭片等利用對流做散熱。當熱在同面積下從T_1傳導至T_2時如圖9-23，基本上是利用傅立葉定律（Fourier's cooling law）如Eq.9-3，其中，K是介面材質的熱傳導係數（thermal conductivity，W/m,K），A_C是發熱體與介面材質的截面面積（Cross section area，m^2）

$$Q_C = KA_C \frac{\Delta T}{\Delta X} = \frac{\Delta T}{R_{th,C}} = \frac{T_1 - T_2}{R_{th,C}} \quad \cdots\cdots \text{（Eq.9-3）}$$

基本上圖9-23只有一個介面材質的熱傳導熱阻值$R_{th,C}$為：

$$R_{th,C} = \frac{\Delta X}{KA_C} \quad \cdots\cdots \text{（Eq.9-4）}$$

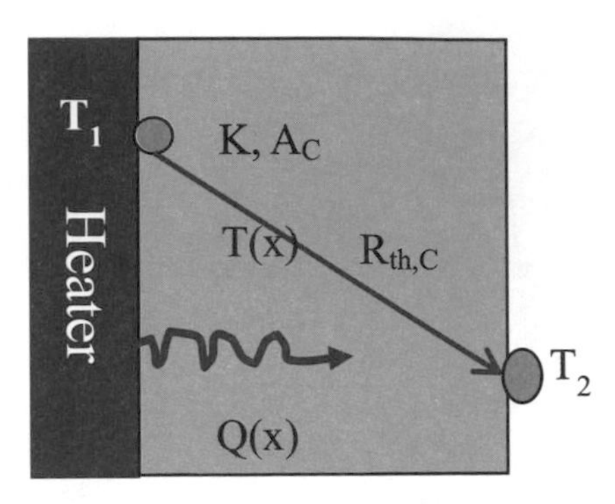

圖9-23　相同面積之熱傳導示意圖

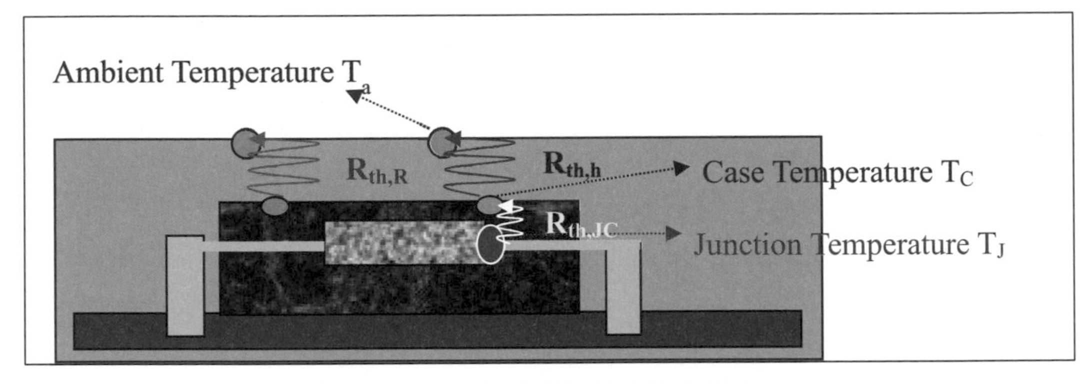

圖9-24　LED之熱傳導熱阻線路示意圖

如圖9-24，當將LED晶片封裝至於電路板時，其上半部需靠自然對流與熱輻射將熱移除，其下半部則需靠熱傳導至電路板後再利用對流機制將熱移除。因此從junction 到case 的熱阻值如Eq.9-5為$R_{th,JC}$，而從case 到環境的對流熱阻如Eq.9-6為$R_{th,h}$，其輻射熱阻如Eq.9-7為$R_{th,R}$。由於熱輻射與熱對流是同時發生的，所以必須用並聯形式如Eq.9-8為$R_{th,h\&R}$。所以LED晶片上半部之總熱阻值為熱對流熱阻值與熱傳導之熱阻值串聯之和如Eq.9-9。

$$R_{th,JC}=\frac{T_J-T_C}{Q}=\frac{\Delta X}{KA_C}\quad\cdots\cdots\text{（Eq.9-5）}$$

k ---- Thermal conductivity of the material（W/m.℃）

h ---- Heat transfer coefficient（$W/m^2.℃$）

A_C ----- Cross sectional area normal to the direction of heat flow（m^2）

ΔX ---- Thickness of the chip（m）

$$R_{th,h} = \frac{T_C - T_a}{Q} = \frac{1}{hA_C} \quad \cdots\cdots \text{(Eq.9-6)}$$

$$R_{th,R} = \frac{T_C - T_a}{Q} \quad \cdots\cdots \text{(Eq.9-7)}$$

$$\frac{1}{R_{th,h\&R}} = \frac{1}{R_{th,h}} + \frac{1}{R_{th,R}} \quad \cdots\cdots \text{(Eq.9-8)}$$

$$R_{th,tot} = \frac{T_J - T_a}{Q} = R_{th,JC} + R_{th,h\&R} \quad \cdots\cdots \text{(Eq.9-9)}$$

至於LED晶片往下傳至電路板的裝置有許多不同之設計，如圖9-25，是一特殊設計，熱除了經過銅線傳導至電路板外。傳統電路板都是FR4 PCB材質，其熱傳導K值只有0.36（W/m.K），但現今之MCPCB 是在銅箔上直接蝕刻電路線中間以一絕緣材質厚度約7.5μm～150μm隔離鋁基板，這樣就不會有短路之危機如圖9-26，好處是這樣的設計提高了不少的K值如表9-5。但是由於絕緣材質意味就是絕熱，這樣多少也限制了熱傳導之能力，因此在以後之設計，還是必須想辦法如何提高電路板之K值為主要之考量。

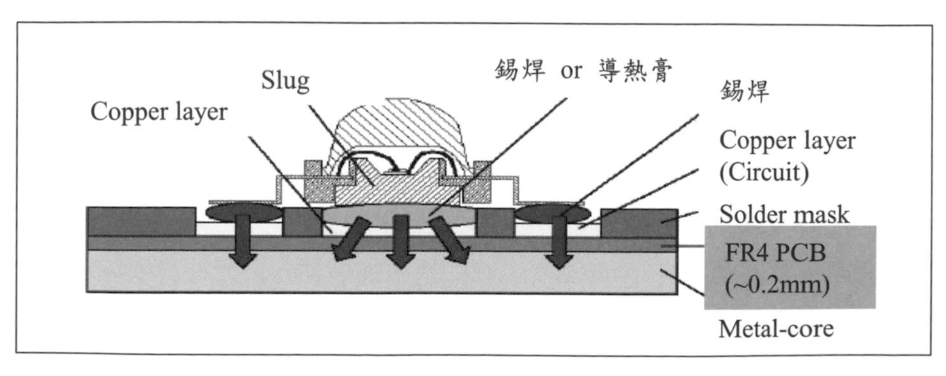

圖9-25　LED晶片熱傳導至電路板之示意圖

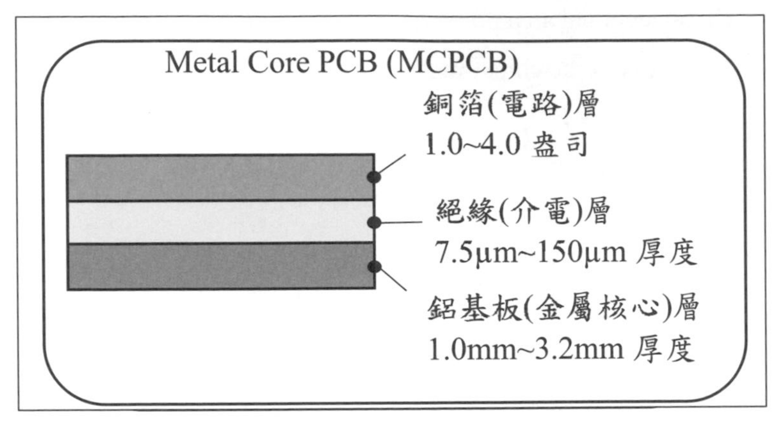

圖9-26　MCPCB結構示意圖

（source：http://china-heatpipe.net/heatpipe05/03/2008-1-22/LED_33.htm）

表9-5　FR4PCB 與MCPCB 熱傳導K值之比較表

item	FR4印刷電路基板	MCPCB
K_{chip}（W/m,K）	0.36	1～2.2

9.6 LED 熱傳模式之建立與問題之癥結

9.6.1　熱管對LED熱阻之影響：

如圖9-27，當在一般無熱管之風扇鰭片散熱器熱阻應該是一定值，但在加了熱管或其他雙相變化裝置之元件（例如CPL，LHP等）後如圖9-28，其熱阻值會隨著功率之增加而減少，這是因為熱管會隨著功率增加，其效率增加，因此熱阻隨之減少。但此現象只能維持至熱管未燒乾前之功率，一旦功率增加至熱管燒乾時，熱管即刻失效反而會造成熱阻之急遽上升。此在裝設一般LED路燈或舞台燈時，有時功率高達400瓦以上，如果有加裝熱管之元件必須特別注意熱管之性能及最大熱傳量。

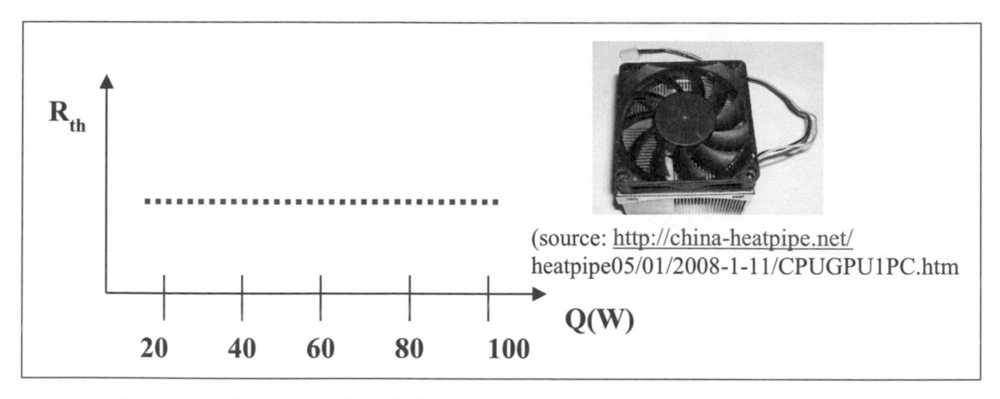

圖9-27　無熱管之風扇鰭片散熱器熱阻大小與功率分布示意圖

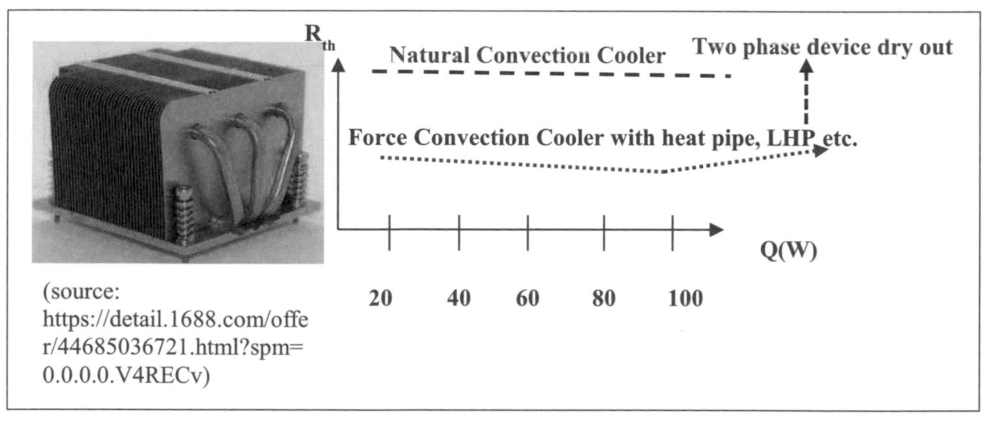

圖9-28　加上熱管之風扇鰭片散熱器熱阻大小與功率分布示意圖

9.6.2　LED散熱之計算：

LED 熱阻之大小與晶片面積及厚度有對之關係，以Eq.9-10來看，熱阻與晶片厚度成正比，而與截面面積A_C成反比。舉例來說如圖9-29，晶片（CPU）尺寸如果是30mm×30mm，厚度2×10^{-3}mm，其熱傳導係數K假設為1.2（W/m.K），則其熱阻值為1.85（KW）。

$$R_{th,jC} = \frac{T_J - T_C}{Q} = \frac{\Delta X}{KA_C} \quad \cdots\cdots（Eq.9\text{-}10）$$

$$R_{th,jC}=\frac{T_J-T_C}{Q}=\frac{\Delta X}{KA_C}=\frac{2\times10^{-3}(m)}{1.2(W/m.K)(30\times10^{-3}\times30\times10^{-3})(m^2)}=1.85(K/W)$$

假設輸入之功率為Q=10W，則接端溫度Junction temperature與case 溫差為18.5K

$$\Delta T_{JC}=T_J-T_C=R_{th,JC}\times Q=1.85(K/W)\times10W=18.5K$$

如果限制CPU溫度必須在合乎規範之CPU≦70℃，則

$$\Delta T_{JC}=T_J-T_C=70-T_C=18.5K$$

因此T_C=51.5℃。假設case溫度T_C與電路板溫度T_b相同，則$T_b=T_C$=51.5℃。此時假設環溫為T_{amb}=30℃，且假設電路板是一個均溫體，所以均溫板與環溫之溫差有21.5K。假定電路板後面是空氣通道，空氣進來之溫度為T_{in}，空氣出口之溫度為T_{out}，則電路板後之空氣通道平均溫度亦為LED電路板背後之環溫為21.5K。由Eq.9-11可計算環溫T_{amb}，由Eq.9-12可計算空氣通道出口溫度T_{out}。

$$\Delta T_{b,amb}=T_b-T_{amb}=51.5-30=21.5K$$

$$T_{amb}=\frac{(T_{in}+T_{out})}{2} \quad \cdots\cdots \text{(Eq.9-11)}$$

$$T_{out}=2T_{amb}-T_{in} \quad \cdots\cdots \text{(Eq.9-12)}$$

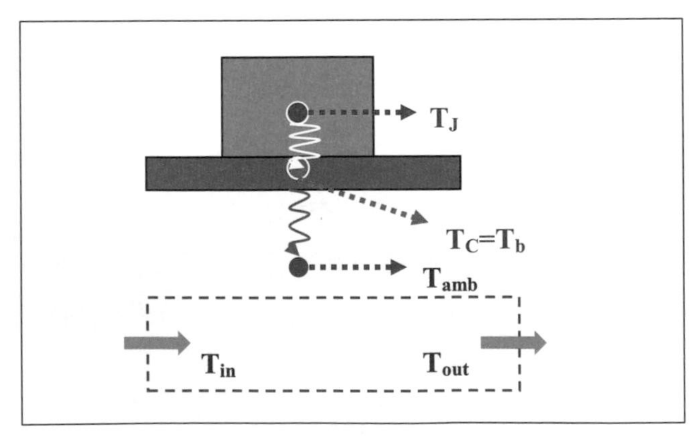

圖9-29　CPU 或LED向下之散熱模式示意圖

假設是在強制對流之情況下，可藉由Eq.9-13計算出其被帶走之熱量大小$Q_{F,C}$。

$$Q_{F,C} = \dot{m}_{air}C_{P,air}(T_{out} - T_{in}) = \dot{m}_{air}C_{P,air}(2T_{amb} - 2T_{in})$$
$$= 2\dot{m}_{air}(T_{amb} - T_{in}) = h_f A_C(T_b - T_{amb}) \cdots\cdots \text{（Eq.9-13）}$$

其中h_f為強制對流下的熱傳遞係數

但由於LED燈具之設計大部分是在自然對流下進行，所以以Eq.9-14為例：

$$Q_{N,C} = h_n A_C(T_b - T_{amb}) \cdots\cdots \text{（Eq.9-14）}$$

其中 $T_{b,amb} = T_b - T_{amb}$

h_n為自然對流下的熱傳遞係數

假設自然對流熱傳遞係數h_n為5（$W/m^2.K$），其底板溫度為324.5K（T_b=51.5℃），環溫T_{amb}為303K（30℃）：

T_b = 51.5℃ = 51.5+273 = 324.5K,

T_{amb}= 30℃ = 30+273 = 303K

則在自然對流下所能熱移之量如Eq.9-15 $Q_{N,C}$為0.096W，再加上其熱輻射熱移量如Eq.9-16 Q_R為0.14W，總共只能移熱（0.096+0.14=0.23W）。所以在高亮度LED不靠鰭片增加散熱面積要移熱3W是很困難的事。

$$Q_{N,C}= h_n A_C \Delta T_{b,amb}= 5 \times (0.03 \times 0.03) \times 21.5 = 0.096\text{W} \cdots\cdots \text{（Eq.9-15）}$$

$$Q_R = \varepsilon\sigma f_{12} A_C(T_b^4 - T_{amb}^4)$$
$$= 1\times 5.7 \times 10^{-8} \times 1\times (0.03 \times 0.03) \times (324.5^4 - 303^4)$$
$$= 5.7 \times 10^{-8} \times 9 \times 10^{-4} \times (1.11\times 10^{10} - 0.84\times 10^{10})$$
$$= 0.14\text{W} \cdots\cdots \text{（Eq.9-16）}$$

假設晶片面積可增加50倍，則熱移量可增加至0.23W × 50 = 11.5W，但很不幸的是，與CPU有熱擴散片（IHS，Integrated Heat Spreader）的尺寸相比，LED 晶片（Die）面積不但不能增加，而且還要更小如圖9-30，大約只在1mmX1mm。如果以此計算其熱阻如Eq.9-17，大約在1666.6（KW），如此高的熱阻要得到移熱的解答幾乎是完全沒有希望的。在LED熱傳導模式，由於封裝內部有需多層，每層的面積不盡相同，此時就必須考慮熱擴散模式，熱擴散在熱傳導經過介質之面積不同時，是必須考慮的，而且也是很重要的因素。

$$R_{th,JC}=\frac{\Delta X}{KA_C}=\frac{2\times10^{-3}(m)}{1.2(W/m,K)(1\times10^{-3}\times1\times10^{-3})(m^2)}=1666.6(K/W)$$

……（Eq.9-17）

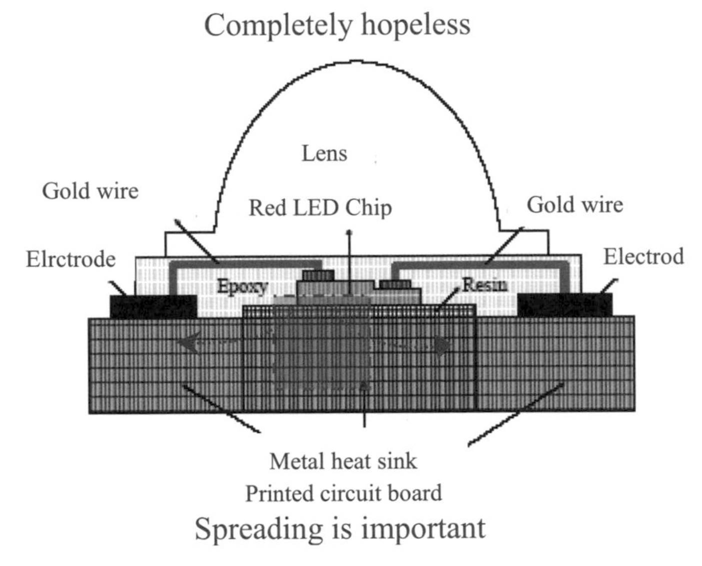

圖9-30　LED散熱模式示意圖

9.6.3　熱擴散片在固定深寬比下之擴散熱阻值之計算：

假設一截面積較小之熱源經過一截面積較大之熱沉，其熱傳導必定有熱擴散之問題。例如以圖9-31為例，當熱源以鰭片散熱時，由於其擴散能力有限，此時鰭片兩端幾乎沒有熱效應，因此其存在是一種浪費；但當熱源加上熱管埋在鰭片底部時如圖9-32，由於熱管之高導熱性，鰭片之兩端必定會感應到熱效應，亦即熱很快由熱管擴散置鰭片四周，因此鰭片兩端之擴散面積便能有效利用，溫度自然下降。其2D之熱擴散模式示意如圖9-33。以CPU為例，如圖9-34，當熱源晶片產生熱後由第一層熱介面散熱介質（TIM1）例如散熱膏，然後傳導至熱擴散片（IHS，Integrated Heat Spreader），再經過第二層的熱介面散熱介質（TIM2），最後經過鰭片散熱至環境。值得注意的是熱在經過TIM1時只有軸向之熱阻值，因為其TIM1之面積與熱源面積相同，所以散熱膏厚度越小則軸向熱阻小，但當熱傳至IHS時，由於熱傳導之面積不同，此時除了IHS之軸向熱阻值$R_{th,C}$外，還要加上擴散熱阻值$R_{th,SP}$如Eq.9-18。M. Michael Yovanovich [12] 分析兩個不同圓柱面積介質下的擴散熱阻方程式如Eq.9-19。

$$R_{th,IHS} = R_{th,C} + R_{th,SP} \cdots\cdots \text{（Eq.9-18）}$$

其中：$R_{th,C}$: Conductance Resistance

$R_{th,SP}$：Spreading Resistance

$$R_{th,SP} \cong \frac{(1-\varepsilon)}{K_{IHS} \times \sqrt{\pi A_{hot\ spot}}} \frac{\tanh(\lambda_C \tau) + \frac{\lambda_C}{Bi}}{1 + \frac{\lambda_C}{Bi}\tanh(\lambda_C \tau)} \quad \cdots\cdots \text{（Eq.9-19）}$$

其中：$\lambda_C = \pi + \frac{1}{\varepsilon\sqrt{\pi}}$ ； $\varepsilon = \sqrt{\frac{A_{hot\ spot}}{A_{IHS}}}$ ； $\tau = t_{IHS}\sqrt{\pi / A_{IHS}}$ ； $Bi = \frac{hb}{K_{IHS}}$

ε 為點熱源面積比就是熱源面積（$A_{hot,spot}$）與熱擴散面積（A_{IHS}）之比值

t_{IHS} 為熱擴散介質之厚度（z-direction）

2b 為熱擴散物質的長度（x-direction）

K_{IHS} 為熱擴散介質之熱傳導係數

如果只取擴散熱阻$R_{th,SP}$與點熱源面積比ε為變數，其他參數都不變下，K_{IHS}為400 w/m.k，A_{IHS}為（Geo：30 mm × 30 mm × 2 mm），可以劃出擴散熱阻與ε之關係曲線如圖9-35。此圖的好處是只要能夠知道點熱源面積比值，則其擴散熱阻值便可以由圖9-35求得，非常方便，解決了一般要經過複雜的公式計算，雖然不是那樣準確，但對於設計均溫板之概念有很大之助益。以現在的點熱源面積比設計參數，擴散熱阻大約在0.1至0.2中間。點熱源面積比如果小於0.3，我們稱之為非均勻性分佈（Non-uniformity），此時擴散熱阻隨著點熱源面積比差異性越大而增大。當點熱源面積比值大於0.35以上時，擴散熱阻趨近於一個定值，約在0.1左右。

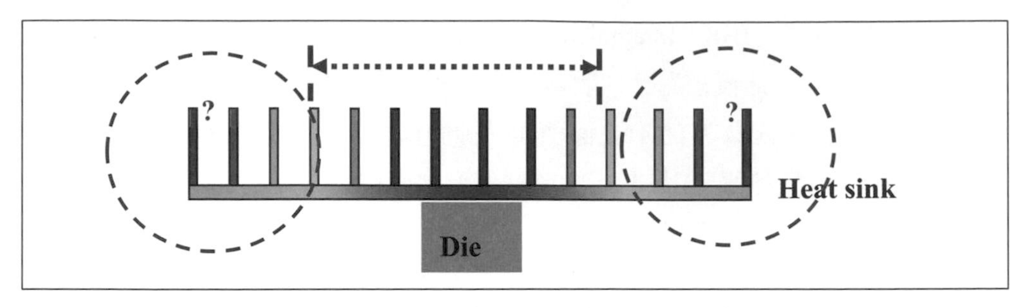

圖9-31　熱源與鰭片之熱擴散模式示意圖

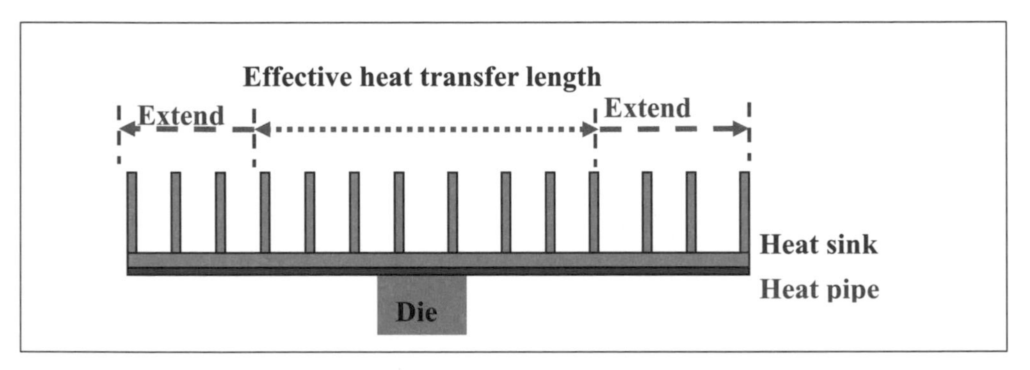

圖9-32　熱源與鰭片+熱管之熱擴散模式示意圖

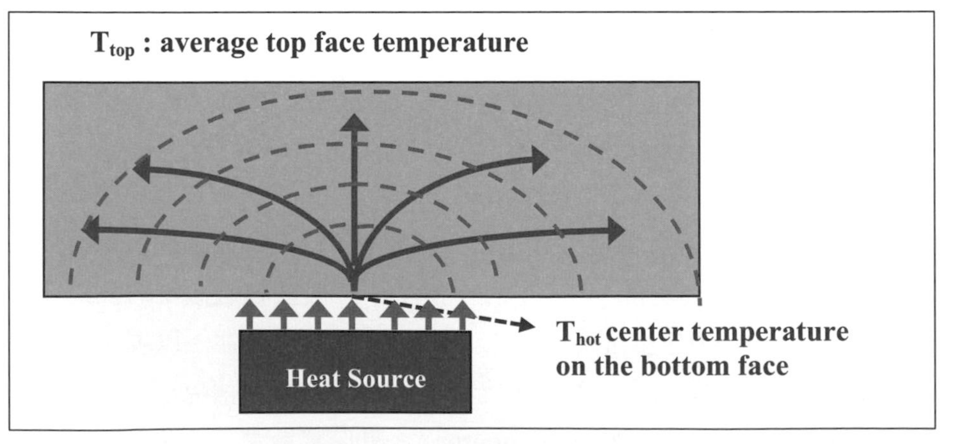

圖9-33　熱擴散模式示意圖

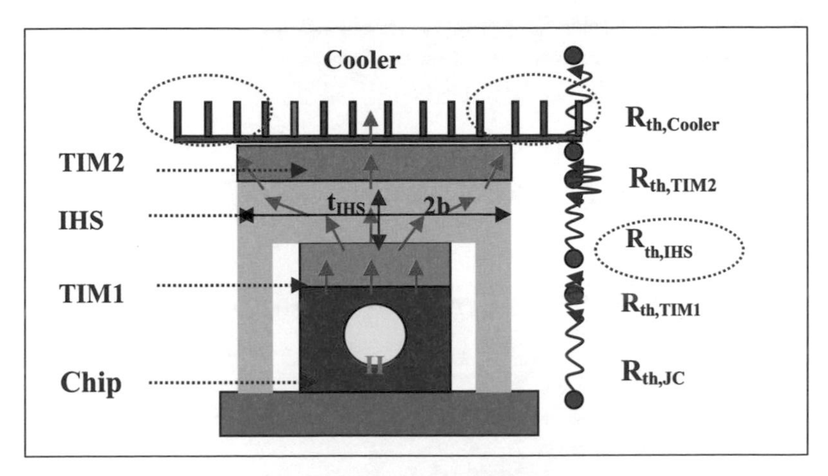

圖9-34　CPU IHS之熱擴散模式示意圖

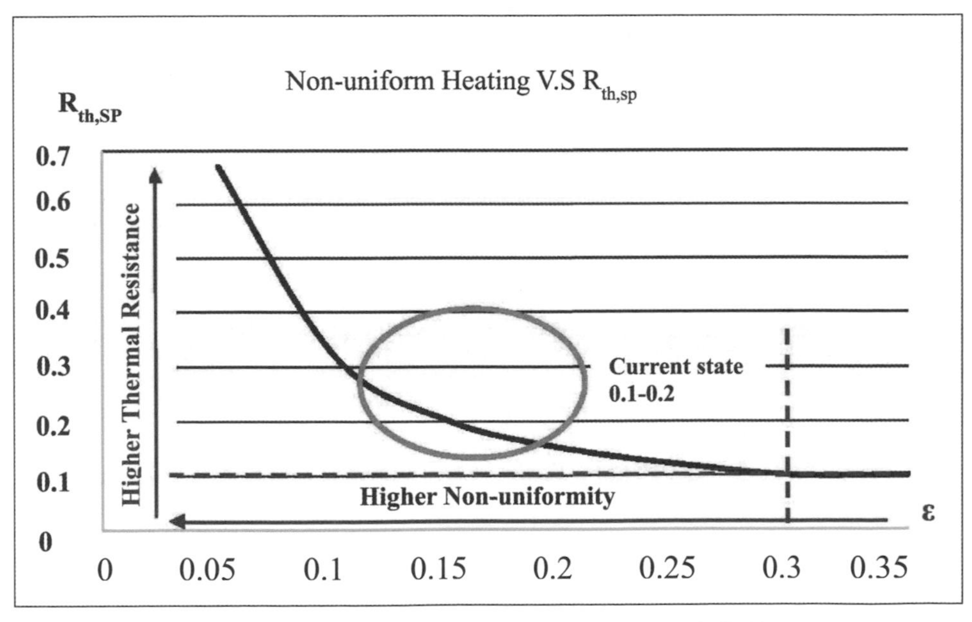

圖9-35　熱擴散熱阻與點熱源面積比值之趨勢

案例A-以銅片材質為IHS之完全擴散之熱阻值計算

如圖9-36，假定熱源熱傳導至IHS是完全擴散，因此其熱阻就是軸向熱阻且其軸向熱阻值可以由IHS之面積（Geo：30 mm × 30 mm × 2 mm）面積計算，銅之熱傳導係數K= 400 w/m.k，因此其軸向熱阻值為0.0056K/W。

$$\mathrm{R_{th,C}} = \frac{t_{IHS}}{K_{IHS} \times A_{IHS}} = \frac{0.002}{400 \times (0.03) \times (0.03)} = 0.0056 \ \mathrm{K/W}$$

圖9-36　CPU 之IHS實體

source：https://hardforum.com/threads/have-you-de-lidded-an-ivy-bridge-cpu.1720439/page-5

案例B-以銅片材質為IHS並考慮熱擴散效應問題之熱阻值計算

考量熱源無法完全擴散的情形，則先計算熱點與IHS面積之比值，ε：

$$\varepsilon = \sqrt{\frac{A_{hot\ spot}}{A_{IHS}}} = \sqrt{\frac{10\times10}{30\times30}} = 0.33$$

由圖9-35可查到其擴散熱阻值約在$R_{th,SP}$=0.1，因此IHS的總熱阻值為：

$$R_{th,IHS} = R_{th,C} + R_{th,SP} = 0.0056 + 0.1 = 0.1056\ (\mathrm{K/W})$$

所以非完全擴散下之熱阻0.1056（K/W）比起完全擴散熱阻0.0056（K/W）差異性相當大。也解釋了擴散之重要性與不能被忽略性。

9.6.4 熱擴散片在不同深寬比下之擴散熱阻值之計算：

熱擴散片之厚度對於熱擴散熱阻有很大的影響，Chen et al., [12] 以Eq.9-20計算擴散熱阻值，並做出圖9-37為熱擴散深寬比與熱擴散熱阻之趨勢，假設熱擴散為一從擴散片中心點以b為半徑之圓面積，擴散片之厚度為t，則擴散片之深寬比為 $\tau=\frac{t}{b}$；假設點熱源值半徑為a，其點熱源與擴散片半徑比為 $\varepsilon=\frac{a}{b}$。圖9-37顯示（a）為ε=0.01時，擴散熱阻對熱擴散片不同深寬比之趨勢；（b）為ε=0.5時擴散熱阻對不同深寬比之趨勢。當Bi值較低時，計算結果顯示厚度（t）越厚，擴散熱阻$R_{th,SP}$越低，而當 τ 值持續增加時，擴散熱阻將趨於定值，但軸向熱阻亦會升高；反之當Bi值較高時，結果顯示厚度（t）越厚，擴散熱阻$R_{th,SP}$將越高，而τ值持續增加時，擴散熱阻將亦趨於定值。由圖9-37建議熱擴散片於上述假設ε=0.01與0.5時，尺寸應分別為 τ=0.2與 τ=0.4等條件以達到較佳的效

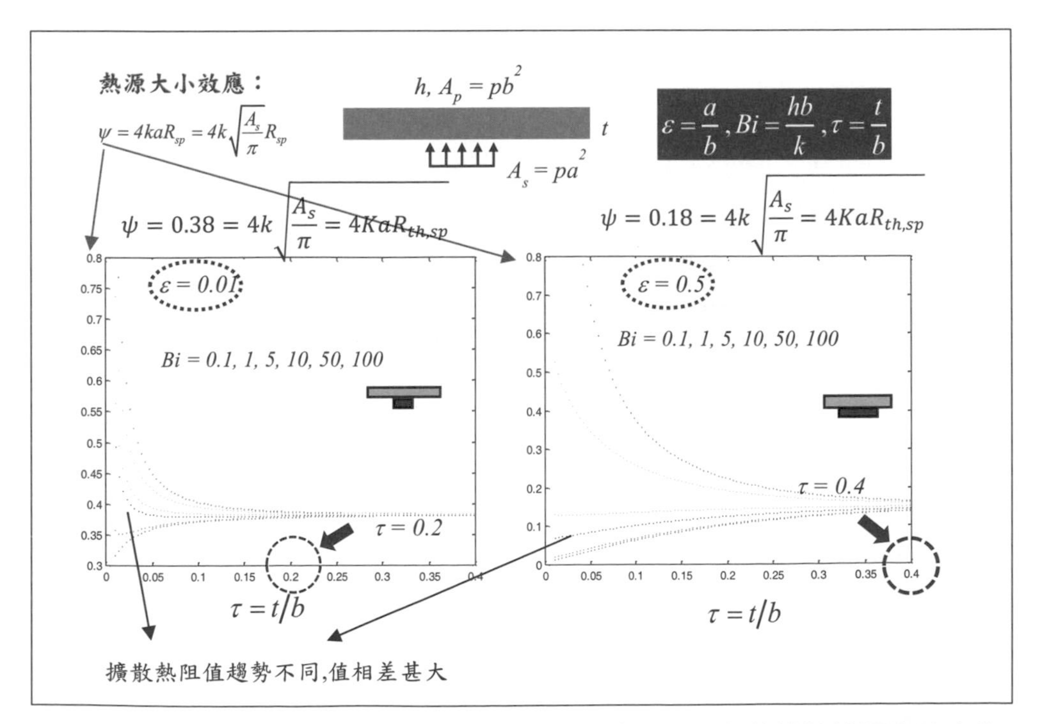

圖9-37 點熱源面積比在ε=0.01與ε=0.5下之熱擴散熱阻與熱擴散片深寬比之趨勢[14]

果。圖9-37縱座標之無因次擴散熱阻定義如下：

$$\psi = 4k\sqrt{\frac{A_s}{\pi}} = 4KaR_{th,sp} \cdots\cdots \text{（Eq.9-20）}$$

其中A_s為熱源面積，a為熱源半徑，K為熱沉之熱傳導係數，$R_{th,Sp}$為擴散熱阻。

案例C-LED晶片1 mm × 1 mm以30 mm × 30 mm擴散片之熱阻計算

（1） 假設LED晶片（Die）面積為1 mm × 1 mm，擴散片（HIS）之銅面積為30 mm × 30 mm，因此其熱擴散面積比值為：

$$\varepsilon = \sqrt{\frac{A_{hot\ spot}}{A_{IHS}}} = \sqrt{\frac{1\times 1}{30\times 30}} = 0.033$$

以圖9-36 查出$R_{th,SP} =$ 0.7，以30 mm × 30 mm面積計算之晶片軸向熱阻值為：

$$R_{th,C} = \frac{t_{IHS}}{K_{IHS}\times A_{IHS}} = \frac{0.002}{400\times(0.03)\times(0.03)} = 0.0056\ \text{K/W}$$

因此晶片之總熱阻值為：

$$R_{th,IHS\,(30X30)} = R_{th,C} + R_{th,SP} = 0.0056 + 0.7 = 0.7056\ \text{(K/W)}$$

（2） 假設 3×3mm 之IHS擴散片取代，則熱擴散面積比值為：

$$\varepsilon = \sqrt{\frac{A_{hot\ spot}}{A_{IHS}}} = \sqrt{\frac{1\times 1}{3\times 3}} = 0.33$$

則以圖9-36查出擴散熱阻為$R_{th,SP} =$ 0.1，以3 mm × 3 mm面積計算之晶片軸向熱阻值為：

$$R_{th,C} = \frac{t_{IHS}}{K_{IHS}\times A_{IHS}} = \frac{0.002}{400\times(0.003)\times(0.003)} = 0.56\ \text{K/W}$$

因此晶片之總熱阻值為：

$$R_{th,IHS\,(3X3)} = R_{th,C} + R_{th,SP} = 0.56 + 0.1 = 0.66\ \text{(K/W)}$$

此熱阻較之前以30 mm × 30 mm為擴散面積之熱阻$R_{th,IHS}$（30×30）= 0.7056（K/W）少了約0.04左右。

案例D-不同熱介面材質之熱阻計算

LED在封裝時，採用好幾層TIM材質，若採用固定晶粒的材料為銀膠，高功率LED 面積約為1mm^2，高度粗略估計為20μm，熱傳導係數為10W/m.K，其理想最小熱阻值可計算為：

$$R_{th,z} = \frac{20}{10 \times 1} = 2(W/K)$$

若採用錫膏或共晶接著方式，熱傳導係數為50W/m.K，則熱阻值可降低為：

$$R_{th,z} = \frac{20}{50 \times 1} = 0.4(W/K)$$

若採用傳統Al_2O_3基板，高度約為150 μ m，熱傳導係數為35W/m.K，其理想最小熱阻值可計算為：

$$R_{th,z} = \frac{150}{35 \times 1} = 4.3(W/K)$$

若採用金屬基板取代如銅，高度約為140 μ m，熱傳導係數為350W/m.K，其理想最小熱阻值可計算為：

$$R_{th,z} = \frac{140}{350 \times 1} = 0.4(W/K)$$

9.6.5　LED封裝晶片熱阻之分析：

圖9-38 為典型LED晶片內部結構，晶片上端由於是透光之凸鏡（lens），由於是作為照明或指示燈用的，所以必須保持透明不能裝置任何散熱元件於其上，這是Chip在CPU應用上一個很大之不同，也是LED Chip很難在封裝好後在

lens上做散熱處理的原因。LED之封裝內部結構大概是chip在下方通常是一個圓弧狀反射碗狀之銅塊（slug），其作用不但是反射光，且可做散熱用。在Chip與copper slug中間有第一層散熱介質TIM1，此TIM1大部分是用有黏性之散熱膠以便固定Chip於銅座上。由於Chip與Copper slug 之面積不同，因此必定有所謂之熱擴散作用。Copper slug以後便是第二層散熱介質，此TIM2與TIM1一樣都需要用散熱膠，有些是用有黏性之環氧塑酯。TIM2以後就是MCPCB 電路板。電路板之後為第三層TIM3，再來就是散熱鰭片或其他散熱元件了。因此以此現行之HB LED 結構為例，其晶片熱阻分析流程可表示如圖9-39。一般而言，從蕊晶 T_J 到銅底座（T_{slug}），我們稱之為Lamp內部（上游）構造其與LED封裝設計有關。從TIM2（T_{TIM2}）到環溫（T_a）我們稱之為Lamp外部（下游）構造其與散熱模組（燈具）設計有關。

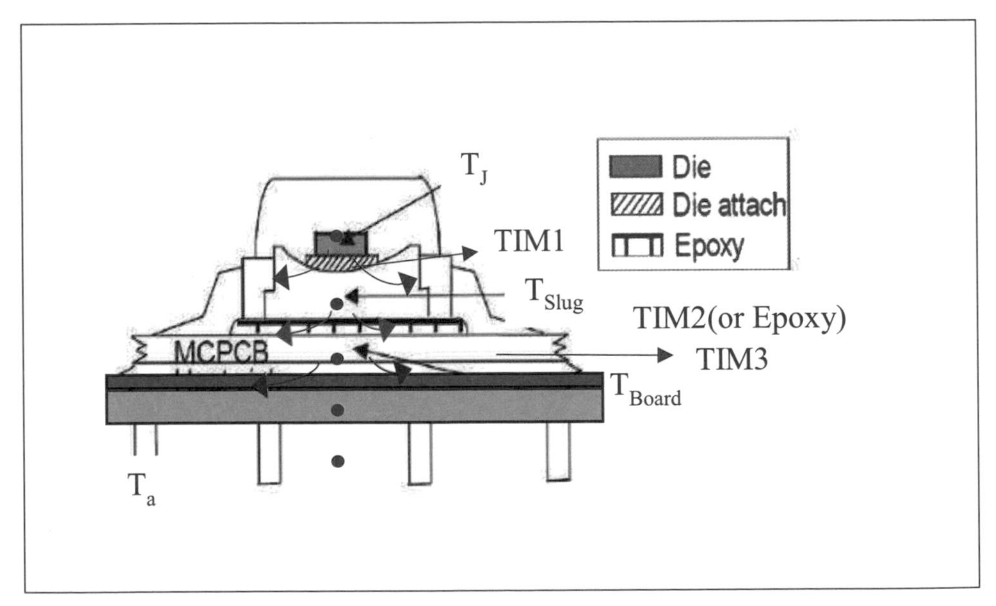

圖9-38　典型LED晶片內部結構

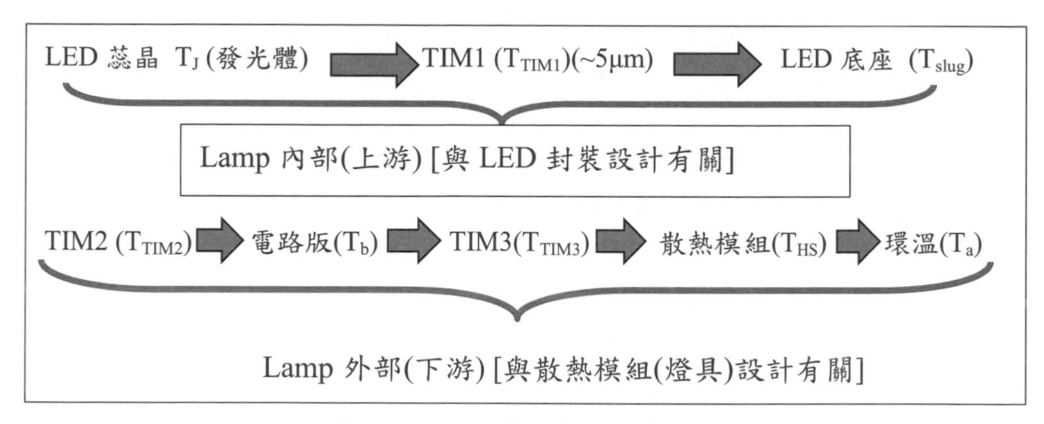

圖9-39　LED晶片熱阻分析流程

在處理LED散熱問題時，因此必須注意到：

1. 選擇一個高K值得TIM
2. 盡量加大擴散面積
3. 盡量選擇熱膨脹係數（Coefficient of thermal expansion，CTE）相同的材質，由於LED內部由許多層材質推疊而成，如果每層材質之熱膨脹係數相差太多，只要溫度一上升，晶片馬上剝落，而造成以為晶片燒壞之誤判。

9.7 LED 封裝晶片熱阻之分析

9.7.1 LED封裝晶片在無熱擴散效應下之軸向熱阻結構

圖9-40為不考慮擴散效應下之LED封裝晶片熱阻之結構，則其熱阻可以用Eq.9-21表示：

$$R_{th,tot} = \frac{(T_J - T_a)}{Q}$$

$$= R_{th,JC} + R_{th,TIM1} + R_{th,slug}(\text{based on slug area}) + R_{th,TIM2} + R_{th,b}(\text{based on MCPCB area}) + R_{th,TIM3} + \left(R_{th,\delta,HS} + R_{th,HS,a}\right)$$

$$= R_{th,JC} + R_{th,TIM1} + R_{th,slug} + R_{th,TIM2} + R_{th,b} + R_{th,TIM3} + R_{th,HS}$$

……（Eq.9-21）

其中：$R_{th,JC}$：為接端溫度到case之熱阻

$R_{th,TIM1}$：為第一層散熱介質TIM1之熱阻

$R_{th,slug}$：為銅座之熱阻

$R_{th,TIM2}$：為第二層散熱介質TIM2之熱阻

$R_{th,b}$：為電路板之熱阻

$R_{th,TIM3}$：為第三層散熱介質TIM3之熱阻

$R_{th,⊠,HS}$：為鰭片底部厚度之熱阻

$R_{th,HS,a}$：為鰭片到環境之對流熱阻

$R_{th,HS}$：為鰭片總熱阻

Q：LED所發出產生之熱功率

T_{J}：晶片之接端溫度

T_{a}：環境溫度

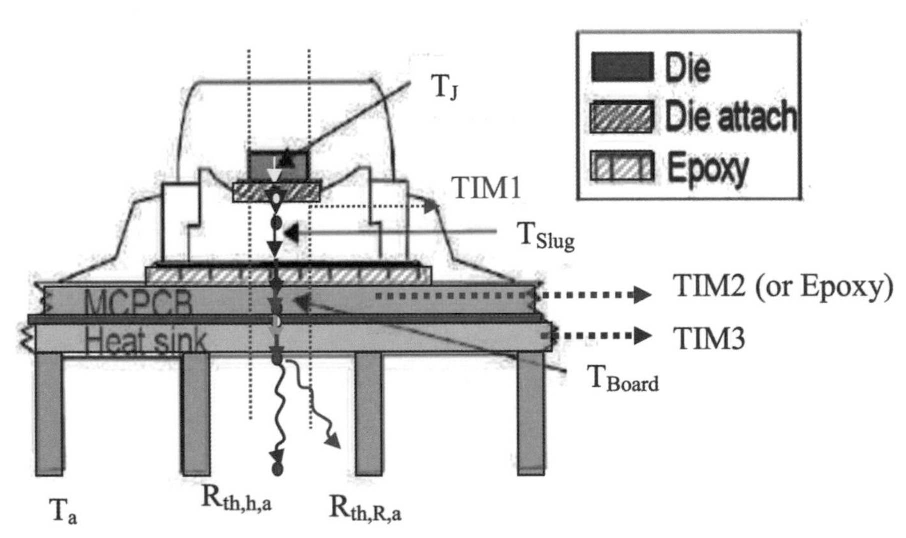

圖9-40　不考慮熱擴散效應下之LED封裝晶片之熱阻結構

9.7.2　LED 封裝晶片內部在熱擴散效應下之熱阻結構

如果考慮熱擴散效應（spreading effect）下之LED封裝晶片之熱阻結構如圖9-41，其在有面積擴大時之元件，必須在加上擴散熱阻，因此在晶片封裝內部之總熱阻$R_{th,tot,1}$如Eq.9-22，例如TIM1至銅座（slug）之[$R_{th,slug}$+$R_{th,SP,slug}$]，以及TIM2至電路板之[$R_{th,b}$+$R_{th,SP,MCPCB}$]。要注意的是銅座之軸向熱阻（$R_{th,slug}$）必須以銅座之面積做計算，而不能以Chip 晶片之面積做計算，同理，電路板之軸向熱阻（$R_{th,b}$）必須以電路板之面積計算而不能以上一層之銅座面積計算之。晶片封裝內部之熱阻值計算，應該是屬於封裝廠應該提供之實驗或計算之數據。

$$R_{th,tot,1} = R_{th,JC} + R_{th,TIM1} + [R_{th,slug}(\text{based on slug area}) + R_{th,sp,slug}] + R_{th,TIM2} + [R_{th,b}(\text{based on MCPCB area}) + R_{th,sp,MCPCB}] \quad \cdots\cdots \text{(Eq.9-22)}$$

$R_{th,sp,slug}$：從 TIM1到銅座（slug）之擴散熱阻

$R_{th,sp,MCPCB}$：從 TIM2到電路板（MCPCB）之擴散熱阻

$R_{th,tot,1}$：晶片封裝內部之總熱阻

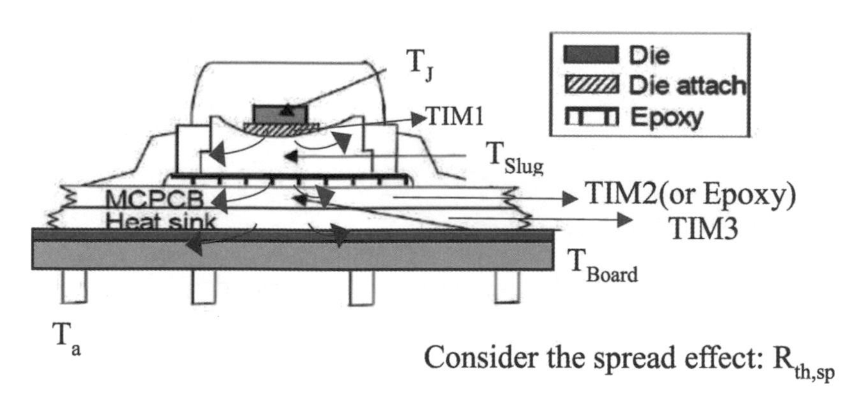

圖9-41　**考慮熱擴散效應下之LED封裝晶片之熱阻結構**

9.7.3　LED封裝晶片外部在熱擴散效應下之熱阻結構

如圖9-39，當熱從散熱介質TIM2（T_{TIM2}）到環溫（T_a）稱之為LED之外部結構，在有熱擴散效應下，其LED封裝外部總熱阻$R_{th,tot,2}$之表示如Eq.9-23。由於

從電路板之TIM3到鰭片散熱器之面積增加，因此不能忽略熱擴散效應，此時之$R_{th,HS}$應該以散熱鰭片之面積計算，$R_{th,SP,HS}$則表示散熱鰭片之擴散熱阻值，此一外部結構之熱阻值應該由散熱器廠商（Cooler manufacture）所提供。

$$R_{th,tot,2} = R_{th,TIM3} + [R_{th,HS}(\text{based on heat sink area}) + R_{th,sp,HS}] \quad \cdots\cdots \text{(Eq.9-23)}$$

$R_{th,sp,HS}$：從 TIM3到鰭片散熱器之擴散熱阻

$R_{th,tot,2}$：晶片封裝外部之總熱阻

9.7.4 LED封裝晶片熱擴散效應下之熱阻計算

了解LED封裝晶片之內部熱阻結構及外部熱阻結構後，其總熱阻值$R_{th,tot}$計算如Eq.9-24。

$$R_{th,tot} = R_{th,tot,1} + R_{th,tot,2} \quad \cdots\cdots \text{(Eq.9-24)}$$

案例D-LED封裝晶片熱阻之計算

如圖9-42 LED之封裝結構，其LED在案例D之3層介質之結構及K值如表9-6，其實體如圖9-43，表9-7為該LED在案例D之各層介質之尺寸

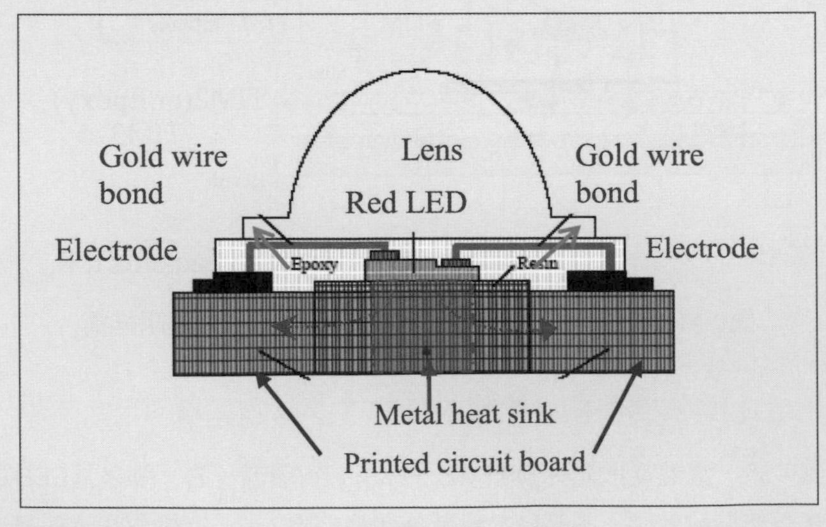

圖9-42　LED封裝晶片案例D

表9-6　LED在案例D之3層介質之結構及K值表

<table>
<tr><th colspan="2" rowspan="2">Layers</th><th colspan="3">LED lamp structure</th></tr>
<tr><th>Structure 1</th><th>Structure 2</th><th>Structure 3</th></tr>
<tr><td colspan="2">Lens</td><td colspan="3">k =0.2 W/m.K</td></tr>
<tr><td colspan="2">Epoxy</td><td colspan="3">k =0.2 W/m.K</td></tr>
<tr><td rowspan="2">LED chip (1mm x 1mm)</td><td>Semiconductor epitaxial layer</td><td colspan="3">GaN- or AlGaInP-based thickness ～ 4 to 5 μm</td></tr>
<tr><td>Substrate</td><td>Si, thickness ～ 150μm, k=150W/mK</td><td>Sapphire, thickness ～ 90μm, k=35W/mK</td><td>Cu, thickness ～ 100μm, k=400W/mK</td></tr>
<tr><td colspan="2">Resin</td><td colspan="3">thickness ～ 5 to 8 μm, k=2W/mK</td></tr>
<tr><td colspan="2">Metal heat sink</td><td colspan="3">Cu, k=400W/m.K</td></tr>
</table>

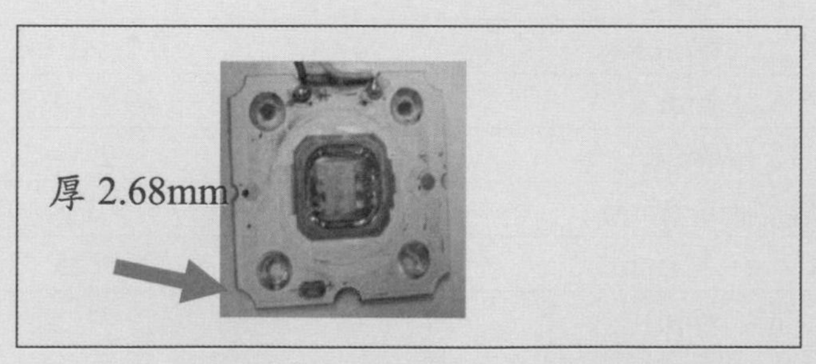

圖9-43　LED封裝晶片案例 D 實體

表9-7　LED在案例 D 之各層介質之尺寸

item	value
K_{chip} $_{(Saphire)}$ (W/m,K)	35
δ_{chip} (μm)	95 實際量取約0.1mm
A_{chip} (mm^2)	1×1 實際量取約1.2X1.2mm^2
δ_{TIM1} (μm)	5
δ_{slug} (mm)	5
K_{cu}	400

item	value
δ_{TIM2} (μm)	5
A_{slug} (mm^2)	10×10
K_b (W/m,K)	2
$\delta_{MCPCB}=\delta_b$ (mm)	3.3
$A_{MCPCB}=A_b$ (mm^2)	25×25
δ_{TIM3} (μm)	5
K_{chip} ($_{Saphire}$) (W/m.K)	35
δ_{chip} (μm)	20
A_{chip} (mm^2)	1×1
δ_{TIM1} (μm)	5
δ_{slug} (mm)	5
K_{cu}	400
δ_{TIM2} (μm)	5
K_{epoxy} (W/m.K)	0.2～2.7
A_{slug} (mm^2)	10×10
K_b (W/m.K)	2
$\delta_{MCPCB}=\delta_b$ (mm)	3.3
$A_{MCPCB}=A_b$ (mm^2)	25×25
δ_{TIM3} (μm)	5

因此從Eq.9-22可約略估計出LED之內部熱值如表9-8。從表9-8顯示，第一層之TIM1是一個很大之熱阻值，幾乎為5（K/W），但如果能提高TIM之K值為4.0，則其熱阻可以降低至1.25，因此TIM之K 值其實是第一個很關鍵性之瓶頸，理論上提高TIM之K值雖然很貴，但其實是多慮的，因為其用量非常少，比較其所用之量之單位價格其實不高。LED 之第二個瓶頸是第4項的銅座（copper slug）之擴散熱阻值$R_{th,sp,slug}$，以目前slug之尺寸估計其$R_{th,sp,slug}\geq 0.7$，因此如果改善其銅座之尺寸厚度，也許可以降低其熱阻。LED之第三個瓶頸是第6項的電路板，以MCPCB之K值計算其熱阻值亦高達2.64（K/W），這也是LED製造商必須留意之地方。因此如果以K_{TIM}= 1.0計算並且在第5層之散熱介質用epoxy，

則其總熱阻值為9.49～9.25（第9項）；如果epoxy以TIM2取代，則總熱阻值為9.29（第10項）。如果所有TIM2之K值能提高至4.0以上，則總熱阻值會降低至5.50（第10項）。因此除了電路板之K值外，TIM之K值也是一個非常重要之參數。一般LED之散熱鰭片尺寸及熱阻如表9-9大概在2.0～5.0左右，差異性相當大。如果以散熱鰭片之熱阻值5.0代入Eq.9-22計算，如圖9-43之分析，假定接端溫度不得超過$T_J = 90$℃，環境溫度設定在$T_a = 35$℃，則其散熱功率與其熱阻之試算如表9-10。因此如果LED必須散熱3W，其總熱阻值（加上鰭片Cooler）不得超過18.3（K/W），如果要散熱5W，則其總熱阻值不得超過11（K/W）。以此計算，用epoxy加上鰭片之熱阻大約在如表9-8之第12項之14.5（K/W），如果用TIM2加上鰭片之熱阻大約在第13項之14.3（K/W）如表9-8，因此其大概可以解3～4W之LED；如果TIM之K值可提高至4.0以上，則用epoxy加上鰭片之熱阻大約在在第12項之10.73（K/W），如果用TIM2加上鰭片之熱阻大約在在第13項之10.5（K/W），其大概可以解5～6W之LED。

表9-8　LED在案例 D之熱阻在TIM為1.0或4.0之值預估

Item (R_{th})	**value**	
	K_{TIM}= 1.0	**K_{TIM}= 4.0**
1. $R_{th,Jc} = (\delta_{chip} / K_{chip} A_{chip})$	0.57	0.57
2. $R_{th,TIM1} = (\delta_{TIM1} / K_{TIM1} A_{chip})$	5	1.25
3. $R_{th,slug} = (\delta_{slug} / K_{cu} A_{slug})$	0.125	0.125
4. $R_{th,sp,slug}$ $(A_{chip}/A_{slug} = 0.01)$	≧0.7	≧ 0.7
5. $R_{th,epoxy} = (\delta_{epoxy}/K_{epoxy} A_{slug})$	0.25～0.018	0.25～0.018
5'. $R_{th,TIM2} = (\delta_{TIM2} / K_{TIM2} A_{slug})$	0.05	0.0125
6. $R_{th,b} = (\delta_b / K_b A_b)$	2.64	2.64
7. $R_{th,sp,MCPCB}$ $(A_{slug}/A_b = 0.16)$	～ 0.2	～ 0.2
8. $R_{th,TIM3} = (\delta_{TIM3} / K_{TIM3} A_b)$	0.008	0.002
9. $R_{th,LED,Epoxy}$=1+2+3+4+5+6+7+8	9.49～9.25	5.73～5.50
10. $R_{th,LED,TIM2}$=1+2+3+4+5'+6+7+8	9.29	5.50
11. $(R_{th,HS} + R_{th,sp,HS})$	5.0	5.0

Item (R_{th})	value	
	K_{TIM}= 1.0	K_{TIM}= 4.0
12. $R_{th,tot\,(epoxy)}$	14.5 (3～4W)	10.73 (5～6W)
13. $R_{th,tot\,(TIM2)}$	14.3 (3～4W)	10.5 (5～6W)

表9-9　一般LED之散熱鰭片尺寸及熱阻

	Specification	T_B (℃)	$R_{\Theta BA}$ (℃/W)
1 	Size: 99.85 x 70.08 mm S:Irregular (Random)T_B=3.18 mm D_H: 23.9mm F_H: 20.5mm N: 8ea Footprint:625mm^2 Power Dissipation:5W	37.9	2.58
2 	Size: 59.60 x 53.08 mm S:Irregular (Random)T_B=3.70 mm D_H: 25.95mm F_H: 22.1mm N: 8ea Footprint:625mm^2 Power Dissipation:5W	51.5	5.3
3 	Size: 49.90 x 44.85 mm S:Irregular (Random)T_B=8.90 mm D_H: 27.82mm F_H: 19.00mm N: 11ea Footprint:625mm^2 Power Dissipation:5W	56.1	6.22

	Specification	T_B (°C)	$R_{\Theta BA}$ (°C/W)
4	Size: 50.14 x 49.80 mm S:Irregular (Random)T_B=2.42 mm D_H: 29.84mm F_H: 26.00mm N: 48ea Footprint:625mm^2 Power Dissipation:5W	44.7	3.94
5	Size: 61.00 x 58.00 mm S:Irregular (Random)T_B=3.90 mm D_H: 20.50mm F_H: 17.00mm N: 121ea Footprint:625mm^2 Power Dissipation:5W	51.9	5.38

source：http://www.seoulsemicon.com/_upload/Goods_Spec/Z-Power_LED_Thermalmanagementguide.pdf

6

Source：http://www.fiberopticproducts.com/Luxeon.htm

7

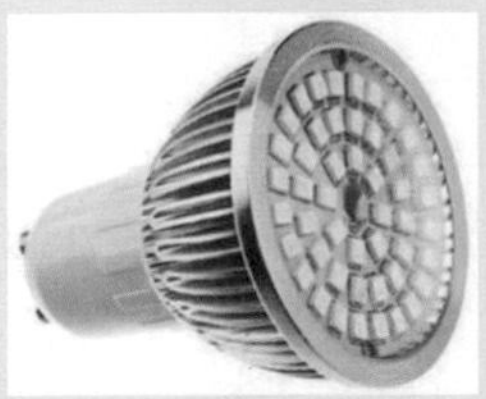

Source：http://www.miniinthebox.com/gu10-6w-48x2835smd-480-560lm-6000-7000k-natural-white-light-led-spot-bulb-11-240v_p603631.html?category_id=4931&prm=2.2.1.1

8

Source：http://ru.aliexpress.com/item/10pcs-12v-up-to-100W-LED-Aluminium-Heatsink-Round-relflector-lens-kit-10W-20W-30W-45W/ 2046535327.html?spm=2114.41010208.4. 175.Ee8Xwv

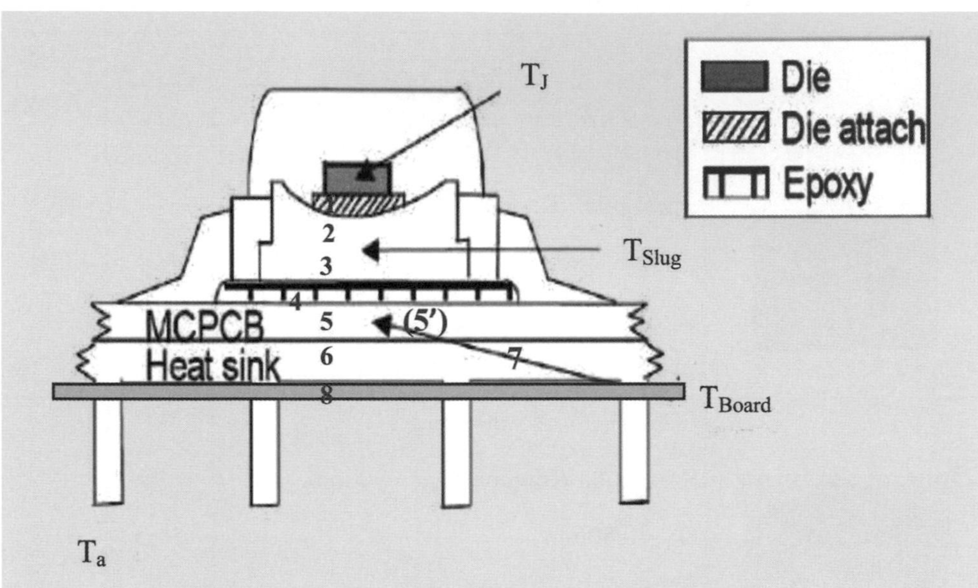

圖9-44　LED封裝晶片在案例D之熱阻結構分析

表9-10　LED散熱功率與熱阻關係概算表

	Q (W)	$R_{th,tot} = (T_J - T_a)/Q$ (k/W)
Design Criterion for T_J = 90℃，T_a= 35℃	1	55
	2	27.5
	3	18.3
	4	13.75
	5	11
	6	9.17
	10	5.5
	20	2.75
	30	1.83

9.7.5　LED 在案例D之熱阻改進方案參考

LED散熱之癥結在於積熱無法有效地從內部導致外部，因此無論在外部裝置多少的散熱元件，例如鰭片、熱管等都無法真正有效的解決問題，所以依照表9-8數據，我們可以調整封裝晶片之各項參數以減少其總熱阻值，表9-11為 LED在案例 D之參數改進對熱阻之影響，表中分成兩大項，目前最好的（Current best）以及未來之目標（Future target），其目的是要能解到10W之功率，如果以此為目標，其可以有下列幾個方案：

1. 至少提高TIM 之K值從4到5如表9-11之第5項打★處，則其熱阻從1.25降至1.0如表9-12之第2項打★處。
2. 更改銅座尺寸從10×10（mm^2）到2.5×2.5（mm^2），如表9-11之第10項打★處，則其軸向熱阻值會從0.125微微增加至0.16（表9-12之第3項），但其擴散熱阻從≧0.7急遽降至0.2如表9-12之第4項打★處。
3. 想辦法提高K_b 材質之K值從2.0至4.0以上，如表9-11之第11項打★處，則其熱阻從2.64降至1.32如表9-12之第6項打★處。
4. 將鰭片熱阻從5.0降低至1.5

經過以上4個步驟處理後，理論上LED加上鰭片之總熱阻值大約可從目前最好的熱阻7.0（解7W）降低至5.6（解10W）左右。當然以上之計算只是約略提出LED積熱改善之對策，但是如果內部之積熱沒有經過審慎處理導出來，則外部一切改善措施，可能都是枉然的。

表9-11　LED在案例 D之參數改進方案

item	Current best	Future target
1.　$K_{chip\ (Saphire)}$ (W/m.K)	35	35
2.　δ_{chip} (μm)	20	20
3.　A_{chip} (mm^2)	1×1	1×1
4.　δ_{TIM1} (μm)	5	5
5.　K_{TIM} (W/m.K)	4	5★
6.　δ_{slug} (mm)	5	5

item	Current best	Future target
7. K_{cu} (W/m.K)	400	400
8. δ_{TIM2} (μm)	5	5
9. K_{epoxy} (W/m,K)	2.7	2.7
10. A_{slug} (mm^2)	A_{slug}= 10×10	A'_{slug}= 2.5×2.5★
11. K_b (W/m.K)	2	4★
12. δ_{MCPCB}= δ_b (mm)	3.3	3.3
13. A_{MCPCB} =A_b (mm^2)	25×25	25×25
14. δ_{TIM3} (μm)	5	5

表9-12　LED在案例 D之參數改進對熱阻之影響

Item (R_{th})	Current best	Future target
	K_{TIM}= 4.0	K_{TIM}= 5.0
1. $R_{th,Jc}$= (δ_{chip}/K_{chip} A_{chip})	0.57	0.57
2. $R_{th,TIM1}$ = (δ_{TIM1}/K_{TIM1} A_{chip})	1.25	1.00★
3. $R_{th,slug}$ = (δ_{slug}/K_{cu} A'_{slug})	0.125	0.16★
4. $R_{th,sp,slug}$ (A_{chip}/A'_{slug}= 0.16)	≧ 0.7	0.20★
5. $R_{th,epoxy}$ = (δ_{epoxy}/K_{epoxy} A'_{slug})	0.018	0.30
5'. $R_{th,TIM2}$ = (δ_{TIM2}/K_{TIM2} A'_{slug})	0.0125	0.16
6. $R_{th,b}$ = (δ_b/K_b A_b)	2.64	1.32★
7. $R_{th,sp,MCPCB}$ (A'_{slug}/A_b=0.01)	～0.2	0.7
8. $R_{th,TIM3}$ = (δ_{TIM3}/K_{TIM3} A_b)	0.002	0.0016
9. $R_{th,LED,Epoxy}$=1+2+3+4+5+6+7+8	5.73～5.50	4.25
10. $R_{th,LED,TIM2}$=1+2+3+4+5'+6+7+8	5.50	4.11
11. ($R_{th,HS}$+ $R_{th,sp,HS}$)	1.5★	1.5★
12. $R_{th,tot\ (TIM2)}$	7.0 (7W)	5.6 (10W)

參考資料

1. 石大成，「新世紀照明啟用——半導體LED節能照明發展暨應用」，能源報導，p.8，2004。
2. 張玉姍、楊富翔、王浩偉，「光譜影像現身——LED光學特性量測精準度更上層樓」，新電子科技雜誌251期，p.83-87，2007。
3. 郭育呈，「微型毛細汞吸環路應用於LED散熱之研製與測試」，國立清華大學碩士論文，p1-4，2009。
4. H. J. Round, "A note on carborundum", Electrical World, vol. 19, p. 309, 1907.
5. G. Desriau, "Scintillations of zinc sulfides with alpha-rays", J. Chiie Physique, vol. 33, p. 587, 1936.
6. H. Welker, "On new semiconducting compounds", *Zeitschrift fur Naturforschung A* (*Astrophys., Phys. Physikal. Chem.*), vol. 7a, p.744, 1952.
7. N. Holonyak Jr., S. F. Bevacqua, "Coherent (Visible) Light Emission from Ga(As1-xPx) Junctions", Appl. Phys. Lett., vol.1, Issue 4, 1962.
8. 郭浩中、賴芳儀、郭守義，「LED原理與應用」，五南圖書出版公司，2010年初版。
9. Shuji Nakamura, "GaN Growth Using GaN Buffer Layer", Jpn. J. Appl. Phys., 30, p. L1705, 1991.
10. F. M. Steranka, J. Bhat, D Collins, L. Cook et al., "High Power LED-Technology Status and Market Applications", Phys. Stat. Sol. (a), vol. 194, Issue.2, 2002.
11. 林唯耕，陳文璟，"LED積分球之設計與環境溫度對LED光學特性之影響"，清華大學工程與系統科學系，碩士論文，2012.07
12. M. Michael Yovanovich, J. Richard Culham, and Pete Teertstra, "Analytical Modeling of Spreading Resistance in Flux Tubes, Half Spaces, and Compound

Disks", IEEE Transactions on Components, Packing, and Manufacturing Technology—Part A, Vol. 21, No. 1, pp.168～pp176, March 1998

13. S.W. Chen, F.C. Liu, F.J. Kuo, M.L. Chai, C.S. Poh, J.D. Lee, J.R. Wang, H.T. Lin, W.K. Lin, C. Shih, 2016, "Thermal Resistance Analysis of Micro Channel Structure with 1D and Q2D Methods", The 5th International Symposium on Next-Generation Electronics (ISNE-2016), Hsinchu, Taiwan. (May 3-6, 2016)

14. Gordon N. Ellison, *Senior Member, IEEE,* "Maximum Thermal Spreading Resistance for Rectangular Sources and Plates With Nonunity Aspect Ratios", IEEE TRANSACTIONS ON COMPONENTS AND PACKAGING TECHNOLOGIES, VOL. 26, NO. 2, JUNE 2003.

第 10 章
如何測量熱管、均溫板或石墨片的有效 K_{eff} 值

CPU Cooler是由風扇與散熱鰭片所組成，將Cooler緊貼在CPU上，熱量由CPU傳至散熱鰭片，最後再由風扇的強制對流將熱帶走。傳統上之CPU Cooler包括風扇、散熱鰭片為一組散熱器具。但更嚴格來講，更應包括了在鰭片底部與CPU中間之一種含有導熱性質良好之熱介面材料（Thermal Interface Material, TIM）如圖10-1所示。散熱鰭片與CPU的表面雖看似平坦，其實表面是肉眼看不見的凹凸不平坑洞，所以當散熱鰭片與CPU接合的時候會產生許多空洞，而這些空洞裡面都是靜止的空氣，靜止的空氣是一個絕熱體，所以需要擁有較高熱傳導係數的熱介面材料來填平這些空洞取代原本的空氣。目前常見的熱介面材料有以下幾種：散熱片（Thermal Pad）、相變化材料PCM（Phase Change Materials）、散熱膏（Thermal Grease）。熱介面材料之存在當然必須合乎高熱傳導係數、高流動性、低揮發性才能發揮其效果。其中，高熱傳導係數是確保熱能夠迅速的由熱源被帶離系統；高流動性之熱介面材料則可有效的填補金屬表面之空氣間隙，達到降低接觸熱阻的目的；低揮發性則是為了延長熱介面材料的使用年限。TIM 材質在散熱領域是很重要的一環，因此如何測定TIM的熱傳導係數k值很是很重要的一門學問。一般而言，當我們談到TIM或金屬的K值測量，大都是根據STD ASTM D5470-01（Standard Test Method for Thermal Transmission Properties of Thin Thermally conductive Solid Electrical Insulation Material）[1]規範中所量的K值，量測厚度在0.02～10 mm。D5470的方法是根據傅立葉定律，將此熱介面材料直徑約在20mm的樣品通過一穩定熱源，量測材

料的表面溫度，亦即在相同加熱面積與散熱面積下，所求得TIM材料的K值。D5470對於純物質例如銅、鋁或均勻物質例如TIM之K質量測很有用，此K值不管在X、Y、Z方向都是固定的值。但對於非均勻兩相流熱導物質例如熱管、均溫板或易脆物質例如石墨片、石墨稀等之K值則不能用簡單的傅立葉定律求出，因此本章詳細敘述如何利用Angstrom方法量測熱管、均溫板、石墨片、石墨稀等物質K值之方法。

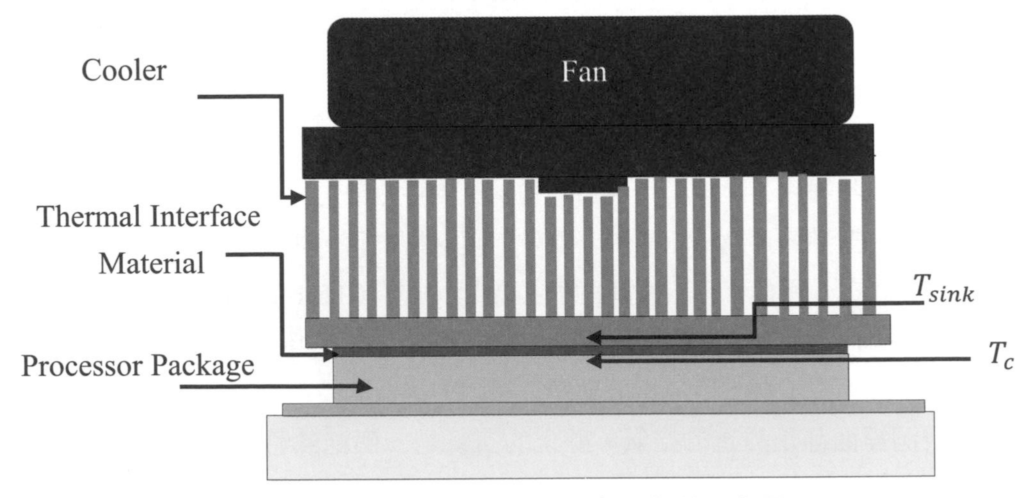

圖10-1　完整之散熱器與熱介面物質示意圖

10.1 Angstrom 方法量測熱管、均溫板、石墨片等物質 K 值之原理

導熱係數 k（W/m-k）代表材料是否為熱之良好導體，k值大代表物體在1m距離下每單位溫度℃所能傳送之功率值越大，（或者是代表物體在同一功率下、同一長度下之溫度變化梯度小，因此溫度傳送速度快），但無法決定到達此最終溫度所需之時間。α（cm^2/s）代表物體在同一功率、單位時間內熱量所能擴散之面積，因此α值越大代表$\partial T/\partial t$值大，（$\partial T/\partial t$值大代表物體在單位時間內溫度變化率較大），故到達物質之最終溫度所需之時間越短。熱傳導係

數k值對於材料之熱傳導性能是最直接的描述，其大部分是利用傅立葉定理量測而得，但此方法對於固體熱傳導是可以的，而且必須加熱面積與散熱面積相同下，傅利葉定律才有意義。但對於非均勻物質例如熱管是利用工作流體之潛熱以及對流方式導熱如圖10-2，以及例如易脆材料像石墨稀等，或者是加熱面積與散熱面積不同下，就有熱擴散之問題如圖10-3；若要量測這些特殊材料之熱傳導係數k值則利用Angstrom method理論是一個不錯的方法。Angstrom理論是將熱以週期之型式加熱於一維長條體，在加熱端施以週期性的正弦波加熱，當正弦波經由傳導至另一端點時量測長度及其熱波之溫度變化量，利用此熱平衡過程中兩端之溫度變化將可推論出其待測物之熱擴散係數α[2、3、4、5]。Angstrom量測理論示意如圖10-4所示，其一維控制體積統禦方程式可表示為Eq.1。其中N_{hA}（$T-T_a$）為表面經由熱對流之熱損失，或者寫成Eq.2，經過分離變量法（separation variable）計算簡化後，待測物體熱擴散率可由熱傳導公式計算Eq.3其結果如圖10-5，其橫軸代表經過時間，縱軸代表溫度。紅色曲線為T_c隨加熱週期改變之溫度，M為T_c之最高溫度與最低溫度之溫差，亦即為加熱週期之振幅。藍色曲線為T_x隨加熱週期改變之溫度，N為T_x之振幅。根據Angstrom method利用此熱平衡過程中兩點之溫度變化M、N、延遲時間Δt以及T_c、T_x之間的距離L即可計算出待測物之熱擴散率α。在傳熱分析中，熱擴散率α，是熱傳導係數K與密度ρ、比熱C之比，所以又可由Eq.4來表示。

$$-(\frac{\partial T}{\partial t})+\alpha_1(\frac{\partial^2 T}{\partial x^2})-\frac{h}{B\rho C_p}(T-T_a)=0 \cdots\cdots \text{（Eq.1）}$$

令

$$N_{hA}=\frac{h}{B\rho C_p}=\frac{h(2LW)}{B(2LW)\rho C_p}=\frac{2hAs}{V\rho C_p}=\frac{h(2As)}{mC_P} \cdots\cdots \text{Convection loss velocity (1/s)}$$

$$-(\frac{\partial T}{\partial t})+\alpha_1(\frac{\partial^2 T}{\partial x^2})-N_{hA}(T-T_a)=0 \cdots\cdots \text{（Eq.2）}$$

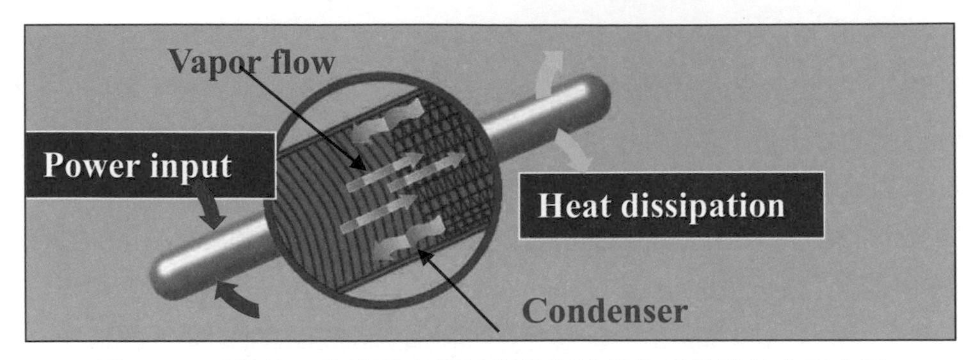

圖10-2　以熱管工作流體之潛熱與熱對流做為熱管導熱之示意圖

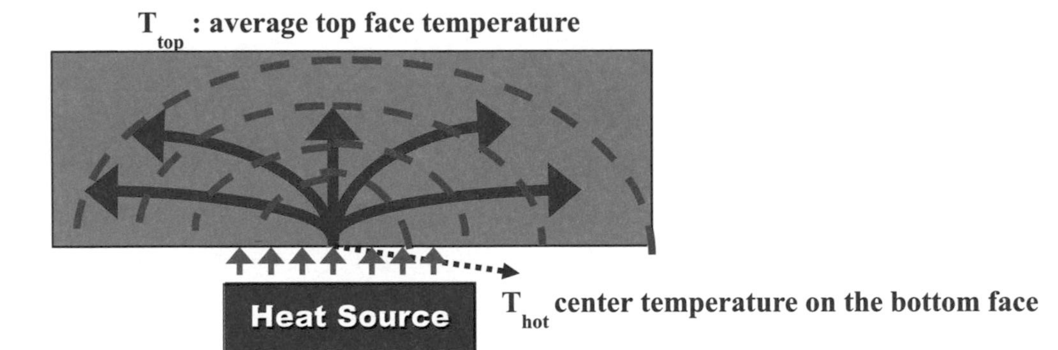

圖10-3　加熱面積與散熱面積不同下之熱擴散示意圖

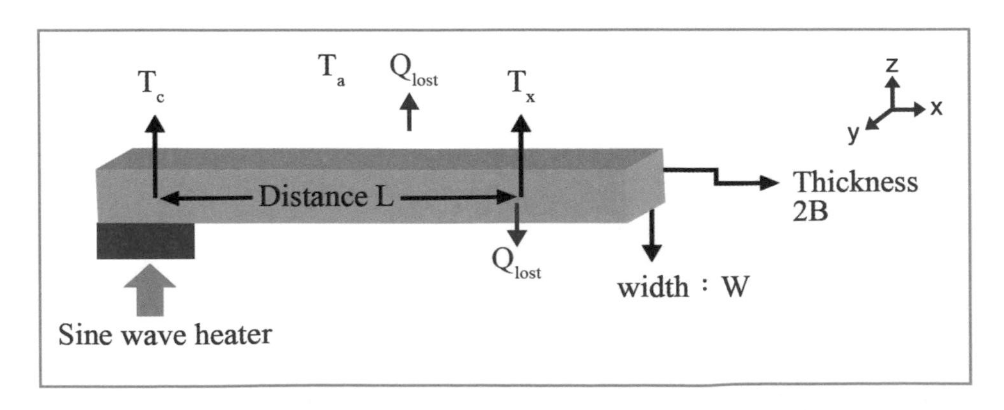

圖10-4　Angstrom理論之一維控制體積加熱示意圖

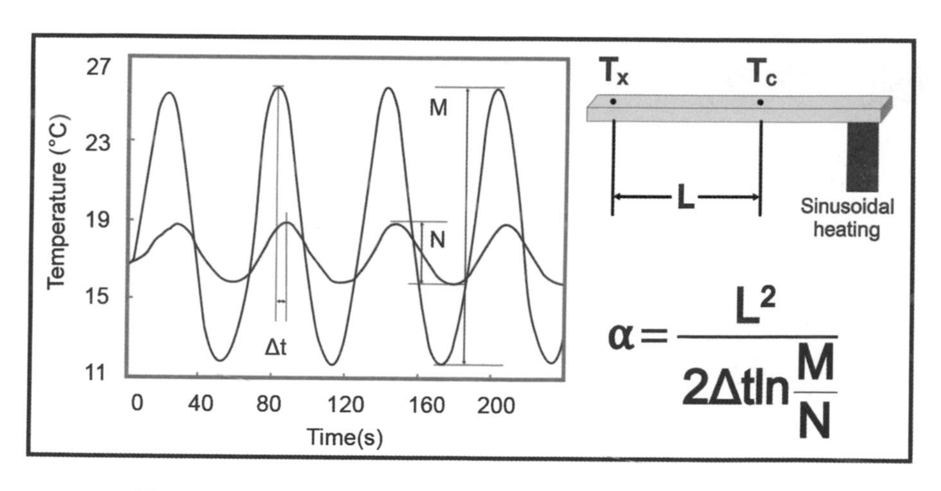

圖10-5 以Angstrom之理論量測之溫度趨勢分佈示意圖

$$\alpha_1 = \frac{L^2}{2\Delta t(\ln\frac{M}{N})} \cdots\cdots \text{（Eq.3）}$$

$$\alpha_1 = \frac{k_{eff}}{\rho C} \cdots\cdots \text{（Eq.4）}$$

其中：

2B 為測試樣品之厚度（cm）

A_S為測試樣品表面面積（cm^2）

α_1為一維熱擴散率（cm^2/s）

K_{eff}為受測物有效熱傳導係數（W/cm-k）

r為受測物密度（g/cm^3）

C為受測物比熱容（J/g-k）

L為T_c、T_x之間的距離（cm）

Δ t是正弦波加熱週期由T_c傳遞至T_x之延遲時間，單位為s。

M為T_c隨正弦波功率之溫度變化的振幅，單位為℃。

N為T_x隨正弦波功率之溫度變化的振幅，單位為℃。

$\frac{M}{N}$為T_c與T_x之振幅比值

10.2 熱擴散率（α）量測儀器 TDMI

圖10-6為熱擴散量測實驗架設之概念[6、7]，由熱源輸入正弦波（sine wave）加熱功率，控制的方法是以電子致冷晶片達成週期性加熱的正旋波溫度曲線，將待測試片放置於加熱銅塊上方與加熱銅塊接觸，並於待測試片上分別安裝兩個溫度探測點Tc與T_x，要注意的是加熱方式必須是點熱源，因此測試樣品之T_c必須與加熱銅塊是點接觸，接觸面積要儘可能小。當加熱功率由T_c傳至T_x時並紀錄其溫度變化，經一段時間待熱平衡後可得到圖10-5中的紅色曲線與藍色曲線。

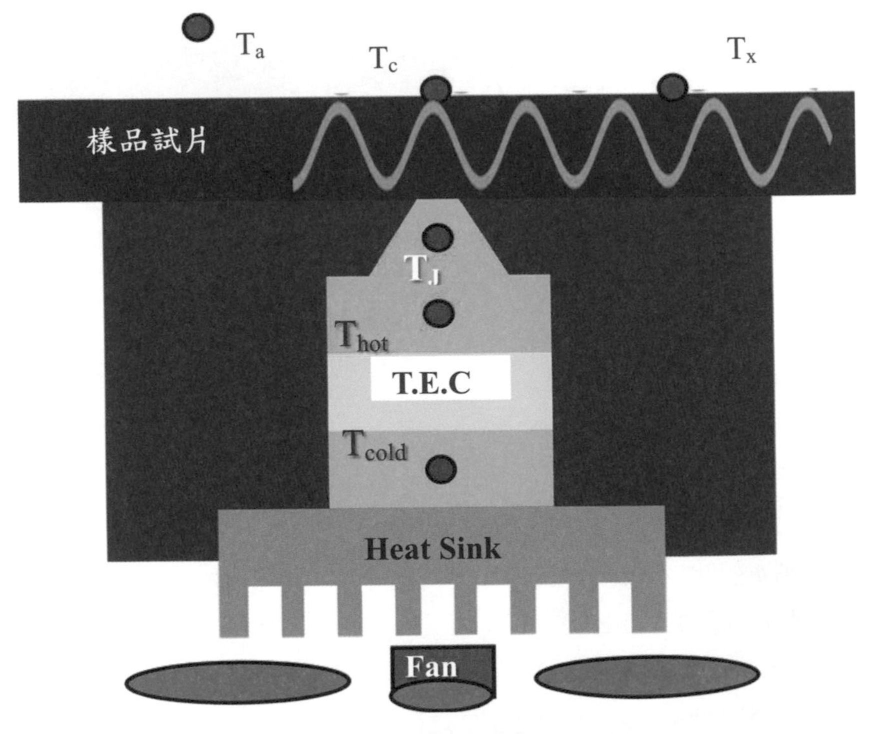

圖10-6　熱擴散率量測示意圖

熱擴散量測平臺TDMI主要由兩個部分組成：（1）電源供應器，如圖10-7所示，由程式控制並輸出實驗所需的正弦波加熱功率至試片；以及（2）熱擴散量測儀器之量測平臺，如圖10-8所示。加熱治具為T.E.C致冷晶片（圖10-9），T.E.C晶片之熱端提供一正弦加熱波，與其上方之加熱銅塊組合，用以接觸並且將正弦波加熱功率傳至待測試片，T.E.C冷端則與一散熱器結合將熱移走；其他多個溫度探測點則可依需求調配去量測額外所關心的溫度訊號；試片龍門架用於輔助支撐試片之架設，避免試片因重力影響而彎曲。須注意得是熱電偶溫度傳感器之設計，圖10-10是棒狀熱電偶搭配彈簧扣具的設計，彈簧的使用可以準確地掌握熱電偶安置之下壓力，使得每次測量下壓力都一致。棒狀型的感溫點為最底下一點是個圓弧狀，測溫點不易受到環境溫度影響，測得溫度較為準確，且其端點為圓弧型，對於脆性或超薄之材料力如石墨片、石墨烯等較不易刺穿而損壞樣品，而造成實驗上重複性之不佳的缺點。圖10-11是熱擴散率量測平臺結構示意圖。

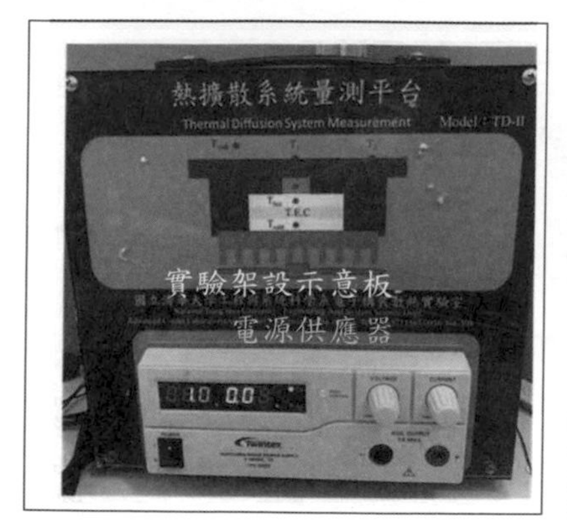

圖10-7　熱擴散率量測儀器之電源供應器

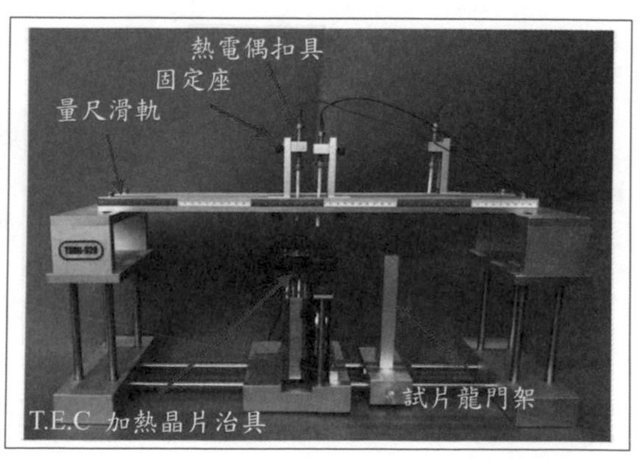

圖10-8　熱擴散率量測系統之作業平臺

圖10-9　T.E.C 電子致冷晶片

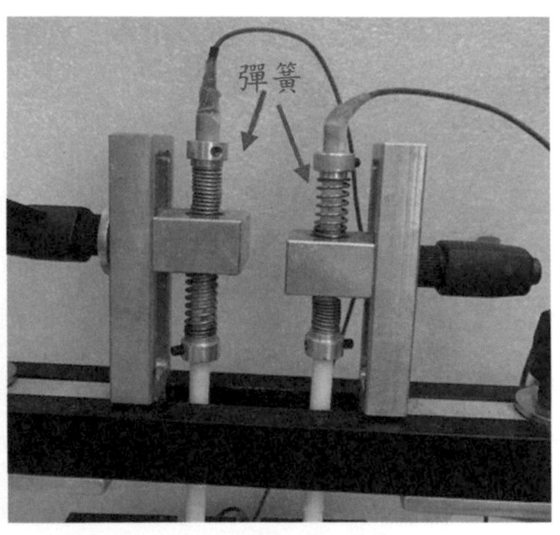

圖10-10　棒狀型熱電偶與及其扣具

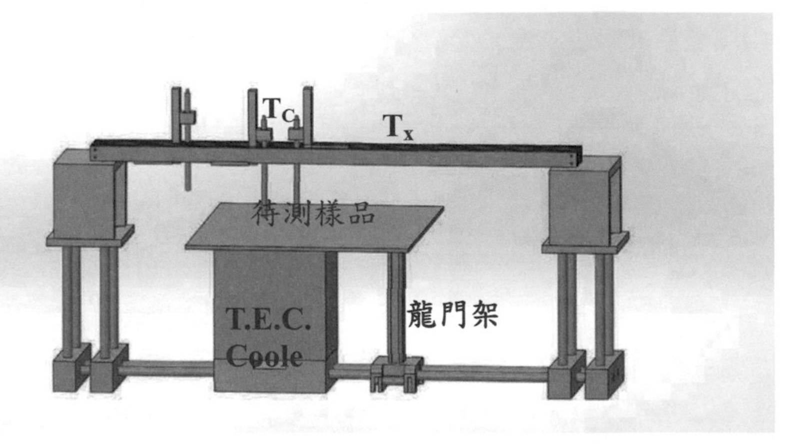

圖10-11　熱擴散率量測平臺結構示意圖

10.3 熱擴散機台之校正

為了驗證機台的準確性，必須先進行標準校正實驗，校正上選用紅銅、錫、鉛、鋁6061等金屬做測試之標準，這些金屬性能的標準值均能在教科書、網路等文獻找到。由儀器測得這些金屬之熱擴散率α後，再與其標準值做比較，便可驗證此機台之可靠度與準確度。

數據量測上採用全盲測試的形式，首先必須確定實驗數據是有重複性的，因此在實驗數的擷取上必須先做重複性誤差分析。重複性誤差Eq.5係指進行實驗時同一個人重複幾次測量，將每次的測得結果與整體平均做比較，其相對誤差當然是越低越好，若重複性誤差太大，則代表測得數據飄浮不定表示在該範圍內之數據參考性低、儀器測試不穩定。準確性誤差係指測試結果與金樣品之標準值之相對誤差如Eq.6。其方法是先選定幾種已知熱擴散率之純物質樣品（金樣品），測試之結果與試片的標準值做比較，判定儀器是否準確準，若準確性誤差太大則代表儀器不準，結果是無法相信的。

$$\varepsilon_{rep} = \frac{|\alpha_i - \alpha_{ave}|}{\alpha_{ave}} \times 100\% \cdots\cdots \text{（Eq.5）}$$

$$\varepsilon_{std} = \frac{|\alpha - \alpha_{std}|}{\alpha_{std}} \times 100\% \cdots\cdots \text{（Eq.6）}$$

其中：

$\alpha_{ave} = \frac{\Sigma_i^n \alpha_i}{n}$，為重複幾次測量結果之平均值。

α_{std}是該試片之標準值。

10.4　熱擴散機台最佳量測距離 L 的驗證

圖10-12是銅以不同量測距離L之擴散率量測結果，以不同之厚寬比τ = 0.02、0.033、0.1之三種銅試片，採用量測距離L = 2、3、4、5cm分別進行熱擴散率量測，$\alpha_{copper-0.02}$、$\alpha_{copper-0.33}$、$\alpha_{copper-0.1}$各表示銅試片是在厚寬比τ = 0.02、0.33及0.1下之熱擴散率實驗數據，$\alpha_{copper-reference}$是銅試片之標準值。在其結果顯示在L=3cm時，其測量到的結果與銅試片之標準值（綠色虛線α =1.17cm^2/s）比較後之相對誤差較小，較為接近。而在其他距離則有部分試片其誤差漸大之現象。因此最佳量測距離是在3cm左右。

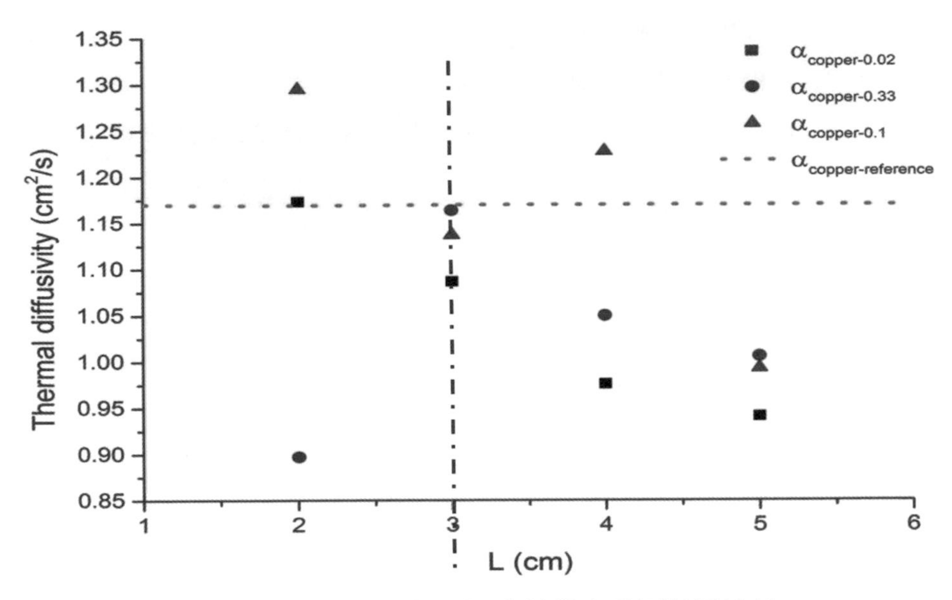

圖10-12　不同量測距離L之擴散率量測結果比較

10.5 熱擴散量測樣品根據不同厚寬比之維度（dimensionality）之定義

Angstrom的方法本來只是適用於一維理論的試片，其形狀是長條且薄型之試片如圖10-13，但是有些樣品不適於切割例如熱管、均溫板或在厚度一定下之試品寬度較大時之測試品如圖10-14，其熱傳送方式都可能從一維變成二維。因此必須定義出以樣品尺寸為基礎之判斷界線，才可以知道何時該適用一維模式以及何時該適用二維模式。定義試片之尺寸寬為W、厚為T、長為L，並且先定義厚寬比τ為一維與二維判定的標準，例如以一維的熱行進方向x作為指標如圖10-13，其判斷參數即為$\tau_x = T/W$如Eq.7；以二維的熱行進方向y作為指標如圖10-14時，相對於y方向之寬厚比為$\tau_y = T/L$如Eq.8。從理論上來看，如果純物質樣品之幾何尺寸來看，在厚度固定之下，寬度越大時，樣品之擴散率必定從一維變成二維。從熱傳送模式來看，X方向之熱阻為$R_{th,x}$，而Y方向之熱阻為$R_{th,y}$。由於熱傳送方向在X與Y方向是同時發生的，因此是一個並聯的型式，其總熱阻值

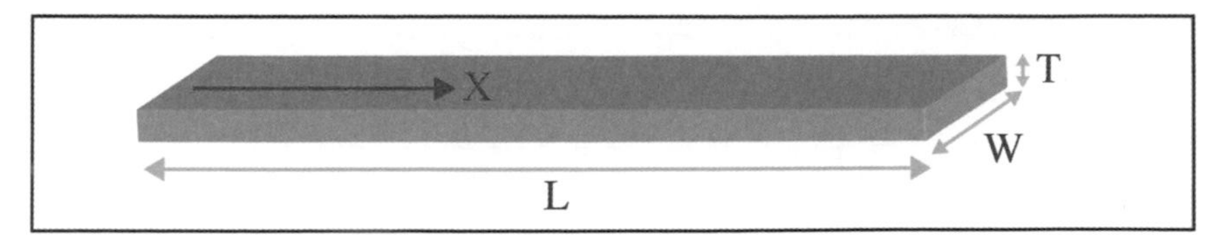

圖10-13　一維試片尺寸示意圖

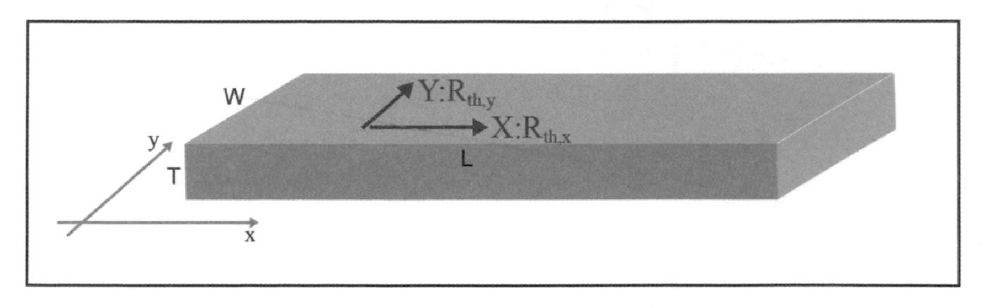

圖10-14　二維試片尺寸示意圖

$R_{th,total}$與X方向之熱阻值$R_{th,x}$及Y方向之熱阻值$R_{th,y}$之關係如Eq.9，定義$K_{eff,total}$為有效總熱傳導係數，$K_{eff,x}$為X方向之有效熱傳導係數，$K_{eff,y}$為Y方向之有效熱傳導係數。假設量測距離在X及Y方向上都是L，又由於是同一試片，因此其截面積都相同為A_C。將式10a、式10b、式10c代入式9，可以得到式11。將熱擴散率以熱傳導係數之方式表示如式12、式12a、式12b，再將此3式帶入式11可以得到式13，亦即在2維模式下，總熱擴散率α_{total}為X方向之熱擴散率α_x與Y方向之熱擴散率α_y之和。假定受測物質是均勻物質的話，2維模式下之總熱擴率是一維模式下熱擴散率之2倍如式13或者表示為式14。熱擴散率在2維與1維之關係既已確立，唯一的問題是如何判斷熱傳方式存在一維方式還是二維方式之厚寬比（τ）的範圍，圖10-15可以很明確的給了一個判斷的依據。

$$\tau_x = \frac{T}{W} \cdots\cdots \text{（Eq.7）}$$

$$\tau_x = \frac{T}{L} \cdots\cdots \text{（Eq.8）}$$

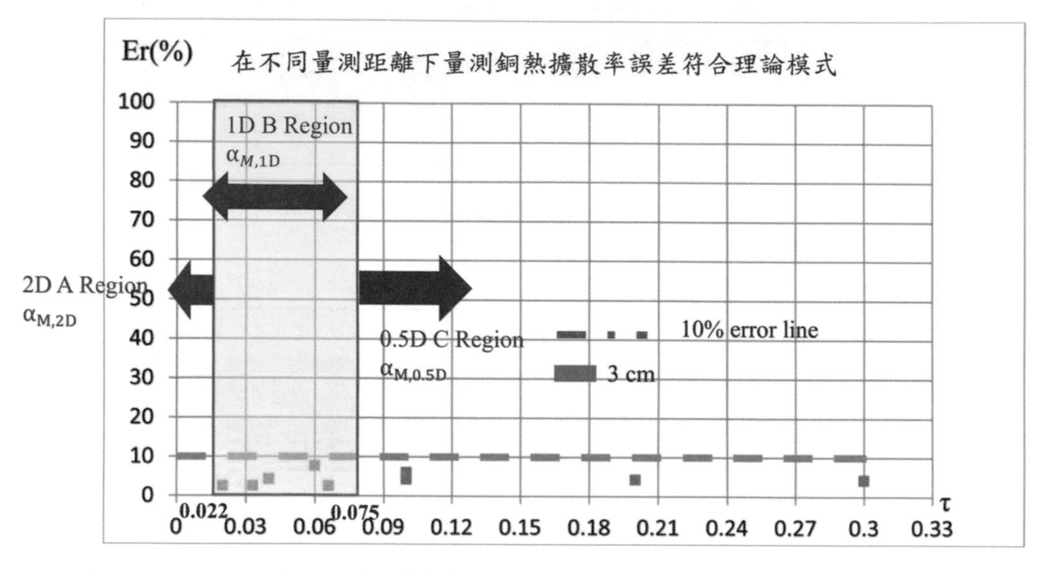

圖10-15　銅熱擴散率量測根據厚寬比在3公分量測距離之維度誤差分佈

$$\frac{1}{T_{th,total}} = \frac{1}{R_{th,x}} + \frac{1}{R_{th,y}} \quad \cdots\cdots \text{(Eq.9)}$$

$$R_{th,total} = \frac{L}{K_{eff,total}A_C} \quad \cdots\cdots \text{(Eq.10a)}$$

$$R_{th,x} = \frac{L}{K_{eff,x}A_C} \quad \cdots\cdots \text{(Eq.10b)}$$

$$R_{th,y} = \frac{L}{K_{eff,y}A_C} \quad \cdots\cdots \text{(Eq.10c)}$$

$$K_{eff,total} = K_{eff,x} + K_{eff,y} \quad \cdots\cdots \text{(Eq.11)}$$

$$\alpha_{total} = \frac{K_{total}}{\rho C} \quad \cdots\cdots \text{(Eq.12)}$$

$$\alpha_x = \frac{K_{eff,x}}{\rho C} \quad \cdots\cdots \text{(Eq.12a)}$$

$$\alpha_y = \frac{K_{eff,y}}{\rho C} \cdots\cdots \text{（Eq.12b）}$$

$$\alpha_{total} = \alpha_x + \alpha_y = 2\alpha_x \cdots\cdots \text{（Eq.13）}$$

$$\alpha_1 = \frac{L^2}{2\Delta t(\ln\frac{M}{N})} = \frac{\alpha_2}{2} \cdots\cdots \text{（Eq.14）}$$

圖10-15為銅熱擴散率量測根據不同厚寬比在3公分量測距離之各不同維度之判斷誤差之分佈，當τ在0.022與 0.075之間時為Zone（B）採1D模式。所謂1D是直接以Angstrom方法根據式（15）量測得到之熱擴散率值表示為$\alpha_{M,1D}$，其中下標M表示金屬之代號，當$\tau \le 0.022$時採2D模式為Zone（A），表示為$\alpha_{M,2D}$其公式如Eq.16，當$\tau \ge 0.075$時採0.5D模式為Zone（C），表示為$\alpha_{M,0.5D}$其公式如Eq.17。

$$0.022 < \tau < 0.075\text{，Zone (B)，}\alpha_{M,1D} = \frac{L^2}{2\Delta t(\ln\frac{M}{N})} \cdots\cdots \text{（Eq.15）}$$

$$\tau \le 0.022\text{，Zone (A) }\alpha_{M,2D} = \alpha_{M,1D} \times 2 \cdots\cdots \text{（Eq.16）}$$

$$0.075 \le \tau\text{，Zone (C) }\alpha_{M,0.5D} = \alpha_{M,1D} \times 0.5 \cdots\cdots \text{（Eq.17）}$$

10.6 基於熱擴散率之有效熱傳導係數之實驗

瞭解熱擴散率之實驗理論後，其中Eq.15的熱傳導係數是因為熱擴散率求得的，對同一物質而言，由於材料的幾何尺寸的不同會造成熱擴散率之不同，因此由該熱擴散率所求得之熱傳導係數在該幾何條件下材料稱之為有效熱傳導係數K_{eff}。為了求得有效熱傳導係數K_{eff}，另外需要測試樣品之密度ρ_s與其比熱容C之量測如Eq.12。密度由定義Eq.18之關係可量得，先測得試片之質量M_s、體積V_s，即可計算出試片之密度。質量用磅秤即可直接測量，而體積的部分採用阿基米德原理。將試片投入一裝滿水的容器前，先秤得裝滿水之容器質量$M_{1,w}$，試片投入後，會將部分的水溢出容器外，量取溢出水之重量（ΔM_w）或將試片取出後並再次秤重容器內的水重得$M_{2,w}$。投入前與投入後之質量變化（ΔM_w）再除以水的密度即可得到水的體積變化Eq.19，亦即為該試片之體積V_s。

$$\rho_s = \frac{M_s}{V_s} \cdots\cdots \text{（Eq.18）}$$

$$V_s = \Delta V = \frac{(\Delta M_w)}{\rho_w} = \frac{(M_{1,w} - M_{2,w})}{\rho_w} \cdots\cdots \text{（Eq.19）}$$

其中$M_{1,w}$為未加入試片前滿水杯之水重量，$M_{2,w}$為加入試片溢出水量後之水重量，ρ_w為水密度，ρ_s為試片密度。

測試樣品的比熱則根據熱力學第一定律能量守恆為基礎如Eq.20。即待測物體所吸收的熱等於高溫容器$Q_{release,g}$及水$Q_{release,w}$所釋放的熱與系統熱損失Q_{loss}，實驗之示意圖如圖10-16。實驗時將一盛有水之容器先加熱至一定溫度（例如50℃）後記錄其初始水溫度為$T_{w,1}$，水質量為M_w，容器（玻璃杯）之質量M_g。待測樣品為被加熱物，為了增加實驗之辨別率，可已先將待測物體放在冰箱冷卻至一定溫度（例如5℃）。容器之水中及待測物上各安置一個熱電耦以記錄待測樣品及水的溫度變化情形。實驗開始時將已知初始溫度（$T_{s,1}$）、質量為M_s之待測樣品投入容器中，等容器及水的溫度逐漸下降，待測物溫度逐漸上升，當達成熱平衡時，整個系統之溫度都為$T_{w,eq}$，其理論上溫度變化度示意圖如圖10-17所示。假定實驗容器絕熱良好，則由高溫的水所釋放的熱量會由低溫的待測物吸收。容器與水所釋放之熱量$Q_{release}$如Eq.21，也可以用式22及式23表示，其中$\tilde{C}_w$為容器內水之熱容，$\tilde{C}_g$為容器之熱容。待測樣品所能吸收之熱量可以由式24表示，其中待測樣品之熱容$\tilde{C}_s$以式25表示。將各數值帶入Eq.26計算，即可得到該試片之比熱。將量得之比熱與密度代入Eq.12，即可得到該試片之有效熱傳導係數K_{eff}值。表10-1為密度及比熱量測各符號之說明。

$$Q_{release} = Q_{release,w} + Q_{release,g} = Q_{absorb} + Q_{loss} \cdots\cdots \text{（Eq.20）}$$

$Q_{release,w}$為水所釋放之熱量，$Q_{release,g}$，為容器材質所釋放之熱量。Q_{loss}為系統之熱損失，假定絕熱良好情形下，則$Q_{loss}=0$。

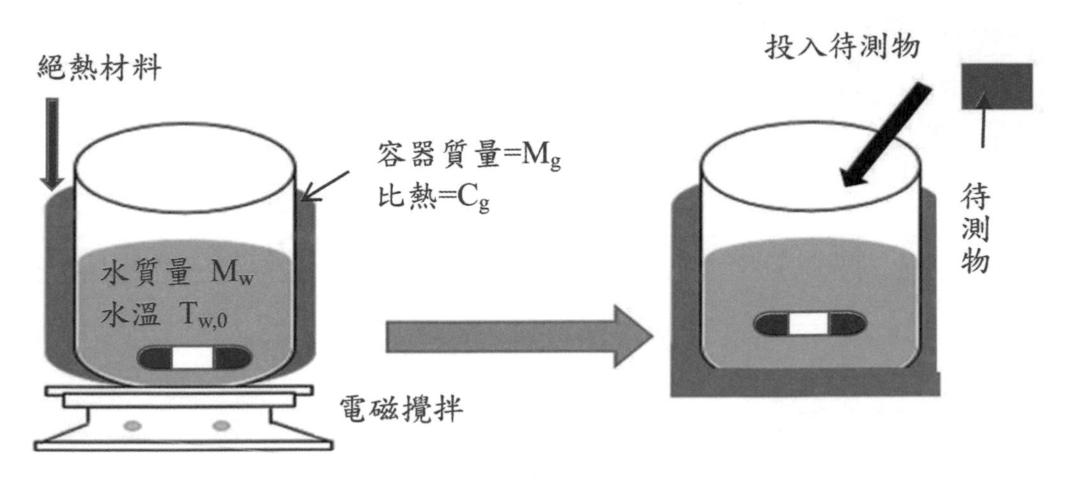

圖10-16　比熱實驗架構示意圖

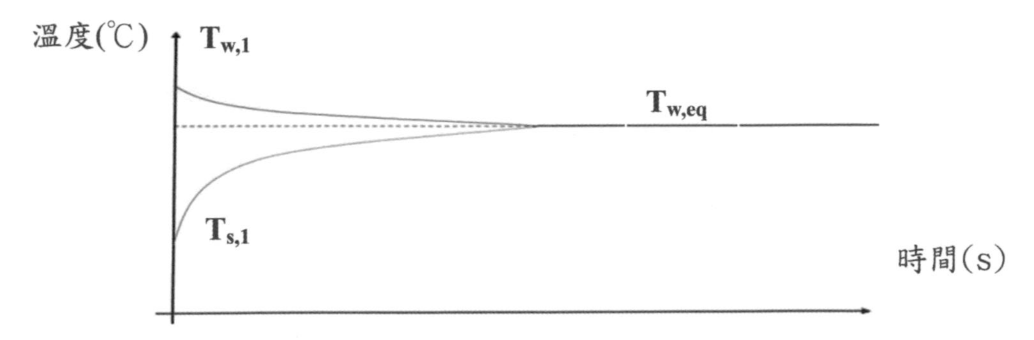

圖10-17　比熱實驗溫度變化曲線理論結果

$$Q_{release} = m_w \times C_w \times (T_{w,1} - T_{w,eq}) + m_g \times C_g \times (T_{g,1} - T_{w,eq})$$

$$= \tilde{\boldsymbol{C}}_{\boldsymbol{w}} \times (T_{w,1} - T_{w,eq}) + \tilde{\boldsymbol{C}}_{\boldsymbol{g}} \times (T_{g,1} - T_{w,eq}) \cdots\cdots \text{(Eq.21)}$$

其中　$\tilde{\boldsymbol{C}}_{\boldsymbol{w}} = m_w \times C_w \cdots\cdots$（Eq.22）

$$\tilde{\boldsymbol{C}}_{\boldsymbol{G}} = m_g \times C_g \cdots\cdots \text{(Eq.23)}$$

$$Q_{absorb} = m_s \times C_s (T_{w,eq} - T_{s,1}) \cdots\cdots \text{(Eq.24)}$$

表10-1　密度及比熱量測各符號之說明

項目	說明	項目	說明
$\rho_s(g/cm^3)$	待測物密度	$M_g(g)$	容器之質量
$\rho_w(g/cm^3)$	水的密度	$M_s(g)$	待測物質量
$V_s(cm^3)$	V_s待測物體積	$M_{1,w}(g)$	裝滿水之容器總質量
$\Delta V(cm^3)$	水的體積變化	$M_{2,w}(g)$	試片投入容器後水溢出之質量
$T_{g,1}$(℃)	容器之初始溫度	$Q_{release}(W)$	水與容器釋放之熱量
$T_{s,1}$(℃)	試片之初始溫度	$Q_{absorb}(W)$	待測物吸收的熱量
$T_{w,eq}$(℃)	平衡溫度	$Q_{loss}(W)$	系統之熱損失
$T_{w.1}$(℃)	水之初始溫度	$Q_{release,w}(W)$	水所釋放之熱量
C_w(J/g-℃)	水之比熱	$Q_{release,g}$	容器材質所釋放之熱量
$\tilde{C}_w$(J/℃)	水之熱容	C_s(J/g-℃)	試片之比熱
C_g(J/g-℃)	容器之比熱	$\tilde{C}_s$(J/℃)	試片之熱容
$\tilde{C}_g$(J/℃)	容器之熱容		

$$\tilde{C}_s = m_s \times C_s \quad \cdots\cdots \text{(Eq.25)}$$

$$\tilde{C}_w \times (T_{w,1} - T_{w,eq}) + \tilde{C}_g \times (T_{g,1} - T_{w,eq}) = \tilde{C}_s \times (T_{w,eq} - T_{s,1}) \quad \cdots\cdots \text{(Eq.26)}$$

要注意的是在進行此實驗時，技巧非常重要。選擇容器的外型與尺寸與放熱液體的種類及體積是決定實驗精準成功的兩大因素。容器之外型由待測物之形狀決定，例如6 ϕ 直徑100mm長的熱管適合於選擇細長型的容器如圖10-18，而均溫板、石墨片、石墨烯、散熱片適合選擇寬扁型的容器如圖10-19。至於容器內液體之選擇可以用水或其他液體。需要注入多少水量$M_{1,w}$則由待測物熱容$\tilde{C}_s$來決定，理論上由式26知，待測物熱容$\tilde{C}_s$與水之熱容$\tilde{C}_w$不要相差太大及可。

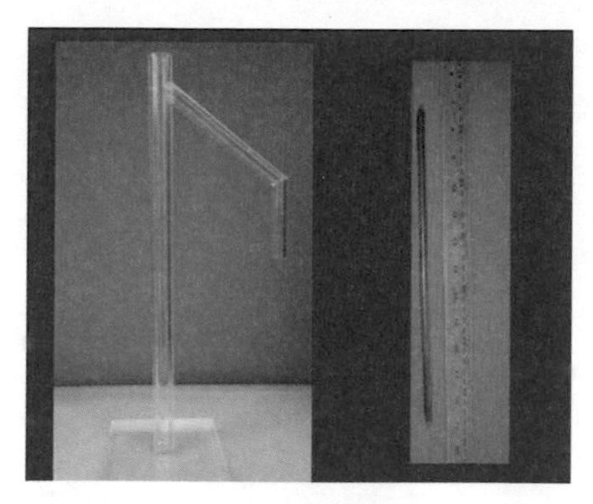

圖10-18　適用於測量直徑6毫米，長度100毫米的熱管密度的容器

圖10-19　適用測量於散熱片、石墨烯、石墨片密度的容器

10.7　以熱擴散率量測熱管、石墨片之實驗結果與分析

根據圖10-15定義，只要知道受測樣品的厚寬比τ，則便可以知道熱擴散率是適用何種維度之模式。圖10-20是以熱擴散率儀器TDMI測量1D樣品下各種純物質之熱擴散率量測之準確性相對誤差分析。採用之樣品有紅銅、錫、鉛、黃銅、鋁6061，各金樣品之擴散率標準值都是已知的如綠色條，且可以從參考書中查到，藍色條為以1D模式求得之實驗值。其中標準誤差在1D模式之定義如Eq.27，是實驗值α_1與標準值α_{std}之相對誤差$\varepsilon_{1,std}$，圖10-20顯示當樣品的厚寬比是在1D模式下時，其實驗結果之1D相對誤差$\varepsilon_{1,std}$大都在10%內。圖10-21是以熱擴散率儀器TDMI測量2D樣品下各種純物質之熱擴散率量測之誤差分析，2D模式下之相對誤差$\varepsilon_{2,std}$之定義如Eq.28。黃色條為以2D模式修正計算求得之實驗值。藍色條代表1D模式下之實驗值α_1，其與標準值誤差$\varepsilon_{1,std}$很大，但其熱擴散α_1在經過Eq.14修正成2D模式之熱擴散率α_2（黃色條）後，其2D模式之相對誤差$\varepsilon_{2,std}$也都在10%左右。所以決定樣品根據厚寬比之維度模式會影響到實驗之精準與否。

$$\varepsilon_{1,std} = \frac{|\alpha_{std} - \alpha_1|}{\alpha_{std}} \times 100\% \cdots\cdots \text{（Eq.27）}$$

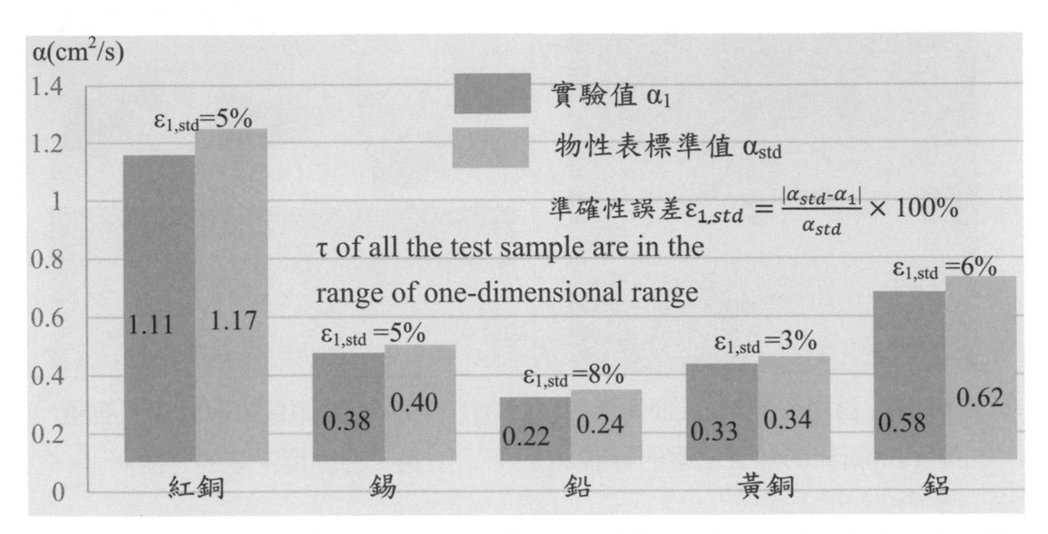

圖10-20　以熱擴散率儀器TDMI在1D樣品下各種純物質之熱擴散率量測之誤差分析

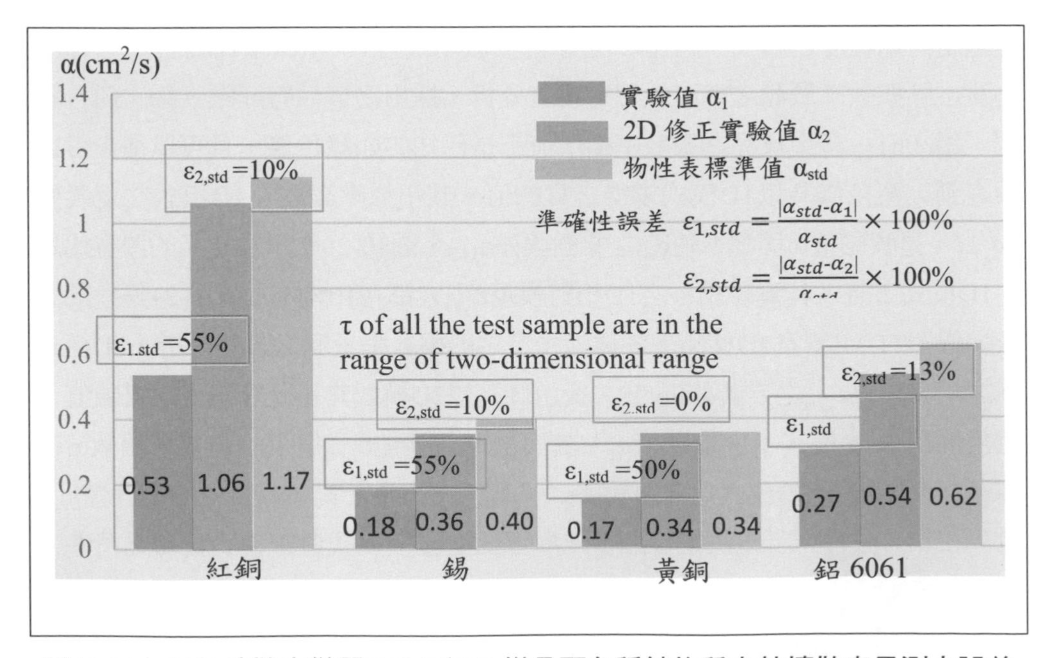

圖10-21　以熱擴散率儀器TDMI在2D樣品下各種純物質之熱擴散率量測之誤差分析

$$\varepsilon_{2,std} = \frac{|\alpha_{std} - \alpha_2|}{\alpha_{std}} \times 100\% \cdots\cdots \text{（Eq.28）}$$

10.8 石墨片之實驗結果與分析

石墨片主要構造如圖10-22所示，是一層承戴底層的PET材質，之後塗佈石墨烯或石墨粉之石墨層，有的廠商在石墨上再有一層膠膜，其規格各有不同，使用時也可以視其用途不同將PET或膠膜撕掉。表10-2為廠商提供之石墨片樣品E及F之規格。在測試石墨片時由於石墨材質非常軟無法直接測量，因此建議可以連PET及膠膜一起做測量，由於石墨層的熱傳導係數不是直接量得的，因此又稱其為有效熱傳導係數$K_{eff,C}$。熱擴散量測是由點熱源以sine wave形式從T_C至T_X，因此是一個並聯之熱阻架構如圖10-23。並聯分析之熱阻公式如Eq.29，其中$R_{th,PET}$ 是PET之熱阻值，$R_{th,C}$ 是石墨或石墨烯之熱阻值，$R_{th,resin}$為膠膜之熱阻值。如果各熱阻以傅立葉形式展開如Eq.30，因此在相同熱波傳遞長度L下，石墨片（或石墨稀）的有效總熱傳導係數$K_{eff,total}$可以將式30簡化成式31，其中，A_{total} 是PET、石墨及膠膜三層截面積總和；AF_{PET}為PET在截面積總和之面積分率如Eq.32；AF_C為石墨層在截面積總和之面積分率如Eq.33；AF_R為膠膜在截面積總和之面積分率如Eq.34。由測得之石墨片之熱擴散率α_{total}；石墨片之密度ρ及其熱容C，經方程式12計算之有效熱傳導係數K_{eff}即為石墨片之總有效熱傳導係數$K_{eff,total}$。再將PET與膠模之熱傳導係數及面積分率帶入Eq.31中可計算出石墨層的有效熱傳導係數$K_{eff,C,}$。假設石墨樣品為均質模型且各層之寬度（W）均相等，H_R、H_C、H_{PET}各代表膠膜、石墨層（或石墨烯）以及PET之厚度，如表10-3，以石墨片E為例，各層截面積分率AF_{PET} = 10/45，AF_C=25/45，AF_R=10/45；石墨片F之各層截面積分率AF_{PET}=10/60，AF_C=40/60，AF_R=10/60。石墨片E及F尺寸為W=30mm、L=200mm、H_{total}=45μm及60μm，計算其厚寬比τ均小於0.022，因此根據Eq.16的判斷應以2D分析計算。表10-4為石墨片E、F之熱擴散量測結果，每一試片皆做了3次，其熱擴散率之重複性誤差都在5%以

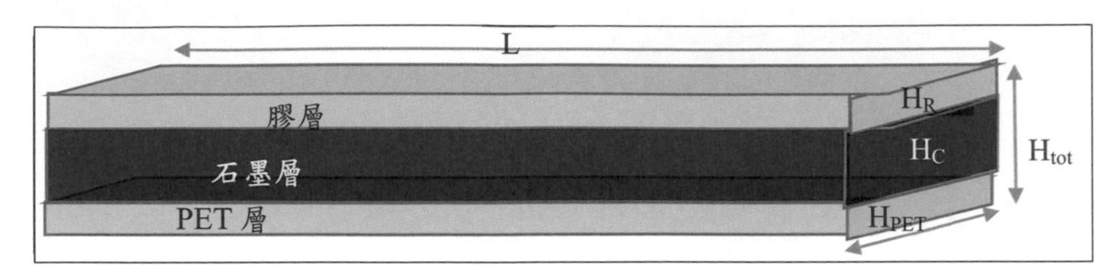

圖10-22　石墨片結構示意圖

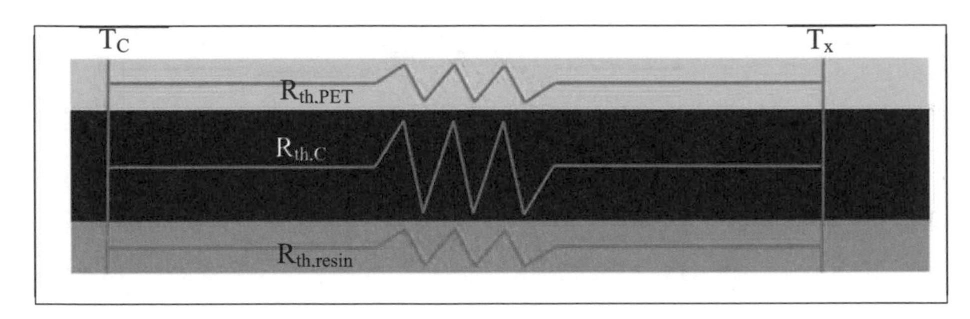

圖10-23　熱以並聯型態之熱阻關係圖

表10-2　石墨片E、F各層介質之規格與熱特性（測試樣品L=200mm，W=200mm）

組成份　　　項目	石墨片E	石墨片F
PET（μm）H_{PET}	10	10
石墨層（μm）H_C	25	40
膠膜（μm）H_R	10	10
總厚度（μm）H_{tot}	45	60
石墨片密度（g/cm^3）	ρ_E=1.47	ρ_F=1.73
石墨片比熱（J/g-℃）	C_E=1.205	C_F=1.20
PET熱傳導係數K_{PET}（W/m-k）	2.4	2.4
膠膜熱傳導係數K_{resin}（W/m-k）	0.293	0.293

表10-3　石墨片E、F各層介質之面積分率

group ingredients	Graphite sheet E	Area fraction of graphite sheet E	Graphite sheet F	Area fraction of graphite sheet F
PET layer (μm)	H_{PET}=10	AF_{PET}=10/45	H_{PET}=10	AF_{PET}=10/60
Graphite layer (μm)	H_C=25	AF_C =25/45	H_C =40	AF_C =40/60
Resin film (μm)	H_R=10	AF_R =10/45	H_R =10	AF_R =10/60
Total thickness (μm)	H_{tot}=45	1	H_{tot} =60	1

表10-4　石墨片E、F之熱擴散量測結果

樣品	τ (H_{total}/W)	維度模式	$\alpha_{2,c}$ (cm^2/s)	$\alpha_{2,c,ave}$ (cm^2/s)	$\varepsilon_{c,rep}$ (%)	石墨片熱傳導係數K_{total} (W/m-k)	石墨層有效熱傳導係數$K_{eff,C}$ (W/m-k)
石墨片E	0.0015 <0.022	2D	1.40	$\alpha_{2,c,ave,E}$ =1.43	2.33	$K_{eff,total,E}$=252	$K_{eff,total,C,F}$=452
			1.44		0.47		
			1.46		1.86		
石墨片F	0.002 <0.022	2D	1.56	$\alpha_{2,c,ave,F}$ =1.58	1.27	$K_{eff,total,F}$=328	$K_{eff,total,C,F}$=491
			1.62		2.53		
			1.56		1.27		

內。石墨片E的熱擴散率$\alpha_{2,c,ave,E}$=1.43（cm^2/s），石墨片F的熱擴散率$\alpha_{2,c,ave,F}$=1.58（cm^2/s）。表10-2中石墨片E測得之密度為ρ_E=1.47（g/cm^3），比熱為C_E=1.205（J/g-℃），石墨片F測得之密度為ρ_F=1.73（g/cm^3），比熱為C_F=1.20（J/g-℃）。將這些數值帶入Eq.16可計算得如表10-4石墨片E的熱傳導係數$K_{eff,total,E}$為252（W/m-k），石墨片F的熱傳導係數$K_{eff,total,F}$為328（W/m-k）；再利用Eq.31求出石墨層E的有效熱傳導係數$K_{eff,C,E}$值為452（W/m-k）及石墨層F的有效熱傳導係數$K_{eff,C,F}$為491（W/m-k）。

$$\frac{1}{R_{th,total}}=\frac{1}{R_{th,PET}}+\frac{1}{R_{th,c}}+\frac{1}{R_{th,resin}} \cdots\cdots \text{(Eq.29)}$$

$$\frac{k_{eff,total}\times A_{total}}{L}=\frac{k_{PET}\times A_{PET}}{L}+\frac{k_{eq,c}\times A_{c}}{L}+\frac{k_{resim}\times A_{resin}}{L} \cdots\cdots \text{(Eq.30)}$$

$$k_{eff,total}=\frac{k_{PET}\times A_{PET}}{A_{total}}+\frac{k_{eff,c}\times A_{c}}{A_{total}}+\frac{k_{resim}\times A_{resin}}{A_{total}}$$

$$=k_{PET}\times A_{PET}+k_{eff,C}\times AF_{c}+k_{resin}\times AF_{R} \cdots\cdots \text{(Eq.31)}$$

$$AE_{PET}=\frac{A_{PET}}{A_{total}}=\frac{H_{PET}\times W}{H_{total}\times W}=\frac{H_{PET}}{H_{total}} \cdots\cdots \text{(Eq.32)}$$

$$AE_{C}=\frac{A_{C}}{A_{total}}=\frac{H_{C}\times W}{H_{total}\times W}=\frac{H_{C}}{H_{total}} \cdots\cdots \text{(Eq.33)}$$

$$AF_{R}=\frac{A_{resin}}{A_{total}}=\frac{H_{R}\times W}{H_{total}\times W}=\frac{H_{R}}{H_{total}} \cdots\cdots \text{(Eq.34)}$$

10.10 熱管之實驗結果與分析

熱管的性能亦即熱管最大熱傳量的標準測試（HPPT）不好做。標準的作法已經詳述於的8.4.3，理論上在求得熱管最大熱傳量Q_{max}後，利用T_e與 T_C之溫度差除以Q_{max}可以求得熱管之熱阻值。有人利用此熱阻值再利用傅立葉公式可以得到熱管之熱傳導係數如Eq.35，其中L為T_e至 T_C之長度，A_C是熱管的截面積。問題是以傅立葉公式求得之熱傳導係數是必須導熱介質是固體狀態的熱傳導行為如圖10-24，且傅立葉熱傳導定律是功率輸入方向、熱傳導方向、熱移方向都必須一致，而這與習知之熱管是利用液體蒸發及對流之傳熱方式不同如圖10-25。因此從Eq.35所求得之固體熱傳導係數必定遠小於實際液體對流傳熱方式之熱傳導係數。以Angstrom 的方法可以很快速求得熱管的K值，但是卻不能求得熱管最大熱傳量，因此用Angstrom方法（TDMI）配合傳統熱管最大熱傳量標準

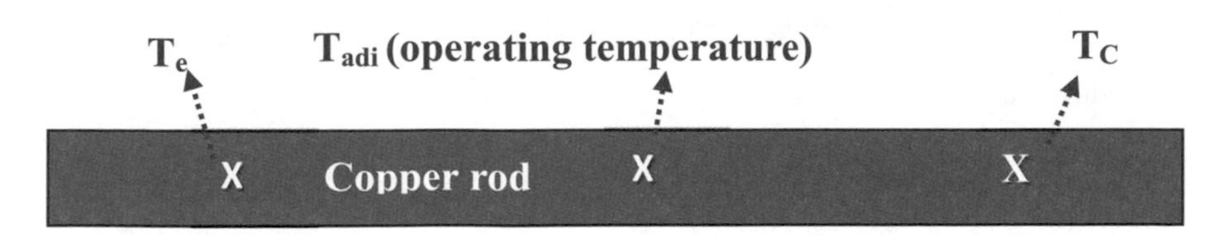

圖10-24　Schematic diagram of solid copper rod

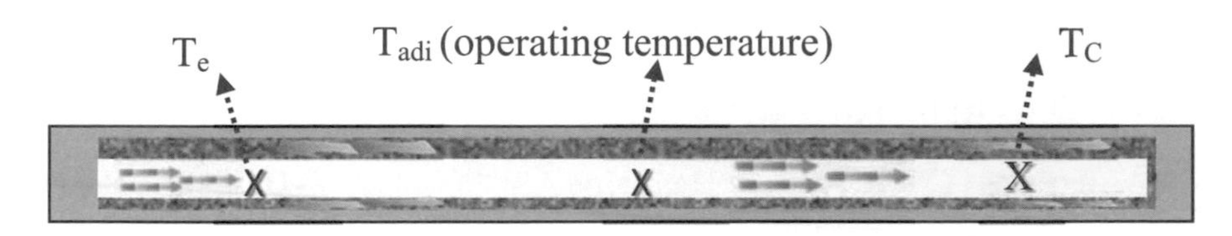

圖10-25　Schematic diagram of Heat Pipe flow pattern

測試法（HPPT）可以做為檢驗熱管所有的性能參數熱傳導係數$K_{HP,TDMI}$以及最大熱傳量Q_{max}、熱阻$R_{th,HP}$。表10-5是熱管A、B以標準熱管測試性能儀器（HPPT）量得之各項參數，以傅立葉換算之熱管熱傳導係數，A熱管為$K_{HP,HPPT,A}$ = 4536(W/m-k)，B熱管為$K_{HP,HPPT,B}$ = 6634(W/m-k)。表10-6為熱管A、B以TDMI量得之各項參數，熱管之直徑（O.D = 6mm）與量測距離（L=150mm）比τ是0.04大於判斷標準值之0.022且小於0.075，所以應該適用於1D模式。熱管A之熱擴散率為115（cm^2/s），熱管B之熱擴散率為167（cm^2/s），換算成熱管熱傳導係數A熱管為$K_{HP,TDMI,A}$ = 23700（W/m-k），B熱管為$K_{HP,TDMI,B}$ = 40800（W/m-k）。因此TDMI以Angstrom的方法所量到熱管之熱傳導係數比用傳統型熱管性能測試機量到之熱阻值在經過傅立葉換算成之熱傳導係數大了近5倍。為了證明TDMI量測的方法是準確的，將兩支熱管A與B用針刺破趕出流體吹乾後形成空的銅管，以TDMI進行空銅管做實驗，其結果顯示空銅管A之熱擴散率為1.14（cm^2/s），空銅管B之熱擴散率為1.02（cm^2/s）其值與純銅1.17（cm^2/s）相差不遠，因為破掉的熱管其熱傳導僅靠銅壁之熱傳導，故其值會和銅類似，換算A銅管之K值為389（W/m-k），B銅管之K值為351（W/m-k）。

表10-5　熱管A、B以標準熱管測試性能儀器（HPPT）量得之各項參數（6mm O.D.，200mm長）

樣品	Q_{max} (W)	T_e(℃)	T_{adi} (℃)	T_c (℃)	R_{th} (℃/W)	$A_c=\frac{\pi}{4}(O.D)^2$ (m^2)	L (m)	$K_{HP,HPPT}$ (W/m-k)
A	20	58.5	50	35	1.17	2.826×10^{-5}	0.15	4536
B	40	55.1	50	34.5	0.8	2.826×10^{-5}	0.15	6634

表10-6　熱管A、B以TDMI量得之熱擴散率（6mm O.D.，200mm長）

$k_{TDMI}=\alpha\times\rho\times C_p$	Heat pipe A	Heat pipe B
ρ(g/cm^3)	3.04	3.40
C(J/g・℃)	0.54	0.523
τ=O.D./L	τ=6/150=0.04>0.022	τ=6/150=0.04>0.022
Heat transfer mode	One-dimension	One-dimension
α_1(cm^2/s)	115	167
$k_{HP,TDMI}$ (W/m-k)	18843	29696
$k_{HP,HPPT}$ (W/m-k)	4536	6634
$\beta=(k_{HP,TDMI}/k_{HP,HPPT})$	4.15	4.47

$$R_{th,HP}=\frac{L}{K_{HP}A_C}=\frac{T_e-T_C}{Q_{maxi}} \cdots\cdots \text{(Eq.35)}$$

10.11 均溫板之實驗結果與分析

表10-7顯示了以TDMI測得的均溫板A、B、C的熱擴散率，均溫板“A”為1D模式如圖10-26，“B”為0.5D模式如圖10-27，而“C”為2D模式如圖10-28。“A”在x方向擴散率為α_x= 1.99（cm^2/s），y方向為α_y= 1.77（cm^2/s），因此總熱擴散率α_{total}= 3.76（cm^2/s）。“B”在x方向擴散率為α_x= 0.55（cm^2/s），y方向是α_y＝0.54（cm^2/s），因此總熱擴散率α_{total}＝1.09（cm^2/s）。“C”在x方向熱擴散率

表10-7　以TDMI中測量的均溫板VC-A，VC-B和VC-C的熱擴散率

Item	VC-A			VC-B			VC-C		
ρ (g/cm^3)	6.06	$\rho_{ave,VC-A}$ =5.70	$\varepsilon_{rep,1}$=6.3%	4.36	$\rho_{ave,VC-B}$ =4.43	$\varepsilon_{rep,1}$=1.58%	5.9	$\rho_{ave,VC-C}$ =6.49	$\varepsilon_{rep,1}$=0.34%
	5.71		$\varepsilon_{rep,2}$=1.75%	4.71		$\varepsilon_{rep,2}$=6.32%	5.63		$\varepsilon_{rep,2}$=4.9%
	5.37		$\varepsilon_{rep,3}$=8.5%	4.22		$\varepsilon_{rep,3}$=4.74%	6.23		$\varepsilon_{rep,3}$=5.24%
C (J/g-℃)	4.5			4.5			1.463		
L×W×T (mm^3)	90×90×2.35			100×100×8			90*90*0.85		
τ=T/W	τ=2.35/90=0.0261>0.022			τ=8/100=0.08>0.075			τ=0.85/90=0.0094<0.022		
mode	1D mode (B)			0.5-D mode (C)			2D mode (A)		
α (cm^2/s)	$\alpha_{x=}$1.99	α_y=1.77	α_{total}=3.76	α_x=0.55	α_y=0.54	α_{total}=1.09	α_x=0.48	α_y=0.37	α_{total}=0.85
$K_{VC,TDMI}$ (W/m-k)	K_{VC-A}=3.76*5.7*4.5*100 =9644			K_{VC-B} =1.09*4.43*4.5*0.5*100 =1086			K_{VC-C} =0.85*6.49*1.463*2*100 =1614		

圖10-26　均溫板VC-A實體

圖10-27　均溫板VC-B實體

圖10-28　均溫板VC-C實體

為α_x＝0.48（cm^2/s），在y方向熱擴散率為α_y＝0.37（cm^2/s），因此總熱擴散率α_{total}= 0.85（cm^2/s）。將熱擴散率轉換為熱傳導係數，相當於K_{VC-A}= 9644（W/m-k），K_{VC-B}=1086（W/m-k）和K_{VC-C}=1614（W/m-k）。

表10-8顯示了在TDM中測量的均溫板D、E、F的另一種熱擴散率。均溫板“D”為2D模式如圖10-29，“E”也是2D模式如圖10-30，“F”是1D模式如圖10-31，

表10-8　以TDMI中測量的均溫板VC-D，VC-E和VC-F的熱擴散率

<table>
<tr><th>item</th><th colspan="3">VC-D</th><th colspan="3">VC- E</th><th colspan="3">VC- F</th></tr>
<tr><td>$\rho(g/cm^3)$</td><td colspan="3">6.17</td><td colspan="3">6.49</td><td colspan="3">4.45</td></tr>
<tr><td>C(J/g-K)</td><td colspan="3">4.123</td><td colspan="3">3.284</td><td colspan="3">4.5</td></tr>
<tr><td>L × W × T (mm^3)</td><td colspan="3">180×80×1</td><td colspan="3">90×90×0.4</td><td colspan="3">90×90×3</td></tr>
<tr><td>τ=T/W</td><td colspan="2">$\tau_x=1/80=$ $0.0125<0.022$</td><td>$\tau_y=1/180=$ $0.0055<0.022$</td><td colspan="2">$\tau_x=0.4/90=$ $0.004<0.022$</td><td>$\tau_y=0.4/90=$ $0.004<0.022$</td><td colspan="2">$\tau_x=3/90=$ $0.033>0.022$</td><td>$\tau_y=3/90=$ $0.033>0.022$</td></tr>
<tr><td>mode</td><td colspan="3">2D mode (A)</td><td colspan="3">2D mode (A)</td><td colspan="3">1D mode (B)</td></tr>
<tr><td>$\alpha_{1D,total}$ (cm^2/s)</td><td>$\alpha_x=$ 0.52</td><td>$\alpha_y=$ 0.43</td><td>$\alpha_{1D,total}=$ $\alpha_x+\alpha_y=0.95$</td><td>$\alpha_x=$ 0.4</td><td>$\alpha_y=$ 0.32</td><td>$\alpha_{1D,total}=$ $\alpha_x+\alpha_y=0.72$</td><td>$\alpha_x=$ -0.78</td><td>$\alpha_y=$ 2.98</td><td>$\alpha_{1D,total}=$ $\alpha_x+\alpha_y=2.19$</td></tr>
<tr><td>$\alpha_{2D,total}$ (cm^2/s)</td><td colspan="3">$= \alpha_{1D,total}$ *2=1.9</td><td colspan="3">$= \alpha_{1D,total}$ *2=1.44</td><td colspan="3">--</td></tr>
<tr><td>$K_{VC,TDMI}$ (W/m-k)</td><td colspan="3">K_{VC-A}=1.9*6.17*4.123*100 =4833</td><td colspan="3">K_{VC-B}=1.44*6.49*3.284*100 = 3069</td><td colspan="3">K_{VC-C}=2.19* 4.45*4.5**100 = 4385</td></tr>
<tr><td>Q_{max} (W)</td><td colspan="3"></td><td colspan="3">210@T_C=60℃,$T_{J,surface}$=100℃</td><td colspan="3">551@T_C=60℃,$T_{J,surface}$=100℃</td></tr>
<tr><td>Axial thermal resistance $R_{th,VC,Z}$(℃/W)</td><td colspan="3"></td><td colspan="3">0.04@T_C=60℃</td><td colspan="3">0.08@T_C=60℃</td></tr>
</table>

圖10-29　均溫板VC-D實體

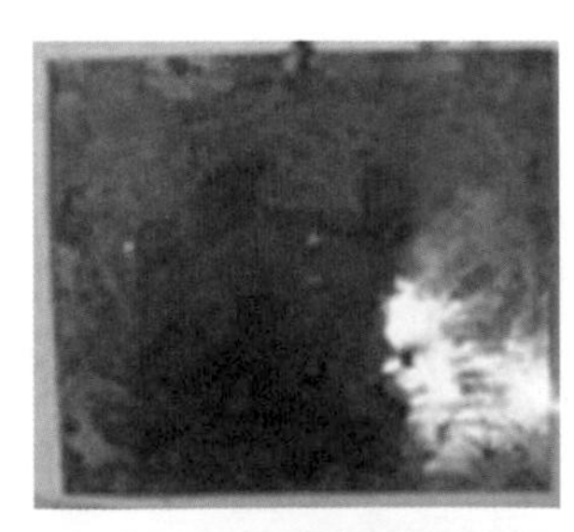

圖10-30　均溫板VC-E實體

圖10-31　均溫板VC-F實體

"D"的總熱擴散率為1.9（cm^2/s），"E"為1.44（cm^2/s），"F"為2.19（cm^2/s），比較有趣的是VC-F在x方向的熱擴散率α_x與y方向的熱擴散率α_y不盡相同，而且在x方向的熱擴散率是負的，隱含在T_x之溫度會大於T_C，理論上從物理現象是不合理的，但這可以從該VC之結構來解釋，這可能是該VC冷凝部之結構使得未冷凝之蒸氣掉落聚集在VC板底部蒸發部之四周以致於造成$T_x > T_C$，但是總熱擴散率$\alpha_{total}=\alpha_x+\alpha_y=2.19$還是幾乎為純銅之兩倍。將熱擴散率數據轉換為熱導率，相當於$K_{VC-D} = 4833$（W/m-k），$K_{VC-E} = 3069$（W/m-k）和$K_{VC-F} = 4385$（W/m-k）。根據臺灣熱管理協會TTMA對於VC最大熱傳量之規範[8]，在加熱塊表面溫度$T_{J,surface}=100$℃時之輸入功率為該VC之最大熱傳量，經計算VC-E均溫板之Q_{max}為210W，而VC-F均溫板之Q_{max}為551W。而VC-E之軸向熱阻值在$T_C=60$℃時為0.04（℃/W），VC-F之軸向熱阻值在$T_C=60$℃時為0.08（℃/W）。VC-F之軸向熱阻值幾乎為VC-E之兩倍是因為VC-F5 VC之厚度（3mm）為VC-E（0.4mm）厚度之7.5倍，其軸向熱阻值當然會更大。

同樣，我們想知道如果均溫板被刺穿會發生什麼事。表10-9顯示了當刺穿均溫板並將所有蒸汽排出腔體外，從而使均溫板變為銅板。再測量這兩個刺穿的均溫板的熱擴散率，得出其值分別為370和380，非常接近純銅材料的熱導係數380。因此，TDMI證明是一種很精準的熱擴散率和熱傳導係數測量工具。

如表10-10以TDMI測得的均溫板VC-G如圖10-32的等效等效熱導係數為33000（W/m-k），而均溫板VC-H如圖10-33的等效等效熱導係數為22000（W/m-k）。

表10-9 以TDMI中測量刺穿的均溫板VC-D，VC-E和VC-F的熱擴散率

item	VC-D			VC- E			Pure copper
$\rho(g/cm^3)$	8.933			8.933			8.933
C(J/g・℃)	0.383			0.383			0.383
L×W×T (mm^3)	180×80×1			90×90×0.4			
τ=T/W	$\tau_x=1/80=0.0125<0.022$			$\tau_y=1/180$ $=0.0055<0.022$		$\tau_x=0.4/90$ $=0.004<0.022$	$\tau_x=0.4/90=$ $0.0044<0.022$
mode	2D mode (A)			2D mode (A)			
$\alpha_{1D,total}$ (cm^2/s)	$\alpha_x=$ 0.2603	$\alpha_y=$ 0.2807	$\alpha_{1D,total}=$ $\alpha_x+\alpha_y=0.541$	$\alpha_x=$ 0.2931	$\alpha_y=$ 0.2619	$\alpha_{1D,total}=\alpha_x+\alpha_y=$ 0.555	1.17
$\alpha_{2D,total}$ (cm^2/s)	$=\alpha_{1D,total}$ *2=1.082			$=\alpha_{1D,total}$ *2=1.11			--
$K_{VC,TDMI}$ (W/m-k)	$K_{VC\text{-}D}$=1.082*8.933*0.383*100 =370.18			$K_{VC\text{-}E}$= 1.11*8.933*0.383*100 = 379.8			K_{Cu}=380
Error (%)	2.58%			0.05%			

表10-10 以TDMI中測量均溫板VC-G和VC-F的熱擴散率

item	VC-G			VC- H		
$\rho(g/cm^3)$	5.387			5.76		
C(J/g・℃)	3.604			3.54		
L×W×T (mm^3)	27*60*0.4			60×90×0.4		
τ=T/W	$\tau_x=0.4/27=$ $0.0148<0.022$		$\tau_y=0.4/60=$ $0.0066<0.022$	$\tau_x=0.4/60=$ $0.0066<0.022$	$\tau_x=0.4/90=$ $0.0044<0.022$	
mode	2D mode (A)			2D mode (A)		
$\alpha_{1D,total}$ (cm^2/s)	$\alpha_x=$ 4.301	$\alpha_y=$ 4.331	$\alpha_{1D,total}=\alpha_x+\alpha_y$ =8.632	$\alpha_x=$ 2.76	$\alpha_y=$ 2.84	$\alpha_{1D,total}=\alpha_x+\alpha_y$ =5.6
$\alpha_{2D,total}$ (cm^2/s)	$=\alpha_{1D,total}$ *2=17.265			$=\alpha_{1D,total}$ *2=11.2		
$K_{VC,TDMI}$ (W/m-k)	$K_{VC\text{-}F}$ =33519.56			$K_{VC\text{-}G}$= 22837		

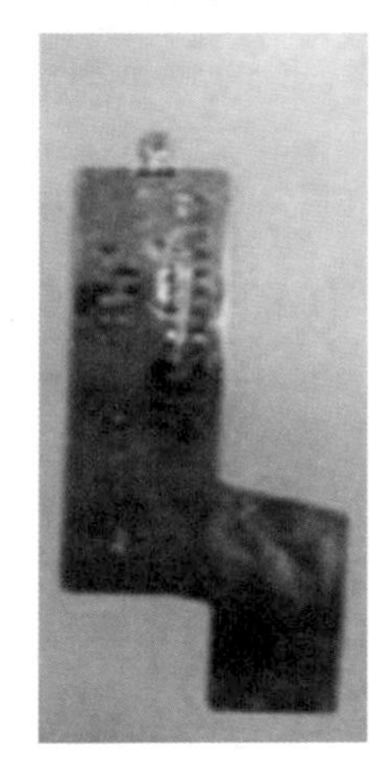

圖10-32　ACL製作的VC-G實體圖厚度0.4mm

圖10-33　ACL製作的VC-H 60x90x0.4mm³實體圖

10.12 結論

1. 根據熱擴散量測儀器必須特別注意的是實驗的條件是樣品維度之判別，其判斷之依據為試片之厚寬比τ，判斷之標準如下：

$$0.022 < \tau < 0.075，\text{Zone (B)}，\alpha_{M,1D} = \frac{L^2}{2\Delta t(\ln\frac{M}{N})} \cdots\cdots \text{(Eq.15)}$$

$$\tau \le 0.022，\text{Zone (A)}\ \alpha_{M,2D} = \alpha_{M,1D} \times 2 \cdots\cdots \text{(Eq.16)}$$

$$0.075 \le \tau，\text{Zone (C)}\ \alpha_{M,0.5D} = \alpha_{M,1D} \times 0.5 \cdots\cdots \text{(Eq.17)}$$

2. 一般文獻資料之天然石墨片由D5470量到的K（垂直方相）約在25（W/m-k），水準方向的k值則在500～1200（W/m-k）[9]，TDMI利用Angstrom理論測試了兩片石墨層之熱傳導係數約在452（W/m-k）與491（W/m-k），因此以Angstrom原理設計之TDMI可以提供一個相對便宜、快速、簡單的測量儀器，同時也可以檢測石墨片、石墨層的有效熱傳導係數。

3. 熱擴散率量測儀器TDMI量測熱管之熱傳導係數$k_{HP,TDMI}$與熱管性能測試系統HPPT量測熱管之熱傳導係數$k_{HP,,HPPT}$結果比較，$k_{HP,TDMI}$約為$k_{HP,,HPPT}$的4～5倍。

4. 如果將熱管刺穿，使熱管變成空銅管，則以TDMI測量得之兩支空銅管A與B的熱擴散率換算成熱傳導係數各為389（W/m-k）與351（W/m-k），如果將均溫板VC-D與VC-E刺穿並將所有液體排出，使均溫板成為空銅板，則其等效熱傳導係數各為370.18與379.8，這些空銅管或空銅板的熱傳導係數都與純銅之熱傳導係數一樣，所以以熱擴散量測儀器TDMI對於熱管k值之量測有一定的準確性與可靠性。

參考資料

1. ASTM D5470-01, Standard Test Methods for Thermal Transmission Properties of Thin Thermally Conductive Solid Electrical Insulation Materials, American Society for Testing and Materials, West Conshohocken, PA.
2. K. L. Wray and T. J. Connolly, "Thermal conductivity of clear fused silica at high temperatures", Journal of Applied Physics, vol. 30, pp. 1702-1705, 1959.
3. V. Mirkovich, "Comparative method and choice of standards for thermal conductivity determinations", Journal of the American Ceramic Society, vol. 48, pp. 387-391, 1965.
4. D. Hughes and F. Sawin, "Thermal conductivity of dielectric solids at high pressure", Physical Review, vol. 161, p. 861, 1967.
5. A. Tomokiyo and T. Okada, "Determination of thermal diffusivity by the temperature wave method", Japanese Journal of Applied Physics, vol. 7, p. 128, 1968.
6. Chen-I Chao, Wei-Keng Lin,* Shao-Wen Chen, & Han-Chou Yao, "Feasibility of the ÅNGSTRÖM Method in Performing the Measurement of Thermal Conductivity in Vapor Chambers", Heat Transfer Research 47(7), 617-632, 1064-2285/16/ $35.00 © 2016 by Begell House, Inc. (2016) , (MOST 104-ET-E-007-005-ET), http://www.dl.begellhouse.com/journals/ 46784ef93dddff27, 5e72dd4008848039, 10f1710b0bb61240.html
7. 吳沛勳、黃筧、林唯耕、陳紹文，"以Angstrom method理論量測材料熱擴散率方法"，熱管理產業通訊，TTMA 臺灣熱管理產業期刊，第46期，pp. 46-54，2017年5月。（EI）
8. http://www.thermal.org.tw/Events/news-more.asp?BtfiZsf=
9. https://baike.baidu.com/item/%E7%9F%B3%E5%A2%A8%E7%89%87

國家圖書館出版品預行編目 (CIP) 資料

電子構裝散熱理論與量測實驗之設計／林唯耕 編著
—二版—新竹市：清大出版社，2020. 03
480 面；17×23 公分

ISBN 978-986-6116-83-4（平裝）

1. 電子工程 2. 散熱系統

448.6 108023108

電子構裝散熱理論與量測實驗之設計

編　　著：林唯耕
發 行 人：賀陳弘
出 版 者：國立清華大學出版社
社　　長：焦傳金
行政編輯：董雅芳、劉立葳
地　　址：30013 新竹市東區光復路二段 101 號
電　　話：(03)571-4337
傳　　真：(03)574-4691
網　　址：http://thup.site.nthu.edu.tw
電子信箱：thup@my.nthu.edu.tw
其他類型版本：無其他類型版本

展 售 處：紅螞蟻圖書有限公司 (02)2795-3656
http://www.e-redant.com
五楠圖書用品股份有限公司 (04)2437-8010
http://www.wunanbooks.com.tw
國家書店松江門市 (02)2517-0207
http://www.govbooks.com.tw
出版日期：2017 年 4 月初版
2020 年 3 月二版
定　　價：平裝本新台幣 900 元

ISBN 978-986-6116-83-4　　GPN 1010900342